“十四五”国家重点出版物出版规划项目

数字钢铁关键技术丛书｜主编　王国栋

高炉炼铁过程运行信息在线检测与智能感知

蒋朝辉　潘　冬　陈致蓬　桂卫华　著

（彩图资源）

北　京

冶　金　工　业　出　版　社

2024

内容提要

高炉炼铁过程关键信息在线获取是国际公认的挑战性难题。本书从在线检测与智能感知的角度系统地总结和阐述了高炉炼铁过程关键信息在线获取技术，主要包括以内窥式微光成像为核心的高炉料面三维形貌直接在线检测新方法、以特谱辐射和分区补偿模型为核心的高炉铁口渣铁流温度场分布实时在线智能感知新理论、基于光流与形态特征的高炉铁口渣铁流量检测方法、基于数据与知识融合的多元铁水质量智能感知新方法等。

本书可供高等院校控制、冶金、人工智能等专业的师生阅读，也可供自动化及冶金领域相关研究人员和工程技术人员参考。

图书在版编目(CIP)数据

高炉炼铁过程运行信息在线检测与智能感知/蒋朝辉等著.—北京：冶金工业出版社，2024.3

"十四五"国家重点出版物出版规划项目

ISBN 978-7-5024-9720-0

Ⅰ.①高…　Ⅱ.①蒋…　Ⅲ.①高炉炼铁　Ⅳ.①TF53

中国国家版本馆 CIP 数据核字(2024)第 034760 号

高炉炼铁过程运行信息在线检测与智能感知

出版发行　冶金工业出版社　　**电　　话**　(010)64027926
地　　址　北京市东城区嵩祝院北巷 39 号　　**邮　　编**　100009
网　　址　www. mip1953. com　　**电子信箱**　service@ mip1953. com

责任编辑　卢　敏　张佳丽　美术编辑　吕欣童　版式设计　郑小利
责任校对　石　静　李　娜　责任印制　窦　唯
三河市双峰印刷装订有限公司印刷
2024 年 3 月第 1 版，2024 年 3 月第 1 次印刷
787mm×1092mm　1/16；25. 75 印张；619 千字；393 页
定价 148. 00 元

投稿电话　(010)64027932　投稿信箱　tougao@cnmip. com. cn
营销中心电话　(010)64044283
冶金工业出版社天猫旗舰店　yjgycbs. tmall. com
(本书如有印装质量问题，本社营销中心负责退换)

“数字钢铁关键技术丛书”
编辑委员会

“数字钢铁关键技术丛书”
总　　序

钢铁是支撑国家发展的最重要的基础原材料，对国家建设、国防安全、人民生活等具有重要的战略意义。人类社会进入数字时代，数据成为关键生产要素，数据分析成为解决不确定性问题的最有效新方法。党的十八大以来，以习近平同志为核心的党中央高瞻远瞩，抓住全球数字化发展与数字化转型的重大历史机遇，系统谋划、统筹推进数字中国建设。党的十九大报告明确提出建设“网络强国、数字中国、智慧社会”，数字中国首次写入党和国家纲领性文件，数字经济上升为国家战略，强调利用大数据和数字化技术赋能传统产业转型升级。国家和行业“十四五”规划都将钢铁行业的数字化转型作为工作的重点方向，推进生产数据贯通化、制造柔性化、产品个性化。

钢铁作为大型复杂的现代流程工业，虽然具有先进的数据采集系统、自动化控制系统和研发设施等先天优势，但全流程各工序具有多变量、强耦合、非线性和大滞后等特点，实时信息的极度缺乏、生产单元的孤岛控制、界面精准衔接的管理窠臼等问题交织构成工艺-生产“黑箱”，形成了钢铁生产的“不确定性”。这种“不确定性”严重制约钢铁生产的效率、质量和价值创造，直接影响企业产品竞争力、盈利水平和原材料供应链安全。

钢铁行业置身于这个世界百年未有之大变局之中，也必然经历其有史以来的最广泛、最深刻、最重大的一场变革。通过这场大变革，钢铁行业的管理与控制将由主要解决确定性问题的自动控制系统，转型为解决不确定性问题见长的信息物理系统（CPS）；钢铁行业发展的驱动力，将由工业时代的机理驱动，转型为“抢先利用数据”的数据驱动；钢铁行业解决问题的分析方法，将由机理解析演绎推理，转型为以数据/机器学习为特征的数据分析；钢铁过程主流程的控制建模，将由理论模型或经验模型转型为数字孪生建模；钢铁行业全流程的过程控制，必然由常规的自动化控制系统转型为可以自适应、自学习、自组织、高度自治的信息物理系统。

这一深刻的变革是钢铁行业有史以来最大转型的关键战略，它必将大规模采用最新的数字化技术架构，建设钢铁创新基础设施，充分发挥钢铁行业丰富应用场景优势，最大限度地利用企业丰富的数据、诀窍和先进技术等长期积累的资源，依靠数据分析、数据科学的强大数据处理能力和放大、倍增、叠加作用，加快建设“数字钢铁”，提升企业的核心竞争力，赋能钢铁行业转型升级。

将数字技术/数字经济与实体经济结合，加快材料研究创新，已经成为国际竞争的焦点。美国政府提出“材料基因组计划”，将数据和计算工具提升到与实验工具同等重要的地位，目的就是更加倚重数据科学和新兴计算工具，加快材料发现与创新。近年来，日本 JFE、韩国 POSCO 等国外先进钢铁企业，已相继开展信息物理系统研发工作，融合钢铁生产数据和领域经验知识，优化生产工艺、提升产品质量。

从消化吸收国外先进自动化、信息化技术，到自主研发冶炼、轧制等控制系统，并进一步推动大型主力钢铁生产装备国产化。近年来，我们研发数字化控制技术，有组织承担智能制造国家重大任务，在国际上率先提出了“数字钢铁”的整体架构。

在此过程中，我们组成产学研密切合作的研究队伍“数字钢铁创新团队”，选择典型生产线，开展“选矿—炼铁—炼钢—连铸—热轧—冷轧—热处理”全流程数字化转型关键共性技术研究，提出了具有我国特色的钢铁行业数字化转型的目标、技术路线、系统架构和实施路线，围绕各工序关键共性技术集中攻关。在企业的生产线上，结合我国钢铁工业的实际情况，提出了低成本、高效率、安全稳妥的实现企业数字化转型的实施方案。

通过研究工作，我们研发的钢铁生产过程的数字孪生系统，已经在钢铁企业的重要工序取得突破性进展和国际领先的研究成果，实现了生产过程“黑箱”透明化，其他一些工序也取得重要进展，逐步构建了各层级、各工序与全流程 CPS。这些工作突破了复杂工况条件下关键参数无法检测和有效控制的难题，实现了工序内精准协调、工序间全局协同的动态实时优化，提升了产品质量和产线运行水平，引领了钢铁行业数字化转型，对其他流程工业的数字化转型升级也将起到良好的示范作用。

总结、分析几年来在钢铁行业数字化转型方面的工作和体会，我们深刻认识到，钢铁行业必须与数字经济、数字技术相融合，发挥钢铁行业应用场景和数据资源的优势，以工业互联网为载体、以底层生产线的数据感知和精准执行为基础、以边缘过程设定模型的数字孪生化和边缘-产线的CPS化为核心、以数字驱动的云平台为支撑，建设数字驱动的钢铁企业数字化创新基础设施，加速建设数字钢铁。这一成果，已经代表钢铁行业在乌镇召开的"2022全球工业互联网大会暨工业行业数字化转型年会"等重要会议上交流，引起各方面的广泛重视。

截至目前，系统论述钢铁工业数字化转型的技术丛书尚属空白。钢铁行业同仁对原创技术的期盼，激励我们把数字化创新的成果整理出来、推广出去，让它们成为广大钢铁企业技术人员手中攻坚克难、夺取新胜利的锐利武器。冶金工业出版社的领导和编辑同志特地来到学校，热心指导，提出建议，商量出版等具体事宜。我们相信，通过产学研各方和出版社同志的共同努力，我们会向钢铁界的同仁、正在成长的学生们奉献出一套有里、有表、有分量、有影响的系列丛书。

期望这套丛书的出版，能够完善我国钢铁工业数字化转型理论体系，推广钢铁工业数字化关键共性技术，加速我国钢铁工业与数字技术深度融合，提高我国钢铁行业的国际竞争力，引领国际钢铁工业的数字化转型和高质量发展。

中国工程院院士 王国栋

2023年5月

前　言

钢铁工业是国民经济的重要基础产业，是建设现代化强国的重要支撑，是实现绿色发展的重要领域，也是共建“一带一路”国家基础设施建设急需的基础产业。经过新中国成立70多年来的拼搏进取和改革开放40多年来的奋楫争先，我国钢铁工业取得了举世瞩目的成就，有力地支撑了中国制造和中国基建，支撑中华民族迎来了从站起来、富起来到强起来的伟大飞跃。钢铁为人类文明进步做出了不可磨灭的贡献，我们坚信，在今天乃至可预见的未来，钢铁都是人类应用范围最广、最多的金属材料。

绿色是钢铁行业可持续发展的底色。目前，我国钢铁工业的能源消耗约占全国总能耗的11%，而碳排放量约占全国碳排放总量的15%左右，且各项主要污染物排放量已超过电力行业，成为工业领域最大的排放源。炼铁系统是钢铁制造的前端核心环节，也是能耗最大、污染排放最高的生产环节。据统计，炼铁系统生产能耗和污染排放占整个钢铁工业的70%左右，而生产成本约占60%。因此，在碳达峰碳中和目标和制造强国重大战略实施背景下，炼铁系统是钢铁工业实现深度节能减排和提质增效的前沿阵地，必须加快推进其数字化转型智能化升级的进程，实现绿色低碳高效炼铁。

高炉炼铁是现代炼铁的主要方法，其产量占世界生铁总产量的95%以上。高炉是现代炼铁的关键装备，是一个大型密闭黑箱反应器，其炉内料面三维形貌、铁口铁水流温度场与流量等运行信息是及时发现异常炉况、精准调控高炉布料操作、优化调节炉温、提升铁水质量的最主要依据。然而，自有高炉以来，其高温高压高尘、密闭微光等恶劣环境，使得直接在线获取料面三维形貌、精准感知铁口铁水流温度场分布、实时动态掌握高炉出铁流量一直是亟待突破的世界难题。现有的机械探尺、雷达探尺、热电偶等传统检测手段，只能获取有限点的料位信息、铁水温度点源信息，无法直接在线准确地表征料面三维形貌分布、高炉热状态分布等运行信息的变化情况，造成精准布料控制、冶炼氛围调控与安全运行保障所需的关键信息缺失，严重制约了高炉炼铁过程的智能化运行和绿色低碳生产。因此，突破大型高炉炼铁过程运行信息的实时在线检测与智能感知难题对实现智能化炼铁具有重要的科学意义和应用价值。

围绕大型高炉炼铁过程运行信息实时在线检测与智能感知的难题，在中国自动化领域首个国家自然科学基金重大项目课题“大型高炉炼铁过程运行信息的高性能检测方法研究（61290325）”、国家重大科研仪器研制项目“基于复合窄光谱协同的工业炉窑内窥式体数据监测仪研制（61927803）”、国家自然科学基金委创新研究群体科学基金项目“复杂有色冶金过程控制理论、技术与应用（61621062）”、国家自然科学基金委基础科学中心项目“物质转化制造过程智能优化调控机制（61988101）”、国家自然科学基金委面上项目“基于操作参数深度优化的高炉铁水质量窄窗口智能化稳定控制（61773406）”、工业和信息化部2019年工业互联网创新发展工程项目“基于工业互联网平台的流程行业生产线数字孪生系统（TC19084DY）”以及湖南省湘江实验室重大项目“智能制造生产监测与数字孪生技术（22XJ01005）”等科研项目的资助下，历经十年的科学研究与工程实践，形成了本书的基本内容与素材。本书所有内容的原始工作均已发表或录用在 *IEEE Transactions on Industrial Informatics*、*IEEE Transactions on Circuits and Systems for Video Technology*、*IEEE Transactions on Instrumentation and Measurement*、*IEEE/CAA Journal of Automatica Sinica*、*Information Fusion* 以及 *Engineering Applications of Artificial Intelligence* 等国际自动化/检测领域的权威期刊上，或者《自动化学报》《控制理论与应用》等国内权威期刊上。本书正是这些已发表或在线发表工作的系统性总结和进一步凝练与提升。

全书共8章。其中第1章为绪论，介绍高炉炼铁过程及关键信息检测研究现状和存在的问题。第2章到第8章共分为两部分，第2章到第4章为高炉炉顶料面信息检测部分，包括第2章基于弱光内窥式成像的高炉料面直接在线检测、第3章基于图像序列的高炉料面形貌三维重建及可视化、第4章基于料面轮廓信息的高炉炉料下降速度检测；第5章到第8章为高炉出铁场铁水信息检测部分，包括第5章基于红外视觉的高炉铁口铁水流温度在线检测、第6章基于光流与形态特征的高炉铁口渣铁流量在线检测、第7章基于数据驱动的铁水质量参数在线智能预测以及第8章高炉铁水硅含量变化趋势智能感知。

本书撰写过程中，作者的学生黄建才、蒋珂、许川、黄倩、朱霁霖、朱既承、刘金狮、李奕天、董晋宗、杨波、张洪彬、戴昊霖、徐思远参与了本书的撰写和整理工作，在此感谢。此外，作者的博士和硕士研究生，如易遵辉、周科、何磊、许天翔、方怡静、李晞月、胡非、邓康、杨贵军、黄利双、吴巧群、尹菊萍、董梦琳、沈宇航、肖鹏、侯东强、周承越、林志强、李阳哲、常卓然、马晓路等，在本书涉及的诸多科研工作中做出了贡献，在此一并感谢。

本书的研究工作及相关项目在执行过程中，得到了广西柳州钢铁集团有限公司的大力支持。特别是广西柳钢东信科技有限公司张海峰董事长和苏志祁博士、柳钢股份总调度长祝和利高工、柳钢炼铁厂谢庆生书记与赵泽文书记以及莫朝兴厂长和钱海涛副厂长、柳钢炼铁厂2号高炉范磊书记和丘未明主任、柳钢炼铁厂首席技术官李明亮高工、柳钢炼铁厂自动化室主任邹优虎和李宏玉等给予的支持与技术帮助。感谢合肥金星智控科技股份有限公司吴华峰董事长、徐勇副总经理、周慧副总经理、汪升总监等给予的支持。作者还要诚挚感谢浙江大学孙优贤院士、杨春节教授，东北大学柴天佑院士、周平教授，上海交通大学关新平教授、陈彩莲教授、杨根科教授，清华大学叶昊教授、周东华教授、熊智华教授，燕山大学华长春教授和李军朋教授，武汉科技大学毕学工教授以及中南大学阳春华教授、谢永芳教授、王雅琳教授、陈晓方教授等对本书工作研究过程给予的多方面支持、帮助和指导。可以说，没有柳钢与合肥金星智控提供的良好条件与丰富资源，以及上述老师们的支持和帮助，本书相关工作就难以开展。本书责任编辑也为提高本书质量付出了辛勤劳动和智慧，在此感谢。

最后，感谢作者的家人，是他们在工作和生活上一如既往的支持、鼓励和默默奉献，才使作者能够顺利完成各项科研工作和本书的编写工作。

由于高炉是一个黑匣子，其运行信息在线检测与智能感知是国际公认的挑战性难题，本书只是结合作者近10年的研究经验和心得体会，从运行信息在线检测的角度对这一挑战性问题进行相对客观、初浅地介绍和开放性探讨。本书观点纯属个人见解，由于作者学识浅薄，理论水平和技术经验有限，书中不妥之处还请各位同行批评指正，在此表示感谢。

作　者

2023年10月28日

于湖南长沙

目　　录

1 绪　论

1.1 引　言

钢铁是工业的“粮食”，是航母、潜艇和飞行器等国之重器的“骨骼”。钢铁工业是国家基础原材料工业，也是国民经济的重要支柱产业。从 1894 年的武汉汉阳铁厂到新中国成立后钢铁企业的创建，我国钢铁工业经过数十年的发展，产业规模迅速扩大。从 1996 年至今，我国的钢铁产量均居世界第一。《世界钢铁统计数据 2023》显示[1]，2022 年全球粗钢产量约 18. 315 亿吨，其中中国粗钢产量达 10. 13 亿吨，约占全球产量的 55. 3%。世界钢铁表观消费量为 17. 81 亿吨，中国的钢铁表观消费量占比也达到了 51. 7%。因此，中国是名副其实的世界最大钢铁生产国与消费国。

我国虽然是钢铁大国，但仍在向钢铁强国迈进。我国 2022 年全年的钢材出口量达 6732. 3 万吨，而进口钢材 1057 万吨[1]。分析进出口的具体钢材品类可知，我国出口钢材品种多为钢坯、成品钢材、冷热轧板卷等，进口钢材品种主要包括合金钢、碳素结构钢、模具钢等特钢，这说明我国在高端钢材生产上需要进一步发展。目前，我国钢铁工业的 CO_2 直接排放量约占我国 CO_2 排放总量的 34%，仅次于电力行业。钢铁行业的能耗占全国总能耗的 15%以上，吨钢综合能耗高于世界先进水平。“十三五”期间，我国钢铁行业智能制造取得积极进展，但仍面临环境负荷重、资源利用率低、绿色低碳发展水平有待提升等重大共性问题[2]。为此，《“十四五”原材料工业发展规划》明确指出要推进钢铁行业节能低碳绿色化改造和智能化数字化升级，推动钢铁行业高质量发展[3]。

高炉炼铁是钢铁生产流程中承前启后的关键工序，接收来自上游工序的原材料，产出质量合格的铁水，进而为后续炼钢工序提供原始输入。在环境保护压力下，世界各国纷纷开始研究新型炼铁工艺，如直接还原工艺、熔融还原工艺等，但这些新炼铁工艺尚未成熟，且高炉炼铁具有产量大、生产效率高、能耗较低等优势，因此，高炉炼铁仍是世界各国现代炼铁的主要方法。

高炉炼铁是钢铁制造过程中能耗最大和生产成本最高的环节，约占钢铁企业综合能耗的 60%～70%、CO_2 排放的 90%以上及钢铁制造总成本的 60%～70%[4]。由此可见，高炉炼铁在钢铁制造流程中的作用至关重要。在碳达峰碳中和的低碳发展背景下，钢铁工业是实现“双碳”目标的前沿阵地。高炉炼铁过程关键信息检测手段缺乏、反馈信息缺失，造成冶炼过程的调控过度依赖人工经验，是造成高炉炼铁高能耗、高排放的主要因素之一。尽管高炉及其辅助设备已安装许多检测设备，但由于高炉高温密闭特点以及冶炼现场的恶劣环境，致使许多高炉炼铁过程关键信息无法检测，比如高炉料面形貌是反映炉顶的温度场分布、煤气流分布、炉料消耗速度以及燃料比等高炉运行过程的关键参数，也是炉顶布料操作的主要参考，然而由于高炉高温、高压、多尘和密闭等复杂恶劣环境，高炉处于“黑箱状态”，目前现场大多采用机械探尺接触式、间歇性测量单点料面深度，提供的参考信息极其有限，高炉调控主要依靠炉长根据机械探尺的数据以及其他高炉运行过程数据如风压、温度等做出主观判断，致使控制盲目、故障不明。在出铁现场，铁口铁水温度、流量、成分等物理化学参数是反映冶炼过程热状态、能耗水平及产品产量与质量等工艺指标与质量指标的关键信息，更是实现冶炼过程智能化调控和揭示绿色高效冶炼新规律的数据基础。由于铁口渣铁流辐射强、形态波动大、成分复杂等特点以及出铁场恶劣环境，导致铁口铁水温度、流量、成分等关键信息无法在线获取。这些高炉炼铁过程关键信息的缺失，对于高炉炼铁的精细化调控极为不利，严重制约了高炉炼铁过程的绿色低碳高效运行和智能化生产。

综上分析，高炉炼铁仍将在现代炼铁中发挥重要作用，但是缺乏其关键信息检测手段。在“双碳”目标和智能制造战略驱动下，为促进高炉炼铁过程的绿色低碳高效生产，推动高炉炼铁过程的数字化转型智能化升级，研究高炉炼铁过程关键信息的在线检测与智能感知方法与技术至关重要，意义重大。

1.2 高炉炼铁过程简介

1.2.1 高炉炼铁工艺

高炉炼铁是钢铁冶炼的第一道工序，是利用高炉将金属铁从含铁矿物（主要为铁的氧化物）中连续提炼出来的工艺过程。首先，按照规定的比例，将铁矿石、焦炭和造渣用的熔剂从炉顶装入高炉。这些原料在炉内形成交替分层结构，同时保持一定的料面高度。然后，从位于高炉下部的风口吹入经预热到800~1350 ℃ 的空气。空气中的氧与焦炭反应，生成一氧化碳和氢气。这些气体在上升过程中与铁矿石中的铁的氧化物反应，将铁还原成液态铁水。最后，液态铁水从出铁口流出，经凝固后形成生铁锭。铁矿石中不还原的杂质与熔剂结合生成炉渣，从出渣口排出。产生的煤气从炉顶导出，经除尘后用作热风炉、加热炉、焦炉、锅炉等的燃料。

图 1-1 是一个典型的高炉炼铁过程示意图。可以看出，整个高炉炼铁系统主要由高炉本体和冶炼所需的辅助系统构成，其中辅助系统主要包括上料系统、出铁系统、煤气处理系统、燃料（主要是煤粉）喷吹系统和热风系统。燃料喷吹系统生成的燃料和热风系统生成的热风都是由风口平台周期性喷出。通常，辅助系统的建设投资是高炉本体的 4~5 倍。生产中，各个系统互相配合、互相制约，形成一个连续的、大规模的高温生产过程。高炉开炉之后，整个系统必须夜以继日地连续生产，除了计划检修和特殊事故暂时休风外，一般要到一代寿命终了时才停炉。

上料系统的主要任务是将原料（如铁矿石、焦炭和石灰石等熔剂）从料仓输送到高炉顶部，并通过布料系统将原料合理地分布在高炉内。随着冶炼的进行，高炉内部的原料不断被消耗，为保证高炉稳定运行，必须不断补充原料。因此，炉料需要不断运输至炉顶，并通过监控系统对原料质量和数量进行监控以达到物料平衡。然后，布料系统利用旋转溜槽按一定规则分批布料，以满足特定生产需求。出铁系统的主要任务是周期性地排出高炉内部冶炼产生的铁水和铁渣。随着冶炼的进行，生成的熔融铁水和铁渣不断滴落在炉

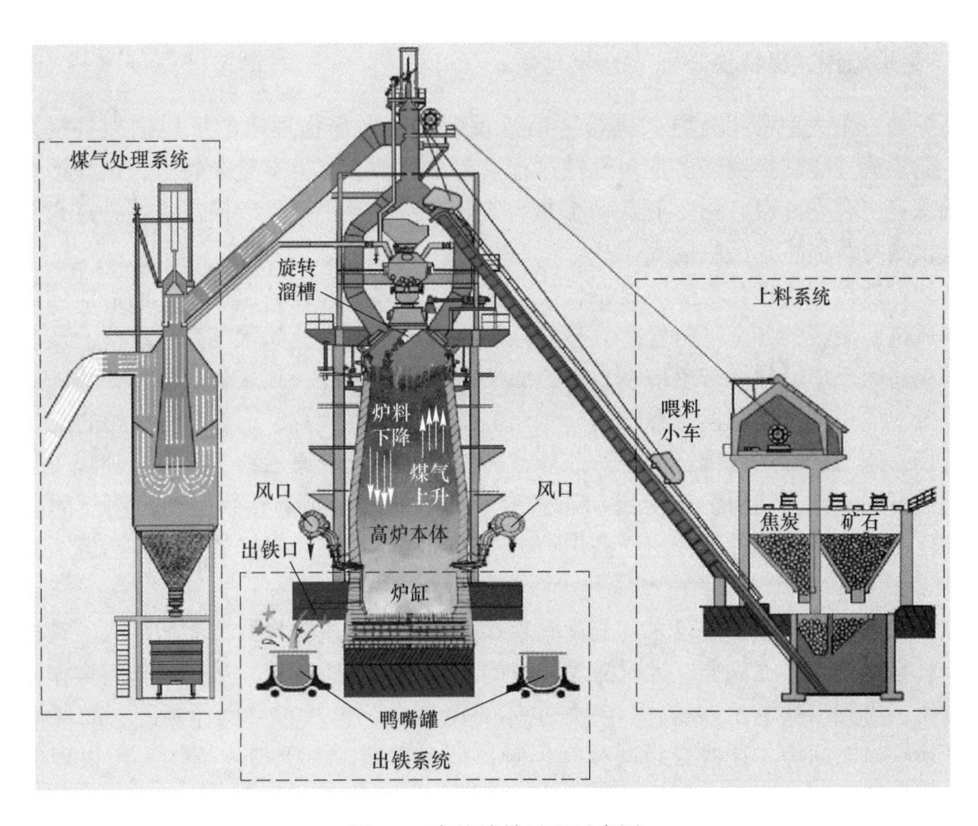

图 1-1 高炉炼铁过程示意图

缸上，导致熔融铁水和铁渣的液面不断升高。为防止炉内高液位对高炉的稳定运行造成干扰，当液面达到一定高度时必须打开高炉出铁口，以排出炉内铁水和铁渣。当出铁一段时间之后，炉缸内部的铁水和铁渣液面明显下降，为防止炉内煤气从出铁口处大量喷出，需及时利用泥炮机对出铁口进行堵塞。排出的熔融铁水和铁渣经撇渣器分离，然后分别被运输至下一道生产工序。煤气处理系统的主要任务是将高炉产生的煤气从炉顶收集并输送到煤气回收除尘系统进行净化。煤气回收除尘系统包括炉顶煤气上升管、下降管、煤气遮断阀或水封、除尘器、脱水器等。除尘工艺主要有湿法除尘和干法除尘两种。湿法除尘是利用水或其他液体来捕集灰尘，而干法除尘则是利用机械力或电场力来捕集灰尘。经过处理后的煤气可用作工业煤气，如作为热风炉、加热炉、焦炉、锅炉等的燃料。燃料喷吹系统的主要任务是在高炉内喷吹辅助燃料（主要是煤粉），以提高冶炼效率。辅助燃料在高温下迅速燃烧，产生大量的一氧化碳和氢气，促进铁矿石的还原。高炉喷吹煤粉是从高炉风口向炉内直接喷吹磨细的无烟煤粉或烟煤粉或这两者的混合煤粉，以替代焦炭提供热量和还原剂的作用，从而降低焦比和生铁成本，这是现代高炉冶炼的一项重大技术革命。高炉热风系统的主要作用是为高炉持续不断地提供高温热风。高炉热风炉是炼铁厂高炉主要配套的设备之一，一般一座高炉配 3~4 座热风炉。高炉热风系统包括鼓风机、热风炉、风管等。鼓风机将空气压缩并输送到热风炉，经过加热后，高温的空气通过风管输送到高炉内，与焦炭接触并促进其燃烧，产生更多的一氧化碳和氢气，促进铁矿石的还原。

1.2.2 高炉炼铁过程特性分析

高炉是一个大型密闭高温“黑箱”冶炼反应器，内部物理化学反应剧烈且复杂，物质流、能量流迁移转换频繁多变。炼铁过程具有显著动态、极端复杂特点，高炉冶炼环境也极端恶劣，存在高温、强辐射、动态非均匀分布粉尘等干扰，致使高炉炼铁过程关键信息在线检测与智能感知面临巨大挑战。

高炉炼铁过程物理化学反应复杂，冶炼工况动态多变。在高温、密闭的高炉内部，从炉顶到风口回旋区的各个部位发生大量复杂的物理化学反应，如水气变换反应、碳溶损反应、间接还原反应、软熔带反应、直接还原反应、渗碳反应、碳燃烧反应等，伴随着剧烈的物质流、能量流迁移转换，存在气（煤气）、固（炉料）、液（渣铁）三相的复杂反应和热流场、压力场等多场耦合关系。此外，高炉炼铁的入炉原燃料、鼓风、喷煤等外界条件呈现强不确定性，使得冶炼工况动态多变，生产的铁水质量参数呈现出明显的高动态性。即使在相同入炉条件下，由于高炉炉龄的增加，现场工人操作的差异，冶炼工况也会不同。

高炉炼铁过程控制变量较多，变量间存在强耦合，且检测与调控滞后性大。高炉炼铁是一个具有非线性、强耦合、大时滞等特点的复杂连续反应过程，从炉顶布料操作到风口平台鼓风，再到出铁场出铁操作，高炉主体的控制变量包括布料操作矩阵、鼓风操作参数、开堵铁口时间等，这些变量间相互影响，耦合复杂。由于高炉炼铁工艺机理的复杂性，尚不能通过机理建模来准确地描述控制变量与期望输出的关系。此外，从高炉炉顶布料到最终生成熔融铁水，需要 4~6 h（冶炼周期），致使高炉调控的判断周期长、调控手段发挥作用的滞后时间大。由于高炉现场恶劣的环境，部分检测信息无法获取或只能通过离线采样化验的手段来获取有限的检测信息，给高炉炼铁过程的精细化智能化调控带来极大的困扰。

1.2.3 高炉炼铁环境特点分析

高炉炉顶内部光照条件复杂，成像光照不足，存在高温、高压、多尘以及振动等极端恶劣环境，有效信息捕获困难。高炉冶炼过程中存在大量有毒性气体一氧化碳，运行过程必须保证炉体严格密闭，如图 1-2（a）所示，炉喉部分被炉墙封闭无外部光源。炉喉内部的唯一光源是由于高温煤气和焦炭发生燃烧反应而产生的强烈光照，如图 1-2（b）所示，此光源的大小和位置受高炉布料操作以及透气性影响而发生动态变化。当中心布焦之后，高温气焰光源会被暂时掩盖压制，整个炉喉空间处于无光状态，由于透气性好的区域升温快，随着高温作用，新布入的焦炭在透气性好的区域慢慢开始燃烧，高温气焰光源逐渐显现并蔓延到整个焦炭区域。此外，布入炉喉内部的炉料由吸光性强的焦炭和矿石等物质组成，如图 1-2（c）所示。在上述因素的共同作用下，炉喉内部空间呈现一个“整体光照较弱，但存在局部动态强光”的复杂光照条件。固体炉料由布料溜槽砸落在料面上，不可避免地发生碰撞粉碎产生小颗粒粉尘，粉尘在煤气流的裹挟下向上运动进入煤气管道，因此炉喉空间内大部分时间存在运动粉尘。高炉冶炼反应伴随着剧烈的能量释放，炉喉内部空间的温度在正常炉况下于 200~400 ℃的范围内波动，远高于室温，常规成像设备在此高温下将会直接损坏。此外，炉内的气压是正常大气压的 2 倍以上。

(a)

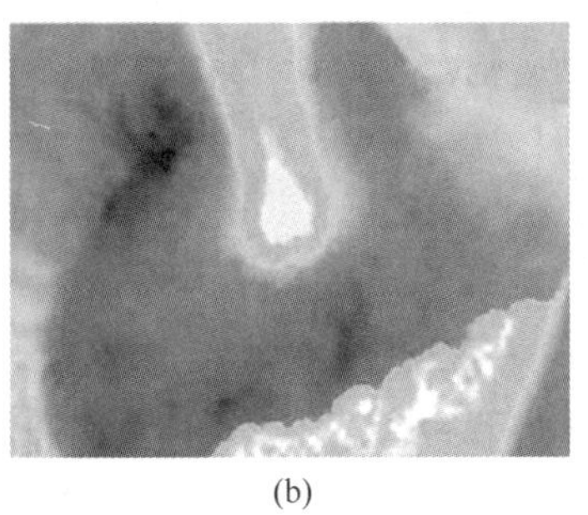
(b)

(c)

图 1-2 影响高炉内部光照的因素
(a) 密闭结构；(b) 炉喉内部唯一光源；(c) 吸光性强的炉料

高炉出铁场具有环境温度高、空间有限等特点，存在铁渣飞溅、动态非均匀分布粉尘、不规律机械振动等干扰，使得高炉铁水温度的在线精准获取充满挑战。由于从炉缸中射流出的铁水流温度很高，出铁场温度较低，铁水在流动过程中会产生大量的热辐射，使得出铁场的环境温度较高，图 1-3 是某炼铁厂的高炉出铁场。高炉出铁场周围空间有限，在铁口附近配有机械臂、炮泥机等机械装置以方便开堵铁口，并且在铁水主沟两边堆积有大量沉积的粉尘和渣堆。此外，根据高炉体积大小，其炉缸具有不同数量的铁口，高炉运行过程中从这些铁口轮流出铁，由于铁口和铁水沟需要定期维护，在维护过程中会产生剧烈的振动干扰。在高炉出铁过程中，高炉铁口周围会产生间歇性随机分布的粉尘。产生粉尘的主要原因有三个：(1) 出铁时由于炉缸内部的高压作用，部分炉缸内的粉尘经由铁口随铁水流排出，考虑到铁口直径较小，且在大部分时间铁水流在铁口处为满流，因此这部分粉尘量较小；(2) 在出铁初期，由于铁口与铁水主沟之间有落差，当铁口铁水流落入铁水主沟时，由于落差的存在，会激起大量的粉尘，但随着出铁过程的进行，铁水主沟逐渐充满铁水流，落差逐渐减小，粉尘量也减小；(3) 由于热压的作用，在铁口附近的铁水主沟内，大量粉尘会从铁水中挥发出大量向上的粉尘。正是因为铁口附近的间歇性出现随机分布粉尘、不规律机械振动等干扰，使得高炉铁口处铁水温度的精确检测充满挑战。

尽管高炉及其辅助设备中已经安装了热电偶、红外测温仪、气体分析仪、成分分析仪等传感仪器设备，由于高炉自身“黑箱”特点、炼铁过程的复杂动态性以及冶炼环境的恶劣性，高炉炼铁过程仍有许多关键信息无法在线检测或者只能通过离线化验分析等手段来获取有限信息，如高炉炉顶料面形貌、料位、炉料下降速度等无法直接在线获取，高炉炉壁温度场无法在线获取，出铁场铁口处渣铁流温度、流量、成分等物理化学参数无法在线检测。这些高炉炼铁过程关键信息在线获取手段的缺失，致使大型高炉内部未知的冶炼新现象、新规律、新机理观测困难，造成高炉精细化智能化调控缺少重要反馈信息和操作依据，导致高炉炼铁热平衡计算、能耗评估及产品质量产量分析缺少关键数据支撑，不利于高炉炼铁过程的绿色低碳高效稳定运行。目前，由于高炉炉顶料面信息、炉壁温度场信息、铁水质量信息等关键运行信息的缺失，高炉炼铁现场布料操作、炉温调节、铁水质量调控等日常生产操作仍依靠炉长或工长的长期经验知识进行人工主观调节。尽管炉长或工长的专家知识经验十分宝贵，但人工调节主观性强、滞后性大，难以根据入炉原燃料与动

图 1-3 某炼铁厂的高炉出铁场

态变换炉况对高炉进行及时、准确、有效的调控，存在高炉利用系数低、铁水质量波动大、冶炼能耗高等问题。因此，亟需研究高炉炼铁过程关键信息在线检测与智能感知方法，为高炉炼铁过程智能化调控、绿色低碳高效稳定顺行提供关键的数据支撑，助力我国钢铁行业高质量发展。

1.3 高炉炼铁过程关键信息检测现状

1.3.1 高炉炉顶料面信息检测

1.3.1.1 料面检测设备

目前，高炉料面的检测设备主要有四种：机械探尺、微波雷达、红外热像仪和工业内窥镜。

A 机械探尺

机械探尺是一种接触式单点深度测量设备，安装在高炉炉顶内部边缘[5,6]。基于机械探尺的单点料面测量原理如图 1-4 所示。当一个周期的炉料通过布料溜槽落入料面后，电机提供的力小于重锤的重力，因此链条箱中的链条下落致使重锤下降，重锤接触到料面后受到后者提供的支撑力静止在料面上，并随料面的下降而下降。因此，料面与重锤接触点的深度可由重锤尺寸和下落链条长度得到。

B 微波雷达

微波雷达是一种非接触式的料面深度检测设备，相比毫米波雷达与激光雷达，其对小尺寸的粉尘和液滴具有更好的穿透性[7,8]。基于微波雷达的多点料面深度检测原理如图 1-5 所示。雷达安装在高炉顶部的上方位置，通过收发器向料面发射微波并接收回波。相比较脉冲波，料面检测通常采用调频连续波以获得更优的测距范围与精度，发射与接收的微波

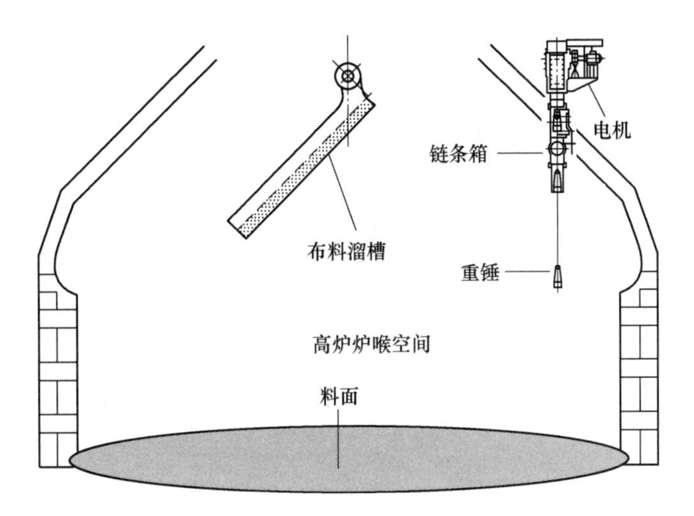

图 1-4 基于机械探尺的单点料面测量原理示意图

信号经过混频器处理以及处理器转换得到频域信号，再通过频谱分析得到单个区域的料面深度[7]。

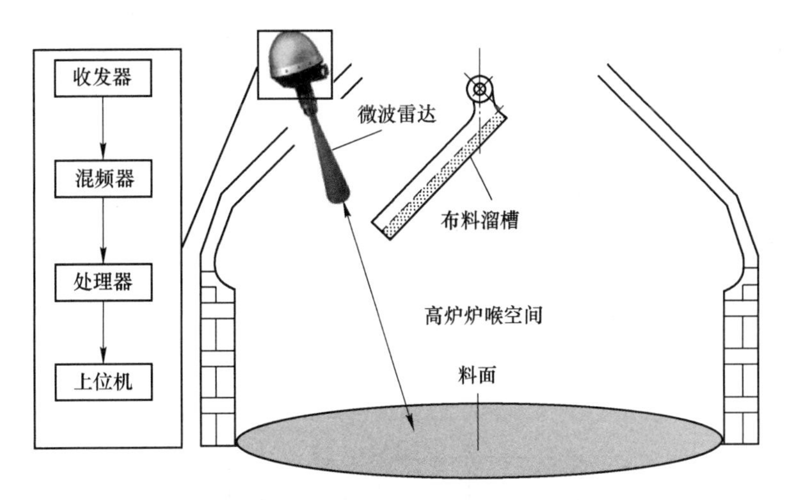

图 1-5 基于微波雷达的多点料面深度检测原理示意图

C 红外热像仪

红外热像仪是一种非接触式的料面温度获取设备，能够获取料面空间的二维温度分布[11]。基于红外热像仪的料面温度获取原理如图 1-6 所示。红外热像仪安装在高炉顶部上方位置以获取大范围空间的红外辐射强度，采集的数据经视频采集卡转换成数字图像送往上位机进行处理、计算和显示。上位机根据红外辐射强度与温度之间的关系将数字图像的灰度值转换成温度数据并利用伪彩图的形式展示。下位机用于控制红外摄像仪的冷却水降温以及氮气吹扫以确保其在高温、多尘环境下正常工作，同时将红外热像仪中的温度、压力等数据传输给上位机以便检测设备的运行状态[12-14]。

D 工业内窥镜

工业内窥镜是一种非接触式的料面检测设备，可以直接获取料面的可见光图

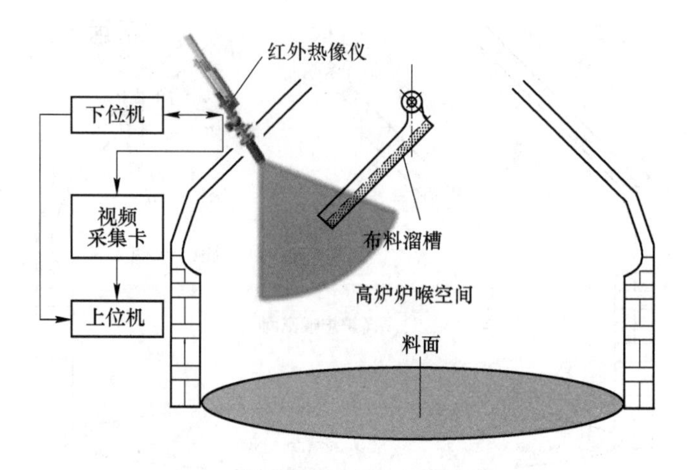

图 1-6 基于红外热像仪的料面温度获取原理示意图

像[15]。基于工业内窥镜的料面检测原理如图 1-7 所示。为了避免粉尘对料面光照的衰减过大，工业内窥镜安装在离料面较近的高炉侧边深入炉喉内部获取料面的可见光波段的信号。获取的料面模拟信号被视频采集卡转换成数字图像信号，经光纤转换器传输到中控室的上位机上用于处理、存储以及显示[16,17]，从而实时掌握高炉内部料面分布情况以及运动状态。

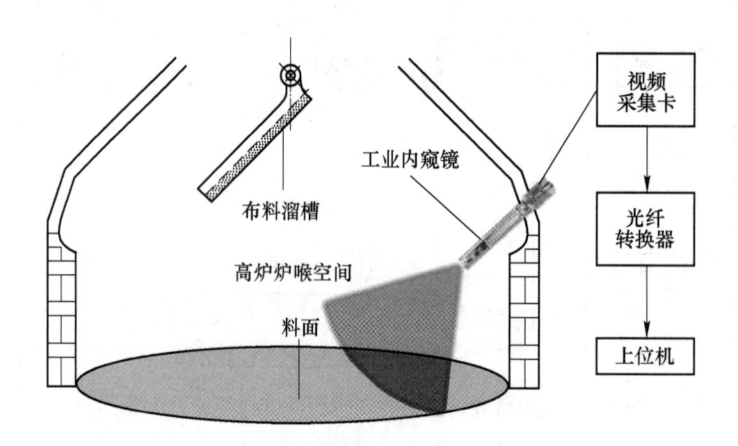

图 1-7 基于工业内窥镜的料面检测原理示意图

在冶炼过程中，料面形状对高炉稳定顺行、节能降耗具有直接影响，准确了解料面的真实分布有助于操作工人了解高炉炉况，并指导其进行科学合理的布料操作。为此，基于工业内窥镜采集到的料面图像，深入开展料面图像清晰化和料面三维形状重构的研究是获得料面真实形状的“必经之路”。

1.3.1.2 料面图像清晰化

高炉料面影像拍摄的环境是在高炉中，拍摄的对象是高炉炉料和中心气流，高炉的内部环境恶劣，炉内密闭无光、炉内粉尘较厚，所拍摄的图像不仅严重退化，而且还给高炉料面的三维重建带来了较大障碍。针对暗光图像的清晰化方法有以下几个：灰度变换法是指对图像进行伽马矫正以实现灰度的灰度变换，进而实现图像压缩、拉伸灰度的目标[18]；图像对比度角度衡量的方法由卢迪等[19]提出，通过可见的边缘检测获得对比图，在此基础上使用相关的评测指标，更好地提高图像对比度，但是这种方法不能正确地评估有过强化的图像；另一种是综合考虑图像的对比和颜色方法[20]。文献[21]在利用全局和局部对比度加强去雾后图像对比增强度之后，通过调用色调极坐标直方图、RGB 主成分分析和相似度三项图像评价指标，分别对图像色调还原能力、颜色恢复能力和自然感进行了图像的清晰度加强。文献[22]提出了图像优化细节还原系数和颜色还原系数，同样针对图像对比度、颜色的多目标优化，对图像进行了多目标优化。张新龙等[23]提出了清晰化有雾天气环境图像的方法，利用模板进行了局部深度信息匹配，能够更好地增强雾天的降质图像，然而实验中提到，该算法存在运行时间过长的不足之处。在图像的局部增强方面，杨万挺[24]基于将图像的局部方差的雾天强化方法，雾天图像保持灰度和亮度的图像特征，该算法比较局部图像方差大小，进行局部图像增强状况判断，作为局部图像灰度变换的基准，该方法能对局部图像特征进行有效增强，对局部细节保存尤为完好，克服了传统灰度直方图均衡方法造成灰度级不足的缺陷，保持了图像的灰度平均亮度，然而其对某些雾天噪声的处理存在不当的噪声放大现象。仲伟峰等[25]提出了低照度有雾图像增强算法，将 RGB 图像转化为 HSV（Hue 色相，Saturation 饱和度，Value 亮度）图像，提取亮度 V 并在 V 分量上使用模拟视网膜和大脑皮层的算法（Retinex，Retina and Cortex Algorithm）进行伽马修正，得到全局对比和反射率，然后将多尺度 Retinex 色彩恢复算法（MSRCR，Multi-Scale Retinex with Color Restoration）的高斯滤波器转换为引导滤波和低通滤波，最后将单尺度 Retinex 算法（SSR，Single-Scale Retinex）、MSRCR 算法和基于拉普拉斯金字塔的 Retinex 算法加权处理，得到最终的结果，在一定程度上可抑制光晕，改善颜色失真。赵春丽等[26]从时频分析的角度出发，将同态滤波算法中的傅里叶变换用快速小波变换代替，然后在变换域内用改进的滤波器对小波系数进行处理，从而达到增强雾天降质图像的目的。

1.3.1.3 料面形貌三维重建

料面三维重构的核心是获取各点料面深度的信息，从图像中获取深度重构信息，主要是根据单目、双目和多目图像进行三维重构。单目图像恢复深度通常是根据所蕴涵的深度线索来计算场景，分别是视差、聚焦、纹理、阴影等深度线索。双目复合深度是通过立体匹配感知的深度，至少需要通过两个视图来完成立体匹配，获得视差信息，而立体匹配则要求两个视图的重叠率大于一定的阈值；多目立体视觉利用立体匹配，将多摄像机拍摄同一物体，标定成像系统后，利用三角测量原理进行深度图的计算。考虑高炉的实际情况，高炉墙内开孔不宜太大，双目相机或多目摄像头会增加拍摄数量，会给内窥镜添加水冷、风冷等保护系统带来困难，一方面要求开的孔径过大，不利于高炉的安全工作，另一方面造成了高炉内窥镜成像设备的研发困难和复杂性，因此本项目主要使用单目相机进行恢复，重构三维高炉料面形状。对于一个摄像头所采集的视频进行三维重构，目前已有国内外学者进行相关的研究。单摄像头的三维重建采用一个单视点或图像序列，通过二维的图像特性计算得到对应三维模型[27]。这些二维线索有明暗度、纹理、焦点、轮廓等。这种方法的设备结构简单，使用一幅或几幅照片就可对物体进行三维重建；不足之处在于，要求条件更理想，实际运用情况并不理想。基于单目三维重建方法主要有：

（1）明暗度法。这种恢复方法主要是通过对物体图像中不同明暗度的反射信息分别进行模型分析，利用反射光线的模型对物体图像中的表面信息进行正向反射，恢复当前物体图像表面法向反射信息的三维模型重建[28]。明暗度法的主要优点在于，它能够从单个图像中重新恢复更精确的三维模型，可适用于几乎所有的物体，除了镜面对象。但明暗度法的重建仅依赖于数学操作，效果较差，而且因为对光照条件的要求较高，需要准确地知道光源的位置和方向等信息，使得在光线复杂的三维重建中，明暗度法难以应用于光线状态复杂重建[29]。算法主要有局部法和全局法两种，其中全局法计算代价过高，而局部法存在较大误差[30]。Chen 等[31]提出了基于限定函数最优的全局法，提出了一种无二次常规项的代价函数，在验证方面使用重构图像梯度与输入图像梯度一致，这使计算代价得到了降低，但是正确性存在较大不足。El-Melegy 提出了一种表面梯度的光反射模型线性化的方法，该方法简化了从光影恢复三维形状的计算消耗，但存在精确度不足的问题[32]，YD Huang 使用运动摄影学的方法，将线性模型推广到二次型模型，但仍未解决降低复杂度与提高精度两者的平衡[33]。文献[34]比较了四种改进的利用渐变阴影恢复物体形状的三维重构算法。

（2）轮廓信息法。利用确定轮廓信息来重新恢复物体形状，这种估计法则主要是通过对多个不同角度的目标物体的轮廓获得对象的三维视觉模型，Jason 等成功实现了从确定轮廓图像中直接产生三维模型的方法，对单目标物体进行最大化的估计[35]。Federico[36]进一步采用霍夫投票方法优化了物体被遮挡的情况下的三维形状估计方法。Ramamoorthi 等[37]通过线结构光与轮廓结合的方式，增加了轮廓信息的准确性。刘鑫等[38]设计并提出了基于模糊立体图像三维边缘坐标轮廓测量重建法，采用立体匹配检测方法，在模糊图像中对边缘坐标进行轮廓测量，寻找所需要检测的模糊图像中与边缘坐标相应的焦点，从而快速获得三维边缘坐标。魏永超等[39]通过不变角度轮廓特征，提取不变矩阵特征，构建特征向量数据库集，实现三维形状获取。

（3）焦点信息法。该方法通过摄像头进行建模，获得散焦程度与景深的数学模型，通过料面图像各处的模糊程度推导出景深信息。Tombari[40]根据纹理-形状描述增强了三维信息描述子的配对。从国内外对炉顶布料模型的研究可知，虽然对炉顶布料模型研究较为成熟，但由于炉顶的特定环境，对模型的精确性缺乏可靠的实验数据来证明，因此建立炉顶布料模型的使用价值并不高。李宗楠等[41]通过扩展误差扩散核，减小了正弦光栅二值化量化的误差，同时也抑制了非对称纹理。Carvalho 等[42]探索性地将卷积神经网络（CNN，Convolutional Neural Network）应用于获得模糊信息，采用贝叶斯神经网络估计模型不确定度，进而获得室内环境下的景深信息。

当前也有其他的一些研究，如 Smith 等[43]提出了一种简单的通过求解大型、稀疏的线性方程组，直接从单个偏振图像估算表面高度的方法，通过单独使用非线性方法可从偏振图像估计空间变化的反照率或照明。Xiao 等[44]提出了一种将区域建议检测器与深度监督网相结合的边缘识别方法，通过从隐藏层中学习来最小化对象的错误，并且这种算法结合不同尺度的特征来检测物体的边缘。Reska 等[45]提出了一种快速多阶段图像分割方法，将纹理分析合并到基于级别集的活动轮廓框架中。该方法允许集成多种特征提取方法，并且不依赖于任何特定纹理描述符，也不需要图像图案的先验知识，从初始特征提取和选择开始，然后执行基于快速级别集的演化过程，最后以基于区域模型的最终细化阶段结束，提出的方法是基于灰度共生矩阵、加波尔滤波器（Gabor Filter）和构造张量。Pedrosa等[46]利用良好的室内光源，实现三维场景识别的问题，它分别对反射物和结构光源进行分析，有效地抑制了环境干扰，使用双投影单摄像机的测量结构扩展到成像范围。Socher等[47]引入了新型 CNN 的架构，对曲面带来的二义性问题进行优化，对于球面图像效果更好。

1.3.2 高炉铁水温度检测方法

目前，高炉铁水温度的测量方式可以分为直接测量和软测量两大类，其中直接测量方式中又可以分为接触测量和非接触测量，接触测量包括热电偶测温法、黑体空腔测温法，非接触测温方式主要指红外测温方式；软测量方法可以分为基于高炉炼铁机理的预报方法和基于数据驱动的预报方法两种。下面对这些高炉铁水测温方法进行具体介绍分析。

1.3.2.1 热电偶测温方式

目前高炉现场主要采用快速热电偶来检测高炉撇渣器后铁水温度，热电偶的测温结果较为稳定可靠，操作直接简单。快速热电偶的工作原理是金属的热电效应，即当两种不同导体接合成闭合回路时，接合点两端的温度差会在闭合回路内产生热电流[48]。但快速热电偶测温方式属于一次消耗型，每次检测铁水温度都会消耗一支快速热电偶，且每次测温只能获取某个位置处的单点温度，即这种测温方式属于间断式点源测温。在一次出铁过程中，只有获取几个温度数据，难以实现铁水温度的连续检测，并且快速热电偶的响应速度较慢，热电偶的测温位置和深度取决于操作工人的熟练程度，在高炉现场常常存在由于操作工人测温不熟练导致热电偶已经烧损但未能成功检测铁水温度或测温结果无效的情况。此外，这种测温方式是将快速热电偶插到测温枪的一端，每次测温之前需要更换新的热电偶，再由工人靠近铁水沟将测温枪插入铁水中测温，而高炉现场环境恶劣，铁水容易飞溅，导致这种接触式测温方式具有一定的危险性。

20 世纪 60 年代，Kozlov 等[49]基于该方法设计出带保护管的侵入式热电偶对高炉的铁水温度进行了测量。1978 年，石思顺等[50]设计了具有金属陶瓷保护管的侵入式热电偶铁水连续测温装置，在武钢高炉试用取得了一定效果。1983 年，Mee 等[51]对保护管的材料进行了改进，侵入式热电偶的响应速度和使用寿命得到了提高，但是由于保护套管寿命较短，且昂贵的铂铑金属使得测温成本变高，目前在高炉现场，主要使用价格便宜的一次性快速热电偶来检测撇渣器后的铁水温度，尽管如此，使用快速热电偶测温的人力成本和热电偶消耗成本也不容忽视。

1.3.2.2 黑体空腔测温方式

黑体空腔测温法的测温原理是将测量管插入熔融金属中，使其与被测介质直接接触感知温度，利用光电转换器接收测量管发出的红外辐射信号，并将其转换为与温度成一定关系的电压信号，再经信号传输线送至信号处理器进行计算、补偿、显示、存储和远传[52]。黑体空腔传感器主要由测量管、测温探头及相关附件等组成。由于测量管的内壁近似设计为黑体空腔，故将基于上述测温原理的方法称为黑体空腔测温。需要指出的是，由于测量管需要接触高温铁水以充分感知铁水温度，因此，测量管的外壁材料需要具有耐高温、耐冲刷、耐腐蚀、耐氧化和导热性优良的性质。

Miyahara 等[53]直接将光纤一端埋入铁水中，另一端接入辐射高温计，构成了基于光纤黑体测温法的浸入式铁水连续测温装置。谢植等[54]基于在线黑体空腔理论研制了黑体空腔式钢水连续测温传感器，在包钢炼钢厂方坯铸机中间包开展一系列钢水测温实验，能够实现一定时间内的连续钢水测温。王丰等[55]利用外保护管和黑体空腔构成侵入式测温传感器，采用光纤接收并传递来自黑体空腔的辐射信号，利用光电元件来实现光电转换，并依据红外辐射测温理论计算钢水温度。

黑体空腔测温法通过接触高温铁水实现测温，虽然该方法可实现连续在线测温，但由于铁水温度约为1500 ℃，将类似黑体空腔的传感器直接浸在铁水中，高温铁水会对传感器的外壳造成严重侵蚀，导致这种测温设备的工作寿命有限。同时，为使黑体空腔结构耐受高温，其制作材料较为昂贵，造价较高。此外，由于高炉铁水沟需要定期拆卸维修，使得黑体空腔测温方法在铁水沟中的安装使用较为复杂，因此，该方法在高炉炼铁现场的应用受到限制。

1.3.2.3　红外测温方式

红外测温方式属于非接触式测温，红外测温设备通过接收被测对象的红外辐射能量，通过建立红外辐射能量与被测物体表面温度之间的定量关系，实现非接触地测温[56]。红外测温方式不需要与被测物体直接接触，通过这种方法可以非接触地测量高温危险的物体，如熔融铁水等，避免对设备的损坏，具有连续、安全、实时在线等优点。但这种非接触测温方式容易受到外界干扰因素的影响，在恶劣环境中的测温精度难以保证，尤其是当光路中存在粉尘等干扰时，测温结果会带有较大的误差[57]。

常用的红外测温设备包括红外测温仪、比色测温仪、红外热像仪等。红外测温仪可以检测某一点的温度，测温区域较小，必须对准被测对象才能获取准确的温度[58]，然而在高炉出铁场这种复杂工业测温场景中，铁水流的射流位置偏移或者现场施工剧烈振动带来的红外测温仪位置波动都会使得红外测温仪无法对准铁水流，致使测温结果是错误的，并且红外测温仪的测温点容易受到出铁场间歇性随机分布粉尘的遮挡，致使测温结果存在偏差。因此，红外测温仪难以满足高炉铁口铁水流温度检测的需求。比色测温仪基于双波段辐射测温原理，通过建立被测对象表面温度与被测物体发出的两个相邻狭窄波段内辐射强度的比值之间的定量关系来实现温度检测[59]。从理论上讲，比色测温仪的测量结果由两个窄波段辐射强度的比值确定，受周围环境中干扰因素的影响较小，当被测物体周围环境中存在干扰时，例如粉尘、烟雾、水蒸气和其他杂质时，如果比色测温仪的波长选择合适，便可以依据标定模型获得准确的测量结果；但是比色测温仪的性能与所选的两个波长有关，测量结果对两个辐射能的比值非常敏感，两个辐射能的比值波动会带来很大的测温误差。此外，比色测温方式中发射率与波长的关系也难以准确地确定。因此，比色测温方式在高炉铁水温度检测应用中较少。红外热像仪可以获取被测对象的红外热图像，即被测物体的面源温度信息，显示的是整个被测物体或者某一区域的表面温度，一定程度上保证了被测对象处于测温视场内，在众多工业过程有着广泛的应用；尽管如此，但其同样容易受到粉尘、烟雾、水蒸气等环境因素的干扰，致使其测温结果存在误差[60]。

杨显涛等[61]基于双波段红外测温法，设计了氩氧脱碳炉在线红外温度监控系统以检测炉内铁水熔液的温度。钟山等[62]发明设计了带有遮光管和气冷罩等辅助装置的红外辐射测温计来实现铁水温度的连续测量，以克服环境因素的影响。Sugiura 等[63]利用高温辐射计来检测铁水流的温度。孙国军等[64]采用了便携式测温枪来实现铁口铁水温度的非接触式在线检测，但其本质上是利用红外测温仪来获取某一固定点的温度，难以自动对准铁口铁水流中的铁水区域，无法保证测温结果的是铁水温度，且需要不断的人工调节来使测温点对准铁水流。由于铁水流表面具有炉渣、氧化层等物质，而红外测温仪只能固定地检测某一点的温度，当该点受到高炉出铁场粉尘影响时，测温结果存在很大的误差，并且当高炉现场不规律振动导致测温仪测温点偏移或者铁水流形态发生改变时，无法保证测温点是铁水区域；当测温点是非铁水区域时，测温结果将是错误的。因此，实际上高炉现场较少采用只能获取点源温度信息的红外测温方式。西班牙 Rubén 等[65]利用非制冷焦平面红外热成像仪对鱼雷罐车内的铁水进行测温，采用多元函数拟合算法，对红外图像进行处理，利用阈值从红外图像上识别铁水和炉渣，确定感兴趣区域，试图克服炉渣因素造成的测量误差；但鱼雷罐车所处环境与铁口铁水流所处环境存在较大差异，难以直接应用该方法检测铁口铁水流温度。潘冬等[66]提出基于红外热像仪的面源温度信息，结合图像处理技术，实时在线地检测高炉撇渣器处铁水温度，撇渣器附近基本上不存在粉尘的干扰，环境良好，而在高炉出铁时，铁口附近存在间歇性随机分布粉尘，环境恶劣，致使红外热像仪的测温结果受到粉尘的影响。

1.3.2.4 基于炼铁机理的高炉铁水温度预报方法的研究

基于炼铁机理的高炉炉况预测模型是指根据高炉炼铁工作原理建立起来的描述高炉冶炼过程的模型。研究者从高炉生产过程中的热平衡与物料平衡角度出发，进行机理建模和计算，由此推导出相应的机理分析模型。机理分析模型的种类繁多，以铁水温度预报为目的的机理分析模型主要有法国的 Wu 模型[67]、比利时冶金研究中心开发的 Ec 模型[68]等。这些模型都是利用高炉热量平衡和质量平衡，推导出代表高炉炉热状态的指数，发展了高炉静态平衡模型，这类模型能反映高炉的操作状态，但不能反映高炉过程的动态变化特性。Wu 模型由法国钢铁研究院提出，根据炉顶煤气成分和生铁成分等数据计算出描述炉内高温区热平衡的炉热 Wu 指数，进而根据 Wu 指数的变化反映高炉炉内铁水的温度波动情况。这些模型加深了人们对高炉局部运行情况的认识，虽然具有不少的优点，但存在准确性不高以及预报时间太短的明显不足，而且该模型在炉况波动较大时不能适用。

1.3.2.5 基于数据驱动的高炉铁水温度预报方法的研究

高炉铁水温度预报主要指高炉铁水化学温度的预报，即铁水硅含量的预报。因为铁水中硅元素含量与炉温之间存在密切的关系，所以也称硅含量为铁水的化学温度。目前，由高炉工人在出铁过程中对撇渣器后的铁水采样，待其冷却成铁锭后再在实验室离线化验得到高炉铁水硅含量。在一次出铁过程中，这种硅含量离线化验方式只能获得几个硅含量值，且检测结果具有很大的滞后性。考虑到高炉是一个内部环境恶劣、高温密闭的黑箱式反应器，内部机理难以获取，只能从高炉众多外部可控的控制参数和可测的状态参数中挖掘规律。因此，基于数据驱动的建模方法被用于高炉硅含量的预报中，以弥补人工检测硅含量存在的离线、滞后性等问题。许多学者开展了基于数据驱动的铁水硅含量预报方法的研究，具体见 1.3.4.2 节。

1.3.3 高炉铁水流量检测方法

高温熔融流体流量在线精确检测对于设备的安全运行、工业过程控制、优化测量及校准装置等均具有非常重要的意义，国内外学者对此展开了大量的研究工作[69]。目前针对高温液体流体流量检测方法可分为直接测量和软测量两大类，其中直接测量方式中又可以分为接触式测量和非接触式测量，接触测量主要为流速探头法和间接测量法，非接触测量法包括图像测量法、电磁测量仪和超声波测量法；软测量方法主要是基于数据驱动的测量法和机理模型法。

1.3.3.1 高温熔融流体流量接触式测量方法的研究现状

高温熔融流体流量接触式测量方法主要有流速探头法、热感应流量测量法和间接流量测量法。

A 流速探头法

流速探头法是通过在被高温熔融流体中插入传感单元，浸没在流体中的流速传感器会产生潜在的物理效应，基于潜在的物理效应即可测量出高温熔融流体的流速，进而根据截面面积计算出流量。流速探头法依据不同的物理效应可分为反应探头法、融化探头法、电位差探头法和卡门涡街探头法。

反应探头法利用了相互作用力的原理，通过将耐高温材料的杆浸入高温熔融流体中，该杆会受到流体对其施加的力，获取杆另外一端的偏转角或者扭矩以测量流体流速。Kubota 等[70]利用该原理分别开发了倾角测量法和阻力测量法。倾角测量法得到了广泛关注和应用，如次半月板速度控制传感器系统[71]，能提供可靠的连续钢液表面速度测量；国内专利[73]通过记录测量杆在流动钢液中的实时偏转角度，利用数据线传输到数据采集分析系统，将角度数据转化为钢水流速。然而，此种接触式的测量方式是单点测量，存在标定难、可重复性差等缺点，且测量高速液态流动的流体时精度无法保证。

融化探头法对的测量原理是利用流体流速与浸入熔融金属流体中固体熔化速率呈正相关的关系以测量流体流速。Mikrovas 和 Argyropoulos[74]选择了与金属流体具有相同化学成分的固态金属球，将其浸入该高温金属流体中，通过监测固体金属球的熔化速度，开发出了一种用于测量熔融金属流体流速的融化探头，实现了测量交流感应炉中熔融铝液流速的精确测量。然而，融化探头法对熔融金属温度的波动非常敏感，在使用融化探头法测量高温熔融流体流速之前需要预测温度的波动，且必须考虑熔融金属流体的流动对固态金属球传热的影响。

电位差探头法的测量原理是基于电导体穿过磁场时导体具有与流速呈线性关系的感应电动势，通过采集导体产生的感应电动势以测量被测导电流体的流速[75]。电位差探头法已被广泛用于测量导电金属流体的平均速度，分辨率约 1 mm/s[76]，在确定快速流动流体的湍流特性时具有较强的优势[77]。另外，通过与温度传感器组合的方法可实现流体流量和温度的同时测量。

卡门涡街探头法[78]是利用流体在管道内的振荡以实现流体流量的测量。在测量管道中放置三角柱形旋涡发生体，当高温熔融流体在经过三角柱形旋涡发生体时，从旋涡发生体两侧交替地产生正比于流速的两列漩涡，通过获取漩涡的发生频率得到被测流体的流速及流量。Manabu 等[79]设计了一种称为卡门涡流探头的流速仪，通过采用霍尔元件对旋涡发生体周围漩涡的发生频率进行了测量，实现了连铸结晶器弯月面钢水流动速度的测量；Krauter 等[80]研制了一种瞬态涡街流量计，实现了在不预先校准情况下液态金属流量的精确测量。

B 热感应流量测量法

热感应流量测量法是通过测量并分析高温流体在管道内温度的变化以实现高温流体的流量测量。

Moazzeni 等[81]使用两个带接地不锈钢屏蔽热电偶，分别放置于管道的上游和下游以获得高温流体流动过程中温度波动特征，利用互相关方法可获得高温流体在管道中上下游热信号的传输时间[82]，提出了一种自适应脉冲响应函数估计技术，实现了高温、辐照和腐蚀等恶劣环境下流量的稳定可靠测量。该方法对小尺寸管道中的高温流体流量检测有较高的测量精度，而在大流量、大尺寸管道的应用中，由于温度传感器响应时间慢、尺寸大、热信号强度低等限制，存在测量精度低、可靠性差等缺点。为此，Alidoosti 等[83]给出了数值模拟和实验相结合的方法，提出了一种复杂的热传播时间流量计设计方案，在高温（300~1000 ℃）和腐蚀环境中实现了高温流体流量的稳定准确测量。

C 间接流量测量法

间接流量测量法是指通过额外的容器装载高温熔融流体，采用其他的测量手段测量流入该容器高温熔融流体的流量。

在现有高炉的冶炼出铁现场，一般采用铁水罐或鱼雷罐车装载高温熔融态的铁水，通过工业称重传感器直接测量铁水和铁水罐总质量的变化[84]以测量高温铁水的流量，工业称重传感器的测量结果可靠，但工业称重传感器极易被高温的铁水烧毁或雨水侵蚀，成本高、安装困难、易损坏。为此，部分炼铁厂在出铁场安装了雷达液位传感器[85]，通过建立铁水罐液位与铁水质量的对应关系，基于所测铁水液位实现铁水流量测量。但铁水罐内壁的腐蚀或积渣会引起内部空间变化[86]，导致测量精度较差；张雷等[87]提出了一种基于视觉检测技术测量铁水流量的方法，将带有十字丝的标签贴在铁水罐的罐体上，通过获取的图像序列进行图像处理，采用特征匹配方法对十字丝进行粗定位，应用角点检测算法实现十字丝的精确定位，从而获得鱼雷罐车弹簧的下压移动距离，利用安装在鱼雷罐车下方的弹簧应力参数，计算出流入到鱼雷罐车中铁水的质量，进而计算出实时铁水的质量流量。由于弹簧的实际下压距离极其微小，这种测量方法存在比较大的时滞性和低精确性，因此很难为高炉的稳定高效生产提供有效的指导。

1.3.3.2 高温熔融流体流量非接触式测量方法的研究现状

高温熔融流体流量的非接触式测量方法主要有图像测量法、超声波测速法和洛伦兹力测速法等方法。

A 图像测量法

图像测量法利用相机采集高温熔融流体表面图像，基于视觉检测算法检测流体表面或边缘的特征运动速度，实现高温熔融流体表面流速的非接触式测量。温长飞[88]为研究高频磁场、低频磁场和复合磁场作用下的弯月面变形和液面波动行为，利用高速摄像机记录复合电磁场作用下金属液面的波动。Tarapore 等[89]基于图像测量法获取金属流体表面流动速度，验证了在感应炉中电磁搅拌力驱动下金属流体流动模型和理论计算的一致性；Dubke 等[90]以汞作为研究流体，利用图像测量法实现了汞表面流速的测量；王充等[91]根据高温熔渣特性，设计了基于图像识别的高温熔渣流量检测方法，利用高速摄影机拍摄液柱流动图像，采用边缘检测、阈值分割等方法获取高温熔渣液柱直径及流速，实现高温熔渣流量的测量；Bizjan 等[92]搭建了适用于熔融岩棉质量流量检测的光学方法和系统，基于熔融岩棉流体流动截面为椭圆的假设，采用主辅两个可见光高速相机获取椭圆形状的长短轴参数以计算流体截面积，利用主相机采集的熔融流体流动表面光学图像序列，基于互相关算法匹配熔融岩棉表面的显著特征以获取熔融岩棉流体实时的质量流量。此外，Gamez-Montero 等[93]提出了一种基于光学传感系统的经验方法，通过分析流体边界形状以估计自由下落非淹没高温流体的流量，并用于估计铸铁流的流量。

B 超声波测量法

超声波测量法是非侵入式的，但不是完全无接触的，因为将超声波传输到流动区域和接收测量信号需要超声换能器贴近被测流体。超声波测量法主要有超声多普勒测量法和渡越时间测量法，前者是基于频率差，而后者是基于时间差。超声多普勒测速（UDV，Ultrasonic Doppler Velocimetry）在检测过程中采用发射换能器连续发射固定频率的超声波信号，超声波信号进入管道内流体介质发生大量反射和部分折射信号波，大量的反射信号波被接收换能器接收，通过检测接收换能器接收的超声波回波信号的频率与发射换能器发射的固定频率进行比较，得到多普勒频移，从而实现流体流量的检测。超声波渡越时间测量法的测量原理是：超声脉冲通过流体传播至上游和下游两个换能器之间，利用获取下游换能器和上游换能器之间接收到超声脉冲的时间差可实现流体平均速度的测量，根据流体的截面积计算流体的流量。

Takeda[94]首次证明了利用超声多普勒测速法测量液态金属中速度分布的可行性，在室温下实现了 T 形管中液态汞速度分布的测量；黄培正等[95]基于超声多普勒测速原理，通过测量发射到渣铁中悬浮粒子上的声波与接收声波间的频差求得高炉铁口渣铁流的流速，同步采用摄像仪以监测铁口的截面，利用图像处理技术，实时监测铁口直径的变化，结合铁水罐称重系统中的铁水增重速率，分析计算高炉出渣出铁速率及高炉渣比，对比实际理论值验证了监测系统的可靠性。然而多普勒测速只能探测渣铁射流表面的局部流速，难以精确表征渣铁流的平均流速，进而无法保证渣铁流量的测量精确性。在许多应用中，由于超声波换能器不能与高温熔融流体直接接触，一种退而求其次的方法是将超声波换能器安装至容器壁上。尽管如此，高温熔融流体的高温仍会通过热传导的方式加入容器壁，为此，Eckert 等[96]为克服超声波换能器的热限制，使用声波导管，并和压电元件以集成传感器的形式结合在一起，使得超声波多普勒技术首次成功应用于温度超过 200°C 的液态金属中；文献[97]采用具有较高居里温度的压电材料，使 UDV 实现了液态金属快中子增殖反应堆的液位探测。此外，Ueki 等[98]提出了一种高温超声多普勒测速技术，并成功应用于铅-锂共晶合金流动速度的测量。

C 洛伦兹力测量法

洛伦兹力测量法是根据导电流体流经永磁体周围磁场时会在永磁体上产生与流体速度成正比的力实现流体流量测量[99]。然而，所产生的洛伦兹力也取决于液态金属的电导率。在实际应用中，由于液态金属的电导率依赖于液态金属的温度和材料性质，难以提前设定液态金属的电导率。为此，Schumacher 等[100]提出了一种新型的导电液体表面速度测量技术，将两个磁铁系统放置在涡流发生器的下游，每个磁铁系统连接一个力传感器，可获得涡流通过磁场时所产生的洛伦兹力，基于两个力信号的传播时间之差以确定出高温导电流体的流量，此种方法也称为飞行时间洛伦兹力测速仪；Dubovikova 等[101]对飞行时间洛伦兹力测速技术进行了实验验证，首次采用三维应变式力传感器测量洛伦兹力，并研究了不同方向的流动扰动对飞行时间洛伦兹力测速法流量测量的影响；Zheng 等[102]基于电磁感应原理，采用洛伦兹力测量法对锌液流动速度进行了测量和分析，实现了金属流体流量的实时测量。

1.3.3.3 高温熔融流体流量软测量方法的研究现状

高温熔融流体流量软测量方法是通过构建流体流量与其他数据特征之间的智能模型或机理模型以实现高温熔融流体流量的测量。

胡燕瑜等[103]为检测锌液流量，在熔炼炉与精馏塔之间增加了一个过渡的方形流槽，通过神经网络建立质量与流量关系模型，实现了锌液流量的在线检测。然而，此种方法需增加一个过渡的方形流槽，在实际应用中难以实施。Abouelazayem 等[104]通过训练非线性自回归外生输入神经网络（NARX，Nonlinear AutoRegressive network with eXogenous inputs）以建立电磁制动外加电流与实测弯月面钢液流速之间的复杂关系，实现了弯月面钢液流速的测量。

东北大学刘俊杰等[105]在铁水流动进行流体力学分析的基础上，根据孔口出流理论和伯努利方程，建立了红外辐射时间差和铁水流速以及浇铸包中铁水液位之间的关系模型，综合所得到的外辐射时间差和铁水流速以及浇铸包中铁水液位之间的关系模型，实现了铁水流速的检测；Masakazu 等[106]基于描述连续交替出铁操作过程的模型[107]、出铁过程铁口压降模型和垂直低渗透带模型[108]，提出了出铁过程中出铁速率估计模型，理论计算的出铁速率与观测的出铁速率趋势相符；Mielenz 等[109]建立了铁水流道液位与铁水流量之间的物理模型，通过测量高炉出铁场铁水流道内铁水液位以间接确定铁水的流量。

高温熔融流体流量软测量方法的测量性能取决于输入数据的质量，而复杂工业环境中输入数据存在精度不高、波动性大等缺点，使得高温熔融流体流量软测量方法测量性能较低。

1.3.4 高炉铁水质量参数预报方法

1.3.4.1 铁水质量参数在线智能感知研究现状

铁水化学成分对冶炼过程具有重要指导意义，国内外学者对铁水质量参数的在线检测开展了大量相关研究工作。由于铁水属于高温、高速流动且具有强辐射的多组分熔融态检测对象，再加上出铁场多粉尘复杂环境的干扰，使用仪器设备对铁水成分进行在线检测存在很大困难。但国内外仍有不少研究者与企业对高炉铁水成分在线连续分析方法进行了研究与试验，目前的铁水成分在线分析方法主要有光谱分析法、基于机理模型的分析方法、基于数据驱动的分析方法和基于多模型集成的分析方法。

A 光谱分析法

X 射线荧光分析是确定物质中微量元素的种类和含量的一种方法，利用原级 X 射线光子或其他微观粒子激发待测物质中的原子，使之产生次级的特征 X 射线后进行物质成分分析。其优点是分析速度快，自动化程度高，使用多道光谱可在 20~100 s 内测定样品中多达 48 种待测元素含量。利用 X 射线荧光分析检测铁水成分时，需要在高炉撇渣器处人工定期取样，冷却后再送化验室离线检测铁水化学元素的百分含量。撇渣器处取铁水样本的过程具有一定的危险性，化验过程需要昂贵的仪器和人工成本，且化验的数据不具有时效性。激光诱导击穿光谱技术（LIBS，Laser-Induced Breakdown Spectroscopy）通过高功率脉冲激光聚焦样品表面形成等离子体，进而对等离子体发射光谱的谱线波长和相应强度进行分析以确定样品的物质成分及含量。基于 LIBS 光谱信号分析的元素在线检测中，定量分析模型设计、光谱数据特征提取、光谱强度校正是能够提升检测精度的关键方向。目前国内外大部分研究更多地专注于研究和开发在线实时成分分析的设备，而对于检测到的光谱信号处理与最终的定量分析模型还处于摸索阶段。

B　基于机理模型的分析方法

机理模型也称白箱模型，是根据对象、生产过程的内部机制或者物质流的传递机理建立起来的精确数学模型。在高炉炉温预测的机理模型方面的研究，最早是日本学者鞭岩等在 20 世纪 60 年代末开发的高炉稳态一维模型[110]。该模型从高炉内的主要传热过程和发生的化学反应角度出发，通过大量数学计算，得到了主要工艺参数沿高炉内部垂直方向的分布结果。此后，高炉的研究者参考该模型的思想，建立了一系列解决高炉实际问题的结合机理与数学计算的高炉模型。这些模型充分利用能量守恒与物质平衡的规律来分析高炉内部运行的原理，在一定程度上对模拟高炉内部实际情况、分析冶炼质量方面取得了一定的进展。然而，高炉内部实际状况非常复杂，在后期通过对高炉进行解剖和取样可以证明，高炉是一个气固液并存的多相流运行系统，煤气、固体物质、铁水等在高炉内部不仅在纵向变化明显，在同一水平面上也是不均匀的。这种早期的一维模型仅考虑了高炉内部主要参数的纵向分布，并不符合实际冶炼，再加上仅采用常微分方程来描述高炉内部发生的各种物理和化学反应，受许多因素的影响，例如边界条件等，计算结果的精度很难保证，且应用没有普适性。随着计算机的计算能力的提升，二维、三维等多维高炉模型相继被提出，结合偏微分方程，实现了高炉内部更为复杂精确的描述。多维模型主要用于描述炉内更为复杂的现象，具有代表性的例如分析炉腹部位软熔带的变化及对整体运行的影响，这些模型对于提高高炉操作准确性和铁水质量具有十分积极的影响。到 20 世纪 90 年代初，研究者通过对高炉下部的气固液三相流的流动机制及运动相互作用的分析，提出了“多相流理论”。同时结合高炉实际状况，将液相更为详细地划分为渣相和铁水相，这些模型被称为“多流体高炉数学模型”，是更为准确实际的全高炉反应动力流体学模型。具体而言，比较具有代表性和使用价值的机理模型有：比利时冶金研究中心提出的 Ec 指数模型[110]、法国钢铁研究所开发的 Wu 模型[111]、日本新日铁公司的 Tc 模型[112]。这些模型对高炉冶炼条件要求极其苛刻，需要大量的检测数据，现场需要安装较为准确的检测设备。所以，这些模型并没有得以普及，但它们通过大量的实验揭示了高炉内部的一些反应原理和变化规律，例如高炉炉温与出铁口的铁水硅含量之间的正相关关系。

C　基于数据驱动的分析方法

随着高炉上下先进传感器的安装和海量数据的存储，计算机性能的提升和智能算法的发展，基于数据驱动的铁水质量参数在线智能感知方法逐渐成为了工业界和学术界的研究热点。为了描述高炉冶炼过程的动态性，自更新模型将高炉现场采集的数据不断加入到现有模型的训练中，实时更新模型的参数来描述新的工况，从而提高预测精度。文献[113]提出了一种基于稀疏的贝叶斯块结构的高木-杉诺（T-S，Takagi-Sugeno）模糊建模方法，通过考虑 T-S 模糊模型中存在的结构化信息来自动选取重要的模糊规则，泛化性能较好的 T-S 模型能同时预测铁水成分和结果置信度。文献[114]提出了一种基于即时学习的高炉铁水成分自适应预测控制方法，通过结合即时学习局部线性化技术和预测控制的滚动优化能力，实现了高炉非线性系统的局部线性化预测控制。通过修正旧模型参数来适应新工况，而不是直接构建一个全新的容易失配的预测模型，所提出的模型能自适应地实时预测不同工况条件下铁水成分。文献[115]提出了一种具有快速非线性局部学习能力的即时学习递归多输出最小平方支持向量回归算法，实现了高炉冶炼过程铁水成分在线预测。该模型利用多输出增量学习递归算法来在线更新模型参数，具有更好的建模稳定性和平滑度。同时，当模型被剪枝时，所提出的算法能自适应删除建模数据，从而有效地控制样本量，降低计算成本。

尽管在线模型能够根据实时的数据对模型的结构和参数进行动态的调整，但模型的预测精度与数据集的数量和质量有很强的关系，而现场人工采样、离线化验的方式获取硅含量的化验值使得数据集的数量得不到有效保证。高炉现场由于入炉矿源的波动和操作参数的调控会使得炉况发生变化，而单一预测模型并不能完全反映多工况数据的变化特性。为克服单一的智能预测模型在炉况波动时预测性能不稳定的问题，多模型集成建模的思路在提高模型预测精度稳定性方面取得了不错的效果。文献[116]采用自助法对预处理好的数据进行多次有放回的随机抽样得到多个不相同的子样本集，然后用这多个子样本训练得到多个神经网络集成预测硅含量，以多个模型的平均值作为硅含量的最终预测值。通过计算多个预测模型方差和硅含量测量值中噪声的方差来构建预测区间，该集成模型实现了硅含量及预测结果可信度的二维预报。文献[117]为有效解决高炉炼铁过程中的时变和强非线性问题，提出了一种基于自适应堆叠多态模型的预报方法，利用自适应不确定模糊聚类算法获得分布特征并降低过程数据的复杂度，从而将训练样本分为几个子类，然后以自适应权重回波状态网络和时间差自适应权重回波状态网络为子预测器，采用堆叠策略建立了硅含量预报模型。文献[118]针对单一工况下建模导致预测结果不稳定的问题，提出基于邦费罗尼指数自适应密度峰值聚类算法，实现高炉冶炼过程变量的自适应动态聚类，进而实现对高炉冶炼工况的划分与建模，为硅含量预测结果稳定性进一步提升，提出了硅含量工况迁移代价函数与多元路径寻优算法，建立历史预测值与当前时刻预测值之间的联系，并且加入历史化验值作为寻优校验的基准，保证了当前时刻预测结果的可靠性。尽管集成模型预测稳定性有了一定的保证，但多模型集成网络较为复杂，模型的训练对数据的质量和数量有较高的要求。

1.3.4.2 铁水硅含量变化趋势智能感知研究现状

铁水质量参数的变化趋势是高炉操作者决定调控幅度的重要参考信息，硅含量在未来一段时间内的变化趋势可用来分析高炉冶炼过程的稳定性，趋势信息对操作者及时掌握炉况和稳定铁水质量具有重要的参考价值。特别是在钢铁大规模定制化生产和我国炼铁所需原燃料质量日益劣化的条件下，高炉炼铁的外界环境呈现强不确定性，铁水硅含量的变化趋势呈现出明显的高动态性，高炉稳定控制难度明显加大。铁水硅含量变化趋势是一段时间内变化的累积，能为调控滞后的高炉系统提供未来一段时间内的铁水质量和炉况变化的方向和幅度，为现场高炉调控提供层次更为丰富的信息。因此，近些年也有一些工作对硅含量的变化趋势实时预报开展了相关研究。

文献[119]设计了一种模糊分类器实现了硅含量上升和下降变化趋势的分类预测，二分类器的交叉特性通过嵌入高维数据到二维空间来解决，并提出了一种非平行超平面的模糊分类器来增强模型的可解释性。文献[120]将线性的先验知识引入到支持向量机中，实现铁水硅含量的三分类趋势预报，通过模糊 C 均值聚类算法确定不同区域的边界范围，最后将硅含量分类到不同的区域范围内，即低硅区、适中区、高硅区三类，并根据先验知识推理出硅含量过高或者过低的原因，从一定程度上增强了黑箱模型的可理解性。文献［121］根据现场专家经验把硅含量变化趋势划分为四类：大幅度下降、小幅度下降、大幅度上升、小幅度上升，并利用二值编码支持向量机对硅含量的趋势和分类结果的置信区间进行建模预测。上述的硅含量趋势预测模型对铁水硅含量变化趋势的定性提取主要是以硅含量数值在时间轴上一阶差分法为主，趋势的变化周期主要以炉次为主。而以炉次为周期确定的变化趋势，一方面无法避免变量的滞后对趋势的影响，另一方面很难消除数据因随机性和偶然性造成的误差。在此基础上，文献［122］提出了一种基于循环神经网络的铁水硅含量短期趋势多分类的预报方法，将铁水硅含量的值在时间轴上划窗分割后使用多项式拟合，根据拟合函数导数的正负符号来定性地获取变化趋势信息，选取了循环神经网络建立铁水硅含量预报模型，尽管该方法考虑了趋势信息的可靠性，但不平衡趋势样本分类的准确性没有得到全面的提升。趋势预报模型虽然能从稳态的角度给操作者提供有价值的指导信息，但硅含量变化趋势标签需要人为定义，主观性较强且随着入炉矿源的变化、冶炼设备的退化和操作人员主观调控策略的变动会出现新的趋势标签，而现有的方法无法很好地拟合这类新的趋势信息。

1.4　本书的主要内容

针对上述高炉炼铁过程关键信息在线检测与智能感知的需求及现有方法的不足，本书作者及其团队从 2012 年起，在国家自然科学基金委系列项目（基金编号 61927803、61290325、61773406、61621062、61321003）、工业和信息化部工业互联网创新发展工程项目以及多个校企合作项目的持续支持下，扎根高炉炼铁一线现场，从事高炉炼铁过程关键信息高性能检测的相关研究，形成了高炉炼铁过程料面形貌、铁口渣铁流温度与成分等关键运行信息的在线检测与智能感知方法及系统。研究工作一部分发表或在线发表在 *IEEE Transactions on Industrial Informatics*、*IEEE Transactions on Instrumentation and Measurement*、*Engineering Applications of Artificial Intelligence* 等国际检测领域权威期刊，如文献［123］~［125］，一部分见刊于国内领域权威刊物《自动化学报》《控制理论与应用》《仪器仪表学报》等，如文献［126］~［129］。这些论文涉及的工作都采用高炉炼铁过程实际运行数据或检测数据进行了工业验证，部分工作中自主研制了相关的检测装置及系统在高炉进行现场实施与示范应用并推广，如料面形貌检测、铁水温度、流量等检测装置及系统。本书正是这些已发表或者已在线发表工作的系统性总结、梳理和进一步凝炼提升，旨在为学术界和工业界相关学者和工程师提供高炉炼铁过程关键信息在线检测与智能感知方面的参考。

全书可以概括为两部分，各部分内容安排如下：

第 1 部分是高炉炉顶料面信息检测方法，主要在第 2~4 章，包括基于弱光内窥式成像的高炉料面直接在线检测、基于图像序列的高炉料面形貌三维重建及可视化以及基于料面轮廓信息的高炉炉料下降速度检测，每章针对高炉炉顶料面不同信息检测问题提出对应的检测方法。

第2部分是高炉出铁场铁水信息检测方法，主要在第5~8章，包括基于红外视觉的高炉铁口铁水流温度在线检测、基于光流与形态特征的高炉铁口渣铁流量在线检测、基于数据驱动的铁水质量参数在线智能预测和高炉铁水硅含量变化趋势智能感知，每章针对高炉铁水不同信息检测问题提出对应的检测方法。

参 考 文 献

[1] 世界钢铁协会．世界钢铁统计数据2023［C］．2023年6月7日．

[2] 中国钢铁工业协会．“十三五”钢铁行业主要发展成就［C］．2021年2月5日．

[3] 工业和信息化部．《“十四五”原材料工业发展规划》解读［C］．2021年12月29日．

[4] 张福明．面向未来的低碳绿色高炉炼铁技术发展方向［J］．炼铁，2016，35（1）：1-6.

[5] Zhou P, Li J, Wen Q, et al. Soft-sensing Method of Cohesive Zone Shape and Position in Blast Furnace Shaft［J］. IFAC-PapersOnLine, 2018, 51（21）: 48-52.

[6] 李栋，段小朋，杨立江．高炉无料钟炉顶设备优化设计［J］．冶金设备，2020（3）：6-8，63.

[7] Pan S, Zhang Y. Microwave Photonic Radars［J］. Journal of Lightwave Technology, 2020, 38（19）: 5450-5484.

[8] Kok M, Smolders A, Johannsen U. A Review of Design and Integration Technologies for D-Band Antennas［J］. IEEE Open Journal of Antennas and Propagation, 2021, 2: 746-758.

[9] 朱卓平，朱千付，陈军，等．雷达料面成像技术在永钢10号高炉的应用［J］．炼铁，2015，34（6）：56-60.

[10] Chitresh K, Prabal P, Bipan T, et al. Novel Method for Real-time Burden Profile Measurement at Blast Furnace［J］. Ironmaking & Steelmaking, 2020, 48（5）: 579-585.

[11] 吴明．高炉料面红外摄像系统在攀钢的应用［J］．四川冶金，2010，32（3）：71-64.

[12] 曾秀丽，郝胜男，谭长江．高炉红外/雷达复合探测系统的设计与实现［J］．制造业自动化，2010，32（7）：93-95.

[13] 马春芽，李耀辉，赵海豹．高炉红外摄像监测系统的设计与实现［J］．计算机时代，2012（7）：31-23，36.

[14] 邓华，鲁学军，黄樱．彩色可控红外摄像监控记录系统在高炉生产中的应用［J］．中国仪器仪表，2013（11）：33-36.

[15] Yi Z, Chen Z, Jiang Z, et al. A Novel Three-Dimensional High-Temperature Industrial Endoscope with Large Field Depth and Wide Field［J］. IEEE Transactions on Instrumentation and Measurement, 2020, 69（9）: 6530-6543.

[16] Chen Z, Jiang Z, Gui W, et al. A Novel Device for Optical Imaging of Blast Furnace Burden Surface: Parallel Low-light-loss Backlight High-temperature Industrial Endoscope［J］. IEEE Sensors Journal, 2016, 16（17）: 6703-6717.

[17] Chen Z, Jiang Z, Yang C, et al. Dust Distribution Study at the Blast Furnace Top Based on k-S epsilon-u（p）Model［J］. IEEE-CAA Journal of Automatica Sinica, 2020, 8（1）: 121-135.

[18] 黄江中，陈秀清，许威，等．基于模糊灰度变换的水下图像增强技术研究［J］．应用科技，2018，45（3）：1-6.

[19] 卢迪，黄鑫，柳长源，等．基于区域对比度增强的二值化算法［J］．电子与信息学报，2017，39（1）：240-244.

[20] 曹绪民，刘春晓，张金栋，等．基于亮度对比度增强与饱和度补偿的快速图像去雾算法［J］．计算机辅助设计与图形学学报，2018，30（10）：1925-1934.

[21] 张宝山，杨燕，陈高科，等．结合直方图均衡化和暗通道先验的去雾算法 [J]. 传感器与微系统，2018，37（3）：148-152.

[22] 朱浩然，刘云清，张文颖．基于对比度增强与多尺度边缘保持分解的红外与可见光图像融合 [J]. 电子与信息学报，2018（6）：1294-1300.

[23] 张新龙，汪荣贵，张璇，等．基于视觉区域划分的雾天图像清晰化方法 [J]. 电子测量与仪器学报，2010（8）：754-762.

[24] 杨万挺．基于局部信息特征的雾天图像增强算法研究 [D]. 合肥：合肥工业大学，2010.

[25] 仲伟峰，袁东雪. 基于低照度的有雾彩色图像增强算法 [J]. 激光与光电子学进展，2020，57（16）：215-221.

[26] 赵春丽，董静薇，徐博，等．融合直方图均衡化与同态滤波的雾天图像增强算法研究．[J]. 哈尔滨理工大学学报，2019，24（6）：93-97.

[27] Newcombe R A, Lovegrove S J, Davison A J. DTAM: Dense tracking and mapping in real-time [C] // International Conference on Computer Vision, Barcelona, Spain, 2011: 2320-2327.

[28] Chenyu W, Srinivasa G N, Branislav J. A Multi-Image Shape-from-Shading Framework for Near-Lighting Perspective Endoscopes [J]. International Journal of Computer Vision, 2010, 86 (2/3): 211-228.

[29] Karsch K, Liu C, Kang S B. Depth transfer: Depth extraction from video using non-parametric sampling [J]. IEEE Transactions on Pattern Analysis and Machine Intelligence, 2014, 36 (11): 2144-2158.

[30] Fu Y, Zhang D W, Liu H, et al. 3-D shape recovery of luminal wall from WCE image [C] // 2012 IEEE International Conference on Automation and Logistics, Zhengzhou, China, 2012: 300-303.

[31] Chen G, Han K, Shi B, et al. Deep photometric stereo for non-Lambertian surfaces [J]. IEEE Transactions on Pattern Analysis and Machine Intelligence, 2020, 44 (1): 129-142.

[32] Abdelrahim A S, Farag A A, Elhabian S Y, et al. Shape-from-shading using sensor and physical object characteristics applied to human teeth surface reconstruction [J]. IET Computer Vision, 2014, 8 (1): 1-15.

[33] Stolz C, Ferraton M, Meriaudeau F. Shape from polarization: a method for solving zenithal angle ambiguity [J]. Optics Letters, 2012, 37 (20): 4218-4220.

[34] Karargyris A, Rondonotti E, Mandelli G, et al. Evaluation of 4 three-dimensional representation algorithms in capsule endoscopy images [J]. World Journal of Gastroenterology, 2013, 19 (44): 8028-8033.

[35] Angelopoulou M E, Petrou M. Uncalibrated flatfielding and illumination vector estimationfor photometric stereo face reconstruction [J]. Machine Vision and Applications, 2014, 25 (5): 1317-1332.

[36] Tombari F, Di Stefano L. Hough voting for 3d object recognition under occlusion and clutter [J]. IPSJ Transactions on Computer Vision and Applications, 2012 (4): 20-29.

[37] Ramamoorthi R, Mahajan D, Belhumeur P. A first-order analysis of lighting, shading, and shadows [J]. ACM Transactions on Graphics, 2007, 26 (1): 331-340.

[38] 刘鑫，曾铭钰，段幼春，等．基于机器学习的模糊图像边缘轮廓三维重建方法研究 [J]. 电子测试，2019（17）：13-21.

[39] 魏永超，陈锋，庄夏，等．基于不变角度轮廓线的三维目标识别 [J]. 四川大学学报（自然科学版），2017（4）：16-23.

[40] Aldoma A, Marton Z C, Tombari F, et al. Tutorial: Point cloud library: Three-dimensional object recognition and 6 dof pose estimation [J]. IEEE Robotics & Automation Magazine, 2012, 19 (3): 80-91.

[41] 李宗楠，朱丹，佟新鑫．散焦投影三维测量中一种改进的误差扩散核 [J]. 光电工程，2016，43（12）：34-39.

[42] Carvalho M, Le Saux B, Trouvé-Peloux P, et al. Multitask learning of height and semantics from aerial

images [J]. IEEE Geoscience and Remote Sensing Letters, 2019, 17 (8): 1391-1395.

[43] Smith W A, Ramamoorthi R, Tozza S. Height-from-polarisation with unknown lighting or albedo [J]. IEEE transactions on Pattern Analysis and Machine Intelligence, 2018, 41 (12): 2875-2888.

[44] Reska D, Kretowski M. GPU-accelerated image segmentation based on level sets and multiple texture features [J]. Multimedia Tools and Applications, 2021, 80 (4): 5087-5109.

[45] Reska D, Jurczuk K, Boldak C, et al. MESA: Complete approach for design and evaluation of segmentation methods using real and simulated tomographic images [J]. Biocybernetics and Biomedical Engineering, 2014, 34 (3): 146-158.

[46] Hübner P, Clintworth K, Liu Q, et al. Evaluation of HoloLens tracking and depth sensing for indoor mapping applications [J]. Sensors, 2020, 20 (4): 1021-1033.

[47] Socher R, Huval B, Bath B, et al. Convolutional-recursive deep learning for 3d object classification [J]. Advances in Neural Information Processing Systems, 2012, 25: 656-664.

[48] Bajzek T. J. Thermocouples: a sensor for measuring temperature [J]. Instrumentation & Measurement Magazine IEEE, 2005, 8 (1): 35-40.

[49] Kozlov V, Malyshkin B. Accuracy of measurement of liquid metal temperature using immersion thermocouples [J]. Metallurgist, 1969, 13 (6): 354-356.

[50] 石思顺, 郑孝天, 陈书瀚, 等. 连续测量铁水温度新装置及其应用 [J]. 冶金自动化, 1980, 6: 48-52.

[51] Mee D K. Automatic temperature measurement for casting furnaces using an immersion thermocouple [J]. NTIS, SPRINGFIELD, VA (USA), 1983, 27, 1983.

[52] 刘勇霞. 黑体空腔钢水连续测温传感器传热模型及应用研究 [D]. 沈阳: 东北大学, 2011.

[53] Miyahara H, Ohsumi A. Immersion-type optical fiber pyrometer for continuous caster [J]. NKK Technical Review, 1997, 76: 79-81.

[54] 谢植, 次英, 孟红记, 等. 基于在线黑体空腔理论的钢水连续测温传感器的研制 [J]. 仪器仪表学报, 2005, 26 (5): 446-448.

[55] 王丰, 吴爱华. 红外测温技术在高温液体连续测温系统中的应用 [J]. 冶金自动化, 2007, 6: 47-50.

[56] DeWitt D P, Gene D N. Theory and practice of radiation thermometry [D]. New York: Wiley, 1989.

[57] Pan D, Jiang Z, Chen Z, et al. Compensation Method for Molten Iron Temperature Measurement Based on Heterogeneous Features of Infrared Thermal Images [J]. IEEE Transactions on Industrial Informatics, 2020, 16 (11): 7056-7066.

[58] Manara J, Zipf M, Stark T, et al. Long wavelength infrared radiation thermometry for non-contact temperature measurements in gas turbines [J]. Infrared Physics & Technology, 2017, 80: 120-130.

[59] 王磊. 基于辐射测温理论的比色测温仪的研究 [D]. 哈尔滨: 哈尔滨理工大学, 2019.

[60] Vollmer M, Möllmann K P. Infrared thermal imaging: fundamentals, research and applications [M]. New York: John Wiley & Sons, 2017.

[61] 杨显涛. 基于底枪的 AOD 炉红外温度监控系统的温度补偿研究 [D]. 长春: 长春工业大学, 2018.

[62] 钟山, 廖扬华, 等. 铁水温度连续测量的专用辅助装置及铁水温度连续测量系统: 中国, CN200910050563.0 [P]. 2009-10-14.

[63] Sugiura M, Ootani Y, Nakashima M. Radiation thermometry for high-temperature liquid stream at blast furnace [C] //SICE Annual Conference (SICE), 2011 Proceedings of. IEEE, 2011: 472-475.

[64] 孙国军, 董亚锋. 铁口连续测温系统在宝钢 3 号高炉的应用 [J]. 炼铁, 2017, 36 (5): 47-49.

[65] Usamentiaga R, Molleda J, Garcia D F, et al. Temperature measurement of molten pig iron with slag characterization and detection using infrared computer vision [J]. IEEE Transactions on Instrumentation and Measurement, 2011, 61 (5): 1149-1159.

[66] 潘冬, 蒋朝辉, 桂卫华, 等. 基于红外热图像面源信息映射特征的高炉铁水温度检测 [C] //第28届中国过程控制会议论文集. 2017.

[67] Staib C, Michard J. French experiments for controlling the blast furnace operation using a computer on line [C] //Iron Making Conf. Proc. PittsBurgh, 1964, 23: 3-50.

[68] 李代甜, 袁震东. 双线性系统参数的集员辨识 [J]. 控制与决策, 1994, 9 (5): 321-326.

[69] 姚同路, 吴伟, 杨勇, 等. "双碳" 目标下中国钢铁工业的低碳发展分析 [J]. 钢铁研究学报, 2022, 34 (6): 505-513.

[70] Kubota J, Kubo N, Ishii T, et al. Steel flow control in continuous slab caster mold by traveling magnetic field [J]. NKK Technical Review, 2001, 8: 1-9.

[71] Guo Y T. Effect of mold width on the flow field in a slab continuous-casting mold with high-temperature velocity measurement and numerical simulation [J]. Metals, 2021, 11 (12): 1-18.

[72] Liu R, Ji W, Li J, et al. Numerical simulation of transient flow patterns of upper swirls in continuous slab casting moulds [J]. Steel Research International, 2008, 79 (8): 626-631.

[73] 袁磊, 田晨, 刘震丽, 等. 一种连铸结晶器内钢液流速的测量方法: 中国, CN109550906B [P]. 2021-01-29.

[74] Mikrovas A C, Argyropoulos S A. Measurement of velocity in high-temperature liquid metals [J]. Metallurgical Transactions B, 1993, 24 (6): 1009-1022.

[75] Kolin A. Electromagnetic velometry. Ⅰ. A method for the determination of fluid velocity distribution in space and time [J]. Journal of Applied Physics, 1944, 15: 150-164.

[76] Barz R U, Gerbeth G, Wunderwald U, et al. Modelling of the isothermal melt flow due to rotating magnetic fields in crystal growth [J]. Journal Crystal Growth, 1997, 180: 410-421.

[77] Bijarvics V, Gelfgat J, Pericleous K. Liquid metal turbulent flow dynamics in a cylindrical container with free surface: experiment and numerical analysis [J]. Magnetohydrodynamics, 1999, 35 (3): 258-277.

[78] Iguchi M, Yukio T, Hiroaki K. Molten metal flow measurement using cylinder and hall element [J]. ISIJ International, 2001, 41 (4): 396-398.

[79] Iguchi M, Terauchi Y, Kosaka H. Molten metal flow measurement using cylinder and hall element [J]. Transactions of the Iron & Steel Institute of Japan, 2007, 41 (4): 396-398.

[80] Krauter N, Stefani F. Transient Eddy Current Flow Metering: a calibration-free velocity measurement technique for liquid metals [C] // IOP Conference Series: Materials Science and Engineering, 2018, 424 (1): 012008.

[81] Moazzeni T, Jian M, Jiang Y, et al. Flow rate measurement in a high-temperature, radioactive, and corrosive environment [J]. IEEE Transactions on Instrumentation & Measurement, 2011, 60 (6): 2062-2069.

[82] Vivekananthan B, Hoang-Phuong P, Toan D, et al. Thermal flow sensors for harsh environments [J]. Sensors, 2017, 17 (9): 1-31.

[83] Alidoosti E, Jian M, Jiang Y, et al. Numerical simulation of thermal transit-time flow meter for high temperature, corrosive and irradiation environment [C] //Proceedings of the ASME Summer Heat Transfer Conference (SHTC), Univ Minnesota, Minneapolis, MN, 2014.

[84] Mauricio R, Mikko H, Jan V, et al. On-line estimation of liquid levels in the blast furnace hearth [J]. Steel Research International, 2019, 90 (3): 1800420.

[85] Brännbacka J, Saxén H. Modeling the liquid levels in the blast furnace hearth [J]. ISIJ International, 2001, 41 (10): 1131-1138.

[86] Zhao Q, Zheng X, Liu C, et al. Corrosion behavior of MgO-C ladle refractory by molten slag [J]. Steel Research International, 2021, 9 (4): 2000497.

[87] 张雷, 呼家龙, 钱亚平. 基于图像的高炉出铁口铁水流量检测 [J]. 钢铁研究学报, 2009, 2: 59-62.

[88] 温长飞. 复合磁场作用下金属液面行为的试验研究 [D]. 沈阳: 东北大学, 2009.

[89] Tarapore E D, Evans J W. Fluid Velocities in induction melting furnaces: Part Ⅰ. Theory and laboratory experiments [J]. Metallurgical and Materials Transactions B, 1976, 7 (3): 343-351.

[90] Dubke M, Tacke K H, Spitzer K H, et al. Flow fields in electromagnetic stirring of rectangular strands with linear inductors: Part Ⅰ. Theory and experiments with cold models [J]. Metallurgical Transactions B, 1988, 19 (4): 581-593.

[91] 王宏, 王充, 朱恂, 等. 基于图像识别技术的高温熔渣流量测量装置及方法: 中国, CN109190618A [P]. 2019-01-11.

[92] Bizjan B, Širok B, Chen J, Optical measurement of high-temperature melt flow rate [J]. Applied Optics, 2018, 57 (15): 4202-4210.

[93] Gamez-Montero P, Castilla R, Freire J, et al. An empirical methodology for prediction of shape and flow rate of a free-falling non-submerged liquid and casting iron stream [J]. Advances in Mechanical Engineering, 2016, 8 (9): 1-12.

[94] Takeda Y. Measurement of velocity profile of mercury flow by ultrasound Doppler shift method [J]. Nuclear Technology, 1987, 79: 120-124.

[95] 黄培正, 董亚峰, 侯全师, 等. 高炉渣铁排放在线监测系统的开发与应用 [J]. 钢铁, 2015, 50 (5): 88-92.

[96] Eckert S, Gerbeth G, Melnikov V I. Velocity measurements at high temperatures by ultrasound Doppler velocimetry using an acoustic wave guide [J]. Experiments in Fluids, 2003, 35 (5): 381-388.

[97] Boehmer L S, Smith R W. Ultrasonic instrument for continuous measurement of sodium levels in fast breeder reactors [J]. IEEE Transactions on Nuclear Science, 1976, 23: 359-362.

[98] Ueki Y, Hirabayashi M, Kunugi T, et al. Velocity profile measurement of lead-lithium flows by high-temperature ultrasonic doppler velocimetry [J]. Fusion Science and Technology, 2011, 60 (2): 506-510.

[99] Dubovikova N, Kolesnikov Y, Karcher C. Experimental study of an electromagnetic flow meter for liquid metals based on torque measurement during pumping process [J]. Measurement Science & Technology, 2015, 26 (11): 115304.

[100] Schumacher D, Karcher C. Flow measurement in metal melts using a non-contact surface velocity sensor based on time-of-flight Lorentz force velocimetry [J]. International Journal of Applied Electromagnetics & Mechanics, 2014, 44 (2): 183-191.

[101] Dubovikova N, Resagk C, Karcher C, et al. Contactless flow measurement in liquid metal using electromagnetic time-of-flight method [J]. Measurement Science & Technology, 2016, 27 (5): 055102.

[102] Zheng J C, Liu R C, Wang X D. Online Electromagnetic Measurement of Molten Zinc Surface Velocity in Hot Galvanized Process [J]. ACTA Metallurgica Sinica, 2020, 56 (7): 929-936.

[103] 胡燕瑜, 桂卫华, 唐朝晖. 高温金属流体的测量与控制系统 [J]. 冶金自动化, 2004, 2: 44-47.

[104] Abouelazayem S, Glavinic I, Wondrak T, et al. Adaptive control of meniscus velocity in continuous caster based on narx neural network model [C] //13th International-Federation-of-Automatic-Control (IFAC)

Workshop on Adaptive and Learning Control Systems (ALCOS), Winchester, ENGLAND, 2019.

[105] 刘俊杰. 红外辐射时间差动态铁水垂直流速检测的研究 [D]. 沈阳: 东北大学, 2010.

[106] Iida M, Kazuhiro O, Tetsui H. Analysis of drainage rate variation of molten iron and slag from blast furnace during tapping [J]. ISIJ International, 2008, 48 (4): 412-419.

[107] Nouchi T, Sato M, Takeda K. Effects of operation condition and casting strategy on drainage efficiency of the blast furnace hearth [J]. ISIJ International, 2005, 45 (10): 1515-1520.

[108] Iida M, Kazuhiro O, Tetsui H. Numerical study on metal/slag drainage rate deviation during blast furnace tapping [J]. ISIJ International, 2009, 49 (8): 1123-1132.

[109] Mielenz O, Kochner H, Peters M, et al. Continuous measurement of hot metal mass flow rates in blast furnace plants [J]. Stahl und Eisen, 2003, 123 (12): 93-100.

[110] Fogel E, Huang Y F. On the value of information in system identification—bounded noise case [J]. Automatica, 1982, 18 (2): 229-238.

[111] 李代甜, 袁震东. 双线性系统参数的集员辨识 [J]. 控制与决策, 1994, 9 (5): 321-326.

[112] Milanese M, Tempo R. Optimal algorithms theory for robust estimation and prediction [J]. IEEE Transactions on Automatic Control, 1985, 30 (8): 730-738.

[113] Li J, Hua C, Yang Y, et al. Bayesian block structure sparse based T - S fuzzy modeling for dynamic prediction of hot metal silicon content in the blast furnace [J]. IEEE Transactions on Industrial Electronics, 2018, 65 (6): 4933-4942.

[114] 易诚明, 周平, 柴天佑. 基于即时学习的高炉炼铁过程数据驱动自适应预测控制 [J]. 控制理论与应用, 2020, 37 (2): 295-306.

[115] Zhou P, Chen W, Yi C, et al. Fast just-in-time-learning recursive multi-output LSSVR for quality prediction and control of multivariable dynamic systems [J]. Engineering Applications of Artificial Intelligence, 2021, 100: 104168.

[116] 蒋朝辉, 董梦林, 桂卫华, 等. 基于 Bootstrap 的高炉铁水硅含量二维预报 [J]. 自动化学报, 2016, 42 (5): 715-723.

[117] Fang Y, Jiang Z, Pan D, et al. Soft sensors based on adaptive stacked polymorphic model for silicon content prediction in ironmaking process [J]. IEEE Transactions on Instrumentation and Measurement, 2020, 70: 2503412.

[118] 蒋朝辉, 许川, 桂卫华, 等. 基于最优工况迁移的高炉铁水硅含量预测方法 [J]. 自动化学报, 2022, 48 (1): 194-206.

[119] Li J, Hua C, Yang Y, et al. Fuzzy classifier design for development tendency of hot metal silicon content in blast furnace [J]. IEEE Transactions on Industrial Informatics, 2018, 14 (3): 1115-1123.

[120] Chen S, Gao C. Linear priors mined and integrated for transparency of blast furnace black-box SVM model [J]. IEEE Transactions on Industrial Informatics, 2020, 16 (6): 3862-3870.

[121] Jian L, Gao C. Binary coding SVMs for the multiclass problem of blast furnace system [J]. IEEE Transactions on Industrial Electronics, 2013, 60 (9): 3846-3856.

[122] Jiang K, Jiang Z, Xie Y, et al. Classification of silicon content variation trend based on fusion of multilevel features in blast furnace ironmaking [J]. Information Sciences, 2020, 521: 32-45.

[123] Yi Z, Jiang Z, Huang J, et al. Optimization method of the installation direction of industrial endoscopes for increasing the imaged burden surface area in blast furnaces [J]. IEEE Transactions on Industrial Informatics, 2022, 18 (11): 7729-7740.

[124] Pan D, Jiang Z, Chen Z, et al. Temperature measurement and compensation method of blast furnace molten iron based on infrared computer vision [J]. IEEE Transactions on Instrumentation and

Measurement, 2018, 68 (10): 3576-3588.

[125] Jiang Z, Dong J, Pan D, et al. A novel intelligent monitoring method for the closing time of the taphole of blast furnace based on two-stage classification [J]. Engineering Applications of Artificial Intelligence, 2023, 120: 105849.

[126] 蒋珂，蒋朝辉，谢永芳，等．基于动态注意力深度迁移网络的高炉铁水硅含量在线预测方法 [J]. 自动化学报, 2023, 49 (5): 949-963.

[127] 蒋朝辉，许川，桂卫华，等．基于最优工况迁移的高炉铁水硅含量预测方法 [J]. 自动化学报, 2022, 48 (1): 194-206.

[128] 蒋朝辉，尹菊萍，桂卫华，等．基于复合差分进化算法与极限学习机的高炉铁水硅含量预报 [J]. 控制理论与应用, 2016, 33 (8): 1089-1095.

[129] 潘冬，蒋朝辉，桂卫华．基于方向发射率校正的红外测温补偿方法 [J]. 仪器仪表学报, 2022, 43 (6): 213-220.

2 基于弱光内窥式成像的高炉料面直接在线检测

在高炉炼铁过程中，布料操作是改善高炉炉况的常用调节手段，炉料（烧结矿、焦炭等）在炉内的堆积形状，即料面形貌分布能够影响炉喉煤气流分布，间接改变软熔带形状，是高炉运行炉况的重要体现。长期生产实践表明，合理的料面分布有助于稳定高炉运行，使冶炼反应平稳进行，进而有利于提高铁水产品质量以及煤气的能量利用率。因此，实时在线、全面可靠地获取料面形貌信息对掌握煤气流分布、及时发现异常炉况以及指导高炉布料操作具有重要作用。然而，高炉是一个具有高温多尘、密闭弱光等复杂恶劣环境因素的大型逆流反应容器，现有可见光成像技术应用于高炉料面检测时面临成像光照不足、成像质量不高、成像范围不大以及成像状态不稳等问题，基于可见光成像技术的高炉料面检测性能受限，制约了高炉冶炼向数字化、自动化和低碳化方向发展。

为解决高炉复杂恶劣环境因素给可见光成像技术在高炉料面检测应用方面造成的难题，本章从成像方法、仪器设计、安装优化和系统研发等方面全方位、系统性地展开研究，提出了面向高炉料面检测的弱光内窥式成像方法，实时在线地获取了大范围、形貌信息丰富的清晰料面视频。主要工作为：(1) 提出了基于亮度-响应范围匹配的高炉料面弱光成像方法；(2) 设计了大景深、宽视场、大孔径内窥式成像光学系统；(3) 提出了基于设备安装姿态优化的料面成像范围提升方法；(4) 研发了高炉料面实时在线检测系统。

2.1 局部动态强光干扰下高炉料面弱光成像方法

可见光成像技术能够将三维场景中物体自发射或反射的不同强度的可见光分布转换成相应的二维图像灰度分布，获取的图像序列直接包含了场景中物体的运动状态与形貌信息。因此，利用基于可见光成像技术的成像设备直接检测高炉料面的运动状态与形貌分布，具有直观形象、实时在线以及信息量丰富等优势。然而，图像包含的信息量受场景的光照条件影响，亮度低于或高于成像设备响应范围的场景信息将会损失。高炉料面所处的炉喉空间光照条件复杂，主要表现在以下两个方面：(1) 高炉料面的整体亮度较小，能够被成像设备捕获的料面光学信号相当有限；(2) 炉喉空间通常呈现出中心布焦前“中心气焰极亮，四周料面极暗”和中心布焦后“中心气焰的光照逐渐由弱变强”的具有局部动态强光的弱光环境。

炉喉空间内的复杂光照条件造成高炉料面在常规可见光成像技术下“看不见”，亟需研究局部动态强光干扰下的高炉料面弱光成像方法，突破复杂光照条件对高炉料面“看得见”造成的瓶颈。为此，本节首先构建了料面成像过程光信号-电信号-数字信号转换模型，揭示了场景亮度与图像灰度之间的定量关系；在此基础上，详细分析了炉喉空间复杂光照条件对获取料面图像信息的影响机制；最后，提出了使料面的亮度区间与成像设备的响应范围相匹配的高炉料面弱光成像思路，通过优化成像系统的硬件提高弱光成像性能，进一步通过设计基于自适应模拟增益的自动曝光算法抑制高温气焰形成的局部动态强光对成像的干扰，实现高炉料面的弱光成像。

2.1.1　高炉料面光学成像全过程信号转换模型

高炉炉喉空间的光照条件复杂，存在局部强光但整体光照较弱，料面成像设备的弱光成像性能是影响所获图像序列包含料面信息量的关键因素。构建高炉料面光学成像全过程信号转换模型，有助于明确与弱光成像性能相关的参数，对提高成像设备的弱光成像能力具有重要指导作用。

2.1.1.1　高炉料面光学成像设备的基本结构

为了避免布料溜槽遮挡料面光信号的传输以及防止下落的炉料损害设备，料面光学成像设备的安装位置受到了较大的限制。通常在高炉炉顶的侧边开孔安装设备，以便保障成像设备不被布料溜槽遮挡和炉料击打。料面光学成像设备的工作原理和组件如图 2-1 所示。成像设备捕获来自高炉料面反射以及中心或边缘气焰自发射的可见光波段的光信号，然后将其转换成数字图像信号以便传输、处理、显示及存储；成像设备由内部的成像系统和防护外壳组成；成像系统的作用是捕获料面的可见光信号并将其转换成数字图像信号；防护外壳能够确保成像系统能够在高炉炉喉内高温的恶劣环境下正常运行。

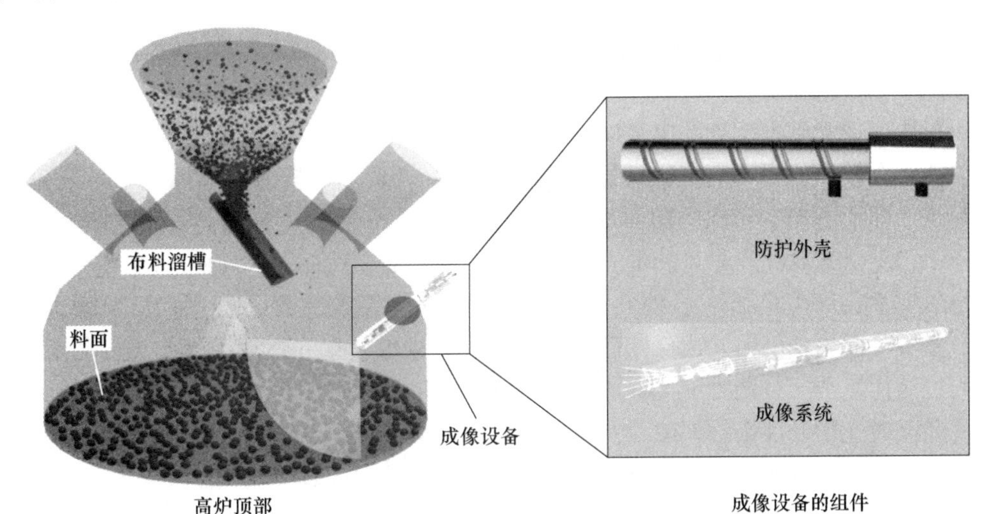

图 2-1　料面光学成像设备的工作原理与组件示意图

成像系统是料面光学成像设备的核心组件，能够直接实现高炉料面光信号到数字图像信号的转换。明确高炉料面所使用的成像系统的基本结构是构建高炉料面光学成像过程信号转换模型的基础。成像系统的结构如图 2-2 所示，由成像光学系统和图像传感器构成。

下面分析适用于高炉料面成像的成像光学系统和图像传感器的结构和类型。

A　成像光学系统

成像光学系统按照聚集光线的方式来说可分为折射式成像光学系统、反射式成像光学系统和折反射式成像光学系统，它们的结构如图 2-3 所示。

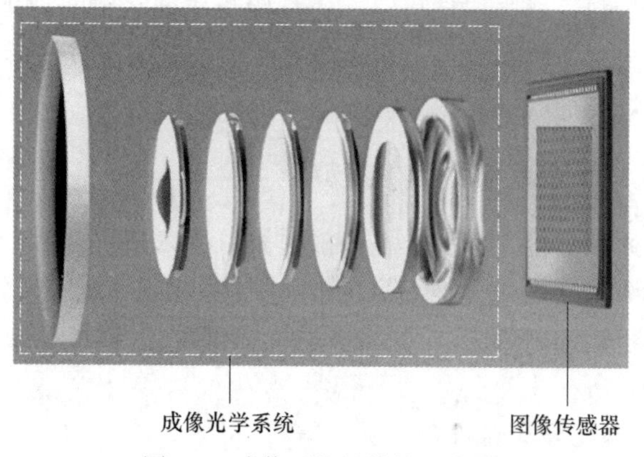

图 2-2 成像系统的结构示意图

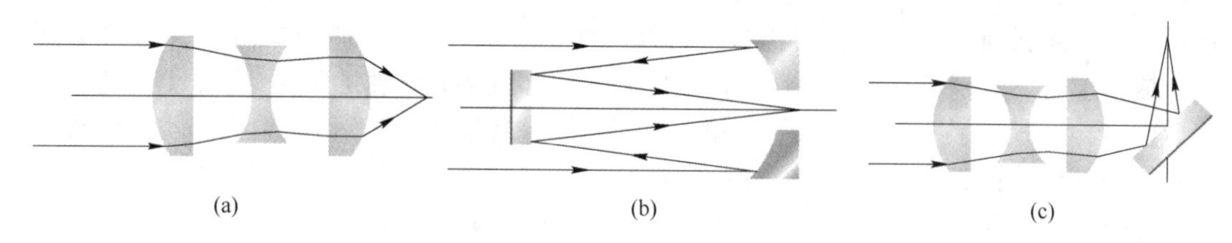

图 2-3 各类成像光学系统的结构示意图
(a) 折射式成像光学系统；(b) 反射式成像光学系统；(c) 折反射式成像光学系统

折射式成像光学系统全部由透镜、棱镜等折射光学元件组成，聚光能力强、加工装调方便，能够在较大的视场内获得良好的成像质量[1]。大多数折射式成像光学系统是共轴光学系统，即所有光学元件的曲面都沿同一条对称轴（光轴）对称，整体结构紧凑、所占空间小；反射式成像光学系统的光学元件全都为平面、球面或非球面等反射镜，由于不涉及折射，不会产生色差[2]。但共轴反射式成像光学系统需要中心遮拦，成像视场小、光学效率低。而离轴反射式成像光学系统虽然具有成像效果好、大视场和无遮拦等优点，但其光机结构复杂、装调难度大、成本高且体积质量大；折反射式成像光学系统由折射光学元件和反射光学元件组合而成，一般是在折射式成像光学系统的基础上增加反射光学元件，从而改变光轴方向以实现在复杂的空间中更好地成像或观察，相比共轴反射式成像光学系统具有更强的像差校正能力和更大的视场[3]。

高炉冶炼过程中存在大量的有毒煤气，要求炉体必须密闭。用于安装成像设备的安装孔口径有一定限制，且防护外壳的水冷回路与气冷通道也需要较多的空间，所以对成像系统的体积大小有着严格的限制。综合各类成像光学系统的特点可知，高炉料面成像适合采用共轴折射式成像光学系统。

B 图像传感器

图像传感器主要可分为电荷耦合器件（CCD，Charge Coupled Device）图像传感器和互补金属氧化物半导体（CMOS，Complementary Metal Oxide Semiconductor）图像传感器两大类，它们的结构如图 2-4 所示。CCD 图像传感器的像素单元是由金属-氧化物-半导体（MOS，Metal-Oxide-Semiconductor）电容器组成，光信号在像素单元中被转换成电荷信号，信号电荷可通过逐步转移到下一个像素单元或转移到垂直位移寄存器中传输至水平位移寄存器中，然后被信号处理电路转换成电压信号，最终量化成数字信号[4]。CCD 图像传感器共用同一个信号转换电路，所以噪声较小、图像质量高。但其制造工艺复杂、价格昂贵，且由于电荷传输方式的原因，能量消耗较高、信号处理速度较慢；CMOS 图像传感器的像素单元采用了 CMOS 工艺将光电转换单元和电荷电压转换电路集成在一起，像素单元可直接输出电压信号，再通过金属导线将电压信号传输至信号处理电路中降噪、量化成数字信号[5]。CMOS 图像传感器直接在每个像素单元中完成电荷到电压的转换，能量消耗较小、信号处理速度快。其每个像素单元都配备了独立的转换电路，由于制造工艺的限制，很难让所有的转换电路保持一致，转换电路的细微差异会引起更大的噪声，但通过后续的降噪电路处理可使其噪声水平接近 CCD 图像传感器。

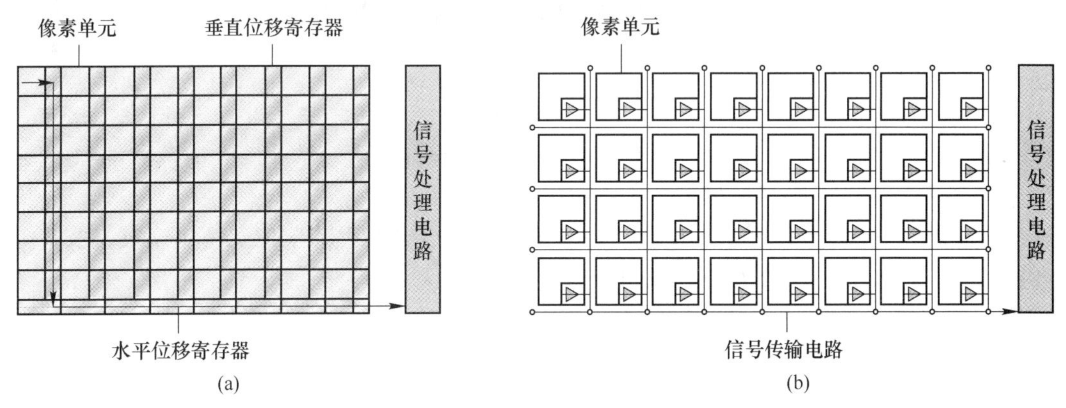

图 2-4 图像传感器的结构示意图
（a）CCD 图像传感器；（b）CMOS 图像传感器

尽管 CCD 图像传感器在成像性能上要优于 CMOS 图像传感器，但其制造工艺复杂，只有极少数厂商掌握了相关技术，因此价格昂贵。随着技术发展，高级 CMOS 图像传感器的成像性能已经接近 CCD 图像传感器，并且其功耗和成本都要低于 CCD 图像传感器。高炉料面检测要求成像系统长期不间断运行，极有可能需要更换成像系统。因此，高炉料面成像更适合采用 CMOS 图像传感器。

2.1.1.2 基于光学成像机理的光-电-数字信号转换模型

高炉料面的光学成像过程如图 2-5 所示，总共分为三个阶段：料面将高温气焰光源照射过来的光线向空间中反射出去；共轴折射式成像光学系统将料面反射出来的光信号聚集到 CMOS 图像传感器上；CMOS 图像传感器将聚集的光信号转化为电信号再转换为数字信号。

A 第一阶段

料面反射高温气焰光源的光照到成像光学系统中，通常采用光通量及其拓展定义来定量描述光照大小。光通量表示单位时间内通过某一面积的光的能量[6]。假设料面为朗伯体，反射光能量在各个方向均匀[7]。高温气焰光源包含了不同波长的光，且不同波长的光含量不同，则任意区域中的料面单位面积反射的某一波长的光的光通量，即此波长的光的光出射度 $M_{LM}(\lambda)$ 为：

$$M_{\mathrm{LM}}(\lambda) = E_{\mathrm{LM}}(\lambda) R_{\mathrm{LM}}(\lambda) \tag{2-1}$$

式中，λ 为波长；$E_{\mathrm{LM}}(\lambda)$ 为高温气焰光源在该区域料面上波长为 λ 的光的光照强度（即单位面积上所接受光通量）；$R_{\mathrm{LM}}(\lambda)$ 为该区域料面上对波长为 λ 的光的反射率。

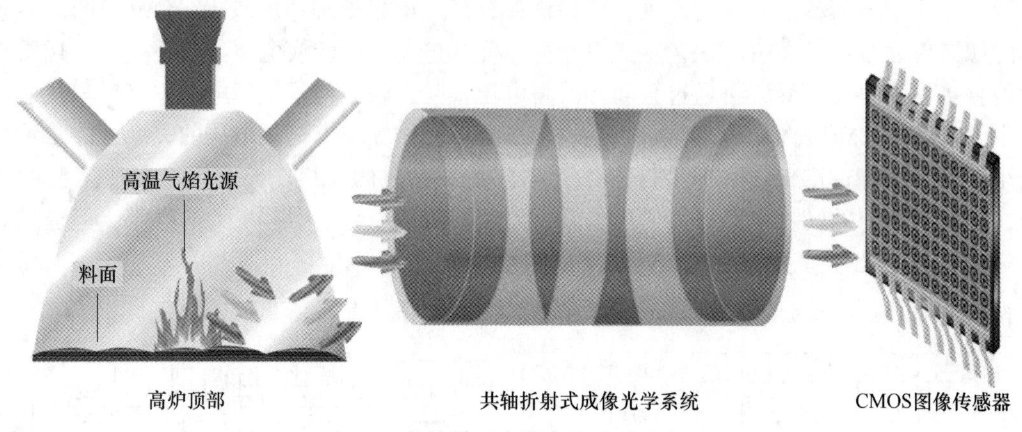

图 2-5　高炉料面光学成像过程示意图

进一步可以得到该区域中单位面积的料面在其法线方向上的单位立体角内发出波长为 λ 的光的光通量，即料面的波长为 λ 的光的亮度 $L_{\mathrm{LM}}(\lambda)$ 为：

$$L_{\mathrm{LM}}(\lambda) = \frac{M_{\mathrm{LM}}(\lambda)}{\pi} \tag{2-2}$$

B　第二阶段

成像光学系统捕获料面反射的光信号并聚集传输至图像传感器上。假设该区域中一个面积为 dS 的微小区域料面刚好成像在 CMOS 图像传感器的某一个像素单元上，即成像光学系统捕获来自微小区域料面的光信号，并将其聚集传输至某一个像素单元上。共轴折射式成像光学系统捕获光信号的能力由成像光学系统的入瞳直径决定，成像光学系统捕获、聚集传输光信号的过程如图 2-6 所示。根据图 2-6 可知，微小区域料面在成像光学系统的入瞳中心方向被捕获的光信号的立体角 Ω_{LM} 为：

$$\Omega_{\mathrm{LM}} = \frac{\pi \left(\dfrac{D_{\mathrm{rt}}}{2}\right)^2 \cos\omega_{\mathrm{lr}}}{\left(\dfrac{D_{\mathrm{LR}}}{\cos\omega_{\mathrm{lr}}}\right)^2} = \frac{\pi D_{\mathrm{rt}}^2 \cos^3\omega_{\mathrm{lr}}}{4D_{\mathrm{LR}}^2} \tag{2-3}$$

式中，D_{rt} 为成像光学系统的入瞳直径；ω_{lr} 为微小区域料面到入瞳中心与其法线的夹角；D_{LR} 为微小区域料面到成像光学系统入瞳中心的距离。

结合亮度的定义和式（2-3），成像光学系统捕获到的微小区域料面波长为 λ 的光的光通量 $\Phi_{\mathrm{LM}}(\lambda)$ 可由式（2-4）计算得到。

$$\Phi_{\mathrm{LM}}(\lambda) = L_{\mathrm{LM}}(\lambda)\mathrm{d}S \cdot \cos\omega_{\mathrm{lr}} \cdot \Omega_{\mathrm{LM}} = \frac{\pi L_{\mathrm{LM}}(\lambda) D_{\mathrm{rt}}^2 \cos^4\omega_{\mathrm{lr}}}{4D_{\mathrm{LR}}^2}\mathrm{d}S \tag{2-4}$$

成像光学系统将捕获到的光信号传输到感光面积大小为 dS'的像素单元上，则像素单元接受到的光照强度 E'_{LM} 为：

$$E'_{\mathrm{LM}}(\lambda)=\frac{\tau_{\mathrm{OS}}\Phi_{\mathrm{LM}}(\lambda)}{\mathrm{d}S'}=\frac{\pi L_{\mathrm{LM}}(\lambda)\tau_{\mathrm{OS}}D_{\mathrm{rt}}^{2}\cos^{4}\omega_{\mathrm{lr}}}{4D_{\mathrm{LR}}^{2}}\times\frac{\mathrm{d}S}{\mathrm{d}S'} \tag{2-5}$$

式中，τ_{OS}为成像光学系统的透射率，表示成像光学系统传输光信号的效率。

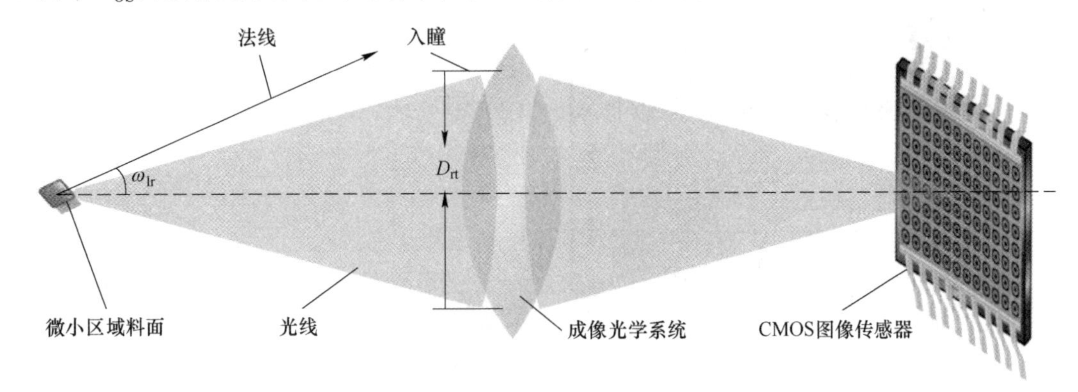

图 2-6　成像光学系统捕获、聚集传输光信号的过程示意图

由于微小区域料面的面积与 CMOS 图像传感器的像素单元感光面积之比可由料面到成像光学系统入瞳中心的距离 D_{LR}与成像光学系统的焦距f_{OS}之比的平方表示：

$$\frac{\mathrm{d}S}{\mathrm{d}S'}=\left(\frac{D_{\mathrm{LR}}}{f_{\mathrm{OS}}}\right)^{2} \tag{2-6}$$

联合式（2-5）和式（2-6），CMOS 图像传感器的像素单元最终接受到的来自料面波长为 λ 的光的光照强度为：

$$E'_{\mathrm{LM}}(\lambda)=\frac{\pi L_{\mathrm{LM}}(\lambda)\tau_{\mathrm{OS}}D_{\mathrm{rt}}^{2}\cos^{4}\omega_{\mathrm{lr}}}{4f_{\mathrm{OS}}^{2}}=\frac{\pi L_{\mathrm{LM}}(\lambda)\tau_{\mathrm{OS}}\cos^{4}\omega_{\mathrm{lr}}}{4F_{\mathrm{OS}}^{2}} \tag{2-7}$$

式中，F_{OS}为成像光学系统的光圈数，是相对孔径的倒数。

C　第三阶段

成像光学系统捕获的料面光信号在 CMOS 图像传感器的像素单元中被转换和量化，最终变成方便进行传输、处理和存储等操作的数字信号。目前常用的 CMOS 图像传感器的工作原理如图 2-7 所示。在光电转换开始时，传输电极门和重置开关打开，然后全部关闭，完成重置像素；然后光电二极管基于光电效应将照射在其表面的料面光信号持续转换成电荷信号，此时传输电极门 、重置开关和行选择开关均为关闭状态，光生电荷在光电二极管中逐渐累积；经过一段时间后，重置开关和行选择开关打开，将浮动扩散节点进行重置，确保浮动扩散节点上没有上次信号传输残存的电荷，然后重置开关关闭，重置完成。与此同时，光电二极管仍在接受光照进行光电转换；再经过一段时间后，传输电极门打开，将累积的光生电荷传输到浮动扩散节点上。到达预设的曝光时间后传输完毕，传输电极门关闭，避免光电二极管后续光电转换产生的电荷影响浮动扩散节点；累积的光生电荷在浮动扩散节点的电容器上被转换成电压信号，然后被源极跟随器放大输出；输出的电压信号经过列输出线送入到信号读出电路的模拟信号处理器中进行放大处理，再由模数转换器采样、量化成数字信号。

光电二极管的光电转换效率可以用量子效率表示，量子效率为光生电子数与入射光子

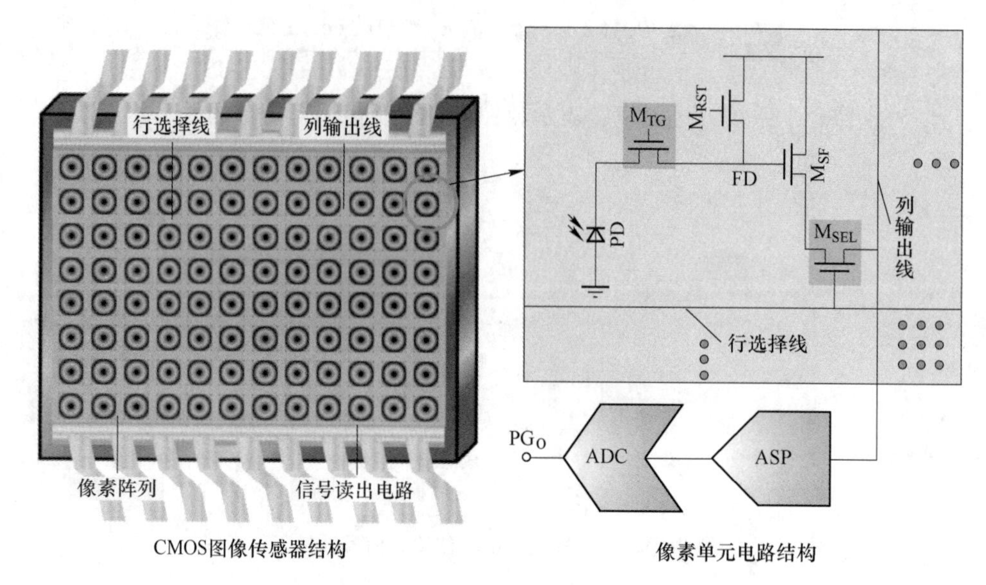

图 2-7　CMOS 图像传感器的结构与工作原理示意图

PD—光电二极管；FD—浮动扩散节点；M_{SF}—源极跟随器；ASP—模拟信号处理器；M_{TG}—传输电极门；M_{RST}—重置开关；M_{SEL}—行选择开关；ADC—模数转换器

数的比值。由于光电二极管对不同波长的光具有不同的量子效率，则 CMOS 图像传感器的某一波长的量子效率 $QE(\lambda)$ 为：

$$QE(\lambda)=\frac{N_{sig}(\lambda)}{N_{ph}(\lambda)} \tag{2-8}$$

式中，$N_{sig}(\lambda)$ 和 $N_{ph}(\lambda)$ 分别为该波长的光生电子和入射光子的数量。

波长为 λ 的光的入射光子的数量可由照射到像素单元的该波长的光照强度计算得到，计算公式如下：

$$N_{ph}(\lambda)=\frac{EN_{total}(\lambda)}{EN_{photon}(\lambda)}=\frac{E'_{LM}(\lambda)t_{INT}A_{pix}\lambda}{hc} \tag{2-9}$$

式中，$EN_{total}(\lambda)$ 和 $EN_{photon}(\lambda)$ 分别为入射的波长为 λ 的光的总能量和单个光子的能量；t_{INT}为曝光时间；A_{pix}为像素单元的感光面积；h 和 c 分别为普朗克常数和光速。

由波长为 λ 的光的光电转换产生的电荷量 $Q_{sig}(\lambda)$ 为：

$$Q_{sig}(\lambda)=N_{sig}(\lambda)q=QE(\lambda)N_{ph}(\lambda)q \tag{2-10}$$

式中，q 为基元电荷量。

结合式（2-9）、式（2-10）和 CMOS 图像传感器的量子效率曲线，在曝光时间内，像素单元对接受的所有波长的光进行光电转换后累积的信号电荷量 Q_{sig} 为：

$$Q_{sig}=\min\left(q\int_{\lambda_1}^{\lambda_2}\frac{QE(\lambda)E'_{LM}(\lambda)t_{INT}A_{pix}\lambda}{hc}d\lambda+Q_{qn}+Q_{cn},\ Q_{full}\right) \tag{2-11}$$

式中，λ_1和 λ_2分别为 CMOS 图像传感器的响应波长范围上下限，不在此波长范围内的光进入像素单元不产生电子；Q_{qn}为以电荷表征的量子噪声，由于光的量子性，入射光子的数量并不固定，而是随机变化的，这种随机变化服从泊松分布，分布的期望和方差由入射光照强度决定，因此存在量子噪声[8]；Q_{cn}为以电子表征的电路噪声，包括暗电流噪声和读出噪声[9]；Q_{full}为 CMOS 图像传感器的满阱容量，代表像素单元光电转换后能够积累的最大电荷量，当像素单元积累的电荷量达到满阱容量时，像素单元内的电荷量就不再增加。

因此，CMOS 图像传感器的电路噪声和满阱容量分别决定了成像系统能够探测的最小料面光照和最大料面光照。

信号电荷经浮动扩散节点的电容器转换成电压，再被源极跟随器放大输出，输出的信号电压 V_{sig}为：

$$V_{sig} = \frac{A_V Q_{sig}}{C_{FD}} \tag{2-12}$$

式中，A_V为源极跟随器的电压增益；C_{FD}为浮动扩散节点的转换电容量。

像素单元输出的信号电压经过列输出线传输至模拟信号处理器中的可编程增益放大器进行放大，然后被模数转换器采样和保持，再通过和参考电压进行比较实现量化和编码，从而转换成数字信号。模数转换器有两种量化方式：只舍不入和四舍五入[10]。

只舍不入量化方式的量化误差 δ_{rd}为：

$$\delta_{rd} = \frac{1}{2^{N_{ADC}}} V_{ref} \tag{2-13}$$

四舍五入量化方式的量化误差 δ_{ro}为：

$$\delta_{ro} = \frac{1}{2^{N_{ADC}+1} - 1} V_{ref} \tag{2-14}$$

式中，N_{ADC}为模数转换器的位数；V_{ref}为模数转换器的参考电压。

对比式（2-13）和式（2-14）可知，四舍五入量化方式的量化误差比只舍不入量化方式的量化误差小，因此 CMOS 图像传感器采用四舍五入量化方式具有更高的量化精度。信号电压经量化后输出的数字信号 PG_O为：

$$PG_O = \min\left(\left[\frac{(2^{N_{ADC}+1} - 1) A_{PGA} V_{sig}}{2V_{ref}} + \frac{1}{2}\right],\ 2^{N_{ADC}} - 1\right) \tag{2-15}$$

式中，[ ] 为对括号内的数值向下取整；A_{PGA}为可编程增益放大器的放大倍率。

联立式（2-1）、式（2-2）、式（2-7）、式（2-11）、式（2-12）和式（2-15），即可得到高炉料面亮度与成像系统的数字信号之间的定量关系模型，见式（2-16）。

$$\begin{cases} PG_O = \min\left(\dfrac{(2^{N_{ADC}+1} - 1) A_{PGA} V_{sig} + V_{ref}}{2V_{ref}},\ 2^{N_{ADC}} - 1\right) \\ V_{sig} = \dfrac{A_V \min\left(q\displaystyle\int_{\lambda_1}^{\lambda_2} \dfrac{\pi QE(\lambda) L_{LM}(\lambda) \tau_{OS} \cos^4\omega_{lr} t_{INT} A_{pix} \lambda}{4F_{OS}^2 hc} d\lambda + Q_{qn} + Q_{cn},\ Q_{full}\right)}{C_{FD}} \end{cases} \tag{2-16}$$

构建的光-电-数字信号转换模型揭示了高炉料面成像全过程的信号转换机理，明确了参与料面成像信号转换的相关参数及其与输出数字信号的定量关系，为研究高炉炉喉复杂光照环境对料面成像的影响奠定了基础，同时为提高料面成像设备的弱光成像性能和抑制强光对料面成像的干扰提供了理论指导。

2.1.2　基于亮度-响应范围匹配的弱光成像方法

成像系统能够捕获料面的光学信号，并将其转换成相应大小的数字信号，从而能够从获取的料面图像序列中得到料面的形貌分布以及运动状态。然而，高炉炉喉空间是一个光照分布极端不均、高温气焰区域强光与料面区域弱光并存的复杂光照环境，对成像的图像中获取丰富的有效信息造成极大的困难。研究局部动态强光干扰下的弱光成像方法，提升成像系统的弱光成像性能以及抑制局部强光对成像的干扰，是实现高炉料面“看得见”的核心。

2.1.2.1　基于光学成像机理的光-电-数字信号转换模型

高炉料面不同区域由于炉料（焦炭、烧结矿和球团矿等）的材质和粗糙度不同因而具有不同的反射率，又由于不同区域料面的高低起伏、与光源的距离远近导致接收到的高温气焰光源的光照强度大小不一样。两者共同作用导致不同位置的高炉料面的亮度大小存在差异，而料面的亮度分布包含了料面的形貌信息。成像系统能够通过光电转换将料面的亮度分布最终映射成相应的二维图像灰度分布，从而从获取的图像序列中得到料面的形貌信息和运动状态，为掌握冶炼运行状态和重构三维料面形貌提供数据支撑。成像系统的弱光成像性能，即将料面光信号转换成数字信号后能够区分的最小亮度差，决定了成像的图像对料面形貌信息的获取量。下面分别分析料面弱光和高温气焰强光对料面成像的干扰。

A　料面弱光对料面成像的干扰

根据 2.1.1 小节构建的成像过程信号转换模型可知，成像系统对料面光学信号的转换可分为光-电转换和电-数字转换两个步骤。

在光-电转换时，每一个像素单元中的光电二极管将照射在其上的光信号转换成电荷信号，只有当入射的光照达到一定阈值，使得光电转换后累积的电荷信号不小于电路噪声时，光信号才能转换成可分辨的电信号，即

$$Q_{sig} \geqslant Q_{cn} \tag{2-17}$$

因此，成像系统理论上能够探测到的料面最小光照亮度由 CMOS 图像传感器像素单元的电路噪声决定。当累积的电荷信号小于电路噪声时，无法分辨出光电转换产生的电荷是由光信号引起的还是由电路噪声引起的。只有累积的电荷信号大于或等于电路噪声，才能确保获取到了料面的光信号。

在电-数字转换时，电压信号经模拟信号处理器放大后被模数转换器采样、保持、量化和编码，最终转化成数字信号。只有当放大后的电压信号大于模数转换器的最小量化值时，电压信号才能转换成可分辨的数字信号，即

$$A_{PGA} V_{sig} \geqslant \frac{1}{2^{N_{ADC}+1} - 1} V_{ref} \tag{2-18}$$

照射在像素单元上的料面光照强度必须满足式（2-17）才能被转换成有效的电荷信号，而后被浮动扩散节点和源极跟随器转换放大成电压信号，电压信号必须满足式（2-18）才能被转换成有效的数字信号。即只有当照射在像素单元上的料面光信号在两者均满足时，成像系统才能探测到有效的料面光信号。

当照射在像素单元上的料面光照强度满足式（2-17）时，联立式（2-12）和式(2-18)可得：

$$Q_{\mathrm{sig}} \geqslant \frac{V_{\mathrm{ref}}C_{\mathrm{FD}}}{(2^{N_{\mathrm{ADC}}+1}-1)A_{\mathrm{V}}A_{\mathrm{PGA}}} \tag{2-19}$$

浮动扩散节点的转换电容、源极跟随器的电压增益以及模数转换器的参考电压和转换位数均为固定值，因此通过调节可编程增益放大器的放大倍率满足式（2-18），从而将成像系统能够探测到的最小料面光信号转换成有效的数字信号，则可编程增益放大器的放大倍率范围为：

$$1 \leqslant A_{\mathrm{PGA}} \leqslant \frac{V_{\mathrm{ref}}C_{\mathrm{FD}}}{(2^{N_{\mathrm{ADC}}+1}-1)A_{\mathrm{V}}Q_{\mathrm{cn}}} \tag{2-20}$$

由此可知，成像系统对料面光照亮度的响应范围的最小值实际上由可编程增益放大器的放大倍率决定，只有当可编程增益放大器的放大倍率取最大值时，成像系统能够响应的料面最小光照亮度才等于理论上可探测到的料面最小光照亮度。通常采用模拟增益来表示可编程增益放大器的放大倍率，两者之间的定量关系为：

$$G_{\mathrm{PGA}} = 20\lg A_{\mathrm{PGA}} \tag{2-21}$$

式中，G_{PGA}为模拟增益。

结合式（2-11）、式（2-12）和式（2-15）可知，可编程增益放大器会同时放大信号和噪声。因此模拟增益越大，获得的图像的信噪比就越低。

料面的光信号经成像光学系统聚集传输在CMOS图像传感器的像素单元上，而后被像素单元最终转化成数字信号。成像系统对料面光照亮度的响应范围最小值可由其在传输、转换后的光生电荷量表示：

$$Q_{\mathrm{rmi}} = \frac{V_{\mathrm{ref}}C_{\mathrm{FD}}}{(2^{N_{\mathrm{ADC}}+1}-1)A_{\mathrm{V}} \times 10^{\frac{G_{\mathrm{PGA}}}{20}}} \tag{2-22}$$

式中，Q_{rmi}为成像系统实际能够响应的最小光生电荷量。

若光生电荷量小于Q_{rmi}，则该微小区域料面无法被CMOS图像传感器对应的像素单元获取到有效光信号。

成像系统能够区分的料面最小亮度差由其传输、转换后的光生电荷量差表示：

$$\Delta Q_{\min} = \frac{V_{\mathrm{ref}}C_{\mathrm{FD}}}{\left(2^{N_{\mathrm{ADC}}}-\frac{1}{2}\right)A_{\mathrm{V}} \times 10^{\frac{G_{\mathrm{PGA}}}{20}}} \tag{2-23}$$

式中，$\Delta Q_{\min}$为成像系统能够分辨的最小光生电荷量。

若两个区域的料面形貌特征存在差别，但它们的光照亮度经传输、转换后产生的光生电荷量之差小于$\Delta Q_{\min}$，则成像系统可能无法分辨出两者光照亮度的不同，将会输出同样的数字信号，即获取的图像中没有包含两个区域料面形貌特征差别的信息。

综上所述，当料面接收到的高温气焰光源的光照充足时，不同形貌特征的料面具有的亮度相差较大，经成像光学系统传输、CMOS图像传感器的光电二极管转换后积累的光生电荷量也具有较大的差距，则在较小的模拟增益下模数转换器也能分辨出两者的光照亮度不同，将其量化成不同的数字信号，从而能够在获取的图像中轻易获得料面的形貌信息。

然而，高炉炉喉内存在对光具有吸收和散射作用的运动粉尘，且炉料的光反射率较低，因此只有在高温气焰光源较大且距离光源位置较近时，少部分区域料面才能接受到较为充足的光照，大部分区域料面的亮度仍旧处于很低的水平。根据上述的分析可知，料面弱光会导致成像系统必须以很高的模拟增益放大转换的电信号才能量化成有效的数字信号，这就造成获得的图像噪声很大、信噪比很低，不利于从图像中提取所需的料面形貌信息。当料面接收到的光照强度弱于一定的水平时，不同区域、不同形貌特征的料面的亮度所转换的光生电荷量无法被模数转换器区分，则所获得的图像损失了相应弱光区域料面的形貌分布信息。

B　高温气焰强光对料面成像的影响

根据上述分析，结合构建的成像过程信号转换模型，可以得到成像系统的输出数字信号与受到料面光照而产生的光生电荷量的转换关系，如图 2-8 所示。当像素单元内累积的光生电荷量小于 Q_{rmi} 时，不在成像系统的响应范围中，像素单元输出的数字信号为 0；当像素单元内累积的光生电荷量大于 $(2^{N_{ADC}+1}-3)Q_{rmi}$ 时，成像系统的响应已经饱和，像素单元输出的数字信号为量化的最大值 $(2^{N_{ADC}}-1)$；只有光生电荷量在成像系统的响应范围，模数转换器才会按照四舍五入的量化方式将电信号转换为对应的数字信号。由式(2-20)~式（2-22）可知，Q_{rmi} 可取的最小值为 Q_{cn}，而像素单元内可累积的光生电荷量最大值为满阱容量 Q_{full}，故成像系统理论上能够响应的光生电荷范围为 $[Q_{cn},\ Q_{full}]$。由于模数转换器的转换位数有限，通常与显示设备的位数相同（即 8 位），单次成像难以在整个响应范围内都响应，实际的响应范围为 $[Q_{rmi},\ (2^{N_{ADC}+1}-3)Q_{rmi}]$。

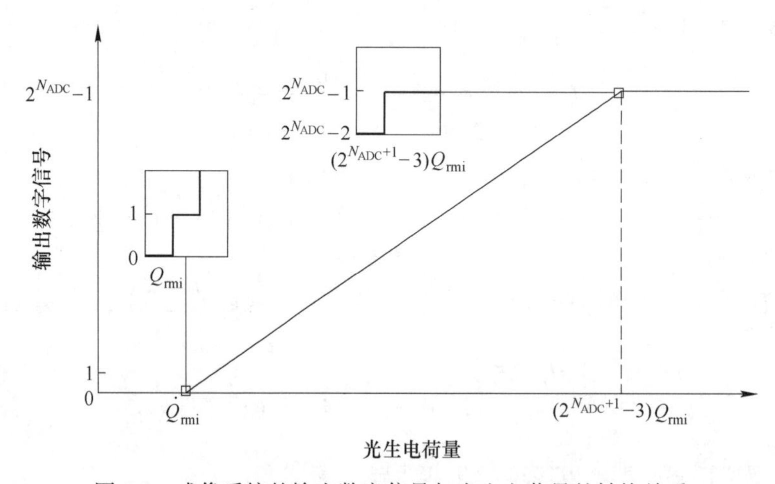

图 2-8　成像系统的输出数字信号与光生电荷量的转换关系

一方面，由式（2-22）可知，模拟增益决定了成像系统对累积光生电荷量的实际响应范围。另一方面，根据构建的信号转换模型可知，光生电荷量除与料面的光照亮度有关外，还与成像光学系统的透过率和光圈数、CMOS 图像传感器像素单元的量子效率、感光面积以及曝光时间有关；其中，成像光学系统的透过率和 CMOS 图像传感器像素单元的量子效率、感光面积均为成像系统的固有属性，一旦确定就难以调节。因此，在可见光成像技术的实际应用中，一般通过调节光圈数、曝光时间和模拟增益这三个曝光参数来适应不同场景的光照条件。调节光圈数和曝光时间改变光电转换产生的光生电荷量，调节模拟增益改变实际响应范围，进而使实际响应范围能够满足不同光照场景成像的需求。目前可见光成像设备通用的自动曝光方法的工作原理如图 2-9 所示[11]。

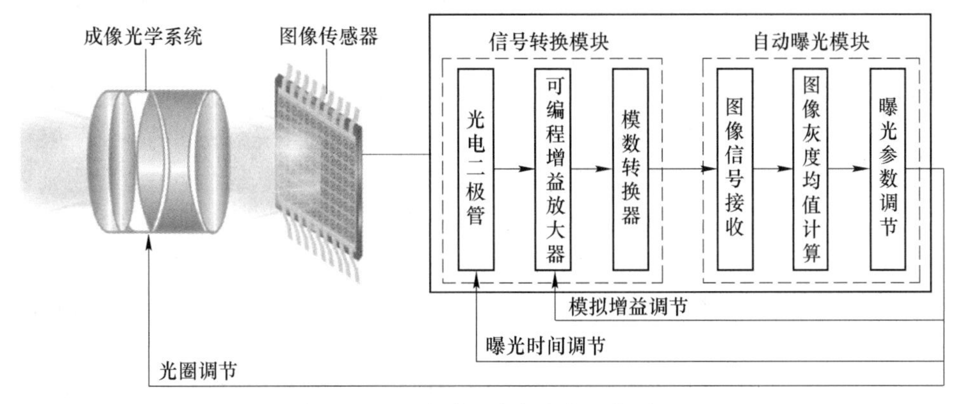

图 2-9 通用自动曝光方法的工作原理

通用自动曝光方法根据图像的整体灰度均值来判断成像场景的光照亮度大小，若场景偏暗或偏亮，一方面可以通过调节光圈和曝光时间来增大或减小因光电转换而产生的光生电荷量，另一方面可以通过调节模拟增益来减小或增大成像系统的实际响应范围，从而得到亮度适中的图像。这种自动曝光方法在场景光照亮度均匀的时候可以取得很好的曝光效果。但如果场景的光照不均、亮区域与暗区域的光照亮度相差较大时，成像设备的实际响应范围已经难以满足对场景的整个亮度范围进行映射。以图像整体均值作为曝光依据，当场景中的亮区域范围大于暗区域范围时，通用自动曝光方法会因图像整体均值偏高而降低曝光，造成暗区域欠曝而损失信息；当场景中的暗区域范围大于亮区域时，通用自动曝光方法会因图像整体均值偏低而增加曝光，造成亮区域过曝而损失信息。

炉喉空间内的高温气焰光源会随着高炉冶炼的进程和操作，在时间上和空间均会出现动态变化。在布焦时，高温气焰受焦炭掩盖而熄灭，随后随着冶炼反应的进行而慢慢变大，最后稳定在一定大小。通用自动曝光算法在高温气焰较小时出现曝光参数过大，引起强光区域过曝遮挡料面信息；在高温气焰较大时出现曝光参数过小，导致亮度小于成像系统实际响应范围的料面区域出现曝光不足，暗区域的形貌分布信息损失。

2.1.2.2 成像系统的弱光成像性能提升策略

利用成像系统获取的图像序列包含的料面形貌信息越丰富，则越有利于精准判断高炉冶炼过程的运行炉况和精确重建高炉料面的三维形貌。然而，高炉炉喉的弱光环境导致低于成像系统响应范围的料面区域形貌信息损失，亟需提高成像系统的弱光成像性能、加强成像系统对于亮度较暗的料面区域的探测能力。

料面光信号经过聚集传输后基于光电效应被转化成光生电荷，再被转换成电压后量化成数字信号。根据上面分析可知，成像系统可探测的最小光生电荷量由 CMOS 图像传感器的电路噪声决定，而料面光信号转换成光生电荷的大小，除了与料面本身的光照亮度大小有关，还受成像光学系统与 CMOS 图像传感器的性能影响。因此，提升成像系统弱光成像性能的策略有两种：一是降低 CMOS 图像传感器的电路噪声以降低成像系统可探测的最小光生电荷量，拓宽成像系统响应范围的下限；二是提高料面光信号转化成光生电荷信号的效率，增大光生电荷量以进入成像系统的响应范围。

A　降低电路噪声

CMOS 图像传感器的电路噪声包含了读出噪声和暗电流噪声。其中，读出噪声表示在完全没有光照进入并且曝光时间为 0 的情况下电路仍然有输出电信号，产生的原因是驱动电路在读出电子的过程中具有不确定性。读出噪声在 CMOS 图像传感器中总是存在，与其设计工艺和环境温度有关，目前 CMOS 图像传感器制造厂商会采用成熟的电路降噪技术对读出噪声进行抑制，例如相关双采样结构电路和微分延迟采样电路；暗电流噪声则表示在完全没有光照进入的情况下光电二极管仍旧有电荷产生，出现的原因是半导体具有热效应而产生热生电子。暗电流噪声属于热生电子型噪声，与环境温度和曝光时间有关，目前通过减去相同条件下的暗场图像消除暗电流噪声。相同条件下的暗场图像是指在相同环境温度、相同曝光时间和其他相同曝光参数下采集的无光照图像。

降低读出噪声可以通过选取低噪声的 CMOS 图像传感器和降低环境温度来实现；暗电流噪声的降低可以通过降低环境温度和曝光时间来实现，甚至可以通过减去相同条件下的暗场图像来消除。然而，成像系统所处的高炉炉喉内部空间的温度随煤气流的动态分布在 300~800℃的范围内波动，当冶炼过程发生异常、炉喉内部空间温度波动或急剧升高时，成像设备内部的温度也将不可避免地波动或急剧升高。在环境温度动态变化的情况下，难以提前获取相同条件下的暗场图像，并且炉喉环境恶劣、成像系统空间受限，也难以通过其他技术手段实时获取料面成像设备的暗场图像，因此难以通过减去相同条件下的暗场图像来消除暗电流噪声。此外，为了避免遮挡，成像设备的前端不能封闭，因此与开孔前端的距离越近，温度越高。尽管研制的冷却防护外壳可以保障成像设备前端的内部温度在高炉炉况正常时稳定在 40℃左右，使内部的成像系统在炉喉内部空间的高温下仍旧能够工作。但此温度仍高于正常环境中的温度，CMOS 图像传感器在此温度下虽然依旧能够工作，但其读出噪声和暗电流噪声会高于在正常环境。

B　提高转换效率

料面光信号转化成光生电荷信号的效率由成像光学系统的透过率和光圈数以及 CMOS 图像传感器的曝光时间、量子效率和感光面积决定。其中，成像光学系统的透过率与单个透镜的透过率和整体透镜数量的多少有关。由于镀膜技术的发展，目前镀膜后的可见光成像系统的透过率一般都比较高，透镜数量相差不大时透过率的区别并不明显；成像光学系统的光圈数越小，相对孔径越大，成像光学系统捕获光学信号的能力越强；CMOS 图像传感器的曝光时间决定了入射光子转换成光生电荷的积分时间，也是影响视频帧数的核心因素；CMOS 图像传感器的量子效率以及感光面积由其材料与工艺结构决定，从获取的波段上来说可区分为黑白图像传感器和彩色图像传感器，它们的组成结构如图 2-10 所示。彩色图像传感器相比黑白图像传感器多了一层由 1 红 2 绿 1 蓝排列的滤光片组成的拜耳阵列[12]，相同光照下实际进入像素单元的光小于黑白图像传感器，产生的光生电荷就会少于黑白图像传感器，因此黑白 CMOS 图像传感器整体的量子效率高于彩色 CMOS 图像传感器。从像素单元感光区域的位置来说 CMOS 图像传感器可分为前照式和背照式[13]，它们的像素单元剖面结构如图 2-11 所示。前照式的金属电路在感光二极管的上面，入射的光线会被金属电路遮挡一部分，而背照式的金属电路在感光二极管的下方，不存在遮挡，因此背照式 CMOS 图像传感器的感光面积高于前照式 CMOS 图像传感器。

综上所述，可以通过减小成像光学系统的光圈数、增加曝光时间以及增大 CMOS 图像

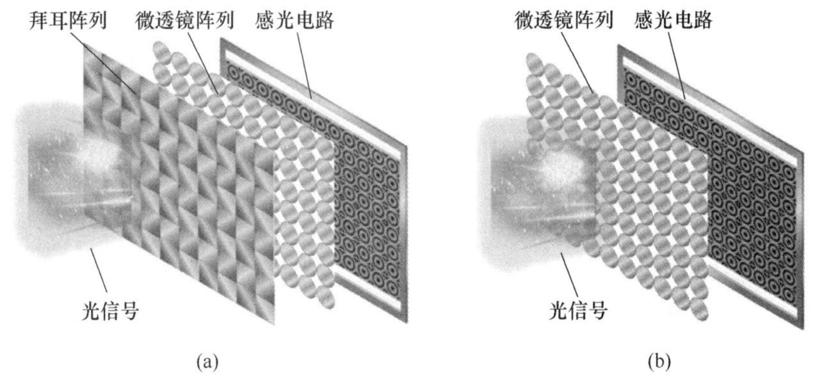

图 2-10 不同 CMOS 图像传感器的组成结构
（a）彩色 CMOS 图像传感器；（b）黑白 CMOS 图像传感器

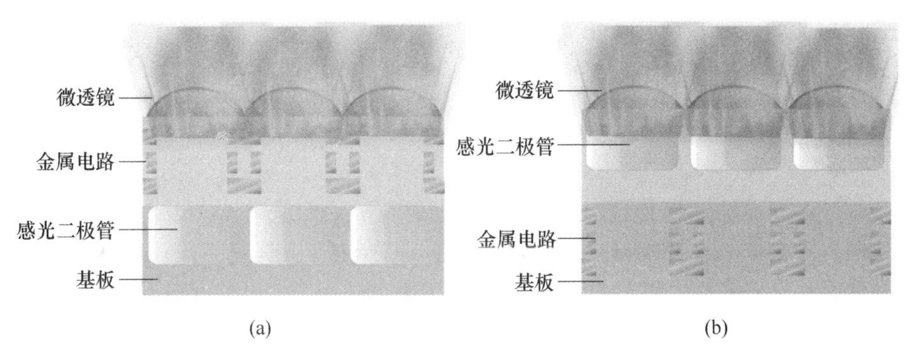

图 2-11 CMOS 图像传感器的剖面结构
（a）前照式；（b）背照式

传感器的量子效率和感光面积来提高光信号转化成光生电荷信号的效率。

为提高料面成像设备的弱光成像能力，对成像系统硬件的优化策略如下：

在 CMOS 图像传感器方面，选取了大像素低噪声的背照式黑白 CMOS 图像传感器，从而使成像设备具有较低的读出噪声以及较高的光电转换效率。本设计选取的 CMOS 图像传感器的性能参数见表 2-1。

表 2-1 本设计选取的 CMOS 图像传感器的性能参数

指　标	参　数
靶面尺寸	1 英寸（对角线 16 mm）
像素数量	800 H×600 V（水平×竖直）
像素尺寸	16 μm×16 μm
满阱容量	73 Ke
读出噪声	0.9 e
量子效率	90%左右（峰值）
模式转换位数	8 位
帧率	25 Hz

在成像光学系统方面，设计了大孔径内窥式成像光学系统，通过提出取像物镜组与转像中继系统组合的多次成像光学结构，将炉内料面的光学信号聚集传输至炉外的CMOS图像传感器上，降低CMOS图像传感器所处的环境温度和成像光学系统的光圈数，实现CMOS图像传感器低暗电流噪声的工作以及成像光学系统对料面光学信号的高效获取。

2.1.2.3 基于自适应曝光的亮度-响应上界匹配方法

高炉炉喉内部空间的光照复杂，由于运动粉尘的衰减作用以及炉料自身的低反射性，导致高温气焰光源的亮度与料面区域的平均亮度相差较大。高温气焰光源的几何形态大小、空间位置能够为判断炉内的运行状态、煤气流分布和料面位置高低等提供一定的参考，但高温气焰光源的内部纹理、亮度分布等参数目前尚未有研究证明其可能存在的价值。因此，对于高温气焰光源，只需获取其整体的结构信息即可，无需对其内部的亮度分布进行分辨；对于料面区域，需要分辨尽可能多的亮度分布以便得到丰富的料面形貌信息。然而，通用的自动曝光方法以图像的整体灰度均值作为曝光依据，对场景的亮区域和暗区域的计算权重为同等大小，在高温气焰强光较小时，容易造成曝光参数过大而遮盖离光源较近料面区域的信息，在高温气焰强光较大时，则会引起曝光参数过小导致离光源较远、光照较弱的料面区域因曝光不足而损失信息。因此，研究适用于具有局部强光的弱光场景的自动曝光方法，对充分获取料面形貌信息具有重要意义。

A 料面成像的自动曝光分析

调节成像设备曝光的参数分别为：光圈数、曝光时间和模拟增益。成像设备的内部空间以及高炉现场的环境难以搭载调节光圈大小所需的机械结构和电路组件，并且调节光圈还会改变成像设备的景深，所以采用固定光圈的设计。曝光时间涉及到视频帧数和运动模糊，所以在满足视频流畅性需求的前提下将曝光时间固定为最大值。因此，本设计通过自适应调节模拟增益实现成像设备的自动曝光。

高炉炉喉内部空间可以分为两个区域：高温气焰强光区和料面弱光区。其中，料面区域距离高温气焰光源越近的位置，光照亮度越大，随着与高温气焰光源距离的增加，料面区域的光照亮度逐渐减弱。若要充分获取整个料面区域的亮度分布，成像设备的响应范围应该将料面的光照亮度范围包含在内，将料面区域的最大光照亮度定义为有效最大亮度，则有效最大亮度转换成的光生电荷量应小于或等于成像设备对光生电荷响应范围的上限。

成像设备对光生电荷理论上响应范围的上下限分别为满阱容量和电路噪声。然而，由于模数转换器的转换位数有限，成像设备对光生电荷的实际响应范围为电路噪声至满阱容量中的某一区间，区间的具体位置由模拟增益决定。如图2-12所示，当模拟增益较低时，实际响应范围的下限和上限都比较大，即成像设备可探测的光照亮度范围变广，但可探测的最小料面亮度也会增大，弱光成像效果变差；反之，则相反。

综上所述，本设计提出了基于自适应模拟增益的自动曝光方法，其工作原理如图2-13所示。图像传感器将料面的光信号转换成数字图像信号后，被FPGA上的自动曝光模块接收；然后从接收的图像中提取料面区域的最大亮度特征值（料面区域的最大光照亮度转换成的图像灰度值）；再利用提取的料面最大亮度特征值和目标亮度特征值（即图像最大灰度等级）计算目标模拟增益；最后根据计算值对可编程增益放大器的增益进行调节，实现成像设备的自适应曝光。

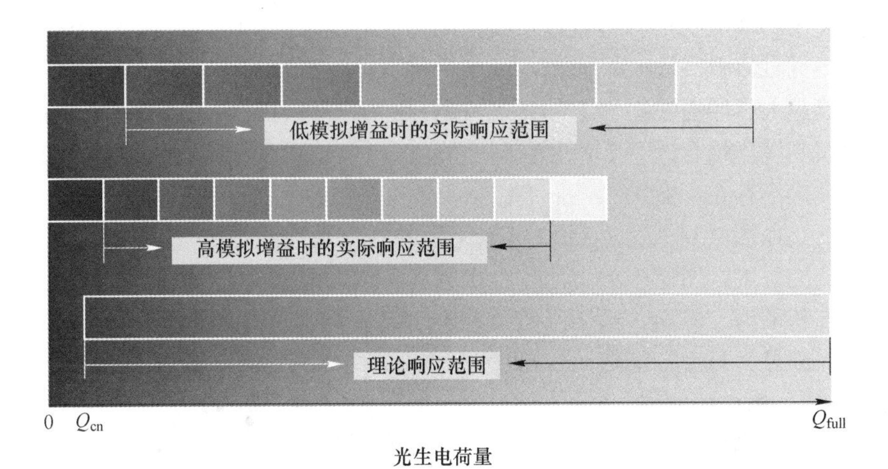

图 2-12　成像设备对光生电荷的实际响应范围与模拟增益的关系

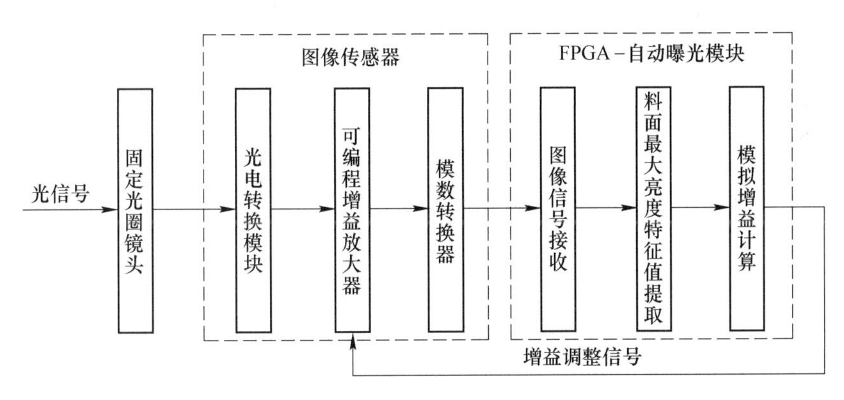

图 2-13　自适应曝光算法的工作原理

目标模拟增益 G_g 的计算方法为：

$$G_g = 20\lg \frac{H_M}{H_L} \tag{2-24}$$

式中，H_M 为目标亮度特征值，取值为图像的最大灰度等级 255；H_L 为料面最大亮度特征值，需要从获取的料面图像中提取得到。

B　料面最大亮度特征值提取

料面上的光照亮度经成像光学系统聚集传输至图像传感器上，然后转换成相应大小的光生电荷量，最后被量化成对应的数字信号。理论上来说，若忽略高温气焰强光区域，料面的最大光照亮度转换成的图像灰度值即是图像的最大灰度值。然而，由于量子噪声的存在，入射光子数并非按照料面的光照亮度大小固定，而是以料面的光照亮度大小为均值服从泊松分布的随机数量，相应的图像灰度值也会随之发生波动。因此，料面区域图像的单个像素灰度值难以表征此区域的料面亮度大小，图像的当前最大灰度值并不能准确反映料面真正的最大光照亮度。此外，由于高温气焰光源的光照亮度大于料面光照亮度，在量子噪声的作用下部分像素的灰度值可能与料面像素的灰度值重叠，因此难以通过传统的阈值分割和灰度梯度等手段提取料面最大亮度特征值。

根据构建的料面成像过程信号转换模型可知，料面区域的光照亮度大小与距离高温气焰光源的位置远近以及高温气焰光源本身的几何形态、亮度大小有关。高温气焰光源的几何形态、亮度越大，照射在料面上的光照就越多；距离高温气焰光源越近的料面区域，接收到的光照就越多。结合式（2-1）可知，料面区域的最大光照亮度与高温气焰光源的几何形态、亮度大小存在函数关系，而高温气焰光源的几何形态、亮度大小在图像中具有相当明显的特征。如图 2-14 所示，高温气焰光源的几何形态和亮度越大，图像的灰度值越高，高灰度值的像素在图像中的占比越大。因此，可以根据高温气焰光源的图像特征获取料面最大亮度特征值。然而，由于函数关系中的部分参数如料面反射率等无法确定，难以直接计算出料面最大亮度特征值。

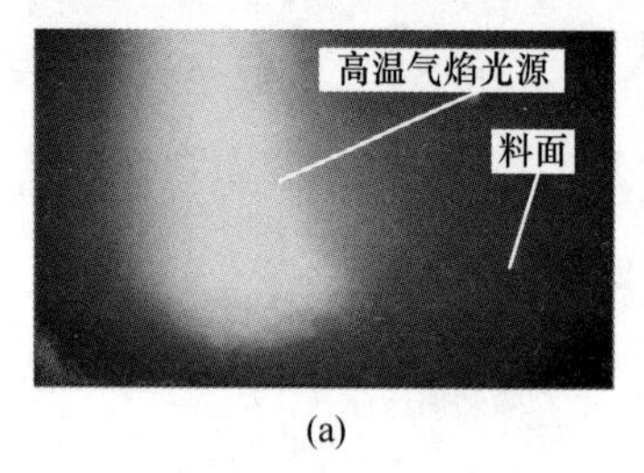

(a)

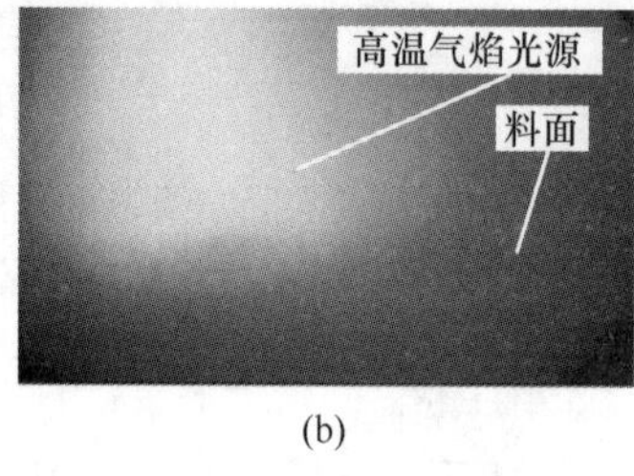

(b)

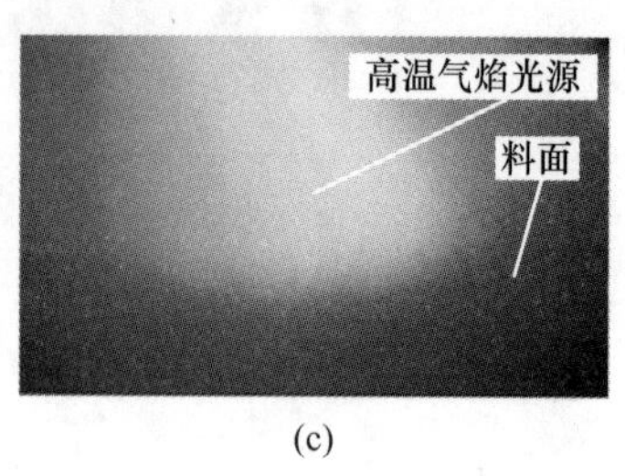

(c)

图 2-14　料面图像中不同几何形态、亮度大小的高温气焰光源

为了实现料面最大亮度特征值的提取，本设计采用径向基函数神经网络（RBFNN，Radial Basis Function Neural Network）拟合料面区域的最大光照亮度与高温气焰光源的几何形态、亮度大小之间的函数关系。RBFNN 是一种以函数逼近为基础的前馈神经网络，只有一个隐含层，具有结构简单、学习收敛速度快、拟合能力强以及避免局部极小值等优点[14]。

为了由高温气焰光源的图像特征得到料面最大亮度特征值，需要以高温气焰光源的图像特征为输入变量、以料面最大亮度特征值为期望输出构建数据集，然后训练 RBFNN 使其拟合出两者之间的函数关系。

利用图像识别的手段来提取高温气焰光源的图像特征，计算复杂、实时性差，而不同几何形态、亮度大小的高温气焰光源在图像上的灰度值分布不同，如图 2-15 所示。因此本设计将图像的灰度等级分为 16 个区域，然后统计每个区域的像素数量占比，将其作为高温气焰光源的图像特征输入到 RBFNN 中，即

$$x_l = \sum_{k=0}^{16l-1} \frac{N_{\mathrm{H}k}}{N_{\mathrm{pix}}} \quad l = 1,\ 2,\ \cdots,\ 16 \tag{2-25}$$

式中，$N_{\mathrm{H}k}$为灰度值为 k 的像素数量；N_{pix}为图像的像素总数量。

在获取的料面图像中，人眼能够轻易地分辨出料面最大光照亮度所在的区域，因此料面最大亮度特征值可以通过人为框选料面最大亮度区域并统计其均值获得，然后将其作为期望输出用于 RBFNN 训练。

综上所述，构建训练数据集首先需要利用成像设备获取增益为 0 dB 时不同光照条件的高炉料面图像，然后根据式（2-25）统计图像的灰度分布作为输入变量，最后框选料面最大亮度区域并统计均值作为对应的期望输出。数据集的样本数量越多，包含光照范围越广，拟合效果就越好。

C　自适应曝光算法设计

高温气焰光源是由底部鼓入的高温煤气与炉顶布下的焦炭等燃料发生剧烈燃烧反应产

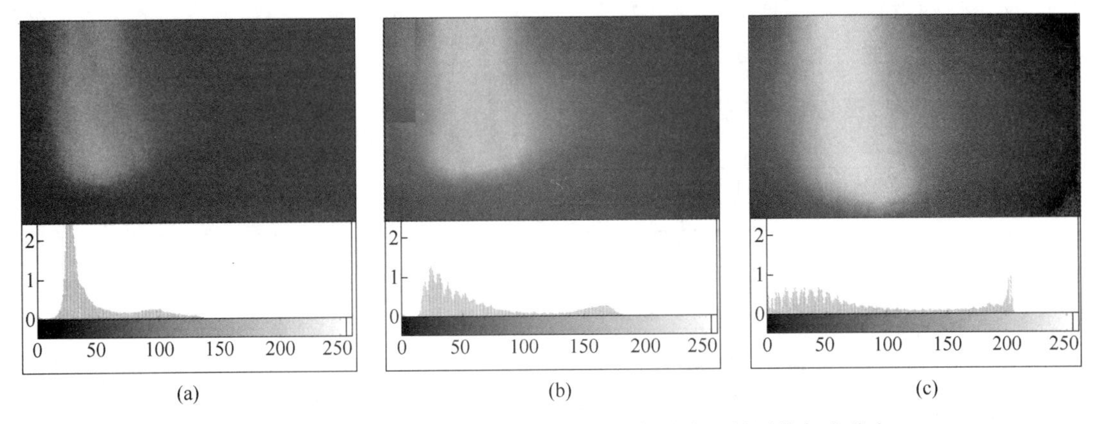

图 2-15 不同几何形态、亮度大小的高温气焰光源的图像灰度分布

生的，其几何形态和亮度随冶炼过程的进行呈现出周期性变化。为了自动调节模拟增益使其适应高炉炉喉内部空间的动态光照环境，设计了如图 2-16 所示的自适应曝光算法，由自适应模拟增益设置和防亮度抖动两个模块组成。

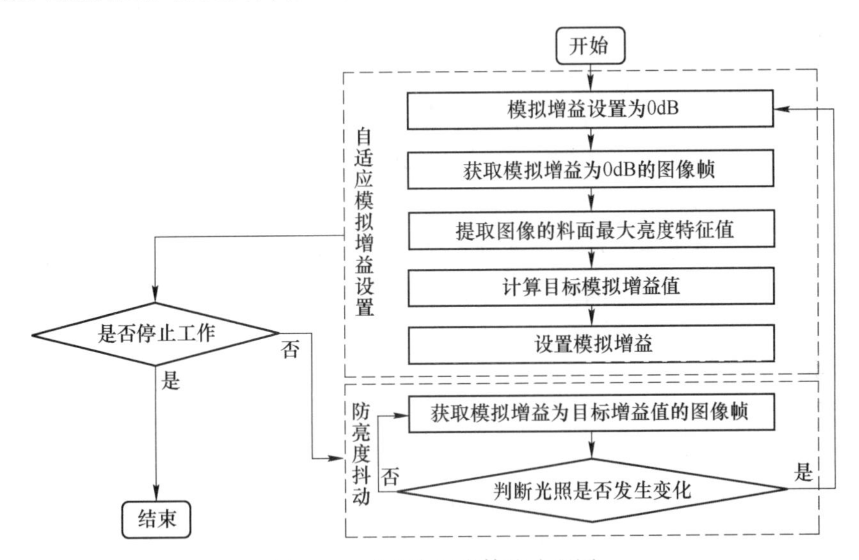

图 2-16 自适应曝光算法流程图

自适应模拟增益设置模块负责根据炉喉内部空间的光照环境为成像设备设置最优的模拟增益。当算法使用时，首先将成像设备的模拟增益设置为 0 dB，获取相应的图像帧，以便在统一的标准下判断当前炉喉内的光照条件；然后利用训练好的 RBFNN 提取图像的料面最大亮度特征值，根据式（2-25）计算与当前光照环境匹配的目标模拟增益值；最后将目标模拟增益值送入可编程增益放大器中，完成模拟增益的自动调节。当光照发生变化时，自适应曝光算法需要自适应地调整模拟增益。但当光照变化不大时，频繁地调整模拟增益可能造成料面视频的整体亮度出现抖动，非常影响现场检测人员的观感。因此本设计在算法中增加了防亮度抖动模块，只有当判断标准超过一定阈值时，才会判定光照发生变化，算法进入自适应模拟增益设置模块中重新设置模拟增益；当判定光照没有发生变化

时，保持当前设置的模拟增益不变，继续获取下一帧图像进行判断，循环直到光照发生变化。光照是否发生变化的判断方式如图 2-17 所示。

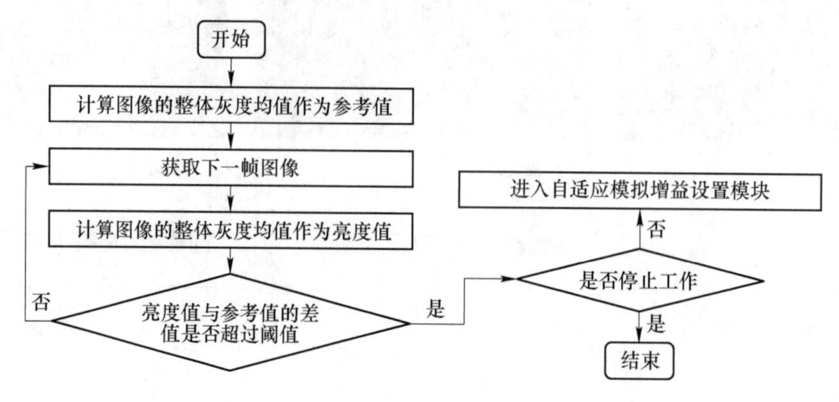

图 2-17 光照是否发生变化的判断方式

自适应模拟增益设置模块根据炉喉的光照条件设置相匹配的模拟增益后，防亮度抖动模块将获取到的模拟增益为目标增益值的首帧图像作为参考图像，通过计算图像的整体灰度均值来确定当前炉喉内部的光照水平；然后获取下一帧图像并计算其整体灰度均值，与参考图像的整体灰度均值比较。若两者相差超过阈值，则表明炉喉内部的光照发生变化，需要重新设定模拟增益值；若两者相差小于阈值，则保持模拟增益不变，继续获取下一帧图像计算整体灰度均值进行光照判断。由于量子噪声的干扰具有随机性、冶炼反应消耗炉料引起的料面运动以及高温气焰光源随气流发生抖动，光照条件相差不大时的料面图像整体灰度均值会在一定范围内波动。因此本设计用于判断光照是否发生变化的阈值，是通过统计多帧相似光照条件下图像的整体灰度均值的波动范围得到的。

2.1.3 实验验证

为了验证本设计所提基于亮度-响应范围匹配的弱光成像方法的有效性，搭建了如图 2-18 所示的实验系统。在成像场景中设置各种不同反射率的目标物，便于观察实验效果；照射光源的照射范围和光照强度可通过光源控制器调节，用于模拟不同区域大小的局部强光干扰；工业相机的光圈固定为 2.8，曝光时间设置为满足 25 帧流畅视频流的最大时间，其模拟增益可以通过上位机中的自适应曝光算法调节；当进行实验时，将光学暗室的遮光布帘全部拉上，只留狭小缝隙透过微弱的室内光照，构造出弱光成像场景。

为了实现本设计所提的自适应曝光算法，利用可调光源制造出光照强度和区域大小不同的强光干扰源，通过此方法构造出具有局部动态强光干扰弱光场景的数据集；数据集包含了 168 张不同光照条件的成像场景图像，对图像中除局部强光干扰区域以外的最大灰度区域的均值进行统计和标注，并将其作为标签。从数据集中抽取 28 张不同光照条件的图像作为测试集，其余 140 张图像作为训练集用于训练 RBFNN。图 2-19 展示了 RBFNN 提取最大亮度特征值的测试结果，测试值能够很好地跟踪标签值，以标签值作为真值统计两者之间的绝对误差和相对误差绘制在图 2-20 中；可以发现，灰度均值的绝对误差在±3 之间，相对误差在±5%之内，表明 RBFNN 能够可靠地提取图像的最大亮度特征值。

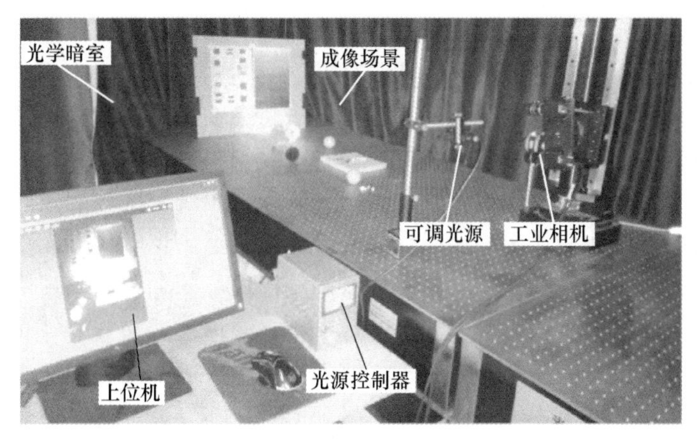

图 2-18 验证自适应曝光方法有效性的实验系统

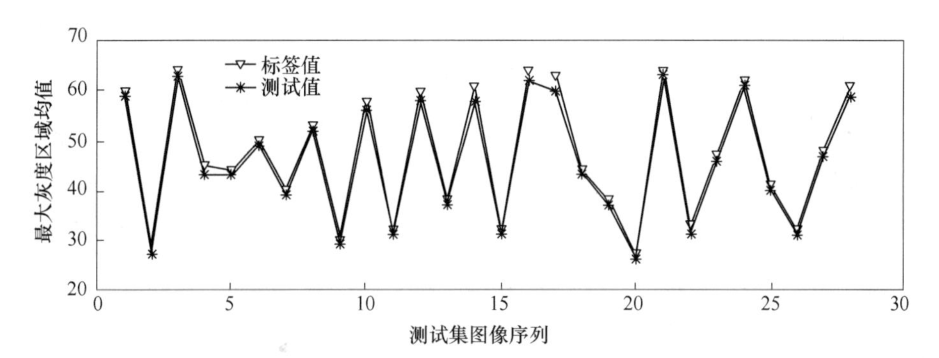

图 2-19 RBFNN 提取最大亮度特征值的测试结果

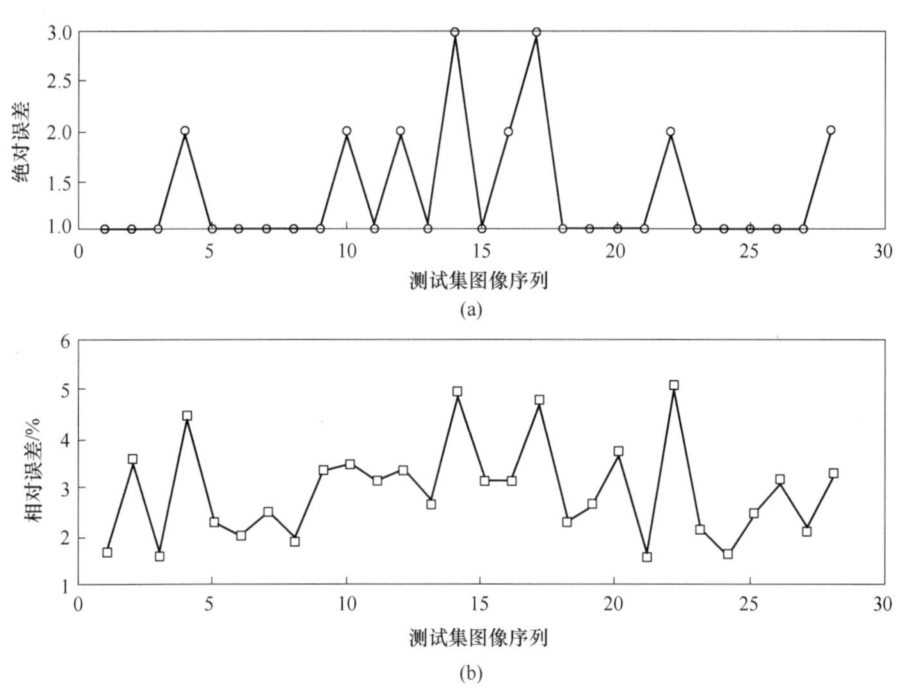

图 2-20 RBFNN 提取最大亮度特征值的误差

（a）绝对误差；（b）相对误差

为了体现本设计方法的有效性和先进性，将其与通用的基于整体图像均值的自动曝光方法进行比较。本设计方法和通用自动曝光方法的应用结果如图 2-21 所示。在无强光干扰时，由于图像整体偏暗，因此通用自动曝光方法将会使场景中的部分区域过曝，如图中的实线框与虚线框部分，目标的边界和纹理信息已经损失。而本设计方法的曝光目标是充分利用图像灰度，因此不会出现过曝光情况；当场景中出现小区域的强光时，对于通用曝光方法的影响较小，因此在强光的实线框之外的区域仍然出现了过曝光现象，导致虚线框部分的白色垫板边界信息以及垫板上反射率较高的白色球状颗粒的纹理信息丢失。而本设计曝光方法只在强光实线框区域过曝光，其他区域仍然保持着良好的曝光效果；当场景中的强光区域较大时，对通用曝光算法产生了较大影响，图像的暗区域出现曝光不足，导致虚线框中黑色球状颗粒的轮廓已经难以分辨。本设计曝光方法受到的影响有限，强光之外的区域仍能获取完整的场景信息。

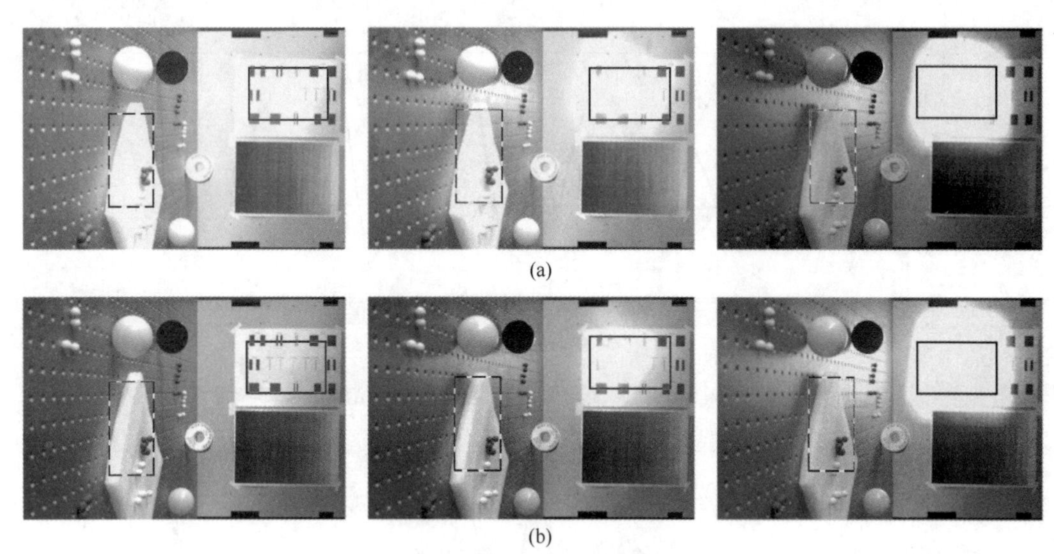

图 2-21　不同成像方法的效果对比
(a) 通用自动曝光方法；(b) 本设计方法

为了定量评价本设计方法的效果，选取了能够体现图像包含的信息量的平均梯度和图像熵作为评价指标，两种方法的评价结果列在表 2-2。由表 2-2 可知，本设计方法的各项指标均优于通用自动曝光方法，说明本设计方法能够实现目标区域有效最大亮度与成像系统的响应范围上限的匹配，从而有效增加获取的场景信息量。

表 2-2　不同成像方法的图像质量评价

光照条件	方　法	平均梯度	图像熵
无强光	通用方法	1.91	6.88
	本设计方法	2.8	7.05
小区域强光	通用方法	1.82	6.9
	本设计方法	2.28	6.9
大区域强光	通用方法	1.35	6.38
	本设计方法	1.97	6.72

2.2 大景深宽视场大孔径内窥式成像光学系统设计

成像光学系统是料面光学成像设备的核心组件，负责捕获高炉料面的光学信号并传输至图像传感器上转换成数字图像信号。成像光学系统的成像特性参数是决定料面光学信号获取性能的重要因素之一，直接影响获取的料面视频质量。因此，成像光学系统成像特性参数与高炉料面成像场景适配，对于获取高质量的料面视频至关重要。此外，高炉是一个高度复杂的系统，炉顶其他设备众多，如布料溜槽、十字测温仪和自动注水枪等。为了避免被这些设备遮挡视场，成像设备只能由侧边开孔插入、近距离地获取料面光学信号。现有的内窥式成像光学系统在相对孔径和景深方面难以满足高炉料面的成像需求，所以成像的料面图像大部分区域存在模糊、亮度偏暗的问题，导致高炉料面“看不清”。因此，亟需根据高炉料面成像需求对成像光学系统进行定制化设计，以便克服高炉炉喉特殊结构以及内部恶劣环境给料面高质量成像造成的困难，从而获取形貌信息丰富的清晰料面视频。

本节首先深入分析几何光学原理，明确各成像特性参数之间的耦合关系及其与成像性能的定量关系；此外，根据高炉特点计算并分配与高炉匹配的光学系统设计指标；然后，总结归纳几何像差种类及抑制像差的光学设计原理，设计出成像清晰范围为 0.8m 至无穷远处的大景深、视场角为 60°的宽视场及光圈数为 5、总体长度为 1.6m 的大孔径内窥式的料面成像光学系统，通过提出反摄远取像物镜与转像棒透镜组合的多次成像光学结构，延长成像光学系统的总体长度，达到炉内取像、炉外成像的内窥式获取料面光学信号的目标，实现高炉料面的清晰成像。

2.2.1 基于几何光学原理的料面成像光学系统设计指标分配

在设计成像光学系统之前必须先确定需求的技术指标，然而各成像特性参数之间相互耦合、制约，明确各成像特性参数、成像性能之间的制约关系有助于提出科学合理设计需求，为保障成像光学系统设计的可行性奠定基础。高炉炉喉空间大且整体光照弱，料面所处位置密闭高温且范围广，对成像光学系统的性能要求更为苛刻严格。因此，合理分配料面成像光学系统的设计指标，使成像特性参数与高炉炉喉空间结构和料面环境达到最佳匹配，是获取清晰高炉料面图像的重要前提。

2.2.1.1 基于几何光学原理的成像特性参数分析

成像光学系统的前端捕获场景中的光信号，并将其聚集传输至后端的图像传感器上。在光学成像技术的发展初期，成像光学系统为一个小孔，物体成像遵循小孔成像原理[15]。小孔所成像的大小与图像传感器到成像小孔的距离（即像距）和物体大小成正比，与物体到成像小孔的距离（即物距）成反比。小孔所成像的清晰度与成像小孔的大小有关，如图 2-22 所示。当成像系统的物距和像距固定时，物点发出的光束经过成像小孔后成像为一个弥散圆斑。在一定范围内，弥散圆斑的大小与成像小孔的大小成正比，成像小孔越大，捕获的物点光束越大，所成的像斑就越大，不同物点成像的像斑可能发生重叠，造成图像模糊，反之则相反。此外，成像小孔越小，捕获到的光线就越少，弱光成像能力越差。因此小孔成像适合用于光照亮度大的场景，难以应用于对弱光成像能力要求高的高炉料面成像。

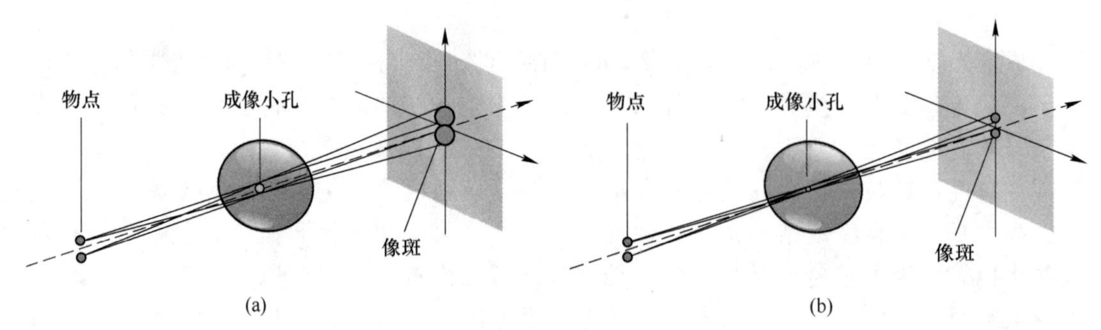

图 2-22　小孔大小与成像清晰度的关系

（a）小孔直径较大；（b）小孔直径较小

为了提高捕获光线的能力，由不同折射率的玻璃加工而成的透镜被用于成像光学系统。不同于小孔成像，透镜对光线具有折射作用，物点发出的光束在经过透镜后会被聚集起来，如图 2-23 所示，因此在捕获到的物点光束较大时，所成的像斑仍能保持在较小的水平，既能获取到物体较多的光线以保障成像的亮度，又能保证物体成像的清晰度。

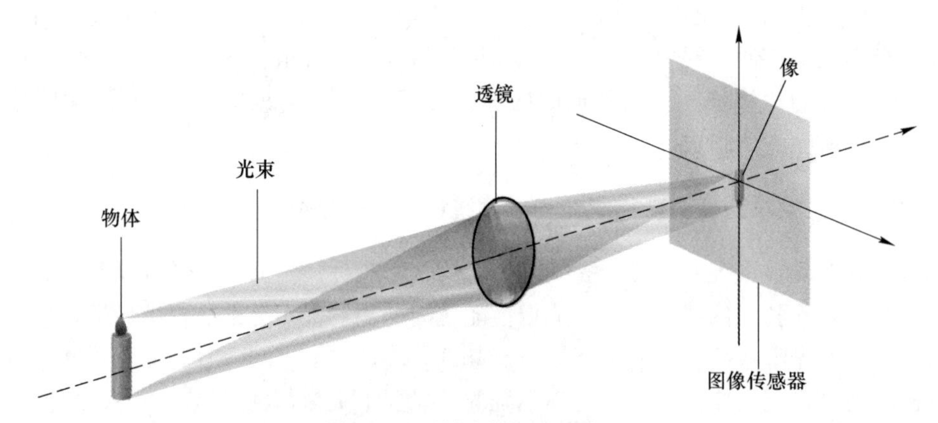

图 2-23　透镜成像原理示意图

物体通过透镜成像遵循几何光学的基本定理，即直线传播定律、光的独立传播定律、反射定律和折射定律等[16]。本书采用的是共轴折射式成像光学系统，所以不考虑光的反射。整个成像光学系统是中心轴对称的，对称轴为光轴，因此可以用中心剖面示意成像光学系统以及光线的传输路径。光线从空气中传输至透镜中的路径如图 2-24 所示：物点发出的光线入射在透镜表面上，在空气和透镜的交界处发生折射，出射角的 I_{CS} 与入射角 I_{RS} 的关系由折射定律可得：

$$\sin I_{CS} = \frac{n_a}{n_l}\sin I_{RS} \tag{2-26}$$

式中，n_a 和 n_l 分别为空气介质和透镜介质的折射率。

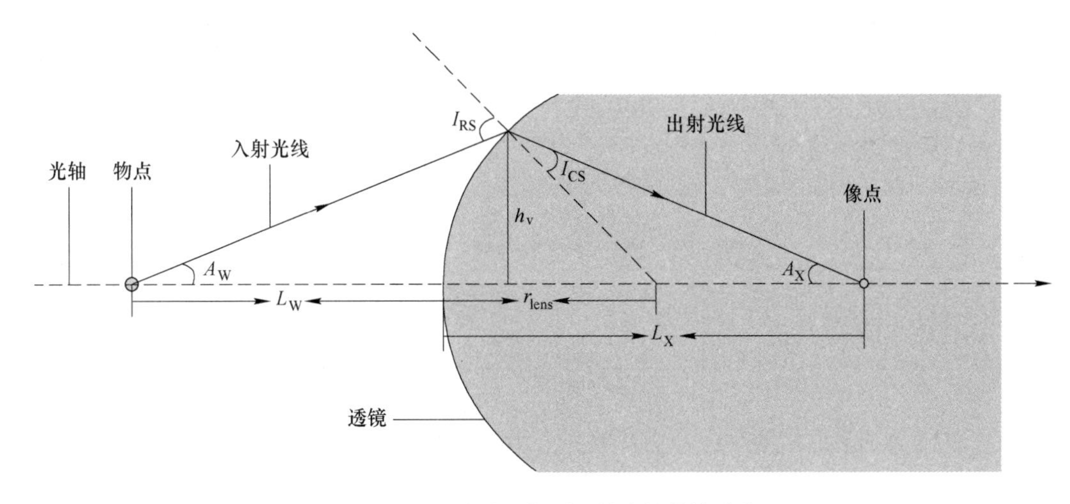

图 2-24 光线从空气到透镜中的传输路线

进一步，根据正弦定理可得：

$$\begin{cases} \dfrac{\sin(\pi - I_{RS})}{L_W + r_{lens}} = \dfrac{\sin A_W}{r_{lens}} \\ \dfrac{\sin I_{CS}}{L_X - r_{lens}} = \dfrac{\sin A_X}{r_{lens}} \end{cases} \tag{2-27}$$

式中，L_W和L_X分别为物点和像点到透镜表面的距离；r_{lens}为透镜表面的曲率半径，由于非球面的加工复杂且昂贵，本设计成像光学系统的透镜均为球面；A_W和A_X分别为入射光线和出射光线与光轴的夹角。

当光线由空气进入透镜且透镜面凸向与光线入射的那一边或者光线由透镜进入空气且透镜面凸向与光线出射的那一边时，曲率半径为正值，反之曲率半径为负值。

联合式（2-26）和式（2-27）可以得到物距与像距的关系为：

$$L_X = r_{lens} + \frac{n_a}{n_1}\frac{\sin A_W}{\sin A_X}(L_W + r_{lens}) \tag{2-28}$$

其中

$$\begin{cases} \sin A_W = \dfrac{h_v}{\sqrt{h_v^2 + \left(L_W + r_{lens} - \sqrt{r_{lens}^2 - h_v^2}\right)^2}} \\ \sin A_X = \dfrac{h_v}{\sqrt{h_v^2 + \left(L_X - r_{lens} + \sqrt{r_{lens}^2 - h_v^2}\right)^2}} \end{cases} \tag{2-29}$$

式中，h_v为光线的矢高，表示入射光线与透镜表面的交点到光轴的距离。

联合式（2-28）和式（2-29）可得：

$$L_X = r_{lens} + \frac{n_a}{n_1}\sqrt{\frac{h_v^2 + \left(L_X - r_{lens} + \sqrt{r_{lens}^2 - h_v^2}\right)^2}{h_v^2 + \left(L_W + r_{lens} - \sqrt{r_{lens}^2 - h_v^2}\right)^2}}(L_W + r_{lens}) \tag{2-30}$$

由此可知，一个物点发出的光线，经透镜折射后聚集的像点，不仅与透镜的折射率和曲率半径有关，还受光线入射的矢高影响。当光线入射的矢高趋于无限小，即光线在离光轴特别近的区域传输时，所推导的公式称为近轴光学基本公式。为了区别于上述的通用计算公式，L_W和L_X用l_W和l_X表示，则根据式（2-30）可以得到矢高为无限小时的近轴光路计算公式，见式（2-31）。

$$\frac{n_a}{l_W} + \frac{n_1}{l_X} = \frac{n_1 - n_a}{r_{lens}} \tag{2-31}$$

对于厚度极薄透镜的透镜而言，第一个球面出射光线即是第二个球面的入射光线，将单个球面的光路计算公式推广到单个透镜可得：

$$\frac{1}{l_W} + \frac{1}{l_X} = \frac{n_1 - n_a}{n_a}\left(\frac{1}{r_{l1}} - \frac{1}{r_{l2}}\right) \tag{2-32}$$

式中，r_{l1}和r_{l2}分别为透镜的第一球面和第二球面的曲率半径。

由式（2-32）可知，物点发出的所有近轴光线通过透镜球面折射后聚集在同一点上，聚集的像点距离只与物体的距离、透镜的折射率和曲率半径有关。假设近轴光线的这种性质在整个空间中都能满足，即任一物点发出的所有光线经光学系统捕获传输后聚集在一点上，则这种光学系统称为理想光学系统或高斯光学系统，一般用理想光学系统的成像特性参数近似表征实际成像光学系统的成像特性参数。因此，近轴光学基本公式能够近似计算实际光学系统的成像位置和大小，其计算的像称为实际成像光学系统的理想像，可以作为成像质量的标准参考。

成像光学系统与成像性能有关的成像特性参数有焦距、入瞳直径、视场角和景深等，下面分别介绍各成像特性参数的定义与计算。

A　焦距

焦距是指无穷远处的物点发出的平行光经成像光学系统聚集后的焦点到光心的距离，能够表征成像光学系统聚集或发散光线的能力。如图2-25所示，光心是成像光学系统光轴上的一个特殊点，通过该点的光线传播方向不会发生变化。无穷远处的物点发出的光线经过透镜折射后，如果光线聚集起来，如图2-25（a）所示，则此透镜为正透镜，聚集的点即为焦点，焦距为正；如果光线发散，如图2-25（b）所示，则此透镜为负透镜，发散光线的反向延长线交于焦点，焦距为负。根据式（2-32）可知，当物距为无穷远时，透镜的焦距f_{OS}为：

$$f_{OS} = \frac{n_a}{n_1 - n_a} \times \frac{r_{l1} r_{l2}}{r_{l2} - r_{l1}} \tag{2-33}$$

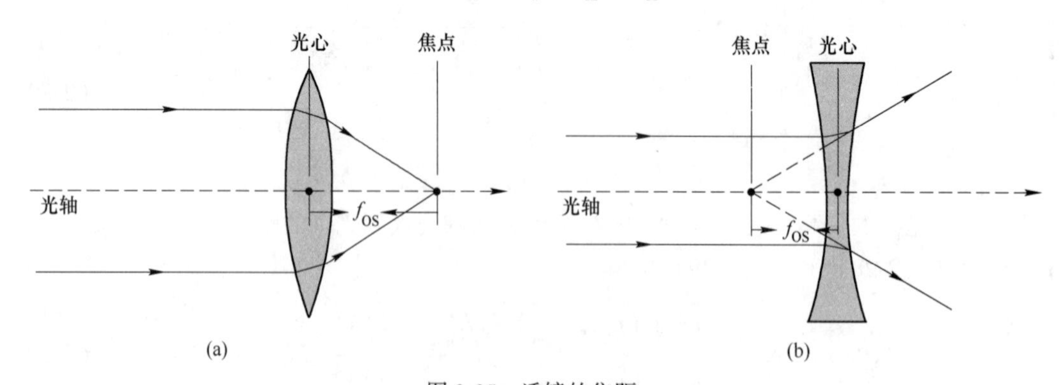

图2-25　透镜的焦距

（a）正透镜的焦距；（b）负透镜的焦距

空气的折射率一般近似为 1，结合式（2-32）和式（2-33）可得：

$$\frac{1}{l_{\mathrm{W}}}+\frac{1}{l_{\mathrm{X}}}=\frac{1}{f_{\mathrm{OS}}} \tag{2-34}$$

因此，透镜的焦距能够表征任意平面物体通过透镜成像的物像之间的位置关系。由于光轴外的物点发出的与光轴平行的光线必然经过焦点，如图 2-26 所示，结合物像之间的位置可得物像之间的大小关系为：

$$\frac{y_{\mathrm{X}}}{y_{\mathrm{W}}}=\frac{f_{\mathrm{OS}}}{l_{\mathrm{W}}-f_{\mathrm{OS}}} \tag{2-35}$$

式中，y_{X} 和 y_{W} 分别为像高和物高。

已知物体的大小、物距和透镜的焦距，则其通过该透镜所成理想像的大小和位置可由式（2-34）和式（2-35）计算得到。

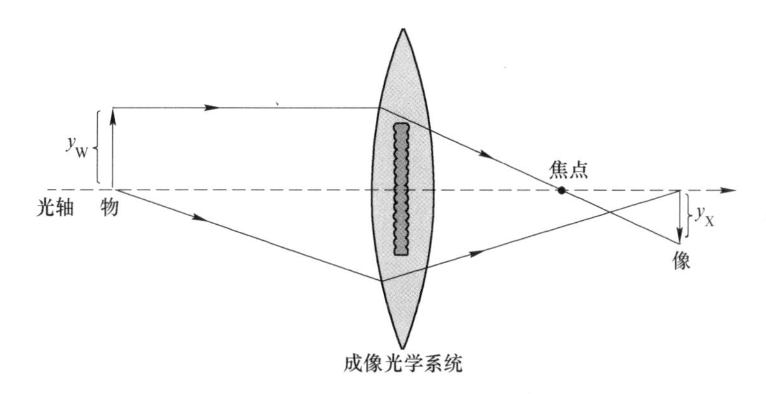

图 2-26 物体成像的物像大小关系示意图

实际的透镜一般具有一定的厚度，其焦距的计算公式如下：

$$\frac{1}{f_{\mathrm{rl}}}=\frac{n_1-1}{r_{11}}+\frac{1-n_1}{r_{12}}+\frac{d_{\mathrm{lens}}(n_1-1)^2}{n_1 r_{11} r_{12}} \tag{2-36}$$

式中，f_{rl} 为单个实际透镜的焦距；d_{lens} 为透镜的厚度。

多个透镜组合而成的成像光学系统的焦距计算方法可以通过两两组合的方式计算得到，两个透镜组合的整体焦距计算公式如下：

$$\frac{1}{f_{\mathrm{en}}}=\frac{1}{f_{\mathrm{l1}}}+\frac{1}{f_{\mathrm{l2}}}-\frac{L_{\mathrm{lens}}}{f_{\mathrm{l1}} f_{\mathrm{l2}}} \tag{2-37}$$

式中，f_{en} 为两个透镜组合的整体焦距；f_{l1} 和 f_{l2} 分别为第一个和第二个透镜的焦距；L_{lens} 表示两个透镜之间的距离。

在已知成像光学系统中各个透镜的折射率、曲率半径和空间位置的情况下，可以利用式（2-36）和式（2-37）计算出整个成像光学系统的焦距，从而得到物体成像的物像位置和大小关系。

B　入瞳直径与视场角

能够限制物体成像光束大小的元件称为光阑，成像光学系统中的各透镜均具有一定的尺寸，都能一定程度上限制成像光束大小。其中，对轴上物点成像光束限制最大的光阑称为孔径光阑，它可以是成像光学系统中的某一透镜，也可以是额外放置在光路的中心与光轴重合的圆形开孔屏。孔径光阑可以通过追踪光轴上物点的边缘光线确定。如图 2-27 所示，轴上物点发出的光线经过成像光学系统，其中只有部分光线能够到达最终的像面上成像，其余部分被成像光学系统中大大小小的光阑阻挡，边缘光线即是到达像面上的轴上物点成像光束中最边上的光线，因此边缘光线一定经过孔径光阑的边缘，通过边框与边缘光线重合的元件即是孔径光阑。

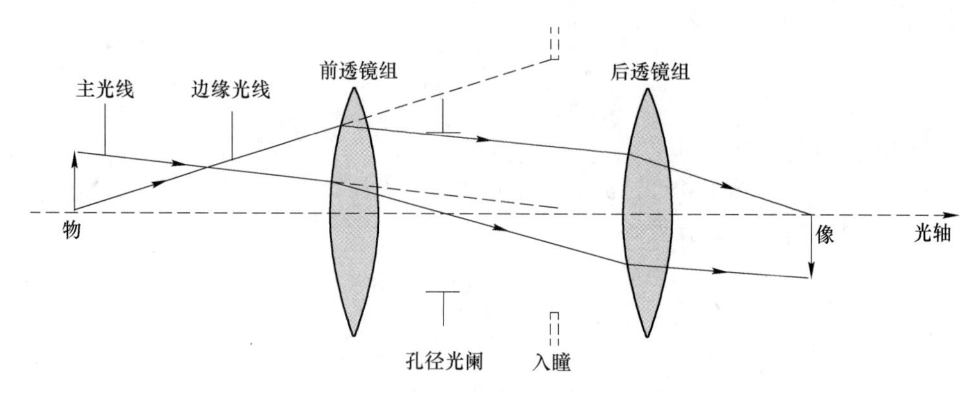

图 2-27 成像光学系统的孔径光阑与入瞳

若在孔径光阑的物方像存在透镜，则孔径光阑通过物方的透镜所成的像称为入射光瞳，简称为入瞳。入瞳的位置和大小可以通过分别追踪轴外物点的主光线和轴上物点的边缘光线确定。如图 2-27 所示，主光线为轴外物点发出的经过孔径光阑中心的光线，则轴外物点的入射主光线的延长线与光轴的焦点就是孔径光阑中心点通过物方的透镜所成的像，即入瞳的中心位置。轴上物点的入射边缘光线的延长线与入瞳中心所在面上的交点则是孔径光阑边缘点通过物方的透镜所成的像，即入瞳的边缘位置。入瞳直径是限制轴上物点入射光束的有效孔径，其大小可由孔径光阑的直径大小控制，一般在成像光学系统中放置圆形开孔屏作为孔径光阑来设置成像光学系统的入瞳直径。

孔径光阑限制轴上物点的成像光束大小，而限制物体成像范围大小的光阑称为视场光阑[17]，成像光学系统的视场光阑一般是由图像传感器的靶面尺寸决定。如图 2-28 所示，视场光阑经成像光学系统所成的像称为入射窗，轴外物点的光线能够进入入射窗才会被成像在图像传感器上，因此物体的成像范围可由视场角表示，入射窗边缘到入瞳中心的连线与光轴的夹角称为物方视场角（$2\omega_W$）。由于视场光阑像方并没有透镜，因此视场光阑就是出射窗。孔径光阑通过像方的透镜所成的像，称为出瞳。同理可得，出射窗边缘到出瞳中心的连线与光轴的夹角称为像方视场角（$2\omega_X$）。除少数特别结构的成像光学系统外，大部分成像光学系统的物方视场角与像方视场角相等，而像方视场角可由式（2-38）近似计算。

$$2\omega_X = 2\arctan\frac{D_{cmos}}{2f_{OS}} \tag{2-38}$$

式中，f_{OS}为成像光学系统的焦距；D_{cmos}为图像传感器的对角线长度。

C 景深与分辨率

根据式（2-34）物体成像的物像之间的位置关系可知，不同物面上的点发出的成像光束经过成像光学系统的传输，在不同的像面上聚集成一个点。如图 2-29 所示，当图像传

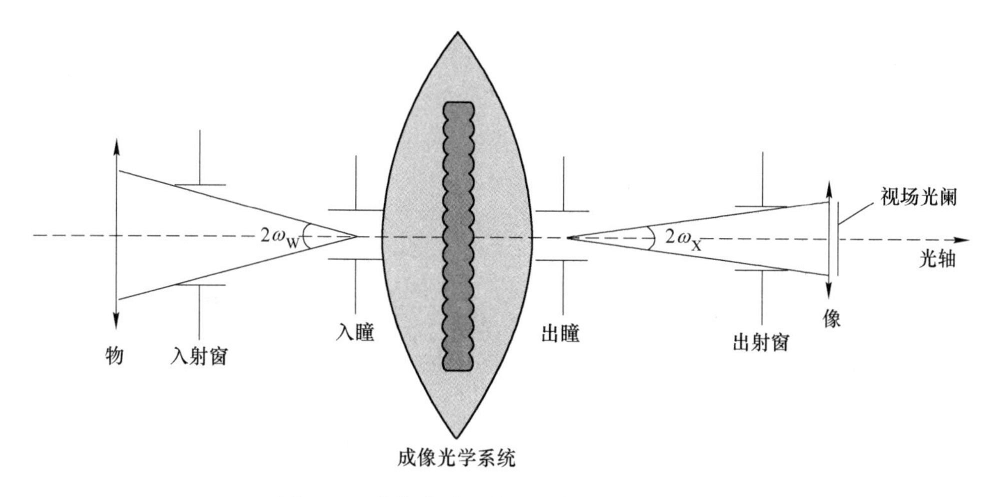

图 2-28 成像光学系统的视场光阑与视场角

感器放置在像面 2 上时，物面 2 上的点发出的成像光束能够在像面 2 上聚集成一个点，但物面 1 和物面 3 上的点发出的成像光束在像面 2 上聚集成了大小不一的弥散圆斑。

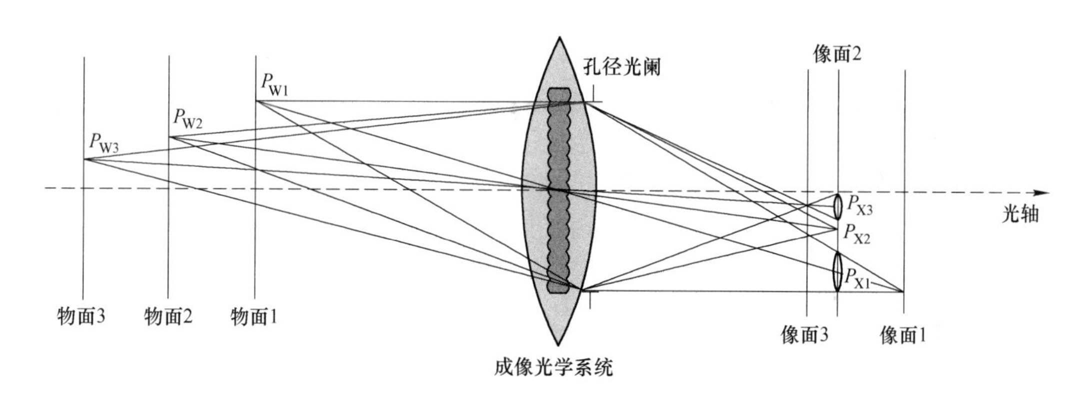

图 2-29 不同物面上的点成像示意图

两个不同物点成像在像面上的弥散圆斑直径越大，越有可能发生重叠，导致获取的图像产生模糊。因此如果成像系统要清晰成像，弥散圆斑的直径必须小于一定值。如图 2-30 所示，两个不同物点发出的成像光束经成像光学系统聚集在像面上，由图像传感器的像素单元采样收集后转换成图像灰度。若要两个物点在图像上能够区分，则其成像的弥散圆斑应该至少相隔一个像素单元，即弥散圆斑的直径应小于或等于图像传感器的最小分辨距离 d_{rmi}（即 2 个像素单元的长度），物点在图像上才能清晰成像，将能够清晰成像允许的直径为最大值时的弥散圆斑称为容许弥散圆斑。成像系统的分辨率可用最小分辨角 θ_{r}表示：

$$\theta_{\mathrm{r}} = \frac{d_{\mathrm{rmi}}}{f_{\mathrm{OS}}} \tag{2-39}$$

此外，由于光的波动性，即使在理想光学系统中成像也会受到孔径光阑衍射效应的影响，因此弥散圆斑的直径不能无限小，而是存在一个最小值。弥散圆斑直径的最小值为艾里斑[18]的直径，即

$$A_{\mathrm{d}} = 2.44\lambda F_{\mathrm{OS}} \tag{2-40}$$

式中，A_{d}为艾里斑直径；λ 为光的波长；F_{OS}为成像光学系统的光圈数。

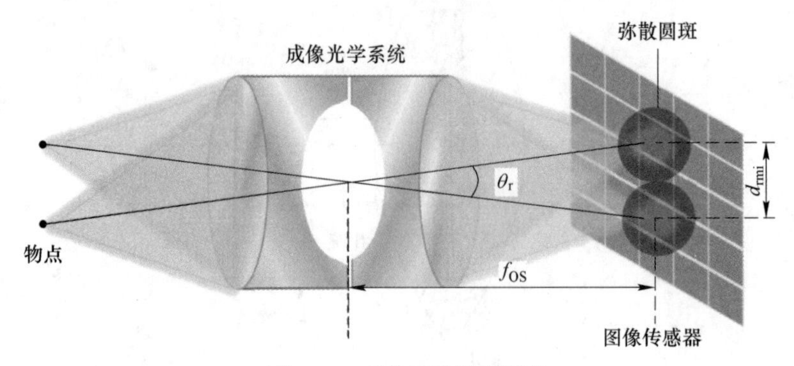

图 2-30　成像系统的分辨率

综合分析，假设某一物面上的点通过光学系统成像在对应的像面上，则此物面前后一定范围内的物点在此像面上所成的像可以认为是清晰的；同样的，此物面上的点成像在对应像面前后一定范围内的其他像面上也可以认为是清晰的。如图 2-31 所示，对焦物面上的点如果成像在对焦像面前后的其他像面上的弥散圆斑直径小于或等于容许弥散圆斑的直径，则可以认为其是清晰成像的，可清晰成像的最远像面和最近像面之间的距离称为焦深，焦深反映了装调图像传感器时允许的误差；同样的，对焦物面前后的物点成像在对焦像面上的弥散圆斑如果满足上述所说的直径小于或等于容许弥散圆斑的直径，则可以认为其是清晰成像的。距离成像光学系统最近和最远的可清晰成像的物面分别称为近物面和远物面，近物面与远物面之间的距离称为景深，景深表示能够清晰成像的物面范围。近物面和远物面到对焦物面的距离分别称为前景深和后景深，其计算公式为：

$$\begin{cases} \Delta L_1 = \dfrac{F_{\mathrm{OS}}\delta_{\mathrm{ac}}L_{\mathrm{fw}}^2}{f_{\mathrm{OS}}^2 + F_{\mathrm{OS}}\delta_{\mathrm{ac}}L_{\mathrm{fw}}} = \dfrac{\delta_{\mathrm{ac}}L_{\mathrm{fw}}^2}{f_{\mathrm{OS}}D_{\mathrm{rt}} + \delta_{\mathrm{ac}}L_{\mathrm{fw}}} \\ \Delta L_2 = \dfrac{F_{\mathrm{OS}}\delta_{\mathrm{ac}}L_{\mathrm{fw}}^2}{f_{\mathrm{OS}}^2 - F_{\mathrm{OS}}\delta_{\mathrm{ac}}L_{\mathrm{fw}}} = \dfrac{\delta_{\mathrm{ac}}L_{\mathrm{fw}}^2}{f_{\mathrm{OS}}D_{\mathrm{rt}} - \delta_{\mathrm{ac}}L_{\mathrm{fw}}} \end{cases} \tag{2-41}$$

式中，ΔL_1和 ΔL_2分别为前景深和后景深；δ_{ac}为容许弥散圆斑的直径；L_{fw}为对焦物面的物距；D_{rt}为成像光学系统的入瞳直径。

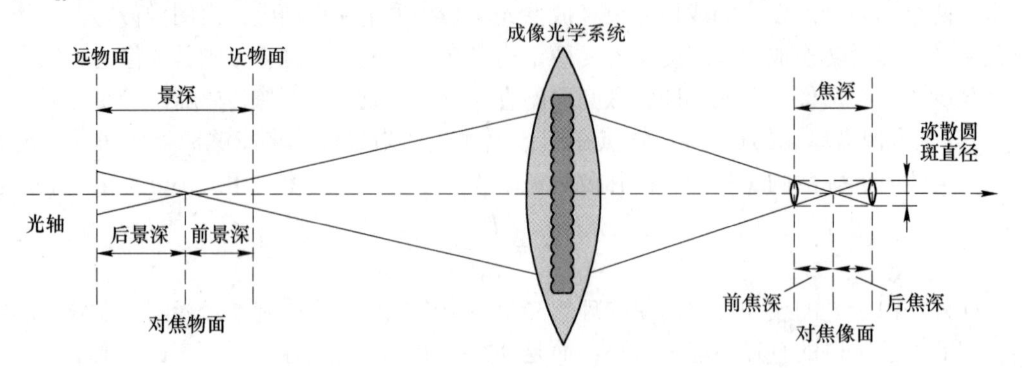

图 2-31　成像光学系统的景深示意图

根据景深计算公式可知，成像光学系统的前景深一般小于后景深，其能够清晰成像的物体空间范围与像质要求（即容许弥散圆斑的直径大小）、对焦的物面距离、成像光学系统的焦距和入瞳直径有关。这些参数对景深的具体影响为：（1）容许弥散圆斑的直径和对焦物面的距离越大，景深越大，反之相反；（2）成像光学系统的焦距和入瞳直径越大，景深越小，反之相反。

2.2.1.2 大景深、宽视场、大孔径内窥式的设计指标分配

高炉顶部的几何结构如图 2-32 所示，由下至上依次由圆柱、小坡面圆台和大坡面圆台的结构组成。为了方便安装以及避免布料溜槽遮挡视场和下落料流砸打，成像系统安装在侧边的小坡面圆台位置是最好的选择。高炉料面在正常运行情况下会随着布料操作的进行和冶炼反应对炉料的消耗，在标准料线附近上下运动。因此，料面所处的空间范围相对成像光学系统为非对称视角，料面处于成像光学系统的不同物面位置，对成像光学系统景深要求较高。

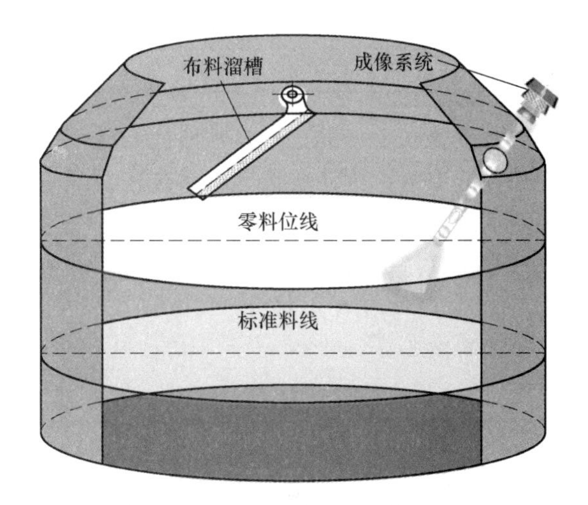

图 2-32 高炉顶部的几何结构示意图

下面以某钢铁厂高炉为例，详细分析匹配其几何结构和环境的成像光学系统的设计指标。

为方便计算料面成像光学系统的设计指标，将该高炉的几何结构简化如图 2-33 所示，相关已知参数列在表 2-3 中。为了近距离获取料面光学信号，同时实现炉内成像光学系统取像、炉外图像传感器成像以降低图像噪声，成像光学系统需要有较长的总体长度。结合安装孔的位置、炉壁的厚度以及炉料最外围的下落轨迹，成像光学系统的总体长度应该在 1.5~1.8 m 之间，则料面与成像光学系统的最近距离为 0.8 m、最远距离为 5 m。成像光学系统需要能够分辨场景中几何尺寸最小的物体，炉料中几何尺寸最小的为球团矿，直径最小为 10 mm。成像光学系统需分辨 5 m 远的 10 mm 大小，结合式（2-39）可得焦距为：

$$f_{OS}=\frac{d_{rmi}}{\theta_r}=32\ \mu m\times\frac{5\ m}{10\ mm}=16\ mm \tag{2-42}$$

其中，d_{rmi}取值是 2 个像素单元的长度，根据 2.1 节选择的图像传感器可知单个像素单元大小为 16 μm。

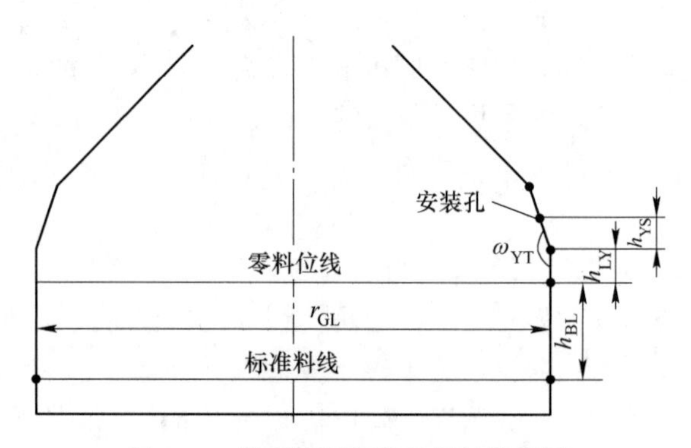

图 2-33　某高炉顶部的几何结构简图

表 2-3　高炉顶部结构几何参数

参数	r_{GL} /m	h_{BL} /m	h_{LY} /m	h_{YS} /m	ω_{YT} /(°)
数值	8.3	1.5	0.3	0.5	161

料面与成像光学系统的距离为 0.8~5 m，并且随料面的运动以及成像设备的安装方向不同，部分区域料面的物距可能更远。为使成像光学系统在物距范围如此之大的情况下对视场内的所有料面区域都能清晰成像，采用大景深参数设计，根据式（2-41）推导可知，当式（2-43）成立时，成像光学系统的后景深为无穷远。

$$f_{OS}D_{rt} = \delta_{ac}L_{fw} \tag{2-43}$$

此时，成像光学系统的前景深为：

$$\Delta L_1 = \frac{\delta_{ac}L_{fw}^2}{f_{OS}D_{rt} + \delta_{ac}L_{fw}} = \frac{L_{fw}}{2} \tag{2-44}$$

即成像光学系统对焦物距是 L_{fw} 时，物距为 $L_{fw}/2$ 至无穷远处的物体均能清晰成像。结合料面的最近物距是 0.8 m，则对焦物距为 1.6 m。将上述参数代入式（2-43）可以得到入瞳直径为：

$$D_{rt} = \frac{\delta_{ac}L_{fw}}{f_{OS}} = \frac{32\ \mu\text{m} \times 1.6\ \text{m}}{16\ \text{mm}} = 3.2\ \text{mm} \tag{2-45}$$

由焦距和入瞳直径可以得到本研究成像光学系统的相对孔径为：

$$\frac{D_{rt}}{f_{OS}} = \frac{3.2\ \text{mm}}{16\ \text{mm}} = \frac{1}{5} \tag{2-46}$$

即成像光学系统的 F 数为 5（F 数的含义为光圈数，是光学设计的一个专有名词），相比同类型的成像光学系统具有较高的光学获取效率，能够在高炉弱光环境下发挥重要作用。

本研究中选择的图像传感器靶面尺寸为 1 英寸（对角线 16 mm），则成像光学系统的像方视场角可根据式（2-38）计算为：

$$2\omega_X = 2\arctan\frac{D_{cmos}}{2f_{OS}} \approx 53° \tag{2-47}$$

为了增加获取料面光学信号的范围，提供更全面、更充分的料面形貌信息，成像光学系统的物方视场角越大越好。然而，成像系统必须嵌入在冷却防护外壳中才能在高温下正常工作，为了保证冷却效果，冷却防护外壳的窥孔直径存在上限。因此，成像光学系统的物方视场角受冷却防护外壳窥孔直径的限制，即使将成像光学系统的物方视场角设计得很高，部分视场也会被防护外壳遮挡而无法正常成像。因此根据冷却防护外壳的结构将成像光学系统的物方视场角定为60°。同时根据图像传感器的响应波长范围，将成像光学系统的接收波长设为486~656 nm。本研究成像光学系统的设计指标见表2-4。

表2-4 成像光学系统设计指标

指　　标	数　值
焦距（f_{OS}）/mm	16
入瞳直径（D_{rt}）/mm	3.2
相对孔径（D_{rt}/f_{OS}）	1/5
物方视场角（$2\omega_W$）/(°)	60
接收波长/nm	486~656
总体长度/m	1.5~1.8
物理口径/mm	40

2.2.2 基于多次成像光学结构的料面成像光学系统设计

由于捕获料面光学信号的透镜对光线的收集折射具有非线性，导致聚集传输在图像传感器上的像存在各种像差，引起图像出现各种模糊甚至难以分辨。成像光学系统的设计既要保证成像特性参数满足场景成像的需求，又要将光学系统的像差抑制到能够清晰成像。因此，掌握光学系统的设计原理，根据设计指标定制化设计料面成像光学系统，通过不同透镜的组合校正像差使其满足成像需求，是实现高炉料面“看得清”的关键。

2.2.2.1 像差概述与光学设计原理

根据式（2-28）物像之间的位置关系可知，当入射光线的矢高可以忽略不计即只有物体的近轴光线成像时，实际成像光学系统才能看作是理想成像光学系统，此时一个点通过成像光学系统成像后仍然是一个点。由于实际成像光学系统都具有一定的孔径和视场，不可能只对物体的近轴光线成像，一个点通过实际成像光学系统成像后不再是一个点，而是成为一个弥散圆斑。点成像为弥散圆斑的原因主要有三个：（1）如上文所提到的，光的波动性会引起孔径光阑的衍射效应；（2）透镜折射光线具有非线性，由式（2-28）可知，同一物点的不同矢高的入射光线聚集的像距并不相同；（3）透镜的玻璃材质对不同波长的光具有不同的折射率，因此同一物点发出的不同波长的光经透镜折射后聚集的像距不一致。

基于上述分析，实际成像光学系统对物体所成的像与理想成像光学系统所成的理想像之间存在着偏离和差异。由于本研究都是基于几何光学原理进行分析，因此将实际像与理想像之间的偏差称为几何像差，简称像差[19]。像差可分为单色像差和色差。单色像差是由透镜折射的非线性引起的，共有五种：球差、彗差、像散、场曲和畸变；色差是由透镜对不同波长的光具有不同折射率引起的，共有两种：位置色差和倍率色差[20]。

上述像差在成像光学系统工作时同时存在、共同作用，造成物体的成像光学信号被捕获传输在图像传感器上时呈现出不同的弥散斑分布，若物点成像的弥散斑大于容许弥散圆斑，则物体的成像清晰度下降。成像光学系统像差的大小均与视场或孔径相关，其中像散、场曲、畸变及垂轴色差为细光束像差，随视场的提高而增大，球差、彗差以及位置色差为宽光束像差，随孔径的提高而增大。因此，对于宽视场和大孔径的成像光学系统而言，单个透镜由于无法校正像差，难以满足清晰成像的需求，而必须对成像光学系统进行深入地像差优化设计，利用多个不同折射率和不同曲率的透镜组合，对像差进行校正，使其满足物点成像的弥散斑小于或等于容许弥散圆斑。

成像光学系统的设计流程如图 2-34 所示，各个步骤总结归纳如下：

步骤 1：首先基于成像场景的特点选择最合适的成像光学系统的类型，然后根据场景的成像需求，如成像范围、景深和空间分辨率等，计算成像光学系统需要满足的设计指标，如焦距、视场角和入瞳直径等。

步骤 2：结合设计指标，对成像光学系统的初始结构进行设计。初始结构决定了成像光学系统的性能上限。合理的初始结构才能使成像光学系统经像差优化设计后满足设计指标，初始结构如果设计得不合理，则可能无法得到满足设计指标的成像光学系统。因此，成像光学系统的初始结构设计至关重要，目前主要有两种方式设计初始结构：代数法和缩放法[21, 22]。考虑到代数法的计算方式繁琐，且适用于对成像特性参数要求较低的系统，针对所要求的宽视场和大孔径的成像光学系统而言，故采用缩放法设计本成像光学系统的初始结构。

步骤 3：成像光学系统的初始结构确定好后，将透镜的折射率、曲率半径、厚度和相互之间的距离等结构参数（记作 $\overline{X}=(x_1, x_2, \cdots, x_N)$）设置为优化变量，将焦距、视场角、入瞳直径等成像特性参数和各类像差（记作 $\overline{F}=(F_1, F_2, \cdots, F_M)$）作为优化目标参数来构造评价函数，对成像光学系统进行像差优化设计。

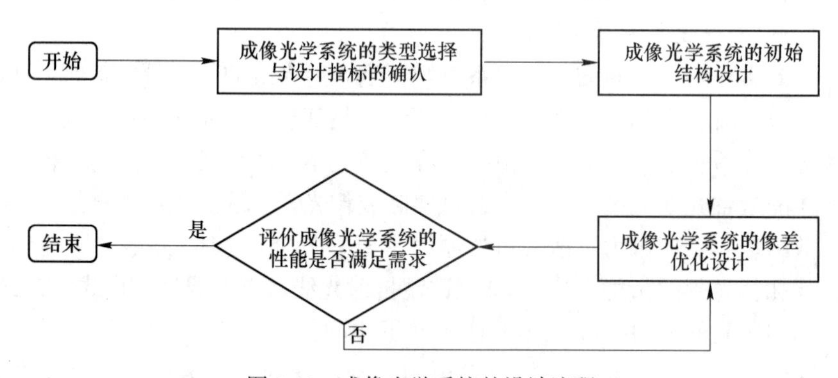

图 2-34　成像光学系统的设计流程

优化目标参数与结构参数之间的函数关系可用式（2-48）表示：

$$F_m=f_m(\overline{X})=f_m(x_1, x_2, \cdots, x_N) \qquad m=1, 2, \cdots, M \tag{2-48}$$

式中，f_m 为第 m 个优化目标参数与结构参数之间的函数关系。

由于各类像差与通过成像光学系统的整个光束都有关，优化目标参数与结构参数之间的关系极其复杂，目前仍然没有两者函数关系的解析表达式。因此，难以根据函数关系需求的优化目标参数直接计算相应的结构参数。但在已知成像光学系统的结构参数的情况下，利用上文的几何光学基本定理对物点发出的光线进行追踪，通过选取不同视场的物点以及物点发出的不同孔径的光线进行光线追踪，可以用数值计算方法得到相应的优化目标参数[23]。因此，通常用结构参数的幂级数一次项展开形式近似表征优化目标参数与结构参数之间的函数关系，见式（2-49）。

$$F_m = f_m(\overline{X}) = f_m(\overline{X}^0) + \sum_{n=1}^{N} \frac{\partial f_m(\overline{X}^0)}{\partial x_n} \Delta x_n \qquad n = 1, 2, \cdots, N \tag{2-49}$$

式中，$\overline{X}^0$ 为成像光学系统的初始结构参数；Δx_n 为第 n 个结构参数的变化量；$\partial f_m(\overline{X}^0)/\partial x_n$ 为微商，是第 m 个优化目标参数对第 n 个结构参数的变化率。

在已知初始结构参数时，利用光线追踪数值计算得到相应的初始优化目标参数，然后对每个结构参数进行微小的调节，最后再利用光线追踪数值计算即可得到结构参数调整后的优化目标参数。调整后的优化目标参数的增量与结构参数的调节量之商为差商，当结构参数的调节量足够小时，就可以用差商代替式（2-49）中的微商进行计算。

利用上述方法得到式（2-49）中的微商后，在已知成像光学系统的初始结构和需求的优化目标参数的情况下，即可利用式（2-49）求解方程组得到新的结构参数。但相应的解为非线性方程的近似解，单次求解得到的结构参数可能并未使优化目标参数满足要求。因此将求解得到的结构参数作为新的初始结构参数，再利用上述方法求解新的结构参数，直到优化目标参数满足要求。

然而，优化目标参数与结构参数的数量通常并不相等，使得上述的方程组求解成为一个优化问题。由于各个优化目标参数的物理意义、取值范围均各不相同，在构造评价函数时应充分考虑各优化目标参数在数值上的合理匹配。又由于优化目标参数与结构参数之间的函数关系本身是非线性的，用式（2-49）的线性方程近似表示时，各结构参数存在一定的线性区域，因此构造评价函数时应限制结构参数的调节步长。综合分析，采用阻尼最小二乘法构造评价函数 Φ_{OS}，见式（2-50）。

$$\Phi_{OS} = \sum_{m=1}^{M} \mu_m \left[F_{mG} - \left(f_m(\overline{X}^0) + \sum_{n=1}^{N} \frac{\partial f_m(\overline{X}^0)}{\partial x_n} \Delta x_n \right) \right]^2 + p \sum_{n=1}^{N} \Delta x_n^2 \tag{2-50}$$

式中，μ_m 和 F_{mG} 分别为第 m 个优化目标参数的权重因子和目标值；p 为结构参数的阻尼因子，用于限制结构参数的调节步长。

成像光学系统设计的权重因子和阻尼因子在经过光学设计者多年的经验积累后，已经有一套科学合理的设置值。随着计算机技术的发展，光线追踪以及迭代优化可交由计算机程序高效计算求解。通过向减小评价函数的方向不断调整成像光学系统的结构参数，最终使优化目标参数满足设计指标和成像要求。

步骤四：对像差优化设计后的成像光学系统进行像质评价和公差分析，判断其优化目标参数是否满足设计指标以及公差是否满足加工精度；若满足需求则设计完成，若不满足则返回步骤三继续迭代优化设计；若始终无法满足需求，则需要返回步骤二调整成像光学系统的初始结构。

2.2.2.2 取像物镜与转像中继系统组合的多次成像光学结构设计

为了抑制炉内高温对图像传感器的干扰，成像光学系统的总体长度远远大于焦距，常规的单次成像光学系统显然无法满足要求。本研究提出取像物镜与转像中继系统结合的多次成像光学结构，前端取像物镜组负责捕获料面的光学信号并聚集传输在像面上，中端的转像中继系统负责将像面上料面所成的像等比例传输至后端的CMOS图像传感器上。为了方便描述成像光学系统的原理，将焦距为正的透镜组和焦距为负的透镜组分别用不同的简化线条表示，如图2-35所示。下面详细介绍取像物镜组和转像中继系统的结构和原理。

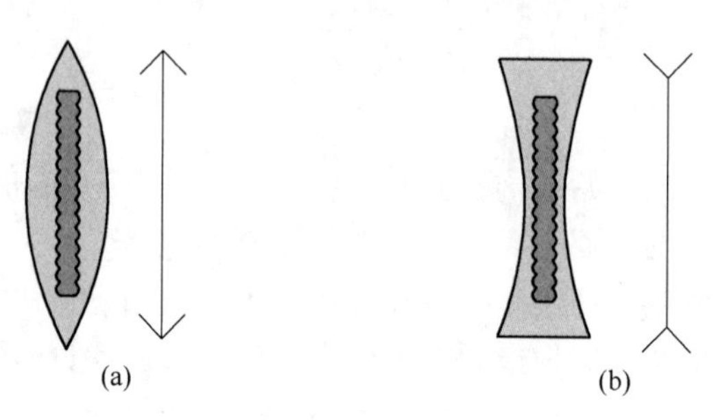

图2-35 透镜组的简化

（a）焦距为正的透镜组；（b）焦距为负的透镜组

A 取像物镜组的结构及原理

取像物镜组负责直接对料面成像，其结构需要满足上述设计指标中的成像特性参数，同时成像光学系统的像差抑制主要也是依靠取像物镜组，所以取像物镜组的初始结构选取对于料面成像光学系统的设计极为重要。由设计指标可知，料面成像光学系统要求较宽的视场以及较大的孔径，因此取像物镜组极其适合采用反摄远结构[24]，原因如下：（1）反摄远结构为非对称形式，前组透镜的焦距为负，后组透镜的焦距为正。在满足焦距指标的情况下拥有更大的后工作距（即像平面与成像光学系统最后一个折射面的距离），极大地便利了中继系统的安装与调整。（2）反摄远结构的物方视场角比像方视场角大，在满足图像传感器靶面尺寸和焦距指标的情况下依然能够提高物方视场角，增大料面的成像范围。

反摄远结构的原理如图2-36所示，无穷远处的物体发出的光线经前组负透镜发散之后再由后组正透镜汇聚，因而使得反摄远结构的取像物镜组后工作距大于焦距、物方视场角大于像方视场角。

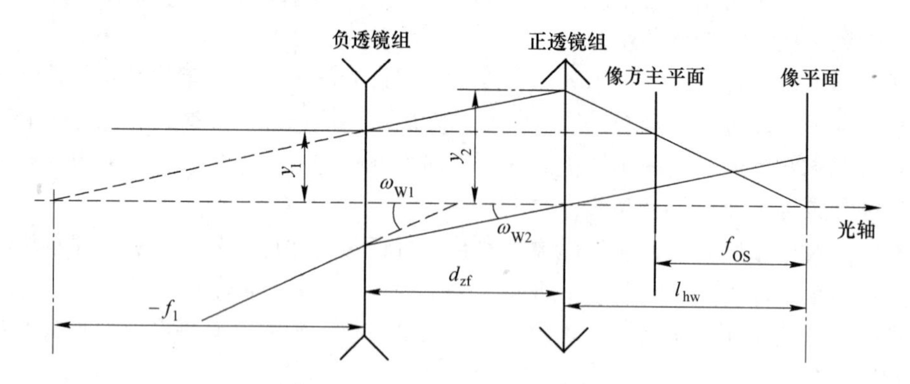

图2-36 反摄远结构的原理示意图

根据轴上物点边缘光线的路线，结合相似三角形可得：

$$\begin{cases}\dfrac{y_1}{-f_1}=\dfrac{y_2}{-f_1+d_{zf}}\\[2ex]\dfrac{y_1}{f_{OS}}=\dfrac{y_2}{l_{hw}}\end{cases}\tag{2-51}$$

式中，y_1和y_2分别为边缘光线入射负透镜组和正透镜组的高度；f_1为前组负透镜的焦距，其取值为负；d_{zf}为正负透镜组之间的距离；l_{hw}为取像物镜组的后工作距。

进一步推导式（2-51）可得取像物镜组的后工作距与焦距之间的定量关系为：

$$l_{hw}=f_{OS}\left(1-\frac{d_{zf}}{f_1}\right)\tag{2-52}$$

根据轴外物点主光线的路线可知：

$$\begin{cases}\tan\omega_{W1}=\dfrac{y_{X1}}{-f_1}\\[2ex]\tan\omega_{W2}=\dfrac{y_{X1}}{d_{zf}-f_1}\end{cases}\tag{2-53}$$

式中，y_{X1}为轴外物点经前组负透镜成像的像高；ω_{W1}为轴外物点主光线入射前组负透镜时的方向与光轴的夹角，等同于物方半视场角；ω_{W2}为轴外物点主光线入射后组正透镜时的方向与光轴的夹角，等同于像方视场角。

进一步推导式（2-53）可得取像物镜组的物方半视场角与相关参数之间的定量关系为：

$$\frac{\tan\omega_{W1}}{\tan\omega_{W2}}=\frac{d_{zf}-f_1}{-f_1}=1-\frac{d_{zf}}{f_1}\tag{2-54}$$

由于前组透镜的焦距为负以及正负透镜组之间的距离为正，因此反摄远结构的后工作距总是大于焦距、物方视场角总是大于像方视场角。根据式（2-52）和式（2-54）可知，调整前组负透镜的焦距和正负透镜组之间的距离可以实现物方视场角和后工作距的调整。

B 转像中继系统的结构及原理

为了实现设计指标中成像光学系统的总体长度，将取像物镜组在像平面上成的光学图像等比例、高质量地传输至高炉外部的CMOS图像传感器上，转像中继系统需要在不增加像差的情况下极大地延长成像光学系统的工作长度。因此，本研究的转像中继系统采用共焦传输结构，即前一透镜组的像方焦平面与后一透镜组的物方焦平面重合。

共焦传输转像中继系统的原理如图2-37所示，其由两个完全一样、焦距为正的透镜组构成。前正透镜组的物方焦平面与取像物镜组的像平面重合，因此物平面上的点发出的光线经过前正透镜组折射后都将变成平行光束传输。前正透镜组的像方焦平面与后正透镜组的物方焦平面重合，由于取像物镜组为像方远心光路，轴外物点的主光线与光轴全都相交于前正透镜组的像方焦平面上，即前正透镜组的像方焦平面与转像中继系统的孔径光阑平面重合。若单个正透镜组的焦距为f_z，则两个正透镜组之间的距离d_{zz}为：

$$d_{zz}=2f_z\tag{2-55}$$

像平面即是后正透镜组的像方焦平面，因此平行光束经过后正透镜组后又重新成像在像平面上，实现了取像物镜组所成光学图像的等比例、长距离传输。传输距离可通过调节正透镜组的焦距进行控制，单个转像中继系统延长的成像光学系统长度l_z为：

$$l_z = 4f_z \tag{2-56}$$

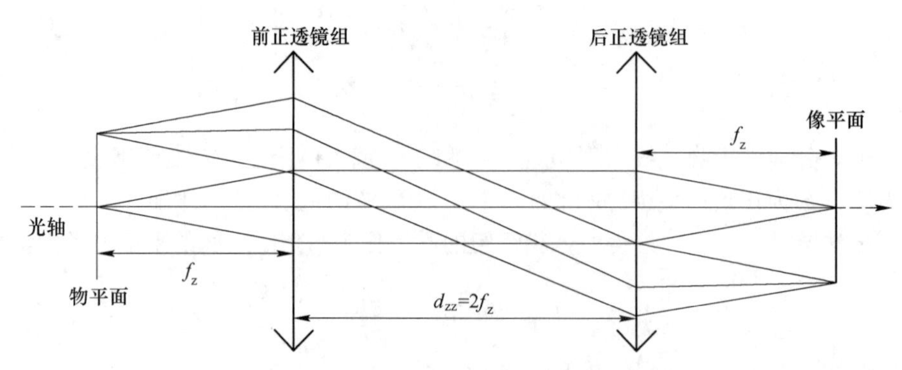

图 2-37　共焦传输转像中继系统的原理示意图

根据转像中继系统的原理示意图可知，转像中继系统的物理口径随着正透镜组的焦距变大而增加。在料面成像光学系统的物理口径严格受限的情况下，难以通过增加转像中继系统中正透镜组的焦距直接实现系统总体长度的设计指标。但转像中继系统具有良好的扩展性，只需将下一个相同转像中继系统的物平面设置成与当前转像中继系统的像平面重合，即可继续延长成像光学系统的工作长度。因此，可以通过增加转像中继系统的焦距以及连接个数满足成像光学系统总体长度的设计指标。

综上所述，根据所提缩放法对高炉料面成像的取像物镜组和转像中继系统进行初始结构设计，从光学设计的数据库 LensVIEW 中选取性能参数相近的原始光学结构[25]。

图 2-38 展示了设计的基于反摄远结构的取像物镜组的初始结构，反摄远取像物镜组的各透镜的初始结构参数和玻璃材料型号列在表 2-5 中。

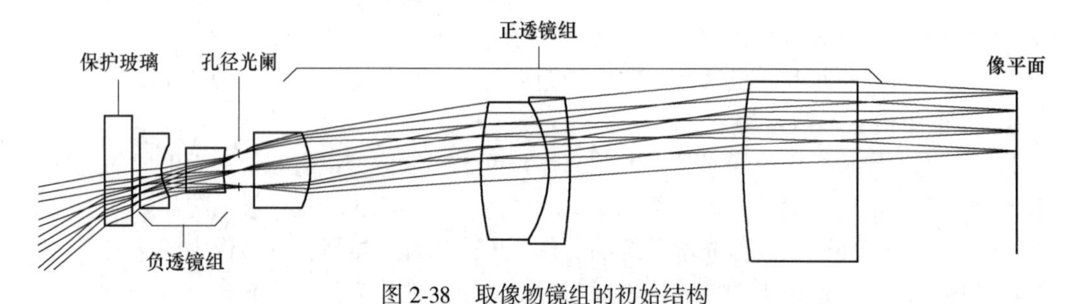

图 2-38　取像物镜组的初始结构

表 2-5　反摄远结构取像物镜组的参数

透镜编号	第一面曲率半径/mm	第二面曲率半径/mm	厚度/mm	玻璃型号
1	无限	无限	3. 23	Al_2O_3
2	无限	5. 31	2. 42	H-ZLAF69
3	无限	12. 81	4. 36	H-K12
4	333. 85	−8. 89	6. 45	H-ZK7
5	33. 716	−13. 97	7. 58	H-BAK3
6	−13. 97	−58. 83	2. 42	H-ZF52A
7	59. 62	−451. 18	12. 91	H-LAF4

考虑到高炉存在运动粉尘，有可能进入成像设备内部污染透镜。成像光学系统物理口径较小，粉尘一旦污染透镜将会缺失大片视野，导致成像设备无法正常工作，因此必须保证成像光学系统的密封性。第一块透镜采用平行平板（即两个折射面的曲率半径均为无穷大）作为密封保护玻璃，其材质为耐高温、硬度高以及抗磨损性极佳的蓝宝石玻璃，以确保成像光学系统不会被粉尘侵入内部透镜影响正常成像；第二块至第三块透镜构成焦距为负的负透镜组，能够将轴外大视场物点的大角度入射光线折射成小角度的出射光线，有利于提高取像物镜组的视场角；第四块至第七块透镜构成焦距为正的正透镜组，负责将前组透镜发散的光线聚集成像，同时主要承担像差校正功能，多个透镜组合的结构增加了优化变量，提高了校正像差的能力。

孔径光阑放置在负透镜组与正透镜组之间，位于正透镜组的物方焦平面上，此时轴外物点的主光线经过取像物镜组折射后的出射方向与光轴平行，这种特性称为像方远心。像方远心取像物镜组大大降低了轴外物点光线的入射角，从而具有以下优点：（1）能够防止部分光线因角度过大逸出成像光学系统造成像面边缘的成像质量恶化；（2）避免远离光轴的大视场物点发出的成像光束被拦截而引起较大渐晕，可以保证轴外像面照度的均匀性；（3）能够一定程度上抑制畸变；（4）中继系统在等比例传输像时，不会因入射光线角度过大而在棒透镜中发生全反射引起杂散光造成图像模糊。

图 2-39 展示了设计的棒透镜共焦传输转像中继系统的初始结构，转像中继系统的各透镜的初始结构参数和玻璃材料型号见表 2-6。

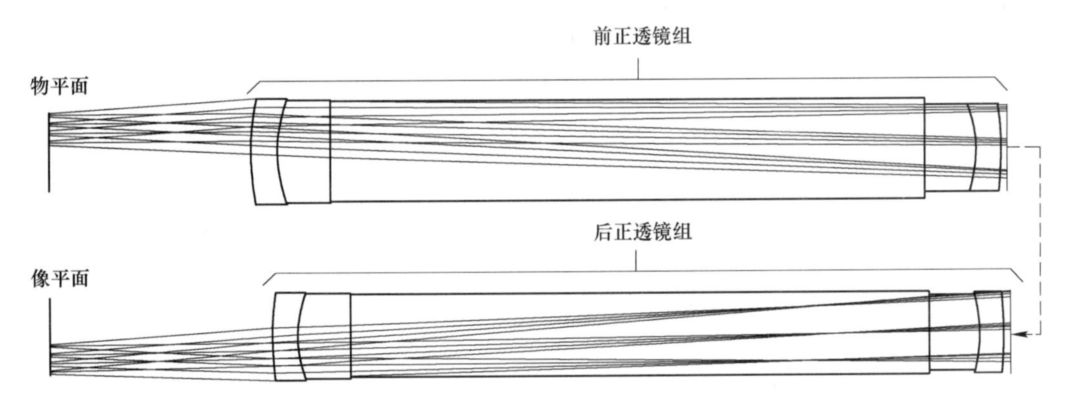

图 2-39 棒透镜转像中继系统的初始结构

表 2-6 棒透镜转像中继系统的参数

透镜编号	第一面曲率半径/mm	第二面曲率半径/mm	厚度/mm	玻璃型号
1	66.11	33.82	6.45	H-LAK8A
2	33.82	无限	12.91	H-QF50A
3	无限	无限	145.19	H-BAK2
4	无限	−30.61	12.91	H-BAK2
5	−30.61	−97.57	6.29	H-QF50A
6	97.57	30.61	6.29	H-QF50A

续表 2-6

透镜编号	第一面曲率半径/mm	第二面曲率半径/mm	厚度/mm	玻璃型号
7	30.61	无限	12.91	H-BAK2
8	无限	无限	145.19	H-BAK2
9	无限	-33.82	12.91	H-QF50A
10	-33.82	-66.11	6.45	H-LAK8A

转像中继系统由两个完全一样的棒透镜构成，两个棒透镜呈中心轴对称分布。每个棒透镜由两个双胶合透镜与一个厚平面棒透镜构成，两个双胶合透镜分别与厚平面棒透镜的两个面胶合。这种结构的优点如下：（1）完全对称结构产生的轴外垂轴像差（彗差、畸变、垂轴色差等）大小相等、符号相反，从而可以相互抵消，但会使轴向像差（球差、像散、场曲以及位置色差等）增加一倍。不过本研究设计的结构具有较多的折射面作为优化变量，有利于轴向像差的校正。（2）棒透镜长度长且折射面为平面，非常便于加工和装调。（3）棒透镜的折射率高于空气，密介质在传输光路中占据大部分空间，光线在透镜中传输能保持较小的出射角度，确保成像光学系统能以较小的物理口径实现较大的相对孔径，有利于提高成像光学系统的光通量。（4）与传统的双胶合透镜的转像中继系统相比，棒透镜的长度可作为优化变量参与像差校正，使成像光学系统具有更好的性能。

料面成像光学系统的初始结构设计完成后，首先将各透镜的性能参数输入到光学设计软件 ZEMAX；然后将初始结构中可改变的量设置成优化变量，同时利用 ZEMAX 的操作函数对透镜边缘厚度、空气间隔等参数进行限制，以确保设计的成像光学系统结构满足设计要求且能够进行加工生产；最后，利用前文所提的像差优化设计方法对初始结构进行迭代优化，直至得到最优解，最终设计结果如图 2-40 所示。

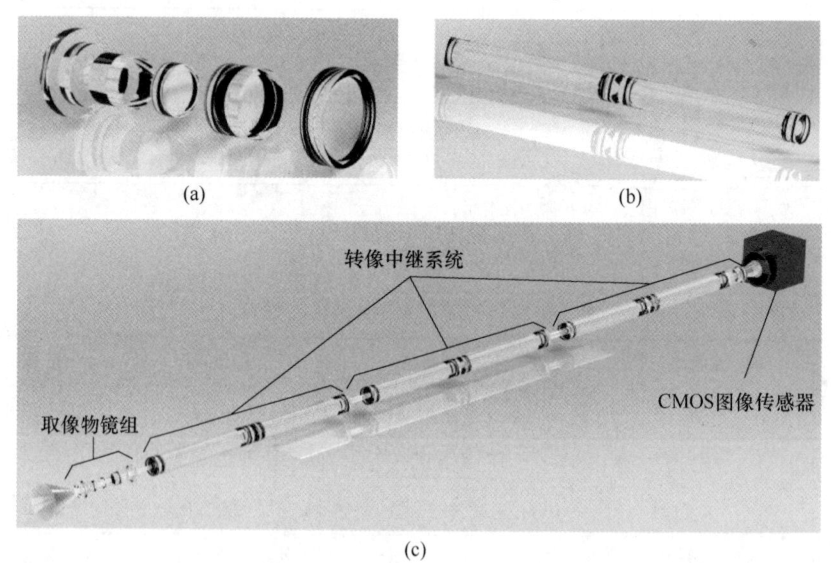

图 2-40　料面成像光学系统的三维结构
（a）取像物镜组；（b）转像中继系统；（c）系统整体

2.2.3 成像系统性能的实验验证

为验证所设计的大景深、宽视场、大孔径内窥式成像光学系统的弱光成像性能，搭建了如图 2-41 所示的实验系统，设计了具有不同灰度的条纹作为成像目标，以此模拟物体的不同反射率。利用显示屏播放成像目标图像并通过调节屏幕亮度从而实现成像目标整体光照强度的调节，成像系统的增益设置为 0 dB，曝光时间设置为 20 ms，获取成像目标的图像后传输至上位机进行存储、处理和显示，并与相同光照条件和距离的工业相机获取的图像进行比较。整个实验进行时，遮光帘放落下来封闭整个实验平台以制造暗室环境，防止其他外部光源干扰。

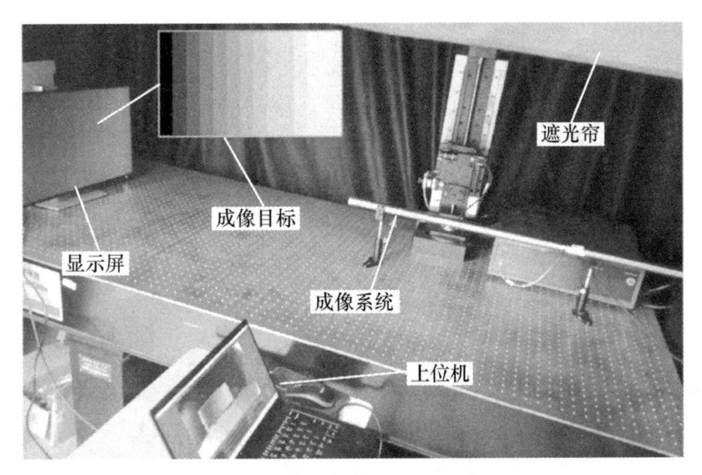

图 2-41 验证弱光成像性能的实验系统

图 2-42 和图 2-43 分别展示了不同光照下本设计成像系统和常用工业相机获取的成像目标图像及其灰度直方图。由图 2-42（a）和图 2-43（a）可知，在 0.1 lx 的极弱光照下，人眼难以从图像上获取到条纹的信息。但通过灰度直方图可以发现本设计成像系统实际上已经获取到了成像目标的部分亮度分布，对此图像进行亮度提升即可发现成像目标较亮区域的分布信息，如图 2-44（a）所示。而工业相机则未产生响应，图像的所有灰度值均为 0；由图 2-42（b）和图 2-43（b）可知，当光照增加到 1 lx 时，人眼已经能够从本设计成像系统获取的图像上观测到亮度较高区域的条纹信息，但仍难以从工业相机获取的图像上得到信息。不过从灰度直方图可知，此光照下工业相机已经产生响应，图像包含了部分条纹信息，对此图像进行亮度提升后人眼即可观测到成像目标的部分分布，如图 2-44（b）所示；由图 2-42（b）和图 2-43（b）可知，当光照增加到 10 lx 时，人眼在两者获取的图像上均能发现部分条纹信息，但显然本设计成像系统可分辨的亮度条纹数目更多，较暗区域部分的条纹信息也能够被人眼观测到。由此可知，本设计成像系统在弱光条件下具有比常用工业相机更好的分辨能力。

此外，为了验证本设计成像系统在弱光场景中的成像效果，搭建了如图 2-45 所示的试验系统。利用加工的等比例炉喉实体模型模拟高炉炉喉空间，利用吸光性强的黑色毛球模拟炉料堆积成料面。为了验证不同光照强度下的成像效果，利用可调照明光源对整个料面进行照明，并通过光源控制器调节照明光源的功率，在炉壁上安装光照度计探头以测量当前料面的光照强度并通过光照度计显示屏读取，成像系统的曝光时间设置为 20 ms，增益设置为自动曝光，获取的模拟料面图像传输至上位机上进行存储和显示。

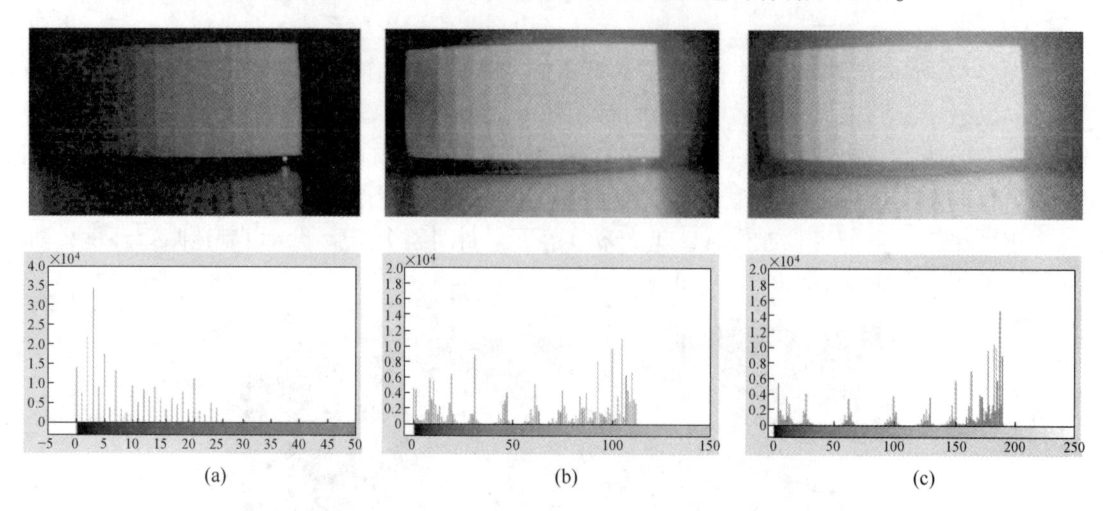

图 2-42　不同光照下本设计成像系统获取的图像及其灰度直方图

（a）0.1 lx；（b）1 lx；（c）10 lx

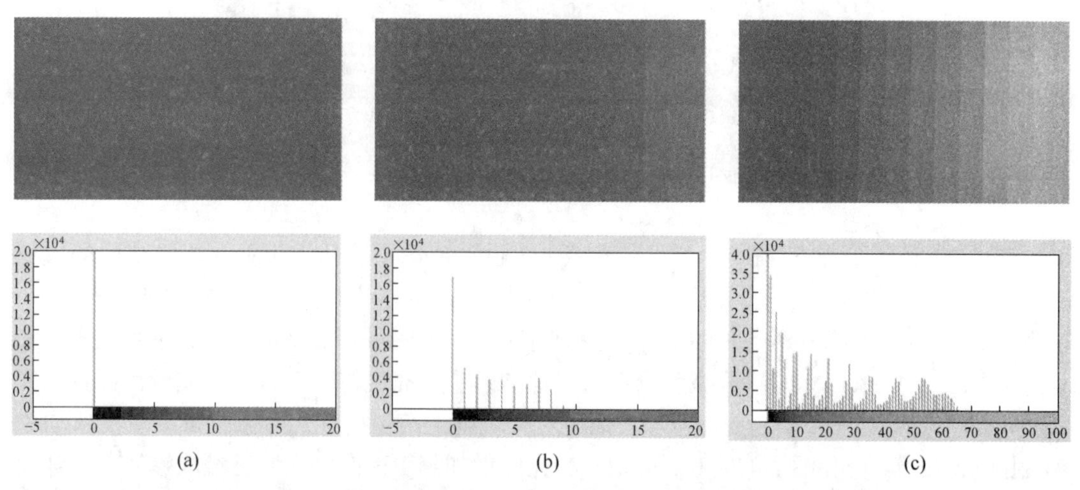

图 2-43　不同光照下常用工业相机获取的图像及其灰度直方图

（a）0.1 lx；（b）1 lx；（c）10 lx

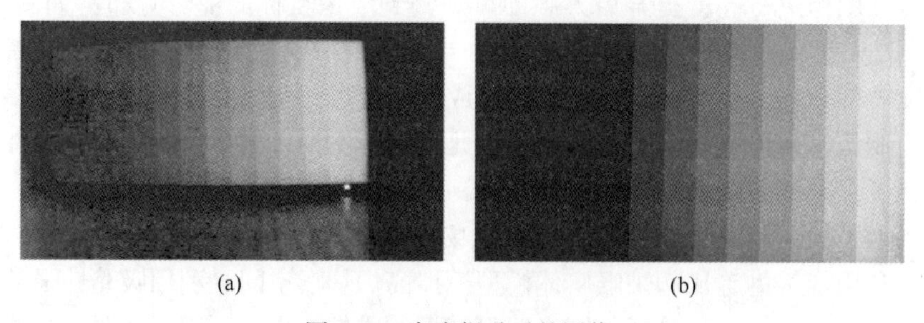

图 2-44　亮度提升后的图像

（a）成像系统获取的 0.1 lx 图像；（b）工业相机获取的 1 lx 图像

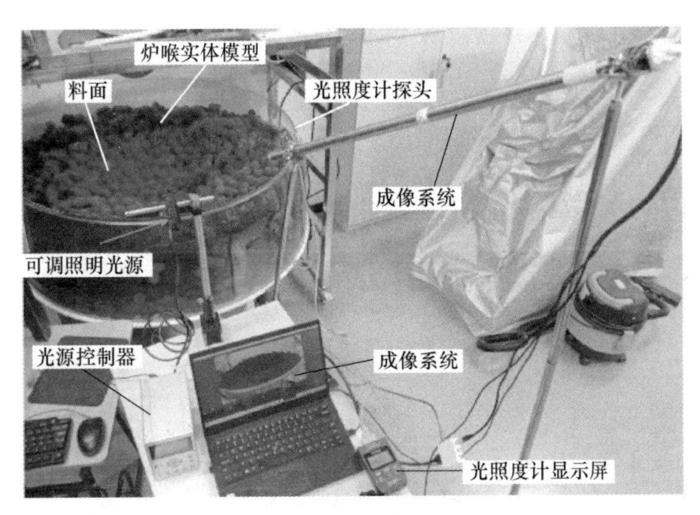

图 2-45 验证成像效果的实验系统

图 2-46 展示了本设计成像系统获取的不同光照下的模拟料面图像，由图 2-46（a）可知，在 0.01 lx 的极弱光照条件下，模拟料面图像噪声极大，纹理细节难以用人眼分辨，只能观测到模拟料面的轮廓信息；由图 2-46（b）可知，在 0.2 lx 的弱光条件下，噪声减小，近处较大的模拟料面纹理信息可用人眼分辨，而远处较小的纹理结构则和噪声混合、难以区分；由图 2-46（c）可知，在 0.4 lx 的弱光条件下，模拟料面的所有纹理细节均可分辨，但噪声仍旧存在且引起人眼不适；而到了 0.8 lx 的光照条件下，噪声对人眼分辨模拟料面纹理细节时造成的不适得到大量消除，人眼能够清晰地获取到模拟料面的所有纹理细节信息。

图 2-46 不同光照下的模拟料面图像

（a）0.01 lx；（b）0.2 lx；（c）0.4 lx；（d）0.8 lx

最后，为了展示在具有局部强光干扰环境下本设计成像系统与提出的自适应曝光方法的成像效果，通过在料面的任意位置放置一个亮度可调的发光光源，以模拟局部动态强光干扰。不同曝光模式下成像系统获取的具有强光干扰的图像展示在图 2-47 中。

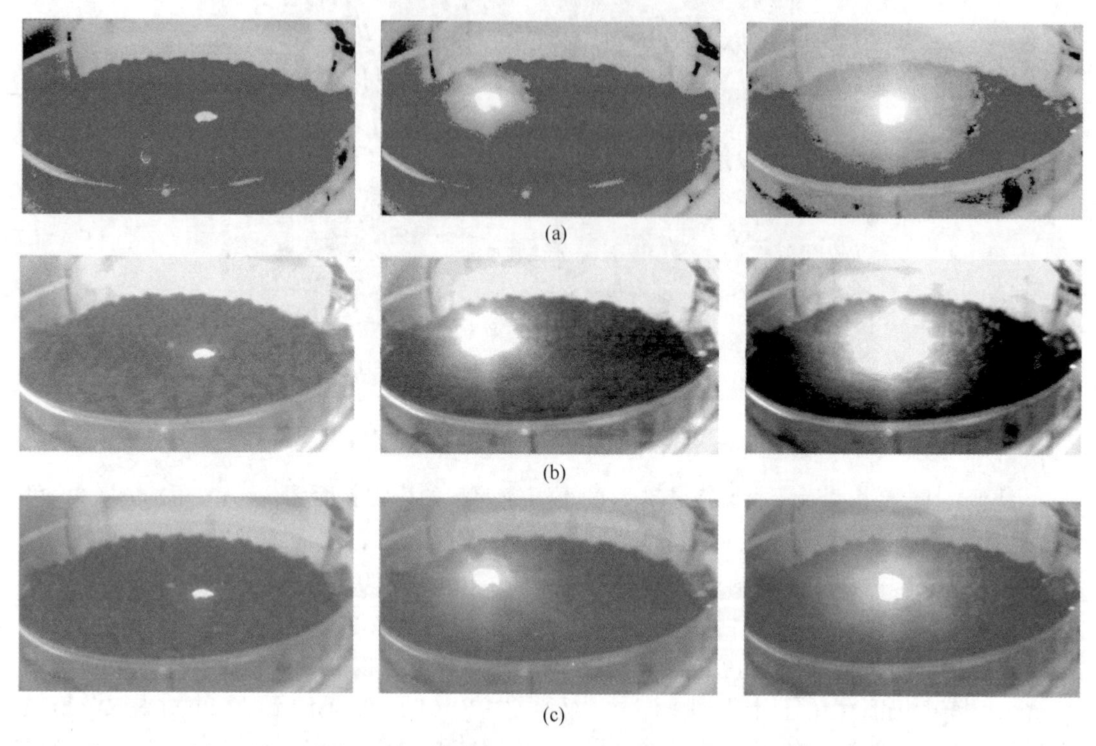

(a)

(b)

(c)

图 2-47　不同曝光模式下成像系统获取的具有强光干扰的模拟料面图像
(a) 模拟增益固定为 0 dB；(b) 通用自动曝光方法；(c) 本设计自适应曝光方法

由图 2-47 可见，模拟增益固定为 0 dB 时，获取的模拟料面图像普遍偏暗，只有在发光光源最大时才能用人眼观测到光源周围部分的料面纹理信息；而使用通用自动曝光方法后，由于图像较暗区域占比过高，发光光源最小时对料面成像的干扰最小，随着发光光源的体积和亮度的增大，通用自动曝光方法计算得到的模拟增益过大导致发光光源的周围料面区域过曝光，料面信息损失；本设计自适应曝光方法以料面区域的最大光照亮度与成像系统的响应上限匹配为曝光依据，能够有效抑制强光的干扰，获取充分的料面信息。

2.3　基于设备安装位姿优化的料面成像范围提升方法

成像光学系统能够捕获高炉料面的光学信号进而转换成数字图像序列，可以直接检测到高炉悬料、坐料和管道形成等异常炉况的发生以便及时采取调控措施，还能为重构料面三维形貌、优化布料操作提供数据支撑。料面成像的区域越宽阔，获取到的料面形貌信息就越丰富，异常炉况监测以及料面形貌三维重构从而更全面、更准确。因此，获取宽阔区域的料面视频图像，对保障高炉稳定运行和精细化布料操作具有重要作用。

本节首先基于空间坐标变换构建料面光学成像设备的视场覆盖模型，利用数学表达式描述成像设备视场覆盖范围；在此基础上，给出料面成像区域面积的计算方法，揭示成像设备参数与料面成像区域面积的定量关系；进一步提出视场覆盖增强算法，利用粒子群优化算法配置料面成像设备的安装姿态，以最大化料面成像面积，实现高炉料面成像范围的提升。

2.3.1 基于空间坐标变换的料面光学成像设备视场覆盖模型

料面光学成像设备从高炉炉顶侧边插入炉喉内部空间，其安装姿态是决定其视场覆盖范围的主要因素之一。构建料面成像设备的视场覆盖模型，利用数学表达式描述成像设备的视场覆盖范围，明确安装位姿与视场覆盖范围之间的定量关系，是优化配置成像设备安装姿态的前提。成像设备由冷却防护外壳和成像系统构成，其中成像系统负责获取高炉料面的视频图像。成像系统由成像光学系统与图像传感器组成。成像光学系统负责捕获料面光学信号并聚集传输至图像传感器上。图像传感器则负责将光学图像转换成数字图像。因此，成像设备的视场覆盖范围由成像光学系统的视场覆盖范围及图像传感器的尺寸共同决定。

2.3.1.1 成像光学系统视场覆盖模型

为定量描述料面成像设备的视场覆盖范围，建立了两个三维坐标系来描述高炉料面成像场景——高炉坐标系和相机坐标系。如图 2-48 所示，高炉坐标系 O_W-$X_W Y_W Z_W$ 以高炉中心轴线向上方向作为 Z_W 轴正方向、以标准料线所在水平面作为 $X_W O_W Y_W$ 平面和以成像设备的安装位置所在竖直平面作为 $Y_W O_W Z_W$ 平面；相机坐标系 O_C-$X_C Y_X Z_C$ 以成像设备的光心（轴外主光线入射方向与光轴的交点）作为原点、以成像光学系统的光轴方向作为 Z_C 轴正方向，其 X_C 轴和 Y_C 轴分别与图像传感器的长边和短边平行。因此，成像设备的安装姿态可用分别绕 X_C、Y_C 和 Z_C 轴的旋转角度 α、β 和 γ 表示。

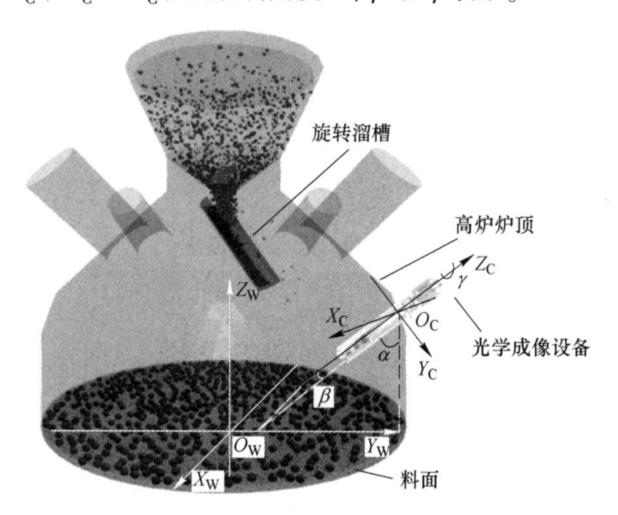

图 2-48 高炉坐标系与相机坐标系

由 2.1 节可知，成像光学系统的成像范围大小由其物方视场角决定。如图 2-49 所示，只有成像范围内的入射光线才能被成像光学系统捕获并聚集传输转换成图像信号。因此，成像光学系统的成像范围是一个以光心为顶点、由物方视场角决定大小的向外扩散的圆锥形状，其在相机坐标下和高炉坐标系下的视场覆盖范围如图 2-50 所示。相机坐标系下的视场覆盖模型可由式（2-57）描述：

$$Z_C \leqslant -\cot\omega_W \sqrt{X_C^2 + Y_C^2} \tag{2-57}$$

式中，ω_W 为成像光学系统的物方半视场角。

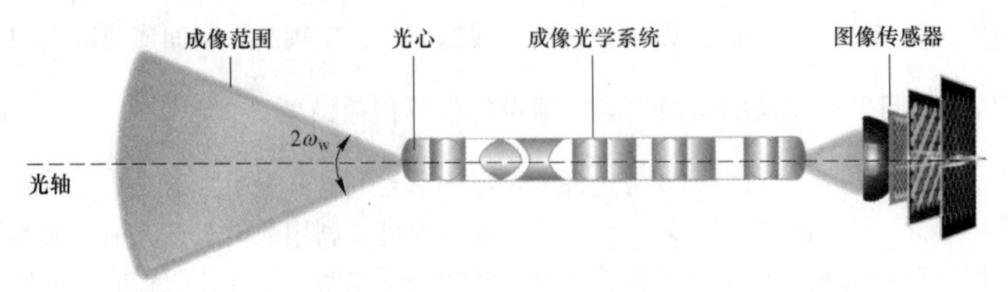

图 2-49　成像光学系统的成像范围

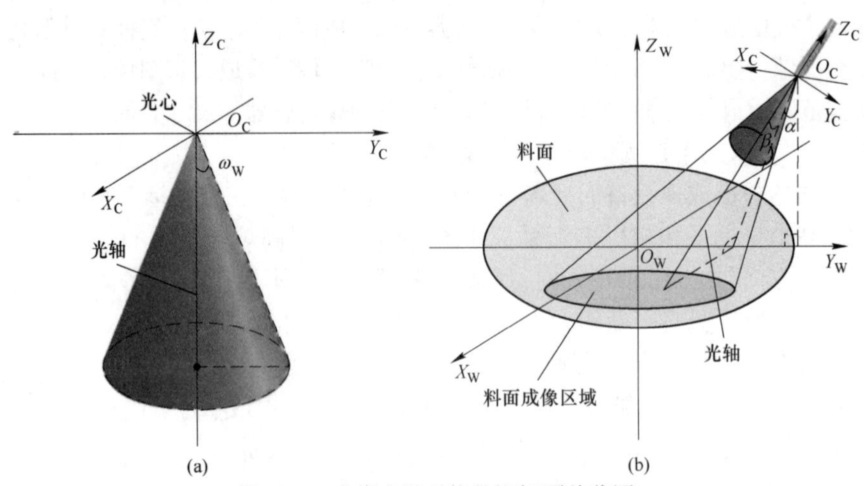

图 2-50　成像光学系统的视场覆盖范围
(a) 相机坐标系下；(b) 高炉坐标系下

成像光学系统的覆盖范围为圆锥形状，无需考虑成像光学的自身旋转，因此成像光学系统在高炉坐标系中的安装姿态可用绕 X_C 轴旋转角度 α 和绕 Y_C 轴旋转角度 β 表示。成像光学系统在高炉坐标系下的视场覆盖模型可由相机坐标系下的视场覆盖模型经平移和旋转得到，两者的转换关系见式（2-58）。

$$\begin{bmatrix} X_C \\ Y_C \\ Z_C \end{bmatrix} = \boldsymbol{R}_Y \boldsymbol{R}_X \left(\begin{bmatrix} X_W \\ Y_W \\ Z_W \end{bmatrix} - \boldsymbol{T} \right) \tag{2-58}$$

式中，$\boldsymbol{R}_X$ 和 $\boldsymbol{R}_Y$ 分别为绕 X_W 和绕 Y_W 轴的旋转矩阵；$\boldsymbol{T}$ 为平移矩阵。

它们的表达式分别是：

$$\boldsymbol{R}_X = \begin{bmatrix} 1 & 0 & 0 \\ 0 & \cos\alpha & -\sin\alpha \\ 0 & \sin\alpha & \cos\alpha \end{bmatrix},\ \boldsymbol{R}_Y = \begin{bmatrix} \cos\beta & 0 & \sin\beta \\ 0 & 1 & 0 \\ -\sin\beta & 0 & \cos\beta \end{bmatrix},\ \boldsymbol{T} = \begin{bmatrix} x_o \\ y_o \\ z_o \end{bmatrix} \tag{2-59}$$

式中，$(x_o,\ y_o,\ z_o)$ 是成像光学系统的光心在高炉坐标系下的空间坐标。

假设成像光学系统的光心位置在成像设备的安装位置上，光心即是安装姿态旋转点，此时 x_o 取值为 0。将式（2-59）代入式（2-58）中可以得到式（2-60）。

$$\begin{cases} X_C = (Y_W - y_o)\sin\alpha\sin\beta + X_W\cos\beta + (Z_W - z_o)\cos\alpha\sin\beta \\ Y_C = (Y_W - y_o)\cos\alpha - (Z_W - z_o)\sin\alpha \\ Z_C = (Y_W - y_o)\sin\alpha\cos\beta - X_W\sin\beta + (Z_W - z_o)\cos\alpha\cos\beta \end{cases} \tag{2-60}$$

成像光学系统在高炉坐标系下的视场覆盖模型可以将式（2-60）代入式（2-57）中得到：

$$\cot\omega_{W}([(Y_{W}-y_{o})\cos\alpha-(Z_{W}-z_{o})\sin\alpha]^{2}+\{X_{W}\cos\beta+[(Z_{W}-z_{o})\cos\alpha+(Y_{W}-y_{o})\sin\alpha]\sin\beta\}^{2})^{\frac{1}{2}}-X_{W}\sin\beta+(Y_{W}-y_{o})\sin\alpha\cos\beta+(Z_{W}-z_{o})\cos\alpha\cos\beta\leqslant 0 \tag{2-61}$$

2.3.1.2 料面光学成像设备视场覆盖模型

为了抑制炉内高温的干扰，设计了具有长光路内窥式结构的料面成像光学系统，因此光心位置与安装位置之间存在一定的距离。为此，考虑图像传感器为矩形以及光心位置非姿态旋转点这两种情况，构建相应的视场覆盖模型，为高炉料面成像实际应用的成像设备安装姿态的优化配置创造条件。

A 图像传感器为矩形

为了充分发挥图像传感器的性能、避免像素单元的浪费，同时使成像光学系统的视场得到有效利用，图像传感器的靶面尺寸（即矩形的对角线长度）通常等于成像光学系统像面的直径，两者的关系如图 2-51 所示。

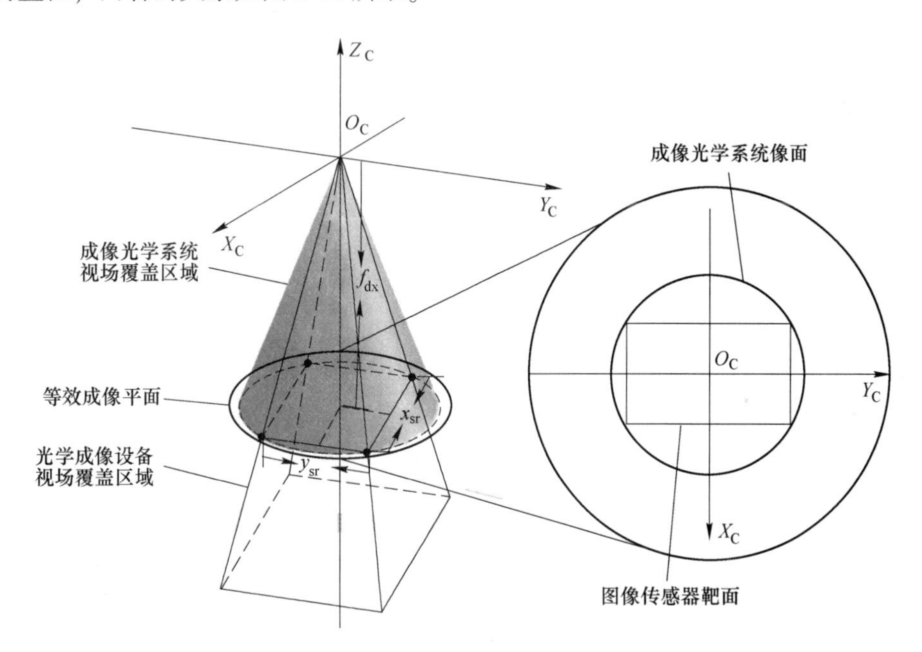

图 2-51 图像传感器靶面与成像光学系统像面的关系

由此可知，光学成像设备的视场覆盖范围是一个以光心为顶点向外扩散的四棱锥形状，其大小由图像传感器的尺寸大小、长宽比和成像光学系统的物方视场角共同决定。当图像传感器的靶面小于或等于成像光学系统的像面时，相机坐标系下的成像设备视场覆盖模型可由式（2-62）表示。

$$\begin{cases}\dfrac{x_{sr}Z_{C}}{2f_{dx}}\leqslant X_{C}\leqslant -\dfrac{x_{sr}Z_{C}}{2f_{dx}}\\[2ex]\dfrac{y_{sr}Z_{C}}{2f_{dx}}\leqslant Y_{C}\leqslant -\dfrac{y_{sr}Z_{C}}{2f_{dx}}\end{cases} \tag{2-62}$$

式中，x_{sr}和y_{sr}分别为图像传感器的长和宽；f_{dx}为成像光学系统的等效焦距。

当图像传感器的靶面尺寸等于成像光学系统的像面直径时，成像光学系统的等效焦距与物方视场角的关系为：

$$f_{dx} = \frac{\sqrt{x_{sr}^2 + y_{sr}^2}}{2\tan\omega_W} \tag{2-63}$$

成像设备的视场覆盖范围为四棱锥形，不同于成像光学系统的视场覆盖模型不需要考虑自身的旋转，其在相机坐标系下的视场覆盖模型进行平移、旋转时，需要考虑绕Z_C轴的旋转角度γ，因此成像设备在高炉坐标系下的视场覆盖模型与在相机坐标系下的视场覆盖模型的关系为：

$$\begin{bmatrix} X_C \\ Y_C \\ Z_C \end{bmatrix} = \boldsymbol{R}_Z \boldsymbol{R}_Y \boldsymbol{R}_X \left(\begin{bmatrix} X_W \\ Y_W \\ Z_W \end{bmatrix} - \boldsymbol{T} \right) \tag{2-64}$$

式中，$\boldsymbol{R}_Z$为绕Z_W轴的旋转矩阵，它的表达式为：

$$\boldsymbol{R}_Z = \begin{bmatrix} \cos\gamma & -\sin\gamma & 0 \\ \sin\gamma & \cos\gamma & 0 \\ 0 & 0 & 1 \end{bmatrix} \tag{2-65}$$

将式（2-59）和式（2-65）代入式（2-64）中可得：

$$\begin{cases} X_C = \cos\beta\cos\gamma X_W + (\sin\alpha\sin\beta\cos\gamma - \cos\alpha\sin\gamma)(Y_W - y_o) + \\ \qquad (\cos\alpha\sin\beta\cos\gamma + \sin\alpha\sin\gamma)(Z_W - z_o) \\ Y_C = \cos\beta\sin\gamma X_W + (\sin\alpha\sin\beta\sin\gamma + \cos\alpha\cos\gamma)(Y_W - y_o) + \\ \qquad (\cos\alpha\sin\beta\sin\gamma - \sin\alpha\cos\gamma)(Z_W - z_o) \\ Z_C = -\sin\beta X_W + \sin\alpha\cos\beta(Y_W - y_o) + \cos\alpha\cos\beta(Z_W - z_o) \end{cases} \tag{2-66}$$

将式（2-66）代入（2-62）中，即可得到成像设备在高炉坐标系下的视场覆盖模型，见式（2-67）。

$$\begin{cases} \frac{x_{sr}}{2f_{dx}}[\sin\alpha\cos\beta(Y_W - y_o) + \cos\alpha\cos\beta(Z_W - z_o) - \sin\beta X_W] \leqslant \\ \quad \cos\beta\cos\gamma X_W + (\sin\alpha\sin\beta\cos\gamma - \cos\alpha\sin\gamma)(Y_W - y_o) + \\ \quad (\cos\alpha\sin\beta\cos\gamma + \sin\alpha\sin\gamma)(Z_W - z_o) \leqslant \\ \quad \frac{x_{sr}}{2f_{dx}}[\sin\beta X_W - \sin\alpha\cos\beta(Y_W - y_o) - \cos\alpha\cos\beta(Z_W - z_o)] \\ \frac{y_{sr}}{2f_{dx}}[\sin\alpha\cos\beta(Y_W - y_o) + \cos\alpha\cos\beta(Z_W - z_o) - \sin\beta X_W] \leqslant \\ \quad \cos\beta\sin\gamma X_W + (\sin\alpha\sin\beta\sin\gamma + \cos\alpha\cos\gamma)(Y_W - y_o) + \\ \quad (\cos\alpha\sin\beta\sin\gamma - \sin\alpha\cos\gamma)(Z_W - z_o) \leqslant \\ \quad \frac{y_{sr}}{2f_{dx}}[\sin\beta X_W - \sin\alpha\cos\beta(Y_W - y_o) - \cos\alpha\cos\beta(Z_W - z_o)] \end{cases} \tag{2-67}$$

B 光心位置非姿态旋转点

由于相机坐标系是以成像光学系统的光心为原点，上文构建的视场覆盖模型均是以光心作为安装姿态旋转点，常规成像光学系统可以将光心位置近似为安装位置，因此上述模型适用于大多数常规成像场景。但光学成像设备成像光学系统的总体长度远远大于焦距，如图 2-52 所示，成像设备的光心位置在前端取像物镜组部分，而安装位置在后端的固定法兰部分，光心位置和安装位置可视为同处在成像光学系统的光轴之上，但两者之间的距离难以忽略，所以必须构建光心位置非姿态旋转点的成像设备视场覆盖模型。为此，本设计首先建立内窥坐标系 $O_E\text{-}X_EY_EW_E$，如图 2-53 所示。

图 2-52 料面光学成像设备光心位置与安装位置

内窥坐标系的原点为成像设备固定法兰的中心位置（即安装姿态旋转点），其他各坐标轴的方向与相机坐标系一样。成像设备在内窥坐标系下的视场覆盖模型可表示为：

$$\begin{cases}\dfrac{x_{sr}(Z_E + l_{en})}{2f_{dx}} \leqslant X_E \leqslant -\dfrac{x_{sr}(Z_E + l_{en})}{2f_{dx}} \\ \dfrac{y_{sr}(Z_E + l_{en})}{2f_{dx}} \leqslant Y_E \leqslant -\dfrac{y_{sr}(Z_E + l_{en})}{2f_{dx}}\end{cases} \tag{2-68}$$

式中，l_{en} 为光心位置到法兰中心位置的距离。

高炉坐标系与内窥坐标系的关系为：

$$\begin{bmatrix} X_E \\ Y_E \\ Z_E \end{bmatrix} = \boldsymbol{R}_Z\boldsymbol{R}_Y\boldsymbol{R}_X\left(\begin{bmatrix} X_W \\ Y_W \\ Z_W \end{bmatrix} - \boldsymbol{P}_I\right) \tag{2-69}$$

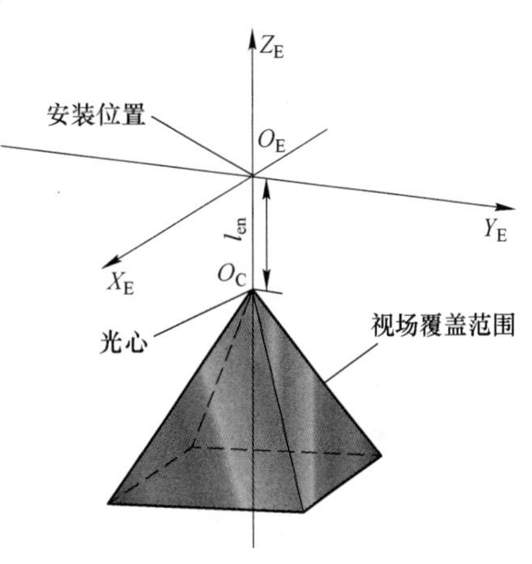

图 2-53 内窥坐标系

式中，$\boldsymbol{P}_I$ 为光学成像设备在高炉坐标系下的空间坐标矩阵，其表达式为：

$$\boldsymbol{P}_I = \begin{bmatrix} 0 \\ y_e \\ z_e \end{bmatrix} \tag{2-70}$$

参考式（2-66），同理可得：

$$\begin{cases} X_E = \cos\beta\cos\gamma X_W + (\sin\alpha\sin\beta\cos\gamma - \cos\alpha\sin\gamma)(Y_W - y_e) + \\ \quad (\cos\alpha\sin\beta\cos\gamma + \sin\alpha\sin\gamma)(Z_W - z_e) \\ Y_E = \cos\beta\sin\gamma X_W + (\sin\alpha\sin\beta\sin\gamma + \cos\alpha\cos\gamma)(Y_W - y_e) + \\ \quad (\cos\alpha\sin\beta\sin\gamma - \sin\alpha\cos\gamma)(Z_W - z_e) \\ Z_E = -\sin\beta X_W + \sin\alpha\cos\beta(Y_W - y_e) + \cos\alpha\cos\beta(Z_W - z_e) \end{cases} \tag{2-71}$$

将式（2-71）代入式（2-68）中，即可得到高炉料面成像所使用的光学成像设备的视场覆盖模型表达式：

$$
\begin{cases}
\dfrac{x_{sr}}{2f_{dx}}[l_{en} + \sin\alpha\cos\beta(Y_W - y_e) + \cos\alpha\cos\beta(Z_W - z_e) - \sin\beta X_W] \leqslant \\
\quad \cos\beta\cos\gamma X_W + (\sin\alpha\sin\beta\cos\gamma - \cos\alpha\sin\gamma)(Y_W - y_e) + \\
\quad (\cos\alpha\sin\beta\cos\gamma + \sin\alpha\sin\gamma)(Z_W - z_e) \leqslant \\
\quad \dfrac{x_{sr}}{2f_{dx}}[\sin\beta X_W - \sin\alpha\cos\beta(Y_W - y_e) - \cos\alpha\cos\beta(Z_W - z_e) - l_{en}] \\
\dfrac{y_{sr}}{2f_{dx}}[l_{en} + \sin\alpha\cos\beta(Y_W - y_e) + \cos\alpha\cos\beta(Z_W - z_e) - \sin\beta X_W] \leqslant \\
\quad \cos\beta\sin\gamma X_W + (\sin\alpha\sin\beta\sin\gamma + \cos\alpha\cos\gamma)(Y_W - y_e) + \\
\quad (\cos\alpha\sin\beta\sin\gamma - \sin\alpha\cos\gamma)(Z_W - z_e) \leqslant \\
\quad \dfrac{y_{sr}}{2f_{dx}}[\sin\beta X_W - \sin\alpha\cos\beta(Y_W - y_e) - \cos\alpha\cos\beta(Z_W - z_e) - l_{en}]
\end{cases}
\tag{2-72}
$$

由式（2-72）可知，料面光学成像设备在高炉上的视场覆盖范围除了与其安装位置和安装姿态有关外，还与其自身的参数有关，包括光心到固定法兰中心的距离、图像传感器的靶面大小以及成像光学系统的等效焦距。图像传感器的靶面大小可直接从生产厂家获取，成像光学系统的等效焦距可通过式（2-63）计算。但获取光心到固定法兰中心的距离需要通过标定确定光心位置。为此，本设计提出如图 2-54 所示的标定方法：将标有尺寸的标定板放置在离成像设备前端表面距离为 d_2 的位置，成像设备的光轴穿过标定板的中心。此时成像设备成像的标定板高度为 h_2，宽度为 w_2，将标定板向后移动 d_1 的距离，此时标定板的成像高度为 h_1，宽度为 w_1，则成像设备的光心位置与前端表面的距离 d_3 可由式（2-73）计算得到。

$$
d_3 = \frac{h_2 d_1}{h_1 - h_2} - d_2 = \frac{w_2 d_1}{w_1 - w_2} - d_2 \tag{2-73}
$$

若成像设备的物方视场角未知，则其成像光学系统的等效焦距为：

$$
f_{dx} = \frac{x_{sr}(d_2 + d_3)}{2w_2} = \frac{y_{sr}(d_2 + d_3)}{2h_2} \tag{2-74}
$$

若图像传感器靶面大小未知，则用 h_2、w_2 和 d_2+d_3 分别代替 x_{sr}、y_{sr} 和 f_{dx}。

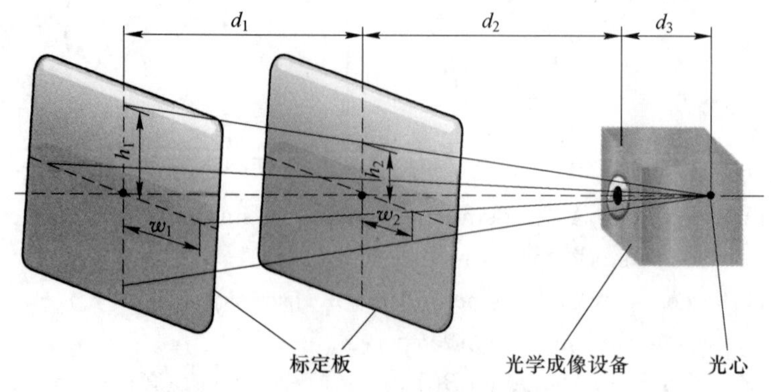

图 2-54　料面光学成像设备的标定方法

2.3.2 基于安装位姿优化的视场覆盖增强方法

受高炉高温、高压的恶劣环境制约，难以通过增加光学成像设备的安装数量和增大成像光学系统的视场角来提高料面成像区域的范围。成像设备的安装姿态是影响其视场覆盖范围的重要因素之一，通过优化配置成像设备的安装姿态增强其视场覆盖能力是实现料面“看得广”的可靠手段。2.3.1 小节构建的视场覆盖模型能够定量描述成像设备成像的空间范围，而优化配置成像设备的安装姿态必须得到成像设备的安装姿态与料面成像区域的面积之间的定量关系。

2.3.2.1 料面成像区域面积的计算

料面光学成像设备在高炉炉喉空间中的视场覆盖范围如图 2-55 所示，料面成像的区域由视场覆盖范围以及料面的位置决定。由视场覆盖模型可知，成像设备的视场覆盖范围由安装位置、安装姿态和自身参数（光心到固定法兰中心的距离、图像传感器的靶面大小以及成像光学系统的等效焦距）决定。为了防止视场被遮蔽以及下落料流砸击设备，成像设备的安装位置通常位于高炉侧边的小坡面圆台上，位置优化空间不大，一般是固定的；其相关参数则是根据高炉环境因素、几何结构进行定制化设计和配置，并通过标定获取准确值；安装姿态则是作为自变量进行优化配置。

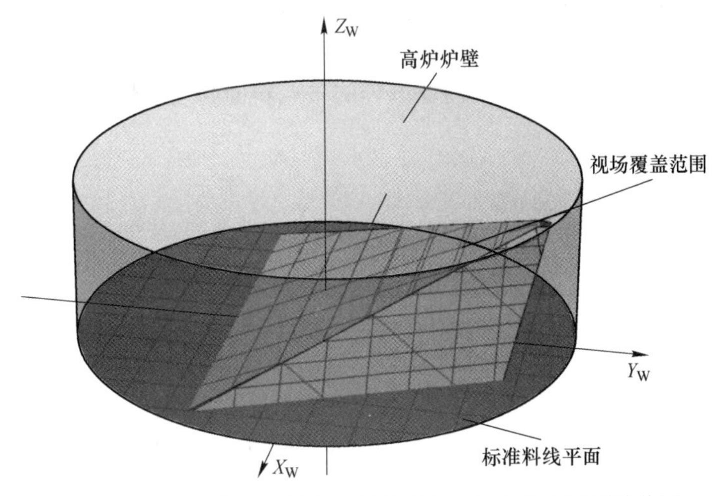

图 2-55 料面光学成像设备在高炉炉喉空间中的视场覆盖范围

料面位置由于冶炼反应消耗速度不同，不同区域的料面有不同的深度分布，因此可能造成部分料面被遮挡。由于可见光谱波段不能穿透非透明介质，当料面发出的光信号在传输到成像设备的路径中被其他料面拦截时，则此区域的料面无法被成像。如图 2-56 所示，不能成像的料面区域大小 S_{zd} 由料面的深度差 H_{lm} 和成像光线的角度 ω_{gx} 决定，其关系为：

$$S_{zd} = \frac{H_{lm}}{\tan\omega_{gx}} \tag{2-75}$$

成像设备安装在料面上方空间，近料面区域的成像光线的角度较大，随料面距离增加变小。但高炉料面的深度分布通常是四周区域高，然后向中心区域慢慢下降，因此正常炉况下较少发生料面被遮挡的情况。

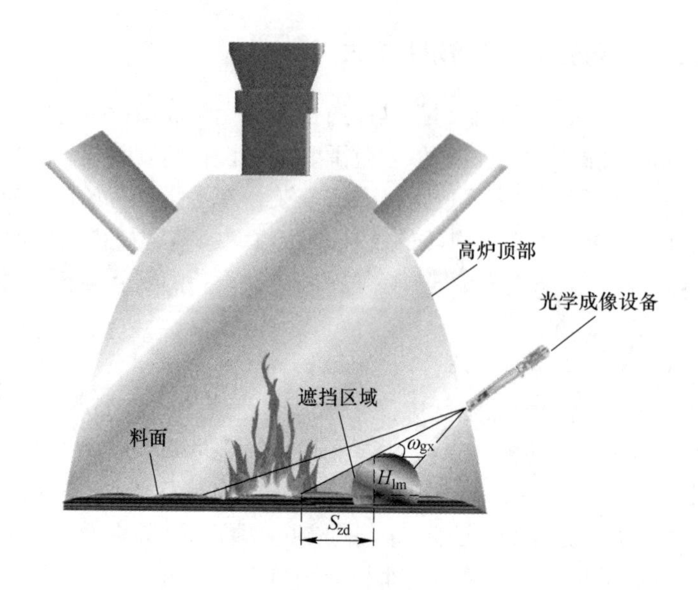

图 2-56 料面被遮挡区域

虽然不同区域的料面深度分布不同，且其整体位置随着布料操作的进行及冶炼反应对炉料的消耗而变化，但在正常炉况下大部分料面区域的位置在标准料面上下起伏。图 2-57 展示了利用高炉机械探尺在一段时间内获取到的单点料面高度数据，可以看出料面的深度总是在标准料面附近波动。

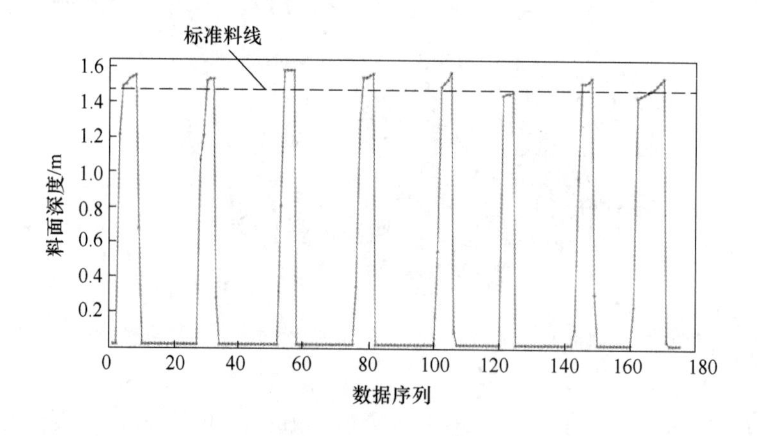

图 2-57 高炉机械探尺测量的高度数据

高炉料面所在空间为圆柱体，则料面区域的大小 O_{LQ} 为：

$$O_{LQ} = X_W^2 + X_Y^2 \leqslant R_{GL} \tag{2-76}$$

式中，R_{GL} 为高炉料面所处空间的半径。

假设料面位置为 $Z_W = 0$，将其代入到料面成像设备的视场覆盖模型中，可得成像设备在标准料线平面上的视场覆盖区域 O_{CX} 的表达式，见式（2-77）。

$$O_{CX}=\begin{cases}\dfrac{x_{sr}}{2f_{dx}}[l_{en}+\sin\alpha\cos\beta(Y_W-y_e)-\cos\alpha\cos\beta z_e-\sin\beta X_W]\leqslant\\ \quad\cos\beta\cos\gamma X_W+(\sin\alpha\sin\beta\cos\gamma-\cos\alpha\sin\gamma)(Y_W-y_e)-\\ \quad(\cos\alpha\sin\beta\cos\gamma+\sin\alpha\sin\gamma)z_e\leqslant\\ \quad\dfrac{x_{sr}}{2f_{dx}}[\sin\beta X_W-\sin\alpha\cos\beta(Y_W-y_e)+\cos\alpha\cos\beta z_e-l_{en}]\\ \dfrac{y_{sr}}{2f_{dx}}[l_{en}+\sin\alpha\cos\beta(Y_W-y_e)-\cos\alpha\cos\beta z_e-\sin\beta X_W]\leqslant\\ \quad\cos\beta\sin\gamma X_W+(\sin\alpha\sin\beta\sin\gamma+\cos\alpha\cos\gamma)(Y_W-y_e)-\\ \quad(\cos\alpha\sin\beta\sin\gamma-\sin\alpha\cos\gamma)z_e\leqslant\\ \quad\dfrac{y_{sr}}{2f_{dx}}[\sin\beta X_W-\sin\alpha\cos\beta(Y_W-y_e)+\cos\alpha\cos\beta z_e-l_{en}]\end{cases}\tag{2-77}$$

成像设备在标准料线平面上的视场覆盖区域如图 2-58 所示，则料面成像区域 O_{CL} 为成像设备视场覆盖区域与料面区域的交集，其面积 S_{OL} 计算公式为：

$$S_{OL}=\iint_{O_{CL}}dX_W dY_W,\ O_{CL}=O_{LQ}\cap O_{CX}\tag{2-78}$$

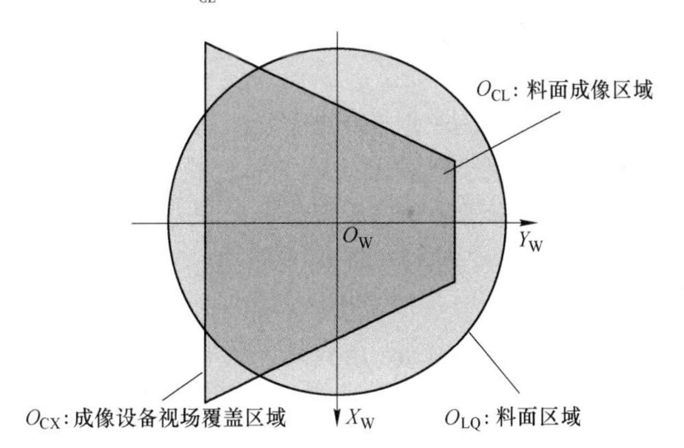

图 2-58 料面成像设备在标准料线平面上的视场覆盖区域

2.3.2.2 基于粒子群优化的视场覆盖增强

结合式（2-76）~式（2-78），即可得到料面成像区域面积与光学成像设备安装姿态之间的定量关系。对于容量确定的高炉对象，在定制化研制与其匹配的成像光学系统以及确定好安装位置后，相关参数均可获取且难以更改，此时料面成像区域的面积仅由成像设备的安装姿态决定。因此，通过优化成像设备的安装姿态（即 α、β 和 γ）即可获取最大成像面积的料面图像。

光学成像设备安装在料面的上方空间，因此将安装姿态的各个角度 α、β 和 γ 限制在（$-\pi/2$，$\pi/2$）内。此外，高炉尺寸有限，当成像设备的安装姿态超过一定范围，将会对料面区域之外的炉壁成像，如图 2-59 所示。

高炉炉壁成像会占据图像传感器的像素，造成料面区域的空间分辨率下降，获取的有

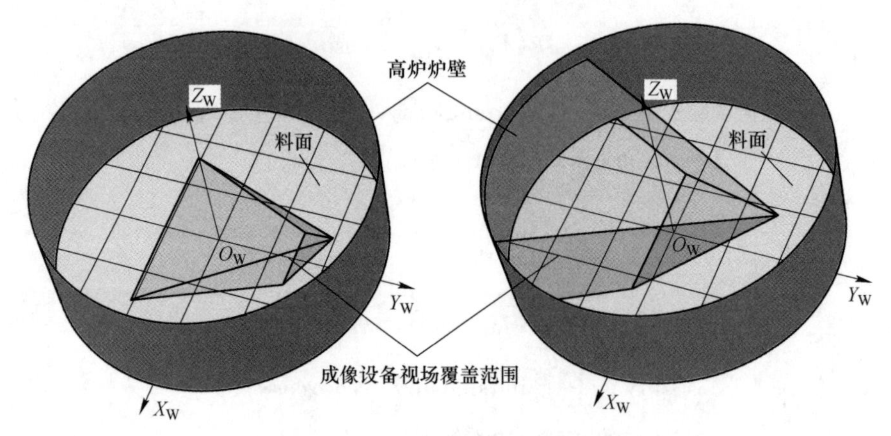

图 2-59　光学成像设备对炉壁成像

效信息减少。因此，在优化配置成像设备的安装姿态时，必须抑制炉壁带来的不利影响。为此，根据料面成像区域面积的计算公式设计了料面有效成像区域面积最大化的优化目标函数，见式（2-79）。

$$
\begin{aligned}
&\max_{\alpha,\ \beta,\ \gamma \in \left(-\frac{\pi}{2},\ \frac{\pi}{2}\right)} S_{\mathrm{OL}}(\alpha,\ \beta,\ \gamma) \\
&\text{s. t.} \iint_{O_{\mathrm{CX}}} \mathrm{d}X_{\mathrm{W}} \mathrm{d}Y_{\mathrm{W}} \leqslant (1+\kappa) \iint_{O_{\mathrm{CL}}} \mathrm{d}X_{\mathrm{W}} \mathrm{d}Y_{\mathrm{W}}
\end{aligned}
\tag{2-79}
$$

式中，κ 为炉壁成像系数，表示允许炉壁成像的程度，其取值范围为 $[0,\ +\infty]$。κ 取值越大，图像传感器上炉壁占据的像素越多。当 $\kappa=0$ 时，图像传感器的像素均为料面区域。

由式（2-79）可知，优化目标函数为二重积分，无法通过求导的方式直接求解出最优解，梯度下降法、牛顿法等基于梯度的优化算法[26,27]也难以应用于本设计安装姿态优化配置问题的求解。由于优化变量的可行域较小，可以采用穷举法来求解本设计的优化问题，但穷举法效率低、耗时长。为了提高求解效率，采用粒子群优化算法配置光学成像设备的安装姿态，以增强其视场覆盖能力，使料面有效成像区域的面积最大化。

粒子群优化算法是一种受鸟群觅食行为启发的群体智能算法，具有结构简单、调整参数少、易于实现以及收敛速度快等优势，且本设计的可行域较小，不容易陷入局部最优解[28]。利用粒子群优化算法配置光学成像设备安装姿态的流程如图 2-60 所示，具体步骤如下：

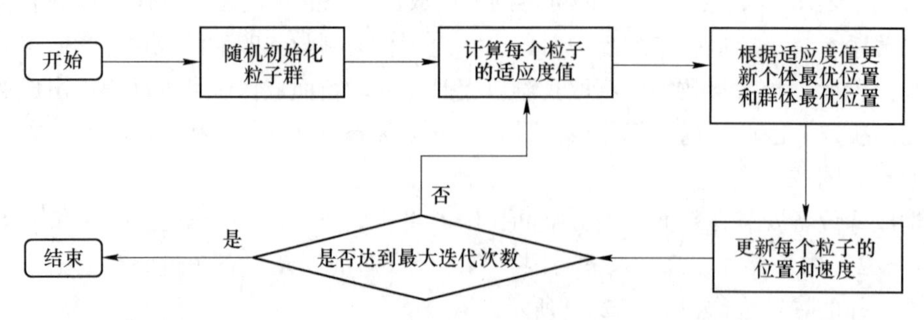

图 2-60　基于粒子群优化的视场覆盖增强算法流程图

步骤1：初始化。设定粒子数量 M_P、粒子的维度 D_P（即优化变量的个数）、粒子位置的取值范围［$p_{\min}$，$p_{\max}$］、粒子速度的取值范围［$v_{\min}$，$v_{\max}$］以及最大迭代次数 N_{DD}。然后为每个粒子随机赋予初始位置向量和初始速度向量，向量的维数即是粒子的维度 D_P，每个维度对应一个优化变量，一个粒子的位置即是代表一个表征安装姿态的候选解。

步骤2：适应度函数设计。由于优化目标函数存在约束，设计式（2-80）的评价函数 $F(\bar{p})$ 作为粒子的适应度函数。

$$F(\bar{p}) = S_{OL} - \max\left(0, \iint_{O_{CX}} dX_W dY_W - (1+\kappa)\iint_{O_{CL}} dX_W dY_W\right) \tag{2-80}$$

式中，$\bar{p}$ 为粒子的位置向量。

该适应度函数综合考虑了优化目标函数值以及约束条件，当约束条件满足时，优化目标函数值不受影响；当约束条件不满足时，优化目标函数值随炉壁成像比例的增加而下降。

根据粒子的初始位置计算适应度值，将粒子群中适应度值最大的粒子位置作为群体最优位置，粒子的初始位置作为个体最优位置。

步骤3：更新。分别更新每个粒子的位置和速度，更新规则见式（2-81）。

$$\begin{aligned} v_{md}^{k} &= \min(\max(w_{qz}v_{md}^{k-1} + c_{x1}r_{s1}(g_{md} - x_{md}^{k-1}) + c_{x2}r_{s2}(q_d - x_{md}^{k-1}),\ v_{\min}),\ v_{\max}) \\ p_{md}^{k} &= \min(\max(p_{md}^{k-1} + v_{md}^{k},\ p_{\min}),\ p_{\max}) \end{aligned} \tag{2-81}$$

式中，v_{md}和 p_{md}分别为第 m 个粒子的第 d 维的速度和位置；w_{qz}为惯性权重，取非负数，其取值较大时全局搜索能力强，取值较小时局部搜索能力强，因本设计的优化变量可行域较小，w_{qz}取值为 0.5；c_{x1}和 c_{x2}分别为粒子的个体学习因子和社会学习因子，通常设置为 2；r_{s1}和 r_{s2}为区间［0，1］中的随机数；g_{md}为第 m 个粒子的个体最优位置的第 d 维；q_d 为群体最优位置的第 d 维。

步骤4：评估。根据粒子更新后的位置利用设计的评价函数计算每个粒子的适应度值，并将每个粒子的新适应度值与其个体最优位置时的适应度值比较，将具有更大适应度值的粒子位置作为新的个体最优位置，将所有粒子中适应度值最大的粒子位置作为新的群体最优位置。

步骤5：终止。返回步骤 2，直至达到最大迭代次数 N_{DD}时结束算法，此时的群体最优位置即为最优解，相应的适应度值为最优目标函数值。

2.3.2.3 料面光学成像设备安装姿态优化配置

料面光学成像设备在优化配置安装姿态时，由于图像传感器为矩形，存在 3 个优化变量：α、β 和 γ。而由 2.3.1 小节的模型可知，成像光学系统的视场覆盖范围为圆锥形状，其在标准料线平面上的视场覆盖区域为椭圆形，如图 2-61 所示，故只存在两个优化变量：α 和 β。将料面位置 $Z_W=0$ 代入式（2-75）中，即可得到成像光学系统在标准料线平面覆盖区域 O_{CO}的表达式为：

$$\begin{aligned} O_{CO} = {} & \cot\omega_W\left([(Y_W - y_o)\cos\alpha + z_o\sin\alpha]^2 + \{X_W\cos\beta + [(Y_W - y_o)\sin\alpha]\sin\beta - z_o\cos\alpha\}^2\right)^{\frac{1}{2}} - \\ & X_W\sin\beta + (Y_W - y_o)\sin\alpha\cos\beta - z_o\cos\alpha\cos\beta \leqslant 0 \end{aligned} \tag{2-82}$$

成像光学系统获取到的料面成像区域 O_{LO}的面积为：

$$S_{LO} = \iint_{O_{LO}} dX_W dY_W,\ O_{LO} = O_{LQ} \cap O_{CO} \tag{2-83}$$

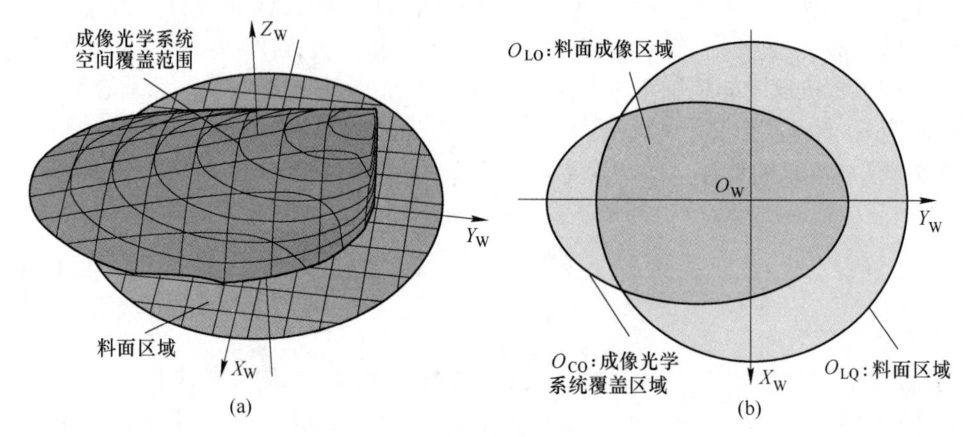

图 2-61　成像光学系统的视场覆盖范围

（a）空间覆盖范围；（b）标准料线平面覆盖区域

利用本设计提出的基于粒子群优化的视场覆盖增强算法对不同安装位置、视场角和炉壁成像系数的成像光学系统进行安装姿态优化配置，配置结果列在表 2-7 中。表中的 S_{max} 是最优安装姿态时的料面成像区域面积，S'_{max}是其他参数和安装姿态方向都相同的条件下 $\beta=0$rad 时的料面成像区域面积。

表 2-7　不同参数下的成像光学系统安装姿态优化配置结果

参　数				最优安装姿态		料面成像区域面积		
O_C $(0, y_o, z_o)$/m	ω_W/(°)	κ	R_{GL}/m	α/rad	β/rad	S_{max}/m^2	S'_{max}/m^2	$(S_{max}-S'_{max})$/m^2
(0, 3, 1.5)	30	0.01	4	0.8418	0.0104	17.7783	17.7746	0.0037
			5	0.8670	0.0097	21.864	21.8594	0.0046
		0.1	4	0.8625	0.0034	19.2938	19.2937	0.0001
			5	0.8873	0.0075	23.9816	23.9804	0.0012
	45	0.01	4	0.5803	0.0027	27.7915	27.791	0.0005
			5	0.6054	0.0104	33.494	33.4821	0.0119
		0.1	4	0.602	0.008	29.8768	29.8758	0.001
			5	0.6273	0.002	36.5186	36.5184	0.0002
(0, 3.5, 1)	30	0.01	4	0.9184	0.0139	16.5112	16.5021	0.0091
			5	0.9335	0.0104	20.0747	20.0677	0.007
		0.1	4	0.933	0.0053	18.1657	18.1651	0.0006
			5	0.9485	0.0109	22.4053	22.4011	0.0042
	45	0.01	4	0.6568	0.0033	22.2474	24.2462	0.0012
			5	0.6718	0.0089	29.1154	29.1036	0.0118
		0.1	4	0.6719	0.0093	26.5231	26.519	0.0041
			5	0.6876	0.0021	32.366	32.3659	0.0001

由表 2-7 可知，安装姿态中绕 X_W 轴的旋转角度的 α 是影响成像光学系统获取最大的

料面成像区域面积的主要因素，而绕 Y_W 轴的旋转角度 β 的影响非常小。因此可以近似认为，成像光学系统获取料面成像区域的面积最大时，光轴处于 Y_W 轴上（即 $\beta=0\text{rad}$）。

光学成像设备的靶面是成像光学系统像面的内接矩形，成像设备的视场覆盖区域由成像光学系统的视场覆盖区域决定，如图 2-62 所示。

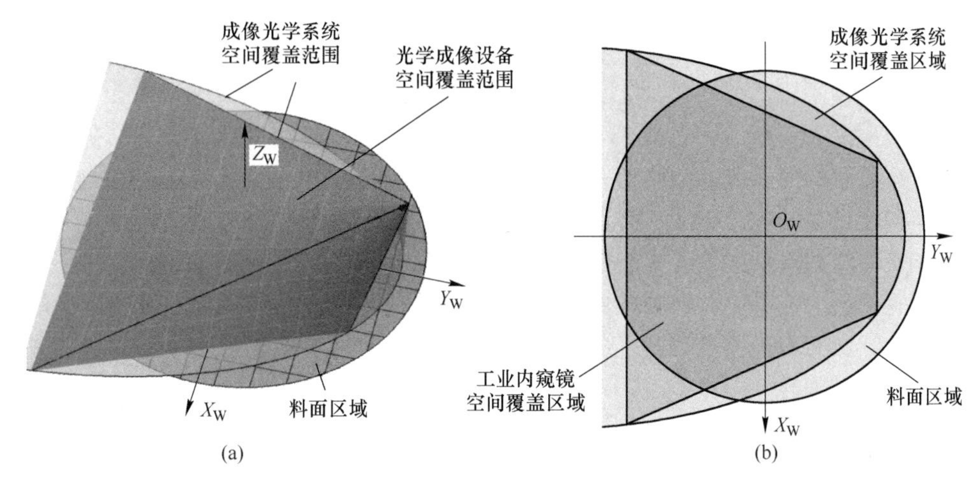

图 2-62 料面光学成像设备的视场覆盖区域与成像光学系统的视场覆盖区域的关系
（a）三维示意图；（b）二维示意图

综上所述，在实际应用过程中对高炉料面成像的光学成像设备进行安装姿态配置以增强其视场覆盖能力时，只需对安装姿态的 α 和 γ 角进行优化配置。将 $\beta=0\text{rad}$ 代入式（2-77）中，即可得到料面光学成像设备在标准料线平面上的成像区域 O'_{CX} 表达式为：

$$O'_{CX}=\begin{cases}\dfrac{x_{sr}}{2f_{dx}}[l_{en}+\sin\alpha(Y_W-y_e)-\cos\alpha z_e]\leqslant\\ \quad\cos\gamma X_W-\cos\alpha\sin\gamma(Y_W-y_e)-\sin\alpha\sin\gamma z_e\leqslant\\ \quad\dfrac{x_{sr}}{2f_{dx}}[\cos\alpha z_e-\sin\alpha(Y_W-y_e)-l_{en}]\\ \dfrac{y_{sr}}{2f_{dx}}[l_{en}+\sin\alpha(Y_W-y_e)-\cos\alpha z_e]\leqslant\\ \quad\sin\gamma X_W+\cos\alpha\cos\gamma(Y_W-y_e)+\sin\alpha\cos\gamma z_e\leqslant\\ \quad\dfrac{y_{sr}}{2f_{dx}}[\cos\alpha z_e-\sin\alpha(Y_W-y_e)-l_{en}]\end{cases}\tag{2-84}$$

成像设备获取的料面成像区域面积为：

$$S_{OL}=\iint_{O_{CL}}\mathrm{d}X_W\mathrm{d}Y_W,\ O_{CL}=O_{LQ}\cap O'_{CX}\tag{2-85}$$

将式（2-85）代入粒子群优化算法中的适应度函数，即可利用本设计提出的视场覆盖增强算法对光学成像设备的安装姿态进行最优配置。该优化配置方法减少了一个维度的优化参数，极大地提高了计算效率。

2.3.3　实验验证

为了验证本节提出料面成像范围提升方法的效果，本小节从料面光学成像设备视场覆盖模型的准确性和视场覆盖增强算法的有效性等方面展开实验进行验证。

2.3.3.1　视场覆盖模型的准确性验证

为了验证本设计建立的光学成像设备视场覆盖模型的准确性，在实验室搭建了如图 2-63 所示的实验平台，建造了小型的高炉炉喉部位的实体模型作为成像对象。由于料面成像设备较为笨重，不方便多次调整安装姿态，因此用工业相机代替，其参数见表 2-8。对于本设计关注的视场覆盖范围而言，工业相机与料面成像设备的唯一区别在于光心位置到安装姿态旋转点的距离范围，其他影响成像范围的参数一致。实验过程如下：将工业相机搭载在安装姿态调整架上，安装姿态控制器即可任意调整安装姿态，接收来自高炉实体模型中料面的图像信号，并将图像展示在显示屏上。根据不同安装姿态下显示的图像，对相应的成像区域面积进行测量并记录，与本设计建立的视场覆盖模型的仿真结构进行比较，以证明其准确性。

图 2-63　视场覆盖模型验证实验平台

表 2-8　工业相机参数

参　数	数　值
图像传感器尺寸/mm×mm	7.37×4.92
焦距/mm	13
光心到姿态旋转点的距离/dm	0.5

成像的高炉实体模型的料面区域和建立的视场覆盖模型仿真的料面区域展示在图 2-64 中。为了方便对比，在高炉实体模型两条互相垂直的直径上等距地放置了不同颜色的小球。由图 2-64（a）可以看出，真实成像料面区域中的边界小球与模型仿真料面区域中边界小球的位置基本一致，且对边界小球成像的完整性也吻合良好；图 2-64（b）则展示了当改变工业相机的安装姿态对炉壁区域进行成像时，相应的模型仿真结果也能很好地对应上。由此定性地说明，本设计建立的视场覆盖模型具有一定的准确性。

为了定量验证本设计模型的准确性，测量了不同安装姿态下真实成像的料面面积，并

(a) (b)

图 2-64 成像料面区域与仿真料面区域

（a）$\alpha=50°$，$\beta=0°$，$\gamma=90°$；（b）$\alpha=60°$，$\beta=0°$，$\gamma=90°$

与相应条件下计算的模型仿真面积进行比较。为了减小测量误差，对真实成像的料面区域面积进行了 3 次测量并取平均值。图 2-65 展示了安装姿态的其他角度为 0°时成像料面区域面积随单一姿态方向变化的曲线对比结果，可见仿真计算值与实验测量值吻合较好。为了量化仿真计算值与实验测量值的差异，以实验测量值作为真值统计仿真计算值的误差。统计指标包括平均绝对误差（MAE）、均方根误差（RMSE）和平均相对误差（MRE）。统计结果如下：MAE 为 0.211dm^2、RMSE 为 0.252dm^2以及 MRE 为 1.257%。考虑到实验测量过程中不可避免的系统误差，本设计建立的视场覆盖模型具有较高的准确性。

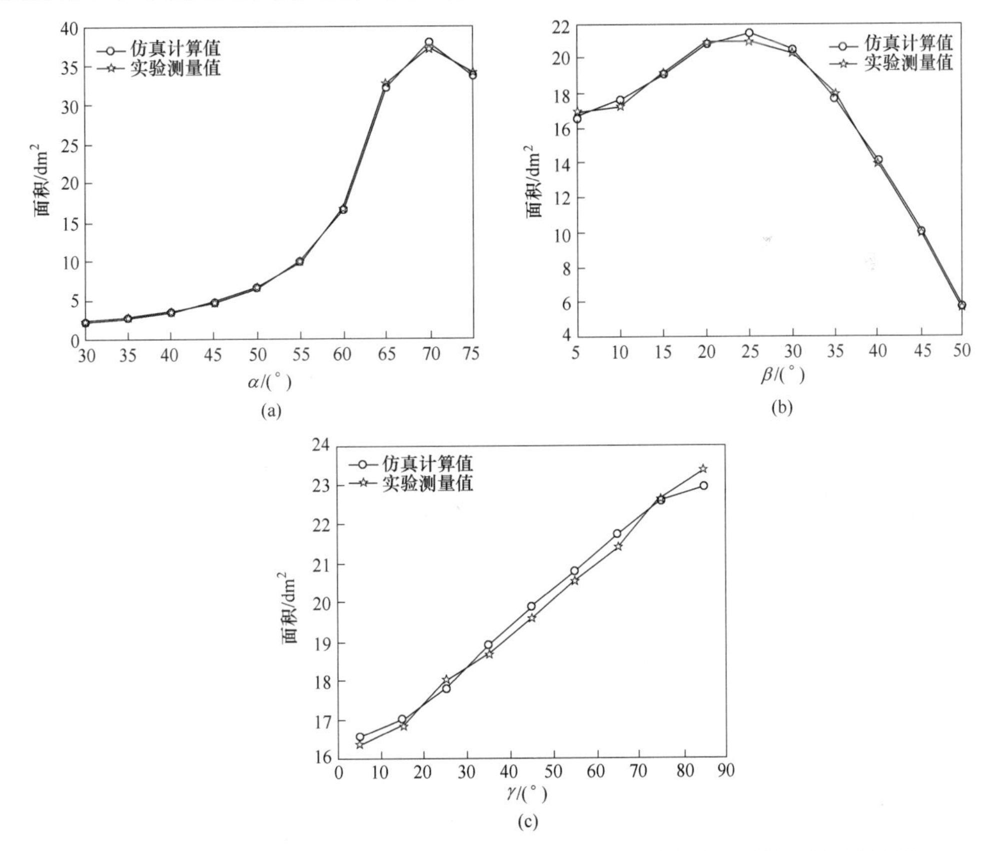

图 2-65 不同安装姿态下真实成像的料面面积仿真计算值与实验测量值的比较结果

2.3.3.2　视场覆盖增强算法的有效性验证

为了说明粒子群优化算法在安装姿态优化配置应用中的可靠性，进行了仿真模拟计算，仿真参数见表 2-9。图 2-66 展示了多次运行粒子群优化算法的最优值搜索过程，可以看到全局最优值在多次运行中基本上迭代 10 次之后就不再发生变化，并且多次运行算法得到的最优值相同。

表 2-9　仿真参数

仿真参数	数　值
炉喉半径/m	5
视场角/(°)	80
安装位置/m	(0，4，2)
长度/m	0
粒子群数量	100
迭代次数	30

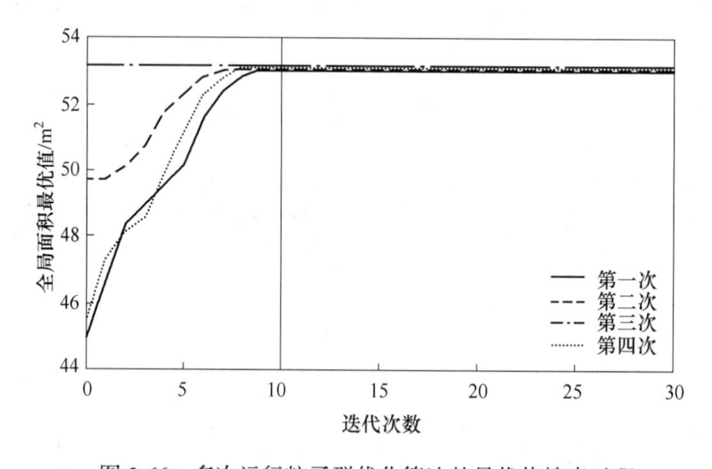

图 2-66　多次运行粒子群优化算法的最优值搜索过程

为了验证本设计视场覆盖增强算法的有效性，对上述实验平台的工业相机进行安装姿态优化配置。图 2-67 展示了安装姿态优化配置前后成像的料面区域，优化配置前的安装姿态为 $\alpha=45°$、$\beta=0°$、$\gamma=45°$，成像料面区域的面积为 16.79 dm^2；优化配置后的安装姿态为 $\alpha=57.28°$、$\beta=0°$、$\gamma=0°$，成像料面区域的面积为 38.65 dm^2。由此可见，利用本设计提出的视场覆盖增强算法对光学成像设备的安装姿态进行优化配置，可以有效提高料面成像区域的面积。

此外，为了说明粒子群优化算法的性能以及本设计优化配置方法的可靠性，分别利用穷举法、粒子群优化算法以及优化配置方法进行视场覆盖增强，三者的对比结果见表 2-10。由于穷举法的精度越高，计算次数越多，所需时间将大幅增加，因此本设计将穷举法的精度设为百分之一弧度，而提出的粒子群算法精度为万分之一弧度。由表 2-10 可见，三者的结果非常接近，粒子群优化算法的运行时间略少于穷举法的 6%，而优化配置方法由于直接将安装姿态中的 β 角设置为 0 rad，计算时间大大减小，约为粒子群优化算法的

图 2-67 视场覆盖增强算法的效果

（a）安装姿态优化配置前；（b）安装姿态优化配置后

46%，是穷举法的 3%。结果证明，本设计采用粒子群优化算法能够可靠地优化配置光学成像设备的安装姿态，增强料面成像设备的视场覆盖范围，有效提高料面有效成像区域的面积。

表 2-10 视场覆盖增强对比结果

指　　标	运行时间/s	面积最优值/m^2	α/rad	β/rad	γ/rad
穷举法	191. 18	48. 28	1. 22	0	0
粒子群优化算法	10. 65	48. 2884	1. 2229	0. 001	0
优化配置方法	4. 89	48. 2901	1. 2235	0	0

2.4 高炉料面在线检测系统研发

为了克服高炉高温、多尘和振动的复杂恶劣环境因素带来的料面形貌获取困难以及现有视频读取软件所造成的不便，实时、在线及稳定地获取高炉料面图像视频以供现场人员掌握高炉运行状态，本设计研发了高炉料面实时在线检测系统，如图 2-68 所示。下面将详细介绍为适应高炉复杂恶劣环境所研制的料面成像硬件——料面内窥仪，为满足高炉料面检测科研和应用需求所开发的软件——料面监测平台。

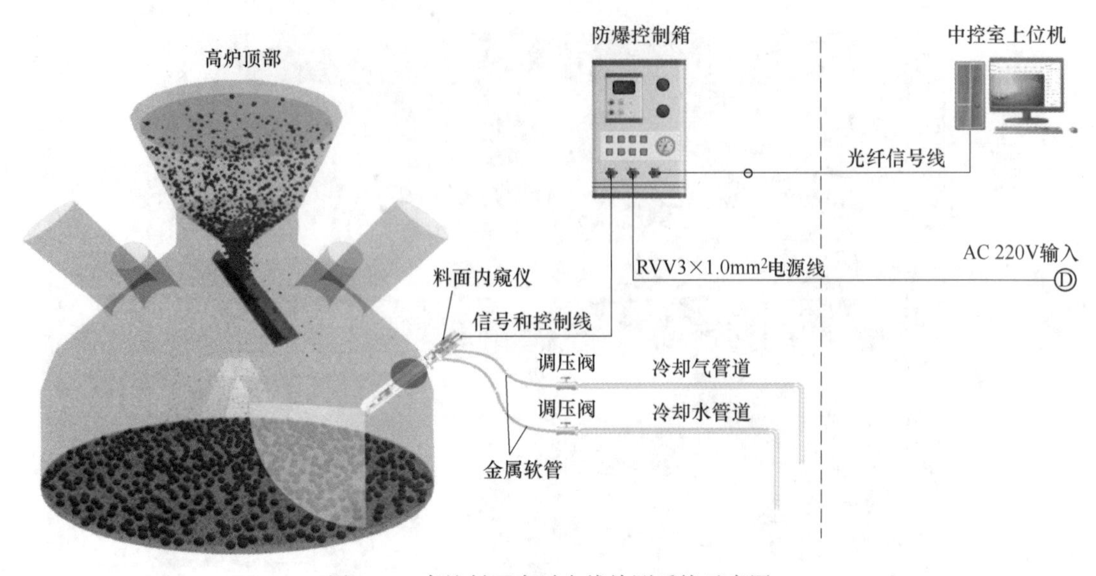

图 2-68 高炉料面实时在线检测系统示意图

2.4.1 料面高温工业内窥仪的研制

本节设计的成像光学系统具有长光路的内窥式结构，能够实现炉内取像、炉外成像的功能，减少炉内高温引起的图像传感器噪声。然而高炉炉喉内部空间温度远高于室温，成像系统无法以正常的性能有效成像，必须研制冷却装置，确保成像系统工作在可承受温度范围内。此外，由于高炉存在高频振动，若成像系统存在缝隙、可活动空间或运动结构，则会引起组件发生位移、偏转和脱落等现象，导致成像系统性能下降甚至失效。为此，本设计研制了适合高炉使用的光学成像设备——料面内窥仪，其组件如图 2-69 所示。

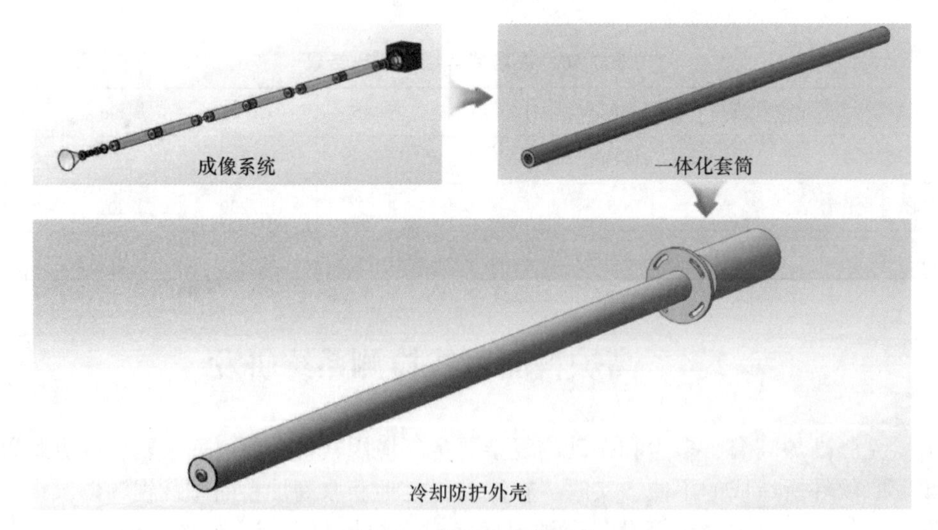

图 2-69 料面内窥仪组件

成像系统由成像光学系统和图像传感器构成，将加工好的成像光学系统装入一体化套筒中，并将选取的CMOS图像传感器通过螺纹和强力胶固定在成像光学系统的清晰像面上，形成一体化成像系统，确保其内部无任何可活动空间；再将一体化成像系统嵌入冷却防护外壳中，保证成像系统在适宜温度内工作。下面分别阐述一体化成像系统和防护冷却外壳的研制过程和详细结构。

2.4.1.1 一体化成像系统

按照2.3节设计的结构参数对料面成像光学系统进行加工生产，由于在设计过程中透镜折射光线的区域大小不一，其物理口径也不一致。为了后续装调方便，在加工过程中将物理口径统一，折射光线的部分按照设计的结构参数进行加工，未折射光线的部分加工成平面。加工成的透镜如图2-70（a）所示，透镜上未折射光线部分有利于安装垫圈。垫圈具有两个作用：一方面，可以利用如图2-70（b）所示的黑色非透明材质垫圈遮挡杂散光线；另一方面，为了便于一体化装调，透镜与透镜的空气间隔利用如图2-70（c）所示的隔圈固定，因此将隔圈连接在垫圈上有利于分散和平衡压力，确保透镜不会被挤压破碎。成像光学系统的孔径光阑也是利用黑色非透明材质制造，如图2-70（d）所示，可以确保成像光束的通过而阻挡吸收其他路径的杂散光，避免因元件之间的反射引起杂散光降低图像质量。

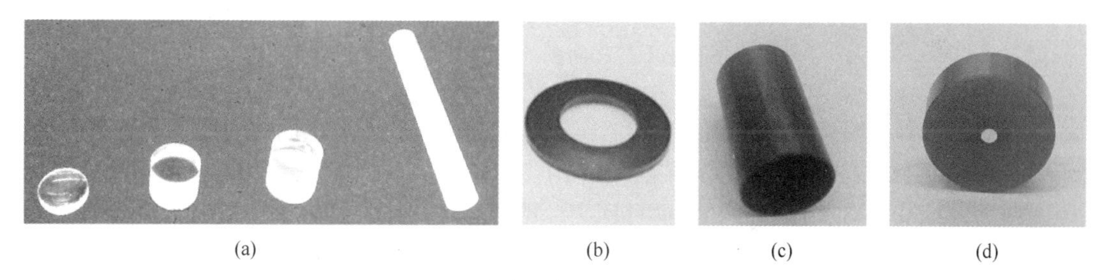

(a) (b) (c) (d)

图2-70 成像光学系统元件实物图
（a）透镜；（b）垫圈；（c）隔圈；（d）孔径光阑

所有透镜在加工之后均已进行面型曲率和缺陷检测，确保各组透镜均在设计公差范围之内，能够保证装调后的成像光学系统满足需求的成像性能。将透镜、垫圈、隔圈以及光阑按照设计的结构依次装入所设计的一体化套筒中，组装完成后对后端隔圈与套筒进行激光焊接以固定整个成像光学系统。图2-71展示了研制的一体化成像系统的最终效果，其能够在高炉高频振动的环境下长期稳定地获取料面的高质量视频图像，为料面检测提供了可靠手段。

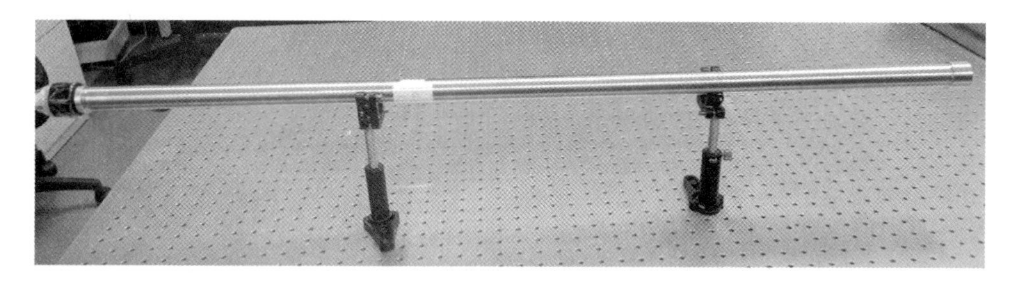

图2-71 一体化成像系统

2.4.1.2　冷却防护外壳

为了确保成像系统能够在高炉高温的环境下正常工作，研制了如图 2-72 所示的冷却防护外壳。

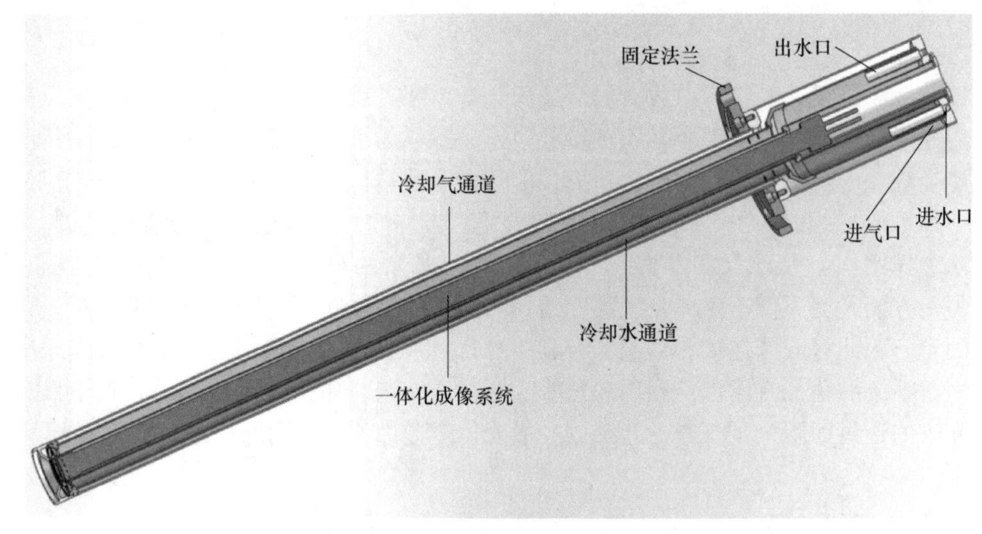

图 2-72　冷却防护外壳结构示意图

冷却防护外壳整体共有三层空间：（1）最内层中心空间为贯通式，用于嵌入一体化成像系统，便于获取炉内料面光学信号。（2）中间层冷却水通道的前端密闭、后端留有两进两出的冷却水口，形成冷却水循环回路。冷却水由进水口进入，经软管流入冷却水通道的前端，然后慢慢灌满整个中间层的空间，全面包裹最内层的成像系统，将高炉空间导入的热量吸收，最后从出水口排出。（3）最外层冷却气通道的前端开设 4 个出气孔、后端留有 2 个进气口，冷却气由后端的进气口进入，将内部冷却水通道与外界高温隔开，同时携带大量的热量由前端的出气孔排入炉内。冷却防护外壳利用隔热性能良好的空气床作为第一道冷却措施，然后利用水循环进一步增强冷却效果，双重冷却结构为克服高炉高温提供了保障。料面内窥仪通过固定法兰定位安装在高炉上，通过在固定法兰上开槽装入耐高温密封圈，确保高炉与料面内窥仪的接触面不会泄漏气体，保证应用的安全性。

为了防止粉尘在漂浮过程中通过成像窥孔进入料面内窥仪内部污染堵塞成像系统的前端镜片，在冷却防护外壳前端设计了如图 2-73 所示的吹扫结构。冷却气通道中的冷却气流由出气孔吹出，受前方挡板阻挡和导流槽引导，吹向成像系统的第一块镜片，并受镜片反弹由成像窥孔吹向炉内，在第一块镜片前方形成高压风幕，以防止炉内粉尘进入料面内窥仪。此外，考虑到料面内窥仪长时间工作时可能会有少量粉尘进入导流槽内，若无法及时排出可能会影响成像系统的正常工作，因此在前端底部开设了一个出尘孔，其位置与出气孔处于同一中心线。当粉尘侥幸进入料面内窥仪中，受气流引导和重力影响很快就会从出尘孔排出，避免了粉尘堆积增加干扰成像。

研制的冷却防护外壳展示在图 2-74 中，其构件全部采用耐高温、耐腐蚀和抗形变性能优秀的钢材制造，能够适应高炉高温、高频振动及多尘的复杂恶劣环境，为成像系统在高炉现场获取料面视频图像创造了条件。

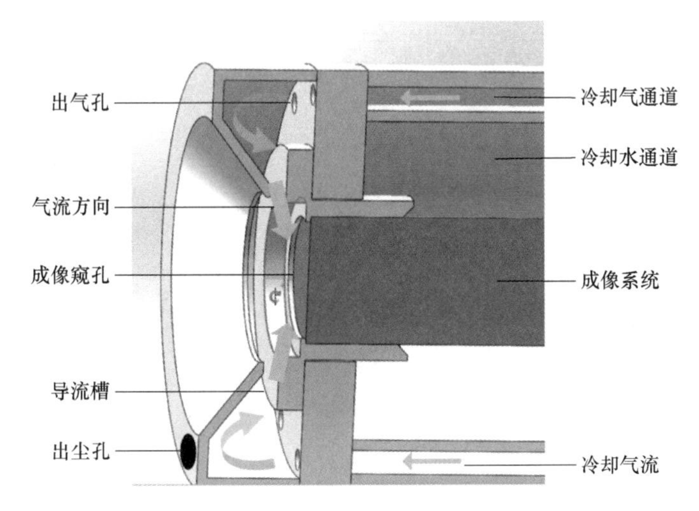

图 2-73 冷却防护外壳前端吹扫结构示意图

图 2-74 本设计研制的冷却防护外壳

2.4.2 料面检测系统的研发

高炉料面检测软件不仅需要实时显示料面视频图像，还应该具备以下功能：(1) 视频保存；(2) 曝光参数调节与显示；(3) 算法嵌入；(4) 应用拓展。本设计基于 Visual Studio 2022 软件和 WinForms 窗体，开发了满足高炉料面检测需求的软件——料面监测平台。

料面监测平台的整体架构如图 2-75 所示，其工作流程如下：

(1) 用户使用料面监测平台，连接设备；

(2) 现场高炉顶部的料面视频图像传输至中控室的上位机存储器中缓存；

(3) 料面监测平台从存储器中读取料面视频图像，后台处理算法按照用户设置对料面视频图像进行相应的处理和计算，然后送往软件用户界面进行显示；

(4) 后台处理算法根据用户操作将相应的数据（包含料面图像、曝光参数等）送往存储器保存；

(5) 用户设置的曝光模式或参数由信号线直接送往高炉顶部调控设备。

开发的料面监测平台用户界面如图 2-76 所示，共分为七个区域：设备连接、设备控

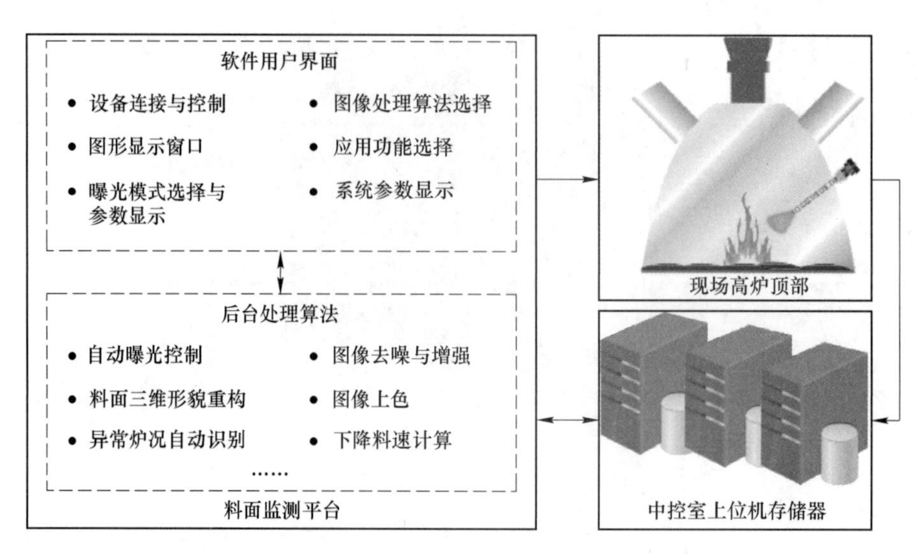

图 2-75 料面监测平台的整体架构

制、图形显示、曝光控制、图像处理、应用功能和系统参数。其中，曝光控制、图像处理以及应用功能三个区域均为模块化设计，相关算法均可进行修改和添加，不会对其他算法产生影响，保证了软件的稳定性和扩展性。

图 2-76 料面监测平台用户界面示意图

2.5 工业应用及效果分析

为了验证本设计所提的面向高炉料面检测的弱光内窥式成像方法在工业现场的应用效

果，将研发的高炉料面实时在线检测系统应用在某炼铁厂的高炉上。本节将从设备现场安装、工业试验验证及工业应用效果三个方面详细介绍本方法的工业应用情况。

2.5.1 设备现场安装

由于炉墙墙体的厚度较大，重新开设安装孔需要花费大量时间、经济和人力成本，且对高炉的炉体结构安全存在重大安全隐患。在该高炉上已有一个供料面内窥仪使用的安装孔，对现有安装孔进行改造变向不仅极大减少成本且能够保障高炉安全。因此首先根据本设计的广域料面获取方法优化配置得到需求的安装姿态，然后在高炉大修期间对现有安装孔进行加工修改，图 2-77（a）展示了安装孔方向修改的结果；在此基础上安装固定阀门，如图 2-77（b）所示，一方面为料面内窥仪的固定法兰提供支撑和密封条件，另一方面在未安装料面内窥仪时可通过转动球阀保证高炉密封性。

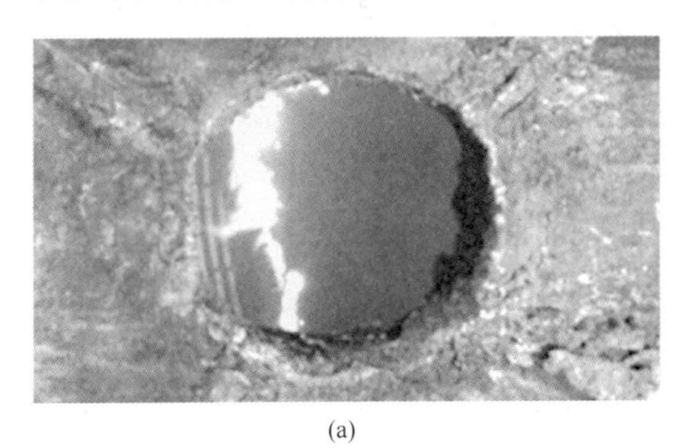

(a)

(b)

图 2-77 安装孔改造过程
（a）加工修改安装孔方向；（b）安装固定阀门

料面内窥仪安装现场展示在图 2-78 中，安装过程如下：在高炉休风期间，等待高炉煤气排完之后，在确保安全的情况下，打开固定阀门中的球阀；然后通过金属软管将现场的冷却水管道和冷却气管道分别与料面内窥仪的冷却水进出口和冷却气入口进行连接，并通过检查料面内窥仪前端窥孔的气流以及出水口的水流确保冷却水和冷却气通道的流畅；接下来将料面内窥仪插入安装孔中，旋转设备确保绕自身旋转的姿态与配置的一致；最后利用螺栓将料面内窥仪的固定法兰与安装孔上的固定阀门进行密封连接，从而完成整个设备的安装。

2.5.2 工业试验验证

本设计研究的面向高炉料面检测的弱光内窥式成像方法和高炉料面实时在线检测系统在工业现场应用后，能够实时在线获取到料面的视频并远程传输到中控室的上位机进行处理、存储、显示及其他应用。为了说明本设计所提方法的有效性和先进性，将本研究的工业应用结果与同类产品的效果进行比较。

图 2-79 展示了高炉还未闭炉时不同类型的成像系统获取到的料面图像。由于高炉还未运行，布料系统停止向炉内装入炉料，此时料面位置远远低于正常水平且无粉尘干扰。常规成像设备由于镜头的相对孔径较小、图像传感器的灵敏度一般且距离料面较远，只能

图 2-78 料面内窥仪安装现场

获取到亮度较大的燃烧料面区域，如图 2-79（a）所示，其他较暗区域的信息很难从图像中获取到；图 2-79（b）为高清彩色成像系统获取到的料面图像，由于弱光成像能力有所增强，已经能够看到对面炉墙的边缘结果，但受高温影响噪声较大、信噪比较低，很难从图像中观测到料面的形貌信息；图 2-79（c）展示了文献［29］研制的内窥式成像系统拍摄的料面图像，采用高清彩色图像传感器和近距离成像方式在高炉未运行时取得了不错的效果，炉喉钢砖下沿部分的纹理信息清晰可见，但受高温气焰光源影响，料面部分过度曝光，遮盖了大部分料面形貌信息，且成像范围较小；由图 2-79（d）展示的料面图像可见，本设计研制的成像系统由于采用了大景深、宽视场、大孔径内窥式成像光学系统及大像素黑白图像传感器，其成像范围、弱光成像能力和成像清晰度均有较大提高，炉喉钢砖下沿部分的纹理、炉喉钢砖的结构及其表面的侵蚀情况均清晰可见，料面区域的形貌信息也可直接在图像上观测到。由成像的炉墙空间范围可知，本设计成像系统的成像范围远大于同类产品。

图 2-80 展示了高炉运行时不同成像系统获取的料面图像。由于冶炼反应开始进行，炉顶的布料系统开始运转，料面所处位置在零料位线上下波动，且空间中存在运动粉尘干扰。从图 2-80（a）、（b）所示的非内窥式成像系统拍摄的料面图像上难以发现料面的纹理信息，只有中心高温气焰的形状大小和位置；文献［29］研制的内窥式成像系统获取的料面图像展示在图 2-80（c）中，可看到炉料颗粒信息以及高温气焰，但图像纹理细节模糊，且由于离料面太近，成像的料面区域较小，提供的料面形貌分布有限。此外，在高温和振动的影响下，成像系统存在变形和偏心现象，图像的下方和右方边缘区域出现无灰度分布的黑暗区域，使得获取的料面信息进一步减少；图 2-80（d）展示了本设计研制的成像系统所获取到的料面图像，图中炉料颗粒的纹理细节以及料面形貌分布的高低起伏均可用人眼直接观测得到，同时高温气焰的几何形态、料面与炉壁的交界以及炉壁上炉喉钢

(a) (b) (c) (d)

图 2-79 高炉未闭炉时不同成像系统获取的料面图像

(a) 常规成像系统；(b) 高清彩色成像系统；(c) 文献［29］研制的内窥式成像系统；(d) 本设计成像系统

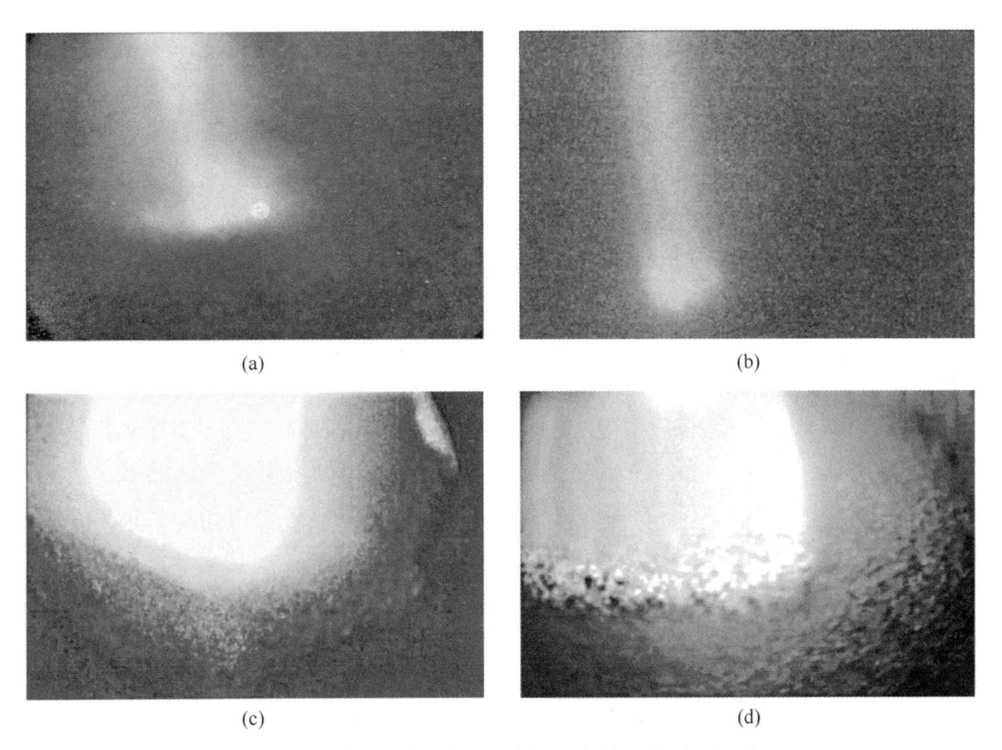

(a) (b) (c) (d)

图 2-80 高炉运行时不同成像系统获取的料面图像

(a) 常规成像系统；(b) 高清彩色成像系统；(c) 文献［29］研制的内窥式成像系统；(d) 本设计成像系统

砖的砖缝都在图像中清晰可见。为定量说明本设计研制成像系统的优越性能，采用平均梯度（AG，Average Gradient）、点锐度（PS，Point Sharpness）、标准差（SD，Standard Deviation）和图像熵（IE，Image Entropy）来评价不同成像系统所获料面图像的质量，其中 AG 和 PS 能够反映图像的清晰度，而 SD 和 IE 则能够表征图像包含的信息量。评价结果见表 2-11，可见本设计成像系统的各项指标均优于其他成像系统，说明本设计方法的弱光成像能力强、拍摄的料面图像清晰，包含的料面信息丰富。

表 2-11 不同成像系统获取的料面图像质量评价

指 标	AG	PS	SD	IE
常规成像系统	1.76	10.62	50.64	5.35
高清彩色成像系统	4.5	25.34	29.35	6.64
文献［29］研制的内窥式成像系统	3.68	17.31	83.12	7.23
本设计成像系统	5.24	28.07	87.37	7.59

为了验证本设计所提的基于自适应模拟增益的自动曝光方法的性能，在不同大小的高温气焰光照下，利用开发的料面监测平台切换不同的曝光模式。不同曝光模式下获取的料面图像展示在图 2-81 中。图 2-81（a）展示了模拟增益为 0 dB 时的固定曝光所获取的料面图像，由于除高温气焰光源外的其他区域光照较小，因此光电转换形成的电压信号值较小；而由于模拟增益值为 0 dB，没有将电压信号放大，模数转换形成的数字图像在料面区域的亮度很低，人眼难以直接获取料面形貌信息。通用自动曝光方法获取的料面图像展示在图 2-81（b）中，可以从图像中观测到料面的形貌以及炉壁与料面的交界位置，由于曝光依据为图像亮度均值，因此曝光效果受高温气焰光源大小的影响。当光源较小时，曝光值过大，部分料面区域过曝光遮盖了有效信息；而光源较大时，曝光值过小，部分料面区域欠曝光缺失了有效信息。图 2-81（c）展示了本设计曝光方法获取的料面图像，由于以料面有效最大灰度值为曝光依据，在不同光源大小下曝光效果较为稳定，且料面形貌分布、料面位置以及炉壁信息均可直接观测到。

为了说明所提料面成像范围提升方法的先进性，利用本设计构建的光学成像设备视场覆盖模型和料面成像区域的面积计算方法对文献［29］和料面内窥仪所成像的料面区域进行仿真计算。不同安装姿态下的料面成像区域如图 2-82 所示。图 2-82（a）展示了文献［29］获取的料面图像以及根据模型仿真得到的相应成像区域，可以看到由于安装姿态不是最优，成像的料面区域较小，图像上方部分由于存在中心高温气焰，因此信息被遮挡，获取的图像与仿真的成像区域基本一致。图 2-82（b）为料面内窥仪获取的料面图像以及成像的料面区域，优化配置安装姿态后成像的范围大大增加，大部分料面区域的形貌信息清晰可见，但部分料面区域被高温气焰遮挡。由于高温气焰的几何形态特征也是高炉判断炉况的重要参考信息，故考虑高温气焰对料面成像的影响。此外，当炉料下降时，部分炉壁上的炉喉钢砖也能够在图像中显露出来，一方面可以直接根据图像中炉喉钢砖的暴露程度大致判断料面所处的深度，另一方面也能以此为依据进行料面位置精确计算的研究。文献［29］和本设计方法成像的料面区域面积、视场角、安装位置和安装姿态列在表 2-12 中，由于冷却外壳的限制，因此两者的视场角相同，且两者的工业应用对象为同一高炉，本设计方法所使用的安装孔也是从文献［29］的安装孔改造而来，因此安装位置也一致。

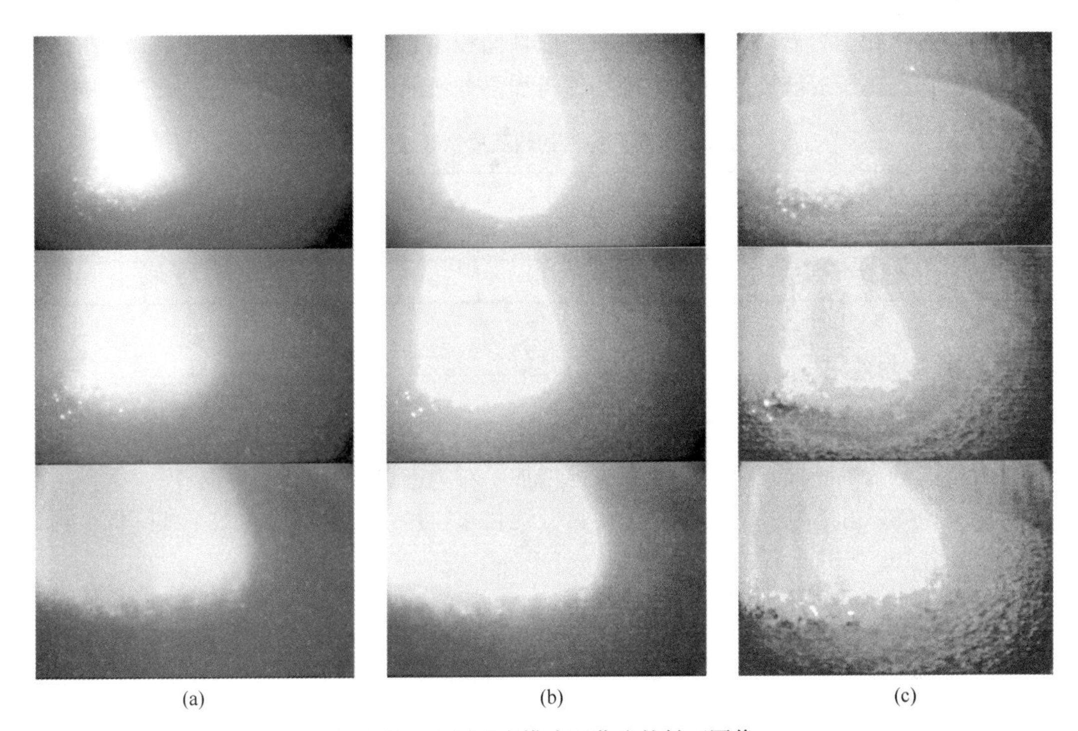

图 2-81 不同曝光模式下获取的料面图像

（a）模拟增益为 0 dB 时的固定曝光；（b）通用自动曝光方法；（c）本设计自适应曝光方法

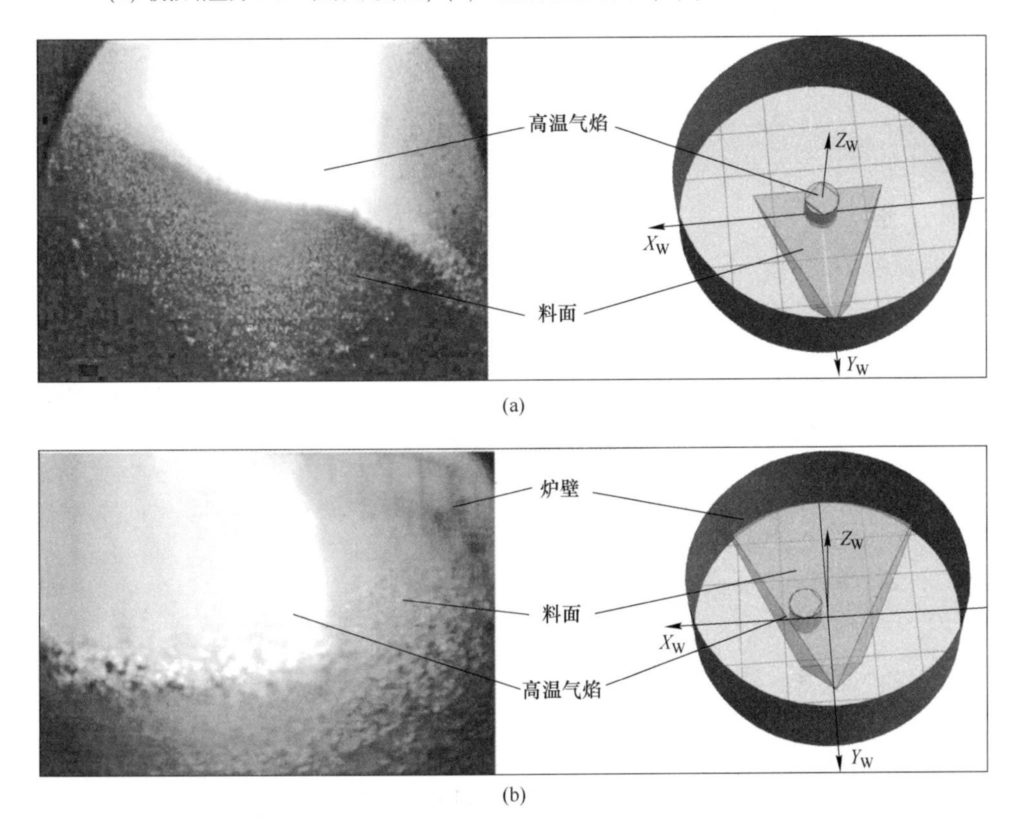

图 2-82 不同方法的料面成像区域

（a）文献［29］方法；（b）本设计方法

经过安装姿态优化配置后，高炉成像的料面区域面积由 8. 96 m^2增加到 22. 45 m^2，由此可见本设计所提的基于安装姿态优化的视场覆盖增强方法能够有效提高料面的成像范围。

表 2-12　不同方法的料面成像区域比较

指　标	视场角/(°)	安装位置/m	α/(°)	β/(°)	γ/(°)	成像面积/m^2
文献［29］方法	60	(0, 4. 45, 2. 1)	58	0	0	8. 96
本设计方法	60	(0, 4. 45, 2. 1)	63	0	0	22. 45

2. 5. 3　工业应用效果

高炉料面实时在线检测系统在高炉工业应用后实现了长期稳定运行，为现场人员提供了实时大范围的清晰料面视频图像，极大地增加了对炉内运行状态的掌控程度，提升了对料面形貌分布的认知水平，对稳定高炉运行、优化布料操作、提高生产效率和降低能耗排放具有重要作用。

图 2-83 展示了各类料面检测设备的效果，机械探尺接触式测量单点的料面深度，布料时需要收回探尺避免被料流掩埋，因此检测数据在空间上和时间上均不连续，如图 2-83（a)所示；微波雷达通过阵列或者扫描等方式获取多个点的料面深度数据，然后拟合成料面形状，如图 2-83（b）所示，其在空间分辨率和实时性上均存在局限性；红外摄像仪能够直接获取料面空间内的红外辐射分布，但其效果受高温气流和粉尘影响较大且空间

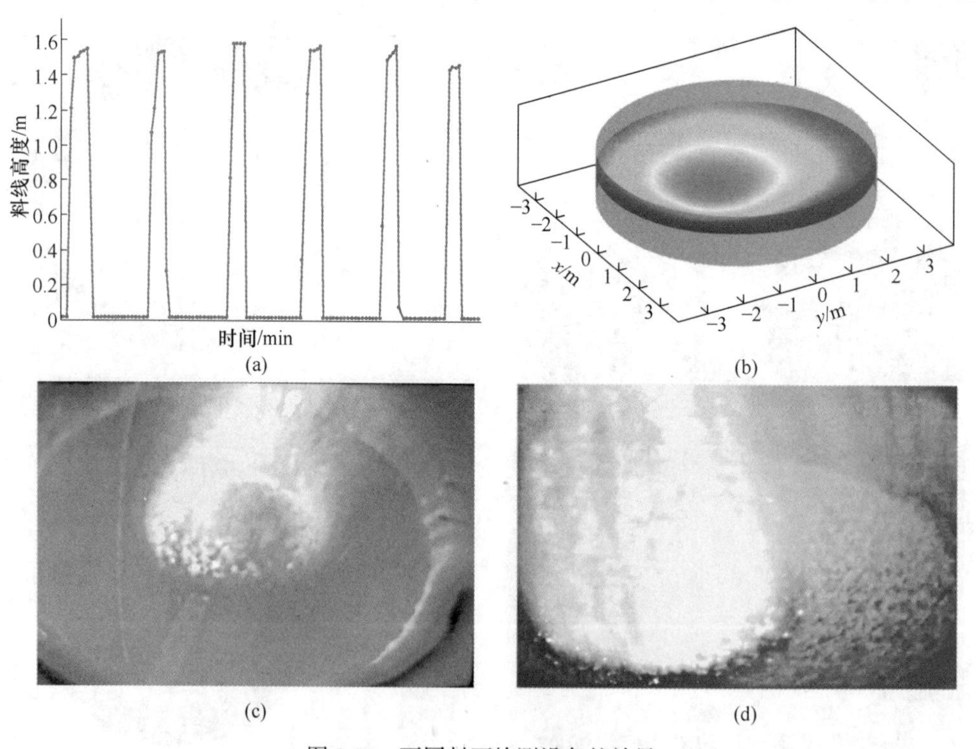

图 2-83　不同料面检测设备的效果

（a）机械探尺；（b）微波雷达；（c）红外摄像仪；（d）本设计方法

（扫描书前二维码看彩图）

分辨率受限，如图 2-83（c）所示，难以得到料面形貌信息；本设计方法可以直接获得料面的可见光图像，如图 2-83（d）所示，与其他高炉料面检测设备相比，本设计方法信息量丰富且更符合人眼视觉习惯。

高炉料面实时在线检测系统具有实时、全面、信息量丰富以及直观形象的优势，在高炉现场长期应用后发挥了重要作用，取得的具体效果如下：

（1）指导布料操作。清晰连续的大范围料面空间视频图像直接提供了料面的形貌分布及位置信息，如图 2-84 所示。料面的位置高低、分布起伏等信息均可从图像上直接获取，为指导布料操作提供了反馈信息。此外，可以进一步结合高炉运行数据和能耗指标等，构建最优料面形貌库，为优化料面分布提供可靠支撑。

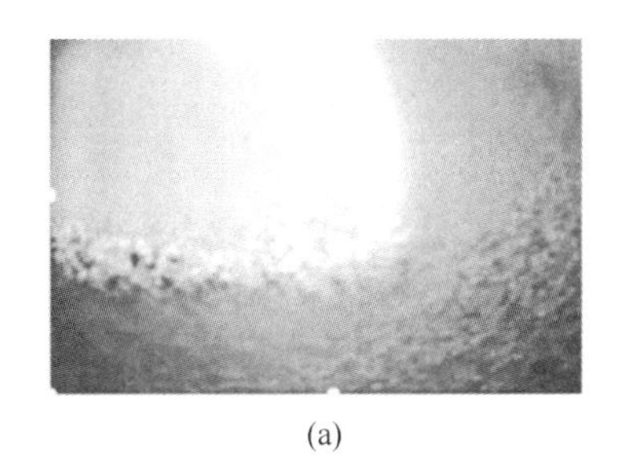
(a)

(b)

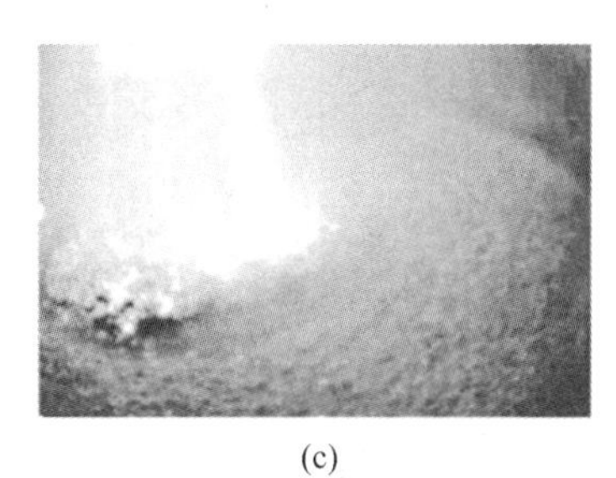
(c)

图 2-84 料面形貌信息

（2）发现异常炉况。视频图像序列能够展示料面的动态变化过程，在空间和时间上均具有极高的连续性，因此能够及时发现高炉冶炼过程中的异常状态。图 2-85（a）展示了悬料的异常炉况，由于料面发生流态化，不再有高温气焰，而是散落喷溅的燃烧炉料颗粒，整个炉料部分透气性较差，冶炼反应缓慢，炉料长时间不下降，处于较高位置，严重影响正常冶炼生产以及浪费能源；悬料发生后，炉底热风仍在鼓入，此时炉内热量逐渐积累，导致炉顶温度慢慢高于正常温度，对生产以及检测的零件和设备有损害风险，因此开始注水降温，如图 2-85（b）所示。图 2-85（c）展示了高炉塌料发生时的情况，炉料突然发生快速塌陷，扬起大量粉尘，使得料面图像质量急剧下降。高炉料面实时在线检测系统运行期间，多次及时发现异常炉况，直观形象地展示了冶炼不顺时料面运动状态的变化，为稳定高炉运行、减少异常炉况发生创造了有利条件。

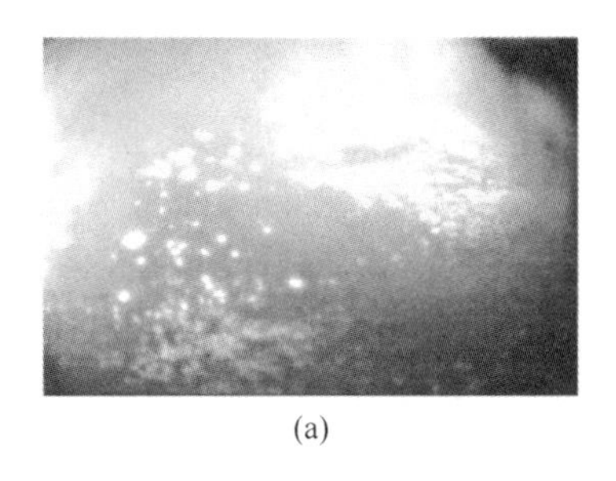
(a)

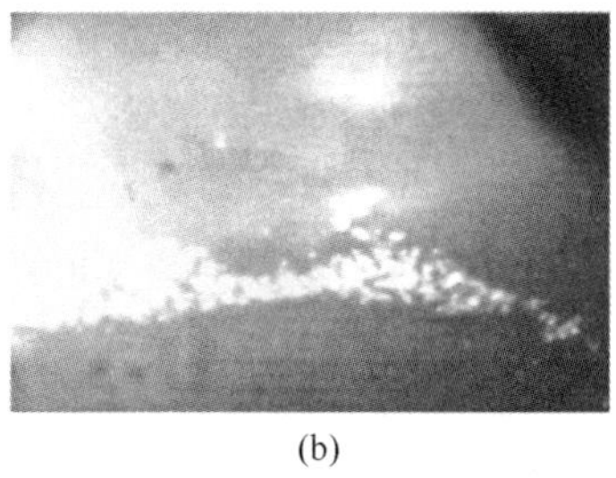
(b)

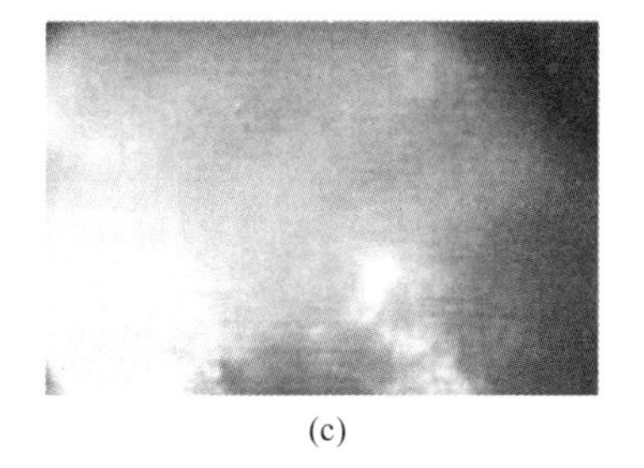
(c)

图 2-85 异常炉况

（a）悬料；（b）炉顶高温注水；（c）塌料

（3）掌握炉料透气性。高温气焰的几何形态特征能够反映炉料的透气性，为加焦提供指导。如图 2-86 所示，高温气焰的几何形状大小、所处的料面位置均可从图像中直接获取，可以根据这些信息判断炉料的透气性以及煤气流分布情况，为加焦的时机和位置提供参考，对调控煤气流分布、改善炉料透气性有重要作用。

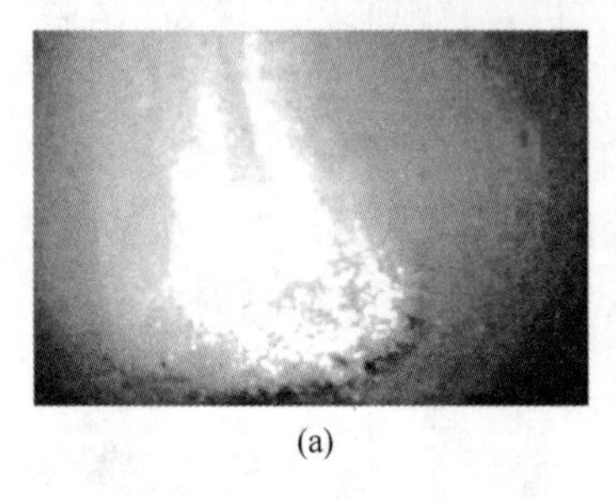

(a)

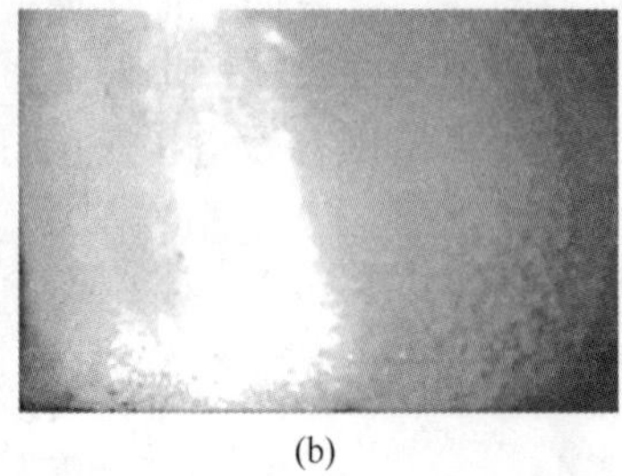

(b)

(c)

图 2-86　不同几何形态的高温气焰

（4）研究料流运动机理。图 2-87 展示了高炉料面实时在线检测系统捕获的布料期间料流轨迹的信息，从图像中可以直接观测到料流轨迹的形状和位置。对比图 2-87（a）、（b）可发现，布料溜槽的倾斜角度越大，料流离中心越远且料流的轨迹越宽。结合料面内窥仪的性能参数、高炉的结构参数以及布料溜槽的运动参数，有望量化料流轨迹的位置和宽度，为研究料流从布料溜槽离开后的运动轨迹提供有效的参考和验证。因此本方法能够为研究料流的运动机理提供可靠的观测手段，有助于高炉精细化控制。

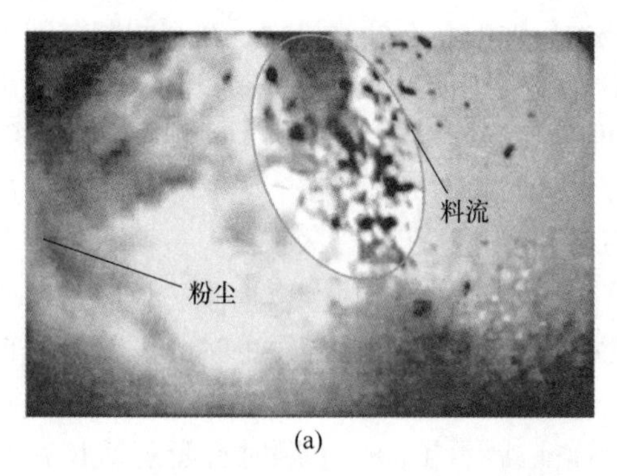

(a)

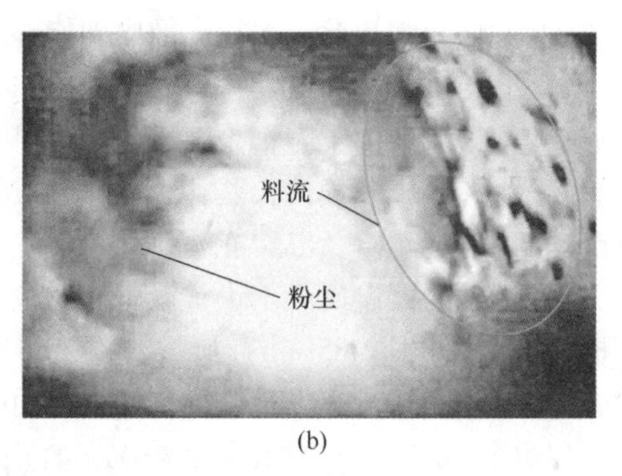

(b)

图 2-87　料流轨迹

（a）小倾斜角料流；（b）大倾斜角料流

参 考 文 献

［1］行麦玲，刘义良，裴景洋，等．空间红外大口径折射式低温镜头设计与验证［J］．红外与激光工程，2020，49（4）：208-213.

［2］Qu Z，Zhong X，Zhang K，et al. Automatic compact-volume design strategy for unobscured reflective optical systems based on conicoid surfaces［J］. Optics Communications，2023，533：129304.

［3］Li J，Ding Y，Liu X，et al. Achromatic and Athermal Design of Aerial Catadioptric Optical Systems by Efficient Optimization of Materials［J］. Sensors，2023，23（4）：1754.

［4］Li J，Wu Y，Zhang Y，et al. Parameter Estimation of Poisson-Gaussian Signal-Dependent Noise from Single Image of CMOS/CCD Image Sensor Using Local Binary Cyclic Jumping［J］. Sensors，2021，21

(24): 8330.

[5] Guo Z, Wang Y, Xu R, et al. High-Speed Fully Differential Two-Step ADC Design Method for CMOS Image Sensor [J]. Sensors, 2023, 23 (4): 1754.

[6] 郝允祥, 光度学 [M]. 北京: 中国计量出版社, 2010.

[7] 罗杰, 秦来安, 侯再红, 等. 应用于光束质量测量的阵列光纤串扰校正 [J]. 光学精密工程, 2022, 30 (12): 1418-1428.

[8] Huang Y, Ma B, Pattanayak A, et al. Infrared Camouflage Utilizing Ultrathin Flexible Large-Scale High-Temperature-Tolerant Lambertian Surfaces [J]. Laser & Photonics Reviews, 2021, 15 (9): 2000391.

[9] Du H, Xu J, Yin Z, et al. Dark Current Noise Correction Method Based on Dark Pixels for LWIR QWIP Detection Systems [J]. Applied Sciences, 2022, 12 (24): 12967.

[10] 于善哲, 周晔, 卓毅, 等. 用于图像传感器的模数转换器研究进展 [J]. 微电子学, 2022, 52 (2): 181-190.

[11] Guillaume B, Pierre M, Aymeric R, et al. Performance of Automatic Exposure Control on Dose and Image Quality: Comparison Between Slot-scanning and Flat-panel Digital Radiography Systems [J]. Medical physics, 2022, 50 (2): 1162-1184.

[12] 余继辉, 杨晓敏. 双分支残差去马赛克网络 [J]. 激光与光电子学进展, 2021, 58 (2): 139-145.

[13] 傅婧, 蔡毓龙, 李豫东, 等. 质子辐照下正照式和背照式图像传感器的单粒子瞬态效应 [J]. 物理学报, 2022, 71 (5): 182-189.

[14] Yu Q, Hou Z, Bu X, et al. RBFNN-Based Data-Driven Predictive Iterative Learning Control for Nonaffine Nonlinear Systems [J]. IEEE Transactions on Neural Networks and Learning Systems, 2020, 31 (4): 1170-1182.

[15] 杨文珍, 何庆. 融合微平衡激活的小孔成像算术优化算法 [J]. 计算机工程与应用, 2022, 58 (13): 85-93.

[16] 崔宏滨. 光学 [M]. 北京: 科学出版社, 2015.

[17] 魏明, 王超, 李英超, 等. 望远超分辨成像中的视场光阑影响及补偿机理 [J]. 红外与激光工程, 2020, 49 (2): 278-287.

[18] 战海洋, 邢飞, 张利. 面向近原子尺度制造的光学测量精度极限分析 [J]. 物理学报, 2021, 70 (6): 18-26.

[19] 李晓彤. 几何光学·像差·光学设计 [M]. 杭州: 浙江大学出版社, 2014.

[20] 李澜. 光学设计实用技术 [M]. 上海: 上海科学技术出版社, 2019.

[21] 崔恩坤, 张葆, 洪永丰. PW 法对连续变焦光学系统初始结构的求解 [J]. 应用光学, 2014, 35 (4): 586-591.

[22] 吕丽军, 吴学伟. 鱼眼镜头初始结构的设计 [J]. 光学学报, 2017, 37 (2): 105-114.

[23] 李林. 现代光学设计方法 [M]. 北京: 北京理工大学出版社, 2015.

[24] Yen C, Zhang J. The Vehicle Zoom Ultra Wide Angle Lens Design by using Liquid Lens Technology [J]. Microsyst Technol, 2022, 28: 195-208.

[25] Wayth R B, Webster R L. LENSVIEW: software for modelling resolved gravitational lens images [J]. Monthly Notices of the Royal Astronomical Society, 2006, 372 (3): 1187-1207.

[26] Samokhin A, Samokhina A, Sklyar A, et al. Iterative Gradient Descent Methods for Solving Linear Equations [J]. Computational Mathematics and Mathematical Physics, 2019, 59: 1267-1274.

[27] Guo M, Wu Q. Two Effective Inexact Iteration Methods for Solving the Generalized Absolute Value Equations [J]. AIMS Mathematics, 2022, 7 (10): 18675-18689.

[28] Zhang Y, Zhou P, Cui G. Multi-model based PSO Method for Burden Distribution Matrix Optimization with

Expected Burden Distribution Output Behaviors [J]. IEEE/CAA Journal of Automatica Sinica, 2019, 6 (6): 1506-1512.

[29] Chen Z, Jiang Z, Gui W, et al. A Novel Device for Optical Imaging of Blast Furnace Burden Surface: Parallel Low-light-loss Backlight High-temperature Industrial Endoscope [J]. IEEE Sensors Journal, 2016, 16 (17): 6703-6717.

3　基于图像序列的高炉料面形貌三维重建及可视化

高炉炼铁是钢铁生产流程中的核心单元，也是能耗排放最大的环节。高炉料面三维形貌的变化情况和分布特征既是判断煤气流分布是否合理及塌料、斜料等异常工况的关键信息，也是实现精准布料和揭示高炉绿色高效冶炼新规律的数据源头。由于炉内高温高压、密闭多尘、光照极度不均等恶劣的冶炼环境，常规的料面深度检测设备存在测点有限、精度偏低、易受炉内粉尘影响、可视化难度大等问题，因此研究大型高炉料面三维形貌的直接在线准确检测方法，对优化调控布料方式、改善炉内煤气流分布、确保高炉平稳顺行具有重要意义。

为克服高炉内高温、多尘、弱光的恶劣环境，实时精确地获取高炉料面三维形貌，本章提出了基于图像序列的高炉料面形貌三维重建及可视化方法，构建了基于高温工业内窥镜的高炉料面三维检测系统。首先，以平行低光损背光高温工业内窥镜为检测设备，配合设计的基于成像视场圆锥模型的高温工业内窥镜最优安装方案，获取实时、清晰可靠的高炉料面光学图像；其次，基于微像元亮度极化特征和启发式补全网络对高炉料面进行实时清晰化和补全；最后，通过构建虚拟多目阵列，并基于地图等高线特征，实时获取了高炉料面高精度深度信息。工业现场实验验证了本章所提方法的正确性和有效性，初步解决了高炉密闭环境中料面三维形貌直接在线测量的难题，具有巨大的工业应用价值。具体内容如下：

（1）构建了基于高温工业内窥镜的高炉料面检测系统，提出了基于随机森林的高炉料面视频图像关键帧自动提取方法。针对高炉炉顶内部密闭、无光、高粉尘的恶劣环境，利用高温工业内窥镜构建了料面形貌三维检测硬件系统。以高炉料面图像的三维信息获取为目标，分析料面图像特征，分别从料面清晰度和三维重建线索两个角度分析了高温工业内窥镜的拍摄结果。根据分析得到的料面图像特点，提出了基于随机森林的高炉料面视频图像关键帧的自动提取方法，并提取了包含深度特征的有效关键帧，为高效、高精度重构高炉料面三维形貌奠定了坚实的数据基础。

（2）提出了基于微像元亮度极化特征的料面关键帧清晰化方法。针对高炉炉内弱光照、强干扰、高粉尘环境下拍摄的料面图像不清晰的问题，提出了基于亮度极化特征的高炉料面图像清晰化算法。首先，利用料面灰度图像的平均值和标准差自适应确定极化区域识别阈值，以识别料面图像上极化高光及暗光区域；然后，基于料面图像亮度极化特征，分别对高光区域及低光暗区域执行高光压制及暗光增强算法，以均衡图像整体的亮度分布；最后，利用基于微像元的清晰化算法对料面图像进行清晰化处理，进一步提高了高炉料面清晰度和自然度。

（3）提出了基于启发式补全网络的高炉料面关键帧图像补全方法。针对获取高炉料面图像不全的问题，提出了基于启发式补全网络的高炉料面关键帧图像补全方法。首先，利用高温工业内窥镜成像视场模型，构建了基于高温工业内窥镜成像面积变化的动态修补

GAN 网络，解决了高温工业内窥镜获得的高炉料面大小随料位动态变化的问题；其次，通过改进 GAN 网络中的评价函数，将传统的 GAN 中固定损失函数改进为随内窥镜成像面积动态变化的启发式对抗补全损失函数，构建了全新的高炉料面图像启发式补全网络；最后，根据高温工业内窥镜成像面积的实时变化调整修补策略，对已经清晰化的不完整的高炉料面关键帧图像进行补全处理，最终获得了全面、清晰的高炉料面图像。

（4）提出了一种虚拟相机阵列和地图等高线的料面三维重建方法。为了实时获取高精度的高炉料面三维形貌，提出了基于虚拟相机阵列和地图等高线的高炉料面三维测量算法。首先，利用获取的高炉料面关键帧图像，构建相机-料面相对运动模型，得到虚拟多目相机阵列；然后，根据料面分布机理和布料机制，提取了料面等高线特征；最后，基于多目三维重建原理，获取高炉料面深度，并以机械探尺数据和雷达数据为基准点，实现了高炉料面三维形貌的直接在线获取。在实验室搭建高炉模型，利用光场相机模仿虚拟多目相机，模拟现场环境进行实验验证提出算法的有效性和正确性。

（5）提出了基于实时动态分割的高炉三维料面可视化。为了具象化表达三维料面，提出了基于实时动态分割的高炉料面三维可视化方法。首先，基于 Unity3D 仿真平台进行料面网格化，获得料面表面网格；然后，基于 3ds Max 和 Unity3D 进行高炉料面相关虚拟内容设计；最后，基于 VRTK 设计高炉料面虚拟可视化交互。基于 Unity3D 搭建高炉料面 VR 仿真系统，构建场景模型和特效模型并实现漫游和料面高线绘制功能，所提出的大型高炉三维料面的 VR 可视化方法实现了对高炉料面的具象化重建。

（6）开发了一套适用于实际生产过程中的高炉三维形貌智能感知系统。以某钢厂实际运行高炉为对象，开发了一套大型高炉料面三维形貌智能感知系统。基于微像元亮度极化特征建立高炉料面清晰化模型，在此基础上，获取了高温工业内窥镜与高炉料面坐标转换关系，建立高炉料面三维模型，使操作工人可直接观察料面形态，了解料面分布状况。所提出的高炉料面三维检测系统，能够实时获取复杂的环境中高炉料面的三维信息，解决高炉料面三维信息获取困难的问题，具有重要的工业应用价值。

3.1 高炉料面视频关键帧提取与清晰化方法

考虑到高炉是一个周期性间歇性布料的大时滞系统，料面变化十分缓慢且是周期性变化的，基于高温工业内窥镜采集的料面视频具有大量的冗余帧。此外，由于炉内恶劣的冶炼环境，高温工业内窥镜所获得的高炉料面图像清晰度存在不足。为了提高料面三维重建的精度和效率，需要提取具有代表性的质量好的料面视频帧，并对关键帧图像进行清晰化处理。为此，本节首先分析了高炉料面图像特点；然后根据分析的高炉料面图像特点，提出了基于随机森林的高炉料面图像关键帧提取方法；最后根据高炉料面图像的特点，提出了基于微像元亮度极化特征的高炉料面关键帧图像清晰化方法，获得清晰的高炉料面关键帧图像。

3.1.1 高炉料面图像分析

高炉是一个密闭的大型逆流反应器，其内部充斥着各种复杂的物理、化学反应，环境极其恶劣。本小节先分析料面图像二维特点，接着分析高炉料面图像中包含的三维重建的线索。

高炉料面图像是在复杂密闭的环境下获取的，与常规的开放环境中获取的图像不同，料面图像具有以下特点：

（1）极化特点：高炉炉内冶炼环境极其复杂恶劣，一方面，高炉在冶炼过程中存在有毒煤气，因此整个高炉需要严格密闭，炉内的光源除高温工业内窥镜提供的补光外，其自身还存在高温煤气流发出的光，而高温煤气流通常位于料面的中心位置，因此高炉料面图像光照严重不均，存在强背光区域；另一方面，在一个完整的布料周期内料面分为两个阶段：炉料下降阶段和布料阶段。在布料阶段，炉料通过旋转布料溜槽投入到高炉料面上，炉料掉到料面的过程中，会发生撞击并扬起大量的粉尘，悬浮在高温气流的高密度粉尘将会对图像造成严重影响。由此可见，高炉环境存在一定的周期性特征，布料时粉尘扬起，对高炉料面图像的获取造成的干扰较大。当布料暂停时，粉尘渐渐减少，对料面成像的干扰逐渐降低，获取的高炉料面图像质量逐渐提升。布料阶段高温工业内窥镜获取的料面图像如图 3-1 所示，中间高亮区域为炉内高温中心气流区域，较暗区域是炉内料面区域。由此可见在炉况较差时，由于大量粉尘的影响，原始视频的料面部分几乎没有什么信息，只能看到中心火焰。因此这部分的料面图像对于高炉料面三维测量系统没有参考意义，需要剔除。

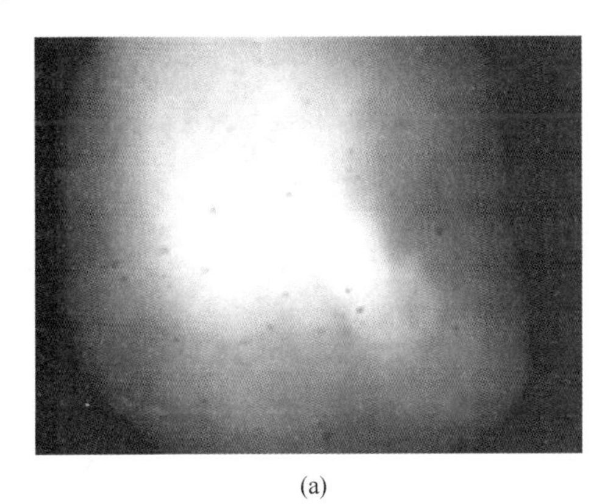

(a)

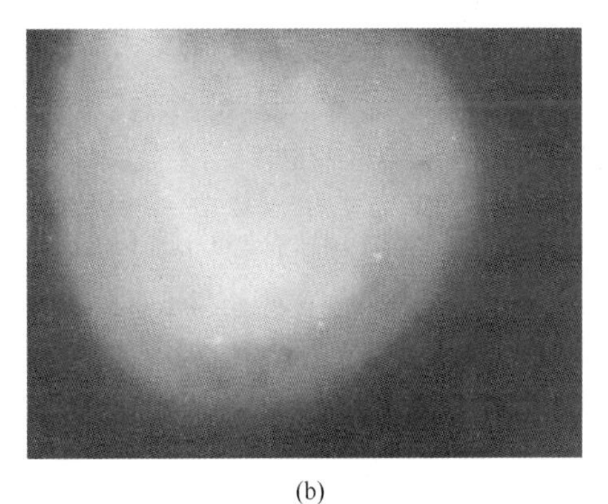

(b)

图 3-1 布料阶段获得的料面图像

（a）布料期喷溅现象；（b）布料期高密度粉尘

（扫描书前二维码看彩图）

（2）清晰度特点：图 3-2 展示了炉料下降阶段获取到的料面图像，从图像清晰度相关特点来看，高炉料面视频从清晰度角度主要有两大特点，一是中心气流所在区域的图像饱和，高光区域是炉内高温气流导致的，高温气流发光以及炉料喷溅会导致部分区域亮度极亮，需要压制该处的图像细节信息。当料线下降时，中心气流光照被料面阻挡的较少，料面细节更加清晰；二是料面纹理细节处于低光照区域，且暗处纹理细节不明显。中心气流发出的光被料面阻挡，导致距离中心气流较远的料面区域亮度不够。然而，在料面下降过程中，清晰度受中心气流光照制约，图像清晰度不够连续，给料面特征追踪带来了难题，需要对图像进行清晰化，保证料面下降过程亮度、清晰度保持一致。

（3）视差线索：视差是基于图像进行物体深度计算的一种最为广泛使用的线索，其原

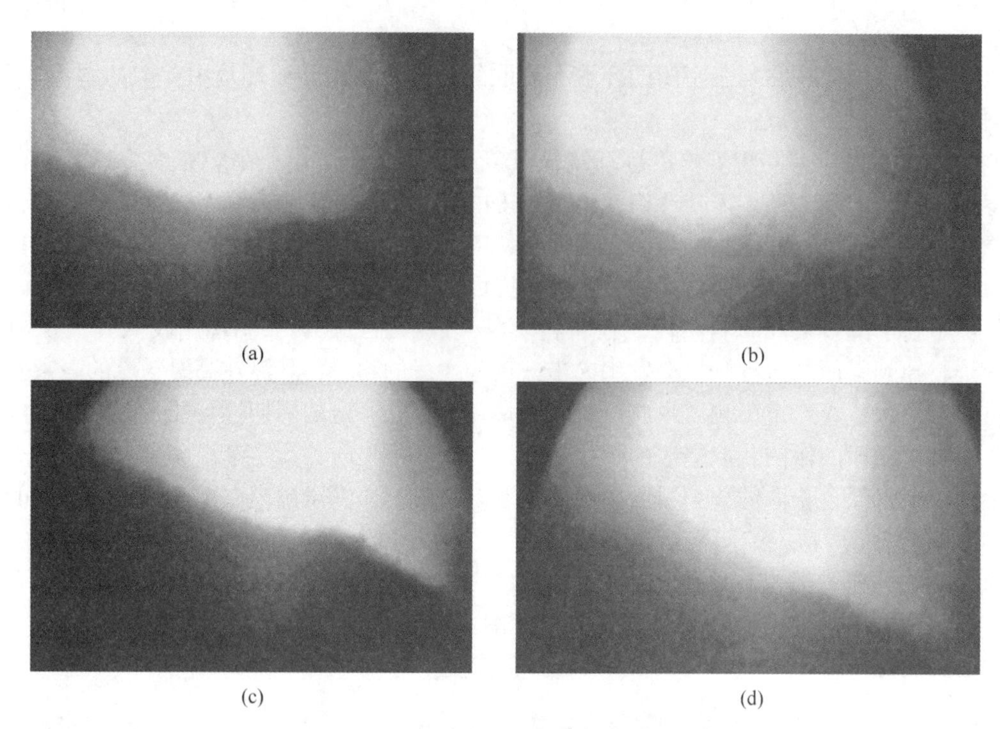

图 3-2　炉料下降阶段的高炉料面图像

（a）纹理不清晰；（b）低边缘强度；（c）低照度；（d）低信噪比

（扫描书前二维码看彩图）

理为利用不同位置的相机拍摄同一个物体，然后基于成像原理根据焦距、物体在图像上的位置进行投射，两个位置的相机获取到的两张带有同一物体成像在不同位置的图像可投射出两条线，这两条线的交点位置即为该物体所在位置，物体的深度也因此被计算出来。高炉料面图像的获取虽然只是一个单目相机，但是高炉本身的料面变化较为缓慢，其在下降的过程中，料面上各点的相对位置可视为几乎不变。如图 3-3 所示，料面的各相对位置几乎没有什么变化，料面是整体下降的，这种下降可以视为两个相机获取到的同一个位置的料面图像存在的视差，因此也可作为高炉料面三维测量系统进行三维重建的线索。

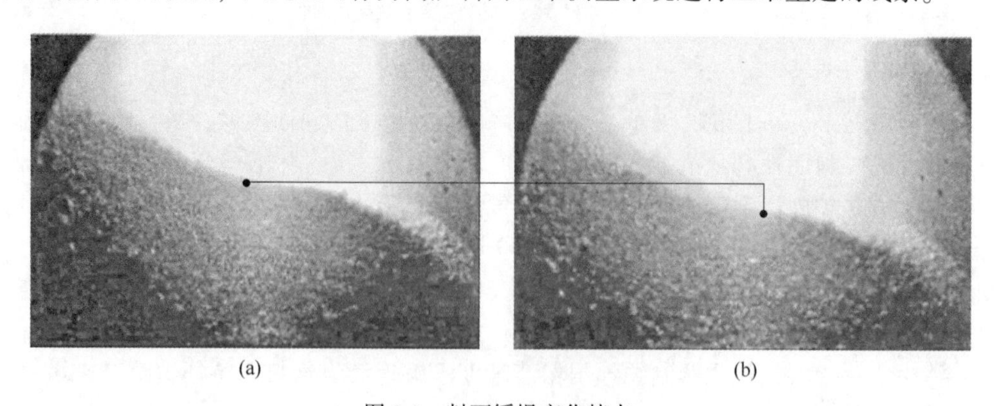

图 3-3　料面缓慢变化特点

（a）料面下降前；（b）料面下降后

（扫描书前二维码看彩图）

(4) 布料环线索：高炉的布料方式如图 3-4 所示，炉料从布料溜槽滚落到料面上，布料溜槽会存在一定的倾斜角并以一定自转的速度旋转，因而料流呈环状分布在料面上，整体分布较为均匀对称。料面这种特有的布料方式决定了其料面环状分布的特点，也为料面三维重建提供了参考线索。

图 3-4 高炉布料方式

本节高温工业内窥镜获取的同一布料周期内炉料下降阶段的料面图像由图 3-2 所示，由图可知料面是缓慢下降的，且整体的相对位置无较大的变化。因此基于料面慢变的特点，通过对单目内窥镜的时空复用，可将高炉料面与高温工业内窥镜相对运动时的视差作为高炉料面三维可视化的重要依据。高炉料面视频关键帧，定义为在料面与高温工业内窥镜镜头的相对移动方向上，捕获料面下降运动全过程高质量图像子序列，为虚拟多目内窥镜构建提供依据。

3.1.2 基于随机森林的高炉料面图像的关键帧提取

高炉料面下降过程是慢变过程，在一个料面下降周期内，视频序列通常包含九千多个高度重叠的帧。如果对每一帧图像都进行处理将耗费大量的性能与时间，并且三维测量的效率也将无法满足要求，而且也没有必要对每一帧图像都进行处理。在料面下降期间，获取到的高炉料面图像视频序列中的中央气流区域曝光过度且强度不稳定，简单的固定间隔采样获得的关键帧无法满足本章高炉料面三维测量系统的深度提取条件。

为此，本节构建了关键帧分类器，自动提取符合要求的图像。图 3-5 给出了为使用高温工业内窥镜获取的高炉料面图像视频而设计的关键帧分类器的整体思路。对于图像的灰度特征，对亮度值进行归一化，并且将噪声量视为图像清晰度特征。

构建图像关键帧的分类器是为了将质量好、具有明显深度线索的图像筛选出来，因此需要相应的数据集对分类器进行训练。为了构建数据集，必须进行特征选择量化评价图像，以构建训练分类器所需要的数据集；然后进一步实现高精度的分类器算法，快速从大量视频帧中提取出本章三维测量系统所需的关键帧。

3.1.2.1 特征选择

对图像的描述通常是借助于某些目标特征的描述符，而目标特征代表了该图像的性

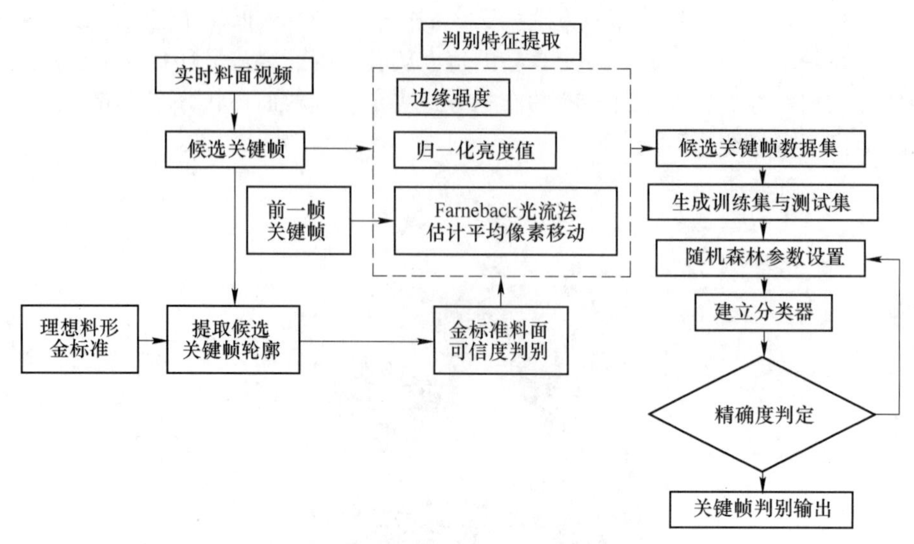

图 3-5　高炉料面图像关键帧分类器的设计思路

质。图像分析中的一项重要工作是从图像中得到目标特征的量化值。本节取边缘强度，归一化亮度值，噪声量作为图像清晰度特征，并作为分类器的输入，用以构建分类器所需数据集。

（1）边缘强度可反映图像清晰度，数值越大，图像越清晰。基于拉普拉斯梯度函数对图像的边缘强度定义如下：

$$G(x, y) = |\nabla x f(x, y)| + |\nabla y f(x, y)| \tag{3-1}$$

式中，∇x、∇y 为像素点 (x, y) 在 x，y 方向的一阶差分；$G(x, y)$ 为图像在像素点 (x, y) 的每个像素取它的梯度值，为数据集第一个输入。

（2）归一化亮度值，定义图像的统一亮度为高亮度阈值（取值为 180）和低亮度阈值（取值为 50）的像素个数求和，$\mathrm{Lum}(x, y)$ 为 (x, y) 处归一化后的亮度值，δ 作为调整值将 $\ln[\delta + \mathrm{Lum}(x, y)]$ 的范围调整至 0~1，将亮度进行归一化处理。归一化亮度均值 $\mathrm{Lum}_{\mathrm{avg}}$ 表示如下：

$$\mathrm{Lum}_{\mathrm{avg}} = \mathrm{e}^{\frac{1}{N}\sum_{X, Y}\ln[\delta + \mathrm{Lum}(x, y)]} \tag{3-2}$$

（3）图像位移特征，由图 3-3 可知料面图像存在位移，而此位移若要作为视差线索为三维重建提供参考，则需要保证关键帧之间存在一定的基线距离。本节采用一种基于相对帧的光流法来估计高炉料面在图像上的位移程度。对每个帧添加光流值的大小，并通过总图像位移总和进行归一化。将归一化像素位移输入随机森林分类器作为图像像素位移特征，保证图像像素总位移不会过小。假设本地光流场和梯度为常值，则

$$\forall y \in N(x), \ d = \frac{\partial \boldsymbol{X}}{\partial t} \tag{3-3}$$

$$\frac{\mathrm{d}}{\mathrm{d}t}\nabla \boldsymbol{E}(\boldsymbol{X}, t) = \frac{\partial \nabla \boldsymbol{E}}{\partial \boldsymbol{X}}\frac{\partial \boldsymbol{X}}{\partial t} + \frac{\partial \nabla \boldsymbol{E}}{\partial t} = H(\boldsymbol{E}) \cdot d + (\nabla \boldsymbol{E})_t = 0 \tag{3-4}$$

式中，$\boldsymbol{E}$ 为输入图像；$\boldsymbol{X}$ 为图像二维坐标，则有

$$\boldsymbol{X} = (x, y)^{\mathrm{T}} \tag{3-5}$$

$$\boldsymbol{E}(\boldsymbol{X}) = \boldsymbol{X}^{\mathrm{T}}\boldsymbol{A}_1\boldsymbol{X} + \boldsymbol{b}_1^{\mathrm{T}}\boldsymbol{X} + \boldsymbol{c}_1 \tag{3-6}$$

结合式（3-6）则可得出：

$$\boldsymbol{E}(x, y) = r_1 + r_2x + r_3y + r_4x^2 + r_5y^2 + r_6xy \tag{3-7}$$

其中，$\boldsymbol{c}_1 = r_1$，$\boldsymbol{b}_1 = \begin{pmatrix} r_1 \\ r_2 \end{pmatrix}$，$\boldsymbol{A}_1 = \begin{pmatrix} r_4 & r_6/2 \\ r_6/2 & r_5 \end{pmatrix}$。

假设两个关键帧之间的距离为 $\boldsymbol{d}$，则可得：

$$\begin{aligned} \boldsymbol{E}(\overline{\boldsymbol{X}}) &= \boldsymbol{E}(\boldsymbol{X} - \boldsymbol{d}) \\ &= (\boldsymbol{X} - \boldsymbol{d})^{\mathrm{T}}\boldsymbol{A}_1\boldsymbol{X} + \boldsymbol{b}_1^{\mathrm{T}}(\boldsymbol{X} - \boldsymbol{d}) + \boldsymbol{c}_2 \\ &= \boldsymbol{X}^{\mathrm{T}}\boldsymbol{A}_1\boldsymbol{X} + \boldsymbol{b}_1 - 2\boldsymbol{A}_1\boldsymbol{d}^{\mathrm{T}}\boldsymbol{X} + \boldsymbol{d}^{\mathrm{T}}\boldsymbol{A}\boldsymbol{d} - \boldsymbol{b}_1^{\mathrm{T}}\boldsymbol{d} + \boldsymbol{c}_1 \\ &= \boldsymbol{X}^{\mathrm{T}}\boldsymbol{A}_2\boldsymbol{X} + \boldsymbol{b}_2^{\mathrm{T}}\boldsymbol{X} + \boldsymbol{c}_2 \end{aligned} \tag{3-8}$$

其中

$$\begin{cases} \boldsymbol{A}_2 = \boldsymbol{A}_1 \\ \boldsymbol{b}_2 = \boldsymbol{b}_1 - 2\boldsymbol{A}_1\boldsymbol{d} \\ \boldsymbol{c}_2 = \boldsymbol{d}^{\mathrm{T}}\boldsymbol{A}_1\boldsymbol{d} - \boldsymbol{b}_1^{\mathrm{T}}\boldsymbol{d} + \boldsymbol{c}_1 \end{cases} \tag{3-9}$$

因此，图像总位移可表示为：

$$\boldsymbol{d} = -\frac{1}{2}\boldsymbol{A}_1^{-1}(\boldsymbol{b}_2 - \boldsymbol{b}_1) \tag{3-10}$$

因为高炉各处炉料下降速率不同，总速率需要进行加权，可得：

$$\boldsymbol{A}(\boldsymbol{X}) = \frac{\boldsymbol{A}_1\boldsymbol{X} + \boldsymbol{A}_2\boldsymbol{X}}{2} \tag{3-11}$$

$$\Delta\boldsymbol{b}(\boldsymbol{X}) = -\frac{1}{2}[\boldsymbol{b}_2(\boldsymbol{X}) - \boldsymbol{b}_1(\boldsymbol{X})] \tag{3-12}$$

优化总下降速率的目标函数可得：

$$\sum_{\Delta\boldsymbol{X} \in I} \boldsymbol{w}(\Delta\boldsymbol{X}) \parallel \boldsymbol{A}(\boldsymbol{X} + \Delta\boldsymbol{X})\boldsymbol{d}(\boldsymbol{X}) - \Delta\boldsymbol{b}(\boldsymbol{X} + \Delta\boldsymbol{X}) \parallel^2 \tag{3-13}$$

之后假定

$$\boldsymbol{S} = \begin{pmatrix} 1 & x & y & 0 & 0 & 0 & x^2 & xy \\ 0 & 0 & 0 & 1 & x & y & xy & y^2 \end{pmatrix} \tag{3-14}$$

$$\boldsymbol{p} = (a_1 \quad a_2 \quad a_3 \quad a_4 \quad a_5 \quad a_6 \quad a_7 \quad a_8)^{\mathrm{T}} \tag{3-15}$$

可得：

$$\sum_i \boldsymbol{w}_i \parallel \boldsymbol{A}_i\boldsymbol{S}_i\boldsymbol{p} - \Delta\boldsymbol{b}_i \parallel^2 \sigma_X^2 \tag{3-16}$$

其中 i 表示图像像素，即

$$\boldsymbol{p} = \left(\sum_i \boldsymbol{w}_i\boldsymbol{S}_i^{\mathrm{T}}\boldsymbol{A}_i^{\mathrm{T}}\boldsymbol{A}_i\boldsymbol{S}_i\right)^{-1}\sum_i \boldsymbol{w}_i\boldsymbol{S}_i^{\mathrm{T}}\boldsymbol{A}_i^{\mathrm{T}}\Delta\boldsymbol{b}_i \tag{3-17}$$

因此图像位移在 x 或 y 方向可确定。式（3-17）中，只有 $\Delta\boldsymbol{b}$ 未知。为了获得 $\Delta\boldsymbol{b}$，首先假定预估初值 $\overline{\boldsymbol{d}}(\boldsymbol{X})$，以估计像素移动距离。

$$\overline{\boldsymbol{X}} = \boldsymbol{X} + \overline{\boldsymbol{d}}(\boldsymbol{X}) \tag{3-18}$$

结合式（3-11）和式（3-18）则有

$$\boldsymbol{A}(\boldsymbol{X}) = \frac{\boldsymbol{A}_1\boldsymbol{X} + \boldsymbol{A}_2(\bar{\boldsymbol{X}})}{2} \tag{3-19}$$

$$\Delta\boldsymbol{b}(\boldsymbol{X}) = -\frac{1}{2}[\boldsymbol{b}_2(\bar{\boldsymbol{X}}) - \boldsymbol{b}_1(\bar{\boldsymbol{X}})] + \boldsymbol{A}(\boldsymbol{X})\bar{\boldsymbol{d}}(\boldsymbol{X}) \tag{3-20}$$

首先，将 $\bar{\boldsymbol{d}}(\boldsymbol{X})$ 设置为 0，然后使用式（3-19）计算新的位移值。此位移比之前计算的位移更精确，并且将新的位移值 $\bar{\boldsymbol{d}}(\boldsymbol{X})$ 替换为新值。经过多次迭代，获得了精确的位移值，作为关键帧分类器的第三个输入。

3.1.2.2　金标准判别

由于高炉内环境与常规环境下的成像有较大区别，存在光照、粉尘等多因素的干扰，因此所成料面图像存在一定的不确定因素，部分区域难以分辨扰动和真实信息，必须采用辅助手段对料面的可信度进行判别。在高炉冶炼现场，为了解炉顶的料面状况，炉长通常会根据机械探尺的测量数据，同时将当前的高炉冶炼情况与现场的经验融合，绘制出具有现场认可的理想料面曲线。这个经验的料面曲线，通常被用来判断高炉的料面分布状况以及炉顶是否进行布料。设备所拍摄的料面图片，包括南、北两个探尺测量区，因此可结合现有探尺融合算法，实时连续地获得该位置准确的料位信息，并以此为基础，在南北向绘制现场的经验料面曲线。

3.1.2.3　分类器算法

随机森林是一种分类器，包含了多个决策树，其采用了随机抽样方式。输入随机森林分类器时，需要输入样本到每一棵树上进行分类，采用多决策树投票机制来确定输出结果，并可选择几个弱分类器的分类结果，从而构成强分类器。当因变量 y 存在 n 个观测值时，其有 j 个自变量与其相关；构造分类树时，随机森林可在原始数据中随机选择 n 个观察值，其中一些观测值多次选择，另一些观察值没有选择，即 bootstrap 重新抽样。同时，随机森林可随机选择 k 个自变量的部分变量来确定树节点，产生 n 个训练集，而最终结果采用多数投票机制获得。对于已生成的随机森林，用袋外数据测试性能，并将其作为输入，代入之前生成的随机森林分类器，该分类器将给出相应数据的分类，与随机森林的分类器进行比较，以便统计森林分类器分类的正确度。

本节考虑采用基尼系数判断分裂树枝的选择，它是度量样本集合纯度的量，表示为：

$$\text{Gini} = 1 - \sum_{i=1}^{k} p_i^2 \tag{3-21}$$

式中，p_i 为样品 i 类的每个样本所需要占据的样品在全部必需样品纯度中的系数比例。

如果一个叶部分节点上的样品基尼系数远大于当前设定样品阈值 δ，那么当前叶部分节点上的一个样品分裂集合不能同时达到必需样品纯度，或者被认为是混乱的一个样品分裂集合，这时需要对当前的叶部分节点继续进行样品分裂。

阈值 δ 是由混合样本比 α 确定的，见式（3-22），α 是叶节点数量最大的样本。相对于 α 叶节点存储的样本，在一个叶节上所存储的样本，共有 k 种类型，其中一个样本的最大数量表示为 L_m，占所有样本数的比例是 p_m，非 L_m 标号样品相对比例是 α，则该叶节点分裂阈值参数为：

$$\delta = 1 - \left| \frac{1}{1 + \alpha} \right|^2 \tag{3-22}$$

关键帧随机森林分类器算法流程如图 3-6 所示。

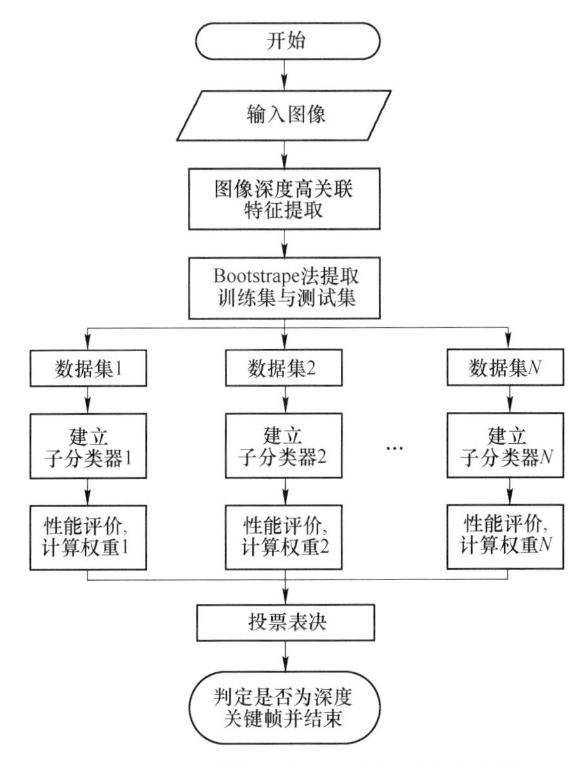

图 3-6 关键帧随机森林分类器算法流程图

将料面视频输入到所构建的关键帧分类器，所提出的关键帧分类器的输出如图 3-7 所示。与布料阶段料面图像相比，关键帧的图像质量较高，具有明显的边缘和较高的亮度，图中包含了料面布料环线索。此外，当选择第一帧关键帧时，由分类器选择的第二帧关键帧具有较大的像素移动，包含了视差线索，如图 3-7 中轮廓位移所示。

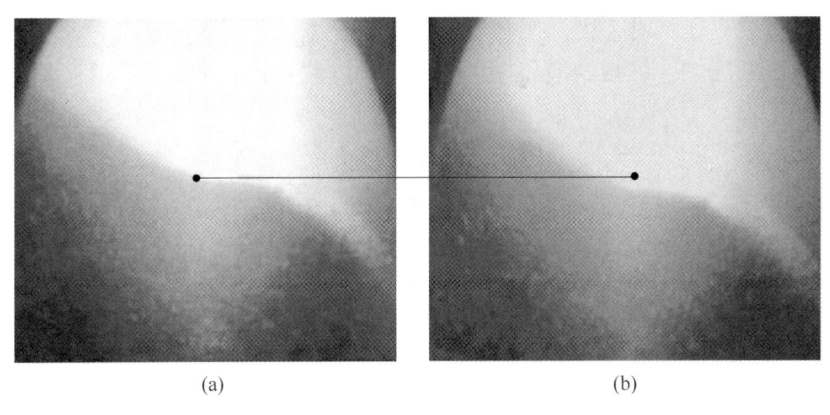

(a) (b)

图 3-7 选择到的前两帧关键帧

(a) 参考关键帧；(b) 连续关键帧

(扫描书前二维码看彩图)

3.1.3　基于微像元亮度极化特征的高炉料面图像清晰化

为了增强关键帧图像的清晰度，本节采用微像元亮度极化方法进行高光压制，并提高周边暗区域亮度，清晰化处理框图如图 3-8 所示。为了检测出亮度极化区域，本节提出了一种利用灰度信息确定极化区域的方法，由灰度图像的平均值和标准差确定自适应阈值，以识别高光区域。

微像元是一组具有形态一致性和亮度连续性的像素集合。微像元采用相同的量化步长和运动矩阵组成灰度极化区域，取该像素的摩尔邻域，对高炉料面进行亮度极化分割，利用该微像元的特点增强图像细节，跟踪极化区域，保证区域匹配的正确性。微像元的定义公式如下：

$$\begin{cases} N^m_{(x_0,\ y_0)} = \{(x,\ y):\ |x - x_0 = r,\ y - y_0 = r|\} \\ m = \dfrac{1}{N}\sum\limits_{(i,\ j)\in \mathrm{R}}(f(i-1,\ j) + f(i,\ j) + f(i+1,\ j)) \end{cases} \tag{3-23}$$

$$V_0 = w_i V_i \tag{3-24}$$

$$maskI_{高光} = \begin{cases} 1 & I < \mu + \sigma \\ 0 & 其他 \end{cases} \tag{3-25}$$

式中，$N^m_{(x_0,\ y_0)}$ 为微像元像素点集；r 为微像元尺寸；m 为微像元区域中的均方值。

获得微像元首先需计算连续帧平均像素，然后取帧间移动像素为 V_i，经移动权重 w_i 加权后计算得到微像元移动速度之和 V_0，可获得如下偏振区域中的微像元像素的速度变化的预测值，其中 μ 和 σ 分别是灰度图像的灰度均值和标准差。利用该检测策略逐像素检测微像元，使得检测性能更稳定、更有效。

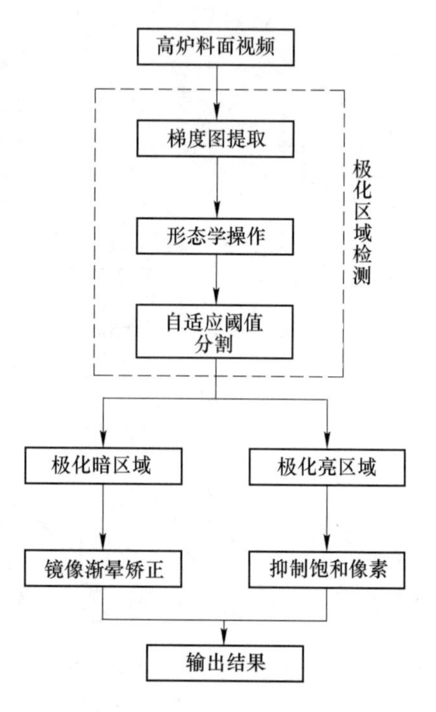

图 3-8　微像元亮度极化方法框图

当检测到极化亮区域时，则采用本节提出的修复方法，通过从相邻像素值的组合导出的强度值替换高亮区域，可减少饱和像素的数量。以此方式，可获得极化亮区域边缘的补偿值，表示如下：

$$P(p) = C(p) \cdot D(p) \tag{3-26}$$

$$C(p) = \frac{\sum\limits_{q\in\varphi_p\cap\phi} C(q)}{|\varphi_p|} \tag{3-27}$$

$$D(p) = \frac{\left|\nabla I \dfrac{1}{P} n_p\right|}{\alpha} \tag{3-28}$$

式中，p 为原像素；q 为补偿像素；$C(p)$ 为用于确定极化亮区域中的点 φ_p 是否需要补偿；$D(p)$ 为由其邻近的像素值计算的补偿值。

补偿调整值则由 SSD 匹配确定：

$$SSD(p, q) = \mathrm{argmin}SSD(\varphi_p, \varphi_q) \tag{3-29}$$

$$SSD(p, q) = \sqrt[3]{\sum_{i=1}^{m}\sum_{j=1}^{n}[(p_{ij}^{R} - q_{ij}^{R})^2 + (p_{ij}^{G} - q_{ij}^{G})^2 + (p_{ij}^{B} - q_{ij}^{B})^2]} \tag{3-30}$$

式中，R、G、B 为在寻找最优匹配补偿时分量的红、绿、蓝颜色。

当极化亮区域的微像元 φ_p 与补偿微像元 φ_q 之间的平均像素值的差最小时，即认为找到最佳匹配。

对于不均匀光照分布，利用渐晕校正方法，通过强制从中心到边界的径向梯度的对称性来强化图像周围的极化暗区域。首先使用二元场景方差灰度信息计算获取整个背景灰度信息，然后使用二元三次多项式逼近计算背景因子灰度校正分布，从而可得到背景像素和平面的整个灰度校正后的因子灰度分布；通过自动处理每帧背景图像帧并进行渐变光晕校正效应，实现对渐晕效应影响的校正。

假设平行于透镜的入射光聚焦于 A 处的中心周围，该中心亮度为 I_A，则与光轴呈 ω 角的光束在聚集中心的 I_B 可表示为：

$$I_B = KI_A\cos4\omega \tag{3-31}$$

式中，K 为渐晕系数，由文献［1］给出。

通过对图像直方图进行观察，可对目标和背景的灰度分布进行独立分析。设置合理阈值，可实现对目标和背景进行分割的目标。具体操作方法如下：

步骤 1：取 k 帧 $M \times N$ 尺寸的像素块，求 k 帧像素块范围内的平均值 $\mathrm{aver}(I)$，计算像素块的方差 $\mathrm{var}(i, j)$。

步骤 2：计算全局阈值 thre，表示为：

$$\mathrm{thre} = 3\frac{\mathrm{sum}(\mathrm{var}(i, j))}{M \times N} \tag{3-32}$$

步骤 3：计算背景像素 $I_{bg}(i, j)$，表示为：

$$I_{bg}(i, j) = I(i, j), \quad \mathrm{var}(i, j) \leqslant \mathrm{thre} \tag{3-33}$$

步骤 4：通过逼近求参考背景灰度分布模型，表示为：

$$f(x, y) = p_{00} + p_{10}x + p_{01}y + p_{20}x^2 + p_{11}xy + p_{02}y^2 + p_{30}x^3 + p_{21}x^2y + p_{12}xy^2 + p_{03}y^3 \tag{3-34}$$

步骤 5：校正渐晕效应，表示为：

$$F_{CF}(i, j) = f_{max}(i, j)/f(i, j) \tag{3-35}$$

3.1.4 工业数据验证

为了验证本节所提关键帧清晰化算法的有效性，比较所提出的清晰处理结果与原图像在正常炉况下的情况，图像数据来自某高炉 14:10 至 14:25 一个完整布料周期取得的视频图像。此外，还选择了 Retinex 和直方图均衡两种方法与本节提出的算法进行了比较。

图 3-9 展示了这三种不同方法的原始图像和处理结果。可清楚观察到利用本节所提方法清晰化之后图像的亮度水平更加均匀，高亮区域被抑制，而料面在黑暗中的细节更加明显，颗粒和形状更清晰。图 3-9（a）是原始图像和整体图像偏暗，图像由于尘埃和光线的双重原因比较模糊。图 3-9（b）是直方图均衡的结果，它具有一定的颗粒性；但是其

图像增强效果对比度较低，图像的轮廓更加模糊。图 3-9（c）是 Retinex 的结果，从中可看出图像的亮度增加，对比度增强，但中心的亮度背光不自然，纹理细节增强时噪点也同时放大。本节所提的清晰化方法的结果如图 3-9（d）所示。可清楚地观察到清晰化之后的图像更加均匀，高亮区域被抑制，炉料的细节在黑暗中表面更加明显，纹理和形状更加清晰。此外，从图 3-9（d）来看，可看到高炉料面颗粒的形状和轮廓以及由环状布料引起的料面表面起伏。

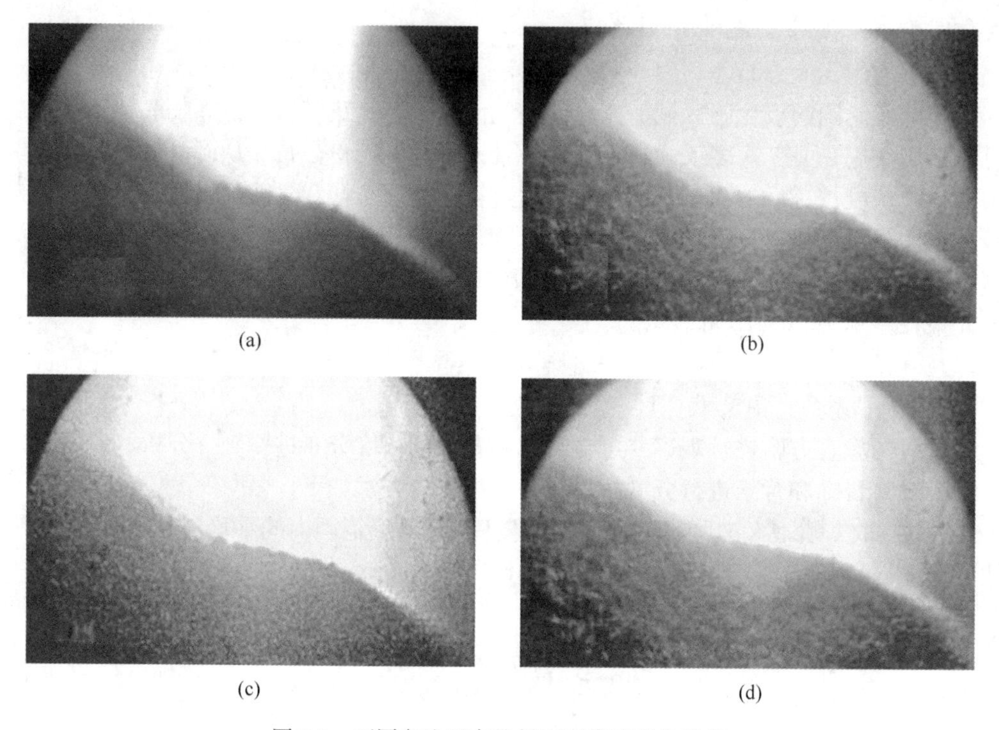

图 3-9 不同方法下高炉料面图像清晰化结果

（a）原图；（b）直方图均衡；（c）Retinex；（d）本节方法

（扫描书前二维码看彩图）

此外，为了对图像的质量进行定量评估，采用五个指标进行了评估：图像熵、图像功率谱分量、灰度平均梯度、边缘强度和点锐度。图像熵与图像功率谱分量和能够客观地反映整个图像信息的总体。灰度的平均梯度、边缘强度和点锐度反映出图像自身的清晰性。获得 10320 幅高炉料面图像的定量指标，在正常炉况下的高炉料面图像的评价结果见表 3-1，为高炉料面图像集定量指标均值，其中包括对 Retinex、改进 Retinex 方法、多频 Retinex 方法、直方图均衡化方法及本节所提清晰化方法处理的定量指标对比。定量指标由表 3-1 可见，改进 Retinex 方法和多频 Retinex 方法的图像熵、图像功率谱分量之和、灰度平均梯度、边缘强度和点锐度相比于传统的 Retinex 方法和直方图均衡化方法都有了较大提升。值得注意的是直方图均衡化方法的清晰度指标较好，但是该方法的噪点太多，使得其边缘强度反而较差。通过对比可发现，图像功率分量之和数值之间存在着更接近的关系，并且图像熵也比较接近，表明高炉料面图像在清晰化前后的图像信息比较一致。经过计算后得出的彩色灰度平均图像梯度、边缘图像强度和点锐度比最初原图像要更大，表明高炉料面关键帧图像清晰化之后的图像清晰度与原始图像相比有了很大的改善；算法的灰度平均梯度是原始图像的 1.99 倍，点的锐度是原始图像的 1.67 倍，边缘强度是原始图像的 1.12 倍，表明利用本节方法清晰化之后的高炉料面关键帧图像的图像清晰度有较大提高。

表 3-1 不同清晰化方法的定量评价结果比较

方　法	图像熵	图像功率谱分量之和	灰度平均梯度	边缘强度	点锐度
原始图像	6.6373	29.3260	1.6142	32.8301	20.0748
Retinex 方法	6.6916	32.7607	2.2253	34.4762	27.9592
改进 Retinex 方法	6.7834	30.1532	2.8476	35.3415	30.4876
多频 Retinex 方法	6.9572	32.6798	3.0546	35.8921	33.1367
直方图均衡化方法	6.7027	32.3605	2.7347	33.6994	32.7801
本节所提方法	7.0333	33.3241	3.2255	36.7830	33.4932

3.2 高炉料面图像关键帧图像补全方法

高炉料面图像关键帧提取和清晰化提供了高炉料面图像关键信息，同时提高了后续图像的处理效率。然而，由于视场角和安装位置的限制，单目相机拍摄的料面图像大部分是不完整的，只能在料线最低处获取完整的料面图像。而高温工业内窥镜所获得的料面图像的补全，是后期获取完整高炉料面三维形貌的基础。因此，需要针对高炉料面图像关键帧进行补全。本节首先根据高温工业内窥镜的安装位置与角度推导得到高温工业内窥镜取像面积模型，获得所获取的高炉料面图像具体的拍摄位置；然后提出了基于启发式对抗网络的高炉料面图像补全方法；最后，根据高温工业内窥镜的取像面积变化启发式地调节补全策略，获得完整的高炉料面图像。

3.2.1 高温工业内窥镜取像面积模型

图 3-10（a）表示高炉在开炉时利用相机拍摄的高炉内部情况，可看到有明显的料面及中心团状火焰；图 3-10（b）是闭炉后工业红外成像仪获得的料面图像情况，图中只能明显看到中间的火焰是一团白光，隐约看到中间有一布料溜槽；图 3-10（c）是第三代高温工业内窥镜拍摄得到的不完整料面图，此时高炉料面料位处于较高的位置，难以获得完整料面；图 3-10（d）是第三代高温工业内窥镜拍摄得到的完整料面，此时高炉料面处于较低的位置，可得到完整的高炉料面。分析这一特性，可利用完整的高炉料面图像进行训练，以对不完整的高炉料面进行补全。首先，需要明确所拍摄的高炉料面图像具体获取到了多大面积的高炉料面，表现在实际情况中就是高温工业内窥镜的取像面积有多大。因此，本节建立了高温工业内窥镜取像面积模型，根据机械探尺获得的料面高度信息实时获得高温工业内窥镜的取像面积。

3.2.1.1 高温工业内窥镜安装数据

如前所述，高温工业内窥镜安装于某炼铁厂高炉上。高温工业内窥镜的安装方式设定

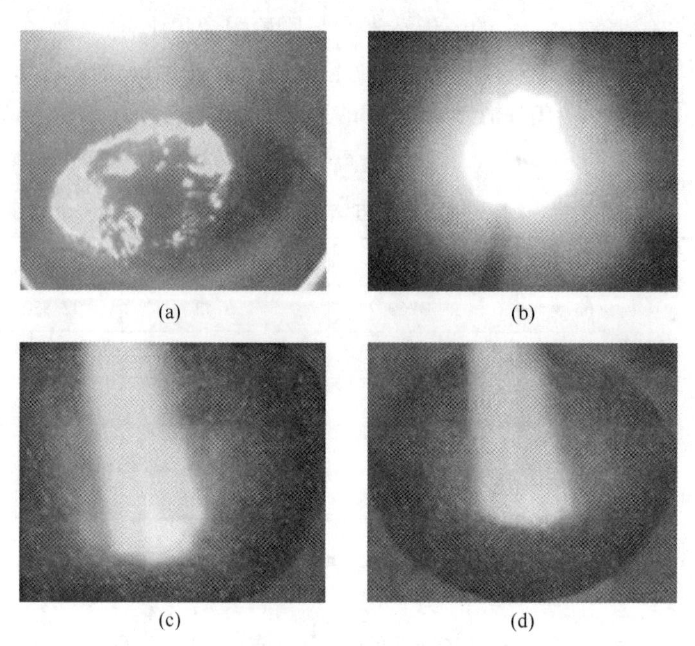

(a)　(b)　(c)　(d)

图 3-10　不同设备不同时期拍摄的高炉料面图
（a）开炉；（b）红外成像仪；（c）不完整料面；（d）完整料面
（扫描书前二维码看彩图）

为对准高炉炉内的中心，以能看到最大高炉料面图像为原则，并与水平方向角度成 58°。

实际上，高炉炉顶的安装细节比较复杂，安装环境比较恶劣，过程比较繁琐，难以完整、准确将高炉、高温工业内窥镜的数据表达出来，所以需要对高炉炉顶结构进行一定的简化。为了方便之后对料面成像面积模型的计算，同时结合现场操作人员的经验知识，可知实际高炉及高温工业内窥镜在安装、运行时具有以下特点：（1）高炉炉壁的厚度最厚的地方有 1 m，最薄的地方也有 40 cm，但在安装高温工业内窥镜时，这个厚度在高温工业内窥镜获取高炉料面图像时可忽略不计；（2）现场操作人员对高炉料面高度的检测主要依靠两种设备，一个是红外成像仪，另一个是机械探尺，但红外成像仪拍摄不到具体的料面图像，因此现场操作人员通常采用机械探尺测得的数据作为真实高炉料面高度。

图 3-11 是高温工业内窥镜及高炉炉顶的示意图，由高炉炉顶与高温工业内窥镜组成，其中高炉炉顶包括高炉炉顶最外层骨架 $RR'U'K'J'YTJKUR$，零料位线 JJ'、标准料线料面 $TOYX$。高温工业内窥镜 SL 的整个长度为 2. 50 m，安装于高炉炉顶的薄斜面上 $U'K'$。其中安装点 Q 将高温工业内窥镜分为两段，分别为 SQ 与 QL。图中的圆锥 $L\text{-}MO'N$ 是高温工业内窥镜 SL 形成的视场圆锥，表示高温工业内窥镜实际的取像范围，且高温工业内窥镜在安装时以能拍到的最大料面为准则，即能拍到炉墙钢砖与高炉料面的交接处，N 点与 Y 点重合，且安装时高温工业内窥镜对准高炉的中心线，即高温工业内窥镜 SL 与平面 $ZTOY$ 在同一平面，使其在纵向上移动时也是在该平面里移动。

为了方便后续高温工业内窥镜成像面积模型的建立，需建立三维坐标系。相应地，分别以图中的 O 为三维坐标系的原点，以该原点分别到 X、Y、Z 作为三个坐标轴 x 轴、y 轴、z 轴。高温工业内窥镜也在此三维坐标轴上进行相应计算。从高炉炉顶的 CAD 图纸可知，

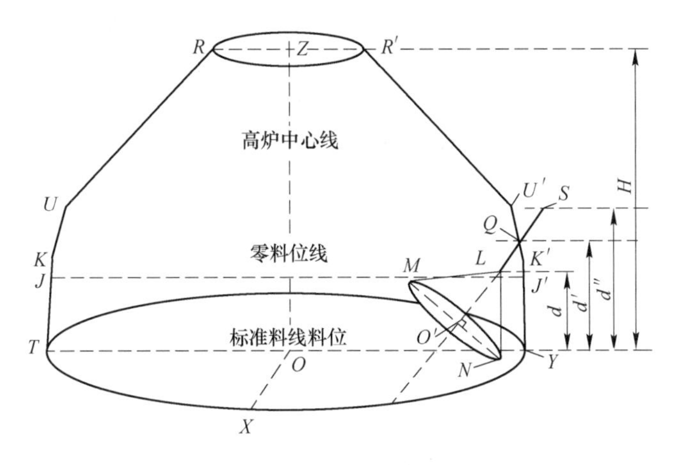

图 3-11 高温工业内窥镜及高炉炉顶示意图

高炉炉顶标准料线料位处的直径 TY 是已知的，离零料位线较近的斜面较薄，根据文献［2］，高温工业内窥镜的最佳安装位置即在该斜面（薄斜面）。

根据高温工业内窥镜的实际安装情况及安装原则可知，高温工业内窥镜成像范围刚好到最边缘的炉壁与料面相交处，即成像圆锥的 N 点与炉壁的 Y 点 重合。高温工业内窥镜安装于薄斜面上，其数学简化结构如图 3-12 所示，高温工业内窥镜的成像视场圆锥 $L\text{-}MO'N$ 中心线 LO' 的延长线交高炉炉顶标准料位面 $TOYX$ 于 P 点。薄斜面的上顶点 U' 、安装点 Q 和高温工业内窥镜的上端点 S 在面 $TOYX$ 的投影在线段 TY 的延长线上，分别设为 U''、Q' 和 S' 。而 YK' 的延长线交 SL 于 C ，设 AB 为平行于高炉标准料位面且过 Q' 点的线段，且与 CY 相交于 O'' 、与 SS' 交于 O''' 。

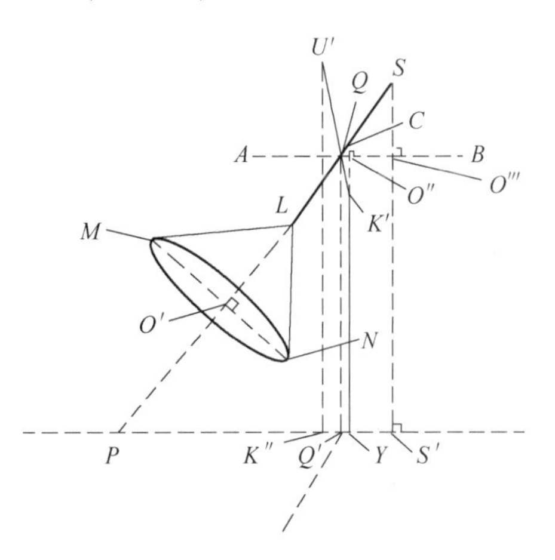

图 3-12 高温工业内窥镜数学简化结构

3.2.1.2 高温工业内窥镜成像视场圆锥方程

高炉料线高度是从零料位线与高炉料面之间的平均垂直距离。由前文的分析可知，高温工业内窥镜的成像面积与高温工业内窥镜距离高炉料面的高度具有很大的相关性，而高温工业内窥镜静止不动，安装于高炉炉顶薄斜面上，因此高温工业内窥镜的成像面积与高炉料面高度具有极大的相关性。高炉料面高度越大，说明高炉料面与高温工业内窥镜的距离越远，因此高温工业内窥镜获取的高炉料面越多，即高温工业内窥镜的成像面积越大；反之高炉料面高度越小，说明高炉料面与高温工业内窥镜的距离越近，因此高温工业内窥镜获取的高炉料面越少，即高温工业内窥镜的成像面积越小。高温工业内窥镜的成像面积与高温工业内窥镜前端镜头的视场角有密切关系，且由于高温工业内窥镜的前端探头在炉内，因此与高炉炉内的环境也密切相关，具体表现在数学上就是受到炉壁的限制。因此，要获得高温工业内窥镜的成像面积模型，首先需要求得高温工业内窥镜的成像圆锥，再在炉壁与高炉料面的约束下，推导获得最终的成像面积模型。高温工业内窥镜成像圆锥可看成是母线 *LM* 围绕中心线 *SL* 及其延长线旋转得到的，因此该高温工业内窥镜成像圆锥方程可使用平行纬圆法获得。

高温工业内窥镜的成像圆锥 *L-MO′N* 的母线 *LM* 可看成一条直线，可由直线的两点式获得。

LM：

$$\frac{x - x_L}{x_L - x_M} = \frac{y - y_L}{y_L - y_M} = \frac{z - z_L}{z_L - z_M} \tag{3-36}$$

高温工业内窥镜的成像圆锥 $L - MO'N$ 的母线 *LM* 可看成一条直线，可由直线的两点式获得。

SL：

$$\frac{x - x_S}{x_S - x_L} = \frac{y - y_S}{y_S - y_L} = \frac{z - z_S}{z_S - z_L} \tag{3-37}$$

令 $\eta(x_\eta, y_\eta, z_\eta)$ 是直线 *LM* 任意点，则经过该点的纬圆方程可表示为：

$$\begin{cases}(x_S - x_L)(x - x_\eta) + (y_S - y_L)(y - y_\eta) + (z_S - z_L)(z - z_\eta) = 0 & (3\text{-}38a)\\(x - x_S)^2 + (y - y_S)^2 + (z - z_S)^2 = (x_\eta - x_S)^2 + (y_\eta - y_S)^2 + (z_\eta - z_S)^2 & (3\text{-}38b)\end{cases}$$

其中，

$$\frac{x_\eta - x_L}{x_L - x_M} = \frac{y_\eta - y_L}{y_L - y_M} = \frac{z_\eta - z_L}{z_L - z_M} \tag{3-39}$$

由式（3-39）可分别推导得到 x_η 与 z_η 的具体表达式：

$$\begin{cases}x_\eta = \dfrac{(x_L - x_M)y_\eta - x_L y_M + x_M y_L}{y_L - y_M}\\[2ex] z_\eta = \dfrac{(z_L - z_M)y_\eta + y_L z_M - y_M z_L}{y_L - y_M}\end{cases} \tag{3-40}$$

将式（3-40）代入式（3-38）可得，

$$y_\eta = \frac{N_1 g(a, b, c) + N_2 + N_3}{g(x_M, y_M, z_M) + N_4 + N_5} \tag{3-41}$$

其中

$$N_1 = y_M - y_L, \quad g(a, b, c) = ([x_S, y_S, z_S] - [x_L, y_L, z_L])[a, b, c]^T$$

$$N_2 = (x_M y_L - x_L y_M)(x_S - x_L)$$

$$N_3 = (z_M y_L - z_L y_M)(z_S - z_L)$$

$$C_4 = x_L^2 + y_L^2 + z_L^2$$

$$C_5 = [x_L, y_L, z_L] \cdot [x_S, y_S, z_S]^T$$

最终的成像圆锥方程表示为：

$$(x - x_L)^2 + (y - y_L)^2 + (z - z_L)^2 = N_6 \varphi^2(a, b, c)\varphi^{-2}(x_M, y_M, z_M) \tag{3-42}$$

其中

$$\varphi(a, b, c) = ([x_L, y_L, z_L]^T - [x, y, z]^T)^T([x_L, y_L, z_L]^T - [x_S, y_S, z_S]^T)$$

$$N_6 = |LM|^2 = (x_L - x_M)^2 + (y_L - y_M)^2 + (z_L - z_M)^2$$

在实际的高炉生产过程中，高炉料面高度指的是高炉料面与零料线的距离，表示为 l，而零料线距离最低的高炉料面高度为 2m，因此实际上高炉料面距离所建立坐标系的 xOy 平面的高度为 $2-l$，令其为 β。所以，高炉料面在三维直角坐标系中的方程为：

$$z = 2 - l \tag{3-43}$$

在没有高炉炉壁限制下的高温工业内窥镜成像面积模型为高炉料面方程与成像圆锥的交平面，表示如下：

$$(x - x_L)^2 + (y - y_L)^2 + (z - z_L)^2 = N_6\varphi^2(a,\ b,\ \beta)\varphi^{-2}(x_M,\ y_M,\ z_M) \tag{3-44}$$

3.2.1.3 高温工业内窥镜取像面积模型

式（3-44）表示了在没有高炉炉壁限制下的高温工业内窥镜成像面积模型，首先分析该模型，可知其只与 L、M、S 的坐标有关。所以只需求得这三点的坐标值即可，下面进行详细推导。

利用上文已经列出的高温工业内窥镜安装数据，并根据高温工业内窥镜的几何关系结构图，设高炉炉顶的直径 TY 为 Γ，由其半径为 λ 可得 K' 的坐标为 $K'(0,\ \lambda,\ YK')$，S 的坐标为 $S(0,\ \lambda + O''O''',\ d'')$。同时可得：

$$YK' = YJ' + K'J' = 2.5\text{m} \tag{3-45}$$

$$d' = YK' + QK'\cos\angle QK'O'' \tag{3-46}$$

$$d = d' - LQ\cos\angle LQQ' \tag{3-47}$$

$$d'' = d' + QS\cos\angle QSB \tag{3-48}$$

令 $QK' = \varepsilon$，则

$$O''O''' = SQ\cos\angle SQB - \varepsilon\angle K'QB \tag{3-49}$$

所以，S 的坐标为 $S(0,\ \lambda + SQ\cos\angle SQB - \varepsilon\angle K'QB,\ d'')$。也可求得 L 的坐标为：$L(0,\ \lambda - QK'\cos\angle K'QB - QL\cos\angle QSB,\ d)$。同时可得到：

$$LM = LY = \frac{d}{\cos\angle LYK'} = \frac{d}{\cos 13°} = \sqrt{2}AO' \tag{3-50}$$

求得 M 点的坐标为 $M(0,\ \lambda - 2AO'\cos\angle NMY,\ 2AO'\angle MNK')$，最终代入相应数据，可得 S、L、M 三点坐标为：$L(0,\ 3.01,\ 2.41)$、$M(0,\ 1.45,\ 1.91)$、$S(0,\ 4.33,\ 1.55)$。将以上各点的坐标代入式（3-50）可得具体的高温工业内窥镜成像圆锥：

$$0.06x^2 + y^2 - 1.28z^2 - 1.32xz + 2.87x + 11.01z - 18.78 = 0 \tag{3-51}$$

因此，具体的高温工业内窥镜成像区域方程为：

$$0.06x^2 + y^2 + 2.87x - 1.32\beta x - 1.28\beta^2 + 11.007\beta - 18.782 = 0 \tag{3-52}$$

由区域方程式（3-52）可知该区域为椭圆，在高炉炉壁限制下，最终的成像区域为成像椭圆被高炉炉壁截取的一部分。由于直接求解成像面积比较麻烦，因此转换为求缺失面积，缺失面积可看作是炉壁形成的圆与成像椭圆之间的面积。缺失面积可用式（3-53）表示如下：

$$S_{缺} = 2\int_{x_{C_1}}^{x_{C_2}}\left(\sqrt{4.15^2 - x^2} - \sqrt{-0.06x^2 - 2.87x + 1.32\beta x + C_{17}}\right)\mathrm{d}x \tag{3-53}$$

其中

$$\begin{cases} x_{C_1} = 1.53 - 0.70\beta - 4.26 \times 10^{-7}\sqrt{N_7} \\ x_{C_2} = 4.26 \times 10^{-7}(N_8 + \sqrt{N_9}) \\ C_{17} = 1.28\beta^2 - 11.01\beta + 18.78 \end{cases} \tag{3-54}$$

其中

$$\begin{cases} N_7 = 3.71 \times 10^{12} + 5.29 \times 10^{13}\beta - 4.81 \times 10^{12}\beta^2 \\ N_8 = 3.59 \times 10^6 - 1.65 \times 10^6 q \\ N_9 = 3.71 \times 10^{12} + 5.29 \times 10^{13}\beta - 4.81 \times 10^{12}\beta^2 \end{cases} \tag{3-55}$$

式中，x_{C_1} 和 x_{C_2} 分别为成像圆锥与高炉炉壁相交的左上端点和右上端点的横坐标。所以成像面积为：

$$S_{成像} = S_{圆} - S_{缺} = \pi \cdot 4.15^2 - S_{缺} \tag{3-56}$$

综上分析，利用式（3-56）根据实际高炉料面高度即可获得成像面积。

3.2.2　基于启发式补全网络的高炉料面关键帧图像补全

高炉料面图像成像面积会随着高炉料面高度的变化而变化，随着布料的进行，高炉料面高度越来越高；而随着布料的停止，高炉炉内的反应会使得高炉料面高度逐渐下降。由于高温工业内窥镜固定在高炉上，静止不动，因此高温工业内窥镜获得的高炉料面大小会随之变化。已有基于 GAN 的补全方法均是采用固定的损失函数，不适用于高炉料面成像面积会发生变化的情况，因此本节提出了基于启发式对抗修补网络的高炉料面关键帧图像补全方法，并提出了启发式对抗补全损失函数，实时根据高温工业内窥镜成像面积的变化调整修补策略，对已经清晰化的不完整的高炉料面关键帧图像进行补全处理，使得最终的补全质量清晰真实。

3.2.2.1　启发式对抗修补策略及图像预处理

A　启发式对抗修补策略

图像补全也称为图像修补，是图像修复中的一部分，是指利用图像中的已有纹理或者高层特征，直接补全图像，或者推理得到真实的图像，且使得最终的修补符合主观对图像的完整性判断，边缘过渡也比较真实。图像修补一开始起源于美术中对破损图像、缺失图像的修复，美术家利用自己的个人经验对缺损图像进行修补。随着计算机技术的出现，逐渐有学者开始研究利用计算机技术自动修补缺损图像，然后渐渐图像修补独立于图像修复，成为单独的领域。

现有的图像修补从发展顺序而言分为三类，包括基于序列的方法、基于卷积神经网络的方法和基于生成对抗网络的方法。基于序列的方法不需要缺失-完整的图像对，是基于图像内在的信息，或在原始的缺失图像中找寻类似的纹理块，利用原始缺失图像中的已有信息、类似的纹理块填充到新边缘，最终补全图像；或者根据图像中的结构信息，利用偏微分方程，将缺失图像中的已有信息传导至缺失区域，逐渐补全图像。而基于 CNN 的方法利用了编码器-解码器的结构，对缺失图像的全局信息有较好的把握，因此其效果能比基于序列的方法更好、更清晰。

基于生成对抗网络的方法能够通过大量的缺失-完整图像对学习到该类图像的信息，

从而能够补全这一类的图像。该方法主要通过将缺失图像输入生成器中，通过生成器生成纹理图像，然后利用判别器对生成的图像与真实的图像进行对比判别，若判定真实的阈值合适则输出，若判定生成的图像不真实，则让生成器继续生成图像，直到生成的图像被网络判定为真实为止。最终训练出来的网络具有能生成以假乱真的图像的能力。基于生成对抗的网络需要有真实原图进行训练，而高炉料面图像在一个布料周期内，能短暂获得完整高炉料面图像，因此能够通过多个布料周期获取大量的完整高炉料面图像，并通过构建缺失-完整图像对，构建高炉料面图像补全图像数据库。

已有基于 GAN 的补全方法均是采用固定的损失函数，不适用于高炉料面成像面积会发生变化的情况，因此本节提出启发式对抗修补策略，即该网络的损失函数会随着高炉料面图像成像面积的变化而变化，启发式地修补缺失的高炉料面图像。当成像面积越大时，高炉料面缺损得越少，高炉料面越完整，因此在修补时，应该更注重图像的清晰度；而当成像面积越小时，高炉料面缺损得越多，因此在修补时，应该更注重于修补的自然度。

B 高炉料面关键帧图像修补预处理

GANs 需要利用缺失-完整图像集进行训练，从而学习到该图像集的高层特征，以便更好地补全新的类似的图像，因此需要构建缺失高炉料面关键帧图像-完整高炉料面关键帧图像对。随着高炉料面高度的变化，获取到的高炉料面关键帧图像在绝大多数情况下具有缺失的情形，所以必须使用 3.1.3 节获得清晰化后的高炉料面关键帧图像，找到合适的完整高炉料面关键帧图像，构建高炉关键帧图像启发式修补图像集。高炉炉顶每隔 5～7 min 为一个布料周期，包括布料期与布料间歇期，在布料间歇期的末端能看到完整的高炉料面图像，因此每个布料周期选取两幅完整的高炉料面关键帧图像，选取高温工业内窥镜工作两个月获取的高炉料面关键帧图像，共计 6202 幅，其中不包括高炉停止吹热风及其他设备或者高炉运行等其他因素造成的高炉料面关键帧图像丢失的情况；从中选取了几幅高炉料面完整图像，如图 3-13 所示。现有的高炉料面图像中，由于变化缓慢，因此拍摄到的图像比较相像，因此为了满足在训练过程中具有多种多样的高炉料面图像，需要对原始的高炉料面进行图像数据增强，包括裁剪、翻转和旋转、缩放、移位、使用高斯噪声、色彩抖动等等操作，得到多种不同情况下完整的高炉料面关键帧图像集。

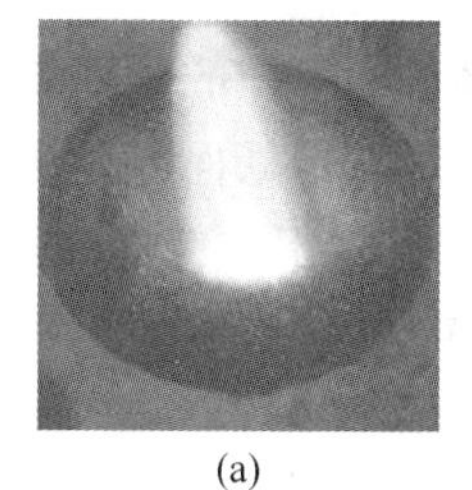
(a)

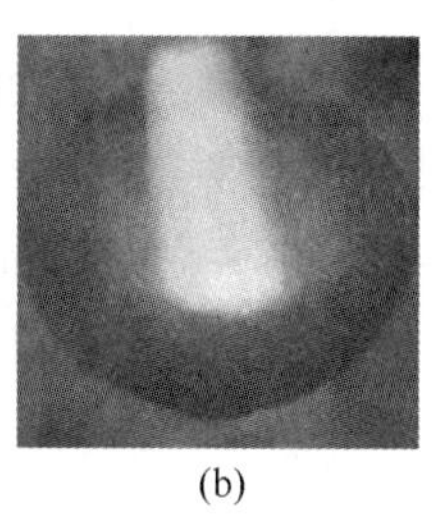
(b)

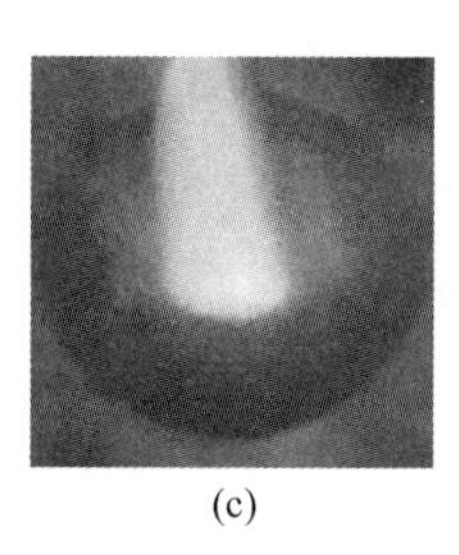
(c)

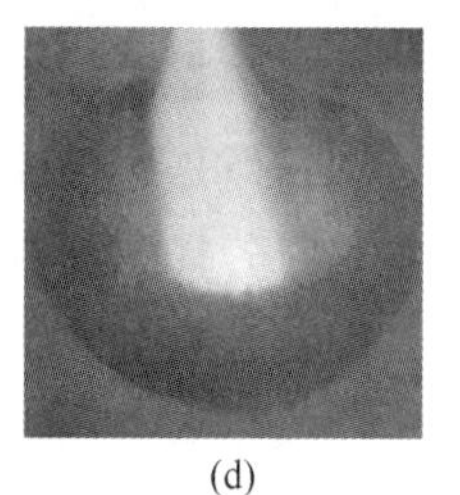
(d)

图 3-13 完整的高炉料面图像集
（扫描书前二维码看彩图）

3.2.2.2 高炉料面关键帧图像启发式补全网络

高炉料面图像的成像面积大小会随着高炉料面高度的变化而不断变化。而要获取完整的高炉料面关键帧图像，需要对成像面积大小进行明确，成像面积大小由 3.2.1 节的推导已经给出。

由于生成对抗网络是近几年来图像修补领域有效的深度学习网络，因此本节借用生成对抗网络对高炉料面图像进行补全。生成对抗网络的原理起源于 Ian Goodfellow 提出的利用两个网络相互博弈，一个网络专门生成数据，另一个网络专门判断数据是否真实。如果该网络判定生成的数据真实，则生成数据的网络停止生成数据，反之则继续生成，直到生成的次数达到选定的次数，则停止生成。本节根据生成对抗网络，提出高炉料面关键帧图像启发式对抗补全网络，该网络由两部分构成，一部分为启发式补全网络，另一部分为启发式判别网络，结构图如图 3-14 所示。

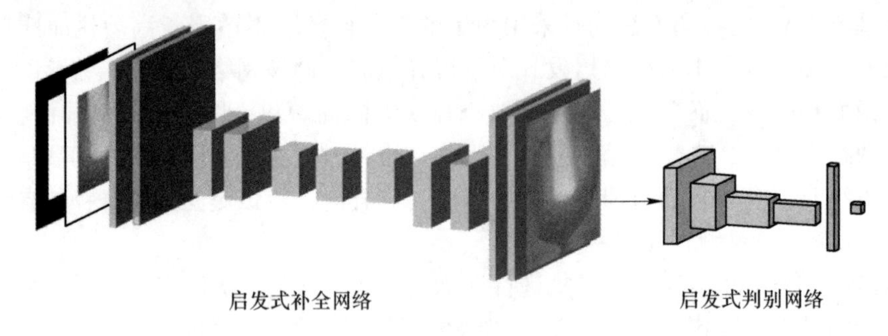

图 3-14 高炉料面关键帧图像启发式对抗补全网络

高炉料面关键帧图像启发式补全网络包括三个部分：下采样层，残差块和上采样层。修复过程描述如下：首先，通过比较 3. 2. 2 节获取的高炉料面关键帧完整图像和不完整的关键帧图像，确定掩模，并将缺失区域的像素值设为 0；其次，选取完整的高炉料面关键帧图像，对这些图像进行掩模运算，得到不完整高炉料面关键帧图像进行训练；再次，将训练用的不完整图像输入修补网络，其输出为高炉料面的完整彩色图像，而输出大小与输入大小相等。采样层通过降低不完整图像的分辨率来减少计算时间，但特征图的尺寸也较小，导致空间信息损失严重。因此，在中间层采用了残差卷积，以保证卷积核的感受野尽可能增大，不增加计算时间，而且能够缓解梯度消失，并且比原来的直接特征图更容易训练，可提高最终图像补全的精度。

高炉料面关键帧图像启发式判别网络是对启发式补全网络生成的高炉料面图像进行判断，判断是否与真实的高炉料面图像一样。启发式判别网络与修补网络中的下采样层共享类似的结构，但是层数较少，这是因为只是用于提取特征进行判断。下采样层目标为可收缩特征，以区分补全内容和高炉料面真实关键帧图像的边缘区域，其组成有四个卷积层，单个全连接层、单个输出层、卷积层使用 1×1 步长、3×3 卷积核。最终的输出被输入到全连接层以输出归一化的值，最后得到的是补全图像为真实的高炉料面关键帧图像的概率。

3. 2. 2. 3 启发式补全损失函数

现有的对抗性修复方法没有考虑缺失区域的变化，采用的是固定损失函数训练模型。然而，高温工业内窥镜拍摄的高炉料面图像大多不完整，且成像面积区域变化较大，固定损失函数不适用于成像面积动态多变的高炉料面图像的补全。在此基础上，设计了启发式补全损失函数，使补全后的图像保持与原始图像一致的自然度。所提出的启发式补全损失函数由三种不同的损失函数组成，分别为上下文损失、纹理损失和对抗损失，可表示为：

$$l_D = \alpha_{con} l_{con} + \alpha_{ad} l_{ad} + \alpha_{tex} l_{tex} \tag{3-57}$$

式中，l_D 为启发式损失函数；l_{con}、l_{ad} 和 l_{tex} 为提到的三种不同的损失函数：上下文损失、纹理损失和对抗损失；α 为各个损失函数的权值。

A 上下文损失

所谓上下文损失，利用的是图像本身内部的信息，即缺失区域边缘周围的上下文信息，也就是图像的语义信息。通常而言，直接利用缺失区域与生成区域的差值，或使用一范数、二范数进行比较，构建损失函数，这种方法比较直接，但是忽略了图像本身蕴含的语义信息。为了补全缺失的高炉料面关键帧图像，本节在此基础上提出了上下文损失。该损失考虑的是离缺失区域较近的像素在补全时更重要，而离完好区域较近的像素在补全缺失区域时相对而言没有那么重要。基于此，本节提出的上下文损失函数如下：

$$l_{con} = \| \omega(y - x) \|_2^2 \tag{3-58}$$

式中，x 为真实且完整的关键帧料面图像；y 为补全网络对缺失的料面关键帧图像进行生成后的图像；ω 为补全像素的重要权值，表达式为：

$$\omega = \begin{cases} \sum\limits_{j \in \tilde{\omega}(i)} \dfrac{I_i}{|\tilde{\omega}(i)|} & I_i \neq 0 \\ 0 & I_i = 0 \end{cases} \tag{3-59}$$

式中，I_i 为不同的像素；i 为单个像素的索引值；$\tilde{\omega}(i)$ 为包含在像素索引为 i 时该像素八邻域的所有像素；j 为在像素集 $\tilde{\omega}(i)$ 中像素的索引标号。

由于生成式网络倾向于产生一个接近训练数据的平均像素值，因此很难通过简单计算像素级的损失来确保网络产生一个语义上逼真的图片。实际上，只利用上述损失函数可能会产生模糊的高炉料面图像，高炉料面图像的细节和炉墙的边缘可能不那么清晰。因此，有必要设计附加损失函数来克服这些问题。

B 对抗损失

对抗损失是基于原 GANs 判别器的二值分类熵提出的，可表示为：

$$l_{ad} = \max_D [\lg(D(x')) + \lg(1 - D(G(x')))] \tag{3-60}$$

其中 $x' = M_s x$；D 表示判断网络。

C 纹理损失

使用逐像素计算生成图像与原始图像的差值，它构造其重建损失函数。它的原理是基于样本数越大，采样得到的图像质量越高，训练网络越容易收敛，损失函数的值越大。因此，样本数与损失函数成反比关系。

$$l_{rec} = \frac{1}{n} \sum_{n=1}^{n} \frac{1}{w_1 hc} \| y - x \|_1 \tag{3-61}$$

通过对高炉料面图像的成像面积特征的分析，发现成像面积越小，需要补全区域的面积越大，因此损失函数应使网络更容易收敛，补全后的图像应该更注重自然度。成像面积越大，需要补全的区域面积就越小，损失函数应该使网络更难收敛，补全的图像也应更注重清晰度。因此，损失函数应该是动态的，以适应成像面积的变化。为此，在损失函数中引入松弛因子，可使完整图像保持与原始未完整图像一致的自然度。该损失函数称为启发式纹理损失函数，可定义为：

$$l_{\text{tex}} = \frac{1}{n\nu}\sum_{n=1}^{n}\frac{1}{whc}\parallel y - x \parallel_1 \tag{3-62}$$

式中，ν 为松弛因子，由成像面积确定，定义为：

$$\nu = \ln S_{成} \tag{3-63}$$

3.2.3　工业数据验证

为了验证本节所提补全方法的结果，利用 ROC 评价方法分别对补全结果进行评价。如前文所述，高炉料面在最低处时能短暂获得完整的高炉料面图像，且高炉料面处于周期性布料，即高炉料面一直处于上升—下降—上升的周期性循环中。因此，收集高炉料面处于最低处时的高炉料面完整图像作为启发式补全网络的图像集，利用这些图像集对启发式补全网络进行训练。

为了验证本节所提方法的有效性，取某时刻同一高炉在三种炉况情况下对不完整的高炉料面关键帧图像进行补全如图 3-15 所示，并进行评价。分别用 Patch Match，MNPS 和本节所提出的启发式补全网络完成。当完成来自第一阶段的图像时，如第一行所示，三种方法补全结果的纹理都易于识别，这是由于具有良好的光照条件。从标记数字①和④可看出，Patch Match、MNPS 两种方法只是简单地用炉料信息填充缺失区域，没有高层语义，所提出的启发式补全方法比其他两种方法获得了更好的自然度，炉料壁清晰，炉料纹理可识别。

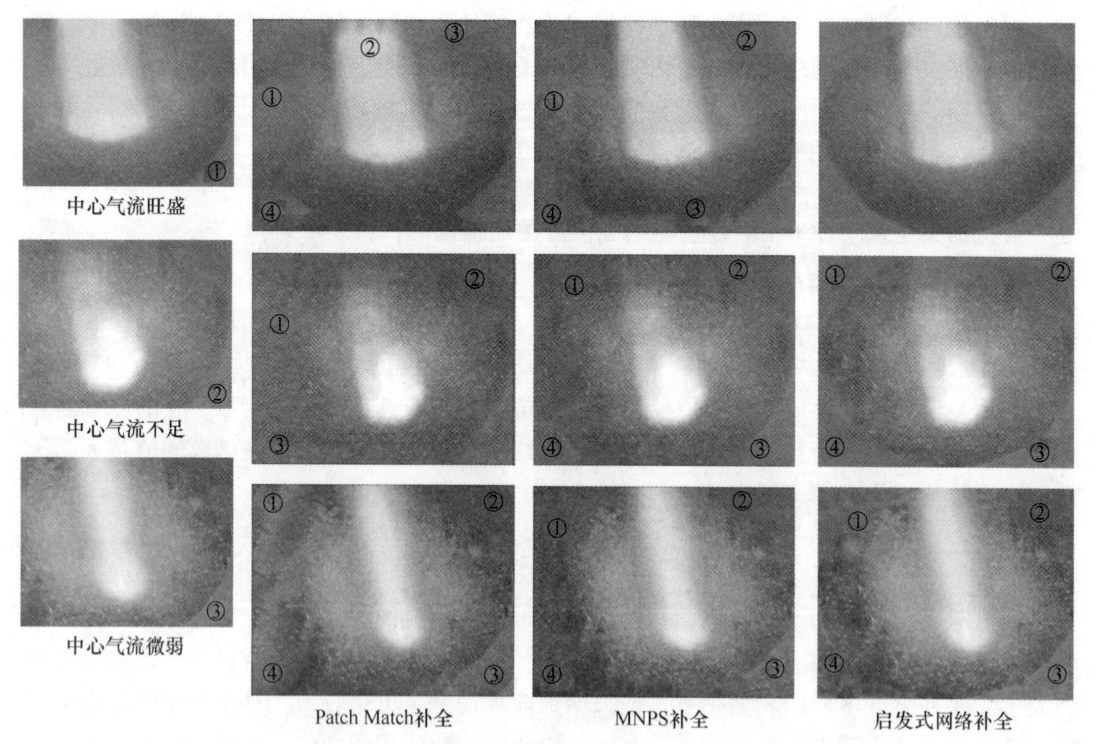

图 3-15　不同补全方法下无真实原图的高炉料面图像补全结果
（扫描书前二维码看彩图）

在补全来自第二和第三阶段图像的同时，由于光线条件恶化，图像质量不如第一阶段。然而从区域①~④，提出的启发式补全网络仍然能够获得炉壁和清晰的高炉料面。第二列显示了通过 Patch Match[3] 方法补全的结果，从中可观察到所有结果都是以重复的纹理完成的，并且高炉炉壁只有小部分被恢复。第三列是用 MNPS[4] 获得的修补图像，显示缺失区域被模糊的纹理填充，但高炉炉壁比补丁匹配法更好。最后一列显示了用所提的启发式补全方法获得的完整高炉料面图像，其结果比其他两种方法显得更自然，更易于视觉接受；启发式补全网络在不同的料面图像情况下都能获得良好的补全效果。

传统补全法对真实图进行了比较评价，因此可用 PSNR 等传统法进行比较。而本节最终所补全的是没有真实原图的高炉料面图像，因此无法仅用客观评价方式进行评估。受试者工作曲线（ROC）评估方法则是一种很好的主观评价图像质量的方法。ROC 曲线发源于第二次世界大战期间，主要被用来分辨敌机和战舰的信号和噪声，然后被用来医学上的诊断。后来，ROC 被引入到机器学习领域，用来评估分类和检验结果的好坏，ROC 分析可分为连续和离散两种类型，本节完成的高炉料面补全结果是离散数据，ROC 离散数据通常采用金标准对结果进行分类。

ROC 离散数据采用的金标准将结果分为五类，即阳性正常、可能正常、异常可疑、可能异常和阳性异常。这五种分类分别记为 1~5 种。对 5 种分类数据，根据分类 2、分类 3、分类 4 和分类 5 的置信阈值分别计算假阳性率和真阳性率，绘制 ROC 曲线。根据 ROC 曲线下面积（AUC）、面积标准误差（S. E.）和置信区间（C. I.）在 95%置信水平下，定量比较了三种方法的正确性和可靠性。因此，本节采用 ROC 的方法对补全的高炉料面关键帧图像进行评价。

根据 3. 1. 4 节的清晰度指标，经过计算，标准的高炉料面关键帧图像的图像熵与图像功率谱分量之和分别为 6. 6373 和 29. 3260，因此大于该值的图像才能被认定为正确的高炉料面关键帧图像，将此作为评价高炉料面关键帧图像补全结果正确与否的金标准。根据 3. 2. 2 节获得的 6202 幅高炉料面图像并对其进行补全，然后利用 ROC 评价方法对前面的三种补全方法补全的结果进行评价，评价的结果见表 3-2。本节所提方法将 5383 幅金标准分为正确料面，其中的 4891 幅图划分为正确的料面，这个比例比其他两种方法都要高，表明所提方法的有效性。同时计算三种方法的 AUC、S. E. 和 95%C. I.，计算结果见表 3-3。本节所提方法的 AUC 最大，S. E. 最小，95%C. I. 下限最高，上限最低，说明范围最窄，因此说明本节所提方法是最优的。

表 3-2 料面图像诊断图像幅数分类 （幅）

补全方法	料 面	诊断分类					合计
		1	2	3	4	5	
本节方法	正确料面	4891	193	122	90	87	5383
	错误料面	35	24	104	256	400	819
Patch Match	正确料面	4716	186	118	87	84	5190
	错误料面	43	30	129	316	494	1012
MNPS	正确料面	4536	179	113	83	81	4992
	错误料面	52	35	154	378	591	1210

注：1~5 分别表示肯定正确、料面可能正确、不确定是不是料面、料面可能不正确、肯定不是料面。

表 3-3　图像补全方法的 ROC 指标比较

补全方法	AUC	S. E.	95%C. I.	评价
本节方法	0. 989	0. 036	0. 917~1. 061	优秀
MNPS	0. 981	0. 048	0. 885~1. 076	良好
Patch Match	0. 978	0. 051	0. 876~1. 079	良好

为了进一步说明使用 GAN 方法的必要性及本节所提方法的有效性，在有真实原图的情况下，利用传统的 Criminisi、PatchMatch、MNPS、新兴的 GAN 方法——DPIC 和本节所提的启发式补全网络对获取的完整高炉料面图像进行补全，并将补全结果与真实的图像进行对比。

利用不同的补全方法在有真实原图情况下的高炉料面图像补全结果如图 3-16 所示。由 Patch Match 方法补全的图像纹理重复较多，且右上角的炉墙部分有重复的纹理；而 MNPS 方法补全的炉墙部分比较自然，但是其他部分依然不自然。Context-aware 方法补全的左下角有火焰亮光部分，补全效果较差。而传统的 Criminisi 方法仅仅简单填充缺失部分，补全效果最差。DPIC 是新型的基于 GAN 的方法，由于没有考虑补全面积的变化情况，火焰部分补全较差，其他部分相对比较自然。而本节所提的启发式补全方法补全的结果比较自然。在有真实原图的情况下，利用传统的图像补全质量评价方法评价的结果见表 3-4。其中 PSNR、SSIM、FSIM 越大越好，MDSI、GMSD 和 Mean L1 越小越好，可以看到本节方法补全的质量均是最佳的。

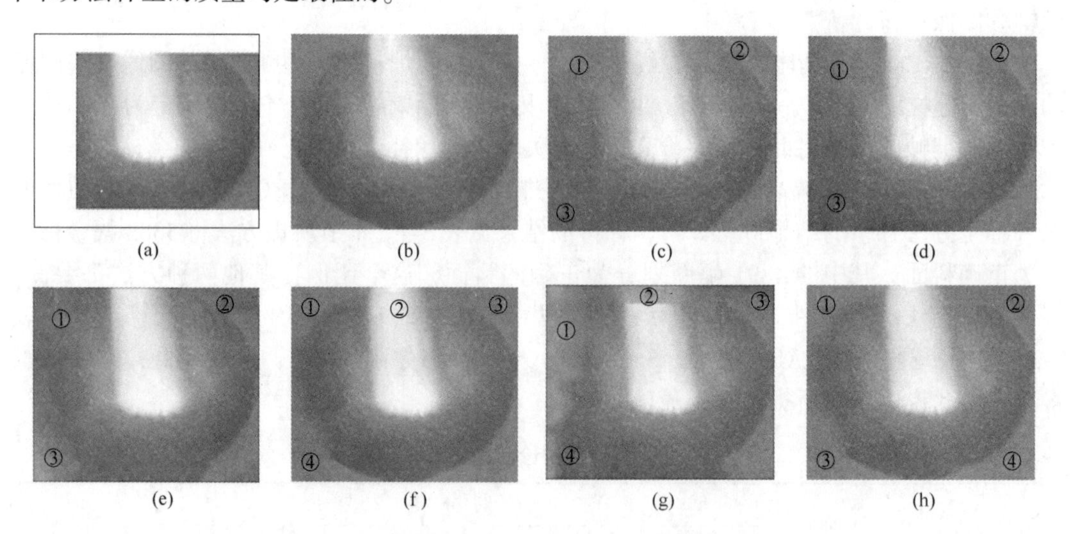

图 3-16　不同补全方法下有真实原图的高炉料面图像补全

（a）缺失图像；（b）完整图像；（c）Patch Match；（d）MNPS；（e）Context-aware；（f）Criminisi；（g）DPIC；（h）本节方法

（扫描书前二维码看彩图）

表 3-4　不同补全方法在有真实原图下的补全质量定量结果

指标	Patch Match	MNPS	Context-aware	Criminisi	DPIC	本节方法
PSNR/dB	27. 99	27. 27	26. 81	24. 22	24. 40	35. 54

续表 3-4

指标	Patch Match	MNPS	Context-aware	Criminisi	DPIC	本节方法
SSIM	0.9449	0.9480	0.9497	0.9285	0.9416	0.9903
FSIM	0.9477	0.9506	0.9423	0.9002	0.9241	0.9783
MDSI	0.2912	0.2847	0.2896	0.3343	0.3098	0.2364
GMSD	3.657×10^{-6}	4.749×10^{-6}	1.241×10^{-5}	2.410×10^{-5}	1.601×10^{-5}	1.397×10^{-6}
Mean L1/%	7.523	7.231	5.127	8.252	6.574	4.352

3.3 高炉料面三维重建方法

根据获取的高炉料面图像关键帧，提出基于深度关键帧的虚拟多目相机阵列构建方法，在此基础上，提出基于虚拟多目阵列和地图等高线的高炉料面深度估计算法。

3.3.1 基于深度关键帧的虚拟多目内窥镜阵列构建

在本节中，系统地介绍了从高温工业内窥镜图像中对高炉料面进行三维测量的方法。本研究中开发的虚拟多目内窥镜阵列构造方法的框图如图 3-17 所示。首先，估计虚拟多目内窥镜基本矩阵以构造相应深度关键帧的摄像机；然后，从使用虚拟多目内窥镜参数构造的图像对中重构高炉料面形貌；最后，通过使用机械探尺数据和雷达数据将高炉料面形貌缩放到世界坐标系。

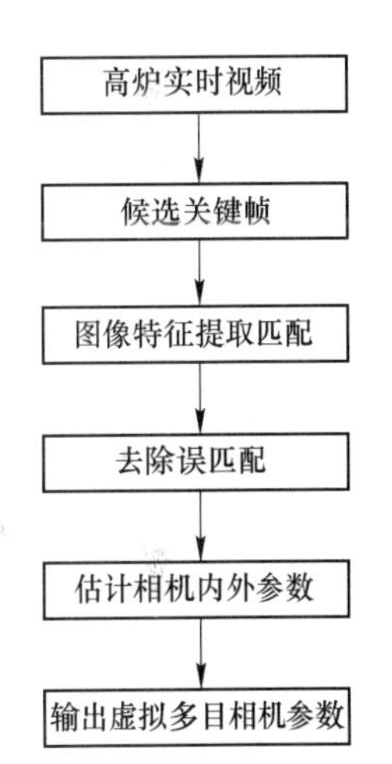

图 3-17 虚拟多目相机阵列构建框图

3.3.1.1 基于关键帧的虚拟内窥镜的内外参数确定

基于料面慢变特征，当高炉料面与工业内窥镜之间发生相对运动时，单目内窥镜的时空多路复用可产生有关高炉料面的 3D 信息，而虚拟多目内窥镜阵列的构造至关重要。

为高炉料面构造的虚拟多目内窥镜阵列的关键帧捕获了料面和工业内窥镜之间相对运动方向上的整个下降过程的高质量图像子序列周期，在获得关键帧之后，可估计摄像机和关键帧的相对姿态。ORB（Oriented FAST and Rotated Brief）特征点检测器用于以亚像素精度检测特征点，ORB 建立在加速段测试（FAST）关键点检测器的基础之上。ORB 算法使用多尺度图像金字塔来获取方向分量和多尺度特征。通过比较相邻帧之间特征点描述的汉明距离，匹配两个连续关键帧的特征点集 L_c，分别假设特征点坐标集和特征点的图像坐标为：

$$\begin{aligned} L_c &= \{p_1, \cdots, p_i, \cdots, p_k\} \\ p_i &= (x_i, y_i) \end{aligned} \tag{3-64}$$

3.3.1.2 估计相机平移矩阵

为了从相应的特征点估计出相机运动参数，真实相机必须由数学相机模型表示。两个图像中的相应特征点之间所需关系遵循料面-内窥镜相对运动模型。焦距为 f 的透视摄像机模型描述了 3D 场景坐标 $P(X, Y, Z)$ 投影到 2D 图像点 $p(x, y)$ 的过程。物体三维坐

标 $P(X, Y, Z)$ 与像平面坐标 $p(x, y)$ 之间的单应性变换为 $p(x, y) = \boldsymbol{AW}P(X, Y, Z)$，其中 $\boldsymbol{A}$ 为内参数矩阵，用于像平面坐标到相机坐标的转换，$\boldsymbol{W} = [\boldsymbol{R}, \boldsymbol{t}]$ 用于相机坐标系和世界坐标系的转换，即

$$\boldsymbol{Z}_{\mathrm{C}}\begin{bmatrix} x \\ y \\ 1 \end{bmatrix} = \begin{bmatrix} f_x & 0 & c_x \\ 0 & f_y & c_y \\ 0 & 0 & 1 \end{bmatrix} [\boldsymbol{R} \quad \boldsymbol{t}] \begin{bmatrix} X \\ Y \\ Z \\ 1 \end{bmatrix} \tag{3-65}$$

为了从相应的特征点估计摄像机运动参数，必须使用摄像机数学模型来表示真实摄像机。两幅图像中相应的特征点之间的期望关系遵循料面-内窥镜相对运动模型。所提出的料面-内窥镜几何变换的估计算法基于相机运动模型，以光心 $\boldsymbol{C} = (C_X, C_Y, C_Z)^{\mathrm{T}}$ 的相对于物坐标 $P(X, Y, Z)$ 的平移矩阵 $\boldsymbol{t}$ 和旋转矩阵 $\boldsymbol{R}$，可被分解为三个欧拉角 ϕ_x，ϕ_y 和 ϕ_z，这三个角分别是镜头对 x 轴，y 轴，z 轴的旋转。$\boldsymbol{P}$ 在前一关键帧 $P'(X, Y, Z)$ 和下一关键帧的同一特征点存在对应关系，这两个关键帧的关系为 $\boldsymbol{P}' = \boldsymbol{R}(\boldsymbol{P} - \boldsymbol{C}')$，平移矩阵 $\boldsymbol{t}$ 可表示为：

$$\begin{aligned} \boldsymbol{t} &= (t_X, t_Y, t_Z)^{\mathrm{T}} = -\boldsymbol{RC}' \\ \boldsymbol{P} &= \boldsymbol{RP} + \boldsymbol{t} \end{aligned} \tag{3-66}$$

结合相机模型可得：

$$\begin{cases} x_i' = \dfrac{x_i + f\dfrac{t_x}{z_i}}{1 + \dfrac{t_z}{z_i}} \\ y_i' = \dfrac{y_i + f\dfrac{t_y}{z_i}}{1 + \dfrac{t_z}{z_i}} \end{cases} \tag{3-67}$$

消掉 z_i 可得：

$$\begin{gathered} y_i' - y_i\frac{t_x}{t_z} - x_i' - x_i\frac{t_y}{t_z} + \frac{x_i'y_i - x_iy_i'}{f} = 0 \\ \sqrt{t_x^2 + t_y^2 + t_z^2} = k \end{gathered} \tag{3-68}$$

其中 k 为平移矩阵的模，由于误匹配，一些特征点对具有匹配误差。为了提高正确匹配率，随机抽样方法用于检测离群值，为计算和验证匹配集随机选择一组匹配离群值，然后重复迭代直到验证匹配集的误差最小。本节采用了随机抽样法检测异常值，随机选取一组匹配对计算验证匹配集匹配的离群状况，重复迭代直到验证匹配集的误差最小。相机移动参数由最小二乘估计最小误差下的准确匹配集，即

$$\begin{aligned} &\sum_i \xi_i(t_x, t_y, t_z) \rightarrow \text{minimize} \\ &\xi_i(t_x, t_y, t_z) = y_i' - y_i\frac{t_x}{t_z} - x_i' - x_i\frac{t_y}{t_z} + \frac{x_i'y_i - x_iy_i'}{f} \end{aligned} \tag{3-69}$$

3.3.2 基于虚拟多目内窥镜阵列及地图等高线法的高炉料面深度估计

高炉的正常料线深度通常在零料线的下方1.0~1.5m，布料过程中，物料性质、料线高度、碰撞的发生情况使得炉料形成的斜面与堆尖位置具有难以预测性。在本节中通过高炉料面图像去获取布料堆尖，避免了堆尖分布的不确定性，经过多次布料，对每个堆尖分别进行特征提取，在此基础上进行三维重建。本节高炉料面三维检测主要由以下三大部分组成。第一部分为料面-内窥镜相对姿态的估计，基于传统的特征点检测和对应匹配分析，通过使用有效的异常匹配剔除来实现估计的鲁棒性；第二部分为使用已知的内窥镜参数重建高炉料面；第三部分为使用机械探尺数据定标，矫正三维高炉料面的绝对坐标。

由于高炉的分布机理和布料机制，布料的10个焦环的特性存在相似之处，为了获得视差，需要检测及匹配两个图像的特征点对。但是，计算所有特征点非常耗时，因此，为了减小匹配搜索范围，可在焦环上执行特征点集搜索，可快速减少非极性线的失配并减少匹配点的集合。相机姿态被称为相对于世界参考平面，相机与世界之间的相机转换矩阵为：

$$\boldsymbol{T}_{\mathrm{wc}}=\begin{pmatrix}R_{\mathrm{wc}} & c_{\mathrm{w}}\\ 0^{\mathrm{T}} & 1\end{pmatrix} \tag{3-70}$$

式中，$\boldsymbol{T}_{\mathrm{wc}}$ 为相机与世界之间的相机转换矩阵；w 为基线的参考系；c_{w} 为当前相机位置。

相机是固定的，并且在安装前会校准和校正固有矩阵。在摄影机位置上，$x_{\mathrm{c}}=(x, y, z)$ 扭曲为摄影机姿势 $\pi(x_{\mathrm{c}})=(x/z; y/z)$，相对于世界参考平面则

$$s_1R_{\mathrm{wc}1}x_1-s_2R_{\mathrm{wc}2}x_2=c_{\mathrm{w}} \tag{3-71}$$

$$\boldsymbol{T}_{\mathrm{wc}}[x \quad y \quad z \quad 1]^{\mathrm{T}}=[X \quad Y \quad Z \quad W]^{\mathrm{T}} \tag{3-72}$$

根据上述表达式，可计算出两个关键帧的特征点的深度表示如下：

$$\boldsymbol{T}_{\mathrm{wc}}=\begin{bmatrix}1 & 0 & 0 & -c_x\\ 0 & 1 & 0 & -c_y\\ 0 & 0 & 0 & f\\ 0 & 0 & -1/T_x & (c_x-c_x')T_x\end{bmatrix} \tag{3-73}$$

$$z(x, y)=\frac{\boldsymbol{T}_{\mathrm{wc}}-\boldsymbol{T}_{\mathrm{ref}}}{X_{\mathrm{R}}-X_{\mathrm{T}}} \tag{3-74}$$

其中创建的三维模型尽可能接近高炉布料环的轮廓，即高炉料面的理论分布。

地图等高线法三维重建是将高炉料面轮廓线空间信息（布料环上的料面轮廓特征）转化为空间数据场，然后根据三角测量法提取等值面，从而得到料面三维模型。料面-内窥镜相对姿态矩阵获得后，利用同一布料环匹配特征集进行三角测量，实现三维重建，重建过程由以下步骤组成：

步骤1：每一次取两组相邻的高炉料面关键轮廓，形成布料环线集，提取布料环上的特征点；

步骤2：用追踪的特征点对和内窥镜相对位置矩阵进行三角测量，生成高炉料面三维形貌数字模型；

步骤3：用机械探尺数据对三维料面进行定标。

由于炉料布料的机制及炉料分布，在10个炉料布料环上具有相似之处，在求视差前

需要匹配两个图像的特征点，但是计算所有的特征点都很耗时，因此可减少对匹配的搜索，从而在布料环中对特征点进行搜索，快速地减少非极线误匹配。布料环的特征是由空间的一致性、特征类似性来描述的，而对于特征点的相对布料环是由物料落下堆积而成的自然堆尖，可通过轮廓距离描述布料环。轮廓距离反映出空间中的任意一点到给定对象表面的最小符号距离。采用特征点位置来确定影响等值面产生的像素点，从而计算影响等值面产生的像素点距离函数，但这种方法需要大量的时间来构建表面投影区，以及每个点的状态函数（内外判断）。因此采用网格划分的方法，确定所属网格，减少运算复杂度。

为了保证所创建的三维模型尽可能与布料环轮廓线吻合，可利用高炉布料理论模型和布料制度确定布料环基础分布，对布料环间隔和位置初值进行查找。区域分割算法如下：

步骤 1：取相邻两个关键帧的轮廓线集（S，$S+1$），每个轮廓线集包含一个或多个布料环轮廓线；

步骤 2：对轮廓线分别投影到由侧视平面 P 上；

步骤 3：按照原图轮廓和曲线最小的一个外包将整个 P 平面进行划分并形成两个方向一致相同大小的一个规则矩形网格；

步骤 4：分别对 P 平面每一个单个网格内的特征点的距离场计算方法计算距离值；

步骤 5：将 P 平面上的 c 投影后的对应网格单元组成布料环层集；

步骤 6：对所有相邻两个轮廓线集合重复步骤 1~5；

步骤 7：合并求取结果，得到每个特征点的隶属布料环及环间区域。

料面-内窥镜的相对移动使得同一布料周期内的相邻关键帧获得的图像可视为不同高度在相同角度下拍摄同一目标料面形貌，因此可用三角测量的原理生成点云。三角测量原理如图 3-18 所示。

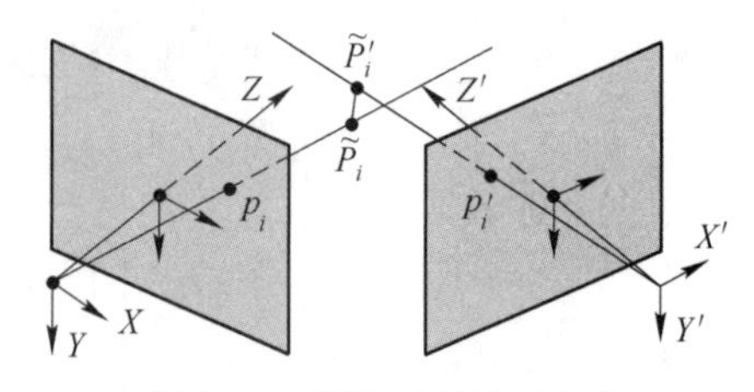

图 3-18 特征点对的三角化

由于图像分辨率及噪声的存在，往往视线采用公垂线中的点作为重建的三维点。设 x_1，x_2 为两个对应点的归一化坐标，则它们满足：

$$s_1x_1 - s_2Rx_2 = t \tag{3-75}$$

式中，s_1、s_2 为规模参数，对以上公式左乘 x_1^{T}，右乘 $(Rx_2)^{\mathrm{T}}$，联立得到二元一次方程组。二维图像的三维场景的恢复就是针对空间点三维场景坐标的恢复过程，可用下面的两个公式获得，

$$\boldsymbol{A} = \begin{bmatrix} 1 & 0 & 0 & -c_x \\ 0 & 1 & 0 & -c_y \\ 0 & 0 & 0 & f \\ 0 & 0 & -1/T_x & (c_x - c_x')T_x \end{bmatrix} \tag{3-76}$$

$$\boldsymbol{A}\begin{bmatrix} x & y & d & 1 \end{bmatrix}^{\mathrm{T}} = \begin{bmatrix} X & Y & Z & W \end{bmatrix}^{\mathrm{T}} \tag{3-77}$$

式中，c_x、c_y、f、T_x 分别为前关键帧的中心点坐标、焦距大小及平移矩阵在 X 轴上的分量，c_x' 为右内窥镜的中心点 x 坐标；空间点三维坐标为 $[X \quad Y \quad Z]$。

三维高炉料面形貌根据机械探尺数据对高炉料面三维形貌数字模型进行定标，如图 3-19 所示。

高炉料面定标的目的是获得准确的高炉料面分布的三维形貌和高度。采用 3 个机械探尺的绝对坐标去矫正理想料线，用于确定料面的高度。根据文献［5］，使用之前得到的未定标的高炉料面三维数字模型作为基础形状，定标后得到高炉坐标系的绝对坐标。雷达数据受炉内环境干扰精度较低，而机械探尺不受雾霾和粉尘影响，测量精度高，但是没有连续数据，机械探尺有效时的测量数据被优先采用。在三维定标后，布料环间的特征点可获得并可验证该批次数字模型正确性，布料环特征点对计算的料面高度与最近距离的布料环上高度上凸下凹信息一致，此值作为该批次三维料面正确性的验证。其算法流程如下：

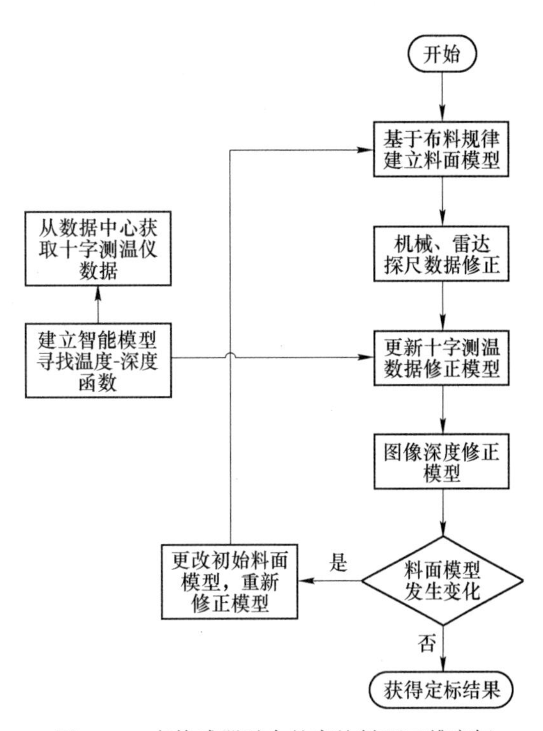

图 3-19 多传感器融合的高炉料面三维定标

步骤 1：剔除离群点。对待处理的料面点云进行降噪处理，即剔除离群点云。

步骤 2：降采样。对拼接三维点云的降采样。

步骤 3：选择参照点集。选取新获取三维点云为参考点集 $\boldsymbol{P}$ ，时间窗内机械探尺绝对坐标追踪值为离散参考点集 $\boldsymbol{M}$ 。

步骤 4：最近邻迭代算法点云配准。为了便于进一步滤波点云数据，通过 ICP 融合获得下面的点云结果，从图 3-20（b）中可见三维点云配准结果，其中红圈中 1、2 区域可见点云配准时存在离群点云，从图 3-20（a）看出随着点云配准该区域点云位置趋同，图中黄色云集离内窥镜最近、蓝色云集距离最远。

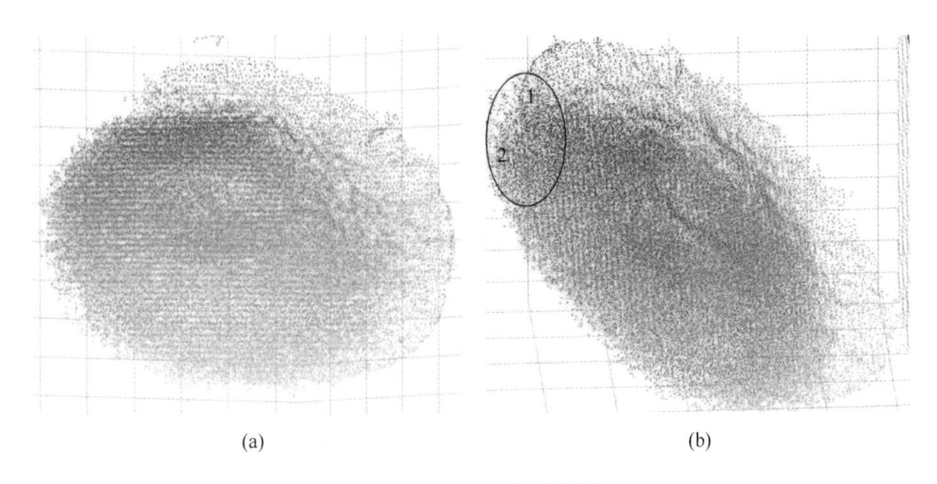

图 3-20 ICP 点云配准后的料面图
（a）视角一；（b）视角二
（扫描书前二维码看彩图）

$$\vec{p}_i = (x_i,\ y_i,\ z_i),\ \vec{q}_i = (x_i,\ y_i,\ z_i) \tag{3-78}$$

步骤 5：计算点云 $\boldsymbol{P}$ 和 $\boldsymbol{Q}$ 之间的平移矩阵 $\boldsymbol{R}$，$\boldsymbol{t}$，利用最小二乘法求解 $\boldsymbol{E}$ 最小时相应的坐标变换：用配准转换矩阵进行对集合的坐标转换，得到一个新的点集 $\boldsymbol{P}_1$，其中 $\boldsymbol{P}_1 = \boldsymbol{RP} + \boldsymbol{t}$。

$$\begin{gathered}\vec{q}_i = \boldsymbol{R}\vec{p}_i + \boldsymbol{t} + N_i \qquad i = 1,\ 2,\ \cdots,\ N \\ \boldsymbol{E} = \sum_{i=1}^{N} \left| (\boldsymbol{R}\,\vec{p}_i + \boldsymbol{t}) - \vec{q}_i \right|^2\end{gathered} \tag{3-79}$$

步骤 6：点云的融合是基于模糊逻辑。经过对点云的采样、滤波、插值和点云的融合等一系列工作，最终得到高炉料面的三维形貌。

3.3.3　高炉料面三维形貌检测系统搭建及验证

为了验证本节提出的高炉料面三维形貌重构算法效果，还需对该算法进行实验验证。因此，利用实验室搭建的高炉模型，利用光场相机设备模仿虚拟多目相机，在实验室环境模拟现场环境验证本节提出算法的正确性与有效性。首先，基于某钢铁厂高炉的 CAD 图纸，按照 1 : 5 的比例设计高炉炉顶模型；其次，利用光场相机来模仿所提算法的虚拟多目相机，并对光场相机进行安装参数的测量及标定；最后，将利用激光测距仪测量的料位高度作为实验验证的真值，与本节提出料面三维重建算法获取的料面深度信息进行对比分析，以验证本节所提算法的正确性。

3.3.3.1　高炉炉顶模型设备设计及搭建

为了在实验室环境中验证高炉料面的三维重建算法，在实验室搭建了一套能够模拟高炉现场的炉顶模型装置，该设备由高炉炉顶模型图像和图像采集系统两个部分组成。为使该模型设备完全复制出国内某钢铁厂高炉料面采集系统的实际情况，以高炉 CAD 图纸作为模型，按 1 : 5 比例缩小，设计了该炉顶模型的设计图，如图 3-21 所示。同时考虑到需要利用光场相机模拟虚拟多目相机，根据现场工业内窥镜安装的位置，在设计图上相应的位置，设计出一个自由安装的相机安装平台，制作完成的高炉模型设备如图 3-22 所示。其中该模型具有以下特点：

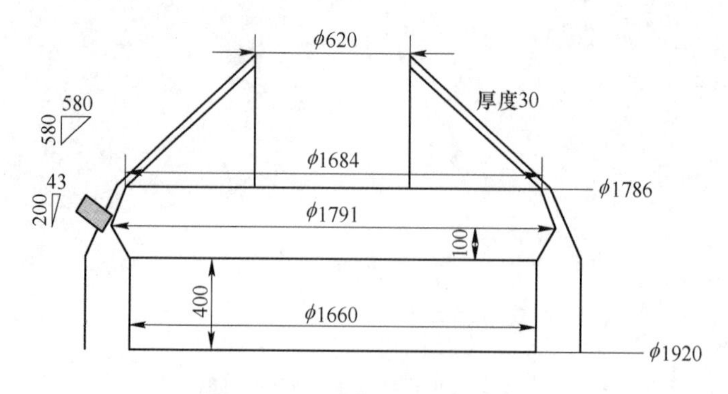

图 3-21　炉顶模型的设计图纸

(1) 按国内某钢铁厂 2 号高炉炉顶 1∶5 建造，料面直径为 2 m；

(2) 为方便仿真实验的进行，模型配置可移动支架，以调节模型方位及移动；

(3) 模型炉顶在 120°对称的位置上，模拟高炉现场高温工业内窥镜安装方案，在炉壁上开有 3 个炉顶相机观察孔及观察平台；

(4) 为方便调整出不同的料形及测量高炉料面每一点上的料位信息，模型设备的顶盖可自由揭开和关闭；

(5) 炉内用实际高炉冶炼用的焦炭和铁矿石分层布，堆成直径 2 m 的料面，模拟高炉 M 形料面的真实形状，如图 3-23 所示。

图 3-22 实验室高炉炉顶实物图

图 3-23 实验室高炉料面示意图

通过搭建仿真高炉炉顶模型设备，为验证本节提出的高炉料面三维重建算法提供了实验验证的空间和平台。然而，考虑到真实高炉在运行的过程中，料面高度会随着冶炼及布料的进行而改变，在模拟的高炉炉顶内只能实现料面料形的变化，无法实现高炉料面高度的变化。这导致难以利用料面高度变化来虚构多目相机阵列，因此本节采用光场相机来模拟仿真。

3.3.3.2 基于光场相机的多目相机阵列搭建

要在实验室内完全复制现场高炉料面三维检测所需条件及环境，还需要选择能模拟多目相机阵列的成像装置，传统相机采用透镜面反映光线传播的方向，用 CCD 平面来描述光线空间的位置信息，从而获取二维图像。而本节的三维重建方法采用虚拟多目相机阵列进行三维重建，实体的光场相机采用实体子孔径阵列，为验证本节提出的三维重建方法提供了便利。单目相机的自动光场成像系统可同时自动记录拍摄到多个传感器图像所处的拍摄位置和场景角度的序列信息，一次拍摄可同时得到实际多角度视角场景图像的平均拍摄量和场景角度序列。与传统相机相比，它记录的光场信息对恢复料面的形状提供了更多的深度线索，既包含传统单目相机灰度、聚焦线索等，也包含了立体相机所特有的视差线索。在光场图像中，视差、聚焦等多个线索并存，这对深度的估计非常有利，因此通过光场相机模拟本节所提算法所需的多目相机阵列，拍摄的高炉料面图像如图 3-24 所示。受实验室条件的影响，为了模拟在高炉中产生的粉尘环境，在拍摄照片时通过超声波雾器在镜头前进行了模拟。由于采用了光场相机来模拟本节所提算法的虚拟多目相机阵列，因此还需进一步说明本节所提的高炉料面三维重建算法在光场相机上的实现步骤。

图 3-24　光场相机拍摄仿真模型示意图

A　光场相机阵列成像模型与光场阵列重聚焦

光场成像不同于常规相机的针孔模型，光场相机将微透镜阵列与图像感应器连接起来，形成了一个彼此平行的平面 $L(u, v, s, t)$，其中光场参数化表明，光场相机模型被分成了两个平面的相机阵列。$L(u, v, s, t)$ 表示光模型，L 表示光的强度，以及两个光平面交点之间的坐标 (u, v) 和 (s, t)。在三维坐标空间内，光与采样点的光场相对应，并且模型数据中的光分别在两个平面上的光角度信息和 CMOS 传感器芯片上。第一个是平面上的 u，v 坐标，可看成是图像上的第一个 x，第二个坐标 y，从而计算光的位置和方向，可通过积分总亮度点来获得像素元件的亮度。其中 $I(x, y) = \iint L(u, v, s, t)\mathrm{d}u\mathrm{d}v$ 为单个光场图像记录光的方向和强度，因此光束可沿先前的路径延伸，也可重新投影到模拟图像平面上，成像的焦距可在单光场图像计算的景深内的任何范围内恢复。Dansereau 解码后的多维投影光场图像滤波方法将重新投影的光从光场图像收集到模拟的新图像平面。以二维情况为例，收集 $L(u, s)$ 作为光场，u 和 s 表示透镜平面和微透镜阵列的平面，两个平面之间的距离为 L_0，其 $L_0 = \alpha \cdot L$。选择一个新的焦平面 S_0，到镜头平面的距离。因此像平面上的 S_0 等于模拟光场之间的距离，即可由初始平面的位置与新平面的关系进行计算，即 $I(s') = \iint L'(u, s')\mathrm{d}u$。利用光线跟踪技术，当新的成像面向各处移动时 $F' = \alpha F$，根据三角形的相似性可推出投影到新的成像面上的光线，实际上是从初始成像面处投影出来的，从而可推出投影到新成像面 (x, y) 处的光线实际上来自于初始成像面处为 $\left(\left(1 - \frac{1}{\alpha}\right)u - \frac{x}{\alpha}, \left(1 - \frac{1}{\alpha}\right)v - \frac{y}{\alpha}\right)$。

同一光线的初始像面和重聚焦面辐射度相同，有 $L_{F'}(x, y, u, v) = L_F(x', y', u, v)$，重聚焦后的光场可由式（3-80）计算获得。

$$L_{\alpha F}(x, y, u, v) = L_F\left(u\left(1 - \frac{1}{\alpha}\right) + \frac{x}{\alpha}, v\left(1 - \frac{1}{\alpha}\right) + \frac{y}{\alpha}, u, v\right) \tag{3-80}$$

则获得的重聚焦图像 $E_{F'}$ 为式（3-81）。

$$E_{F'}(x, y) = \frac{1}{\alpha^2 F^2} \iint L_F\left(u\left(1 - \frac{1}{\alpha}\right) + \frac{x}{\alpha}, v\left(1 - \frac{1}{\alpha}\right) + \frac{y}{\alpha}, u, v\right) \mathrm{d}u\mathrm{d}v \tag{3-81}$$

光线辐射度沿直线不变，重聚焦平面的成像可理解为把原来的平面移动到前后左右，也就是改变坐标 (x, y) 的重新成像。根据积分线性性质提出光线聚焦公式（3-82），$L_F^{(u, v)}(x, y)$ 位于透镜上 (u, v) 孔径对应 (x, y) 的光场，可通过变化重聚焦的平面参数 α 来改变重聚焦位置。

$$E_{\alpha F}(x, y) = \frac{1}{\alpha^2 F^2} \iint L_F^{(u, v)}\left(u\left(1 - \frac{1}{\alpha}\right) + \frac{x}{\alpha}, v\left(1 - \frac{1}{\alpha}\right) + \frac{y}{\alpha}\right) \mathrm{d}u\mathrm{d}v \tag{3-82}$$

B 基于EPI空间的光场相机多目视差线索深度获取方法

为了利用光场相机获得多目视差线索，需要使用光场相机获得4D光场数据，并且转换为能直观地显示光场采样中的光线方向和空间关系，而不改变光场原始结构的EPI极平面图像。因此EPI极平面的图像代表了光场本征空间的一个特殊属性。通常把4D光场数据转换成EPI极平面图像，利用式（3-83）将4D光场数据分割成不同深度的2D图像数据。

$$J_\kappa(x, u) = J\left(x + u\left(1 - \frac{1}{\kappa}\right), u\right) \tag{3-83}$$

式中，J 为2D光场的初始输入图；$J_\kappa(x, u)$ 为4D光场在相对深度为 κ（κ 也是切割值）切割后的极平面图；$x = (x, y)$ 为三维坐标；$u = (u, v)$ 为角坐标。

κ 图像对应不同对应的EPI图像不同，而对于每一个像素，在角度积分计算时，重新聚焦图像 $\overline{J_\kappa}$ 可通过式（3-84）计算在 κ 值下的像素。

$$\overline{J_\kappa}(x, u) = \frac{1}{N} \sum_u J_\kappa(x, u) \tag{3-84}$$

式中，N 为角像素总量。

本方法对 κ 在［0.2，2］范围内使用256层，从而得到了256个重聚的 $\overline{J_\kappa}(x)$ 结果。针对高炉的实际情况，拍摄料面与炉顶的距离在1～1.5 m之间，感兴趣的场景是高炉料面，旁边的炉壁和炉墙之间的连接是非感兴趣区域。为有效地利用256个量化级，充分使用有限切割次数，从需要仔细体现的兴趣场景中，在光场相机可读取到最大深度 a 、最小深度 b ，因此 κ 切割值范围及切割步长为 $h = (\kappa_{\max} - \kappa_{\min})/256$。通过拍摄实验室的高炉料面可知，相机的主成像距离1～1.2 m，副成像距离1.5～2 m，拍摄时的焦距约为33 mm，焦平面距离约1 m，因此设置一些阈值，再结合高斯成像公式，可设定一个值的范围为 $\kappa \in [0.8, 1.2]$。利用上述方法，即可生成图3-25所示的EPI图像。

如图3-25所示，光场图像 $L(u, v, x, y)$ 中的 v 和 y 坐标，与重新组合坐标下的像素 (x, u)，即可生成极线图。极线图上的坐标组成直线或者条纹状，这是因为随着索引变化，视角也发生变化，横坐标变化速度却会因为水平距离差距产生视差，视差与视点距离为线性关系。当同一空间点的像素 u 方向上成几何倍数变化（基线距离）时，则在 x 方向上（基线距离）同比例上向像素移动的位置发生了变化。从图3-25中，竖直线表明该点射出来的光线仅通过微透镜，落在微透镜后的子图像中，表示该点位于焦平面上。如果斜

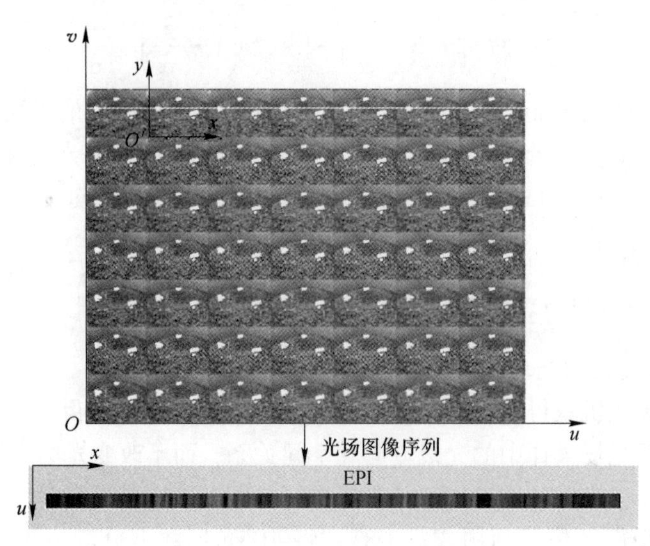

图 3-25 EPI 图像生成示意图

率是正的，则表示物点位于焦平面外；如果斜率为负，则物点位于焦平面内侧。极平面的斜线越大物点深度就越大，即极线图包含的是光场视差信息。设极线图某点的像素坐标为 (x_0, u_0)，极线图上的像点与该像素坐标对应相同物点序列为 (x_i, u_i)，$i = 1, 2, \cdots$，它的视差是 $\hat{s}$，当 $u_i - u_0 = i$ 时，在极线图 $x_i = x_0 + i\hat{s}$ 中，此时 $\dfrac{x_i - x_0}{u_i - u_0} = \dfrac{i\hat{s}}{i} = \hat{s}$。因此，极线图的直线上一条直线表示了物点在极平面上的运动投影。

从上面的分析中可看出，在极线图上，相应于同一空间点的像点，随着视点坐标 u 的变化，其空间坐标 x 以步进 $\hat{s}$ 作线性变换，由此 $\hat{s} = \partial x/\partial u = \partial y/\partial v$。又令极线图上的像素组成的直线与 u 轴的夹角为 θ，则由空间投射关系可得 $\hat{s} = \partial x/\partial u = \tan\theta$。对极线图上的直线斜率进行检测，就可得相应的空间点在不同视角下的视差。而极线图上直线的斜角 θ，则可用四维坐标上的目标像素梯度方向计算，计算式如下：

$$\theta = \frac{1}{2}\arctan\left[\frac{2(G_x G_u + G_y G_v)}{(G_x^2 + G_y^2) - (G_u^2 + G_v^2)}\right] \tag{3-85}$$

式中，G_i 为目标像素 i 方向的梯度，$i = u, v, x, y$。

给出一个 θ 的置信度函数，用来描述 θ 可信度的值计算公式如下：

$$C(\theta) = \frac{[(G_x^2 + G_y^2) - (G_u^2 + G_v^2)]^2 + 4(G_x G_u + G_y G_v)^2}{(G_x^2 + G_y^2 + G_u^2 + G_v^2)^2} \tag{3-86}$$

$C(\theta)$ 位于 0~1 之间，它位于 1 时结果最可信，位于 0 时结果最不可信。此时，由式 (3-85) 和式 (3-86) 计算获得场景深度信息。

综上所述，基于 EPI 的深度估计方法，利用像素梯度直接测算与视差相对应的角度，获得深度信息。该方法运算速度较快，能够精确估计纹理信息丰富的区域深度，对平滑地区深度的估算结果具有鲁棒性能好等特征。

3.3.3.3 实验室仿真验证结果分析

基于上述分析，实验中对光场相机进行标定和校正，获得光场相机的内参数，校正前后的子孔径图像如图 3-26 所示。为验证本节所提算法的正确性，在搭建的高炉炉顶模型设备中，环绕高炉炉顶设备进行取像，每隔 90°从四个方向利用本节提出的算法获取了高炉料面深度图，并依次命名为 0°图、90°图、180°图及 270°图。

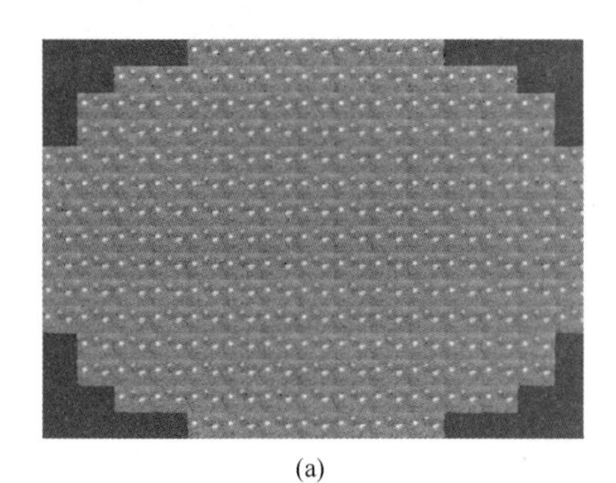

(a)

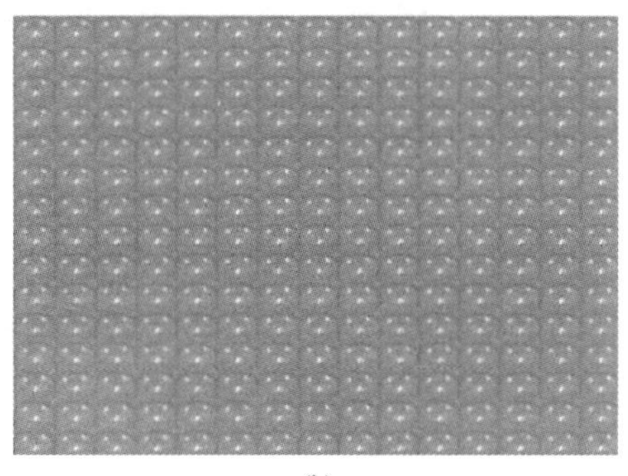

(b)

图 3-26 高炉料面子孔径图像校正结果
(a) 校正前；(b) 校正后

基于本节提到的料面三维检测算法，获得高炉模型设备的 0°图、90°图、180°图及 270°图的深度图，如图 3-27 所示。通过不同拍摄角度深度图的比较，可知本节提出的算法对拍摄角度的变化不敏感，即其三维重建效果不受相机的位置和拍摄角度的影响，这就为本节所提算法的工业现场使用提供了保证。因为在实际使用过程中，内窥镜安装位置难以做到十分精确，而上述结果表明，本节所提算法的鲁棒性能满足工业实际需求。

为了进一步说明本节算法的优势，图 3-28 是基于传统的双目重构算法与本节算法获取的 0°图的深度图比较。由于该算法使用的光场相机的安装位置和拍摄方向不能与双目相机完全吻合，因此对同一地点拍摄的料面图像存在一定差异，图 3-28（a）的红色框面为炉料，红色框面上方的淡蓝与蓝色框面为高炉壁，图 3-28（b）与图 3-28（a）大致对应，从结果来看可以得出相应的结论。由上述分析可以看出，本节算法获取的深度图深度层次更明显，精确度更高，且在不连续深度的边缘地区处理较双目相机更为完善，而图 3-28（b）中橘绿色地区交接的蓝纹路和右上角和左下角地区的蓝纹路则出现明显深度缺失，深度获取不完整，深度精度也比较差。

考虑已经分别得到 0°图、90°图、180°图及 270°图的深度图，而由于光场相机视角的限制，要获取高炉模拟设备中完整的料面深度图，还需要对获取的深度云数据进行滤波、ICP 配准与模糊逻辑点云的融合，经过 ICP 配准后的点云结果如图 3-29 所示。

从图 3-29 中可明显发现中间凹的 M 形状，且从圆圈部分可知，1 和 2 有分层的现象，这是因为本节提到的算法深度获得的精确性较高，也更符合客观的实际性。在此基础上，再经过一系列的操作，如点云降采样、滤波、插值和纹理贴图，最终得到了高炉料面的完整三维形貌如图 3-30 所示。从图 3-30 可看出，高炉料面的三维图在点云配准后融合，消除了分层现象，在距相机更远的地方直接剔除它产生的点集，从而使料面中心地区的点集密度高于四周地区，在增加点云的插值和平滑处理之后，可达到分层现象。从结果来看，

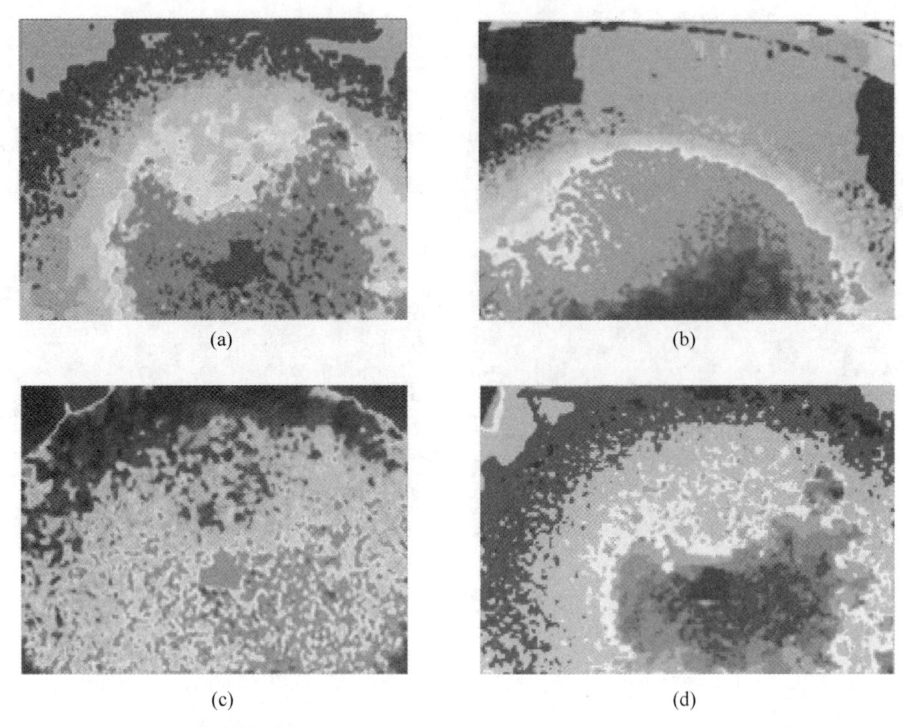

(a)　(b)

(c)　(d)

图 3-27　围绕模拟高炉设备 0°(a)、90°(b)、180°(c)及 270°(d)的深度图
（扫描书前二维码看彩图）

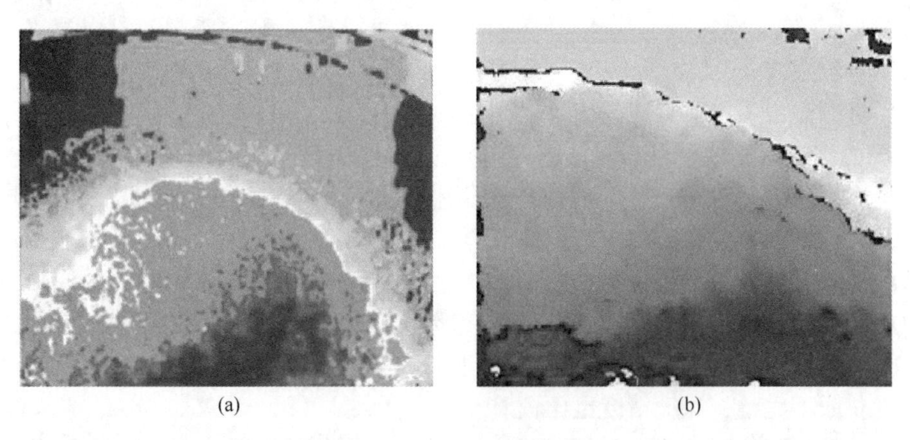

(a)　(b)

图 3-28　本节算法与双目相机获取料面深度图结果比对
（a）本节算法；（b）双目重构算法
（扫描书前二维码看彩图）

纹理贴图后真实性强，三维重建精度高。

为定量验证本节所提算法的三维重建精度，选择了如图 3-30（b）所示的测量验证点 P_1，P_2，P_3，分别测量了 P_1 和 P_2，P_2 和 P_3，P_1 和 P_3 间的横向距离，同时还测量了以高炉炉顶模型的零料线位（即高炉炉顶模型打开顶罩后的上边缘位置）为基准的纵向高度。经过 50 次统计分析，其测量的平均值与本节所提算法计算结果的平均值对比分析见表 3-5

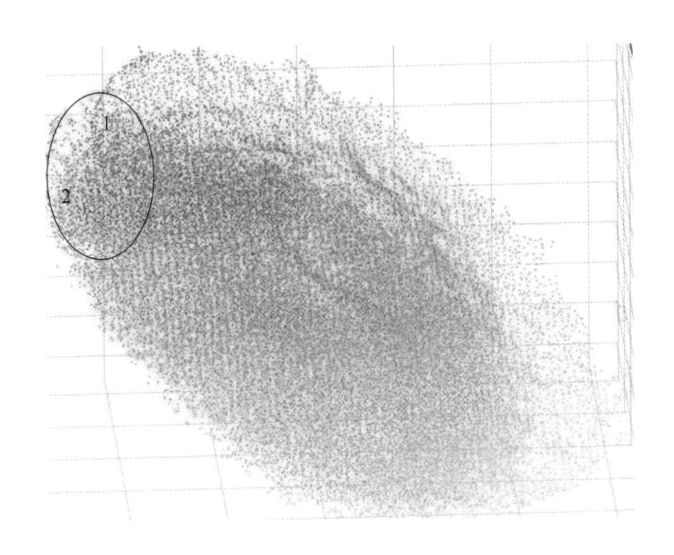

图 3-29 ICP 点云配准及融合后的料面深度云图
（扫描书前二维码看彩图）

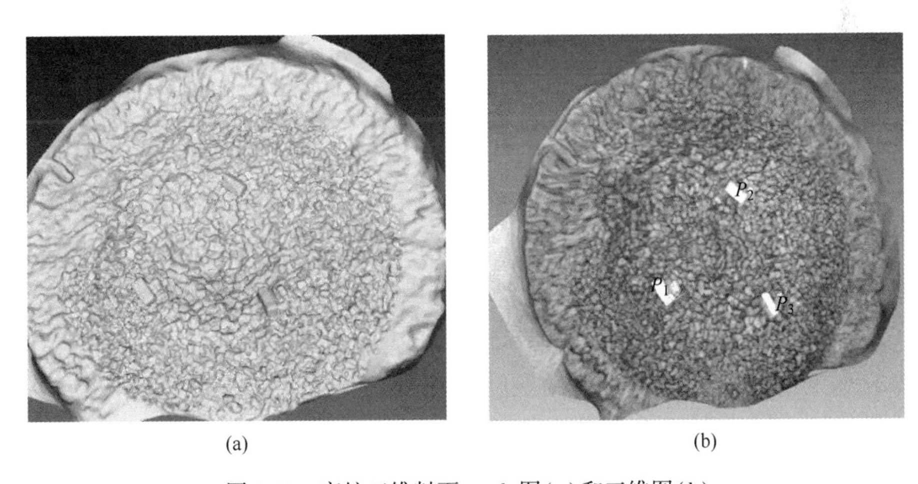

(a) (b)

图 3-30 高炉三维料面 mesh 图(a)和三维图(b)

和表 3-6。从表中可知本节所提算法的三维重建精度，在横向距离上重构误差最低达到了 5.5%，而最大误差也小于 6%；在纵向上重构误差也低于 6%，达到了工业实际使用的要求，验证了本节所提料面三维重建算法不仅正确而且精度高，能满足工业生产实际的需要。

表 3-5 料面采样点到点之间距离测量精度统计分析

指 标	$P_1 \sim P_2$	$P_2 \sim P_3$	$P_3 \sim P_1$
实际值/mm	68	60	57
测量值/mm	72	56	53
精度/%	5.8	5.6	5.5

表 3-6 料面采样点纵向距离测量精度统计分析

指　标	P_1	P_2	P_3
测量值/mm	90	143	110
实际值/mm	85	152	116
精度/%	5.55	5.43	5.40

3.4 基于实时动态分割的高炉三维料面可视化方法

为了获得形象生动的三维料面，本节提出基于实时动态分割的高炉料面三维可视化方法。首先基于 Unity3D 仿真平台进行料面网格化，获得料面表面网格；然后，基于 3ds Max 和 Unity3D 进行高炉料面相关虚拟内容设计；最后，基于 VRTK 设计高炉料面虚拟可视化交互。

3.4.1 基于 Unity3D 的高炉料面表面网格化

基于 Unity3D 的高炉料面表面网格化，具体包括两部分内容：(1) 基于深度信息构建点云阵列；(2) 基于点云阵列构建三角形顶点索引数组生成网格。为了能够适应更高的分辨率，本节提出一种基于图像分辨率的网格分割方法，并基于网格顶点拓扑结构推导出三角形网格顶点索引通式来生成料面表面网格。Unity3D 中的多边形网格生成方法主要分成三个步骤来实现：(1) 创建 vertices 顶点数据数组；(2) 创建 triangles 三角形顶点索引数组，建立网格与顶点的拓扑结构；(3) 创建 *uv* 纹理坐标数组；(4) 生成网格。

步骤 1：根据深度图像分辨率进行分割得到若干子块；

步骤 2：从数据库中读取第 *P* 帧的深度信息，并将之作为顶点数组，此时的深度信息已经是料面上每一点相对于镜头的垂直深度值；

步骤 3：根据三角网格顶点检索算法获得三角形顶点索引数组；

步骤 4：根据深度信息或者其他料面数据（比如温度等）构建纹理坐标数组；

步骤 5：绘制第 *Q* 块子网格，直到全部绘制结束。

Unity3D 表面网格生成算法的流程图如图 3-31 所示。

3.4.1.1 基于图像分辨率的网格分割与点云阵列的构建

Unity3D 平台的渲染效率受网格分辨率的影响，同时对单张网格的顶点数量有上限要求，即面对分辨率超过 256×256 的网格时，Unity3D 无法完整绘制单张顶点数超过 256×256=65536 的网格，会损失一部分数据，渲染效率大幅下降，这是 Unity3D 软件目前固有的限制。因为 Unity3D 本身作为一个游戏开发引擎，游戏模型中的网格大小一般不会超过这个限制，规定一个上限有利于保证渲染效率和渲染的稳定性。然而，这些方法大多会以损失网格质量为代价来提高渲染效率，这并不能很好地直接适用于工业大数据的可视化中，因为工业大数据的可视化更多地注重数据的可视化精确度，不能一味地为了提高渲染速度而丢失一部分信息。但是，Unity3D 在 3D 开发中，平台通用、易于实现等的优势是 Unity3D 成为一种跨领域的可视化应用的技术基础。为了满足工业实时数据中更高分辨率网格以及更高渲染效率的需求，本节提出一种对网格动态分割的方法，使之能够在不大幅

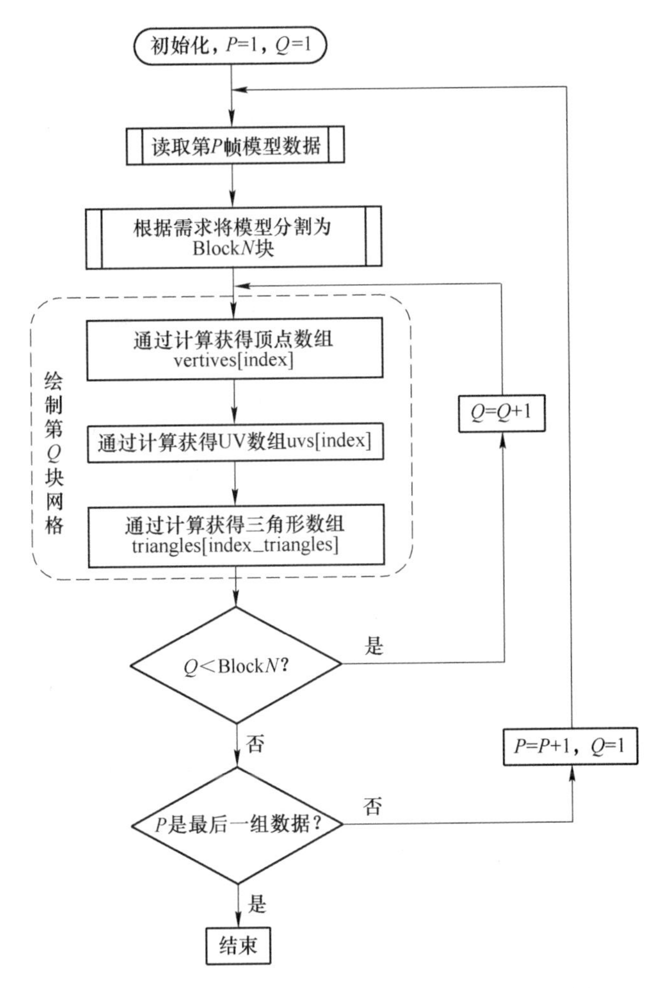

图 3-31 基于 Unity3D 的表面网格生成算法流程图

影响渲染效率的情况下适应更高分辨率的网格。

对于一张分辨率为 $r_x \times r_y$ 的深度图像，即该网格拥有 $(r_x+1)\times(r_y+1)$ 个顶点，然后在水平方向和垂直方向进行分割。为了方便计算，每个方向上的分辨率是要求能够被均分的，即每一个分割后的网格子块是同等大小的。这里在水平方向上分为 b_x 个子网格，在垂直方向上分为 b_y 个子网格，即最终分为 $b_x \times b_y = b$ 个分辨率为 $(r_x/b_x)\times(r_y/b_y)$ 的子网格，子网格的顶点数记为 $(r_x/b_x+1)\times(r_y/b_y+1)$。

在构建点云阵列过程中，首先要确定顶点数据的索引序列，即需要对网格上的顶点进行编号，网格分割的结果导致需要对每一个分块上的顶点进行从 0 开始单独重新编号。在 Unity3D 的结构性网格中，每一个像素对应一块矩形网格，即对应两个三角形网格，所以每一个像素对应 6 个顶点，这 6 个顶点具有以下的拓扑结构，如图 3-32 所示，按照逐行遍历的顺序可以得到如下编号序列，例如 ACEB。

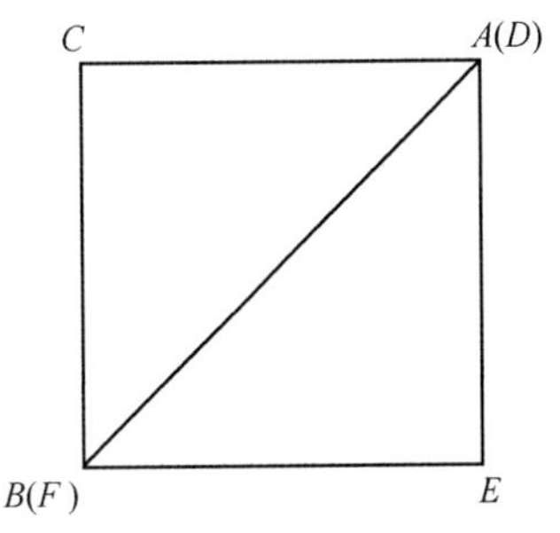

图 3-32 网格顶点的拓扑结构

由于 Unity3D 的世界空间坐标系是左手坐标系，因此将每一个像素点的深度信息作为对应的顶点在世界空间坐标系下的 y 坐标值。

3.4.1.2　基于网格顶点拓扑结构的三角形顶点索引数组

在顶点数据的基础上，需要进行三角形面片划分，在数学上定义为三角剖分，即假设 V 是二维实数域上的有限点集，边 e 是由点集中的点作为端点构成的封闭线段，E 为 e 的集合。该点集 V 的一个三角剖分 $T=(V, E)$ 是一个平面图 G，该平面图满足：(1) 除了端点，平面图中的边不包含点集中的任何点；(2) 没有相交边；(3) 平面图中所有的面都是三角面，且所有三角面的合集是散点集 V 的凸包。

对于一个离散的点集，将这些点按照三角形的规则连接起来，这个过程即为三角剖分。本节研究和传统的三角剖分有所区别，传统的点集指的是二维平面上的离散点集，本节研究从料面深度值获取的点集数据虽然也是离散数据，但严格意义上是一组结构化的平面序列，它在 xoz 平面上的值对应于深度图像的像素位置，所以可被认为是一种特殊的离散点集。正是由于数据的特殊性，本研究没有采用传统的 Delaunay 三角剖分算法[7]，而是采用一种针对此类数据的结构化三角剖分算法，即三角形索引算法。该算法实现起来更简单，效率更高。根据矩形网格中顶点的拓扑结构，易得到每一块矩形网格上的顶点分布规律，即

$$S(u, v) = u \cdot N(r_x, b_x) + v \tag{3-87}$$

$$N(r_x, b_x) = \left\lfloor \frac{r_x}{b_x} \right\rfloor + 1 \tag{3-88}$$

式中，$S(u, v)$ 为每一个像素对应的顶点编号序列；u、v 为像素位置索引；$N(r_x, b_x)$ 为一个子网格中在水平方向上的最大顶点数。

$N(r_x, b_x)$ 的存在，可提供若干种均匀分割的方式来构建最终的网格。

定义一个三角形索引函数 $T(u, v, n)$，其中 n 表示数组的索引序列，也就是说对于任意一个三角形，每一组 $T(3n)$，$T(3n+1)$，$T(3n+2)$ 的值对应 3 个顶点的序列编号，由此便可为每个三角形网格匹配 3 个顶点。对于第 (u, v) 个像素而言，有

$$\begin{gathered} T(u, v, 0) = S(u, v),\ T(u, v, 1) = S(u+1, v) + 1,\ T(u, v, 2) = S(u, v) + 1 \\ T(u, v, 3) = S(u, v),\ T(u, v, 4) = S(u+1, v),\ T(u, v, 5) = S(u+1, v) + 1 \end{gathered} \tag{3-89}$$

又因为结构性数据特点，每个像素对应的网格顶点的拓扑结构是一致的，故

$$T(u, v, n) = \begin{cases} S(u, v) & n = 3N \\ S(u+1, v) + 1 & n = 3N+1 \\ S(u, v) + 1 & n = 3N+2 \\ S(u, v) & n = 3N+3 \\ S(u+1, v) & n = 3N+4 \\ S(u+1, v) + 1 & n = 3N+5 \end{cases} \tag{3-90}$$

化简整合可以得到最终的索引号与顶点编号之间通用表达式：

$$T(u, v, n) = \begin{cases} S(u, v) & n = 3N \\ S(u+1, v) + 1 & n = 3N + \left[\dfrac{3}{2} + \dfrac{1}{2}(-1)^{N+1}\right] \\ S(u, v) + 1 & n = 6N+2 \\ S(u+1, v) & n = 6N+4 \end{cases} \tag{3-91}$$

基于以上的顶点数组和三角形索引数组的信息，可绘制每一块子网格，理论上任意满足要求的分辨率的网格都可通过这种方式以较高渲染速率进行构建。

3.4.1.3 基于 Unity3D 的高炉料面三维重建

基于料面的深度信息将料面表面网格模型分割为若干份，在 Unity3D 平台上绘制顶点阵列。图 3-33 所示的是将网格分割为 5 × 5 = 25 块的情况。

(a)

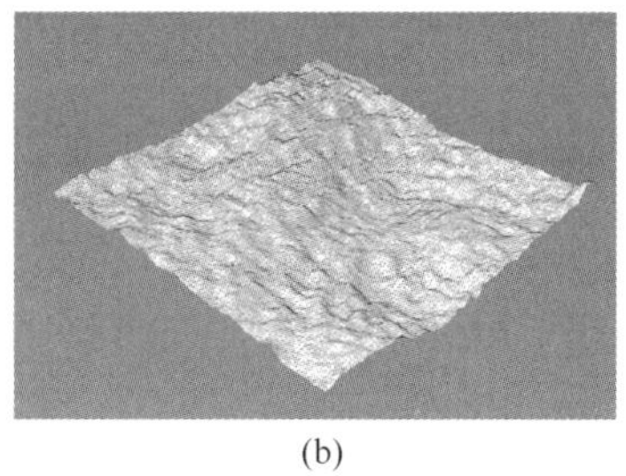

(b)

图 3-33 某子块的顶点阵列和表面网格
(a) 顶点阵列；(b) 表面网格

所有子块顶点绘制完毕后，利用之前提到的表面网格模型构建方法构建每一块子网格。然后将所有子块整合，得到完整料面表面网格模型，如图 3-34 所示。

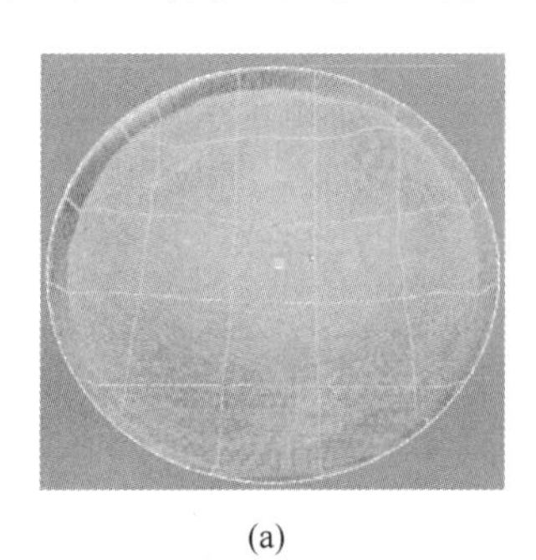

(a)

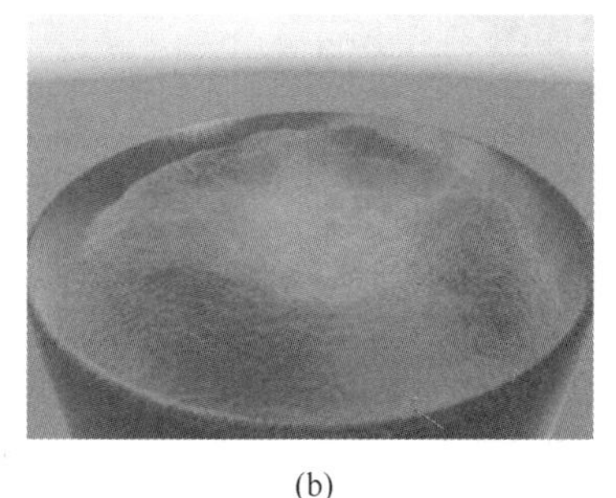

(b)

图 3-34 完整料面表面网格模型
(a) 5×5=25 个子块整合；(b) 完整表面网格模型

3.4.2 基于 3ds Max 和 Unity3D 的高炉料面相关虚拟内容设计

基于 3ds Max 和 Unity3D 的高炉料面相关虚拟内容设计包括两部分：(1) 基于 3ds Max 等 3D 建模软件构建高炉炼铁过程的场景模型，主要目的在于模拟高炉料面所处的位置以及周围的静态环境，包括但不限于必要硬件设备的数字化几何模型；(2) 基于 Unity3D 构建高炉料面相关的动态特效模型，这些动态特效模型主要包括炉料的运动、煤气流的运动、铁水的运动、料层的变化等。对料面形状造成影响的因素非常多，构建出这些动态因素有利于进一步展现料面的动态变化。

3.4.2.1 基于 3ds Max 的场景模型构建

构建场景模型首先需要明确构建的具体对象，本节主要构建针对高炉炼铁过程中对料面产生一定影响的静态环境，包括高炉本体、装料设备、煤气管道、热风管道等。然后根据对象的几何特点选用最合适的建模方法来进行构建，当前 3ds Max 建模方法主要有直接创建基本图形、放样、车削、倒角、绘制样条线、多边形网格、布尔操作等。基本的建模流程如下：(1) 获取模型的基本外观信息；(2) 分解模型的基本构成；(3) 针对每一个部分选用最佳建模方法进行建模；(4) 制作材质贴图；(5) 渲染测试以及模型优化；(6) 导入 Unity3D 平台；(7) 在 Unity3D 平台调试，包括缩放、位置、角度、材质、贴图、动画等多个部分，如图 3-35 所示。

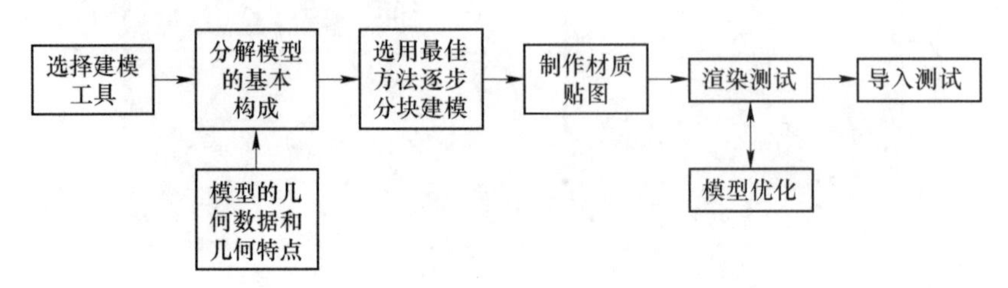

图 3-35　基于 3ds Max 的场景几何模型构建流程图

(1) 高炉结构分为炉喉、炉身、炉腰、炉腹 、炉缸五部分，如图 3-36 所示。

获取高炉本体的基本外观信息，本节基于某钢铁公司提供的若干份图纸及若干份实物图构建了高炉模型。高炉构造类似于一个变形的中心对称的圆柱体，首先通过放样操作构建出一个圆柱体，再通过修改器对圆柱体进行变形，随后设定变形参数，最后对每一处细节进行微调，效果如图 3-37 所示。

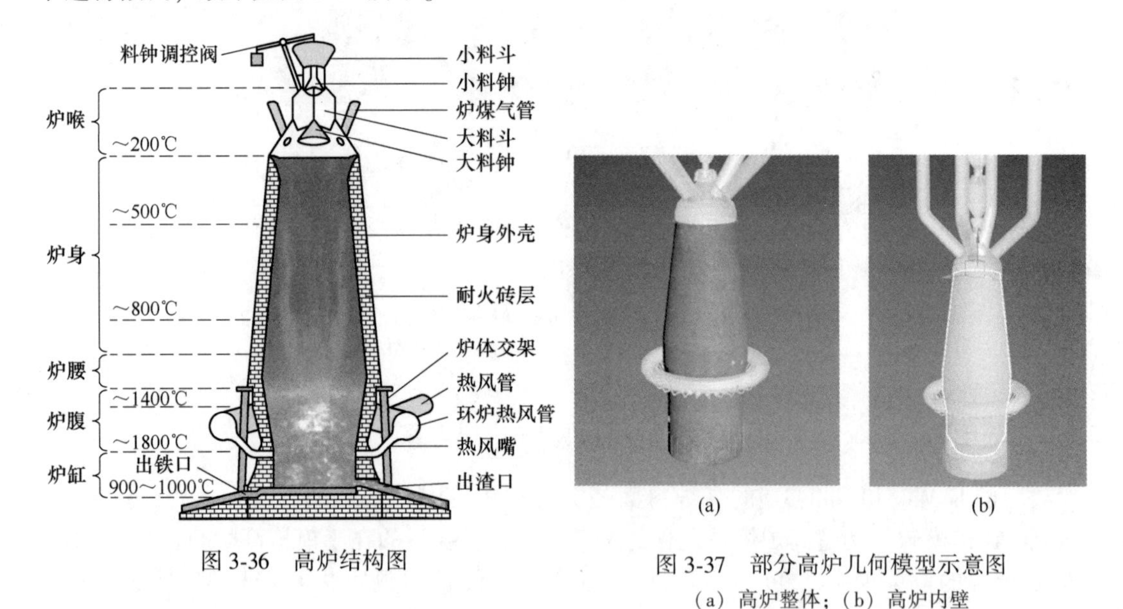

图 3-36　高炉结构图

图 3-37　部分高炉几何模型示意图
(a) 高炉整体；(b) 高炉内壁

(2) 装料设备是高炉炼铁过程中主要用于布料、过料的设备，包括类似一些管道、料罐、孔洞的结构。装料设备构造类似于一个变形的圆锥体加上顶部管道的结构，效果如图 3-38 所示。

(3) 高炉管道包括但不限于煤气、热风、均压管道等。大部分管道都可以通过放样的操作来创建，如图 3-39 和图 3-40 所示。

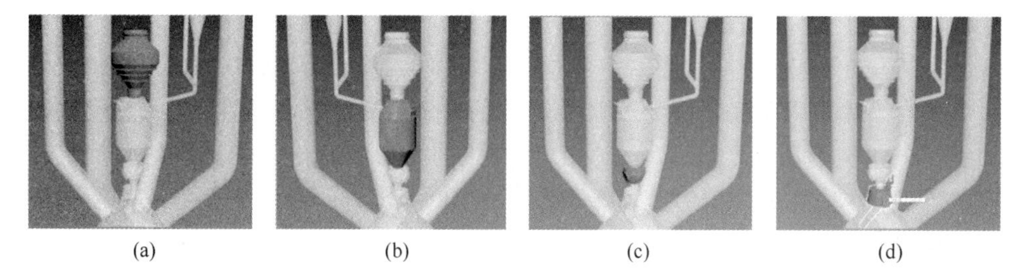

图 3-38 装料设备各部分几何模型示意图
(a) 上料罐; (b) 下料罐; (c) 阀门; (d) 溜槽

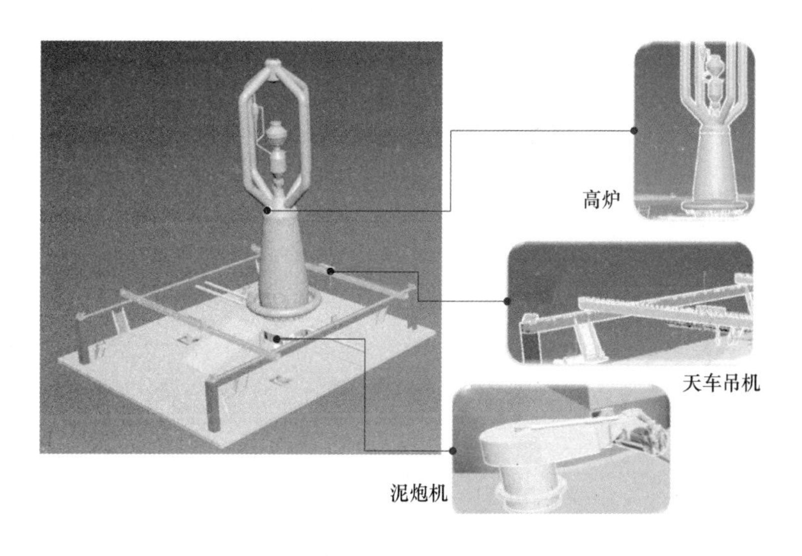

图 3-39 高炉主要场景模型示意图

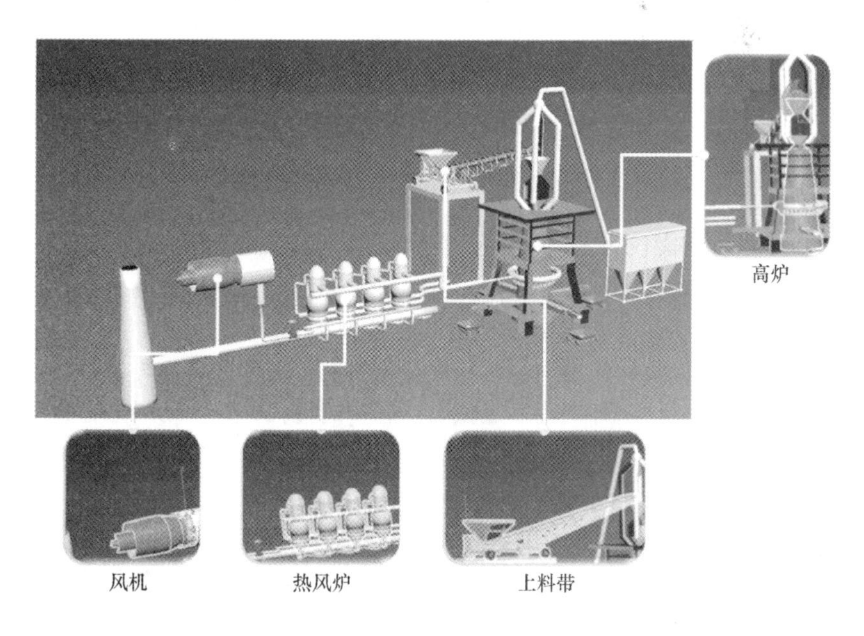

图 3-40 热风炉、上料带等其他场景模型示意图

3.4.2.2　基于 Unity3D 的特效模型设计

Unity3D 平台中的虚拟特效模型主要包括：粒子系统、动画和 Shader（着色器）。特效模型大多依赖并作用于场景模型中某个具体的对象，旨在模拟大部分动态变化的流体（粒子系统）、机械运动和音效（动画）以及物体的光影色变化（Shader）等。同时，虚拟特效模型是一个完备的虚拟仿真系统中必不可少的一部分，在一定程度上决定了该系统的视觉、听觉真实性。

（1）粒子系统：本质上是一个受一定规则约束的 3D 模型集合，通常为了保证渲染效率，这个 3D 模型一般会用点、线段、二维规则图形或者三维规则体来代替。Unity3D 的粒子系统已经集成为一个成熟的工具，可在 Unity3D 操作界面直接进行创建，也可以通过编程实现，如图 3-41（a）所示。

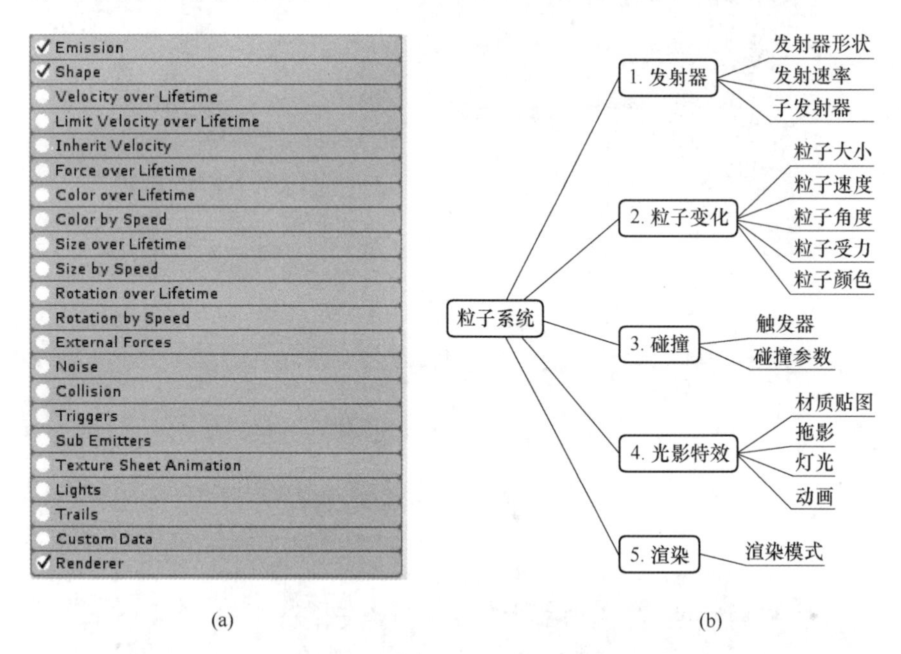

图 3-41　Unity3D 中的粒子系统
（a）粒子系统组件；（b）粒子系统组成结构图

Unity3D 粒子系统功能模块大致可以分为五大类：发射器、粒子变化、碰撞、光影特效和渲染，如图 3-41（b）所示。图 3-42 为热风炉中的部分粒子特效示例。

（2）动画：主要分为镜头动画、模型动画、音频动画。镜头动画是在某坐标系下逐帧对某相机的视角进行调整；模型动画是在位置、角度、缩放、着色等方面，对某一个模型或该模型的某部分按照设定好的程序逐帧进行调整的过程；音频动画是音频特效。考虑到动画无法通过图像的方式直观地展示效果，所以仅给出部分模型动画的某一帧的效果图，如图 3-43 所示。

（3）着色器：Unity3D 的 Shader（着色器）是封装了 CG 编程语言的可编程脚本，一般称为 shaderLab，而 Cg 语言（C for Graphics）是为 GPU 编程设计的高级着色器语言，由 NVIDIA 公司开发。Shader 本质上是一段对输入的贴图、颜色和网格进行操作组合后输出的程序。按照渲染管线分类，可以把 Shader 分成 3 个类别：1）固定功能着色器（Fixed

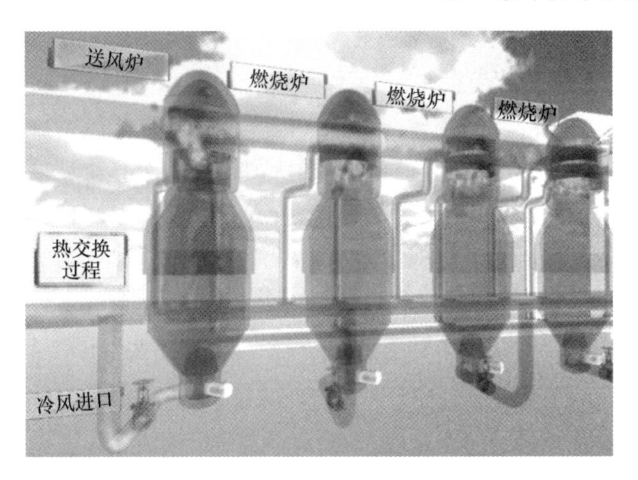

图 3-42 热风炉中的粒子系统
(扫描书前二维码看彩图)

图 3-43 风机转动示意图
(扫描书前二维码看彩图)

Function Shader)：它是固定功能渲染管线的具体表现；2）表面着色器：存在于 Unity3D 中由 U3D 发扬光大的一门技术。Untiy3D 为已经把 Shader 的复杂性包装起来，降低 Shader 的书写门槛；3）顶点着色器和片段着色器：在 GPU 上即可编程顶点处理器和可编程片段处理器，顶点和片段处理器被分离成可编程单元，可编程顶点处理器是一个硬件单元，可以运行顶点程序，而可编程片段处理器是一个运行片段程序的单元[8]。

本节编写了众多 Shader 程序，包括料层的变化、铁水池的变化、透明变色等。为了体现料层位置的变化，在顶点着色器中，以时间为自变量，在世界空间 y 轴方向对纹理坐标进行偏移变换。在片断着色器中，对料层纹理采样获取纹素值。添加法线纹理以增加料层纹理的细节和真实性。为照亮料层固体背光面，需要在场景中添加若干个额外光源，合理设置光源的强度、半径和相对于料层固体的位置，并在 Shader 中添加额外的 pass，pass 的光照模式设置为 ForwardAdd，pass 的混合因子根据视觉效果的需求设置，如图 3-44 所示。铁水池的变化过程实现方式与料层变化类似，但是铁水会朝着多个方向流动，因此需要以时间为自变量，在世界空间 x 轴和 y 轴两个方向对坐标纹理进行偏移变换。另外，为了模拟铁水池中的扰动，在片断着色器中用分型布朗运动来实现该效果，即将多层噪声纹理叠加，并将叠加后的噪声值转换为颜色值，如图 3-45 所示。

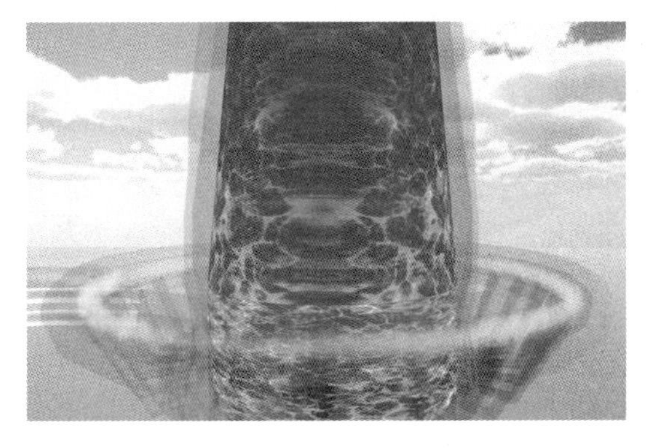

图 3-44 料层变化示意图
(扫描书前二维码看彩图)

图 3-45 铁水池变化示意图
(扫描书前二维码看彩图)

3.4.3　基于 VRTK 的高炉料面虚拟可视化交互设计

用户的操作体验，也就是交互方式是虚拟现实系统和传统软件操作系统的重要区别之一。传统软件操作系统通过鼠标键盘发送指令，而虚拟现实系统则认为用户的所有生理信号都可以作为输入手段。当前主流的交互方式还是手柄控制器、语音等，因此本节同样采用 HTC VIVE 系列配套的手柄控制器进行虚拟交互。目前，通过 Unity3D 实现虚拟现实效果所用到的主流工具包有 SteamVR、VRTK 等，VRTK 是基于 SteamVR 进一步封装的工具库。基于 VRTK 主要实现了两大块功能：（1）基于可控激光的多功能空间直线漫游；（2）基于贝塞尔曲线的料高线绘制。

3.4.3.1　基于可控虚拟激光的多功能空间直线漫游

虚拟现实系统中的空间漫游指用户在虚拟现实空间中进行任意的空间上的位移，其表现形式本质上是视角的旋转平移。为了降低用户在使用过程中产生的 3D 眩晕感，当前虚拟现实产品中主流的漫游方式有基于抛物线的平面漫游模式和自由移动漫游模式[9]。自由移动漫游模式是一种实时连续移动模式，模拟真实世界的移动（例如，能进一步模拟人类在行走时身形晃动带来的视线变动）。

基于抛物线的平面漫游模式本质上是一种激光瞬移模式，如图 3-46（a）所示。通过控制手柄某个按键发射出抛物线激光，抛物线落点即传送点，在松开该按键的瞬间，视角将瞬间移动到该传送点。这种漫游方式虽然操作简单，上手快，视角的瞬间变化能够较大程度上降低 3D 眩晕感，但是操作自由度太低，瞬移操作仅适用于平面上的位移，难以在 y 方向上进行流畅的移动（Unity3D 世界空间下采用的是左手坐标系，y 方向是垂直方向），除非在 y 方向设置多个不同纵深的平面来产生不同高度的落点；该方式不仅会增加操作复杂度，还必然给场景渲染带来不必要的压力，这些漫游方式并不满足高炉料面可视化对场景漫游的需求。

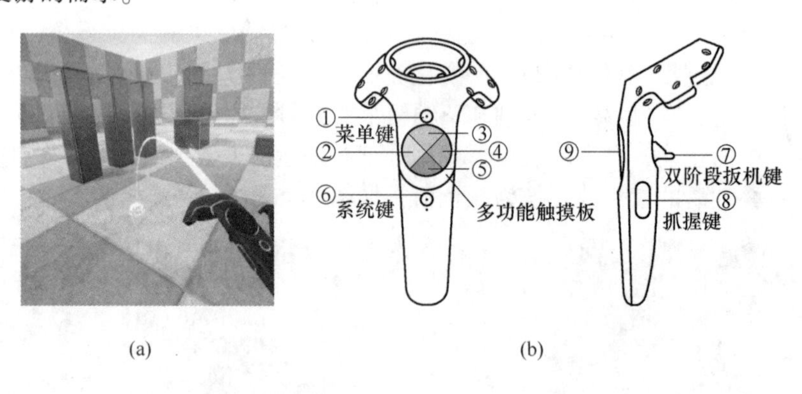

图 3-46　HTC VIVE 手柄操作示意图
（a）抛物线激光位移模式；（b）手柄按键解析

因此本研究基于 VRTK 提供的激光发射脚本和控制器脚本修改相应的函数事件，最终实现一种基于可控虚拟激光的多功能空间直线漫游方式，包括两种漫游模式：自由空间直线漫游模式，自动游览漫游模式。3 个按键功能：双阶段扳机键发射可控长度的直线激光，触摸板暂停/继续自动游览漫游，抓握键重置视角。3 个信息提示：（1）激光末端固定大小的光球提示激光的落点（透射投影）；（2）触摸板的颜色与自动游览模式的运行状态同步变化；（3）虚拟激光射线与主要场景模型的碰撞检测（场景模型变色）。

本节对手柄上的所有按键均设定了不同功能，如图 3-46（b）所示。

（1）将手柄双阶段扳机键作为虚拟激光发射功能，其中轻扣状态设定为持续发射固定长度（人为定义一个初始值）的直线激光，重扣状态激活时将以一个固定的速度持续延长激光的长度并不断振动手柄提示用户此时激光正在延长，在松开扳机键时用户将瞬移至激光末端，并将延长后的激光长度重置。发射的激光是通过创建一段可控规则柱体网格模型实现的，导致在激光不断延长的过程中（此时激光末端逐渐远离视点），激光末端在视觉上变得难以观察，这里为了让用户能够清楚地掌握激光末端的位置，因此在激光末端创建一个自适应半径的球体来表示激光末端位置（球体的半径能够随着激光末端与视点的距离不断变化，使得球体在屏幕上半径大小一直处在一个易于分辨的区间内）。在透视投影的标准模型下[10]，如图 3-47（b）所示，设定球体的圆心点和圆周上任意一点在视锥体内的坐标为 $s_0(x_0,\ y_0,\ z_0)$，$s_1(x_1,\ y_1,\ z_1)$，在视平面的透视投影中为 $s'_0(x'_0, y'_0, z'_0)$，$s'_1(x'_1,\ y'_1,\ z'_1)$，近平面到视点距离为 n，远平面到视点距离为 f。

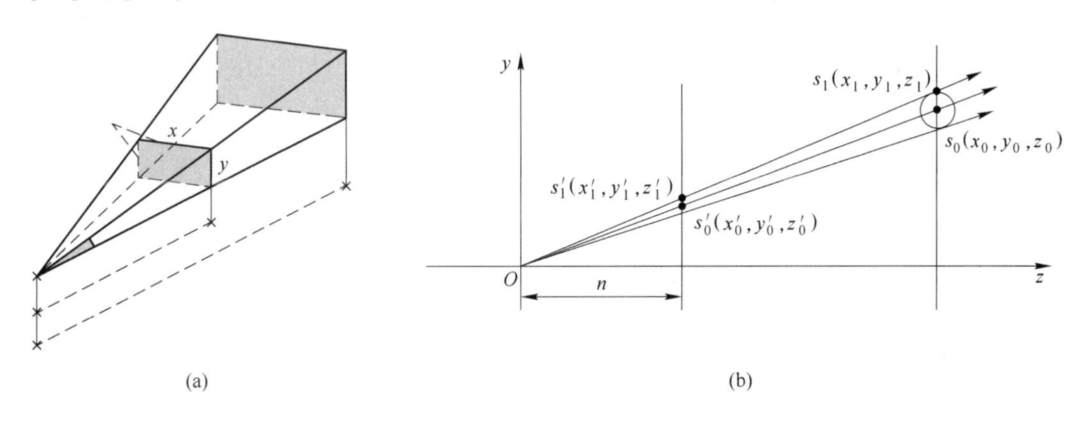

图 3-47　透视投影示意图

（a）透射投影标准模型；（b）X-Z 平面投影结果

因此在 X-Z 平面的投影结果上由相似三角形可以得到：

$$|s'_0 - s'_1| = \frac{n|s_0 - s_1|}{z_0} \tag{3-92}$$

为了保证球体半径在视平面上投影是一个固定的大小 S，设 t 是一个用于调节最佳球体大小的系数，令

$$S = |s'_0 - s'_1| \cdot z_0 t = nt|s_0 - s_1| \tag{3-93}$$

基于以上关系可通过改变在视锥体中球体的半径，使得球体在屏幕上半径大小处于一个容易分辨的区间内，并且当激光打到某些重要场景模型上时（例如高炉本体、上料设备等），会改变该模型颜色以提示用户，如图 3-48 所示。

（2）将多功能触摸板作为漫游模式切换、自动漫游播放/暂停和提示功能。设计了两种漫游模式，一种是前文提到基于可控激光的空间直线漫游模式，另一种是自动漫游模

(a)

(b)

图 3-48　基于可控激光的空间直线漫游
(a) 激光未指向特殊模型；(b) 激光指向高炉本体

式，本质是一种 VR 镜头动画。其目的是作为一种新手使用引导，帮助用户首次使用快速了解整个系统的功能和操作方法。因此在空间直线漫游模式下按下触摸板会将漫游模式切换为自动漫游模式，自动进入一段 VR 镜头动画（视角依然可以自由旋转，视点在自动漫游)。在自动漫游中按下触摸板，会暂停或者播放当前的 VR 动画并改变触摸板模块的颜色以提示用户此时的暂停/播放状态，如用户想切回空间直线漫游模式，可扣动扳机键发射激光进行空间瞬移。最后将抓握键作为视角重置的按钮，帮助用户能够快速找回自身所在位置（如果用户一时不熟悉场景无法继续进行漫游)，如图 3-49 所示。

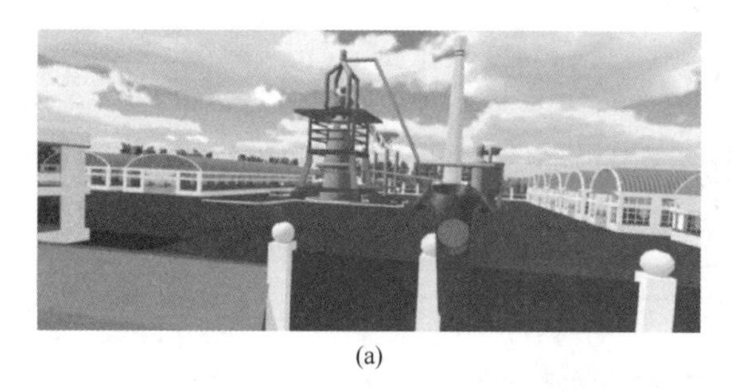

(a)

(b)

图 3-49　自动漫游模式下触摸板的变化
(a) VR 动画暂停时；(b) VR 动画播放时

3.4.3.2　基于贝塞尔曲线的料高线绘制

料高线在本研究中指的是由若干个以某定点为发射点的一条射线与料面表面网格模型的交点组成的一条空间曲线，曲线上每一点均代表料面某一点的高度信息。料高线的绘制是本系统针对高炉料面这一个对象开发的一项用于直观观察和进一步了解其主要特征的功能。在炉料进入到高炉，到达料面上空位置时，本系统将自动激活料高线绘制功能，直到用户按下触摸板切换漫游模式或者抓握键重置视角来关闭此功能。激活时，手柄的扳机键不再能够延长激光长度，轻扣发射出激光的默认长度也会降低至适配料面空间大小的长度以便于用户在料面上空进行空间直线漫游，同时重扣按钮将会触发料高线的绘制；如果用户发射的激光与料面表面网格产生交点，系统会根据激光碰撞检测的检测时间频率来进行采样。本节在 Unity3D 中将激光碰撞检测的检测时间频率设为 0. 02 s，即每 0. 02 s 采样一个激光与料面的交点，松开扳机键后则绘制完毕，如图 3-50 所示。

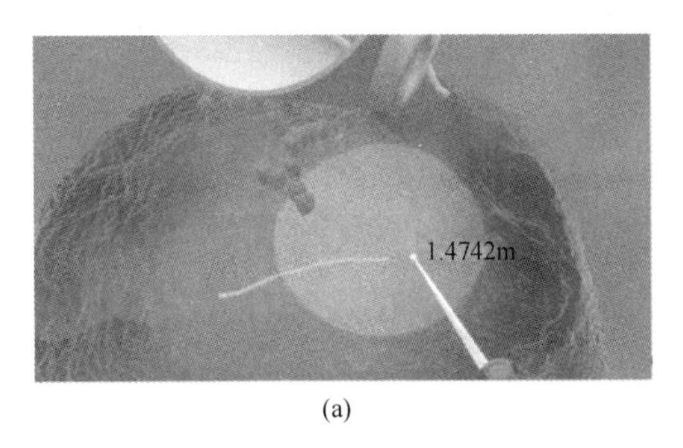

(a)

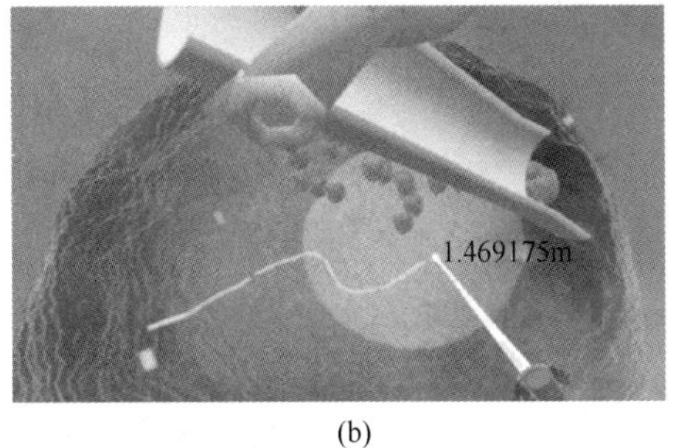

(b)

图 3-50 基于贝塞尔曲线的料高线绘制
(a) 某次绘制料高线；(b) 再次绘制料高线

料高线的本质是一段弯曲平滑的柱状网格模型，这条料高线的形状取决于采样点的坐标。料高线的绘制分为两种情况，一种是针对两个采样点的直线柱状网格，另一种是针对三个采样点的带有拐点的曲线柱状网格。为了让拐点处网格显得更为平滑，在每一个拐点的左右两端设定两个辅助点，如图 3-51 (a) 所示，在世界坐标系下第一个采样点为 $F(x_1, y_1, z_1)$，第二个采样点为 $S(x_2, y_2, z_2)$，第三个采样点为 $T(x_3, y_3, z_3)$，靠近前一个采样点的辅助点为 $C_f(x_f, y_f, z_f)$，另一个辅助点为 $C_b(x_b, y_b, z_b)$，预设辅助点与拐点的距离为 d，由向量计算可以得到：

$$\boldsymbol{n}_f = \boldsymbol{OS} - \boldsymbol{OF} = (x_2 - x_1, y_2 - y_1, z_2 - z_1) \tag{3-94}$$

$$\boldsymbol{n}_b = \boldsymbol{OT} - \boldsymbol{OS} = (x_3 - x_2, y_3 - y_2, z_3 - z_2) \tag{3-95}$$

$$\boldsymbol{OC}_f = \boldsymbol{OS} - \frac{\boldsymbol{n}_f}{|\boldsymbol{n}_f|} \cdot d \tag{3-96}$$

$$\boldsymbol{OC}_b = \boldsymbol{OT} + \frac{\boldsymbol{n}_b}{|\boldsymbol{n}_b|} \cdot d \tag{3-97}$$

对于 F 点和 C_f 点，可采用两采样点的方式直接绘制直线柱状网格，重点是拐点处网格的绘制。为了获得平滑的曲线，且不大幅度增加时间复杂度，采用二阶贝塞尔曲线的方法来逼近拐点[11,12]，如图 3-51 (b) 所示。

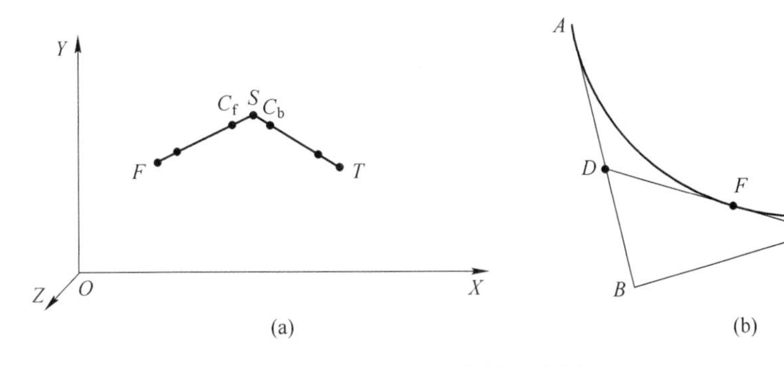

图 3-51 料高线的绘制机理
(a) 三采样点和辅助点示意图；(b) 二阶贝塞尔曲线

A、B、C 点表示平面上任意三点，D、E 分别表示 AB、BC 间的动点，连接 DE，F 点

是 DE 上的动点，满足

$$\frac{DF}{DE}=\frac{AD}{AB}=\frac{BE}{BC}=t \tag{3-98}$$

为得到 F 点的轨迹（弧 AC），记 $F(t)$ 为动点 F 的参数方程。

$$\boldsymbol{OD}=\boldsymbol{AB}\cdot t+\boldsymbol{OA} \tag{3-99}$$

$$\boldsymbol{OE}=\boldsymbol{BC}\cdot t+\boldsymbol{OB} \tag{3-100}$$

$$\boldsymbol{OF}=\boldsymbol{DE}\cdot t+\boldsymbol{OD} \tag{3-101}$$

$$F(t)=(1-t)^2A+2t(1-t)B+t^2C \qquad t\in[0,\ 1] \tag{3-102}$$

针对三采样点的料高线绘制中，将拐点作为二阶贝塞尔曲线的控制点，两个辅助点作为起点和终点，如图 3-51 所示。基于 Unity3D 开发平台，结合 VRTK 函数库，通过 C#编程将高炉三维料面模型转化为 VR 模型，并构建了一套虚拟手柄交互系统，能够在料面模型上直接通过手柄获取任一点的信息（高度、温度等），通过手柄控制视角的全方位漫游，并且提供了第一人称独有的沉浸式体验，同时可以通过控制动画和部分模型的运动状态，给用户提供充足的身临其境的感觉，提升了用户的操作体验和视觉体验，成功实现虚拟现实技术与工业对象的有机结合。

3.5 工业应用及效果分析

为了验证实际冶炼过程中高炉料面三维重建的精度，首先，依据高温工业内窥镜的安装方案和安装参数，搭建并开发高炉料面三维形貌检测系统；其次，通过对内窥镜图像关键帧的判别、筛选和提取，利用极化特征及启发对抗网络对料面关键帧进行清晰度增强和补全；再次，基于布料环特征和虚拟多目相机阵列，对高炉料面进行实时三维重建；最后，基于机械探尺实测的高炉料面真实料位数据，对本章所提算法的精度、正确性及实用性进行现场工业验证。

高炉料面三维检测系统的现场搭建结构如图 3-52 所示，从图中可知，该料面三维检测系统包含：最新研制的星光级内窥镜、炉顶防爆控制箱、高炉中控室的上位机、高炉实时监视及三维重建软件系统等。

为了将本章所提算法在高炉中控室的上位机上运行，基于 C#、LightningChart、VRTK、Unity3D、SteamVR 等语言、控件及平台，编写开发了大型高炉料面三维形貌检测系统。该系统采用过程模块化设计思想与面向对象的开发技术，框架结构如图 3-53 所示，可分为以下几个模块：(1) 高炉料面图像采集模块，进行高炉料面图像的实时采集与视频记录存档，并且实时可视；(2) 图像清晰化及补全模块，实时评价图像质量，剔除不合格或者缺少深度信息的图像信息，对于关键帧料面图像进行清晰化和料面补全处理；(3) 三维重建模块，根据三维特征提取算法编写程序，在线提取图像三维信息，获得料面形貌，并通过三维定标，进行高炉料面三维信息的测量；(4) 分析模块得到的三维信息，进行当前料面的标高计算，计算炉料下降速度，渲染并展示高炉料面三维形貌的实时展示。

该系统的主要设计思路如下：

(1) 在传统的单线程设计思路下，系统需要同时完成多个任务需要排队等待当前线

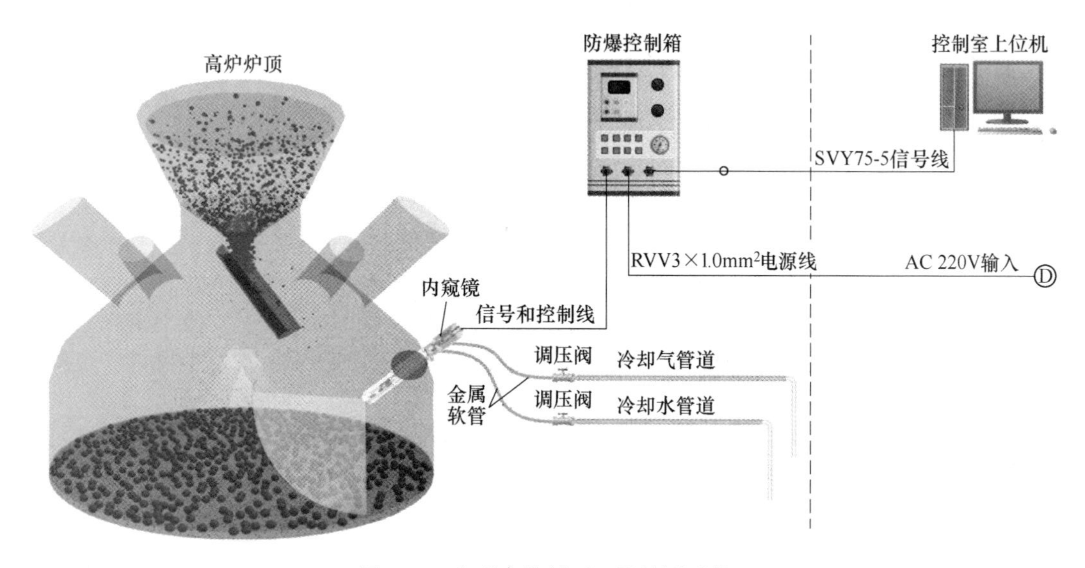

图 3-52 大型高炉料面三维检测系统

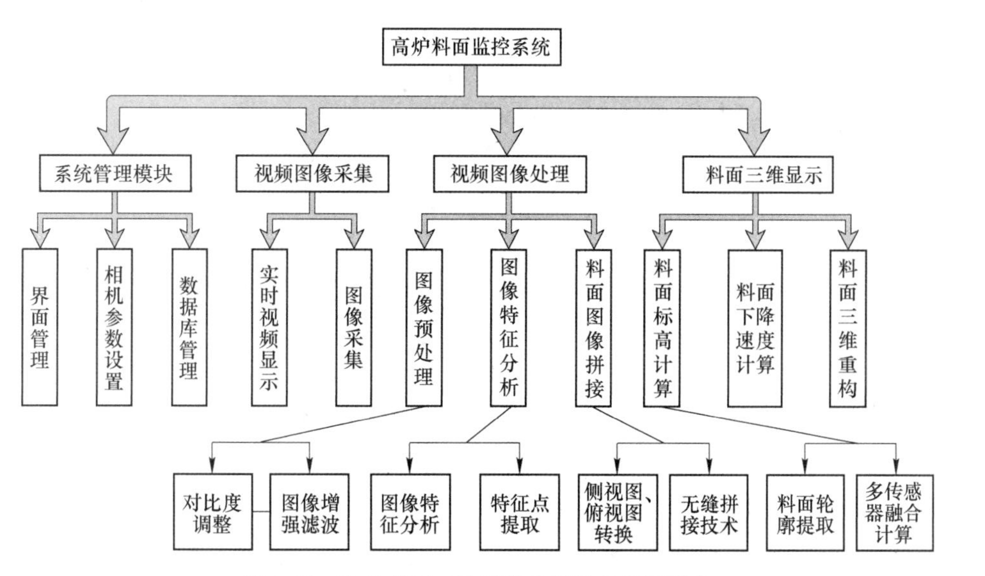

图 3-53 高炉料面三维形貌检测软件系统架构

程或者挂起线程，许多任务的计算消耗资源不同。由于计算机发展，处理器核心和线程得到增加，传统单线程软件难以利用计算机的全部性能。采用多线程同时处理多个任务，将程序分为不同的互不干扰模块，增加系统运行效率。在多个线程中，程序被分为单独模块，其中共享了模块中部分数据，减少了程序冗余。由于高炉料面实时三维重建应用于实际生产过程，对系统实时性要求很高，为此，采用多线程技术，研究开发高炉料面三维检测系统应用软件，实现高炉料线料型的实时检测。

（2）在软件体系选择上，采用多线程并行的面向对象软件技术开发，功能主要为实时采集高炉料面图像、图像质量评价与关键帧判别、图像清晰化与补全、料面图像特征提取与三维重建、三维定标与基准测量。主要线程包括：系统管理主线程，管理界面信息与系统运行参数、内窥镜运行参数；图像处理线程，图像质量评价与关键帧判别，基于亮度极化清晰化方法提取清晰料面，并对关键帧进行补全；视频监控线程，实时显示高炉料面视频，并对原始视频数据和相应的信息进行存储；三维感知线程，构建动态的虚拟多目相机进行三维重建，结合机械探尺进行三维定标；三维显示线程，多种方式实时渲染和显示三维测量结果。

(3) 在工业大型软件系统的模块化设计过程中，软件系统与硬件系统、企业需求结合，有效实现了软件系统的基础功能设计的扁平化设计思路。与现场专家深入交流，参照当前厂矿大型软件系统的主要软件体系架构，采用系统软件的行业需求分析模型，利用多线程编程思想，采用多模块的程序架构设计。系统采用面向对象的开发技术设计，主要功能有：

1) 软件管理模块：接入不同格式的图像与视频源，设定视频数据存储格式，设定保存路径，设定软件运行参数。

2) 图像采集模块，设定采集通道，初始化设备参数，采集图像并将数据送入视频缓冲区，按系统设定将数据显示在监控控件，管理图像内存句柄。

3) 图像清晰化与补全模块，料面图像分析系统软件图预处理功能包括图像预处理、关键帧筛选、图像清晰化等内容。为保证被处理的图像具有一定的质量，必须要进行一些图像清晰化，清晰化使图像清晰，当料面中心气流波动较大或图像质量较低时，系统降低当前图像质量评分，接着采集下一帧图像。

4) 高炉料面三维检测模块，构建高炉料面多目相机阵列是该高炉料面三维检测方法的可将高炉料面与高温工业内窥镜相对运动时的视差为线索。高炉料面虚拟相机阵列关键帧，在布料周期下料面与高温工业内窥镜镜头的相对移动方向上，捕获料面下降运动全过程高质量图像子序列。基于传统的特征点检测和对应匹配分析，使用有效的异常匹配检测来实现、通过已知的相机参数重建高炉料面。使用机械探尺数据定标，校正三维高炉料面的绝对坐标。

基于上述分析，经过软件开发、调试、联调运行，在某钢铁厂高炉的中控室搭建的高炉料面三维形貌检测软件系统实际运行图如图 3-54 和图 3-55 所示。从图 3-55 可以发现，左侧为基于本章所提方法实时重构出来的高炉料面三维形貌，其中三维料面上绘制的白色曲线为本章利用 OpenGL 开发的实时三维曲线绘制功能，利用鼠标在高炉三维料面绘制曲线，即可在图 3-55 的下部实时获得该曲线经过的料面料位曲线图，从而实现了料面料位信息的直观可视化。另一方面，图 3-55 的左侧则展示了实时获取的高炉二维料面图像，右下侧则是当前实时的机械探尺和雷达探尺测量值，以及当前现场所采用的布料矩阵和策略。

考虑到开发的高炉料面三维形貌检测系统软件除了主界面上功能外，采用可视化界面以灰度网状图、鸟瞰图、等高线图等可视化形式向工程人员形象地展示了料面三维形貌在线测量结果。高炉操作人员可通过可视化界面清楚地观察高炉料面三维形貌与炉料分布、当前料面高度、偏料斜料状况等，从而有效指引高炉操作人员观察炉料分布，分析异常炉况、判断炉料下降速度、制定布料制度、定点布料。同时具有历史数据管理功能，实现了三维料面场各区域平均高度值、与中心等距离点平均高度值的实时监视，具有料位曲线、径向高度历史报表查询功能，提供实时的数据管理。本章建立的高炉料面三维形貌检测系

图 3-54 登录界面

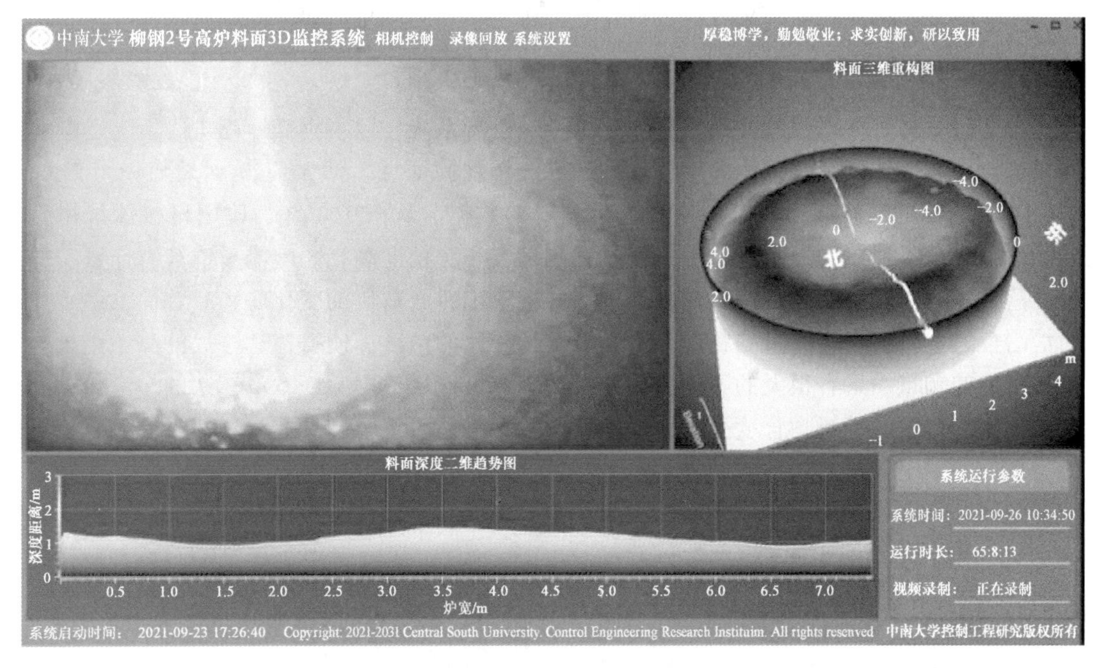

图 3-55 高炉料面三维形貌检测系统软件界面示意图

统基于高温工业内窥镜采集的料面图像，利用图像增强、三维重建、三维定标等技术手段，实现对高炉料面三维形貌分布的在线检测功能，使高炉操作人员可直接观测到高炉的实时动态料面，及时判断异常炉况，并为未来的高炉料面闭环自动布料系统提供不可或缺的料面信息。如图 3-56 所示，其中图上红球代表该高炉上安装的机械探尺测量料面点，而绿球代表安装在高炉上东、西、南三个方向上的雷达探尺测量料面点。高炉料面三维形貌可采用多种展示方式，如实物模式、色标模式、数据云模式、等高线模式等，说明系统提供全面的、可交互的三维料面展示手段，提高了系统交互性和易用性。

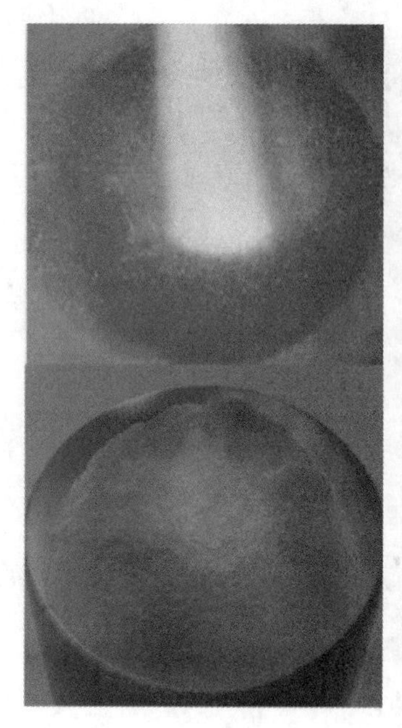

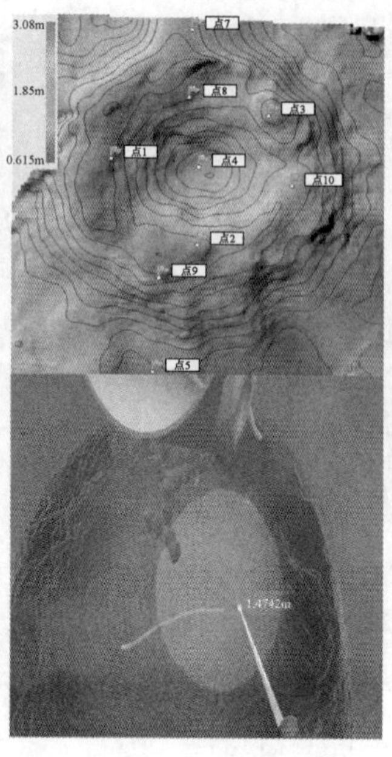

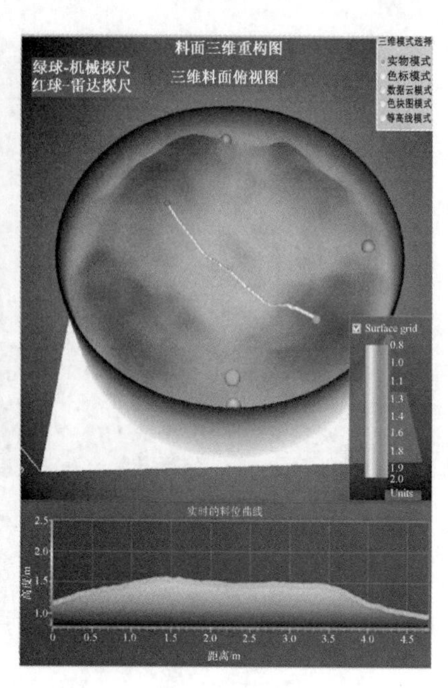

图 3-56　高炉料面三维形貌检测系统子界面示意图

（a）二维料面及三维料面；（b）料面等高线及三维料面料线值；（c）料面三维检测系统子界面

（扫描书前二维码看彩图）

为了定量分析本章提到的高炉料面三维形貌检测系统，以某钢铁厂高炉为例，选择北面机械探尺和雷达测量点，作为本章提到的算法精度验证点。图 3-57 显示是某一天 7：00 至 14：00 期间的雷达探尺和机械探尺进行测量的数据。从图中可知，使用机械探尺得到的测量结果是不连续的，由于其采用接触式测量方法，精度高，因此测量值被看作真实的料位值。雷达探尺可实时测量料面的料位，并反映出料面料位的变化趋势。然而，由于在高炉冶炼过程中会产生大量的粉尘，会影响雷达探尺的精度，使得雷达探尺的测量结果与机械探尺的测量结果有很大的不同。因此，利用机械探尺数据验证本章算法的精度，而利用雷达探尺数据的趋势吻合度，来验证本章所提算法是否符合高炉布料工艺。

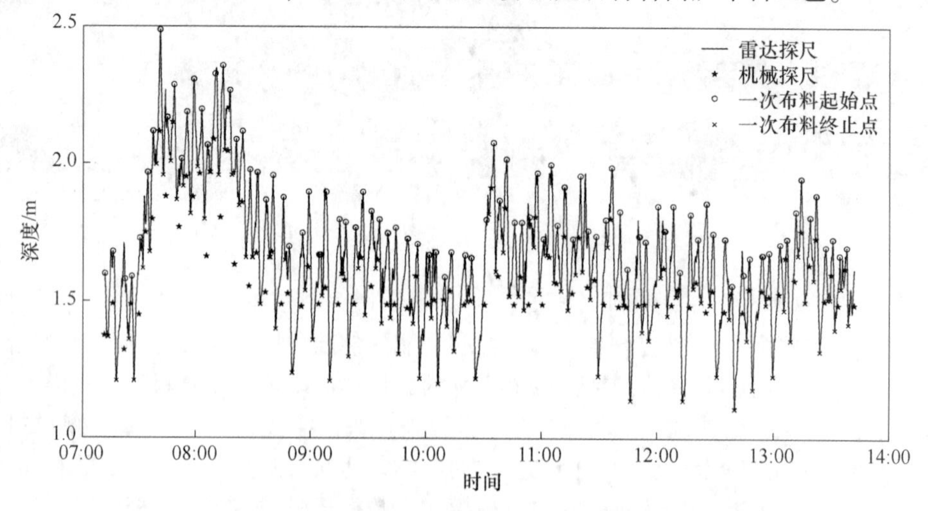

图 3-57　现场雷达及机械探尺测量数据曲线

图 3-58 显示了使用雷达探尺、机械探尺和本章提到的算法深度曲线，从某天 10：00 至 11：40，在料面的北侧检测高炉炉料深度，从图 3-58 中 11：20 以前的时段来看，机械探尺测量料位在 1.6~2.0 m 之间，偏离高炉标准控制料线（1.5 m）较大，可见这个时候高炉料面是非正常的炉况，煤气流在炉内运动较为混乱，炉内的粉尘量很大。因此，从雷达和机械探尺实验数据中可以看出，两者的差距较大，雷达探尺精度不高。而从料位测量 95%的置信区间来看，雷达探尺测量的精确度已完全脱离了可信的料位间隔，这说明此时雷达探尺测量数据的可信性较低；但从料位变化的趋势看，雷达探尺测量的料位曲线仍有较佳吻合性。相比之下，本章所提出的方法，其测量数据曲线的趋势不仅能与雷达探尺数据一致，而且能够较好吻合机械探尺数据。同时，本章所提出的算法测量的料位曲线基本处于 95%置信区间中，这也说明本章算法测量料位精度可信度较高。从图 3-58 中 11：20 之后的时间段来看，此时机械探尺测量的料位处于 1.4~1.6 m 的区间范围内，处于标准控制料位线 1.5 m 左右。这说明高炉回复到了较正常炉况状态，炉内煤气流运动规律，炉内粉尘量减少，此时雷达探尺测量精度提高。从料位测量的 95%置信区间来看，虽然雷达探尺测量料位曲线并未完全处于置信区间内，但已经非常接近料面曲线测量置信区间。本章所提出的算法，虽然置信区间变窄，但本章算法测量料位曲线仍然处于置信区间范围内，并较好吻合机械探尺数据和雷达探尺数据的趋势，这就说明本章所提算法对于高炉运行过程料面形貌检测具有较高的精度。

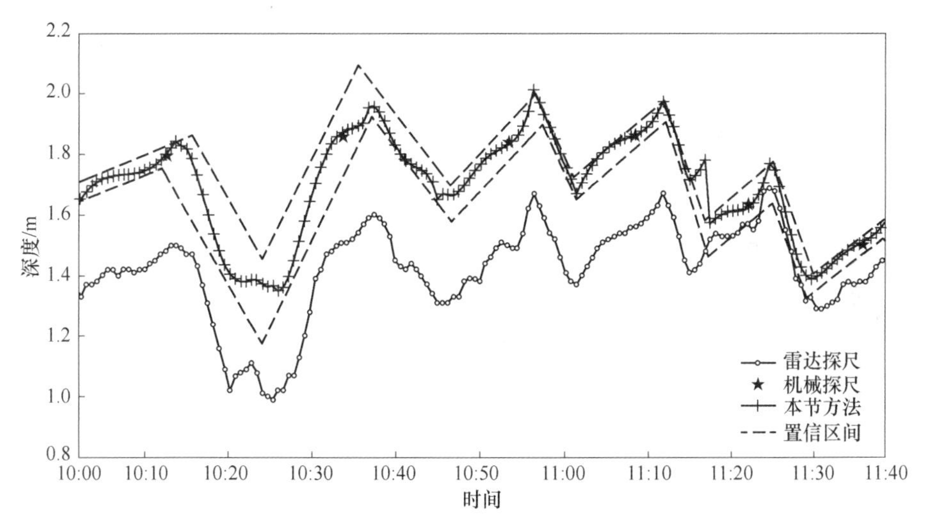

图 3-58　高炉各种工况下本章算法测量料位精度对比分析曲线图

为了进一步定量分析本章所提算法的精度，以上述时间段的机械探尺测量数据为基准，绘制了雷达探尺测量数据和本章所提算法与机械探尺间的绝对误差和相对误差曲线。从图 3-59 中可以发现，本章所提算法的绝对误差基本小于 0.1 m，平均相对误差基本小于 5%。从图 3-59 所示误差曲线的整体趋势来看，本章所提算法的误差曲线波动小，平稳性明显好于雷达探尺的误差曲线，这也进一步说明本章所提算法对高炉各种工况的适应能力强。为了形象反映出本章所提算法的测量精度，进一步绘制了本章算法及雷达探尺测量数据的 45°线图如图 3-60 所示。从 45°线图中也能明显看出，本章提出算法的测量值更加集中于 45°直线所表示的机械探尺实测值，而雷达探尺的测量值则相对于机械探尺实测值呈现相对发散的特点，这从统计的角度直观验证本章所提算法的精度优于雷达探尺的测量值。此外，为了全面定量验证本章所提算法的正确性及普遍性，使用了三个统计指标来进行评价：均相对误差（MRE）、均方根误差（RMSE）和5%以内的相对误差（Error-5%）。表3-7统计分析了10000个数据样本，其结果表明本章所提算法的MRE和RMSE均小于雷达探测器的实测误差，而相对误差低于5%的样本比例也远高于雷达探测器，这就进一步定量证明了本章所提算法的准确性和可靠性。

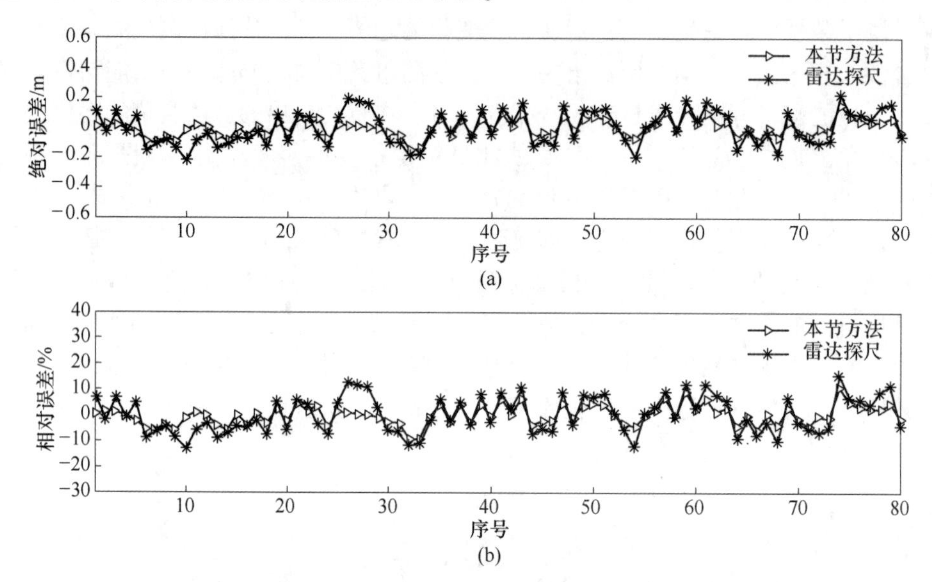

图3-59 本章所提算法精度与雷达探尺测量精度的绝对误差与相对误差比较
（a）绝对误差图；（b）相对误差图

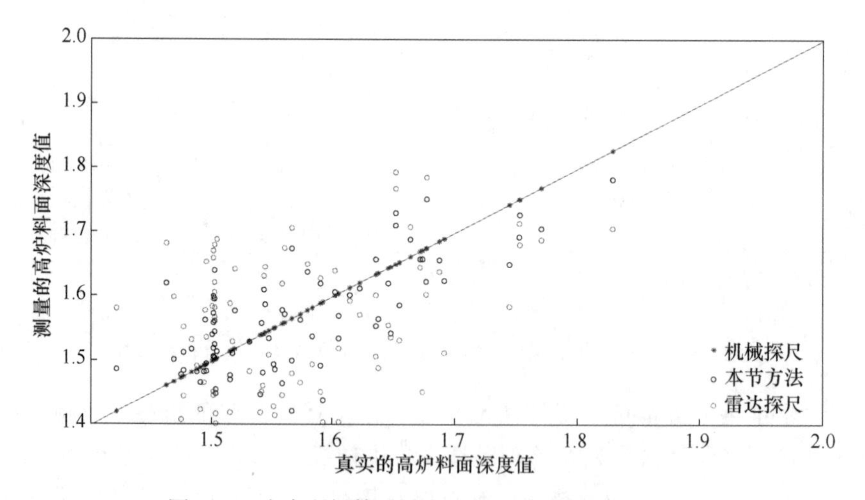

图3-60 本章所提算法及雷达探尺测量值的45°线图

表3-7 误差统计分析

方 法	MRE/%	RMSE	Error-5%/%
雷达探尺	7.4521	0.2729	71.51
本章方法	4.1453	0.2036	85.21

参考文献

[1] 何凯，唐平凡，王成优．基于高斯曲面拟合的影像渐晕复原方法［J］．电子学报，2009，37（1）：67-71.

[2] Yi Z, Chen Z, Jiang Z, et al. A Novel three-dimensional high-temperature industrial endoscope with large field depth and wide field [J]. IEEE Transactions on Instrumentation and Measurement, 2020, 69 (9): 6530-6543.

[3] Barnes C, Shechtman E, Finkelstein A, et al. PatchMatch: A randomized correspondence algorithm for structural image editing [J]. ACM Trans. Graph., 2009, 28 (3): 24.

[4] Yang C, Lu X, Lin Z, et al. High-resolution image inpainting using multi-scale neural patch synthesis [C] // Proceedings of the IEEE conference on computer vision and pattern recognition, 2017: 6721-6729.

[5] Huang J, Chen Z, Jiang Z, et al. 3D Topography measurement and completion method of blast furnace burden surface using high-temperature industrial endoscope [J]. IEEE Sensors Journal, 2020, 20 (12): 6478-6491.

[6] Litvinov S, Marko F. Sums of powers of consecutive integers and Pascal's triangle [J]. The College Mathematics Journal, 2020, 51 (1): 25-31.

[7] Jin C, Zou F, Yang X, et al. Three-dimensional quantification and classification approach for angularity and surface texture based on surface triangulation of reconstructed aggregates [J]. Construction and Building Materials, 2020, 246: 118120.

[8] Bhattarai S, Dahal K, Vichare P, et al. Adapted Delaunay triangulation method for free-form surface generation from random point clouds for stochastic optimization applications [J]. Structural and Multidisciplinary Optimization, 2020, 61: 649-660.

[9] Fujimoto T, Goto K, Toyama M. 3D Visualization of data using SuperSQL and Unity [C] //Proceedings of the 22nd International Database Engineering & Applications Symposium, 2018: 141-147.

[10] Jiang H, Meng W, Liu X, et al. Somatosensory interaction for real-time large scale roaming [C] // Proceedings of the 12th ACM SIGGRAPH International Conference on Virtual-Reality Continuum and Its Applications in Industry, 2013: 83-90.

[11] Bates T, Kober J, Gienger M. Head-tracked off-axis perspective projection improves gaze readability of 3D virtual avatars [C]//SIGGRAPH Asia 2018 Technical Briefs, 2018: 1-4.

[12] Yang H, Li Q, Liang X Z. Quartic Spline Approximation of a Circle by Piecewise Bézier Curves with High Smoothness and Accuracy [C] //Proceedings of the 2nd International Conference on Computer Science and Application Engineering, 2018: 1-5.

4　基于料面轮廓信息的高炉炉料下降速度检测

钢铁作为我国的基础原材料，高炉炼铁过程的稳定、高效、绿色运行是保证其高质量生产的重要前提。高炉炉内炉料的下降状况是高炉冶炼过程中重要表征状态之一。炉料下降速度的快慢及稳定程度，直接关系到高炉炉温、生产产量、质量以及能量消耗。因此，实时检测高炉料面炉料下降速度能保证合理的布料制度并为控制炉料下降提供重要参考，进而确保高炉炉况顺行。高炉料速指在高炉炉料运动过程中炉料的下降速度，其表征方法较多，分别有：(1) 每小时下料批数；(2) 生产中用冶炼周期（炉料在炉内的停留时间）表示；(3) 炉喉处料面的平均速度；(4) 用设置于炉顶，其头部重锤随料面同步下降的机械传动式探尺来测定[1]。但下料批数和冶炼周期，并不能实时反映炉内炉料下降速度，难以得知料面高低状况，因此对布料制度调节具有盲目性。一般在实际的炉料下降速度研究中，采用建模仿真获得高炉炉料的下降速度。例如蔡漳平[2]、彭华国[3]、严定鎏[4]和邱家用[5]等通过对高炉内炉料的运动进行受力分析，进而对运动轨迹数值模拟，从整体上计算炉料的下降速度。但模型建立过程存在大量假设，难以反映真实的高炉炉料运动情况，因此也难以得到准确的炉料下降速度。李勇良[6]根据日本钢管公司研制的新型传感器检测矿石和焦炭，并从炉料中的煤气压力损失来计算料层的厚度和下降速度，但该新型传感器在高炉炉顶的恶劣环境中难以保持高可靠性和长耐用性。高炉实际冶炼过程中，一般通过机械探尺这一检测设备测量高炉料面高度，从而间接获得炉料下降速度。如杜荣山[7]采用炉喉处料面平均下降速度，即高炉探尺所标示的炉料下降速度来表征炉料下降速度。然而，该方法只能计算得到炉喉探尺处的单点料速，难以准确表征料面各点的下降速度。陈致蓬等研制的平行低光损背光高温工业内窥镜[8]（以下简称“工业内窥镜”）能获取清晰的高炉料面视频图像，能清楚地看到料面轮廓，通过料面轮廓可清晰地观察炉料下降情况。因此，可通过高炉料面图像进行处理，获得料面轮廓信息，基于此实现对高炉炉料下降速度的检测。

图 4-1 展示的是工业内窥镜获得的高炉料面图像及其对应的灰度直方图。通过分析图 4-1 可知，图像中心区域出现过曝现象，呈现白色区域，远离中心光源区域图像细节模糊，料面区域与光源中心区域间的轮廓线较模糊，受高炉内部高粉尘和高温等影响，图像含有大量噪声。高炉料面图像整体上图像整体偏暗，对比度低、细节不明显、有强亮斑、边缘轮廓线较模糊。这对高炉料面图像视觉特征的提取带来了巨大挑战，主要在以下方面：(1) 高炉料面图像灰度变化范围小，对比度不大，整体轮廓明显但是轮廓界限模糊，难以准确提取；(2) 受高炉环境的影响，图像中含有大量噪声，这些噪声和图像边缘都属于高频部分，很难从噪声中分辨出边缘；(3) 所提出的轮廓提取方法需满足一定的实时性且能根据图像的变化进行自适应处理；(4) 高炉内部环境恶劣，难以通过测量获得标定摄像机参数的数据，难以直接将图像坐标与实际坐标相匹配，因此基于高炉料面轮廓特征进行料速检测面临一定挑战。

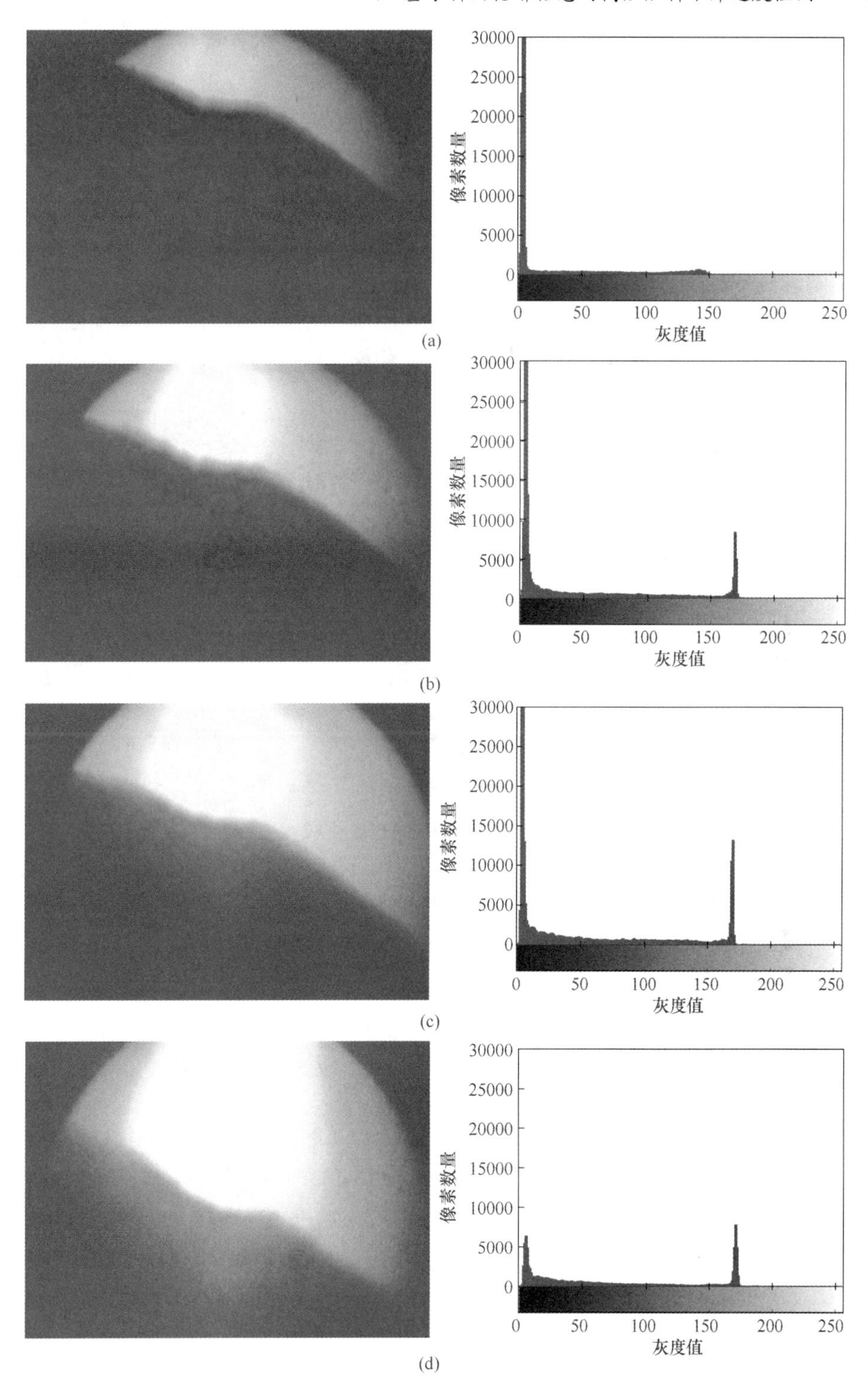

图 4-1 不同光照条件下的高炉料面图像及其灰度直方图

(a) 光照最差时的高炉料面图像及其灰度直方图；(b) 光照较差时的高炉料面图像及其灰度直方图；(c) 光照较好时的高炉料面图像及其灰度直方图；(d) 光照最好时的高炉料面图像及其灰度直方图

(扫描书前二维码看彩图)

针对以上挑战以及高炉料面轮廓难以提取、高炉料面横向速度难以检测的问题，本章提出一种基于料面轮廓信息的高炉炉料下降速度检测方法，并应用于高炉炼铁过程料面轮廓提取与料速检测，以保证精准布料和高炉稳定运行。首先，提出了一种基于分数阶的多向微分算子的高炉料面轮廓自适应检测方法对高炉料面轮廓进行检测；其次，根据高炉料面轮廓提取的目标定义了评价函数来确定最佳的分数阶阶次，并用改进的 Canny 算子对料面轮廓进行修正和补偿；最后，在提取轮廓的基础上，找出像素距离与实际距离的映射关系，将像素坐标映射到实际坐标，对其进行多项式曲线拟合，找出帧间间隔之间的位移变化，再结合时间间隔求出料速。以某钢铁厂高炉的实际拍摄图像以及探尺检测数据为例，验证了本章所提料速检测方法的有效性。同时本章算法嵌入高炉料面检测系统中，实现了在线获取高炉料面轮廓和料速检测。

4.1　基于分数阶的多向微分算子高炉料面轮廓提取

现有的边缘检测方法包括微分算子法[9]、Susan 算法[10]和小波变换法[11]。微分算子法又分为一阶微分算子和二阶微分算子。一阶微分算子主要包括 Roberts 算子[12]、Sobel 算子[13]、Prewitt 算子[14]等，均是通过对图像进行处理，寻找图像导数中的最大和最小值来检测边界，通常将边界定位在梯度最大的方向，最后利用阈值化来提取边缘。图 4-2

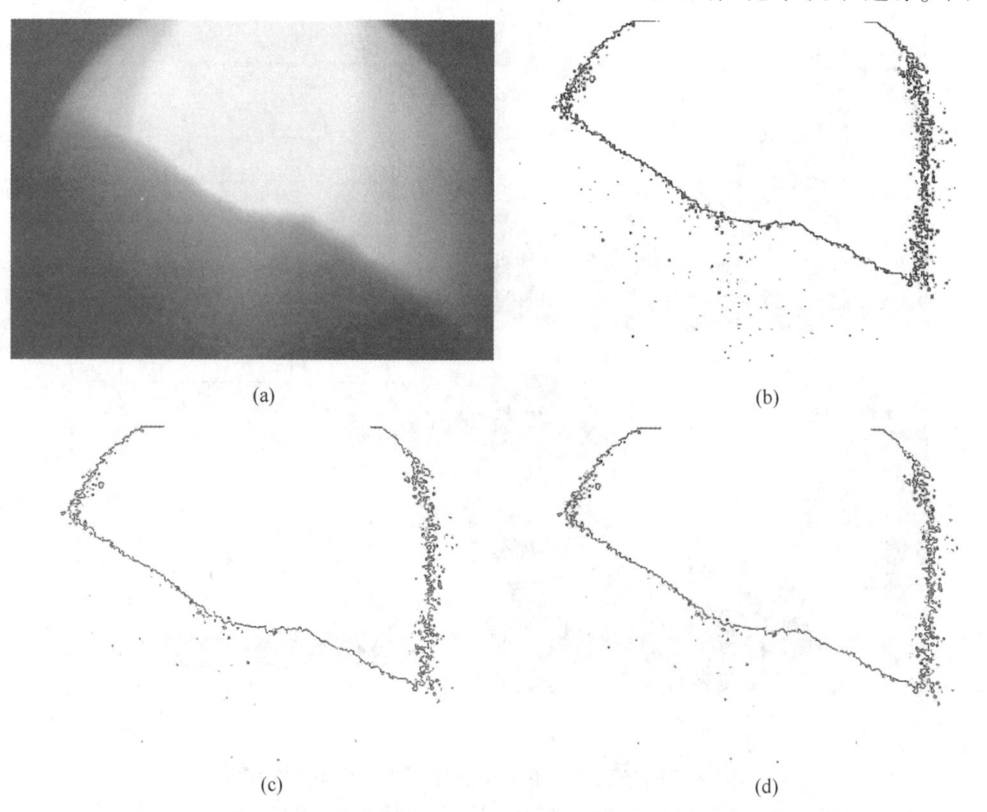

图 4-2　高炉料面图像及一阶微分算子边缘检测结果
(a) 高炉料面原图像；(b) Roberts 算子；(c) Prewitt 算子；(d) Sobel 算子
(扫描书前二维码看彩图)

展示了通过一阶微分边缘算子对高炉料面原图像的处理结果，从图中可看出，Roberts 算子边缘定位较准确，但噪声带来了大量伪边缘；而 Sobel 和 Prewitt 算子虽然对噪声有一定抑制能力，但难以完全去除虚假边缘。二阶微分算子包括 Laplacian 算子[15]和 LoG 算子[16]等，主要通过寻找图像二阶导数零穿越来寻找边界，通常是拉普拉斯过零点或者非线性差分表示的过零点。如图 4-3 所示，二阶微分算子中，Laplacian 算子对孤立像素的响应要比边缘的响应更强烈，对噪声非常敏感，所以只适用于无噪声图像；而 LoG 算子抗噪声能力较好，但是在抑制噪声的同时也可能将原有的比较尖锐的边缘平滑掉，造成这些尖锐边缘无法被检测到。

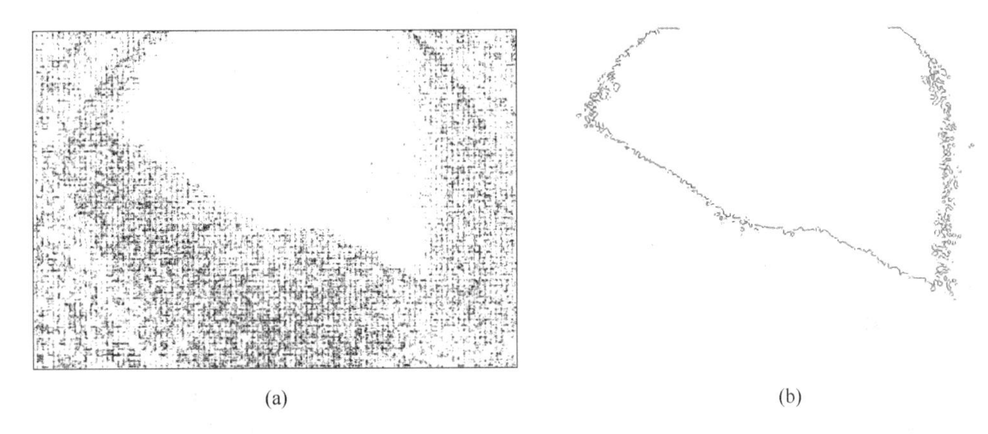

(a) (b)

图 4-3 高炉料面图像二阶微分算子边缘检测结果
（a）Laplacian 算子处理结果；（b）LoG 算子处理结果

其他经典的边缘检测还包括 Susan 算法和小波边缘检测法等。Susan 算法是 Smith 等[17]提出的一种基于灰度的特征点获取方法，适用于图像边缘和角点检测。其检测的原理如图 4-4（a）所示，是用一个圆形模板在图像上进行遍历，如果模板内的像素灰度值与模板中心对应的像素灰度值的差小于一定灰度值，就认为该点与核具有相同的灰度值，由满足这样条件的像素点组成的区域称为 USAN（Univalue Segment Assimilating Nucleus）。利用 Susan 算法对高炉料面图像的处理结果如图 4-4（b）所示。虽然 Susan 算法无需进行梯度计算，运算简单，适合于实时计算，抗噪能力强；但还是存在很多不足，需要人为地确定固定阈值，当图像复杂或者图像对比度变化较大时，将直接影响到角边提取的效果，且对强高斯噪声和椒盐噪声非常敏感，因为噪声点的中心点因面积小而容易被当成候选角点，所以检测结果中会存在很多伪角点，不适合高炉料面图像的轮廓提取。

小波变换法是一种多分辨率分析方法，被誉为“数学显微镜”，时域和频域都有很好的局部化特征，且具有多尺度的特征，其用于边缘检测的基本原理是用平滑函数在不同尺度下检测到信号，然后根据一次或二次导数找出突变点。如果选择的小波函数等于平滑函数的一阶微分，取小波变换系数的模极大值作为图像的边缘，其中以平滑函数的一阶导数为母小波做小波变换，其小波变换在各尺度下的系数模极大值对应信号的突变点。图 4-5 显示了小波分解图和小波变换对高炉料面图像的处理结果。从检测结果可以看出，小波变换具有抑制噪声的能力，又能够保持边缘的完整，但通过寻找小波变换系数模极大值点的方法存在很多缺陷：在水平或垂直某个方向的系数极大值并不一定是两个方向合起来的小

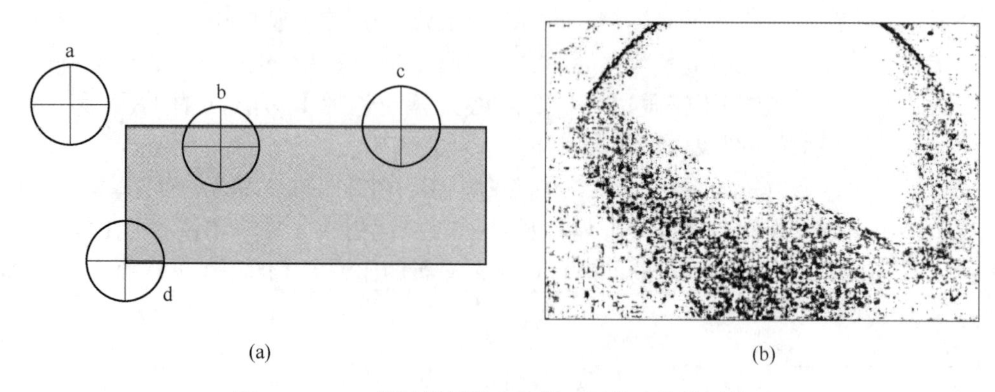

图 4-4　Susan 算子模板及高炉料面图像边缘检测结果
（a）Susan 算子模板位置示意图；（b）边缘检测结果

波变换系数模极大值点，这样会导致检测到伪边缘；在水平与垂直方向的小波变换系数的绝对值未取得局部极大值，但两个方向合起来小波变换系数的绝对值可能取得局部极大值，用求局部极大值的方法会丢失部分边缘点；用这种方法检测到的边缘一般较粗，不是单像素宽边缘。

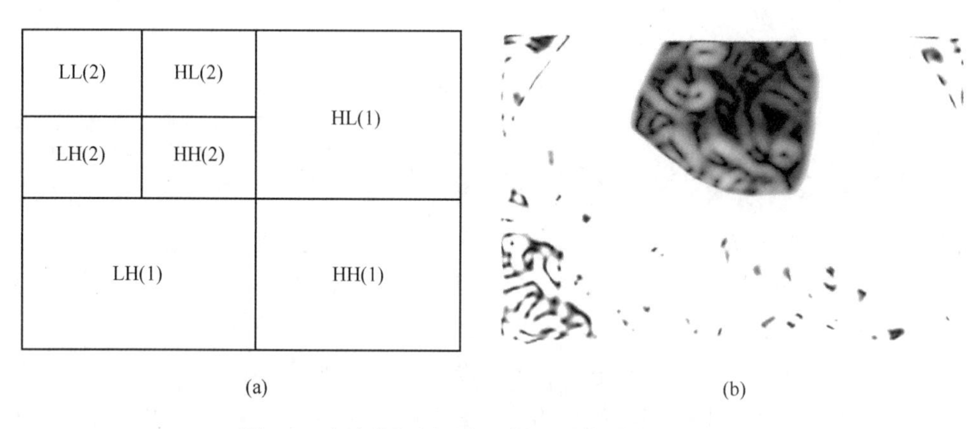

图 4-5　小波分解图及高炉料面图像边缘检测结果
（a）尺度为 2 的小波分解图；（b）边缘检测结果

高炉料面图像亮度极度分布不均，噪声大，给料面轮廓提取带来巨大挑战。现有的边缘检测算法有各自的适用范围，难以提取准确的高炉料面图像轮廓。因此，本节在分析高炉料面图像特点及轮廓提取的要求的基础上，提出了基于分数阶的多向微分算子的高炉料面轮廓自适应提取方法。

4.1.1　分数阶微分理论基础

分数阶微分算法[17,18]已成为图像处理研究的热点，图 4-6 是分数阶微分的幅频特性曲线与一阶、二阶进行比较。从图 4-6 中可以看出，微分运算都有提升高频的作用，且随频率的增加成非线性增长，阶数越高，增长得越快，对信号的低频有一定的削弱作用。二阶微分对高频信号的提升远大于一阶微分，对低频的削弱也远大于一阶微分。对于分数阶微分来说（$0 < v < 1$），在提升高频部分的同时，信号中低频相比高阶来说有所增强，且

信号的低频部分没有很大幅度的衰减。所以，分数阶微分在增强高频部分的同时，也对信号的低频部分进行非线性保留。

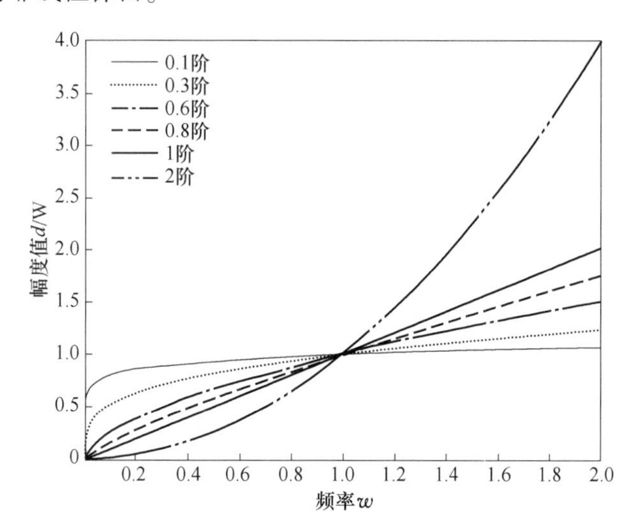

图 4-6 分数阶微分的幅频特性曲线

在数字图像中，高频部分对应边缘和噪声，低频部分对应图像平滑区，中频部分对应图形纹理细节，所以用分数阶微分对高炉料面图像进行轮廓检测，不仅能提取料面轮廓和保留图像的轮廓细节部分，而且对噪声也有很好的抑制作用。因此，利用分数阶微分算法对噪声不敏感且分数阶阶次可调等优点来进行高炉料面轮廓提取，可保持其原有的边缘信息。

从不同的角度去分析问题可以得到不同的分数阶微分的定义，所以到目前为止，还没有统一规定的形式，现在比较流行的主要有三种：Grünwald-Letnikov（G-L）定义、Riemann-Liouville（R-L）定义和 Caputo 定义。

这里主要介绍最适合图像处理的 Grünwald-Letnikov（G-L）定义，也是被研究最多的一种定义，G-L 定义是根据整数阶微分的定义直接推广到分数阶，对于任意可微函数 $f(t)$ 在区间 $t \in [a,\ b](a < b,\ a \in \mathbf{R},\ b \in \mathbf{R})D$ 的 n 阶微分表达式为：

$$f^{n}(t) = \frac{\mathrm{d}^n f}{\mathrm{d}t^n} = \lim_{h \to 0} h^{-n} \sum_{j=0}^{n} (-1)^j \binom{n}{j} f(t - jh) \tag{4-1}$$

式中，$n \in Z^*$；h 为变量 t 在区间 $[a,\ b]$ 内的步长；$\binom{n}{j} = \frac{n(n-1)\cdots(n-j+1)}{j!}$。

根据式（4-1），将整数阶阶数 n 平行推广到分数阶阶数 v，其中 $v > 0$，其表达式如下：

$$\begin{aligned} {}_{a}^{G}D_{t}^{v} f(t) \lim_{h \to 0} f_{h}^{(v)}(t) &\overset{\triangle}{=} \lim_{\substack{h \to 0 \\ nh = t-a}} h^{-v} \sum_{j=0}^{(t-a)/h} (-1)^j \binom{v}{j} f(t - jh) \\ &\overset{\triangle}{=} \lim_{n \to \infty} \left\{ \frac{\left(\frac{t-a}{n}\right)^{-v}}{\Gamma(-v)} \sum_{j=0}^{(t-a)/h-1} (-1)^j \frac{\Gamma(j-v)}{\Gamma(j+1)} f(t - jh) \right\} \end{aligned} \tag{4-2}$$

其中，式（4-2）中 $\Gamma(n)=\int_0^{\infty}e^{-x}x^{n-1}dx=(n-1)!$ 为 Gamma 函数。

对图像进行处理时，由于图像间距为 1 像素，所以将一元函数的持续期按等间距 $h=1$ 等分，$n=[(t-a)/h]=[t-a]$，可以推导出一元信号 $f(t)$ 的分数阶微分的差分表达式为：

$$\frac{d^v f(t)}{dt^v}\approx f(t)+(-v)f(t-1)+\frac{(-v)(-v+1)}{2}f(t-2)+\frac{(-v)(-v+1)(-v+2)}{6}f(t-3)+\cdots+\frac{\Gamma(-v+1)}{n!\,\Gamma(-v+n+1)}f(t-n) \tag{4-3}$$

设一幅图像的灰度函数 $F(i,j)$，取其 3×3 像素邻域，如图 4-7 所示，其中 $F(i,j)*$ 代表该像素点的灰度值。

$F(i-1, j+1)$	$F(i, j+1)$	$F(i+1, j+1)$
$F(i-1, j)$	$F(i, j)*$	$F(i+1, j)$
$F(i-1, j-1)$	$F(i, j-1)$	$F(i+1, j-1)$

图 4-7　3×3 像素邻域

对图像进行处理时，一般是以图 4-7 形式的模板与图像进行卷积计算，模板的尺寸是根据实际情况来定的，一般掩模尺寸越大，计算的精度越高，但计算量也会越大。对于模板来说，最关键的是决定模板内每个像素点对当前像素点的权重，通过式（4-3）推导出的分数阶微分差分表达式可以用来决定模板内像素的权重。

4.1.2　多向分数阶微分算子的推导

在分析分数阶微分理论的基础上，根据高炉料面图像特点，本章提出的基于分数阶的多向微分算子的高炉料面轮廓自适应提取方法，其流程如图 4-8 所示。

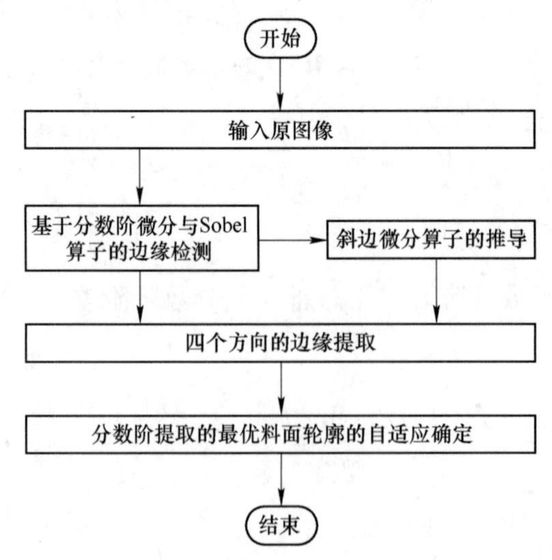

图 4-8　基于分数阶的多向微分算子的高炉料面轮廓自适应提取的流程图

4.1.2.1 基于分数阶微分和Sobel的边缘检测模型

式（4-4）展示了Sobel算子的行梯度模板和列梯度模板，据此可推导出式（4-5）的分数阶微分Sobel算子模板。

$$\boldsymbol{S}_{\mathrm{R}}=\frac{1}{4}\begin{bmatrix}1 & 0 & -1\\ 2 & 0 & -2\\ 1 & 0 & -1\end{bmatrix}\qquad \boldsymbol{S}_{\mathrm{C}}=\frac{1}{4}\begin{bmatrix}-1 & -2 & -1\\ 0 & 0 & 0\\ 1 & 2 & 1\end{bmatrix} \tag{4-4}$$

$$\boldsymbol{S}_{\mathrm{R}}^{v}(i,\ j)=-\frac{1}{2}\begin{bmatrix}\frac{v^2-v}{2} & -v & 1\\ v^2-v & -2v & 2\\ \frac{v^2-v}{2} & -v & 1\end{bmatrix}\qquad \boldsymbol{S}_{\mathrm{C}}^{v}(i,\ j)=-\frac{1}{2}\begin{bmatrix}1 & 2 & 1\\ -v & -2v & -v\\ \frac{v^2-v}{2} & v^2-v & \frac{v^2-v}{2}\end{bmatrix} \tag{4-5}$$

经过行、列梯度模板对图像进行检测，只能得到横向和纵向的边缘，无法获取其他角度的边缘，这是因为Sobel算子本身是基于行梯度模板和列梯度模板来检测边缘的。通过对高炉料面图像的分析，高炉料面图像不仅在行梯度方向和列梯度方向有料面边缘，而且在45°方向和135°方向上也有料面边缘，而Sobel算子的分数阶微分算子只能检测行列上的边缘，因此提出基于分数阶的多向微分算子进行高炉料面轮廓提取方法。

4.1.2.2 多向微分算子推导

在文献［19］推出的两个分数阶掩模算子的基础上，基于Sobel算子原理定义45°和135°的斜边算子为：

$$\boldsymbol{S}_{45^\circ}=\frac{1}{4}\begin{bmatrix}2 & 1 & 0\\ 1 & 0 & -1\\ 0 & -1 & -2\end{bmatrix}\qquad \boldsymbol{S}_{135^\circ}=\frac{1}{4}\begin{bmatrix}0 & 1 & 2\\ -1 & 0 & 1\\ -2 & -1 & 0\end{bmatrix} \tag{4-6}$$

45°方向的算子是Sobel算子的列梯度模板最外层数据顺时针移一个单位得到的，135°方向的算子是Sobel算子的行梯度模板最外层数据顺时针移一个单位得到的。可以看出斜边算子斜对角线上为0，以对角线对称的数互为相反数，能够提取斜边上梯度。将上述两个斜边算子用分数阶微分进行改进，使其既具有计算简单、易于实现的优点，又具有分数阶微分阶次可调的特性，其推导过程如图4-9所示。

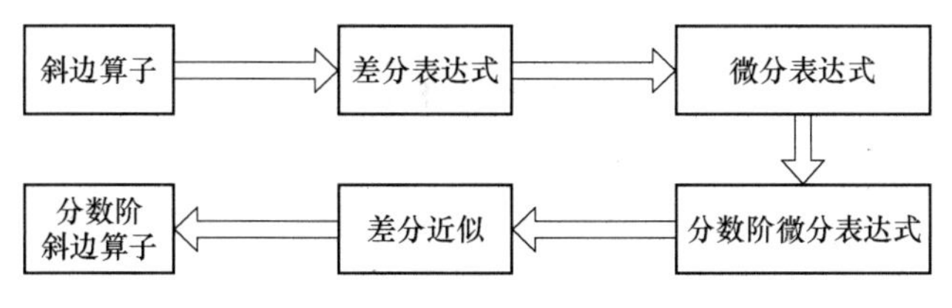

图4-9 分数阶微分算子推导过程

利用45°和135°的斜边算子对该区域进行卷积运算得到像素点（i，j）处的斜边梯度，这里以45°斜边算子的处理过程进行说明。利用45°斜边算子对其进行卷积运算得到的梯度差分表达式如下：

$$\boldsymbol{S}_{45^\circ}(i,\ j) = \frac{1}{4}[2F(i-1,\ j+1) - 2F(i+1,\ j-1) + F(i,\ j+1) - F(i+1,\ j) + F(i-1,\ j) - F(i,\ j-1)] \tag{4-7}$$

式中，$\boldsymbol{S}_{45^\circ}(i,\ j)$ 为45°方向上的梯度。

根据导数定义，将差分表达式转变为微分表达式：

$$\begin{aligned} F(i-1,\ j+1) - F(i+1,\ j-1) &= F(i-1,\ j+1) - F(i+1,\ j+1) + F(i+1,\ j+1) - F(i+1,\ j-1) \\ &= -2\frac{\partial F(x+1,\ y+1)}{\partial x} + 2\frac{\partial F(x+1,\ y+1)}{\partial y} \end{aligned} \tag{4-8}$$

同理有：

$$\begin{cases} F(i,\ j+1) - F(i+1,\ j) = F(i,\ j+1) - F(i+1,\ j+1) + F(i+1,\ j+1) - F(i+1,\ j) \\ \qquad = -\dfrac{\partial F(x+1,\ y+1)}{\partial x} + \dfrac{\partial F(x+1,\ y+1)}{\partial y} \\ F(i-1,\ j) - F(i,\ j-1) = F(i-1,\ j) - F(i,\ j) + F(i,\ j) - F(i,\ j-1) \\ \qquad = -\dfrac{\partial F(x,\ y)}{\partial x} + \dfrac{\partial F(x,\ y)}{\partial y} \end{cases} \tag{4-9}$$

所以，$\boldsymbol{S}_{45^\circ}(i,\ j)$ 的微分形式为：

$$\boldsymbol{S}_{45^\circ}(i,\ j) = \frac{1}{4}\left[5\frac{\partial F(x+1,\ y+1)}{\partial x} + 5\frac{\partial F(x+1,\ y+1)}{\partial y} - \frac{\partial F(x,\ y)}{\partial x} + \frac{\partial F(x,\ y)}{\partial y}\right] \tag{4-10}$$

将 $\boldsymbol{S}_{45^\circ}(i,\ j)$ 推广到分数阶微分形式为：

$$\boldsymbol{S}_{45^\circ}^{v}(i,\ j) = \frac{1}{4}\left[-5\frac{\partial^{v} F(x+1,\ y+1)}{\partial x^{v}} + 5\frac{\partial F^{v}(x+1,\ y+1)}{\partial y^{v}} - \frac{\partial F^{v}(x,\ y)}{\partial x^{v}} + \frac{\partial F^{v}(x,\ y)}{\partial y^{v}}\right] \tag{4-11}$$

利用单变量函数分数阶微分的差分近似表达式（4-3）取其前三项或两项作为近似计算表达式：

$$\begin{cases} \dfrac{\partial^{v} F(x+1,\ y+1)}{\partial x^{v}} = F(x+1,\ y+1) + (-v)F(x,\ y+1) + \dfrac{v^2-v}{2}F(x-1,\ y+1) \\ \dfrac{\partial^{v} F(x+1,\ y+1)}{\partial y^{v}} = F(x+1,\ y+1) + (-v)F(x+1,\ y) + \dfrac{v^2-v}{2}F(x+1,\ y-1) \\ \dfrac{\partial^{v} F(x,\ y)}{\partial x^{v}} = F(x,\ y) + (-v)F(x-1,\ y) \\ \dfrac{\partial^{v} F(x,\ y)}{\partial y^{v}} = F(x,\ y) + (-v)F(x,\ y-1) \end{cases} \tag{4-12}$$

因此可得到分数阶微分 $\boldsymbol{S}_{45°}(i, j)$ 的模板：

$$\boldsymbol{S}_{45°}^{v}(i, j)=\frac{1}{4}\begin{bmatrix} -5\frac{v^2-v}{2} & 5v & 0 \\ v & 0 & -5v \\ 0 & -v & 5\frac{v^2-v}{2} \end{bmatrix} \tag{4-13}$$

同理可得 $\boldsymbol{S}_{135°}(i, j)$ 模板为：

$$\boldsymbol{S}_{135°}^{v}(i, j)=\frac{1}{4}\begin{bmatrix} 0 & 5v & -5\frac{v^2-v}{2} \\ -5v & 0 & v \\ 5\frac{v^2-v}{2} & -v & 0 \end{bmatrix} \tag{4-14}$$

从斜边模板可以看出，斜对角线上全为0，以对角线对称的数互为相反数，以此模板对图像进行处理时，会在斜边上形成斜边梯度，进而能检测出斜边上的边缘轮廓，整个模板的权值和为0，对于噪声点能起到均值滤波的作用，对噪声具有一定的抑制效果。

将上述两个斜边梯度的模板加上利用 Sobel 算子[20]推出来的分数阶微分行、列梯度的模板对图像进行四个方向的卷积，把卷积结果进行相加得到料面轮廓，其中的分数阶阶次 v 具有可调性，选取不同的 v，轮廓检测效果会有差异。现在对图像的处理整数阶阶次一般不超过2次，因为高于二阶会对噪声敏感，效果很不好，所以在 $v \in (0, 2)$ 内来确定最佳的分数阶阶次。选取最佳的分数阶阶次，首先需要确定一组可行域，然后构造一个评价函数对这组行域进行评价，最后选取检测效果最好的阶次。在 $v \in (0, 2)$ 内如果以0.01为步长，需要实验200次，如果以0.1为步长也要实验20次且没有达到0.01的精度，考虑到效率和时间复杂度的因素，以0.2的步长选取不同的 v 得到一组高炉料面轮廓图，把它定义为高炉料面轮廓的可行域。

4.1.3 最佳分数阶阶次的自适应确定

4.1.3.1 确定评价函数

在定义的可行域中确定最佳的分数阶阶次，需要确定一个评价标准来对检测结果进行评价，最后确定最佳的分数阶阶次。

边缘检测的评价是指对边缘检测结果以及算法的评价。显然，不同的实际应用对轮廓提取的要求是不同的，边缘检测算法一般需满足以下要求：

(1) 正确地检测出边缘，即不漏检有效边缘，不检测虚假边缘；

(2) 定位要准确；

(3) 边缘连续性要好，这样才能有效描述目标；

(4) 单边响应，即检测出的像素是单像素宽度的。

通过边缘检测的评价可以选取算法的最优参数以保证达到理想的效果，现有的评价方法分为直观评价方法和数值评价方法。直观评价方法是将源图像和检测结果直接给评价者看，让评价者自己作出评价。这种评价方法最原始，应用也最广泛，但这种评价方法会受到评价者的经验、个人喜恶等主观因素的影响，是非正式的，难以客观地评价边缘检测的结果，最为关键的是它不能应用到智能图像处理系统中。数值评价方法是用一些数值指标来评价边缘检测的结果，它能客观地对不同边缘检测方法和同种方法不同参数之间进行比较。

对于高炉料面来讲，可根据两个机械探尺之间的料面轮廓的连续性好、噪声少来确定评价函数。从高炉料面轮廓检测的目的出发，希望得到平滑含噪声少的单像素轮廓边缘，这里涉及平滑连续以及噪声少的单像素边缘两点：

(1) 对于分数阶微分不同阶次提取的轮廓，每一点提取的位置是不变的，只有检测出来与没检测出来的区别，所以通过统计南北探尺之间料面轮廓像素点的个数可以知道其连续性的好坏；

(2) 对于含噪声少的单像素要求来讲，若一个横坐标只有一个相对应的纵坐标，就认为该点是单像素边缘。

为此，本章自定义一个评价函数 $S(v)$ ，通过扫描两个探尺之间的轮廓，统计每个横坐标上对应的纵坐标的个数。如果纵坐标个数为 1，则认为是单像素边缘点，$S(v)$ 加 1；如果大于 1，则不计入统计结果，这样统计出 $S(v)$ 越大，说明检测效果越好。计算出不同 v 相对应的 $S(v)$ 后，描绘 $S(v)$-v 散点图，对其进行拉格朗日插值拟合，得到一条 $S(v)$ 相对 v 的连续曲线，最后求取 $S(v)$ 的最大值，其对应的 v 则是最佳分数阶阶次。

4.1.3.2 确定最佳分数阶阶次

根据 4.1.3.1 小节提出的评价函数，确定最佳分数阶阶次的具体实现步骤如下：

(1) 在 $v \in (0, 2)$ 内，将 v 以 0.2 为步长分别对高炉料面图像进行轮廓检测，得到一组可行域，在这组可行域中可确定最佳值；

(2) 对可行域中的轮廓曲线选取南北两个探尺之间感兴趣区域，主要是通过南北两个探尺所测得的点的横坐标与它们对应在图像上的横坐标来进行选取，这样选取的区域才具有意义；

(3) 对每一帧图像的选取区域计算不同分数阶阶次 v 所对应的 $S(v)$ ，计算每一个 v 时，首先令 $S(v)=0$，在选择区域进行扫描统计，对于每一个边缘像素点的横坐标，如果只对应了一个纵坐标，则令 $S(v)=S(v)+1$；

(4) 描绘 $S(v)$-v 散点图；

(5) 对 $S(v)$-v 散点图进行拉格朗日插值，得到 $v \in (0, 2)$ 的插值多项式及拟合曲线；

(6) 求取曲线的最大值以及相对应的 v 值。

最佳分数阶阶次处理流程如图 4-10 所示。

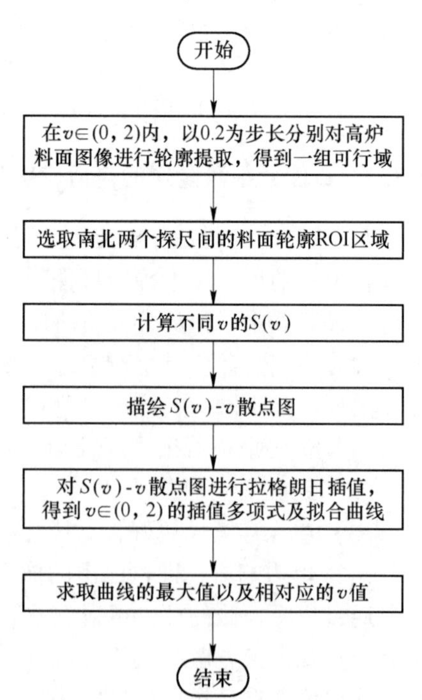

图 4-10 最佳分数阶阶次处理流程图

4.1.4 实验验证

以某钢铁厂高炉拍摄的料面视频图像进行料面轮廓提取以验证本章方法的有效性。

4.1.4.1 不同分数阶阶次比较结果

在 $v \in (0, 2)$ 内，将 v 以 0.2 为步长分别对高炉

料面图像进行轮廓检测。

图 4-11 展示了可行域中随机选取 v 为 0.4、0.6、0.8、1.2 的检测结果，可以看出 v 的选取对检测结果有很大影响，$v = 0.4$ 时斜边曲线有很明显的断续现象，随着 v 的增大断续现象减少；当 $v = 1.2$ 时，图像斜边上几乎没有断续现象，但是出现毛刺现象，影响单边缘效果。可见，不同的 v 对检测效果影响很大，需要从中选取最佳的分数阶阶次，使效果达到最佳。

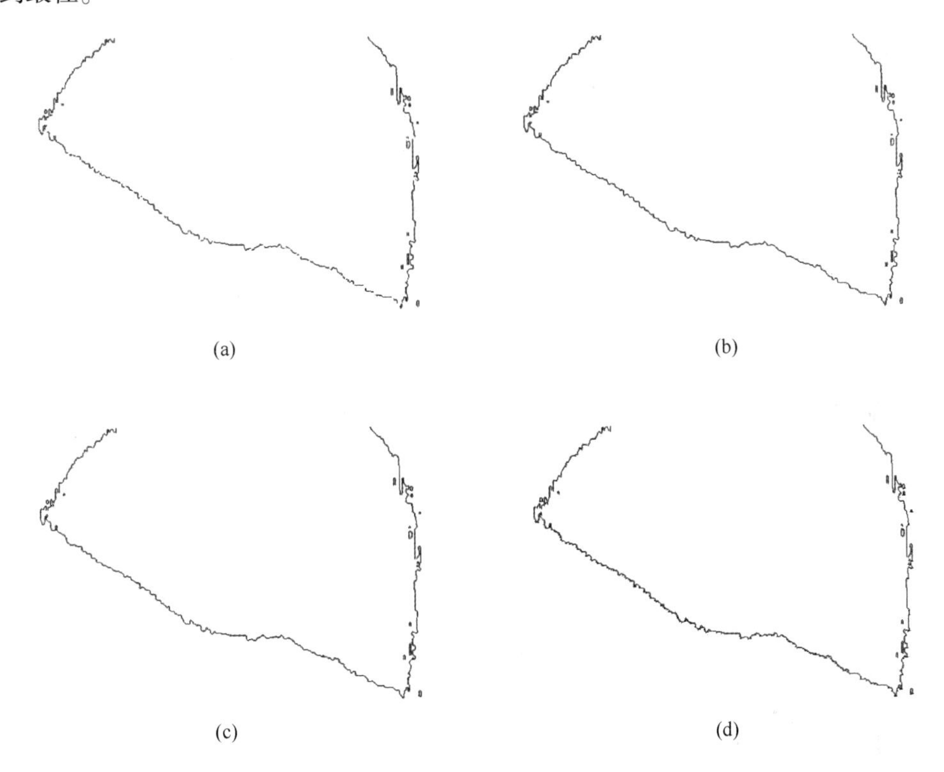

图 4-11 基于分数阶的多向微分算子不同分数阶阶次的轮廓检测图
(a) $v=0.4$；(b) $v=0.6$；(c) $v=0.8$；(d) $v=1.2$

4.1.4.2 自适应确定分数阶阶次检测结果

首先，在 $v \in (0, 2)$ 内，将 v 以 0.2 为步长分别对高炉料面图像进行轮廓检测，得到一组可行域；然后对不同 v 按第 2.3.2 小节的方法计算自适应评价函数 $S(v)$，对选取的 v 以及对应的 $S(v)$ 描绘散点图，并对其进行拉格朗日插值得到拟合曲线，对拟合多项式求最大值 $S(v)$ 及对应的 v，得到最佳分数阶阶次。

$$y = 3786.440x^{10} - 37135.101x^9 + 158555.765x^8 - 387380.754x^7 + 596342.477x^6 - 596467.986x^5 + 382518.831x^4 - 147946.718x^3 + 29297.440x^2 - 1270.395x \tag{4-15}$$

图 4-12 为 $S(v)$-v 拉格朗日插值拟合曲线，可以看出 $S(v)$ 随 v 先增大后减小，说明检测效果随 v 先变好后变差，在取得最大值时效果最好。其拉格朗日插值拟合多项式见式（4-15）。

对式（4-15）求最大值，得到 $S(v)$ 的最大值为 326，其对应的分数阶阶次为 0.81，自此自适应确定了最佳的分数阶阶次，图 4-13 为最佳阶次下的高炉料面轮廓曲线。

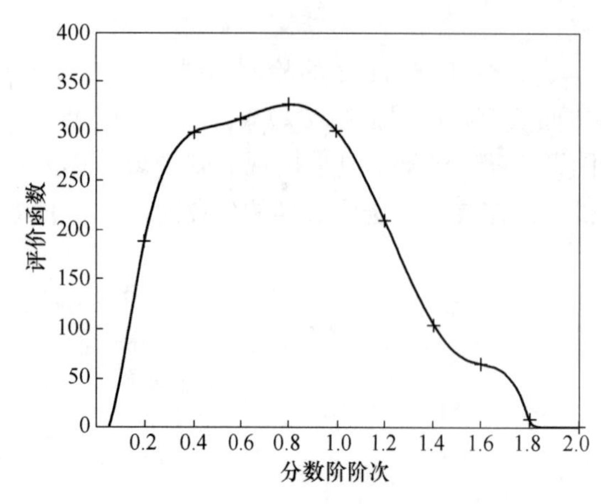

图 4-12　不同分数阶阶次的评价函数及拟合曲线

图 4-13　v = 0.81 时的检测结果

4.2　基于改进 Canny 算子的料面轮廓补偿及修正

由于分数阶微分算法在处理图像时，是用差分表达式进行处理的，所以经过 4.1 节算法检测的轮廓还是会出现不平滑现象，存在少量噪声。Canny 算子是一种最优算子，虽然 Canny 算子存在易受各种噪声影响的缺陷，但算法简单有效，是目前为止应用最广泛的。为了改善轮廓提取效果，在基于分数阶的多向微分算子提取的料面轮廓的基础上，利用改进的 Canny 算子来修正和补偿料面轮廓曲线。

4.2.1　改进的 Canny 算子边缘检测算法

虽然 Canny 算子优于其他 10 多种边缘检测算子，但也存在以下问题：

（1）高斯滤波器的脉冲噪声抑制效果非常差，可能会错误地检测到冲击噪声作为边缘；

（2）高斯平滑参数、高低阈值决定了 Canny 算子的检测效果和质量，但这三个参数需要手动设置，在图像去噪、保持边缘和细节、去掉假边缘、保持适应性等众多要求中这是很难平衡的；

（3）根据八相邻像素的梯度值确定当前像素是否具有最大值，可能导致检测边缘不够精确，会进一步影响通过双阈值来连接边缘；

（4）检测边缘不能达到单像素，会出现多个边缘响应。

传统 Canny 算子在处理高炉料面图像时存在以下问题：

（1）由于高炉炉壁部分受粉尘影响，存在大量的脉冲噪声，通过高斯滤波之后不能很好地去掉噪声；

（2）阈值的选取需要人为确定，通过高低阈值来连接边缘，阈值选取缺乏自动性和准确性。因此，针对 Canny 算子的滤波器和阈值问题进行改进对基于分数阶的多向微分算子提取高炉料面轮廓进行修正及补偿。

由于高斯滤波只能滤除正态分布的噪声，高炉图像受高粉尘、强噪声等影响，存在大量的脉冲噪声，高斯滤波不能很好地去噪，且在滤波的同时会引起图像模糊，降低图像的边缘细节；因此引进自适应中值滤波来代替高斯滤波，在有效去掉脉冲噪声的同时很好地保留图像边缘，并根据局部信息改变滤波窗口的大小，提高去噪效果。

传统的双阈值确定方法一般是先人为定好高阈值 T_2，然后按 $T_2 \approx 2T_1$ 来确定低阈值 T_1，T_2 定得太高，图像边缘会丢失；T_2 定得太低，会检测到由噪声引起的伪边缘，没有根据图像自身特征来自适应地确定阈值，不具普适性。Canny 算子中双阈值确定好之后，通过高低阈值分别产生强边缘像素和弱边缘像素，将弱边缘通过八邻域连接到强边缘像素，产生连续完整的边缘。由于高阈值确定的边缘一般是真边缘，定位比较精确，所以可根据高炉料面图像的梯度直方图来自适应地确定高阈值，并用高阈值确定的强边缘像素在八邻域来连接基于分数阶的多向微分算子确定的高炉料面轮廓，可减少多向分数阶微分算子确定的高炉料面轮廓的伪边缘，同时增强连续性，克服了分数阶微分单独检测时含有少量噪声和不平滑的缺点，对基于分数阶的多向微分算子检测的结果起到一个修正和补偿的作用。

4.2.1.1 自适应中值滤波代替高斯滤波

图像在获取、传输、接收和处理的过程中，会受到各种噪声的干扰，对边缘检测产生很大的影响，会误将噪声检测为边缘，所以在对图像处理之前一般要先去噪。线性滤波器和高斯滤波器能很好地平滑高斯噪声，但对脉冲噪声平滑的效果较差，且在降噪的同时也使图像变得模糊。中值滤波是一种非线性滤波方法，既能有效地滤出脉冲噪声，同时也能保持图像的细节，因此在图像去噪处理中得到广泛的应用。

中值滤波的基本原理是把数字图像中一点的值用该点的一个邻域中各点值的中值代替，让周围的像素值接近于真实值，从而消除孤立的噪声点。方法是：用某种结构的二维滑动模板，将板内像素按照像素值的大小进行排序，生成单调上升的二维数据序列，然后选取中间值作为输出值。标准的中值滤波器采用的滤波窗口是预先确定的，不能根据噪声自适应地改变窗口的大小，且在处理的过程中，没有分辨噪声点和信号点，把图像中所有像素点的灰度值都用其邻域的中值来代替，因此模糊了图像边缘、拐角和细线等，其只适合脉冲噪声密度不太高的降噪处理。

本节基于中值滤波的特点和性质提出自适应中值滤波，根据噪声的干扰程度，采取变换窗口大小的方法，在原中值滤波算法中加入一个判断窗口内像素中值及滤波处的像素点灰度值是否为脉冲噪声，然后分别进行处理。

设 S_{xy} 为 $n \times n$ 的模板，其中 n 为奇数，I_{min} 为 S_{xy} 中灰度级的最小值，I_{med} 为 S_{xy} 中灰度级的中值，I_{max} 为 S_{xy} 中灰度级的最大值，$I_{(x,\ y)}$ 是坐标 $(x,\ y)$ 上的灰度值，S_{max} 是 S_{xy} 允许的最大掩模尺寸。自适应中值滤波的具体实现步骤如下：

步骤 1： 适应调整滤波窗口。首先确定一个最大的掩模尺寸 S_{max}，在这个尺寸范围内选取一个合适的半径 r，计算当前滤波半径像素灰度的 I_{min}、I_{max}、I_{med}，然后判断 I_{med} 是否在 $[I_{min},\ I_{max}]$ 中间，如果表示 I_{med} 不是脉冲，向下一步进行，否则扩大当前半径 r 继续滤波，直到 r 等于最大滤波半径。

步骤 2： 如果当前处理的像素 $I(x,\ y)$ 在 $[I_{min},\ I_{max}]$ 之间，则输出当前像素，否则输出当前滤波半径中值像素 I_{med}。

4.2.1.2 高阈值的自适应确定

传统 Canny 算子在阈值化处理时阈值是预先设定的，不具有自适应能力，在很多情况下难以得到好的检测效果。图像经过非极大值抑制处理之后，对所有不为 0 的像素可以用梯度直方图的形式进行描述，横坐标为梯度值，纵坐标为各梯度值对应的像素点的个数。

自适应确定高阈值根据梯度直方图来选择，图像的梯度直方图描述的是图像边缘强度信息，直方图的峰值对应于原图像的非边缘部分，经过 Canny 算子的非极大值抑制之后，对梯度幅值进行统计得到梯度直方图。将梯度直方图中拥有最多像素数的梯度值称为最大值梯度 H_{max}，计算全部像素梯度相对于最大值梯度 H_{max} 的标准差，称为 e_{max}。

$$e_{max} = \sqrt{\sum_{i=0}^{k} (H_i - H_{max})^2 / N} \tag{4-16}$$

式中，k 为像素数不为 0 的梯度最大值；N 为像素总数。

H_{max} 反映了非边缘区域在梯度直方图分布的中心位置，而像素最大值梯度标准差 e_{max} 则反映了梯度直方图中梯度分布相对于像素最大值梯度的离散程度，可以认为它们两者之和在非边缘区域，所以高阈值计算公式为：

$$T_2 = H_{max} + e_{max} \tag{4-17}$$

通过式（4-17）能自适应地确定高阈值，具有一定的理论依据，不再需要手动来确定阈值，提高了检测的准确性和快速性。

4.2.2　高炉料面轮廓的补偿及修正

由于 Canny 算子高阈值确定的强边缘像素定位精确，而上文用多向分数阶微分算子自适应确定的高炉料面轮廓存在噪声和不连续现象，所以提出用改进的 Canny 算子确定的强边缘像素来连接多向分数阶确定的高炉料面轮廓。

确定好高阈值之后，按改进的 Canny 算子计算步骤得到高阈值确定的强边缘图像，然后用高阈值确定的强边缘像素在八邻域来连接基于分数阶的多向微分算子确定的高炉料面轮廓，其中强边缘像素位置精确、含噪声少，用其连接最优料面轮廓曲线，能起到修正和补偿的作用。具体实现过程如下：

假设用改进的 Canny 算子高阈值确定的强边缘图像为 $T_1(i, j)$，用 4.2 节多向分数阶微分算子得到的边缘图像为 $T_2(i, j)$。由于 $T_1(i, j)$ 是用高阈值得到的边缘阵列，含有少的假边缘，可以根据边缘的连通性，以边缘图像阵列 $T_1(i, j)$ 为基础，在边缘图像阵列 $T_2(i, j)$ 中搜索可能的边缘点连接到 $T_1(i, j)$，得到最终的边缘图像。首先，扫描图像阵列 $T_1(i, j)$，当扫描到一个非零点 A 时，以 A 为出发点跟踪轮廓线，直到达到该轮廓线的终点 B；然后，在边缘阵列 $T_2(i, j)$ 中找到 $T_1(i, j)$ 中 B 点位置相对应的 B' 点，在 B' 点的八邻域内搜索非零点 C'；最后将 $T_2(i, j)$ 中 C' 点位置对应 $T_1(i, j)$ 的 C 点包含到边缘阵列 $T_1(i, j)$ 中。以同样的方法在边缘阵列 $T_1(i, j)$ 中继续跟踪搜索以 C 点为起点的轮廓线，重复上述过程，直到 $T_1(i, j)$ 和 $T_2(i, j)$ 中找不到可以连接的边缘点。

4.2.3　实验验证

4.2.3.1　改进 Canny 算子补偿及修正结果前后对比

在确定最佳的分数阶阶次之后，用改进的 Canny 算子对其进行补偿和修正，图 4-14

为补偿及修正结果前后对比图。与图 4-14（a）相比，图 4-14（b）的轮廓曲线更平滑，噪声点减少，起到了补偿和修正的作用，达到了高炉料面检测的目标。

图 4-14　补偿及修正结果前后对比图

（a）多向分数阶微分算子 $v = 0.81$ 时的检测结果；（b）补偿及修正结果

4.2.3.2　定量比较

为了更进一步地说明本节方法的有效性，将本节所提方法和现有方法与标准曲线进行比较。该标准曲线是根据高炉料面增强图像的轮廓曲线，同时结合南北两个探尺的数据，融合现场经验获得的。

为了比较不同方法获取的高炉料面轮廓曲线与标准曲线之间的吻合程度，将标准曲线分别与本节算法提取的轮廓曲线置于同一坐标系下，如图 4-15 所示。其中 *A* 所指的轮廓曲线是标准曲线，*B* 所指曲线是各方法检测出的轮廓。从图中可见，本节方法能很好地跟踪标准轮廓曲线，提取的轮廓连续、噪声少且轮廓吻合度较好。

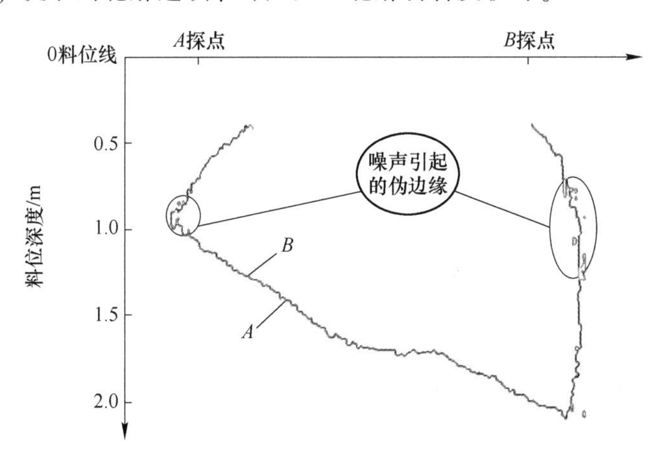

图 4-15　本节算法检测结果与标准比较图

本节从误检像素点个数、误检率、漏检像素点个数、漏检率、命中轮廓像素点个数、命中率、品质因数以及算法复杂度八个定量指标来评价本节算法效果，其中误检像素点个数是指各方法检测出标准曲线上没有的像素点个数，误检率是指误检个数占标准边缘像素点的比例；漏检像素点个数是各方法没有检测出标准曲线上的像素点个数，漏检率是指漏检像素点个数占整个标准边缘像素点的比例；命中轮廓像素点个数是指各方法检测的轮廓与标准轮廓相匹配的像素点，命中率是指相匹配的像素点个数占整个标准轮廓像素点的比例。计算结果见表 4-1，其中标准轮廓的像素点个数是 1203。从表 4-1 中可以看出，本节算法的误检像素点、误检率、漏检像素点和漏检率都较低。对于品质因数，其值越接近 1 说明检测效果越好，本节算法的品质因数是 0. 8063，说明本节算法能适应高炉料面轮廓检测。最后算法复杂度是用算法运行时间来衡量的，通过在 4G 内存的 64 位系统上采用 MATLABR2013a 进行仿真（见表 4-1），虽然算法复杂度相对于其他方法大一些，但是本节的要求是得到准确连续的单像素边缘，其他方法的检测效果没有本节算法好；此外，还可以通过提升计算机性能来降低运行时间。

表 4-1　高炉料面轮廓检测评价定量指标计算值

算法	误检像素点	误检率	漏检像素点	漏检率	命中轮廓像素点	命中率	品质因数	运行时间/s
本节算法	321	0. 2668	54	0. 0449	1149	0. 9551	0. 8063	2. 937

4. 2. 3. 3　高炉料面轮廓与工况对比分析验证

为了说明高炉料面轮廓能表征相应炉况的信息，将提取的轮廓置于对应的坐标系中，如图 4-16 所示，图中 *A*、*B* 两个探尺是高炉的北、南探尺测量点，均处于提取的高炉料面轮廓线上，并标出了此时对应的料位深度，可以看出能够提供料面高度信息的是中间的斜线部分，*A* 探点处的料位高出 *B* 探点处料位 0. 76 m，整个轮廓是倾斜向下的，可以分析出高炉正处于斜料状态，经与现场工人交流，当时的炉况确实是发生了斜料，现场工人通过所提取的料面轮廓提供的高低信息进行针对性的布料操作，经过 0. 5 h 后，炉料恢复正常状态，高炉正常料面增强图像如图 4-17 所示，得到的高炉正常料面轮廓如图 4-18 所示，此时料面轮廓呈凹状，*A*、*B* 两个探尺测点的料位深度只相差 0. 25 m，高炉正处于顺行状态。

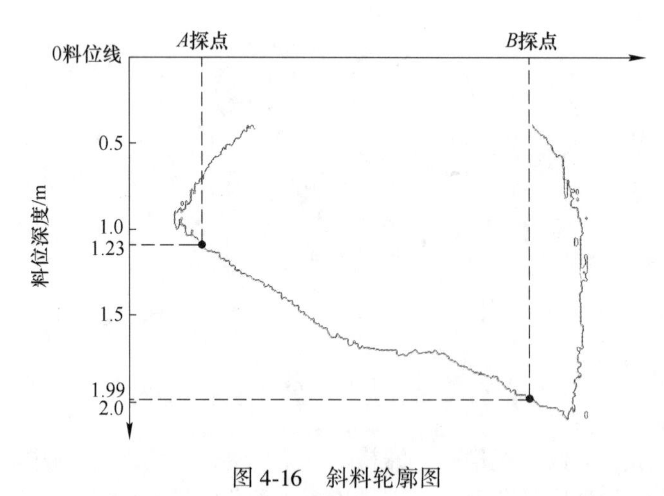

图 4-16　斜料轮廓图

通过对比分析高炉料面轮廓与高炉工况，验证了通过高炉料面轮廓曲线可以得知高炉的运行情况，可以从获取的料面轮廓的高低针对性地在料面较低的方向布料，从而使高炉运行状态达到最佳，这对高炉工长及时有效调控布料具有很好的参考价值和指导意义。

图 4-17　高炉正常料面图
（扫描书前二维码看彩图）

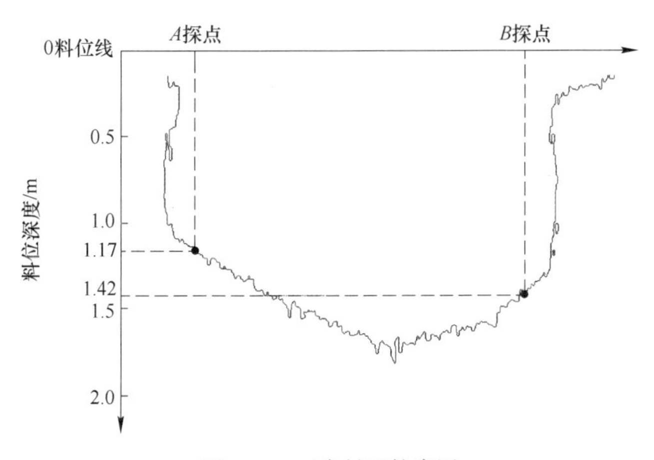

图 4-18　正常料面轮廓图

4.3　基于轮廓提取的高炉料速检测及实例验证

现有的高炉料速检测方法都不能真实地反映高炉内部的炉料每点的下降速度，且都是通过一种估算的方法得到炉料整体的下降速度，无法反映高炉内部的分布情况。随着视频测速技术的发展，其应用范围越来越广泛，视频测速能克服雷达测速和激光测速的偏差问题，可得到精确的速度值，尤其是通过对车辆视频监控信号进行分析来获得机动车辆的行驶速度，在矿井机车运输监控系统中也有用视频测速技术。一般视频测速是通过测定一定时间间隔的两帧连续图像被测目标移动的相对位移来测定速度，首先要对图像中的目标进行识别，检测出运动目标；然后对数据进行处理，给出目标的像素位移与实际位移间的关系；最后算出实际的运动速度，其中对视频图像中的目标进行定位是一个难点。另外，还要计算像素位移和实际距离之间的关系。

通过视频图像来检测高炉料速，目前尚无相关研究。与一般视频测速的区别在于，高炉内的炉料是矿石和焦炭，数量多且形状相似，无法对运动目标进行识别，且最后要映射图像坐标与实际坐标的关系，由于高炉内部环境比较恶劣，无法测量用来标定摄像机参数的多组数据。

本节结合高炉料面图像的特点，在提取高炉料面轮廓的基础上，提出基于视频图像的高炉料速检测方法。与传统的料速检测原理相同，但是因为高炉料面图像的特殊性，因此本节方法基于高炉轮廓特征进行料速检测。

4.3.1　视频测速原理

基于视频图像的速度检测主要根据对帧间间隔时间固定的序列图像的分析处理来实现速度的检测，对于摄像机拍摄的视频具有以下特点：

(1) 帧间间隔固定的两帧图像之间的间隔时间是相同的；

(2) 帧间间隔固定的两帧序列图像之间有相对位移。

根据物理学运动目标的速度公式：

$$v = \frac{\Delta S}{\Delta T} = \frac{s_1 - s_0}{t_1 - t_0} \tag{4-18}$$

根据视频图像固定两帧图像之间的时间间隔和处理的图像之间的间隔帧数目，如图 4-19 所示，可以计算出时间 ΔT，再通过检测运动目标的位置，可以得到目标的相对位移距离 ΔS，利用式（4-18）便可以计算出速度 v。

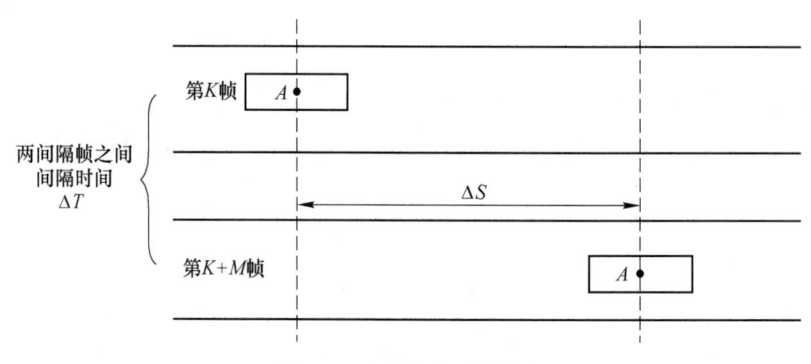

图 4-19　测速原理示意图

在一般情况下，可得到 ΔT 和 ΔS 其中的一个值，再利用其他测量方法或计算方法得到另一个变量的值。在视频测速中，通过视频信号的固定帧间时间可直接得到 ΔT，再通过其他方法间接地算出 ΔS。

4.3.2　高炉料速检测

视频测速通常的步骤是先从视频信号中获取目标物体在一定时间内运动的像素距离，再将该像素距离与实际距离相对应，以获得在一定时间内目标物体所运动的实际距离，最后根据速度公式求取目标实际运动的速度。

由于高炉炉内炉料不断发生化学物理反应，导致料面轮廓不断变化，也就是说目标物体的形状是不断变化的，所以根据其特殊性，提出了一种基于高炉料面轮廓的炉料下降速度检测方法。在高炉上，料面分为二维和三维两种，由于三维料面获取极端困难，在实际布料操作中都是以二维来进行参考布料的，例如典型的 M 形料面形状，所以用料面轮廓线来表征三维料面的一个纵切面。通过观察采集的高炉料面视频图像，可以发现高炉料面下降是一个缓慢变化的过程，因此，可以用视频测速的方式来检测料速。由于布料时按圈布料，以中心点为圆心，相同半径上炉料的下降速度基本上是一致的。基于上述假设，以轮廓线上每一点的下降速度来代表相同半径下其他点的料速，所以本节提出的料速检测方法就是对轮廓线上每一点进行料速检测来表征整个料面的不同半径下炉料的下降速度。其流程图如图 4-20 所示，选取一个布料周期进行研究，从炉料开始往下降到再次布料。首先将视频分解成图像，按一定时间间隔选取图像进行轮廓提取，接着选择南北探尺之间的料面轮廓，然后通过探尺数据找出像素距离与实际距离的对应关系，将像素坐标映射到实际坐标；然后对选择的料面轮廓的实际距离进行函数拟合，这样每一帧图像都会有一个关于横坐标的函数，不同图像的曲线拟合函数不同是由于炉料的不断下降引起的，所以通过找出一定时间间隔内对应的位移变化，就可以算出这个时间间隔的瞬时速度，且是关于横坐标上的瞬时速度。

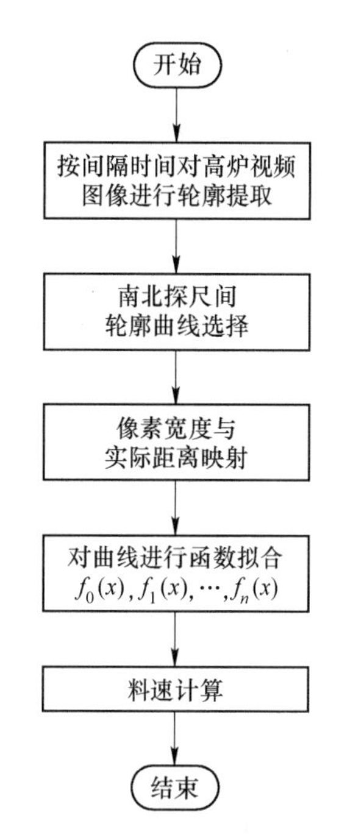

图 4-20 高炉料速检测流程图

4.3.2.1 ROI 区域曲线选择

由于高炉料面图像的特殊性，中心光源周围的轮廓是光源导致的，并非料面的轮廓，需要对其进行剔除。本节研究的目的是南北两个探尺之间横截面上每一点的下降速度，所以只需要对南北两个探尺之间的料面轮廓进行选取，也就是需要对 ROI 区域的轮廓曲线进行选择。从提取的高炉料面轮廓图 4-21 可以看出轮廓图呈月牙形，上部分的轮廓是中心光源导致而成的，感兴趣的区域是底下料面所形成的轮廓，所以根据高炉料面图像提取的轮廓特点，设计了新算法。按列对图像进行扫描，对于每个纵坐标，只选那个较小的纵坐标进行保留，也就是炉料堆在炉内所形成的炉面轮廓线，对于其他不是炉料所形成的轮廓线进行剔除，最后对选择点进行一个连续的处理，方便后续的函数拟合。其处理流程图如图 4-22 所示。

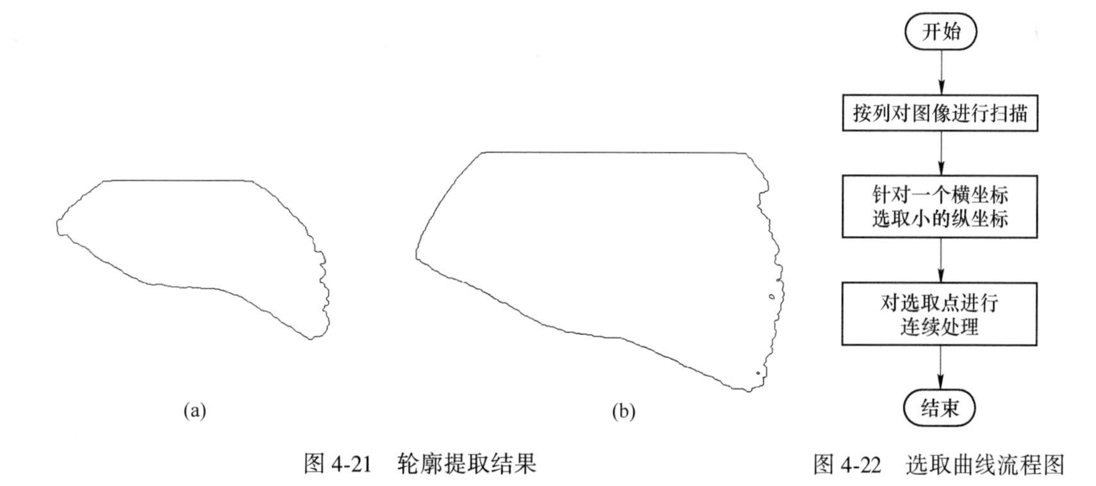

图 4-21 轮廓提取结果

图 4-22 选取曲线流程图

图 4-23 是按上述步骤对其进行边缘曲线选择的结果，主要是料面轮廓部分，去掉了

上部分不需要的轮廓曲线，由于选择的时候会出现个别的孤立点，所以对其进行了平滑处理，方便后续的函数拟合。

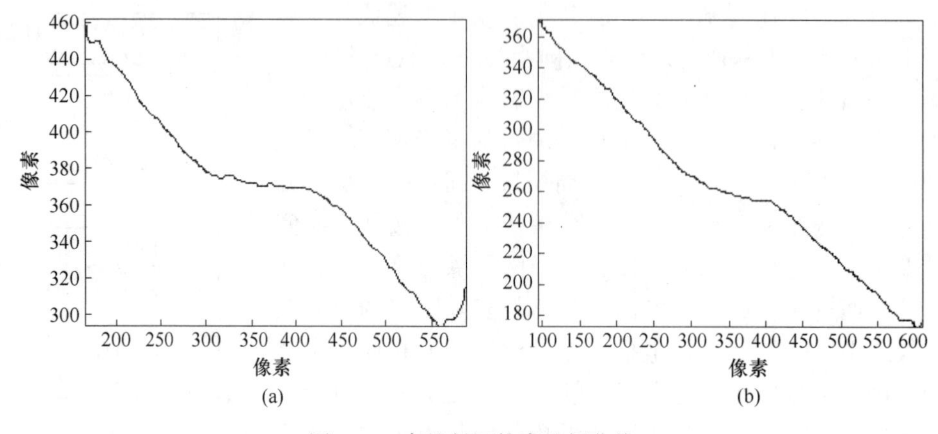

图 4-23　高炉料面轮廓选择曲线

4.3.2.2　像素宽度与实际距离的映射

要求出实际的下降速度，需要知道视频序列图像中的每个像素点和实际下降长度之间的对应关系，可假设一个比例系数 k ，单位为“米/像素”。

为找出像素宽度和实际距离之间的关系，传统做法是通过摄像机标定计算空间点和图像点之间的对应关系，这需要各种坐标系的转换。从世界坐标系到相机坐标系，从相机坐标系到图像物理坐标系，再从图像物理坐标系到图像像素坐标系，这需要测量多组对应的数据，但高炉安装环境比较恶劣，不能准确地确定内窥镜安装的角度和拍摄距离，无法在高炉内部测量坐标数据，所以无法对内窥镜的内外参数进行标定。

本小节考虑到机械探尺检测是利用机械探尺在高炉内对料面进行直接接触式测量，运行稳定且精度高，具体可分为放尺操作、扶尺操作及提尺操作三种工作方式，在扶尺操作过程中一直有测量数据，所以本小节通过找出一定时间内两帧图像的轮廓之间像素点的移动距离，然后找出相应时间内机械探尺在料面上下降的距离，来找出像素宽度与实际距离。

如图 4-19 所示，找出第 K 帧与第 $K+M$ 帧之间运动目标移动的像素位移，本小节选取间隔时间 $\Delta T = 10$ min 的两帧图像，找出它们在南北探尺测量位置处像素差，假设 A 点为北探尺测量的横坐标，B 点为北探尺测量的横坐标，t_1 时刻料面轮廓在 A 横坐标处的像素坐标为（142，138），在 B 横坐标处的像素坐标为（567，297），t_2 时刻料面轮廓在 A 横坐标处的像素坐标为（142，203），在 B 横坐标处的像素坐标为（567，390），所以可以求得在 $t_1 \sim t_2$ 期间 A 处料面下降的像素位移为 65，在 B 处的像素位移为 93。找出对应时间内，南北两个探尺测得的数据，t_1 时刻北探尺测得的料线高度是 0.814 m、南探尺测得的料线高度是 1.683 m，t_2 时刻北探尺测得的料线高度是 1.296 m、南探尺测得的料线高度是 2.373 m，所以在 $t_1 \sim t_2$ 期间北探尺测得的料线下降距离为 0.482 m、南探尺测得的料线下降距离为 0.69 m。表 4-2 列出了像素位移和实际位移。

根据对应关系，可以求得实际距离与像素宽度的比例关系 k（单位为“米/像素”）。

计算 A 点处的比例关系 k_1：

$$k_1 = \frac{0.69}{93} = 7.419 \times 10^{-3} \tag{4-19}$$

表 4-2 像素位移与实际位移对应关系

位移/像素	65	93
实际位移/m	0.482	0.69

计算 B 点处的比例关系 k_2：

$$k_2 = \frac{0.482}{65} = 7.415 \times 10^{-3} \tag{4-20}$$

比例关系 k 用上述两个比例关系求平均值得到：

$$k = \frac{k_1 + k_2}{2} = 0.00742 \tag{4-21}$$

假设图像像素坐标为 (u, v)，实际坐标为 (x, y)，则有：

$$y = k \cdot v \tag{4-22}$$

$$x = k \cdot u \tag{4-23}$$

4.3.2.3 轮廓曲线函数拟合

根据料速检测流程图可知，计算出实际距离与像素宽度的比例关系 k 之后，需要对实际坐标进行轮廓曲线函数拟合。曲线拟合的目的是方便后续轮廓曲线的研究，为料速检测提供条件。由于高炉料面曲线具有不可预知性，所以其料面曲线没有规则可寻。

由于后续料速检测算法中，需要计算帧间位移变化，因此本小节采取拟合方法遵循以下原则：

(1) 在误差允许范围内，尽量用小的拟合阶次；

(2) 函数拟合计算复杂度要小。

在遵循以上原则的基础上，通过多次实验，本小节采取 6 阶多项式曲线拟合方法对轮廓曲线进行拟合，阶次为 6 的时候拟合程度能达到 0.99 以上。

用矩阵形式来表示拟合函数：

$$\boldsymbol{Y} = \boldsymbol{A}\boldsymbol{X} \tag{4-24}$$

式中，$\boldsymbol{A}$ 为拟合系数矩阵；$\boldsymbol{X}$ 为拟合自变矩阵；$\boldsymbol{Y}$ 为拟合因变矩阵。

图 4-24（a）是对图 4-23（a）提取的轮廓按上述步骤处理之后进行函数拟合的结果，其拟合矩阵如下：

$$\boldsymbol{A}_1 = [0.02 \quad -0.2234 \quad 0.7683 \quad -0.2581 \quad -3.4151 \quad 5.7146 \quad 0.7888]$$

其误差平方和 SSE 为 0.04926，均方根误差 RMSE 为 0.0109，确定系数为 0.9988。

图 4-24（b）是对图 4-23（b）提取的轮廓按上述步骤处理之后进行函数拟合的结果，其拟合矩阵如下：

$$\boldsymbol{A}_2 = [0.0096 \quad -0.1259 \quad 0.6081 \quad -1.3187 \quad 1.2708 \quad -0.9005 \quad 3.0576]$$

其误差平方和 SSE 为 0.1541，均方根误差 RMSE 为 0.01736，确定系数为 0.9981。

图 4-25 是将选取曲线和拟合曲线放在一起进行对比，可以看出拟合程度较高，误差很小，满足需求。

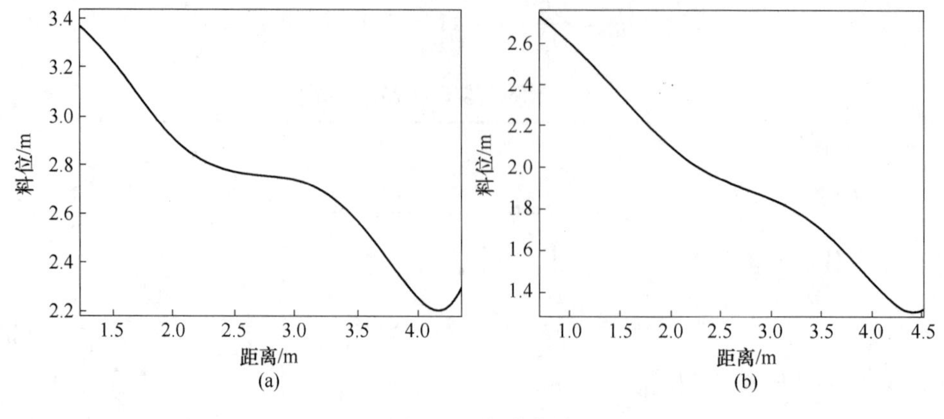

图 4-24　拟合曲线

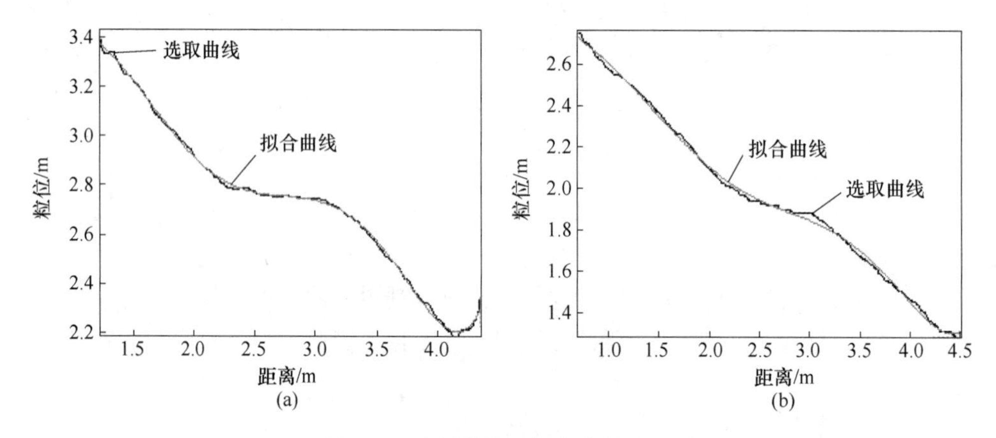

图 4-25　选择曲线与拟合曲线对比图

4.3.2.4　料速计算

从现场拍摄到的视频可以看到，整个料面往下移动的速度比较缓慢，而现场拍摄视频的频率为 25 帧/s，帧与帧之间几乎没什么位移变化。为了得到明显的位移变化，且考虑到后续验证料速检测的准确性是通过探尺测量数据来验证的，所以这里以探尺在扶尺操作阶段采集的数据间隔为准，在扶尺阶段探尺是以 6 min 为周期进行数据采集的，因此，本小节对视频图像的处理也是以 6 min 为帧间间隔进行处理。

为了说明料速检测原理，本小节选取 2015 年 7 月 2 日 16：15 开始的一个布料周期的视频图像中的 3 帧图像进行处理说明，每帧图像间的时间间隔为 6 min，第一帧图像的料面偏高、第二幅是料面位置在中间、第三幅图像料面在底下部分，这样就能比较明显地看到位移变化。对三幅图像进行轮廓提取之后，选择南北两个探尺之间的料面轮廓部分对其进行 6 阶多项式拟合，将它们写成矩阵形式。

$$\boldsymbol{Y} = \boldsymbol{AX} \tag{4-25}$$

其中

$$\boldsymbol{Y} = \begin{bmatrix} y_1 \\ y_2 \\ y_3 \end{bmatrix} \tag{4-26}$$

$$\boldsymbol{A} = \begin{bmatrix} 0.02 & -0.2234 & 0.7683 & -0.2581 & -3.4151 & 5.7146 & 0.7888 \\ 0.005 & -0.0487 & 0.0895 & 0.4436 & -1.8836 & 1.9051 & 2.4591 \\ 0.0096 & -0.1259 & 0.6081 & -1.3187 & 1.2708 & -0.9005 & 3.0576 \end{bmatrix} \tag{4-27}$$

$$\boldsymbol{X} = [x^6 \quad x^5 \quad x^4 \quad x^3 \quad x^2 \quad x \quad 1]^{\mathrm{T}} \tag{4-28}$$

然后，计算当前帧图像的料面轮廓与后一帧图像的料面轮廓间下降的位移差，得到：

$$\Delta\boldsymbol{Y} = \boldsymbol{BX} \tag{4-29}$$

其中，$\boldsymbol{B}$ 矩阵是上述 $\boldsymbol{A}$ 矩阵的行前向差分矩阵：

$$\boldsymbol{B} = \begin{bmatrix} 0.015 & -0.1747 & 0.6787 & -0.7017 & -1.5315 & 3.8095 & -1.6703 \\ -0.0046 & 0.0772 & -0.5185 & 1.7623 & -3.1544 & 2.8056 & -0.5985 \end{bmatrix} \tag{4-30}$$

$\Delta\boldsymbol{Y}$ 还可以写为：

$$\Delta\boldsymbol{Y} = \begin{bmatrix} \Delta y_1 \\ \Delta y_2 \end{bmatrix} \tag{4-31}$$

$$\boldsymbol{X} = [x^6 \quad x^5 \quad x^4 \quad x^3 \quad x^2 \quad x \quad 1]^{\mathrm{T}} \tag{4-32}$$

计算出连续两帧之间的下降位移之后，然后根据两帧图像之间的间隔时间 6 min，就可以求出相对应间隔时间内关于横坐标 x 的下降速度。根据式（4-18）和式（4-19）便可以求出以下下降速度。

$$\boldsymbol{V} = \boldsymbol{CX} \tag{4-33}$$

其中

$$\boldsymbol{V} = \begin{bmatrix} v_1 \\ v_2 \end{bmatrix} \tag{4-34}$$

$$\boldsymbol{C} = \begin{bmatrix} 0.0025 & -0.0291 & 0.1131 & -0.117 & -0.2553 & 0.6349 & -0.2784 \\ -0.00077 & 0.0129 & -0.0864 & 0.2937 & -0.5257 & 0.4676 & -0.0998 \end{bmatrix} \tag{4-35}$$

通过以上公式算出的料速单位为“m/min”，这里为了说明只选取 3 帧图像进行处理，实际可对整个视频进行连续检测。对于每一个横坐标可以算出相应的料速，以中心光源为中心，轮廓线上每点的料速能表征料面上相同半径下其他点的料速，从而实时实现料面上多点的料速检测。

4.3.3 工业数据实验

由于现在的炉料下降速度一般是通过计算炉喉处的平均速度或者用布料周期来表征，这些方法无法对本节的方法进行验证，但高炉的南北探尺能周期性地采集料线高度，所以本节通过计算在对应时间内南北两个探尺下降的速度与本节方法在南北两个探尺对应的横坐标处的料速进行对比分析验证。

本节选取 2015 年 7 月 2 日 16:15 开始的一个布料周期的视频图像中的 3 帧图像进行说明验证。前文已算出帧间间隔图像间的速度函数，计算南北两个探尺对应横坐标处的速度，其中北探尺对应的横坐标是 $x=1.054$、南探尺对应的横坐标是 $x=4.21$，计算结果见表 4-3。然后找出对应时间内南北两个探尺的测量数据，采集周期为 6 min，计算相应时间的料速，计算结果见表 4-4。

表 4-3　本节方法在南北探尺对应坐标的料速计算结果　(m/min)

时间	北探尺对应 A 点料速	南探尺对应 B 点料速
16:21	0.0753	0.1026
16:27	0.062	0.0982

表 4-4　南北探尺数据料速计算结果

时间	北探尺/m	北探尺料速/$m \cdot min^{-1}$	南探尺/m	南探尺料速/$m \cdot min^{-1}$
16:15	0.346		1.043	
16:21	0.814	0.078	1.683	0.1067
16:27	1.198	0.064	2.278	0.0992

由于探尺检测数据准确，因此以探尺检测的料速为参考，计算本节方法的检测误差。误差分析结果见表 4-5。

表 4-5　误差分析结果

项目	16:21 时 A 点	16:21 时 B 点	16:27 时 A 点	16:27 时 B 点
误差	0.0027	0.0041	0.002	0.001
误差率/%	3.5	3.8	3.1	1.0

从误差分析结果可以看出，误差率都在 5%以内，可以认为本节的料速检测方法是正确的。

参考文献

[1] Huang Y Q, Chen X Z, Wang T, et al. Control Study Based on Fuzzy Pattern Recognition of Blast Furnace Surface [C]// Control Conference (CCC), 2013 32nd Chinese. IEEE, 2013: 2548-2553.

[2] 蔡漳平. 高炉炉料下降速度解析及其应用 [J]. 山东冶金, 1990 (2): 16-19.

[3] 彭华国. 竖炉内炉料的下降及气体动力学分析 [J]. 钢铁, 1981 (8): 10-15.

[4] 严定鎏, 郭培民, 齐渊洪. 高炉内炉料运动的数值模拟 [J]. 中国冶金, 2008, 18 (4): 21-24.

[5] 邱家用, 高征铠, 张建良, 等. 无料钟炉顶高炉中炉料流动轨迹的模拟 [J]. 过程工程学报, 2011, 11 (3): 368-375.

[6] 李勇良. 测定高炉炉料厚度及下降速度的传感器 [J]. 江西冶金, 1988 (3): 67.

[7] 杜荣山. 高炉内炉料下降速度及其控制 [J]. 辽宁科技大学学报, 1985 (4): 24-31.

[8] Chen Z, Jiang Z, Gui W, et al. A novel device for optical imaging of blast furnace burden surface: Parallel low-light-loss backlight high-temperature industrial endoscope [J]. IEEE Sensors Journal, 2016, 16 (17):

6703-6717.

［9］龙清．图像边缘检测中的微分算子法及其比较［J］．信息技术，2011，35（6）：98-101.

［10］夏凯．基于改进的 SUSAN 算法的火焰图像边缘检测研究［J］．现代电子技术，2015，38（5）：58-61.

［11］Prasad P M K, Prasad D Y V, Rao G S. Performance Analysis of Orthogonal and Biorthogonal Wavelets for Edge Detection of X-ray Images［J］. Procedia Computer Science, 2016, 87: 116-121.

［12］Dong Y B, Li M J, Wang H Y. Comparison and Evaluation of Edge Detection Segmentation Techniques［J］. Advanced Materials Research, 2014, 889: 1069-1072.

［13］Bhardwaj S, Mittal A. A Survey on Various Edge Detector Techniques［J］. Procedia Technology, 2012, 4: 220-226.

［14］刘天时，魏雨，李湘眷．自适应阈值的 Prewitt 地质图像边缘检测算法［J］．小型微型计算机系统，2016，37（5）：1062-1065.

［15］桂预风，吴建平．基于 Laplacian 算子和灰色关联度的图像边缘检测方法［J］．汕头大学学报（自然科学版），2011，26（2）：69-73.

［16］胡建平，佟薪，谢琪，等．基于 Zernike 矩的改进 LoG 边缘检测方法［J］．山西大学学报（自然科学版），2016，39（3）：371-377.

［17］Gao C B, Zhou J L, Hu J R, et al. Edge Detection of Colour Image Based on Quaternion Fractional Differential［J］. IET Image Processing, 2011, 5（3）: 261-272.

［18］Wang Z, Su J, Zhang P. Image Edge Detection Algorithm Based on Wavelet Fractional Differential Theory［C］// Control Conference（CCC）, 2016 35th Chinese. IEEE, 2016: 10407-10411.

［19］Chen X H, Fei X D. Improving Edge-detection Algorithm based on Fractional Differential Approach［C］// International Conference on Image, Vision and Computing, 2012, 50.

［20］蒋伟，陈辉．基于分数阶微分和 Sobel 算子的边缘检测新模型［J］．计算机工程与应用，2012，48（4）：182-185.

5　基于红外视觉的高炉铁口铁水流温度在线检测

高炉铁口铁水流温度是表征高炉炉温状态变化、铁水质量优劣及能耗排放水平的重要参数。现有检测手段主要检测撇渣器后铁水温度，撇渣器距离铁口较远，其铁水流温度无法准确反映炉缸内铁水温度，而高炉铁口直接与炉缸相连，其铁水流温度可直接表征炉内铁水温度。因此，研究高炉铁口铁水流温度的实时在线检测方法具有重要的科学意义和应用价值。然而，高炉铁口处铁水流具有渣铁高动态随机混合分布、温度高、流速快等特点，且高炉出铁口附近环境恶劣，存在间歇性粉尘和强振动等干扰，使得高炉铁口铁水流温度的在线精确检测存在极大的挑战，具体表现有以下两个方面。

（1）高炉铁口是最接近炉缸的外部位置，从高炉铁口流出的铁水流是铁水和炉渣的混合物，采用红外视觉方式获取到的铁水流红外热图像中既包含铁水温度信息，也包含炉渣温度信息，若将两者混在一起计算，则最终铁水测温将存在巨大误差。因此，必须对炉渣区域和铁水区域进行识别区分。然而，现有研究鲜有对铁口铁水流温度在线检测的研究，更缺乏对铁口铁水流中炉渣和铁水特性的研究。因而，如何自动识别铁口铁水流中的炉渣和铁水区域是铁口铁水流温度在线准确检测需要克服的难题之一。

（2）高炉出铁场环境恶劣且复杂多变，铁口附近存在间歇性随机分布的粉尘，当使用红外测温方式检测铁口铁水流温度时，分布在光路中粉尘影响了红外探测器接收到的红外辐射，致使红外测温结果存在误差。然而，现有文献中缺少粉尘对红外测温影响的研究，更缺乏补偿粉尘造成的红外测温误差的方法。若要利用红外视觉来获取准确的铁口铁水流温度，则必须研究粉尘对红外测温结果的影响，因此，如何量化并补偿粉尘造成红外测温误差是高炉铁口铁水流温度在线准确检测面临的另一挑战。

为攻克高炉铁口铁水流温度在线准确检测的难题，本章提出了基于红外视觉的高炉铁口铁水流温度在线检测方法，研发了红外视觉铁水测温系统，实现了复杂粉尘环境下高炉铁口铁水流温度的实时在线准确检测。

5.1　基于红外视觉的铁口铁水流温度多态映射方法

在研究国内外相关文献基础上，本节提出了基于红外视觉的高炉铁口铁水流温度多态映射方法。通过融合图像处理算法和非线性拟合方法，自动定位了高炉铁口铁水红外热图像中的铁水流区域，既减小了要处理的数据量，也尽可能保留有效的铁水流区域温度信息。针对铁水流渣铁混合的问题，提出了基于发射率差异的渣铁识别方法，去除了炉渣区域对铁水测温的影响。针对高炉出铁场间歇性随机分布粉尘对铁水温度的影响，提出了基于感兴趣子区域的铁水温度多态映射方法。基于红外视觉的高炉铁口铁水流温度在线检测方法的整体实现思路如图 5-1 所示。

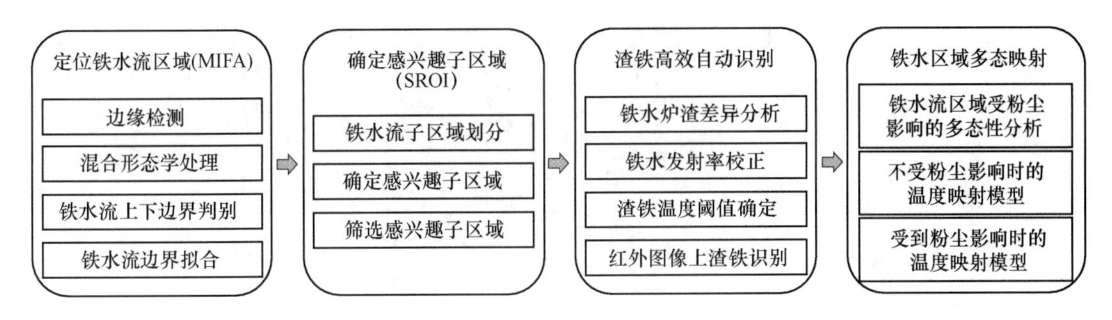

图 5-1 基于红外视觉的高炉铁口铁水温度多态映射方法

5.1.1 高炉铁口铁水流区域的自动定位

本节利用安装在高炉操作台的红外热像仪获取高炉铁口铁水流的红外热图像，如图5-2所示。由图5-2可知，铁水流区域仅占红外热图像的部分区域。为了减小要处理的数据量，同时尽可能保留有效的铁水流温度信息，本节定义铁水流区域（MIFA，Molten Iron Flow Area）为恰好包含铁水流的矩形区域，并提出了基于非线性拟合的铁水流自动定位方法。

MIFA的定位首先从检测铁水流的边缘开始。由图5-2可知，铁水流红外热图像中包括铁水流、渣堆和背景等区域。由于铁水流温度高于其他区域的温度，在图像中铁水的流动清晰可见，因此可以通过边缘检测来确定铁水流的边界。红外热图像中的铁水流在边界处有大量突起，并且铁水流中的铁水和炉渣是高动态随机分布的，因此，边缘检测算子应具有良好的滤波和降噪能力。经典边缘检测算子包括Canny算子、Sobel算子、Prewitt算子、Roberts算子和LoG算子等[1,2]。

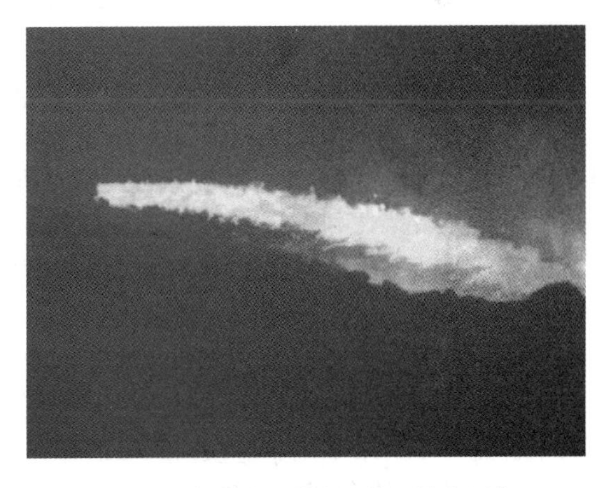

图 5-2 高炉铁口铁水流的红外热图像
（扫描书前二维码看彩图）

本节对比了Canny算子、Sobel算子、Prewitt算子、Roberts算子和LoG算子的边缘检测性能，图5-3显示了不同算子边缘检测的结果。从图5-3可以看出，Canny算子的效果最好，具有最强的去噪能力，并且可以获得更平滑的边缘，而其他算子检测到的边缘附近存在大量噪声。

需要说明的是，铁水流红外热图像中存在铁水流、渣堆和背景等区域，且三种区域之间差异较大，同时由于铁水流是渣铁的混合物，即铁水流区域包括铁水和炉渣两种物质，因此，在利用Canny算子进行边缘检测时，必须设定合理的阈值，避免由于阈值设置得过小使得边缘检测结果中包括位于铁水流内部的炉渣和铁水间的错误边缘，影响最终铁水流区域的确定。通过遍历Canny算子中的阈值，本节将Canny算子中的阈值设置为大于0.2的值。

尽管Canny算子的边缘检测效果最好，由于铁水流边缘存在突出以及渣铁飞溅的影

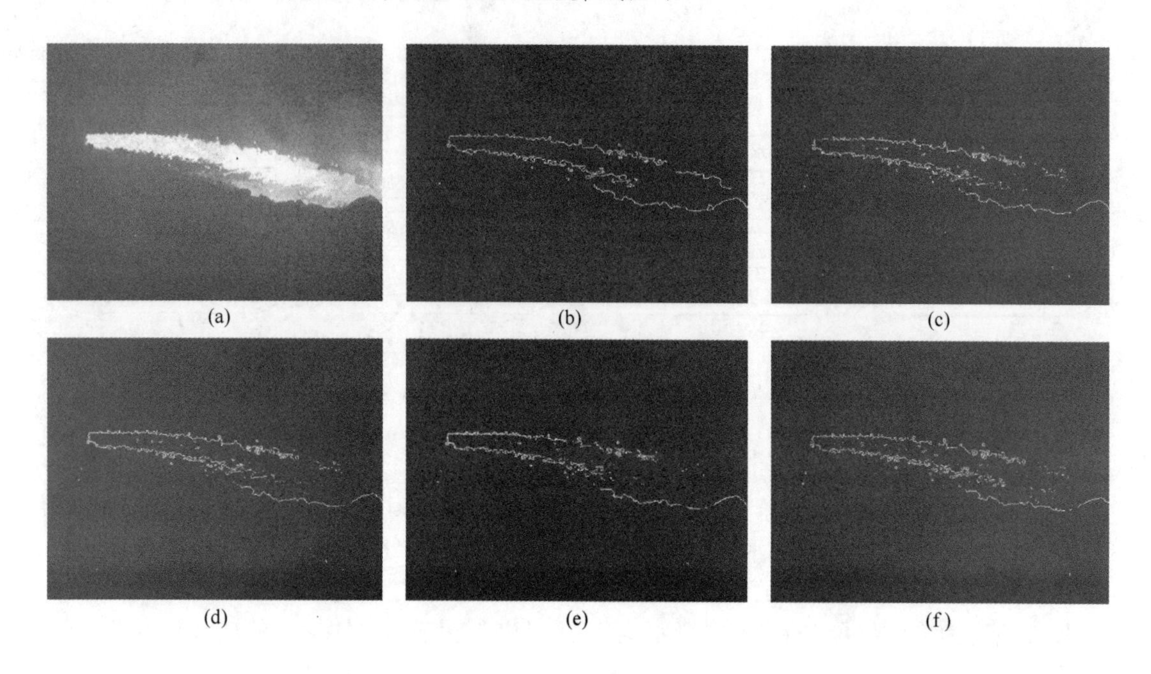

图 5-3　边缘检测结果
（a）原始灰度图；（b）Canny 算子；（c）Sobel 算子；（d）Prewitt 算子；（e）Roberts 算子；（f）LoG 算子

响，边缘检测结果中仍然存在位于铁水流外围的凸起边缘和游离于铁水流的小区域，影响铁水流区域的准确确定。为了进一步获取光滑且连续的铁水流轮廓，本节采用粗化、膨胀、开操作、骨架化和去毛刺等形态学操作对边缘检测结果进行处理[3, 4]。粗化和膨胀可以消除铁水流的突出对确定铁水流边界的影响。针对铁水和炉渣飞溅形成的小区域的影响，执行开操作以去除小区域。骨架化和去毛刺的目的是获取相对平滑的铁水流边缘。

此外，本节对不同边缘检测算子的检测结果进行了同样的形态学处理，如图 5-4 所示。由图 5-4 可知，Canny 算子经过形态学运算后的边缘检测结果平滑连续且没有毛刺，而其他检测算子的结果是非连续的或依旧存在毛刺。因此，选择 Canny 算子检测红外热图像中铁水流边缘是合理的，Canny 算子边缘检测结果的形态学处理结果如图 5-5（a）所示。

在获取铁水流较为平滑且毛刺较小的边缘后，通过判断这些边缘属于铁水流的上边界或下边界来准确量化铁水流位置。从图 5-5（a）可知，由于炉渣堆的存在，图中存在错误的渣堆边界，难以直接确定与铁水流的上下边界相对应的像素对，因此，要准确地描述铁水流位置，必须区分铁水流边界和渣堆边界。

分析铁水流边界与渣堆边界在红外热图像中的分布位置可知，铁水流边界位于红外热图像的上部，而炉渣堆边界位于图像的下部。基于这两种边界在纵向上的位置差异，本节按列遍历图 5-5（a）中的边缘像素，在包含铁水流边界的每列像素中可以获得至少两个像素点，选择纵向位置最靠上的两个像素点作为铁水流上下边界对应的上下像素对。

根据图 5-5（a）中检测到的边缘可知，由于铁水流落入铁水主沟部分的下边界与铁水主沟融为一体难以检测，按列遍历最靠上的两个像素点的方式依旧会检测到错误的铁水流边界，即此时得到的下边界是渣堆边界，因此必须去除这种错误的铁水流边界。基于对

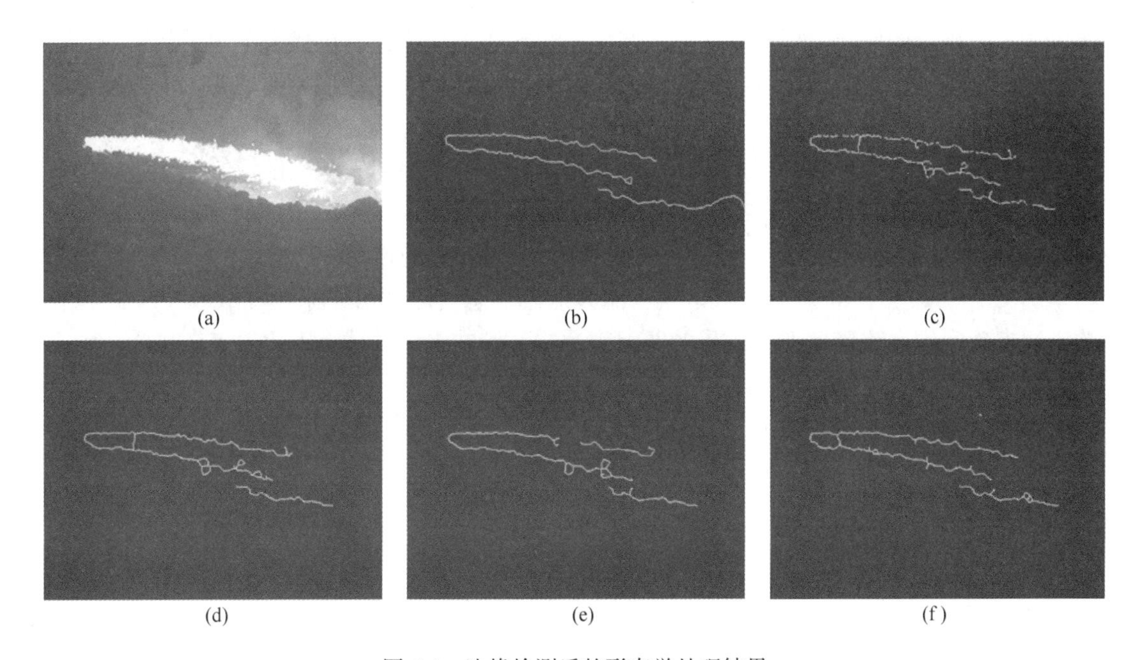

图 5-4 边缘检测后的形态学处理结果
（a）原始灰度图；（b）Canny 算子；（c）Sobel 算子；（d）Prewitt 算子；（e）Roberts 算子；（f）LoG 算子

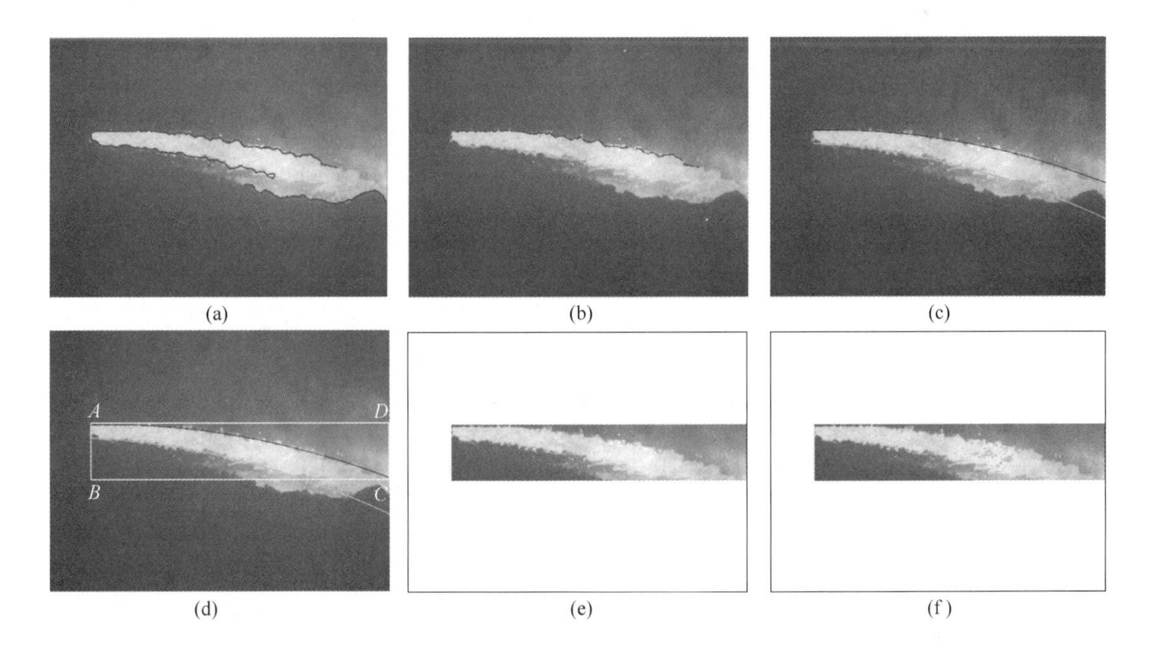

图 5-5 铁水红外热图像处理结果
（a）铁水流边界；（b）铁水流的上下边界；（c）多项式拟合上下边界；（d）MIFA 的确定；（e）MIFA；（f）分割结果
（扫描书前二维码看彩图）

铁水流粗细形态的先验知识，设定上述两个像素点纵向位置差阈值，从而去除了由铁水流的上边界点和炉渣堆的边界点形成的错误像素对。最后在像素对中，纵向位置靠上的像素点作为上边界像素点，纵向位置靠下的像素点作为下边界像素点。图 5-5（b）以不同的颜色显示了确定的铁水流区域的上下边界，蓝色代表上边界，绿色代表下边界。

为定量描述铁水流区域在红外热图像中所处的位置，获取铁水流区域的上下边界上的像素点位置后，基于非线性拟合的方式来确定铁水流区域上下边界曲线的表达式。本节以红外热图像左下角为坐标原点，构建平面直角坐标系，则根据铁水流区域的上下边界像素位置，可以计算得到上下边界点在当前坐标系下的坐标信息，记上边界像素点的坐标为$((x_{up_1}, y_{up_1}), L, (x_{up_m}, y_{up_m}))$，记下边界像素点的坐标为$((x_{down_1}, y_{down_1}), L, (x_{down_m}, y_{down_m}))$。高炉铁口铁水流为射流形态，因此可以采用非线性多项式拟合的方式来确定铁水流区域上下边界的曲线表达式，设铁水流区域上下边界表达式为：

$$\begin{cases} y_{up} = \sum_{n_{up}=0}^{k} a_{n_{up}} x_{up}^{n_{up}} \\ y_{down} = \sum_{n_{down}=0}^{k} a_{n_{down}} x_{down}^{n_{down}} \end{cases} \tag{5-1}$$

式中，$a_{n_{up}}$ 和 $a_{n_{down}}$ 分别为上下边界曲线的拟合系数；n_{up} 和 n_{down} 分别为上下边界曲线的阶次。

根据上下边界像素点的坐标信息，基于最小二乘法便可确定上下边界的曲线表达式，本节采用二阶多项式来拟合上下边界。拟合结果如图 5-5（c）所示，两条曲线基本上反映了铁水流在红外热图像上的位置。

最后，定位 MIFA 的算法实施步骤概括如下：

步骤 1：通过上述边界检测确定铁水流的上下边界，并使用多项式拟合铁水流的上下边界；

步骤 2：将图 5-5（c）中铁水流上边界点中最左侧点的横坐标作为 MIFA 左上角的点 *A* 的横坐标；

步骤 3：通过分析步骤 1 中铁水流区域上边界的拟合曲线，计算出铁过程中铁水流动的上边界的最高点，使用最高点的纵坐标来表示点 *A* 的纵坐标；

步骤 4：以上边界和铁水流红外热图像的交点作为 MIFA 右下角的 *C* 点；

步骤 5：根据点 *A* 和点 *C* 的坐标，便可获得 MIFA，如图 5-5（d）所示。随后的操作是通过裁剪来获取 MIFA，图 5-5（e）显示了获取的 MIFA。

为了保证铁水流区域确定方法的严谨性，同时避免轻微振动带来的红外热图像视角偏移，可以在原有铁水流区域的长度和宽度基础上增加一定的裕量。通常在一个高炉的底部四周有多个铁口用于出铁，因此，铁口铁水流的流出方向存在从左到右或者从右到左两种情形。上述确定铁水流区域的方法同样适用于铁水流从右向左流出的情形。在每次出铁过程开始的时候，应用上述边缘检测、形态学处理、上下边界确定及非线性拟合等方法，确定 MIFA 后，将 MIFA 的边界参数存储使用，在这个出铁过程的后续过程中可以不用再次确定 MIFA。在下一次的出铁周期中再次确定 MIFA，并更新 MIFA 的边界参数。通过这种 MIFA 参数更新方式，避免了频繁计算 MIFA 带来的时间成本，保证了铁口铁水温度检测的实时性。需要指出的是，后续的处理都只针对铁水流区域。

5.1.2 基于发射率差异的渣铁区域高效自动识别

根据高炉出铁工艺可知，高炉铁口铁水流是铁水和炉渣的混合物，要实现对高炉铁口铁水流温度的准确检测，必须区分铁水和炉渣，避免炉渣区域对铁水温度检测的影响。利用铁水主沟后方的撇渣器，可以将炉渣和铁水间进行物理分离，但本章需要检测高炉铁口处铁水流温度，获取的是铁口处铁水流红外热图像，因此，要准确地检测铁口铁水流温度，必须在红外热图像上对炉渣区域和铁水区域进行识别，避免炉渣区域对铁水温度检测的影响。为此，本节基于铁水与炉渣的发射率差异，构建了红外热图像中铁水和炉渣表现温度间的定量关系模型，提出了基于发射率差异的渣铁自动识别方法。

5.1.2.1 铁水与炉渣发射率差异分析

在红外辐射测温中，发射率是描述被测物体表面发出红外辐射能力的关键参数，也是使用红外热像仪测温时需要提前设置的一个重要系数，对于最终测温结果有着重要的影响。物体的发射率与物质种类、表面温度、表面形貌、表面粗糙程度及红外辐射波长等有关。理想黑体的发射率可以认为是等于 1，其他物体的发射率则介于 0~1 之间。实际物体在某个温度下的发射率可以表示为物体光谱辐射出射度与相同温度下黑体同一波长下光谱辐射出射度之间的比值[9]，见式（5-2）。

$$\varepsilon_\lambda = \frac{M_\lambda}{M_{b\lambda}} \tag{5-2}$$

式中，ε_λ 为实际物体的发射率；M_λ 为物体光谱辐射出射度；$M_{b\lambda}$ 为相同温度下黑体同一波长下光谱辐射出射度。

物体的发射率主要与其物质种类、表面温度与状况以及红外辐射波长有关。在高炉炼铁过程中，铁水和炉渣聚集在高炉炉缸内部，当炉缸内部铁水和炉渣达到一定量时，经由铁口排出。铁水和炉渣在铁口内发生混合以射流形式落入铁水沟中，因此可以认为铁口喷射出的铁水流是铁水和炉渣的混合物，且铁水和炉渣的温度是一样的。当利用红外热像仪采集高炉铁口铁水流的红外热图像时，红外热像仪的工作波长是固定的，因此，对于铁水流中的铁水和炉渣，影响炉渣发射率和铁水发射率的主要因素是两者含有的物质种类和成分。

铁水是高炉生产的主要产品，而炉渣是炼铁过程中的一种副产品。铁水的主要成分是液态铁及碳、硅、锰、硫等微量元素，而炉渣的主要成分是液态的二氧化硅、氧化钙、氧化镁和氧化铝等[10]，典型的铁水成分和炉渣成分见表 5-1。由表 5-1 可知，铁水和炉渣的成分之间存在巨大的差异。

对于高炉铁口铁水流中的铁水和炉渣，由于两者之间的成分差异，显然，两者的发射率是不一样的。通过查阅发射率表可知，熔融铁水的发射率在 0.2~0.4 之间，炉渣发射率在 0.7~0.9 之间，显然，炉渣的发射率大于铁水的发射率，即

$$\varepsilon_{slag} > \varepsilon_{iron} \tag{5-3}$$

式中，ε_{slag} 为炉渣的发射率；ε_{iron} 为铁水的发射率。

由于炉渣和铁水的发射率差异，尽管实质上两者温度是相同的，但在红外热图像中也会表现出不同的温度值，下面基于红外辐射定律分析红外热图像上炉渣和铁水间表现温度的差异。

表 5-1　典型的铁水成分和炉渣成分

物　质	成　分	典型值/%
铁水	Fe	94.5
	C	4.5
	Si	0.4
	Mn	0.30
	S	0.03
	P	0.07
炉渣	CaO	40
	MgO	10
	SiO_2	36
	Al_2O_3	10

普朗克黑体辐射定律[11]描述了一个绝对温度为 T 的黑体的单位表面积在波长 λ 附近单位间隔内向整个半球空间所发射的辐射功率与波长 λ 、温度 T 之间的变化规律，见式（5-4）。

$$M_{b\lambda}(T)=\frac{2\pi hc^2}{\lambda^5}\frac{1}{\exp\left(\frac{hc}{\lambda kT}\right)-1}=\frac{c_1}{\lambda^5\left[\exp\left(\frac{c_2}{\lambda T}\right)-1\right]} \tag{5-4}$$

式中，c 为真空中的光速，$c=3\times10^8$ m/s；h 为普朗克常量，$h=6.6256\times10^{-34}$ J·s；k 为玻耳兹曼常量，$k=1.38054\times10^{-23}$ J/K；c_1 为第一辐射常量，$c_1=2\pi hc^2=3.7415\times10^8$ W·$\mu m^4/m^2$；c_2 为第二辐射常量，$c_2=hc/k=1.43879\times10^4$ μm·K；T 为黑体温度热力学温度，K。

对普朗克黑体辐射定律进行全波段积分，可以得到斯特藩-玻耳兹曼定律[12]，见式（5-5）。该定律描述了黑体单位表面积向整个半球空间发射的所有波长的总辐射出射度 M_b 与黑体温度 T 之间的定量关系。

$$M_b=\int_0^{\infty}M_{b\lambda}(T)\mathrm{d}\lambda=\int_0^{\infty}\frac{c_1\mathrm{d}\lambda}{\lambda^5\left[\exp\left(\frac{c_2}{\lambda T}\right)-1\right]}=\sigma T^4 \tag{5-5}$$

式中，σ 为斯特藩-玻耳兹曼常数，$\sigma=5.6697\times10^{-8}$ W/($m^2\cdot K^4$)。

黑体是假设的理想物体，现实中并不存在真实的黑体。在相同的温度下，实际物体的辐射出射度小于黑体的辐射出射度，为此引入了发射率来表征在相同温度下实际物体辐射出射度与黑体辐射出射度的比值，进而可以将黑体辐射定律应用到实际物体中。式（5-6）是适用于灰体辐射出射度的斯特藩-玻耳兹曼定律。

$$M=\varepsilon\sigma T^4 \tag{5-6}$$

式中，M 为灰体辐射出射度；ε 为灰体的发射率；σ 为斯特藩-玻耳兹曼常数；T 为灰体的表面温度。

根据斯特藩-玻耳兹曼定律可以计算得到灰体的表面温度，见式（5-7）。

$$T = \sqrt[4]{\frac{M}{\varepsilon\sigma}} \tag{5-7}$$

假设炉渣和铁水均为灰体，记炉渣的发射率为 ε_{slag} ，铁水的发射率为 ε_{iron} ，高炉铁口炉渣的辐射出射度为 M_{slag} ，则理论上炉渣的真实温度应表示为：

$$T_{slag} = \sqrt[4]{\frac{M_{slag}}{\varepsilon_{slag}\sigma}} \tag{5-8}$$

式中，T_{slag} 为炉渣的真实温度。

当红外热像仪的设置发射率是铁水发射率 ε_{iron} 时，炉渣在红外热图像上的表现温度 T'_{slag} 为：

$$T'_{slag} = \sqrt[4]{\frac{M_{slag}}{\varepsilon_{iron}\sigma}} \tag{5-9}$$

由于炉渣的发射率大于铁水的发射率，因此铁水在红外热图像上的表现温度低于铁水的真实温度。求解式（5-8）得到 M_{slag} ，将 M_{slag} 代入式（5-9）中可得铁水表现温度与铁水真实温度的函数关系。

$$T'_{slag} = T_{slag}\sqrt[4]{\frac{\varepsilon_{slag}}{\varepsilon_{iron}}} \tag{5-10}$$

实质上，炉渣的真实温度 T_{slag} 近似等于铁水的真实温度 T_{iron} ，即

$$T_{iron} \approx T_{slag} \tag{5-11}$$

假设铁水发射率和炉渣发射率为常值，令 $k = \sqrt[4]{\varepsilon_{slag}/\varepsilon_{iron}}$ ，可得：

$$T'_{slag} = kT_{iron} \tag{5-12}$$

又因为炉渣的发射率大于铁水的发射率，即 $k > 1$，因此在红外热图像上炉渣的表现温度高于铁水的表现温度。

根据式（5-12）可知，尽管实际上铁口铁水流中的铁水和炉渣的真实温度是相等的，由于红外热像仪测温时只能设置一个发射率，因此无论发射率设置为铁水发射率或炉渣发射率，在铁水流红外热图像中炉渣的表现温度总高于铁水的表现温度。

在利用红外热像仪检测高炉铁口铁水流温度时，既可以将发射率设置为铁水的发射率，也可以将发射率设置为炉渣的发射率。两种发射率设定模式的区别是，当设置为铁水发射率时，高炉铁口铁水流红外热图像上显示的铁水区域温度是真实的铁水温度，而显示的炉渣温度高于真实的炉渣温度；当设置为炉渣发射率时，高炉铁口铁水流红外热图像上显示的炉渣区域的温度是真实的炉渣温度，而显示的铁水温度低于真实的铁水温度。发射率表中的物质发射率值都是经验值，与真实高炉出铁过程中的铁水发射率和炉渣发射率存在差异，若要准确地检测高炉铁口铁水流温度，则必须获取真实高炉铁口的铁水发射率或炉渣发射率。

由上述分析可知，铁水发射率或炉渣发射率对于铁水温度检测至关重要，在利用红外热像仪测温前，必须对设定发射率进行校正，使设定发射率等于铁水的发射率或炉渣的发射率。现有文献中只有铁水或者炉渣发射率的经验分布区间，并非准确的发射率值。在不同的高炉冶炼过程中，由于投入高炉冶炼的铁矿石、焦炭等入炉原料的不同，铁水发射率

不尽相同，炉渣发射率也不尽相同，难以直接采用发射率表中的发射率推荐值。因此，必须针对具体高炉出铁过程，对红外热像仪的发射率进行校正，即计算铁水发射率或者炉渣发射率。

在高炉出铁场，快速热电偶是一种常用的测温方式，其测温结果较为稳定，可以作为校正发射率的参考温度。因此，本节利用快速热电偶检测铁口处铁水温度和炉渣温度以计算铁水发射率和炉渣发射率。高炉铁口处铁水流流速很快，很快落入铁水主沟中，难以将热电偶插入铁水流中直接检测，如图 5-6 所示。在高炉出铁时，铁水流从铁口落至下方的铁水沟中。由于炉渣的相对密度（约 2.4 t/m^3）小于铁水的密度（约 7.2 t/m^3），铁水流落入铁水沟后炉渣会浮在铁水上方，这也是撇渣器能够实现撇渣的关键。铁口铁水流速很快，铁水流很快从铁口落入铁口下方的铁水主沟中，铁水流的热量损失较小，因此，本节用铁水流下方主沟内的铁水温度和炉渣温度近似表征铁口处铁水温度和炉渣温度，并使用快速热电偶测量铁口下方铁水主沟内的铁水温度和炉渣温度。

图 5-6 高炉铁口出铁场景
（扫描书前二维码看彩图）

为了获取铁水的发射率，本节利用快速热电偶测量铁口下方铁水主沟内部的铁水温度。由于高炉出铁场较为危险，必须将快速热电偶装在一定长度的测温枪上测温，最小化工人测温的危险性。然后使用金属杆拨开铁水主沟表面的炉渣，利用红外热像仪检测铁口下方铁水主沟内相同位置处的铁水温度，通过调节红外热像仪的发射率，使得红外热像仪检测到的铁水温度与热电偶的测温温度相等，记录此时的发射率，作为铁水发射率。

炉渣发射率与铁水发射率的确定方式类似，本节利用快速热电偶测量铁口下方铁水主沟表面的炉渣温度。然后利用红外热像仪检测铁口下方铁水主沟内相同位置处的炉渣温度，通过调节红外热像仪的发射率，使得红外热像仪检测到的炉渣温度与热电偶的测温温度相等，记录此时的发射率作为炉渣发射率。

本节将发射率设为铁水发射率。由于铁水发射率低于炉渣发射率，根据红外辐射测温原理，铁水流红外热图像上炉渣温度会高于铁水温度，因此可以设定合适的温度阈值在铁水流区域的红外热图像中区分炉渣和铁水，这也是实现渣铁识别的基本原理。

5.1.2.2 基于发射率差异的渣铁识别

由于铁水和炉渣的发射率差异，上文基于斯特藩-玻耳兹曼定律从理论上说明了炉渣表现温度和铁水表现温度的差异，但难以应用到高炉铁口铁水流红外热图像中炉渣温度和铁水温度的计算。为此，本节基于红外辐射测温原理和 Sakuma-Hattori 方程[13]，提出了红外热图像中炉渣和铁水之间表现温度关系模型，根据由渣铁发射率差异造成的渣铁表现温度差异来实现渣铁自动识别。

当利用红外热像仪检测高炉铁口铁水流温度时，红外探测器接收到的红外辐射亮度可以表示为：

$$W_r = \varepsilon_0 \tau_a W_0 + \tau_a (1 - \varepsilon_0) W_u + (1 - \tau_a) W_a \tag{5-13}$$

式中，W_r、W_0、W_u 和 W_a 分别为红外探测器接收到的红外辐射亮度、被测对象的红外辐射亮度、周围环境的红外辐射亮度、大气的红外辐射亮度；ε_0 为被测对象的发射率；τ_a 为大气的透射率。

根据 Sakuma-Hattori 方程，红外探测器的检测信号可以表示为：

$$U_D = \varepsilon_0 \frac{R}{e^{B/T_{surface}} - F} + \tau_a (1 - \varepsilon_0) \frac{R}{e^{B/T_u} - F} + (1 - \tau_a) \frac{R}{e^{B/T_a} - F} \tag{5-14}$$

式中，R、B 为关于红外热像仪积分时间和工作波长的函数；F 为正数，可将其值近似为 1；$T_{surface}$ 为被测对象的表面温度；T_u 为环境温度，K；T_a 为大气温度，K。

根据式（5-14），被测对象的表面温度 $T_{surface}$ 可以表示为：

$$T_{surface} = \frac{B}{\ln\left[\dfrac{\varepsilon_0 R}{U_D - \tau_a (1 - \varepsilon_0) \dfrac{R}{e^{B/T_u} - F} - (1 - \tau_a) \dfrac{R}{e^{B/T_a} - F}} + F\right]} \tag{5-15}$$

记炉渣的发射率为 ε_{slag}，炉渣的真实温度为 T_{slag}，则炉渣对应的红外探测信号和炉渣的真实温度可以分别表示为：

$$U_{D\_slag} = \varepsilon_{slag} \frac{R}{e^{B/T_{slag}} - F} + \tau_a (1 - \varepsilon_{slag}) \frac{R}{e^{B/T_u} - F} + (1 - \tau_a) \frac{R}{e^{B/T_a} - F} \tag{5-16}$$

$$T_{slag} = \frac{B}{\ln\left[\dfrac{\varepsilon_{slag} R}{U_{D\_slag} - \tau_a (1 - \varepsilon_{slag}) \dfrac{R}{e^{B/T_u} - F} - (1 - \tau_a) \dfrac{R}{e^{B/T_a} - F}} + F\right]} \tag{5-17}$$

记铁水的发射率为 ε_{iron}，铁水的真实温度为 T_{iron}，则铁水对应的红外探测信号和铁水的真实温度可以分别表示为：

$$U_{D\_iron} = \varepsilon_{iron} \frac{R}{e^{B/T_{iron}} - F} + \tau_a (1 - \varepsilon_{iron}) \frac{R}{e^{B/T_u} - F} + (1 - \tau_a) \frac{R}{e^{B/T_a} - F} \tag{5-18}$$

$$T_{iron} = \frac{B}{\ln\left[\dfrac{\varepsilon_{iron} R}{U_{D\_iron} - \tau_a (1 - \varepsilon_{iron}) \dfrac{R}{e^{B/T_u} - F} - (1 - \tau_a) \dfrac{R}{e^{B/T_a} - F}} + F\right]} \tag{5-19}$$

对于出渣率在 90%左右的高炉或者连续出铁的大型高炉，由于炉渣密度小于铁水密度，炉渣理论上会浮在铁水上方，但实际上，由于高炉不同铁口的连续出铁以及内部压力的作用，炉缸内并不存在整体性的、界限分明的、上渣下铁的渣铁熔池，大部分炉渣和铁水是混合在一起的，没有严格的分层界限。当打开铁口后，在炉缸内部和外界巨大压力差的作用下，渣铁混合熔体一起从铁口孔道喷出炉缸；在此过程中，渣铁会发生再次混合，落到铁水主沟那一刻的渣铁，已基本混匀。因此，高炉铁口处的铁水是炉渣和铁水的混合物，铁水温度和炉渣温度大致相同，即 $T_{slag} \approx T_{iron}$。同时考虑到炉渣发射率大于铁水发射率，即 $\varepsilon_{slag} > \varepsilon_{iron}$，显然，炉渣对应的红外探测信号大于铁水对应的红外探测信号，即

$$U_{D\_slag} > U_{D\_iron} \tag{5-20}$$

由于红外热像仪只能设置一个发射率，当红外热像仪的设定发射率为铁水的发射率时，铁水的表现温度便是铁水的真实温度；而在计算红外热图像中炉渣的表现温度时，红外热像仪将默认按铁水发射率来计算炉渣的表现温度 T'_{slag}，见式（5-21）。

$$T'_{slag} = \frac{B}{\ln\left[\dfrac{\varepsilon_{iron}R}{U_{D\_slag} - \tau_a(1-\varepsilon_{iron})\dfrac{R}{e^{B/T_u}-F} - (1-\tau_a)\dfrac{R}{e^{B/T_a}-F}} + F\right]} \tag{5-21}$$

结合式（5-19）和式（5-20）可知，红外热图像中炉渣的表现温度大于炉渣的真实温度，即

$$T'_{slag} > T_{slag} \tag{5-22}$$

将式（5-16）代入式（5-21）中，可以得到红外热图像中炉渣的表现温度与其真实温度之间的定量关系，同时考虑到高炉铁口处的铁水是炉渣和铁水的混合物，铁水真实温度和炉渣真实温度大致相同，且铁水真实温度即是铁水表现温度，因此，可以得到炉渣的表现温度与铁水的表现温度之间的定量关系，见式（5-23）。

$$T'_{slag} = \frac{B}{\ln\left[\dfrac{\varepsilon_{iron}R}{\varepsilon_{slag}\dfrac{R}{e^{B/T_{iron}}-F} + \tau_a(1-\varepsilon_{slag})\dfrac{R}{e^{B/T_u}-F} - \tau_a(1-\varepsilon_{iron})\dfrac{R}{e^{B/T_u}-F}} + F\right]} \tag{5-23}$$

铁水流区域不仅包含铁水区域和炉渣区域，还包括渣堆及背景区域，不同物质的发射率是不相同的。当使用红外热像仪获取铁口铁水流红外热图像时，仅设置一个发射率，因此在铁水流红外热图像上，不同区域间会存在巨大的温度差异，如果直接利用所有的铁水流区域的温度信息计算铁水温度，显然会存在巨大的误差。为了去除炉渣区域的影响，必须在铁水流红外热图像中区分炉渣和铁水区域，只利用铁水区域的温度信息来计算铁水温度。本节将铁水发射率作为红外热像仪的设定发射率，去除铁水流区域中的炉渣区域温度信息，进而只利用铁水区域来准确地检测铁水温度。由于在红外热图像上铁水区域和炉渣区域之间表现温度的差异，因此可以将铁水区域和炉渣区域之间的识别问题转化为图像分割问题，进而利用图像分割算法，实现铁水和炉渣的高效自动识别。

图像分割一直是计算机视觉中的研究热点和研究难点，是分析图像、处理图像、理解图像中的重要手段之一[5]。国内外学者开展了大量关于图像分割方法的研究，但尚不存

在一个公认完美的图像分割方法。目前，图像分割方法可以分为基于阈值的分割方法、基于区域的分割方法、基于边缘检测的分割方法、基于深度学习的图像分割方法等[6-8]。阈值分割方法简单有效，效率较高，最重要的步骤在于确定合理的阈值。基于区域的分割方法可以分为两类，一类是区域生长，从不同区域的单个种子像素出发，逐步合并以形成期望的分割区域，该方法需要设定种子像素、生长规则以及停止规则；另一类是区域分类合并，实现思路与区域生长相反，它是从全局图像出发，逐步分裂合并以得到期望的分割区域，该方法较为复杂，计算量大。基于边缘检测的分割方法利用不同图像区域之间的边缘特性，借助边缘检测算子以达到图像分割目的，但对于边缘信息复杂的图像，这种分割方法得到的是众多的边缘点，连续性和封闭性较差，难以形成不同的闭合区域。基于深度学习的图像分割方法是近年来热门的研究方向，在不少图像数据集中有着优异的表现，该方法需要构建训练数据集，以训练深度学习模型，调节模型参数，但该方法要求图像数据量大、图像质量高，并且计算量大。综合分析对比不同分割算法之间的优缺点，结合渣铁识别的高效性要求以及工业实现的实际问题，同时考虑红外热图像本质是温度数据的特殊性，区别于可见光数字图像，炉渣和铁水在伪彩图中表现出的差异，本质上是两者温度的差异。因此，本节采用温度阈值这种简单且有效的红外热图像分割算法，以实现炉渣和铁水之间的高效自动识别。

在温度阈值分割中，设置合理的温度阈值十分重要。设用于在红外热图像中区分铁水流与背景区域的温度阈值为 Ths_1，区分炉渣和铁水的温度阈值为 Ths_2，则温度阈值分割模型可以表示为：

$$T(i,\ j)=\begin{cases}G & T(i,\ j)\geqslant \mathrm{Ths}_2\\ T(i,\ j) & \mathrm{Ths}_1<T(i,\ j)<\mathrm{Ths}_2\end{cases} \tag{5-24}$$

式中，$T(i,\ j)$ 为位于横坐标 i 和纵坐标 j 的像素对应的温度值；G 为绿色；Ths_1 为红外热图像中区分铁水流与背景区域的温度阈值；Ths_2 为在红外热图像中区分炉渣和铁水的温度阈值。

图 5-5（f）显示了铁水流渣铁识别的结果。不小于温度阈值 Ths_2 的所有像素都属于炉渣区域，该区域标记为绿色，在计算铁水温度时需要去除炉渣区域温度信息的影响。

对于区分铁水流与背景区域的温度阈值 Ths_1，可以将其设为背景温度的最大值 $T_{\mathrm{back\_max}}$。为了区分炉渣和铁水，温度阈值 Ths_2 必须低于所有可能的炉渣温度。设高炉铁水的最低温度为 $T_{\mathrm{i\_min}}$，则根据渣铁表现温度关系模型可计算得到铁水流区域红外热图像中炉渣最小的表现温度为 $T'_{\mathrm{s\_min}}$。

$$T'_{\mathrm{s\_min}}=\frac{B}{\ln\left[\dfrac{\varepsilon_{\mathrm{iron}}R}{\varepsilon_{\mathrm{slag}}\dfrac{R}{\mathrm{e}^{B/T_{\mathrm{i\_min}}}-F}+\tau_{\mathrm{a}}(1-\varepsilon_{\mathrm{slag}})\dfrac{R}{\mathrm{e}^{B/T_{\mathrm{u}}}-F}-\tau_{\mathrm{a}}(1-\varepsilon_{\mathrm{iron}})\dfrac{R}{\mathrm{e}^{B/T_{\mathrm{u}}}-F}}+F\right]} \tag{5-25}$$

为了区分炉渣和铁水，则可以将温度阈值 Ths_2 设为炉渣的最小表现温度 $T'_{\mathrm{s\_min}}$。在铁水流区域的红外热图像中高于该温度阈值的区域为炉渣区域，低于该温度阈值的为铁水区域及其他区域。

考虑到不同钢材订单对熔融铁水的质量要求不同，因此在不同的生产订单下，当铁水发射率和炉渣发射率发生变化时，用于红外热图像中区分炉渣和铁水的温度阈值也会发生变化。因此，必须考虑温度阈值的更新问题。当更换高炉炼铁订单时，可以利用本节所提发射率校正方法对铁水发射率和炉渣发射率进行校正和更新，进而可以根据式（5-25）对温度阈值进行更新。

5.1.3　基于感兴趣子区域的高炉铁口铁水温度多态映射

当利用渣铁识别方法获得铁水区域后，铁水区域温度信息实质上仍为包含众多温度点的面源信息，必须建立合理的温度映射模型来获取铁水温度。由于高炉出铁场粉尘具有间歇性出现的特点，铁水流区域可能在不同的时刻处于不同的检测状态，因此单一的温度映射模型难以准确地在线计算铁水温度；针对出铁场粉尘间歇性出现的特点，在不同的检测状态下采用不同的温度映射模型，建立了基于感兴趣子区域的铁水温度多态映射模型。

5.1.3.1　铁水流区域受粉尘影响的多态性分析

高炉出铁场环境恶劣，出铁场内间歇性随机分布的粉尘是影响非接触式红外热成像测温的主要因素，因此，从铁水流区域的面源温度映射计算铁水温度时必须考虑粉尘的影响。在高炉出铁过程中，在炉缸内的高压以及铁水自身高温度的作用下，铁口铁水流以射流形式流出，伴随有大量游离状粉尘的产生。粉尘的来源主要由三个部分构成：（1）出铁时由于炉缸内部的高压作用，部分炉缸内的粉尘经由铁口随铁水流排出，由于铁口的直径较小，且在大部分时间铁水流在铁口处为满流，因此这部分粉尘量较小；（2）在出铁初期，铁口与铁水主沟之间有落差，当铁口铁水流落入铁水主沟时，由于落差的存在会激起大量的粉尘，但随着出铁过程的进行，铁水主沟逐渐充满铁水流，落差逐渐减小，粉尘量也减小；（3）由于热压的作用，在铁口附近的铁水主沟内，大量粉尘会从铁水中挥发出向上的大量粉尘。据统计，在高炉冶炼过程中，铁口出铁 1 t 铁水，平均约 2 kg 的粉尘产生。在出铁场主要通过上方的重力除尘系统进行除尘。尽管有重力除尘器吸收高炉出铁场的大部分粉尘，但由于出铁场是开放式环境，当高炉炉况不稳定时，如炉压波动，出铁场的粉尘分布情况更加难以确定，粉尘难以完全被吸收，可以说高炉铁口粉尘分布具有间歇性和随机性等特点。

由于高炉出铁场粉尘具有间歇性出现的特点，从铁水流区域中映射计算铁水温度时需要全面分析铁水流区域所处的检测状态。在某些出铁时刻，出铁场粉尘几乎被重力除尘器吸走，此时，可以认为铁水流区域不受粉尘的影响，铁水流区域中存在高于铁水温度的炉渣区域；在某些出铁时刻，由于高炉运行状况的波动，出铁场粉尘未被除尘器全部吸收，铁水流区域可能会受到粉尘的影响，此时，由于粉尘减小了红外探测器接收到的红外辐射，致使铁水流红外热图像对应的温度数据减小，导致铁水流区域中不存在炉渣区域。此外，理论上，在出铁初期高炉炉缸内铁水聚集的较多，由于炉渣密度小于铁水密度，炉渣会浮在铁水上方，铁口流出的铁水流中不包含炉渣，也就是意味着当铁水流区域在未检测到炉渣区域时，除了粉尘造成的影响外，也可能是出铁初期铁水流中就不存在炉渣；但实际上，对于出渣率在 90%左右的高炉或者连续出铁的大型高炉，由于高炉不同铁口的连续出铁以及内部压力的作用，炉缸内铁水和炉渣之间并不严格是上渣下铁这种界限分明的状态，炉渣和铁水大部分是混合在一起的。当打开铁口出铁时，在炉缸内部和外界巨大压力差的作用下，渣铁混合熔体一起从铁口孔道喷出炉缸，在此过程中，渣铁会发生再次混合，因此，针对大型高炉，可以认为在整个出铁过程中铁口铁水流是包含炉渣和铁水的混合物。因此，可以根据炉渣区域的存在与否来判断铁水流区域受粉尘影响的情况。综上所述，本节将铁水流区域受粉尘影响的情况分为以下两种状态：

（1）铁水流区域中存在炉渣区域时，铁水流区域不受粉尘影响；

（2）铁水流区域中不存在炉渣区域时，铁水流区域受到粉尘影响。

通过上述分析可知，两种状态的差异在于是否存在炉渣区域，而炉渣区域的存在与否主要取决于铁水流区域内的温度信息是否满足渣铁温度阈值的要求。因此，在确定了铁水流区域后，可以根据铁水流区域中的温度是否满足渣铁识别中的温度阈值来判断铁水流区域是否受粉尘的影响，进而判断出当前的铁水流区域受粉尘影响的状态。

$$\text{State} = \begin{cases} 1 & \exists\, T(i,\ j) \geq \text{Ths}_2 \\ 0 & \forall\, T(i,\ j) < \text{Ths}_2 \end{cases} \tag{5-26}$$

式中，1 表示铁水流区域不受粉尘的影响；0 表示铁水流区域受到粉尘的影响；$T(i,\ j)$ 为位于横坐标 i 和纵坐标 j 的像素对应的温度值；Ths_2 为红外热图像中区分渣铁的温度阈值。

需要说明的是，在第一种状态下，铁水流区域可能不受粉尘的干扰，也可能受到粉尘的轻微干扰，本节假设这两种情况均为铁水流区域不受粉尘的影响，但在构建第一种状态下的铁水温度映射模型时会考虑粉尘轻微干扰这一情形。在第二种状态下，铁水流区域受到了粉尘的影响，致使铁水流区域内温度分布发生变化，使得原本存在的炉渣区域在红外热图像无法表现出来，在这种状态下需要考虑粉尘造成的测温误差，对铁水流区域的温度进行补偿，然后再对补偿后的铁水流区域进行渣铁识别和温度映射。

5.1.3.2 高炉铁口铁水温度多态映射模型的建立

通过对铁水流区域受粉尘影响状态的分析可知，铁水流区域存在多种状态，本节针对不同状态下铁水流区域建立铁水温度映射模型，实现从铁水区域面源温度到铁水温度的映射。

A 铁水流区域不受粉尘影响时的温度映射模型

当铁水流区域不受粉尘影响时，则可以根据渣铁识别后的铁水区域面源温度信息来计算铁水温度。考虑铁水流区域受粉尘轻微影响的情形，本节提出了基于感兴趣子区域的铁水温度映射模型。

记铁水流区域在红外热图像的大小为 $L \times W$，划分的子区域大小为 $l \times w$。然后所有子区域的个数可以表示为 $LW/(lw)$。分析铁水流区域后将所有的子区域分为三类：第一类为只包含铁水流信息的子区域，第二类为只包含背景信息的子区域，第三类为既包含铁水流信息也包含背景信息的子区域。本节重点关注的是铁水温度信息，因此，定义只包含铁水流信息的子区域为感兴趣的子区域（SROI，SubRegion of Interest）。

考虑到不同子区域包含的温度信息也不一样，因此，可以通过温度信息从所有子区域中确定 SROI。如果某个子区域中所有温度点均满足式（5-27）的要求，则认为该子区域是 SROI。

$$T(i,\ j) > T_{\text{back\_max}} \quad (i = 1,\ L,\ w;\ j = 1,\ L,\ l) \tag{5-27}$$

式中，$T(i,\ j)$ 为位于横坐标 i 和纵坐标 j 的像素对应的温度值；$T_{\text{back\_max}}$ 为背景温度的最大值。

设铁水流子区域中满足式（5-27）的 SROI 个数为 n_{SROI}，利用渣铁温度阈值对这些

SROI 进行温度阈值分割，获取只包含铁水信息的 SROI，此时，SROI 内的铁水温度信息可以看作是铁口铁水流温度的温度场信息。为了尽可能地充分利用 SROI 中的原始铁水温度信息，同时考虑到铁水流区域可能受到粉尘的轻微影响，本节没有使用所有的铁水温度信息进行铁水温度计算。首先计算所有 SROI 中除去炉渣温度信息后的平均温度，然后对这些平均温度进行降序排序，从中选择 k_{SROI} 个平均温度最大的 SROI，最后利用这 k_{SROI} 个 SROI 中的铁水温度信息进行温度映射，得到能表示铁口铁水流温度的单点温度信息。

设 T_i 表示 k_{SROI} 个 SROI 中的所有不同的铁水温度值，用 p_i 表示 T_i 在 SROI 中出现的概率。由于在 SROI 中的像素众多，本节默认温度值 T_i 在 SROI 中出现的概率可以由温度值 T_i 在 SROI 中出现的频率表示，即

$$p_i = \frac{N_i}{N_{\mathrm{sum}}} \tag{5-28}$$

式中，N_i 为 SROI 中对应温度值为 T_i 的像素个数；N_{sum} 为 SROI 中所有像素的个数。

为了充分利用 SROI 中的所有温度信息，本节用 SROI 中所有温度信息的数学期望来表示最终的铁水温度。

$$E(T) = \sum_{i=1}^{n_{\mathrm{diff}}} T_i p_i \tag{5-29}$$

式中，n_{diff} 为不同温度值的个数。

B　铁水流区域受粉尘影响时的温度映射模型

当铁水流区域受到粉尘的影响时，对应的温度数据带有误差，无法在铁水流区域区分铁水和炉渣，难以直接采用针对不受粉尘影响下的铁水温度映射模型来计算铁水温度。在这种状态下，必须先考虑粉尘造成的测温误差，再进行铁水温度映射。由于粉尘降低了红外热像仪接收到的红外辐射，受粉尘影响的铁水流区域的温度降低，因此，必须对铁水流区域的温度信息进行补偿。

结合上文中的感兴趣子区域（SROI），本节提出了分区补偿的方法，补偿粉尘造成的测温误差，然后再对补偿后的铁水流区域进行渣铁识别，进而得到补偿后 SROI 温度，最后再进行铁水温度映射，得到铁口铁水流温度。分区补偿的实施过程如下：

步骤 1：对铁水流区域进行等大小的网格划分，得到铁水流子区域；

步骤 2：从铁水流子区域中筛选出只包含铁水流信息的子区域，并定义为感兴趣子区域，避免铁水流区域中背景温度信息的影响；

步骤 3：根据不同的感兴趣子区域的不同特征，对不同感兴趣子区域的温度信息补偿不同的温度值；

步骤 4：对补偿后的感兴趣子区域进行渣铁识别，获取铁水流区域；

步骤 5：根据铁水流区域对应的温度信息，进行温度映射得到最终的铁水温度。

设从铁水流区域中的所有子区域中筛选到 n_{SROI} 个感兴趣子区域，第 k 个感兴趣子区域内位于 (i, j) 处的温度值应补偿的温度值为 $VT_k(i, j)$，则补偿后的每个感兴趣子区域的温度信息可以表示为：

$$T'_{\mathrm{SROI\_}k}(i, j) = T_{\mathrm{SROI\_}k}(i, j) + VT_k(i, j) \tag{5-30}$$

式中，$T'_{\mathrm{SROI\_}k}(i, j)$ 为补偿后的第 k 个感兴趣子区域内位于 (i, j) 处的温度值；$T_{\mathrm{SROI\_}k}(i, j)$ 为补偿前的第 k 个感兴趣子区域内位于 (i, j) 处的温度值。

经过温度补偿后，则可以对 SROI 进行渣铁识别，去除炉渣区域的影响，获取只包含铁水流区域的温度，然后依据上文中 SROI 选择方法，从所有补偿后的 SROI 中选择出 k_{SROI} 个平均温度最大的 SROI，最后利用 k_{SROI} 个 SROI 内铁水温度信息进行铁水温度映射。

设第 k 个 SROI 内有 N_k 个满足温度阈值的温度点，其对应的温度值分别记为 $T'^{np}_{SROI\_k}(np=1, L, N_k)$。为了充分利用所有 SROI 中的温度信息，可以按式（5-31）计算最终补偿后的铁水测温结果。

$$T_0 = E(T) = \sum_{k=1}^{k_{SROI}} \sum_{np=1}^{N_k} T'^{np}_{SROI\_k} \bigg/ \sum_{k=1}^{k_{SROI}} N_k \tag{5-31}$$

式中，T_0 为最终补偿后的铁水温度；k_{SROI} 为 SROI 的个数。

综合上述分析，高炉铁口铁水温度的多态映射模型见式（5-32）。该多态映射模型全面考虑铁水流区域是否受粉尘影响的情形，符合高炉出铁场环境特点。

$$T_0 = \begin{cases} E(T), & \text{无粉尘} \\ \sum_{k=1}^{k_{SROI}} \sum_{np=1}^{N_k} T'^{np}_{SROI\_k} \bigg/ \sum_{k=1}^{k_{SROI}} N_k, & \text{有粉尘} \end{cases} \tag{5-32}$$

关于粉尘如何影响红外测温以及如何补偿粉尘造成的红外测温误差将在 5.2 节中详细介绍。

5.1.4 工业数据验证

本节所提高炉铁口铁水流温度在线检测方法在某钢铁公司进行了测试、验证和应用。高炉现场实验表明，铁口铁水流温度红外视觉检测系统确实能为高炉操作人员提供可靠且稳定的高炉铁口铁水流温度数据，对于高炉炉长分析铁水质量、判断炉温变化情况及调节高炉运行状况具有重要价值。下面介绍详细的工业实验过程。

为了说明所提温度检测方法的有效性，利用红外视觉测温系统对高炉铁口处的铁水流温度进行了测量。系统每 10 s 捕获一张铁口处铁水流的红外热图像，这意味着使用该方法可以每 10 s 检测一次铁水温度。而传统的快速热电偶测温方式在一次高炉出铁周期中（1~2 h）仅会在撇渣器处测量 3 次左右，即一个出铁周期仅能获取 3 个撇渣器处铁水温度。相比于热电偶测温，本节所提测温方法的实时性更好，更加有利于高炉工人掌握铁水温度变化情况和调节高炉炉况。由于快速热电偶是炼铁厂中常用的铁水测温传感器，因此使用热电偶同时检测高炉铁口处铁水温度，并将其测温结果与该方法的结果进行比较。需要说明的是，高炉铁口处非常危险，正常情况下工人只会在撇渣器处使用热电偶检测铁水温度。本节为对比两种测温方式的检测结果，在专业人士的指导下使用热电偶检测铁口处铁水温度。考虑到高炉铁口热电偶测温的安全性和热电偶的检测时间限制，使用热电偶需要大约 3 min 的时间来获取一个铁水温度。

图 5-7 显示了在一次出铁过程中热电偶和所提方法在高炉铁口处约 30 min 内的测温结果，补偿后的测温结果也显示在该图中。由图 5-7 可知，经过补偿后的铁水温度与热电偶的测温结果较为接近，并且两者之间的变化趋势较为一致。对于直接进行温度映射没有经过补偿的铁水温度，在 1600 s 左右，热电偶测温结果和所提方法的测温结果之间的温度

差异变大，并且所提方法的结果小于热电偶的测温结果。通过在高炉铁口处观察可知，在1600 s左右，高炉铁口处粉尘较大，影响了红外热像仪接收到的红外辐射，致使所提方法的测温结果变低。因此，要获取准确的铁水流温度数据，需要考虑出铁场粉尘的干扰，后续5.2节中将详细描述针对粉尘干扰的铁水温度补偿方法。

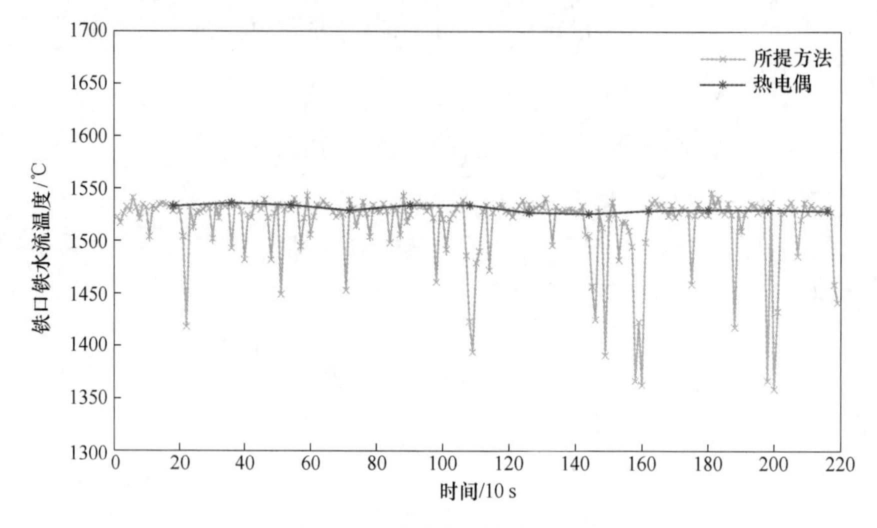

图 5-7　不同测温结果的对比

本节以热电偶测得的结果作为参考温度，以绝对误差和相对误差为指标，评价了所提方法的准确性。图5-8显示了在某次高炉出铁过程中大约30 min内计算出的绝对误差和相对误差。该方法的绝对误差小于15 ℃，大多数相对误差小于1%。较小的绝对误差和相对误差表明该方法的测量结果基本准确，与热电偶的测量结果相吻合。

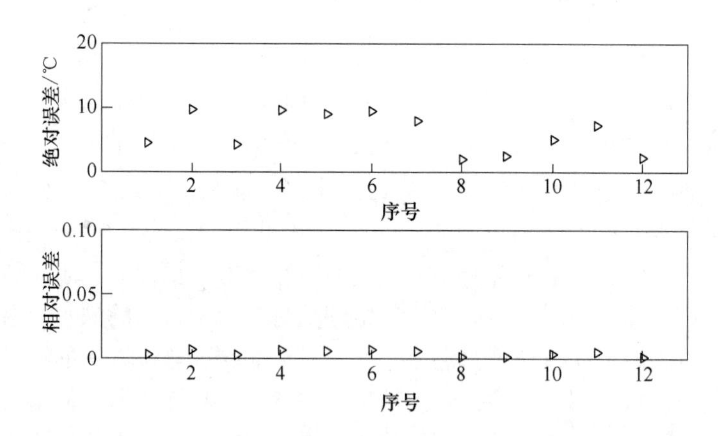

图 5-8　所提测温方法在某次出铁过程中的绝对误差和相对误差

此外，本节还收集了一个月内多次出铁过程中通过所提方法测得的铁口铁水流温度和热电偶在同一时间测得的铁口铁水流温度，如图5-9所示。由图5-9可知，通过所提方法获得的高炉铁口铁水流温度基本上接近热电偶的测温结果。图5-10描述了所提测温方法在多次出铁过程中的测温误差分布，可以看出大多数测温结果的绝对误差在−15～15 ℃的范围内，并且大多数测温结果的相对误差小于1%。根据多次出铁过程中的测温结果计算

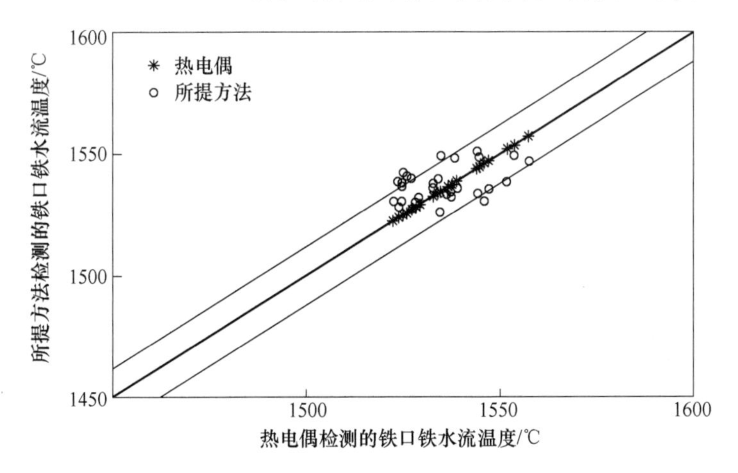

图 5-9 多次出铁过程中所提方法和热电偶测得的铁口铁水流温度

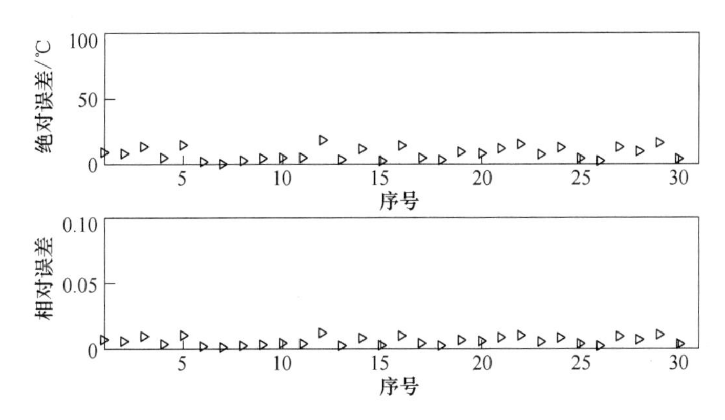

图 5-10 多次出铁过程中所提测温方法的绝对误差和相对误差

得到的绝对误差和相对误差，进一步表明了该方法的可靠性和有效性。

在高炉出铁过程中，高炉工人只能在撇渣器后使用热电偶来检测有限个铁水温度数据，并且在撇渣器附近测量铁水温度时面临着一定的危险。通过使用本节所提红外视觉测温方法，高炉工人可以获得在线连续的高炉铁口处铁水温度，比热电偶测温数据更多，更能反映炉缸内部铁水温度，且该系统在安装后几乎不需要人工干预，操作安全。此外，铁水是一种典型的熔融金属，其他冶金过程中的高温熔融金属也具有高炉铁口铁水流的类似特点，因此，本节所提红外视觉铁水测温方法也为其他高温熔融金属温度的在线检测提供了科学的参考思路，如铜水、钢水等熔融金属温度的在线检测。

5.2 随机分布粉尘干扰下铁口铁水流温度分区补偿

由于高炉出铁场存在间歇性随机分布的粉尘，使得非接触式红外辐射测温结果容易受到粉尘的影响，存在无法忽略的测温误差，也使得测温结果波动较大，降低了红外视觉测温方法的可靠性，影响了高炉操作工人对炉温状态和铁水质量的判断分析。因此，若要获取准确的铁口铁水流温度数据，则必须分析并补偿粉尘造成的红外测温误差。然而，粉尘干扰下的红外测温补偿理论的缺失和高炉出铁场粉尘间歇性随机分布的特点使得高炉铁口铁水流的温度补偿充满挑战，具体表现为：

（1）红外视觉测温属于非接触式测温方式，使用红外视觉测温时，高炉出铁场间歇性出现的粉尘会存在于测温光路中，影响红外探测器接收到的红外辐射。许多学者也在工业测温应用研究中指出粉尘对红外测温结果有着显著的影响，但缺少关于粉尘对红外测温结果影响的分析，更缺少补偿粉尘造成的红外测温误差的相关理论。因此，如何定量刻画粉尘干扰并研究粉尘干扰下的红外测温补偿方法是准确检测铁口铁水流温度面临的难点之一。

（2）高炉出铁场粉尘具有间歇性出现随机性分布的特点，不同区域的粉尘具有不同的辐射特性，致使不同粉尘区域造成的红外测温误差也是不同的，难以直接应用针对均匀分布粉尘干扰下的红外测温补偿方法。此外，高炉出铁场的粉尘辐射参数难以直接检测，导致温度补偿模型中参数难以确定。因此，如何克服出铁场随机分布粉尘的影响是准确检测铁水流温度需要解决的另一个难点。

为了克服高炉出铁场间歇性随机分布粉尘对铁水测温结果造成的测温误差，本节首先基于红外测温机理，分析了粉尘对红外测温的影响，提出了基于红外辐射测温机理的温度补偿方法，首次揭示了粉尘对红外测温结果的干扰机制，并推导适用性更广的近似温度补偿方法及其对应的适用条件。考虑到高炉出铁场粉尘具有间歇性出现随机分布的特点，而温度补偿方法针对的是均匀分布粉尘的干扰，为此，基于微元思想，将受随机分布粉尘影响的铁水流区域红外热图像视为由受均匀分布粉尘影响的铁水流子区域对应的红外热图像子区域组成，原创性地提出了基于红外热图像多类异质特征的铁水温度分区补偿方法，确定了铁水流图像中的感兴趣子区域，通过对感兴趣子区域应用温度补偿模型来克服随机分布粉尘的影响。为进一步确定温度补偿模型中的粉尘误差补偿因子，从感兴趣子区域中提取了与粉尘误差补偿因子相关的统计特征、空间域特征及频域特征，采用集成智能模型估计不同感兴趣子区域对应的粉尘误差补偿因子，结合近似温度补偿模型计算粉尘对不同感兴趣子区域造成的红外测温误差，实现对铁水流温度的分区补偿，获取了准确的高炉铁口铁水流温度。整体研究思路如图 5-11 所示。

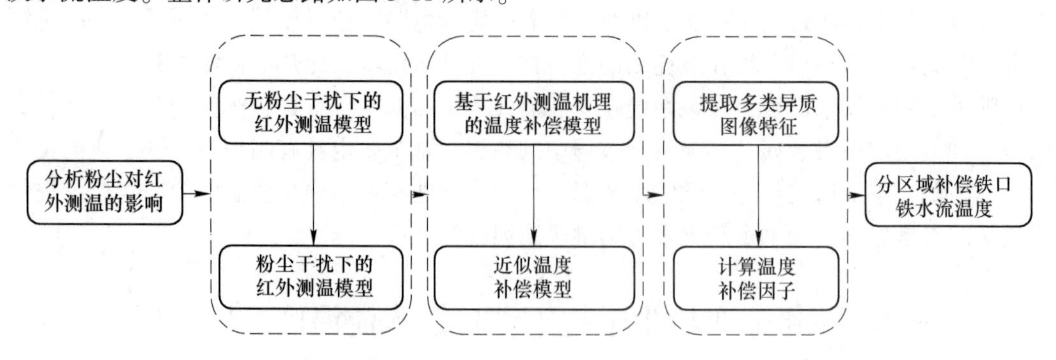

图 5-11　间歇性随机分布粉尘干扰下的铁口铁水流温度补偿思路

5.2.1　粉尘对红外辐射测温的影响分析

任何表面温度高于绝对零度的物体都会向外发出红外辐射，并且这种红外辐射与物体表面温度存在正相关关系，物体表面温度越高，红外辐射强度越高。红外辐射能量可以通过三种方式耗散：吸收、透射和反射[14]。与这些耗散方式中的每一种相关的辐射能占总辐射能的比值被分别称为物体的吸收率、透射率和反射率，常采用光谱吸收率（物体吸收的光谱辐射功率的占比）、光谱反射率（物体反射的光谱辐射功率的占比）和光谱透射率（物体透射的光谱辐射功率的占比）三个参数来描述这些现象。光谱吸收率、光谱反射率和光谱透射率的值与波长有关，且这三个参数的总和在任何波长下都必须为 1，见式(5-33)。

$$\alpha_\lambda + \rho_\lambda + \tau_\lambda = 1 \tag{5-33}$$

式中，α_λ、ρ_λ、τ_λ 分别为光谱吸收率、光谱反射率和光谱透射率。

根据基尔霍夫定律[15]，处于热平衡状态物体的发射率等于物体的吸收率，即

$$\varepsilon_\lambda = \alpha_\lambda \tag{5-34}$$

式中，ε_λ 为物体的光谱发射率；α_λ 为物体的光谱吸收率。

本节研究的被测对象为铁口铁水流，它是不透明物体，其光谱透射率为 0，因此其光谱反射率可以表示为：

$$\rho_0 = 1 - \varepsilon_0 \tag{5-35}$$

式中，ρ_0 和 ε_0 分别为被测对象的光谱反射率和光谱发射率。

对于大气，可以近似认为其大气反射率为 0，因此大气发射率和大气透射率之间的关系可以表示为：

$$\varepsilon_a = 1 - \tau_a \tag{5-36}$$

式中，ε_a 和 τ_a 分别为大气发射率和大气透射率。

当使用红外热像仪检测温度时，若红外热像仪和被测对象之间的光路中存在粉尘，则粉尘会给红外测温结果带来误差。为了补偿粉尘造成的红外测温误差，本节推导了红外辐射测温原理，分析了粉尘对红外测温的影响。

5.2.1.1 不存在粉尘干扰时的红外测温模型

当红外热像仪和被测对象之间的光路中不存在粉尘时，红外热像仪接收到的红外辐射可以分为四个部分：第一部分来自被测对象的辐射亮度，第二部分来自周围环境的辐射亮度，第三部分来自大气辐射亮度，第四部分来自红外探测器自身的辐射亮度，见式（5-37）。图 5-12 显示了红外热像仪接收到的红外辐射亮度。

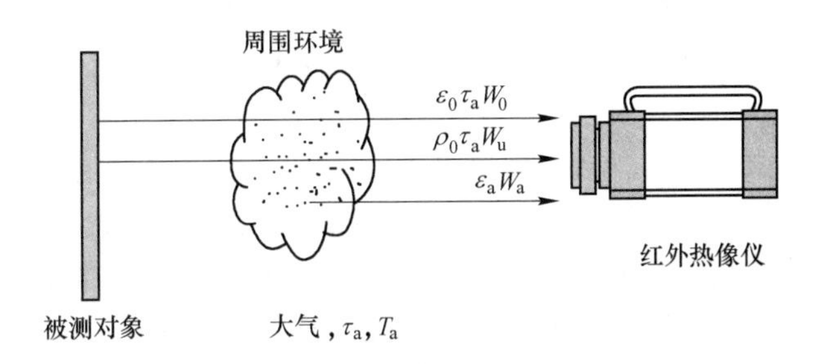

图 5-12 光路中不存在粉尘时红外热像仪接收到的红外辐射亮度

$$W_r = \varepsilon_0 \tau_a W_0 + \rho_0 \tau_a W_u + \varepsilon_a W_a - W_{de} \tag{5-37}$$

式中，W_r、W_0、W_u、W_a 和 W_{de} 分别为无粉尘干扰时红外探测器接收到的红外辐射亮度、被测对象的红外辐射亮度、周围环境的红外辐射亮度、大气的红外辐射亮度和红外探测器自身的红外辐射亮度；ε_0 和 ε_a 分别为被测对象的发射率和大气的发射率；τ_a 为大气的透射率；ρ_0 为被测对象的光谱反射率。

这里认为红外探测器自身的红外辐射亮度是近似恒定的，在检测常温的被测对象时，需要考虑红外探测器自身的红外辐射亮度 W_{de} 的影响。当在高温检测场景中，由于红外探测器自身的红外辐射亮度 W_{de} 的影响相对较小，故可以忽略，因此式（5-37）可以简化为：

$$W_r = \varepsilon_0 \tau_a W_0 + \rho_0 \tau_a W_u + \varepsilon_a W_a \tag{5-38}$$

红外探测器往往工作在一定红外波段内，通过对接收到的红外辐射能量进行积分，可以输出与红外辐射大小呈正相关的电压信号，见式（5-39）。

$$V_S = SA_0 d^{-2}\left\{\tau_a\left[\varepsilon_0\int_{\lambda_1}^{\lambda_2} W_u(\lambda,\ T_0)R\mathrm{d}\lambda + \rho_0\int_{\lambda_1}^{\lambda_2} W_u(\lambda,\ T_u)R\mathrm{d}\lambda\right] + \varepsilon_a\int_{\lambda_1}^{\lambda_2} W_a(\lambda,\ T_a)R\mathrm{d}\lambda\right\} \tag{5-39}$$

式中，T_0 为被测对象的表面真实温度；T_u 为周围环境温度；T_a 为大气温度；S 为红外热像仪透镜的面积；A_0 为红外热像仪最小空间张角所对应目标的可视面积；d 为红外热像仪和被测对象之间的距离；R 为红外探测器的光谱响应率；λ_1、λ_2 为红外热像仪的工作波长。

令 $k = SA_0 d^{-2}$，$s(T) = \int_{\lambda_1}^{\lambda_2} W(\lambda,\ T)R\mathrm{d}\lambda$，$s(T_r) = V_S/k$，则式（5-39）可以简化为：

$$s(T_r) = \tau_a[\varepsilon_0 s(T_0) + (1-\varepsilon_0)s(T_e)] + (1-\tau_a)s(T_a) \tag{5-40}$$

当假设红外探测器的光谱响应率不随波长变化时，在一定波长范围内，通过对普朗克定律积分可以得到红外信号强度与被测对象温度之间的关系[12]，见式（5-41）。

$$s(T) = CT^n \tag{5-41}$$

式中，C 和 n 为拟合系数，取决于红外热像仪的光圈、滤镜、探测器材料等。

将式（5-41）代入式（5-40）中，可以得到被测对象表面真实温度的计算公式为：

$$T_0 = \left\{\frac{1}{\varepsilon_0}\left[\frac{1}{\tau_a}T_r^n - (1-\varepsilon_0)T_u^n - \left(\frac{1}{\tau_a}-1\right)T_a^n\right]\right\}^{\frac{1}{n}} \tag{5-42}$$

5.2.1.2　存在粉尘干扰时的红外测温误差分析

粉尘是工业过程中影响红外测温结果的一种常见干扰因素，但关于粉尘如何影响红外测温结果的研究较少。本节根据粉尘干扰位置的差异，将粉尘干扰的场景分为三种：粉尘在被测对象上、粉尘在红外镜头上、粉尘在被测对象和红外镜头之间的光路中，如图 5-13 所示。

在高炉出铁过程中，铁口铁水流流速很快，粉尘无法附着在铁水流上。对于红外镜头，在后续红外热像仪研制中设计了具有自动清扫功能的防护装置，因此，粉尘无法在红外镜头上堆积。总的来说，高炉出铁场的粉尘主要位于铁水流和红外镜头之间的光路中，因此，本节不考虑粉尘在被测对象上和粉尘在红外镜头上这两种情形，主要研究位于被测对象和红外镜头之间光路的粉尘对红外测温的干扰作用。

高炉出铁场粉尘的化学成分中 Fe 及 Fe 的氧化物占 55%~90%，其余为 SiO_2、CaO_2、

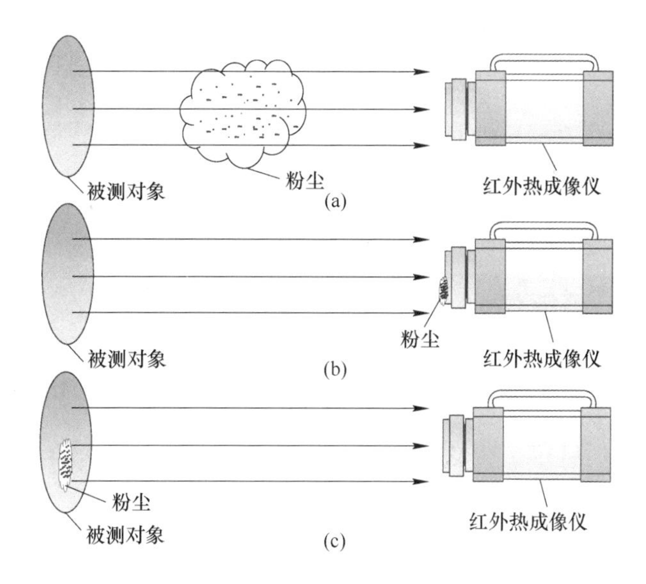

图 5-13 粉尘在不同位置处的干扰示意图

(a) 粉尘在被测对象与红外热像仪之间的光路中；(b) 粉尘在红外镜头上；(c) 粉尘在被测对象上

Al_2O_3 等少数成分。出铁场粉尘的粒径分布中粒径大于 40 μm 的约占 52%，粒径处于 5~40 μm 的占 44%，粒径小于 5 μm 的约占 4%。出铁场粉尘的温度约为 150 ℃。因此，可以将高炉出铁场粉尘看作一个自身具有一定温度且能够透射、反射、发射辐射的粒子系。当红外热像仪与铁水流之间的光路中存在粉尘时，铁水流发射的红外辐射会在粉尘中发生散射，减小了红外探测器接收到的红外辐射。透射率表征了入射辐射强度和出射辐射强度间的比值。根据朗伯-比尔定律（lambert-beer law）[16]，可以将粉尘的透射率表示为：

$$\tau_{\text{dust}}(\lambda)=\frac{I(\lambda)}{I_0(\lambda)}=\exp[-k(\lambda)\cdot c_{\text{dust}}\cdot l_{\text{dust}}] \tag{5-43}$$

式中，$\tau_{\text{dust}}(\lambda)$ 为粉尘透射率；$I(\lambda)$ 和 $I_0(\lambda)$ 分别为入射辐射强度和出射辐射强度；$k(\lambda)$ 为粉尘的质量消光系数；c_{dust} 为粉尘的浓度；l_{dust} 为入射辐射经过的粉尘厚度，即粉尘的作用距离。

根据式（5-43）可知，粉尘透射率与粉尘质量消光系数、粉尘浓度、粉尘作用距离等有关，其中粉尘质量消光系数与物质的成分、粒径分布等特性有关，粉尘浓度和粉尘作用距离取决于不同的测温场景。根据式（5-43）可以计算得到一定条件下粉尘透射率与粉尘质量消光系数、粉尘浓度和粉尘作用距离之间的变化规律，如图 5-14 所示。由图 5-14 可知，在不存在粉尘的情形下，可以认为粉尘透射率为 1，不影响大气透射率，随着粉尘消光系数、粉尘浓度和粉尘作用距离等参数的增大，粉尘透射率逐渐减小，会造成大气透射率的改变，进而影响了进入红外探测器的红外辐射通量，给红外热像仪的测温结果带来误差。

当红外热像仪和被测对象之间的光路中不存在粉尘时，记大气透射率为 $\tau_{\text{a}}(\lambda)$。当光路中存在粉尘时，粉尘影响下的大气透射率 τ_{d} 可以表示为：

$$\tau_{\text{d}}(\lambda)=\tau_{\text{a}}(\lambda)\tau_{\text{dust}}(\lambda) \tag{5-44}$$

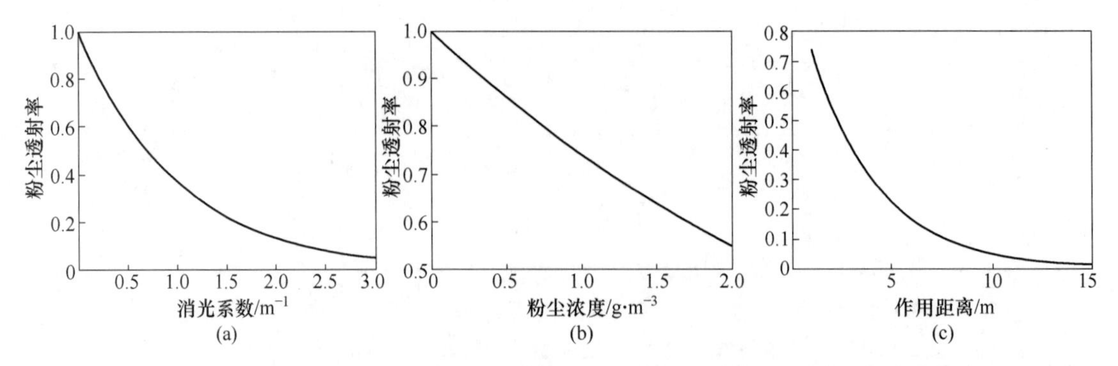

图 5-14　粉尘透射率随粉尘质量消光系数(a)、浓度(b)及作用距离(c)的变化规律

由于粉尘透射率的值在 0~1 之间，因此相比于不存在粉尘时的大气透射率，存在粉尘时的大气透射率变小。

通过对红外测温模型式（5-42）进行全微分操作，可以将红外测温误差表示为：

$$\frac{\mathrm{d}T_0}{T_0}=\frac{1}{n\varepsilon_0 T_0^n}\left\{[\varepsilon_0(T_0^n-T_u^n)]\frac{\mathrm{d}\varepsilon_0}{\varepsilon_0}-(1-\varepsilon_0)nT_u^n\frac{\mathrm{d}T_u}{T_u}-[\varepsilon_0 T_0^n+(1-\varepsilon_0)T_u^n-T_a^n]\frac{\mathrm{d}\tau_a}{\tau_a}-\left(\frac{1}{\tau_a}-1\right)nT_a^n\frac{\mathrm{d}T_a}{T_a}+\frac{n}{\tau_a}T_r^n\frac{\mathrm{d}T_r}{T_r}\right\} \tag{5-45}$$

当被测物体与红外热像仪之间的光路中有粉尘时，大气透射率会变小。根据式（5-45）可知，当大气透射率发生变化时，将出现红外温度测温误差。通过以上分析可知，高炉出铁场的粉尘减小了大气透射率，使得铁水红外测温结果存在误差。此外，粉尘自身也能发射红外辐射并反射来自周围环境的红外辐射，进而改变红外探测接收到的红外辐射。总的来说，光路中的粉尘可以看作新的辐射源，影响了原始的大气透射率，改变了红外探测器接收到的红外辐射，致使红外测温结果存在误差。

5.2.2　基于红外辐射测温机理的温度补偿模型

为了深入分析并量化光路中粉尘造成的红外测温误差，本节基于红外辐射测温机理，引入了粉尘自身的红外辐射量，同时考虑粉尘引起的辐射参数变化及其对其他红外辐射量的影响，建立了红外测温机理补偿方法；从机理角度刻画了被测物体表面真实温度与粉尘影响下的红外检测温度之间的关系，并分析了粉尘造成的测温误差随被测物体表面真实温度、粉尘透射率、粉尘反射率及粉尘温度的变化规律。针对粉尘透射率、粉尘反射率等参数难以检测的问题，提出了基于参考体的粉尘参数确定方法。此外，为扩展红外测温补偿模型的应用条件，本节推导了近似的温度补偿模型，并给出了近似补偿模型的应用条件。最后，在实验室中的黑体炉实验和金属杯实验验证了本节所提温度补偿方法的有效性。

5.2.2.1　基于红外辐射机理的温度补偿模型构建

为了补偿光路上粉尘引起的红外测温误差，本节基于红外测温原理建立了温度补偿模型。当被测物体与红外热像仪之间的光路中有粉尘时，粉尘自身也会发出红外辐射，并反射来自周围环境的红外辐射，因此，本节将粉尘看作能够透射、反射、发射辐射的粒子系。此外，根据上节分析可知，粉尘的存在也改变了原有的大气透射率。因此，相比于光路中不存在粉尘的情形，粉尘影响下的红外探测器接收到的红外辐射亮度多了两种红外辐射，并且接收到的原有辐射项也会发生变化，具体包括以下六个辐射项：来自被测物体的红外辐射亮度、来自周围环境的红外辐射亮度、来自粉尘的辐射亮度、周围环境发出并从粉尘反射的红外辐射亮度、来自大气发出的红外辐射亮度以及探测器自身发出的红外辐射亮度，见式（5-46）。图 5-15 显示了红外热像仪在粉尘影响下接收到的红外辐射亮度。

$$W_{rd} = \varepsilon_0\tau_a\tau_{dust}W_0 + \rho_0\tau_a\tau_{dust}W_u + \varepsilon_{dust}\tau_a W_d + \rho_{dust}\tau_a W_u + \varepsilon_a W_a - W_{de} \tag{5-46}$$

式中，W_{rd}、W_0、W_u、W_d、W_a 和 W_{de} 分别为粉尘干扰下红外探测器接收到的红外辐射亮度、被测对象的红外辐射亮度、周围环境的红外辐射亮度、粉尘的辐射亮度、大气的红外辐射亮度和红外探测器自身的红外辐射亮度；ε_0、ε_a、ε_{dust} 分别为被测对象的发射率、大气的发射率、粉尘的发射率；τ_a、τ_{dust} 分别为大气的透射率和粉尘的透射率；ρ_0、ρ_{dust} 分别为被测对象的光谱反射率和粉尘的光谱反射率。

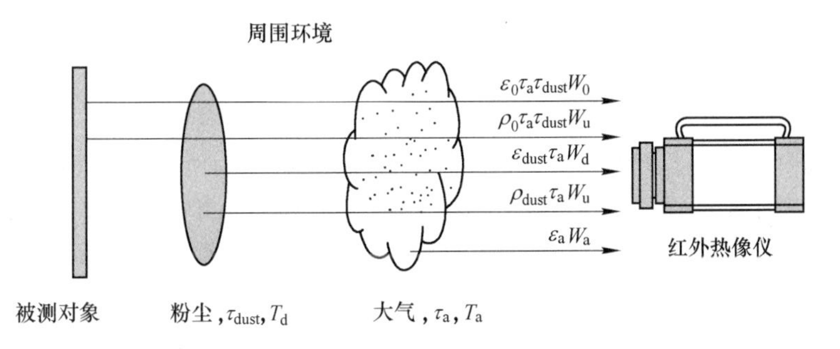

图 5-15　光路中存在粉尘时红外热像仪接收到的红外辐射亮度

根据红外辐射测温原理可知，可以用 $s(T)$ 来表示红外辐射亮度与温度之间的关系。因此，当光路中存在粉尘时，红外探测器输出的电压信号可以表示为：

$$s(T_{rd}) = \varepsilon_0\tau_a\tau_{dust}s(T_0) + \rho_0\tau_a\tau_{dust}s(T_u) + \varepsilon_{dust}\tau_a s(T_d) + \rho_{dust}\tau_a s(T_u) + \varepsilon_a s(T_a) - s(T_{de}) \tag{5-47}$$

式中，T_{rd} 为辐射温度；T_0 为被测对象的表面温度；T_d 为粉尘温度；T_u 为环境温度；T_a 为大气温度；T_{de} 为红外探测器自身温度。

然后，可以推导出被测对象发出的红外辐射对应的探测器信号为：

$$s(T_0) = \frac{1}{\varepsilon_0\tau_a\tau_{dust}}s(T_{rd}) - \frac{\rho_0}{\varepsilon_0}s(T_u) - \frac{\varepsilon_{dust}}{\varepsilon_0\tau_{dust}}s(T_d) - \frac{\rho_{dust}}{\varepsilon_0\tau_{dust}}s(T_u) - \frac{\varepsilon_a}{\varepsilon_0\tau_a\tau_{dust}}s(T_u) + \frac{1}{\varepsilon_0\tau_a\tau_{dust}}s(T_{de}) \tag{5-48}$$

根据基尔霍夫定律可知，任何材料的发射率和吸收率在任何指定的温度和波长下均相等。对于不透明的被测物体，可以将其透射率视为 0，根据基尔霍夫定律可以得到式（5-49）。对于大气，可以认为大气的光谱反射率为 0，同样可以推导出大气发射率，见式（5-50）。同理，粉尘的发射率也可以由粉尘透射率和粉尘反射率来确定，见式（5-51）。

$$\rho_0 = 1 - \varepsilon_0 \tag{5-49}$$

$$\varepsilon_a = 1 - \tau_a \tag{5-50}$$

$$\varepsilon_{dust} = 1 - \tau_{dust} - \rho_{dust} \tag{5-51}$$

将式（5-49）~式（5-51）代入式（5-48）中，可以得到式（5-52）：

$$s(T_0) = \frac{1}{\varepsilon_0\tau_a\tau_{dust}}s(T_{rd}) - \frac{1-\varepsilon_0}{\varepsilon_0}s(T_u) - \frac{1-\tau_{dust}-\rho_{dust}}{\varepsilon_0\tau_{dust}}s(T_d) - \frac{\rho_{dust}}{\varepsilon_0\tau_{dust}}s(T_u) - \frac{\varepsilon_a}{\varepsilon_0\tau_a\tau_{dust}}s(T_a) + \frac{1}{\varepsilon_0\tau_a\tau_{dust}}s(T_{de}) \tag{5-52}$$

当光路中不存在粉尘时，根据不存在粉尘干扰时的红外测温模型可知，红外探测器接收到的红外辐射亮度为：

$$W_r = \varepsilon_0\tau_a W_0 + \rho_0\tau_a W_u + \varepsilon_a W_a - W_{de} \tag{5-53}$$

同样地，当光路中不存在粉尘时，被测对象发出的红外辐射对应的探测器信号为：

$$s(T_0) = \frac{1}{\varepsilon_0\tau_a}s(T_r) - \frac{1-\varepsilon_0}{\varepsilon_0}s(T_u) - \frac{\varepsilon_a}{\varepsilon_0\tau_a}s(T_a) + \frac{1}{\varepsilon_0\tau_a}s(T_{de}) \tag{5-54}$$

当红外热像仪受到光路中粉尘的影响时，本节使用 T'_0 表示红外热像仪测得的温度，即未考虑光路中粉尘影响的带误差实测温度。应该指出的是，在粉尘环境中应用标定好的红外热像仪测温时，红外热像仪自身并不知道它会在粉尘环境中使用，仍会根据正常环境下的标定曲线来测量温度。因此，如果红外测温结果未得到补偿，则仍按式（5-54）来计算被测对象的表面温度，而这种计算没有考虑粉尘的干扰，测温结果将存在较大的误差。

尽管未补偿的实测温度 T'_0 含有误差，但它反映了红外热像仪在粉尘影响下接收到的红外辐射，可用于计算在粉尘影响下红外探测器输出的电压信号。根据式（5-54），可以计算出与辐射温度相对应的信号 $s(T_{rd})$，有利于后续计算并补偿粉尘引起的测温误差。

$$s(T'_0) = \frac{1}{\varepsilon_0\tau_a}s(T_{rd}) - \frac{1-\varepsilon_0}{\varepsilon_0}s(T_u) - \frac{\varepsilon_a}{\varepsilon_0\tau_a}s(T_a) + \frac{1}{\varepsilon_0\tau_a}s(T_{de}) \tag{5-55}$$

$$s(T_{rd}) = \varepsilon_0\tau_a s(T'_0) + (1-\varepsilon_0)\tau_a s(T_u) + \varepsilon_a s(T_a) - s(T_{de}) \tag{5-56}$$

通过联立式（5-52）和式（5-56），可以推导出粉尘影响下的红外测温补偿模型式（5-57），式（5-57）刻画了补偿后的红外测温结果与未补偿的红外测温结果间的关系，直接建立了补偿后的测温结果与补偿前的测温结果间的定量关系。

$$s(T_0) = \frac{1}{\tau_{dust}}s(T'_0) + \left(1 - \frac{1}{\tau_{dust}} + \frac{1-\tau_{dust}-\rho_{dust}}{\varepsilon_0\tau_{dust}}\right)s(T_u) - \frac{1-\tau_{dust}-\rho_{dust}}{\varepsilon_0\tau_{dust}}s(T_d) \tag{5-57}$$

当假设红外探测器的光谱响应率不随波长变化时，在一定波长范围内，通过对普朗克定律积分可以得到红外信号强度与被测对象温度之间的关系，见式（5-58）。

$$s(T) = CT^n \tag{5-58}$$

式中，C 和 n 为拟合系数，取决于红外热像仪的光圈、滤镜、探测器材料等。

将式（5-58）代入式（5-57）中，可以得到光路中存在粉尘干扰时的红外测温补偿模型。

$$T_0 = \left[\frac{1}{\tau_{dust}}T_0'^n + \left(1 - \frac{1}{\tau_{dust}} + \frac{1}{\varepsilon_0\tau_{dust}} - \frac{1}{\varepsilon_0} - \frac{\rho_{dust}}{\varepsilon_0\tau_{dust}}\right)T_u^n - \left(\frac{1}{\varepsilon_0\tau_{dust}} - \frac{1}{\varepsilon_0} - \frac{\rho_{dust}}{\varepsilon_0\tau_{dust}}\right)T_d^n\right]^{\frac{1}{n}} \tag{5-59}$$

温度补偿模型式（5-59）刻画了被测物体表面真实温度与粉尘影响下带误差的检测温度之间的机理关系，如果已知式（5-59）中的参数，则可补偿带有误差的红外检测温度，可在不更改硬件的情况下保证粉尘环境下红外热像仪的测温精度。需要指出的是，该温度补偿模型针对的是粉尘均匀且稳定分布的测温场景，即粉尘的辐射参数是稳定的，当测温场景中粉尘是非均匀分布或是非稳定状态时，需要分析温度补偿模型是否适用于这种测温场景。

5.2.2.2 基于参考体的粉尘辐射参数计算

粉尘透射率和反射率是表征粉尘辐射特性的重要特征，也是机理补偿模型中需要确定的两个关键参数，因此确定粉尘透射率和反射率这两个参数十分重要。朗伯-比尔定律表征了粉尘透射率与粉尘的质量消光系数、粉尘浓度及粉尘厚度之间的关系，虽然理论上可以用于计算粉尘透射率，但是在真实测温环境中，粉尘的特性参数（例如粉尘的质量消光系数、浓度和作用距离）往往难以获取，无法应用朗伯-比尔定律。因此，本节提出了一种基于参考体的粉尘辐射参数计算方法。

根据补偿模型可知，如果真实温度、实测温度、被测物体的发射率、大气温度和粉尘温度等参数是已知的，则可以直接计算粉尘的透射率和反射率这两个参数。考虑到要在粉尘的影响下测量并补偿实测温度，因此不能使用被测物体的真实温度来计算粉尘透射率。因此，本节自然而然地想到通过引入参考体来确定粉尘的透射率和反射率。需要指出的是，一个对象要成为参考体，应该具备两个条件：(1) 预先知道参考体的发射率；(2) 可以准确地设置或测量参考体的温度。这样避免因为引入参考体又引入新的未知量，下面描述确定粉尘透射率和反射率的步骤。

步骤 1：设定参考体的温度，记参考体的温度为 T_r、参考体的发射率为 ε_r；

步骤 2：将参考体放置在被测对象旁边，使得参考体和被测对象在相同检测环境中受到同样粉尘的影响，如图 5-16 所示；

步骤 3：使用红外热像仪检测参考体在粉尘干扰下的温度，记为 T'_r。

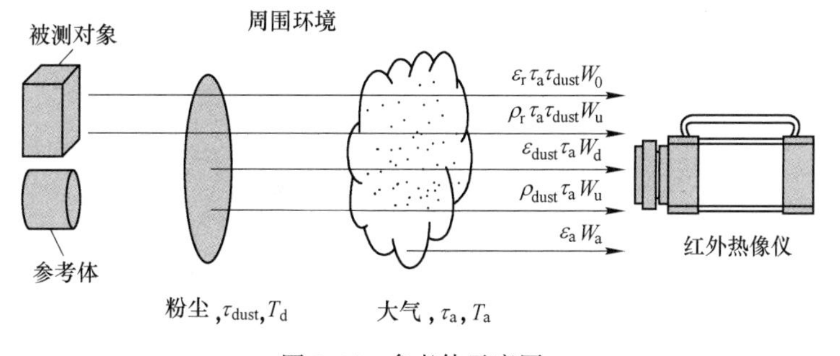

图 5-16 参考体示意图

根据上述过程检测得到的参考体信息和温度补偿模型式（5-59），可以将用于参考体的温度补偿模型表示为：

$$T_r = \left[\frac{1}{\tau_{dust}} T_r'^n + \left(1 - \frac{1}{\tau_{dust}} + \frac{1 - \tau_{dust} - \rho_{dust}}{\varepsilon_r \tau_{dust}}\right) T_u^n - \frac{1 - \tau_{dust} - \rho_{dust}}{\varepsilon_r \tau_{dust}} T_d^n\right]^{\frac{1}{n}} \tag{5-60}$$

式中，T_u 为环境温度；T_d 为粉尘温度。

在式（5-60）中，粉尘温度 T_d 和环境温度 T_u 的检测较为容易，默认是已知的。参考

体的真实温度 T_r、粉尘干扰下的参考体检测温度 T'_r 和参考体发射率 ε_r 也可以检测得到，只有粉尘透射率和粉尘反射率是未知的，因此，可以收集至少两组参考体的检测数据，采用最小二乘法来计算粉尘透射率和反射率。

从理论上讲，当粉尘处于均匀分布且状态稳定时，粉尘的透射率和反射率可以认为是稳定不变的。在这种情况下，可以通过多次使用参考体来确定这两个参数。当粉尘是均匀分布而状态随时间动态变化时，为了保证最终的补偿效果，粉尘辐射参数需要实时计算，以避免因粉尘辐射参数的计算误差对补偿模型结果的影响。换句话说，在这种情况下，需要将参考体一直安装在被测物体旁边，并用于实时计算粉尘的透射率和反射率。当粉尘的分布和状态都随时间变化时，基于参考体的粉尘辐射参数计算方法的有效性需进一步研究分析。

5.2.2.3　近似温度补偿模型构建

分析温度补偿模型式（5-59）可知，为了计算补偿后的测温结果，除了需要确定粉尘的透射率和反射率外，还需要确定环境温度、粉尘温度等参数，而在复杂的工业现场难以检测这些参数或者检测精度有限。因此，为了便于温度补偿模型的工程实现，本节进一步扩展了原始温度补偿模型，推导出满足一定精度要求的近似温度补偿模型。

原始温度补偿模型式（5-59）可以变换为式（5-61）：

$$T_0 = \tau_{\mathrm{dust}}^{-\frac{1}{n}} T'_0 \left\{ 1 + \frac{[\tau_{\mathrm{dust}} - 1 + \varepsilon_0^{-1}(1 - \tau_{\mathrm{dust}} - \rho_{\mathrm{dust}})] T_{\mathrm{u}}^n - \varepsilon_0^{-1}(1 - \tau_{\mathrm{dust}} - \rho_{\mathrm{dust}}) T_{\mathrm{d}}^n}{T_0'^n} \right\}^{\frac{1}{n}} \tag{5-61}$$

观察式（5-61）发现，式中的粉尘透射率、粉尘反射率、粉尘温度、环境温度等待确定参数主要集中在 $\frac{[\tau_{\mathrm{dust}} - 1 + \varepsilon_0^{-1}(1 - \tau_{\mathrm{dust}} - \rho_{\mathrm{dust}})] T_{\mathrm{u}}^n - \varepsilon_0^{-1}(1 - \tau_{\mathrm{dust}} - \rho_{\mathrm{dust}}) T_{\mathrm{d}}^n}{T_0'^n}$ 一项中，可以认为该项表示了一定组合下的 T_{u}^n、T_{d}^n 和 $T_0'^n$ 之间的比值，而在高炉现场实测温度 T'_0 往往是大于周围环境温度 T_{u} 和粉尘温度 T_{d} 的。因此，若是 $\frac{[\tau_{\mathrm{dust}} - 1 + \varepsilon_0^{-1}(1 - \tau_{\mathrm{dust}} - \rho_{\mathrm{dust}})] T_{\mathrm{u}}^n - \varepsilon_0^{-1}(1 - \tau_{\mathrm{dust}} - \rho_{\mathrm{dust}}) T_{\mathrm{d}}^n}{T_0'^n}$ 满足式（5-62）的关系，则可以将原始温度补偿模型近似为式（5-63）的近似温度补偿模型。

$$\frac{[\tau_{\mathrm{dust}} - 1 + \varepsilon_0^{-1}(1 - \tau_{\mathrm{dust}} - \rho_{\mathrm{dust}})] T_{\mathrm{u}}^n - \varepsilon_0^{-1}(1 - \tau_{\mathrm{dust}} - \rho_{\mathrm{dust}}) T_{\mathrm{d}}^n}{T_0'^n} \approx 0 \tag{5-62}$$

$$T_0 \approx \tau_{\mathrm{dust}}^{-\frac{1}{n}} T'_0 \tag{5-63}$$

如果 $b > 0$，$\forall \gamma > 0$，$\exists \frac{|a|}{b} \leqslant \gamma$，则 $\frac{|a|}{b} \approx 0$。基于此，设

$$\left| \frac{[\tau_{\mathrm{dust}} - 1 + \varepsilon_0^{-1}(1 - \tau_{\mathrm{dust}} - \rho_{\mathrm{dust}})] T_{\mathrm{u}}^n - \varepsilon_0^{-1}(1 - \tau_{\mathrm{dust}} - \rho_{\mathrm{dust}}) T_{\mathrm{d}}^n}{T_0'^n} \right| \leqslant \gamma \tag{5-64}$$

根据不同的补偿精度要求，可以将 γ 设置为不同的值，要求越高，γ 的值越小，此处将 γ 设置为 0.01。因此，可以通过计算式（5-64）是否成立，来判断是否存在满足式（5-63）的检测环境。

设未补偿的被测物体的表面温度以及粉尘温度与环境温度之间存在如下的关系：

$$T'_0 = MT_u \tag{5-65}$$

$$T_d = KT_u \tag{5-66}$$

式中，T'_0 为被测物体未补偿的实测温度；T_u 为环境温度；T_d 为粉尘温度；M 为未补偿实测温度与环境温度间的倍数关系；K 为未补偿实测温度与粉尘温度间的倍数关系。

根据式（5-64）可以推导出近似温度补偿模型的适用条件为：

$$M \geqslant \left|100\left(\tau_{dust} - 1 + \frac{1 - \tau_{dust} - \rho_{dust}}{\varepsilon_0} - \frac{1 - \tau_{dust} - \rho_{dust}}{\varepsilon_0}K^n\right)\right|^{\frac{1}{n}} \tag{5-67}$$

如果所有的检测温度与环境温度之间的倍数关系都满足式（5-67），则可以应用近似补偿模型来补偿粉尘干扰下的测温结果。对于环境温度等于粉尘温度这种特殊情形，即 $K=1$，式（5-67）可以进一步简化为：

$$M \geqslant |100(1 - \tau_{dust})|^{\frac{1}{n}} \tag{5-68}$$

总之，当实测温度与环境温度满足式（5-67）要求时，可以采用近似温度补偿模型对粉尘干扰下的测温结果进行误差补偿，这有利于在粉尘环境中扩展红外测温的工业应用。

此外，根据近似温度补偿模型，粉尘造成的红外测温误差可以表示为：

$$\Delta T = T_0 - T'_0 = (\tau_{dust}^{-\frac{1}{n}} - 1)T'_0 \tag{5-69}$$

令 $\kappa = \tau_{dust}^{-\frac{1}{n}} - 1$，则粉尘造成的红外测温误差仅与参数 κ 和被测对象带误差的实测温度相关，见式（5-70）。

$$\Delta T = \kappa T'_0 \tag{5-70}$$

本节定义 κ 为粉尘误差补偿因子，根据粉尘误差补偿因子和被测对象的实测温度可以计算得到粉尘造成的红外测温误差，进而得到补偿后的测温结果。

5.2.3 基于多类异质特征的铁口铁水流温度分区补偿方法

高炉出铁场存在间歇性随机分布的粉尘，当粉尘位于铁水流和红外热像仪镜头之间的光路中时，铁水流的红外热图像会受到粉尘的影响。由上节分析可知，粉尘造成的红外测温误差主要受粉尘透射率的影响，而粉尘透射率又与粉尘的浓度、消光系数、作用距离、温度等参数有关。对于高炉出铁场间歇性随机分布的粉尘，不同区域的粉尘浓度是不一样的，因此，不同区域的粉尘辐射参数是不同的，进而不同区域的粉尘造成的红外测温误差也是不同的。

出铁场粉尘具有间歇性随机分布特点，而基于红外测温机理的温度补偿模型针对的是粉尘均匀分布的测温场景。为此，基于微元思想，将受随机分布粉尘影响的铁水流区域红外热图像视为由受均匀分布粉尘影响的铁水流子区域对应的红外热图像子区域组成，对于单个仅包含铁水流温度信息的感兴趣子区域，可以认为其受到了均匀分布粉尘的影响，进而可以应用温度补偿模型来克服粉尘造成的误差影响。高炉出铁场中粉尘温度近似等于环境温度，根据式（5-68）可知，能否应用近似温度补偿模型取决于铁水流实测温度与环境温度之间的倍数关系，而高炉铁口铁水流实测温度显著高于出铁场环境温度，满足近似温度补偿模型的适用条件，因此可以采用近似温度补偿模型来补偿出铁场粉尘对铁水流子区域造成的红外测温误差。

高炉出铁场粉尘呈间歇性随机分布，缺少检测粉尘辐射参数的仪器，并且高炉现场缺少合适的参考体，难以直接检测不同子区域对应的粉尘辐射参数或基于参考体信息来计算粉尘辐射参数。根据近似温度补偿模型可知，测温误差与实测温度和粉尘误差补偿因子有关，其中粉尘误差补偿因子由粉尘透射率和热像仪的固有属性决定，而热像仪是固定不变的。因此，粉尘误差补偿因子主要取决于粉尘透射率。根据粉尘对红外测温结果的影响分析可知，粉尘透射率是影响红外测温结果的主要因素，当粉尘透射率不一样时，其对铁水流红外热图像温度分布的影响也不一样。因此，受粉尘引起的铁水流红外热图像特征变化的启发，本节通过受粉尘影响的感兴趣子区域红外热图像特征来定量刻画粉尘误差补偿因子。首先，本节从感兴趣子区域（SROI）的原始面源温度中提取统计特征，从感兴趣子区域的空间温度共生矩阵和邻域温度共生矩阵中提取空间域纹理特征，从感兴趣子区域的能量谱中提取频域纹理特征，这些具有不同含义的不同种类图像特征构成了反映粉尘影响的多类异质特征。然后，构建以多类异质特征为输入的 Stacking 粉尘误差补偿因子预报模型来确定粉尘误差补偿因子，再结合近似温度补偿模型计算粉尘对不同感兴趣子区域造成的红外测温误差，进而实现对不同感兴趣子区域的分区域差异性温度补偿。

为了克服高炉出铁场间歇性随机分布粉尘引起的铁水测温误差，首次提出了基于多类异质图像特征的铁口铁水流温度分区补偿方法，对铁水流区域进行分区域差异性温度补偿，整体分区补偿思路如图 5-17 所示。

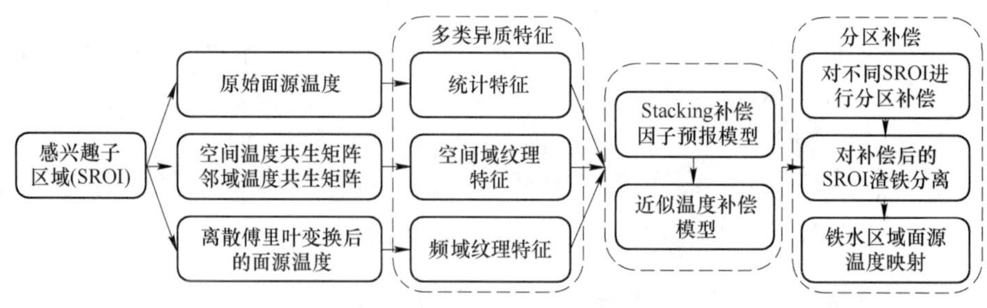

图 5-17　铁水流温度分区补偿的整体思路

图 5-18（a）是红外热像仪透过出铁场侧壁窗口获得的铁水流红外热图像。在铁水流红外热图像中，铁水流只占据了部分区域。为了减小待处理的数据量，同时尽可能保留全部的铁水流温度信息，通过 5.1.1 节所述的铁水流定位方法，自动获取铁水流区域（MIFA），如图 5-18（b）所示。后续的铁水流温度分区补偿只针对铁水流区域。

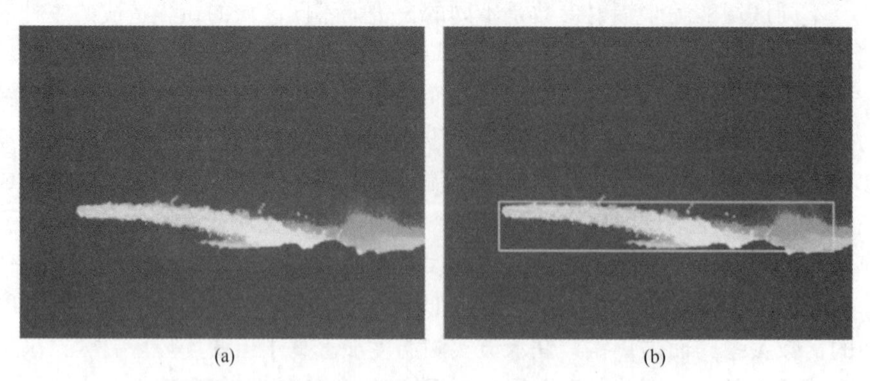

图 5-18　铁水流红外热图像
（a）整幅红外热图像；（b）铁水流区域
（扫描书前二维码看彩图）

5.2.3.1 铁水流感兴趣子区域的确定

考虑到不同铁水流区域受粉尘的影响程度不同，本节基于微元思想将铁水流区域划分为具有相同大小的子区域，如图 5-19（a）所示。需要说明的是，假设每个子区域的粉尘大致均匀分布，即同一子区域的温度信息受粉尘的影响程度相同，不同子区域受粉尘的影响程度不同。通过将铁水流区域划分为较小的子区域，可以将受随机分布粉尘影响的铁水流区域的红外热图像视为由受均匀分布的粉尘影响的众多铁水子区域对应的小红外热图像组成。通过这种方式，可以采用 5.2.2 节的温度补偿模型对不同子区域采用不同的补偿值，以实现对铁水流区域更具针对性的补偿。这种分区域差异性补偿思路承接 5.1 节中的铁水温度多态映射模型，因此，可以采用同样的感兴趣子区域确定方法。

通过分析图 5-19（a）所示的铁水流子区域，可以将所有的子区域分为三类：第一类为只包含铁水信息的子区域，第二类为只包含背景信息的子区域，第三类为既包含铁水信息也包含背景信息的子区域。本节重点关注的是铁水温度信息，因此，定义感兴趣的子区域（SROI，SubRegion of Interest）为只包含铁水信息的子区域。

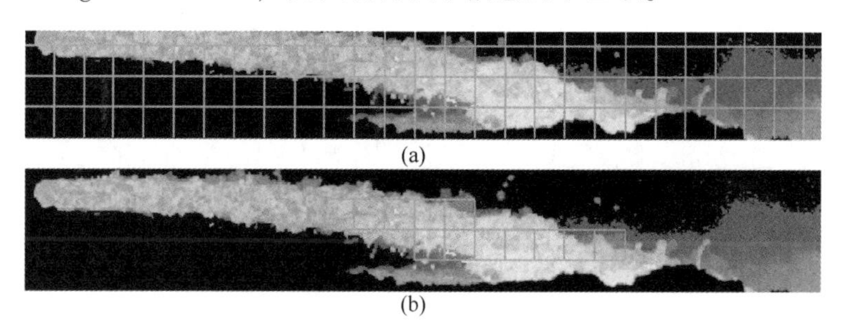

图 5-19 铁水流区域
（a）铁水流子区域；（b）感兴趣的子区域
（扫描书前二维码看彩图）

需要说明的是本节的 SROI 与第 4 章定义的 SROI 是相同的，同理，可以利用温度信息来确定 SROI。如果某个子区域中所有 $T(i, j)$ 都满足式（5-71）的要求，则认为该子区域是 SROI，如图 5-19（b）中用小方格标注的子区域。在后续的特征提取和分区补偿中，只考虑对 SROI 进行处理。

$$T(i, j) > T_{back\_max} \quad (i = 1, \cdots, w; j = 1, \cdots, l) \tag{5-71}$$

式中，T_{back_max} 为背景温度的最大值；$T(i, j)$ 为位于横坐标 i 和纵坐标 j 的像素对应的温度值；l 和 w 分别为 SROI 的长度和宽度。

5.2.3.2 铁水流感兴趣子区域多类异质特征的提取

光路中的粉尘改变了感兴趣子区域的温度分布，受到粉尘引起的铁水流红外热图像特征变化的启发，本节从统计特征、空间域纹理特征和频域纹理特征三个方面充分提取了红外热图像特征，来量化粉尘误差补偿因子。

A 基于感兴趣子区域温度分布的统计特征

当铁水流的红外热图像受到粉尘的影响时，SROI 的二维温度信息就会改变。因此，根据 SROI 内面源温度提取统计特征，进而描述粉尘的干扰作用[17]。

平均值反映了整个 SROI 的温度水平。在粉尘的影响下，平均值随 SROI 内温度信息变化而变化。

$$MV = \frac{1}{n_p} \sum_{i=1}^{n_p} T_i \tag{5-72}$$

平均偏差度量了二维温度数据中的温度值与平均值的偏差程度。在粉尘的影响下，平均偏差会随着 SROI 上温度信息的变化而变化。

$$MD = \frac{1}{n_p} \sum_{i=1}^{n_p} \left| T_i - \frac{1}{n_p} \sum_{i=1}^{n_p} T_i \right| \tag{5-73}$$

式中，T_i 为 SROI 中的温度点；n_p 为 SROI 中所有温度点的个数。

标准差表示了二维温度数据中各个温度点之间的分散程度。当 SROI 受粉尘影响时，标准差将改变。

$$\sigma = \left[\frac{1}{n_p} \sum_{i=1}^{n_p} (T_i - \overline{T})^2 \right]^{1/2} \tag{5-74}$$

偏态是指非对称分布的偏斜状态，它是温度数据分布对称性的度量。当 SROI 受到粉尘的影响时，SROI 中的温度数据会发生变化，进而导致偏态发生改变。受粉尘影响的程度不同，计算得到的偏态值也不同。

$$S_k = \frac{1}{n_p \cdot \sigma^3} \sum_{i=1}^{n_p} (T_i - \overline{T})^3 \tag{5-75}$$

峰度反映了数据概率分布的峰态，可以描述数据分布的平坦度。根据粉尘干扰的程度，粉尘干扰下的 SROI 中温度分布的峰度值不同于没有粉尘干扰的 SROI 温度数据的峰度。

$$K = \frac{1}{n_p \cdot \sigma^4} \sum_{i=1}^{n_p} (T_i - \overline{T})^4 \tag{5-76}$$

B　基于空间温度共生矩阵和邻域温度共生矩阵的空间域纹理特征

由于粉尘减弱了红外热像仪接收的红外辐射，因此红外热像仪上的温度数据会发生变化，从而影响红外热图像的纹理特征。除了统计特征之外，本节还提取 SROI 对应红外热图像的纹理特征以表征由粉尘引起的红外测温误差。

受空间灰度共生矩阵和邻域灰度共生矩阵定义的启发[18-22]，本节定义了红外热图像的空间温度共生矩阵（TLCM，Temperature-Level Co-occurrence Matrix）和邻域温度共生矩阵（NTLDM，Neighboring Temperature-Level-Dependence Matrix），来描述红外热图像上像素点对应的温度值之间的关系，并基于空间温度共生矩阵和邻域温度共生矩阵，提取红外热图像的空间域纹理特征。

空间温度共生矩阵与空间灰度共生矩阵的定义类似，区别在于红外热图像上为温度值而非灰度值。温度共生矩阵是温度点间距离和角度的矩阵函数，通过计算红外热图像中某个方向和某个距离下两个像素对应的温度值之间的温度相关性得到。温度共生矩阵表示了温度的空间依赖性，它表征了在某种纹理模式下的像素对应的温度在方向、距离、变化幅度及变化快慢上的综合空间分布情形。

设红外热图像的分辨率为 $M \times N$，$T(i, j)$ 表示红外热图像二维平面上位于 (i, j) 像素点对应的温度值，温度范围为 (T_1, T_2)，温度级数为 $T_2 - T_1$。为了描述两个像素点之间的相对位置，引入 2 个参数 d 和 θ。参数 d 表示两个像素点在二维平面内的距离，θ 是两个像素点间在二维平面内的角度。设有 2 个像素 $(j,\ k)$ 和 $(p,\ q)$，其温度值分别为 u 和 v，它们之间的位置夹角 θ 可以取不同的值，常用的夹角 θ 可分为 4 种情况：水平、右对角、竖直和左对角，θ 取值分别为 0°、45°、90°、135°，如图 5-20 所示。

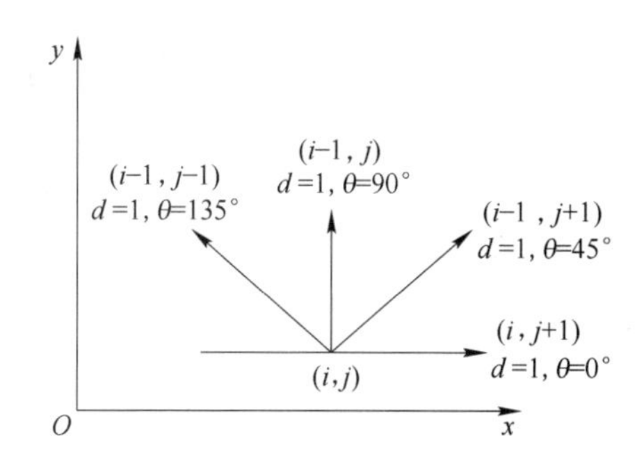

图 5-20 两个像素在二维平面空间上的位置关系

对于温度值为 u、v 的 2 个像素，在图像的任一方向上出现的次数可表示为：

$$P(u,\ v,\ d,\ \theta) = \text{number}\{T(j,\ k) = u,\ T(p,\ q) = v,\ \theta\} \tag{5-77}$$

P 称为空间温度共生矩阵。参数 d 常常取 1，表示两个像素之间的距离为 1，由于温度级数为 $T_2 - T_1$，所以温度共生矩阵 $\boldsymbol{P}$ 是一个 $(T_2 - T_1) \times (T_2 - T_1)$ 的矩阵。

为避免由于图像大小不同和红外热图像的温度等级不同导致空间温度共生矩阵不能很好地表示纹理，通常使用温度映射将红外图像中的温度数据映射到适当的温度级数。为此，本节提出了一种自适应温度映射方法，见式（5-78）。根据事先设定的温度级数，结合感兴趣子区域中的最大值和最小值信息，将感兴趣子区域中的所有温度值映射到不同的温度级数。

$$T_{\mathrm{G}}(i,\ j) = \frac{T(i,\ j) - T_{\min}}{T_{\max} - T_{\min}} \cdot G + \frac{1}{2} \tag{5-78}$$

式中，$T_{\max}$、$T_{\min}$ 分别为 SROI 中的最大温度值和最小温度值；G 为温度级数。

考虑到温度级数较大，会造成计算量过大，往往将温度范围映射到 8 级或者 16 级。本节将温度级数设为 16，参数 d 取 1，则经过温度映射后温度共生矩阵中的元素可以表示为：

$$P(u',\ v') = \text{number}\{T_{\mathrm{G}}(j,\ k) = u',\ T_{\mathrm{G}}(p,\ q) = v',\ \theta\} \tag{5-79}$$

式中，u'、v' 为经过温度映射后得到的温度。

进而根据式（5-79），可以将空间温度共生矩阵 $\boldsymbol{P}$ 表示为：

$$\boldsymbol{P} = \begin{bmatrix} P(1,\ 1) & P(1,\ 2) & \cdots & P(1,\ 16) \\ P(2,\ 1) & P(2,\ 2) & \cdots & P(2,\ 16) \\ \vdots & \vdots & \vdots & \vdots \\ P(16,\ 1) & P(16,\ 2) & \cdots & P(16,\ 16) \end{bmatrix} \tag{5-80}$$

空间温度共生矩阵揭示了红外热图像的纹理变化规律。借鉴从空间灰度共生矩阵提取特征的方式，本节定义能量、熵、惯性矩、相关性及反差分这五个物理意义明显的特征度量，这些特征可以根据空间温度共生矩阵计算，达到定量描述铁水流感兴趣子区域纹理特征的目的。

能量描述了 SROI 内温度的均匀性。理论上，当 SROI 受到粉尘的影响时，SROI 内温度值发生改变，引起能量特征的变化。

$$E = \sum_{u=0}^{G-1} \sum_{v=0}^{G-1} [P(u, v)]^2 \tag{5-81}$$

熵表征了 SROI 中纹理的复杂程度，也刻画了空间温度共生矩阵中元素分布均匀性。SROI 内温度分布越均匀，则熵值越小。理论上，SROI 的纹理越复杂，则熵值越大。

$$S = -\sum_{u=0}^{G-1} \sum_{v=0}^{G-1} P(u, v) \lg[P(u, v)] \tag{5-82}$$

惯性矩描述了 SROI 中温度值变化总量。在 SROI 中，温度值不相等的像素点对出现的次数越多，红外热图像越不均匀，则惯性矩越大。理论上，光路中的粉尘改变原始 SROI 中的温度分布，进而会影响惯性矩的大小。

$$I = -\sum_{u=0}^{G-1} \sum_{v=0}^{G-1} [(u - v)^2 P(u, v)] \tag{5-83}$$

相关性可以用来度量 SROI 内温度值在行或列方向上的相似程度，因此相关性值的大小反映了 SROI 中局部温度相关性，该值越大，相关性也越大。理论上，当 SROI 热图像受到粉尘影响时，SROI 的温度在行或列方向上的相似程度将发生改变。

$$\mathrm{Corr} = \left[\sum_{u=0}^{G-1} \sum_{v=0}^{G-1} (uv) P(u, v) - \mu_x \mu_y \right] \Big/ \sigma_x \sigma_y \tag{5-84}$$

其中 $\mu_x = \sum_{u=0}^{G-1} u \sum_{v=0}^{G-1} P(u, v)$；

$\mu_y = \sum_{u=0}^{G-1} v \sum_{v=0}^{G-1} P(u, v)$；

$\sigma_x = \sum_{u=0}^{G-1} (1 - u)^2 \sum_{v=0}^{G-1} P(u, v)$；

$\sigma_y = \sum_{u=0}^{G-1} (1 - v)^2 \sum_{v=0}^{G-1} P(u, v)$。

反差分反映了图像纹理的清晰程度和规则程度。对于 SROI 对应的红外热图像，其纹理主要反映了温度值的差异，当温度值间差异较大时，则纹理清晰、规律性较强，反差分值较大。理论上，当光路中存在粉尘时，会改变原始的 SROI 对应的红外热图像温度分布，进而影响反差分。

$$\mathrm{IDM} = \sum_{u=0}^{G-1} \sum_{v=0}^{G-1} [P(u, v)/1 + (u - v)^2] \tag{5-85}$$

通常，为了避免由于红外热图像的大小不一样、温度级别数不一样或者构建空间温度共生矩阵的方向不一样等带来空间温度矩阵中各元素对出现的总次数不一样，常采用归一化的方法对空间温度共生矩阵中的元素进行处理，使这些元素之和为 1，计算过程如下：

$$P'(u, v) = \frac{P(u, v)}{\sum_{u=0}^{G-1} \sum_{v=0}^{G-1} P(u, v)} \tag{5-86}$$

$$\sum_{u=0}^{G-1}\sum_{v=0}^{G-1}P'(u, v) = 1 \tag{5-87}$$

根据空间温度共生矩阵的定义可知，可以在 SROI 的不同方向上提取上述定义的特征。为避免只计算单一方向上特征带来的波动，并充分利用每个方向上的特征，从空间温度共生矩阵提取特征时，常将四个方向上的特征值全部求出，进而计算出每个特征在四个方向上的平均值 f_i，将特征平均值 f_i 作为从 SROI 中提取的稳定特征。

$$F_{\mathrm{avg}} = \sum_{i=1}^{4}\frac{f_i}{4}(\theta = 0°, 45°, 90°, 135°) \tag{5-88}$$

式中，f_i 为某个特征在第 i 个计算方向上的值；F_{avg} 为某个特征四个计算方向上的平均值。

根据可见光图像的邻域灰度共生矩阵的定义，本节定义了针对红外热图像的邻域温度共生矩阵。与空间温度共生矩阵不同，邻域温度共生矩阵在提取红外热图像特征时，统筹考虑了图像中某一像素点 (i, j) 的八邻域方向的所有像素的温度值，并统计该邻域内与中心点 (i, j) 温度值相等的像素的个数，从而得到所有像素点的出现频率矩阵 $\boldsymbol{AF}$，见式(5-89)。$\boldsymbol{AF}$ 是维数为 $(M-1)\times(N-1)$ 的矩阵，$T_{\mathrm{G}}(i, j)$ 是位于 (i, j) 处的像素温度值，$N(i, j)$ 是像素点 (i, j) 的八邻域方向的所有像素温度值与 $T_{\mathrm{G}}(i, j)$ 相等的个数。

$$\boldsymbol{AF} = \begin{bmatrix} (T_{\mathrm{G}}(2, 2), N(2, 2)) & (T_{\mathrm{G}}(2, 3), N(2, 3)) & \cdots & (T_{\mathrm{G}}(2, N-1), N(2, N-1)) \\ (T_{\mathrm{G}}(3, 2), N(3, 2)) & (T_{\mathrm{G}}(3, 3), N(3, 3)) & \cdots & (T_{\mathrm{G}}(3, N-1), N(3, N-1)) \\ \vdots & \vdots & \vdots & \vdots \\ (T_{\mathrm{G}}(M-1, 2), N(M-1, 2)) & (T_{\mathrm{G}}(M-1, 3), N(M-1, 3)) & \cdots & (T_{\mathrm{G}}(M-1, N-1), N(M-1, N-1)) \end{bmatrix} \tag{5-89}$$

考虑到温度级数太大会造成计算量过大，因此常将温度范围映射到 8 级或者 16 级，本节采用上述自适应温度映射方法将红外热图像内的温度值映射到 16 级。统计出现频数矩阵内中心像素点温度值为 k 且与中心像素点温度值相等的像素个数为 s 的面邻域在整幅图像中出现的频数，即可得到邻域温度共生矩阵中的元素 $Q(k, s)$，见式（5-90），进而得到邻域温度共生矩阵 $\boldsymbol{Q}$，见式（5-91）。

$$Q(k, s) = \mathrm{number}\{T_{\mathrm{G}}(i, j) = k, N(i, j) = s\} \tag{5-90}$$

式中，k 为取值范围 1~16 之间的整数；s 为取值范围 0~8 之间的整数。

$$\boldsymbol{Q} = \begin{bmatrix} Q(1, 1) & Q(1, 1) & \cdots & Q(1, 9) \\ Q(2, 1) & Q(2, 2) & \cdots & Q(2, 9) \\ \vdots & \vdots & \vdots & \vdots \\ Q(16, 1) & Q(16, 2) & \cdots & Q(16, 9) \end{bmatrix} \tag{5-91}$$

根据邻域温度共生矩阵，可以从中提取细度、粗度、二阶矩、非均匀性及熵等纹理特征。

细度和粗度描述了红外热图像温度纹理的粗细程度。理论上，SROI 对应的红外热图像的空间温度变化频率越高，则热图像的纹理越细，细度值越大；粗度值越小，反之亦然。细度和粗度的计算见式（5-92）和式（5-93）。当 SROI 受到粉尘的干扰时，对应的温度值发生改变，致使 SROI 的纹理改变，因此，……理论上可以提取 SROI 的细度和粗度来量化粉尘的影响。

$$F = \frac{\sum_{k=1}^{G}\sum_{s=1}^{9}[Q(k, s)/s^2]}{\sum_{k=1}^{G}\sum_{s=1}^{9}Q(k, s)} \tag{5-92}$$

$$C = \frac{\sum_{k=1}^{G}\sum_{s=1}^{9}[s^2Q(k, s)]}{\sum_{k=1}^{G}\sum_{s=1}^{9}Q(k, s)} \tag{5-93}$$

二阶矩刻画了邻域温度共生矩阵中元素分布均匀性，即红外热图像中温度变化的频率。SROI 中温度值的变化频率越高，邻域温度共生矩阵中的元素分布越均匀，则二阶矩越小。粉尘改变了 SROI 中原有的温度分布，致使二阶矩发生了改变。

$$\mathrm{Sec} = \frac{\sum_{k=1}^{G}\sum_{s=1}^{9}[Q(k, s)]^2}{\sum_{k=1}^{G}\sum_{s=1}^{9}Q(k, s)} \tag{5-94}$$

非均匀性和熵是另外两个可以从邻域温度共生矩阵中提取的特征，计算公式分别见式（5-95）和式（5-96）。

$$H = \sum_{s=1}^{9}\left[\sum_{k=1}^{G}Q(k, s)\right]^2 \Bigg/ \sum_{k=1}^{G}\sum_{s=1}^{9}Q(k, s) \tag{5-95}$$

$$S_N = \sum_{k=1}^{G}\sum_{s=1}^{9}[Q(k, s)\lg Q(k, s)] \Bigg/ \sum_{k=1}^{G}\sum_{s=1}^{9}Q(k, s) \tag{5-96}$$

C 基于离散傅里叶变换的频域特征

经过上述分析可知，粉尘会改变红外热图像的纹理特征，当红外热图像纹理的粗糙度不同时，不同频段的能量也会不同。当红外热像仪和铁水之间的光路中存在粉尘时，SROI 对应的温度信息会受到粉尘的干扰，进而使得其能量谱分量的分布情况发生改变，因此可以从 SROI 的能量谱中提取频域纹理特征来衡量粉尘造成的影响。

首先采用离散傅里叶变换（DFT，Discrete Fourier Transform）将 SROI 内温度信息从空间域转换到频域，从 SROI 的频域能量谱中提取频域纹理特征。离散傅里叶变换见式（5-97）。

$$D(u, v) = \sum_{x=0}^{w-1}\sum_{y=0}^{l-1}T(x, y)\exp\left[-j2\pi\left(\frac{ux}{w}+\frac{vy}{l}\right)\right] \quad (u=0, \cdots, w-1;\ v=0, \cdots, l-1) \tag{5-97}$$

式中，$T(x, y)$ 为位于红外热图像中坐标 (x, y) 处像素对应的温度值；$D(u, v)$ 为关于两个实频率变量 u 和 v 的复值函数，频率 u 与 x 轴对应，频率 v 与 y 轴对应。

经过离散傅里叶变换后数据为复数，因此，$D(u, v)$ 的振幅谱、相位谱和能量谱可以分别表示为：

$$|D(u, v)| = \sqrt{R^2(u, v) + I^2(u, v)} \tag{5-98}$$

$$\varphi(u, v)=\arctan[I(u, v)/R(u, v)] \tag{5-99}$$

$$E(u, v)=|D(u, v)|^2=R^2(u, v)+I^2(u, v) \tag{5-100}$$

式中，$|D(u, v)|$、$\varphi(u, v)$、$E(u, v)$ 分别为 (u, v) 处的振幅谱、相位谱和能量谱；$R(u, v)$、$I(u, v)$ 分别为 $D(u, v)$ 的实部和虚部。

理论上，对于没有纹理的光滑平坦红外热图像，其经过离散傅里叶变换后，只含有空间频率为 0 的能量谱分量。当红外热图像的纹理比较粗时，即对应的温度变化周期较大，则其能量谱分量将主要集中在低频段；相反，当红外热图像的纹理比较细时，即对应的温度变化复杂，则其能量谱分量将主要集中在高频段。

周向谱能量法是一种常用的提取频域纹理特征的方法，根据能量谱 $E(u, v)$ 的定义，可以将其用极坐标表示为 $p(r, \theta)$，其中

$$r=\sqrt{u^2+v^2} \qquad \theta=\arctan(v/u) \tag{5-101}$$

则周向谱能量可以通过式（5-102）计算。

$$p(r)=\sum_{\theta=0}^{2\pi} p(r, \theta) \tag{5-102}$$

在能量谱中，总能量可以表示为以红外热图像形心为中心的不同半径的同心圆环内能量之和，如图 5-21 中所示的同心圆环。通过计算不同半径下的 $p(r)$ 值，便可得到在不同频率下能量强度的分布情况。

通常，红外热图像是长方形的，频率 u 与 x 轴对应，频率 v 与 y 轴对应，再基于傅里叶变换的共轭对称性，则红外热图像能量谱的形状也是以图像形心为中心的长方形，而周向谱能量法得到的是一系列不同半径的圆环能量谱（最大圆环与长方形图像的短边边界内切，如图 5-21 所示）。由于圆环和长方形图像的形状差异，这种圆环能量谱难以覆盖全部的能量谱信息，因此，周向谱能量法难以全面反映红外热图像在频域的特点。相比周向谱能量法，长方环能量谱方法中的长方环形状与 SROI 对应的红外热图像（见图 5-22 中的同心长方环），并且它能全面覆盖整个长方形红外热图像的能量谱，因此，本节采用长方环能量谱方法，来表征红外热图像在不同频率成分的能量强度。

图 5-21 同心圆环能量谱

图 5-22 同心长方环能量谱

本节将每个长方环能量谱与总能量谱的比值作为红外热图像的频域纹理特征。整个能量谱可以被分为 M 个等宽度的长方环，通常 $M=5$。设铁水流区域对应的红外热图像大小为 $L\times W$，SROI 的尺寸为 $l\times w$，图像的形心为 $(w/2, l/2)$，则第 i 个长方环的能量谱可以表示为：

$$E_i = \sum E(u, v) \tag{5-103}$$

式中，E_i 为第 i 个长方环的能量谱；频率 u、v 分别满足以下两个条件：$\frac{w}{2M} \cdot i \leqslant |u - w/2| < \frac{w}{2M} \cdot (i+1)$，$\frac{l}{2M} \cdot i \leqslant |v - l/2| < \frac{l}{2M} \cdot (i+1)$。

进而第 i 个长方环能量谱与总能量谱的比值 pf_i 可以表示为：

$$pf_i = E_i \Big/ \sum_{u=0}^{w} \sum_{v=0}^{l} E(u, v) \quad (i = 0, 1, \cdots, M-1) \tag{5-104}$$

最后，根据式（5-104），可以计算得到 SROI 的频域纹理特征。

5.2.3.3 特征相关性分析与归一化处理

通过上述特征提取方法，可以从 SROI 对应的红外热图像中提取出 20 个原始的图像特征，包括 5 个统计特征（平均偏差、平均值、标准差、偏态、峰度）、10 个空间域纹理特征（TLCM 的能量、熵、惯性矩、相关性、反差分和 NTLDM 的细度、粗度、二阶矩、非均匀性、熵）和 5 个频域纹理特征（第一频段的相对能量、第二频段的相对能量、第三频段的相对能量、第四频段的相对能量和第五频段的相对能量）。

由于并非所有提取的图像特征都对铁水温度补偿有用，并且使用相关性较小的特征作为后续温度补偿因子预报模型的输入会增加模型的复杂性。因此，有必要选择与粉尘误差补偿因子相关性更强的特征作为模型输入，本节采用皮尔逊相关系数来量化多类异质图像特征的相关性大小。

$$r = \frac{\sum_{i=1}^{n_{\text{sample}}} (x_i - \overline{x})(y_i - \overline{y})}{\sqrt{\sum_{i=1}^{n_{\text{sample}}} (x_i - \overline{x})^2 \sum_{i=1}^{n_{\text{sample}}} (y_i - \overline{y})^2}} \tag{5-105}$$

式中，r 为特征的相关系数；x_i 为某个特征的第 i 个样本值；$\overline{x}$ 为某个特征的平均值；y_i 为补偿因子的第 i 个样本值；$\overline{y}$ 为补偿因子的平均值；n_{sample} 为样本个数。

表 5-2 显示了所有特征的相关系数。本节选择相关系数的绝对值大于 0.1 的特征，不考虑相关系数的绝对值小于 0.1 的特征。因此，本节不考虑统计特征中的平均偏差和邻域温度共生矩阵的非均匀性和熵，选择剩余的 17 个特征用于后续铁水温度分区补偿模型的构建。

表 5-2 所有特征的相关系数

特征量	MD	MV	σ	S_k	K	E	S	I	Corr	IDM
相关系数	−0.05	−0.85	−0.16	−0.32	−0.15	0.21	−0.12	0.11	0.13	0.12
特征量	F	C	Sec	H	S_N	pf_1	pf_2	pf_3	pf_4	pf_5
相关系数	−0.17	0.20	0.23	0.08	−0.06	−0.18	−0.16	−0.23	−0.24	0.32

考虑到多类异质图像特征之间以及粉尘误差补偿因子之间的量纲差异，为避免特征量纲差异给后续分区补偿模型带来影响，在建模之前必须对这些变量进行归一化以消除量纲的影响，采用式（5-106）将所有变量归一化在（0，1）之间。

$$\tilde{x}_i = \frac{x_i - x_{\min}}{x_{\max} - x_{\min}} \tag{5-106}$$

式中，$\tilde{x}_i$、x_i 分别为归一化后和归一化前的第 i 个特征变量；$x_{\max}$、$x_{\min}$ 分别为第 i 个特征变量中的最大值和最小值。

5.2.3.4 基于感兴趣子区域多类异质特征的分区补偿

为了建立 SROI 多类异质图像特征与粉尘误差补偿因子之间的映射关系，本节采用 Stacking 堆叠策略，综合神经网络（NN，Neural Network）和支持向量回归机（SVR，Support Vector Regression）的优点，提出了一种基于堆叠神经网络和支持向量回归机（Stacking-NN-SVR，S-NN-SVR）的粉尘误差补偿因子预测模型，结合近似温度补偿模型，进而实现对 SROI 的分区补偿。

通过对多类异质特征进行相关性分析后，可以得到 17 个从 SROI 提取到的红外热图像特征，记为 $\boldsymbol{X}=\{x_1, x_2, \cdots, x_{17}\}$。记 $\boldsymbol{O}=\{o_1\}$ 表示 SROI 对应粉尘误差补偿因子。利用 $\boldsymbol{X}$ 和 $\boldsymbol{O}$ 构建用于训练和测试 S-NN-SVR 模型的数据集。

神经网络是一种经典的机器学习算法，可以用于解决分类、回归等问题，在预测控制、智能感知、图像处理等领域有着广泛的应用。神经网络具有非线性映射优点和一定的自学习能力，但其泛化能力与逼近能力之间存在矛盾[23]。当神经网络因学习过多样本而过度拟合时，它将对输入数据过于敏感，无法反映样本数据内在的规律。SVR 是一种按监督学习方式的小样本学习方法，具有非线性映射的优势，其最终结果由一些具有一定鲁棒性的支持向量确定，鲁棒性较好，也可以适用于数据分类或数据预报等场景，但是 SVR 不适用含有大规模训练样本的预测问题[24]。因此，综合考虑了 NN 和 SVR 的优势，并以 NN 和 SVR 作为组件学习器。

通常，神经网络由三部分组成：输入层、隐藏层和输出层。这些层通过线连接在一起，并且每条连接线具有相应的权重值，除输入层外，每个网络层中的每个神经元还具有相应的偏置。根据前馈算法，神经网络的输出可以表示为：

$$f(\boldsymbol{X})_{\mathrm{NN}} = s(\boldsymbol{w}' \cdot s(\boldsymbol{w} \cdot \boldsymbol{X} + \boldsymbol{b}) + \boldsymbol{b}') \tag{5-107}$$

式中，$\boldsymbol{w}$ 和 $\boldsymbol{w}'$ 分别为隐藏层和输出层的权重矩阵；$\boldsymbol{b}$ 和 $\boldsymbol{b}'$ 分别为隐藏层和输出的偏置向量；$s(\cdot)$ 为激活函数。

支持向量回归机可以看作是一种旨在最小化所有数据的类内差异的回归模型，其一般形式可以表示为：

$$f(\boldsymbol{X})_{\mathrm{SVR}} = (W \cdot \Phi(\boldsymbol{X})) + B \tag{5-108}$$

式中，W 为权重参数；B 为偏置项；$\boldsymbol{\Phi}$ 为将 17 维特征空间向高维空间变换的非线性映射。

Stacking 是一种用于改善单个学习器学习能力和泛化能力的集成策略，通过训练一个学习器将多个学习器结合在一起[25]。其中，单个的学习器被称为组件学习器或者第一级学习器，而组合者称为元学习器或者第二级学习器。Stacking 的基本思想是使用原始训练数据集来训练组件学习器，然后生成一个用于训练元学习器的新数据集，其中组件学习器的输出被视为元学习器的输入特征，而原始标签仍被视为新训练数据的标签。组件学习器通常是通过应用不同类型的学习算法生成的，并且要求组件学习器是异类的。表 5-3 总结了一般 Stacking 过程的伪代码。

表 5-3　Stacking 实现过程

Input：数据集 $D=\{(x_1, y_1), (x_2, y_2), \cdots, (x_m, y_m)\}$

组件学习器分别记为 $L_1, \cdots, L_T$

元学习器记为 ψ

Process：

1. for $t=1, \cdots, T$:%逐个训练组件学习器 L_t
2. $h_t=L_t(D)$
3. end
4. $D'=\phi$% 构建新数据集
5. for $i=1, \cdots, m$:
6. for $t=1, \cdots, T$:
7. $z_{it}=h_t(x_i)$
8. end
9. $D'=D'\cup((z_{i1}, \cdots, z_{iT}), y_i)$
10. end
11. $h'=\psi(D')$ %基于新数据集 D' 来训练元学习器

Output：$H(x)=h'(h_1(x), \cdots, h_T(x))$

本节基于 Stacking 集成框架，综合考虑 NN 和 SVR 的优点，以 NN 和 SVR 作为异类的组件学习器，以 logistic 回归模型作为元学习器，见式（5-107）。图 5-23 显示了基于 S-NN-SVR 的测温补偿模型的实施过程。首先，从 SROI 中提取的多类异质特征和对应的粉尘误差补偿因子用于构建初始数据集；其次，初始数据集用于分别训练 NN 和 SVR，并将 NN 和 SVR 的输出分别记为 $f(\boldsymbol{X})_{\mathrm{NN}}$ 和 $f(\boldsymbol{X})_{\mathrm{SVR}}$；然后，利用 $f(\boldsymbol{X})_{\mathrm{NN}}$、$f(\boldsymbol{X})_{\mathrm{SVR}}$ 和对应的测温误差构建新的数据集，用于训练 logistic 回归模型（需要指出的是，$f(\boldsymbol{X})_{\mathrm{NN}}$ 和 $f(\boldsymbol{X})_{\mathrm{SVR}}$ 用作 logistic 回归模型的输入，真实的粉尘误差补偿因子用作 logistic 回归模型的输出）；最后，通过向 logistic 回归模型输入组件学习器的输出 $f(\boldsymbol{X})_{\mathrm{NN}}$ 和 $f(\boldsymbol{X})_{\mathrm{SVR}}$，可以预测粉尘误差补偿因子，再结合近似温度补偿模型，便可求得粉尘对 SROI 造成的测温误差。

$$f(z)_{\mathrm{S-NN-SVR}}=\frac{1}{1+\mathrm{e}^{-z}} \tag{5-109}$$

式中，$z=w_0 f(X)_{\mathrm{NN}}+w_1 f(X)_{\mathrm{SVR}}+b_0$，$f(z)_{\mathrm{S-NN-SVR}}$ 为最终的预测结果，$\boldsymbol{X}$ 为从 SROI 中提取得到的多类异质特征，w_0、w_1、b_0 分别为 logistic 回归模型中的权重系数，$f(\boldsymbol{X})_{\mathrm{NN}}$、$f(\boldsymbol{X})_{\mathrm{SVR}}$ 分别为 NN 和 SVR 的输出。

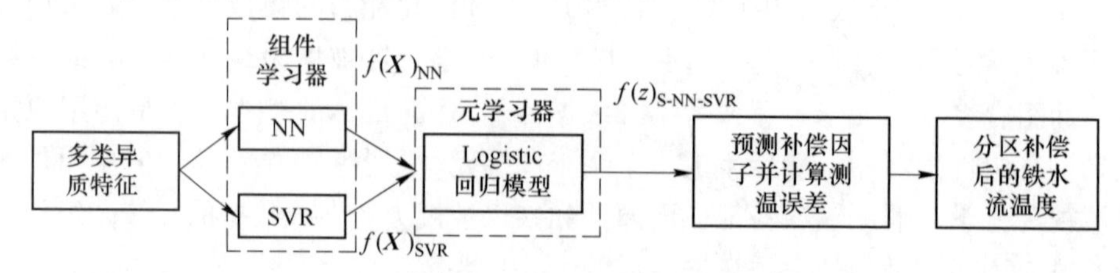

图 5-23　补偿模型的实施步骤

$f(z)_{\text{S-NN-SVR}}$ 中 w_0、w_1 和 b_0 三个权重参数直接影响着补偿模型的最终输出，因此，有必要寻找最优的权重参数来保证补偿模型的质量。考虑到数据集中的实际粉尘误差补偿因子与估计的粉尘误差补偿因子之间的差值反映了 S-NN-SVR 的性能，因此，本节构建了基于均方根误差的目标函数，以寻找最优的参数 w_0、w_1 和 b_0。

$$w_0,\ w_1,\ b_0 = \underset{w_0,\ w_1,\ b_0}{\operatorname{argmin}} \left[\frac{1}{N} \sum_{i=1}^{N} \left(f(x)_{\text{S-NN-SVR}} - y_i \right)^2 \right]^{1/2} \tag{5-110}$$

式中，y_i 为训练集中的标签值；N 为训练集中的样本个数。

式（5-110）可以看作是一个优化问题，因此，采用优化算法来搜索最优参数。最近，文献［26］中提出的状态转换算法（State Transition Algorithm，STA）是基于状态和状态转移的概念及现代控制理论中状态空间表示法的一种优化算法，在全局搜索和快速收敛两个方面有良好的性能，在工业大数据、工业过程建模与控制以及数据挖掘与机器学习等领域有着优异的表现。因此，本节采用 STA 来优化参数。

STA 主要通过三个步骤实现寻优：状态变换算子、邻域与采样、选择与更新，其中状态变换算子、邻域与采样用于产生候选解，选择和更新用于替换当前最优解，交替轮换策略用于调用不同的状态变换算子。STA 的优化流程如图 5-24 所示。在优化过程中，有四个重要的状态变换参数：旋转因子、平移因子、伸缩因子和轴向因子。此外，参数 Funfcn、Best 分别表示目标函数和当前最优解，其余候选解用 State 表示。SE 可以理解为搜索强度、采样力度或样本大小。另外需要指出的是，在基本连续状态转移算法中，均采用“贪婪准则”来选择和更新最优解。

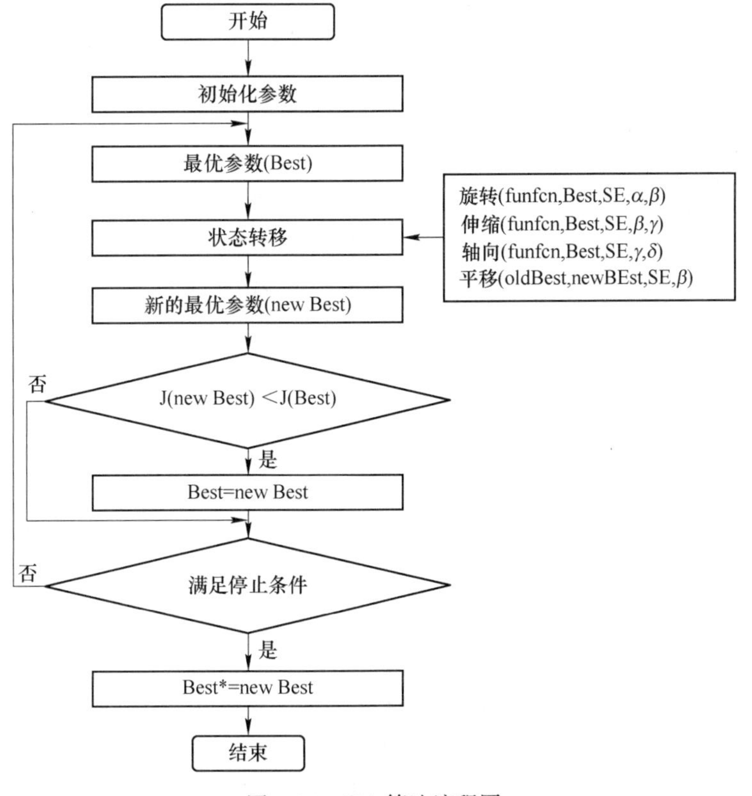

图 5-24 STA 算法流程图

根据基于 S-NN-SVR 的粉尘误差补偿因子预报模型，可以使用 SROI 的多类异质特征来预测 SROI 的粉尘误差补偿因子，再利用近似温度补偿模型可以求得粉尘引起的测温误差，进而得到补偿后 SROI 中的温度。

$$\Delta T_s(i,\ j) = \kappa_s T_s(i,\ j) \tag{5-111}$$

$$T'_s(i,\ j) = T_s(i,\ j) + \Delta T_s(i,\ j) \tag{5-112}$$

式中，κ_s 为预测的第 s 个 SROI 对应的粉尘误差补偿因子；$\Delta T_s(i,\ j)$ 为第 s 个 SROI 内粉尘对位于 $(i,\ j)$ 处温度值造成的测温误差；$T_s(i,\ j)$、$T'_s(i,\ j)$ 分别为在第 s 个 SROI 内位于 $(i,\ j)$ 处补偿前和补偿后的温度值，经过温度补偿后，对所有的 SROI 进行渣铁识别，得到只包含铁水区域的 SROI，再从这些 SROI 中选择出 k_{SROI} 个平均温度最大的 SROI 进行铁水温度映射。设第 k 个 SROI 内有 N_k 个满足温度阈值的温度点，其对应的温度值分别记为 $T'^{np}_{\mathrm{SROI\_}k}(np = 1,\ L,\ N_k)$。为了充分利用所有 SROI 中的温度信息，可以按式（5-113）计算最终补偿后的铁水测温结果。

$$T_0 = \sum_{k=1}^{k_{\mathrm{SROI}}} \sum_{np=1}^{N_k} T'^{np}_{\mathrm{SROI\_}k} \Big/ \sum_{k=1}^{k_{\mathrm{SROI}}} N_k \tag{5-113}$$

式中，T_0 为最终补偿后的铁口铁水流温度值，即能够反映铁口铁水流温度的单点温度值；k_{SROI} 为用于温度映射的 SROI 个数。

综合上述分析，高炉铁口铁水流温度分区补偿方法的实现步骤概括如下：

步骤 1：将铁水流区域（MIFA）划分成具有相同大小的子区域，并选择仅包含铁水流的感兴趣子区域（SROI）；

步骤 2：从选定的 SROI 中提取统计特征、空间域纹理特征及频域纹理特征；

步骤 3：使用提取的多类异质特征和对应粉尘误差补偿因子构建数据集，并将这些数据归一化为 0~1；

步骤 4：建立基于 S-NN-SVR 的粉尘误差补偿因子预报模型，并使用步骤 3 中的数据训练模型；

步骤 5：使用从 SROI 的多类异质特征作为 S-NN-SVR 模型的输入来估计粉尘误差补偿因子，并根据近似温度补偿模型计算粉尘引起的测量误差，补偿每个 SROI 中的温度；

步骤 6：利用渣铁自动识别算法对温度补偿后的 SROI 进行渣铁识别，获取只包含铁水信息的 SROI；

步骤 7：选择 k_{SROI} 个平均温度最大的 SROI 进行铁水温度映射，计算最终的铁水温度。

5.2.4　工业数据验证

本节所提铁口铁水流温度分区补偿方法在某炼铁厂的红外视觉测温系统中实施、测试和验证。经过多次高炉现场试验，试验结果表明该补偿方法确实克服了粉尘对红外测温的影响，提高了红外测温的准确性，为高炉操作人员提供了可靠的铁水温度，下面介绍详细的工业验证过程。

在某炼铁厂的高炉中，每 10 s 拍摄一张高炉铁口铁水流的红外热图像。由于快速热电偶是炼铁厂中最常用的温度测量方法，因此使用快速热电偶同时检测铁口下方的铁水温度，并将快速热电偶的结果作为铁口铁水流温度的参考值，以表征每个感兴趣子区域

(SROI) 的真实温度。使用热电偶进行温度测量具有 4~6 s 的延迟，同时考虑到使用快速热电偶测温安全性，使用一支快速热电偶检测铁水温度大约需要 3 min。为了同时比较两种方式的温度测量结果，将 3 min 内的第一个红外测温结果与热电偶的测量结果进行比较。然后，存在粉尘干扰时，以热电偶测温结果为参考值，即期望的补偿后铁水温度，以铁水流红外热图像中 SROI 平均值作为未补偿的铁水实测温度，将粉尘影响下热电偶测温结果与红外热图像中 SROI 的测温结果之间的温差作为由粉尘引起的实际测温误差，并根据式 (5-70) 计算粉尘误差补偿因子作为验证标准。

由于多类异质图像特征均来自于 SROI，SROI 的尺寸大小对于分区补偿模型十分重要，直接影响图像特征的提取和最终所有 SROI 的温度补偿结果，因此有必要确定最佳的 SROI 尺寸大小。理论上，SROI 的尺寸越小，SROI 受到均匀分布粉尘影响的假设越合理。为了确定最佳的 SROI 尺寸大小，本节在不同的 SROI 尺寸下，提取了相应的多类异质图像特征，分别作为分区补偿模型的输入，基于粉尘误差补偿因子预报模型的性能来确定最佳的 SROI 尺寸。本节利用均方根误差 (RMSE) 和命中率 (HR-10%) 来评价模型的预报性能。

HR-10%指的是预测模型在测试数据集标签 10%误差间隔内的命中率，可以根据式 (5-114) 计算。

$$HR = \frac{1}{N}\sum_{i=1}^{N} H_i \times 100\% \tag{5-114}$$

式中, N 为所有样本的个数; $H(\cdot)$ 为 Heavisible 方程。

$$H_i = \begin{cases} 1 & \| \hat{y}_i - y_i \| < k \\ 0 & 其他 \end{cases} \tag{5-115}$$

其中, $k = 0.1 \cdot \hat{y}_i$ 。

通过在高炉现场多周的数据采集，从铁水流的 SROI 中提取到共计 1138 个样本，其中 1000 个样本用于构建训练集，138 个样本用于构建测试集。根据现场经验以及背景温度与铁水流温度之间的差异，将温度阈值 T_{back_max} 设置为 1430 ℃以区分铁水流区域和背景区域。

对于组件学习器神经网络，由于目前尚未有最好的方式来确定神经网络隐含层节点个数，本节依据经验直接将隐含层节点设为 30 个。考虑到 17 个多类异质特征可以用作神经网络的输入，粉尘误差补偿因子是神经网络要预报的输出，因此，神经网络的结构为 [17, 30, 1]。此外，采用 Sigmoid 函数 $s(x) = 1/[1 + \exp(-x)]$ 作为神经网络的激活函数，并且采用经典的反向传播算法来优化神经网络的权重和偏置。对于组件学习器支持向量回归机，常采用径向基函数 $\kappa(x_i, x_j) = \exp(-g \|x_i - x_j\|^2)$ 作为核函数。此外，通过交叉验证全局网格搜索的方式寻找最佳的惩罚参数 c 和核参数 g，最终将 c 设为 16，将 g 设为 8。对于 Stacking 过程中使用的状态转移算法，根据文献 [28] 中推荐设置参数，参数 α 以指数方式周期性地从 1 减少到 1×10^{-4}，参数 β，γ，ξ 都设置为 1。

根据提取频域纹理特征的整除需求，子区域的长度和宽度均应为 10 的整数倍。表 5-4 显示了使用从大小不同子区域提取的图像特征时的粉尘误差补偿因子预报模型性能。不难看出，当子区域大小为 10×10 时，补偿模型具有最佳的估计性能。因此，在本节中将子区域大小设置为 10×10。应当指出的是，当子区域的长度大于 40 且宽度大于 40 时，则没有感兴趣的子区域。此时，RMSE 和 HR-10%是从包含最多铁水温度信息的子区域提取的多类异质特征计算得到的。当子区域包含 SROI 时，将指标“是否包含 SROI”设置为 1；而当子区域不包含 SROI 时，将指标设置为 0。当子区域包含 SROI 时，SROI 的数量会随着 SROI 尺寸的增加而减少。考虑到不同红外热图像图中 SROI 的数量是不确定的，表 5-4 中未列出 SROI 的数量。随着子区域的面积变小，子区域的数量增加，粉尘误差补偿因子预报模型的性能逐渐提高。与子区域尺寸为 840×120（即整个铁水流区域，不进行分区）的模型性能相比，子分区域尺寸为 10×10 的均方根误差小于分区域尺寸为 840×120 的模型均方根误差，并且子区域大小为 10×10 的补偿模型的 HR-10%大于子区域大小为 840×120 的模型 HR-10%，这说明使用从 SROI 提取特征构建补偿模型的效果要好于直接从整个铁水流区域提取特征构建补偿模型的效果。因此，铁水流子区域受到均匀分布粉尘影响的这种假设是合理的。

表 5-4　不同子区域大小下的粉尘误差补偿因子预报模型性能

子区域的长宽	子区域数量	是否包含 SROI	RMSE	HR-10%/%
120×840	1	0	0. 1684	61. 97
120×120	7	0	0. 1454	64. 79
60×60	28	0	0. 1373	67. 61
40×40	63	1	0. 1271	69. 01
30×30	112	1	0. 0925	76. 06
20×20	252	1	0. 0897	81. 60
10×10	1008	1	0. 0890	86. 69

为了验证本节所提分区补偿方法的有效性，将计算得到 SROI 的测温误差与真实的测温误差进行了对比，如图 5-25 所示。从图 5-25 中可以看出，根据补偿因子计算的测温误差非常接近于真实测温误差，表明了基于 S-NN-SVR 的分区补偿模型的有效性。此外，为

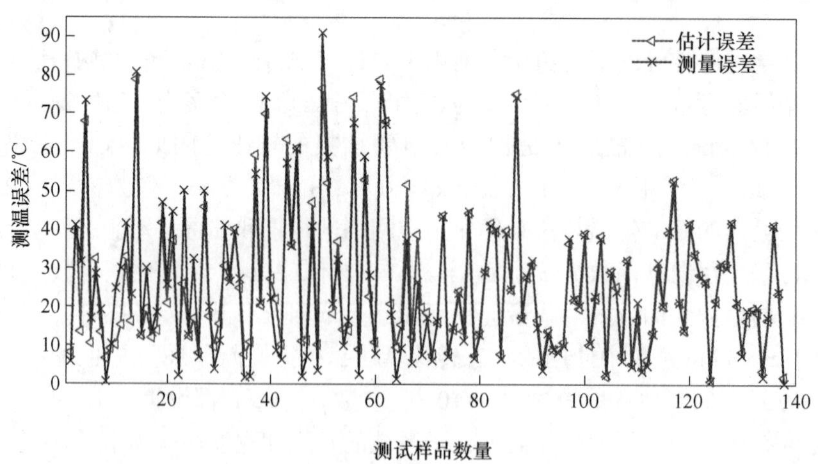

图 5-25　测温误差对比

了说明 S-NN-SVR 比直接利用单个 NN 或者单个 SVR 的优势，在相同的数据集中，采用与 S-NN-SVR 中 NN 和 SVR 相同结构的单个 NN 和单个 SVR 来预报粉尘误差补偿因子并计算粉尘造成的误差，并采用 RMSE 和 HR-10%两个指标来评价不同模型预报性能的优劣，对比结果列在表 5-5 中。观察表 5-5 可知，S-NN-SVR 的预报效果最好，也从侧面说明了 S-NN-SVR 比单个 NN 或 SVR 具有更好的稳定性和泛化能力。

表 5-5 补偿模型的性能

模 型	RMSE	HR-10%/%
NN	0.0896	76.06
SVR	0.0895	77.46
S-NN-SVR	0.0890	86.69

为了可视化补偿后的测温结果，本节将补偿后的温度数据映射到灰度图像，并以灰度图像的形式显示，温度值越高，对应的灰度值越大，在灰度图像中出现得越亮。为了便于对比，补偿前的二维温度数据也被映射到灰度图像。图 5-26 显示了补偿前后感兴趣子区域的可视化结果。从图 5-26 可以看出，在补偿前受粉尘影响的一些 SROI 相对较暗，而在补偿后受粉尘影响的 SROI 明显较亮，这意味着这些 SROI 中的温度值变高。因此，这些 SROI 亮度的增加表明了本节所提补偿方法能够有效补偿粉尘造成的温度降低。

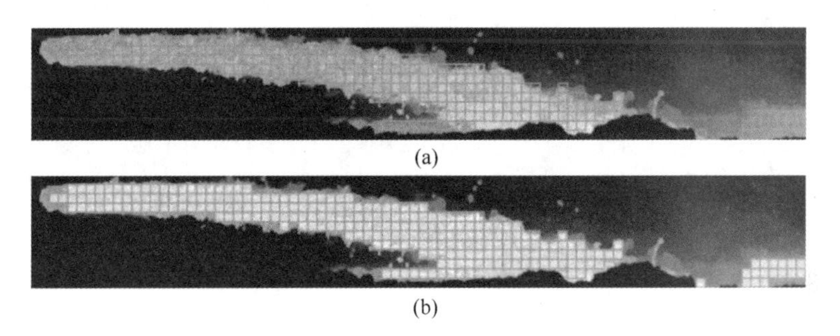

(a)

(b)

图 5-26 感兴趣子区域补偿前(a)和补偿后(b)对比
(扫描书前二维码看彩图)

图 5-27 显示了高炉一个出铁周期内红外视觉系统检测到的未补偿铁水流温度和经过补偿的铁水流温度，图 5-27 中也显示了快速热电偶的测温结果。可以看出，在某些情况下，在补偿之前的多个时间点，红外温度测量结果与热电偶的测量结果完全不同，如图中椭圆所示，快速热电偶和红外测量系统之间的温差很大，这表明高炉出铁场中间歇性产生的粉尘确实会对红外温度测量结果产生较大的影响，使铁水温度低于其真实的温度。经过补偿后，红外视觉系统的测温结果接近热电偶的测温结果，且两者的温度变化趋势基本相同，说明所提出的补偿方法可以有效降低粉尘对红外测温系统的影响。

当红外测温结果受粉尘影响时，计算补偿前后的红外视觉系统的温度测量误差，如图 5-28 所示。从图 5-28 可以看出，当铁水流的红外热图像受到粉尘影响时，补偿前的铁水流温度存在较大的误差，但补偿后红外测温误差显著降低。因此，该补偿方法可以提高粉尘影响下红外视觉系统的测温精度，保证高炉铁口铁水流测温结果的可靠性。

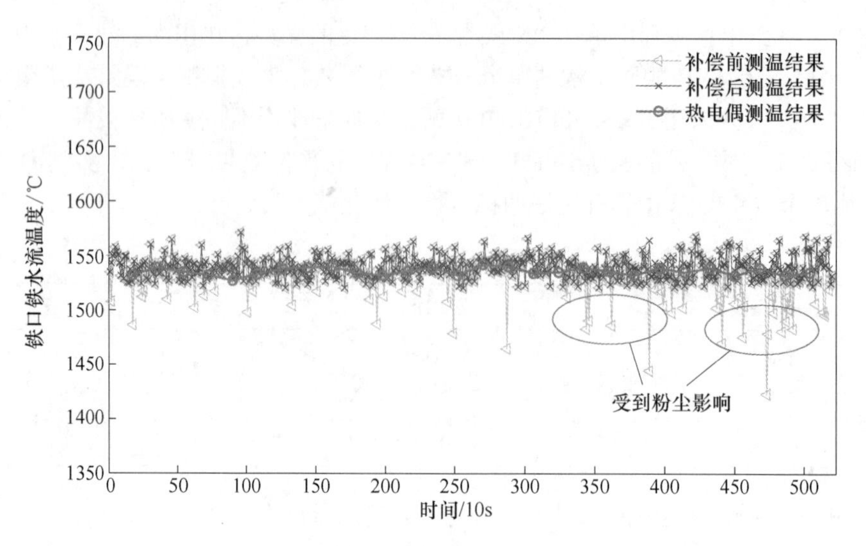

图 5-27 补偿前后铁口铁水流温度对比
（扫描书前二维码看彩图）

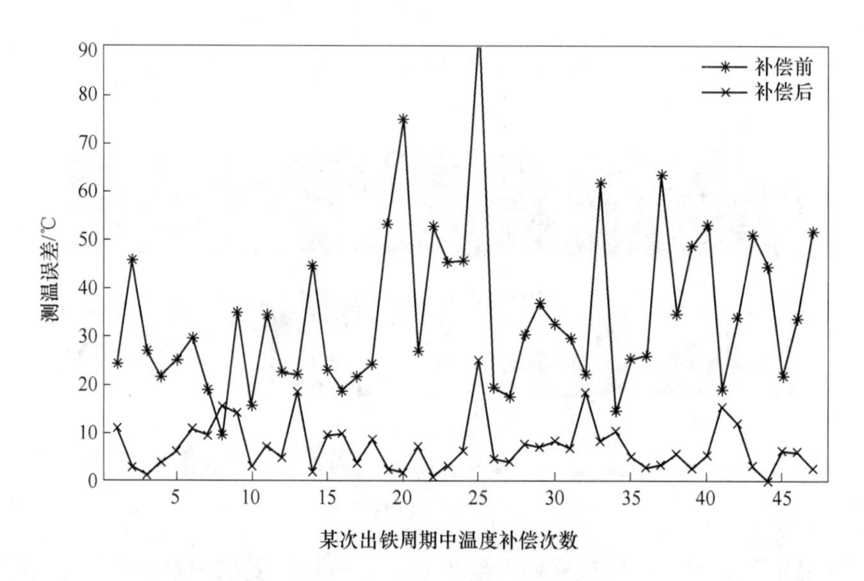

图 5-28 补偿前后铁口测温结果的误差对比

此外，本节使用平均绝对误差（MAE）和均方根误差（RMSE）这两个指标来说明本节所提分区补偿方法的补偿效果。考虑到快速热电偶的测量结果可在短时间内表示铁水温度，因此将热电偶的测温结果作为参考标准，表 5-6 列出了补偿前后的这两个指标值。由表 5-6 可知，补偿后铁水温度的 MAE 和 RMSE 显著降低，进一步说明了该补偿方法的有效性。

表 5-6 补偿前后的指标对比

指 标	补偿后	补偿前
MAE	7.25	34.77
RMSE	8.89	38.68

针对高炉出铁场间歇性随机分布粉尘对铁水温度检测结果的影响，本节首次提出基于红外热图像多类异质特征的铁水流温度分区补偿方法，虽然不能完全消除粉尘造成的测温误差，但可以有效地降低粉尘的影响，一定程度上保证红外测温结果的可靠性。此外，工业过程中存在其他类似受到粉尘影响的红外测温场景，因此所提温度补偿方法可以扩展到其他需要补偿红外热像仪测温误差的工业测温场景中，例如烧结过程中烧结机尾部烧结矿断面温度补偿，但是需要对补偿方法中部分内容进行针对性的改进，这些改进可能包括：

（1）图像预处理技术。本节中提到的图像处理技术主要针对高炉铁口铁水流区域的提取，当补偿方法用于其他工业过程时，应采用适当的图像预处理技术以获得所需的图像区域。

（2）感兴趣子区域确定。对于高炉铁口铁水流温度补偿，感兴趣子区域是只包含铁水流温度信息的子区域。对于其他工业过程中的温度补偿，应根据具体过程来确定感兴趣子区域。

5.3 红外视觉铁水测温系统研发

为了在高炉现场应用基于红外视觉的铁口铁水流温度检测方法，必须要有能够适用于高炉现场的红外视觉温度检测系统，目前国内外尚未有能够直接应用于高炉铁口铁水流温度在线检测的视觉测温仪器及系统的报道。因此，若要在线检测高炉铁口铁水流温度，必须自主研制能够适用于高炉现场的红外视觉温度检测系统。然而，高炉出铁场环境恶劣，存在间歇性随机分布干扰、不规律振动、飞溅渣铁，并且铁口铁水流温度高、热辐射强，致使高炉铁口铁水流温度红外视觉检测系统的研制面临不少挑战，主要体现在以下两个方面：

（1）高炉出铁场环境恶劣且复杂多变，出铁场内存在间歇性随机分布的粉尘和飞溅的铁渣，高炉现场的不定期维修施工同样也会引起不规律振动，致使传统非接触式点源测温方式难以准确地定位铁水区域或容易受到粉尘干扰，经常需要人工调节对准；同样，非接触式面源测温方式也因为受到粉尘和铁渣的影响，难以获取有效的铁水流面源温度信息。因此，如何尽可能获取有效的原始铁水流面源温度信息是在线准确检测高炉铁口铁水流温度必须要考虑的问题。

（2）高炉铁口铁水流温度高、热辐射强，致使高炉出铁场环境温度高，而常规仪器设备往往只能工作在0~50 ℃的常温环境下，无法适应高炉的出铁环境，并且出铁过程中伴随着飞溅的炉渣和随机分布的粉尘容易在光学镜头上堆积导致镜头污染，甚至影响系统的稳定运行。因此，如何使红外视觉测温系统能够长期稳定地工作在高炉出铁场恶劣环境中是研制红外视觉测温系统必须要解决的另一难题。

为了解决上述难题，本节研制了具有自主知识产权的大型高炉铁口铁水流温度红外视觉检测系统，基于红外热成像的测温原理，研制了能够获取高炉铁口铁水流红外热图像面源温度的非制冷焦平面红外热像仪。根据高炉铁口铁水温度范围、高炉出铁场测温位置的限制及铁水流出流时的射流区域，选择了短波测温波段，并优化设计了景深、视场角等红外热成像参数，从源头上保证尽可能多地获取有效的铁水流面源温度信息。为了使红外热像仪能够长期稳定地工作在环境恶劣高炉出铁场，避免飞溅的铁渣和随机分布粉尘对镜头的污染，设计了整体防护模块和气冷模块。最后开发了大型高炉铁水质量监控平台，极大方便了高炉现场工人监测铁口铁水流温度信息。

5.3.1　铁口铁水流温度红外视觉检测系统的研制

为在高炉出铁场应用所提红外视觉测温方法，并将高炉铁口铁水温度数据实时传输至高炉中控室，本节设计了以红外热像仪为核心的铁口铁水流温度红外视觉检测系统，该系统主要由红外热像仪、防护装置、专用光缆、三维云台、控制柜和计算机等构成，系统组态如图 5-29 所示。

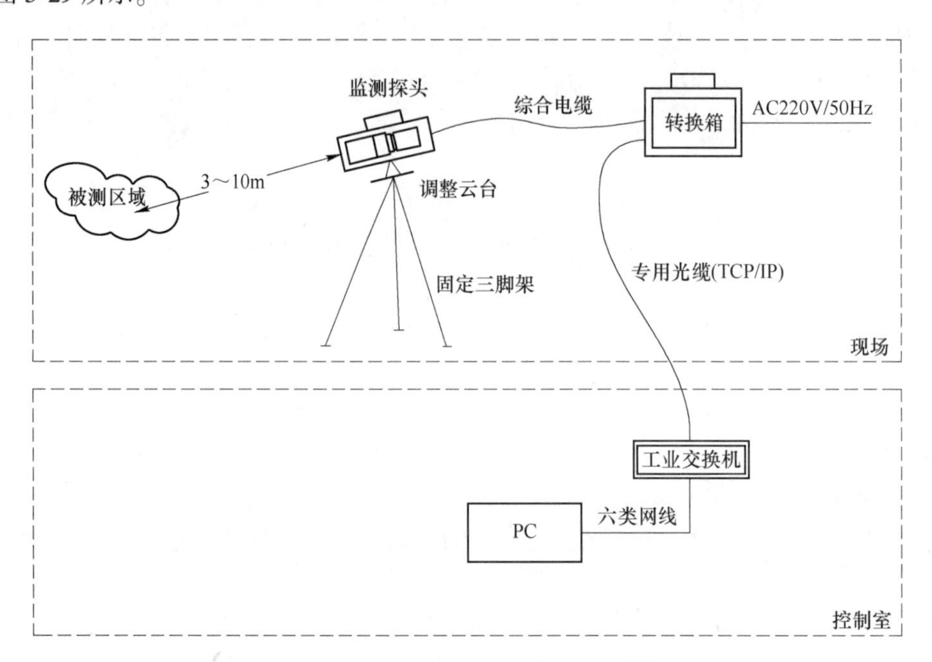

图 5-29　铁口铁水流温度红外视觉检测系统组态

本节重点介绍红外视觉检测系统中的非制冷焦平面红外热像仪、防护及冷却模块、检测信号传输及电源模块。红外热像仪用于获取有效的铁口铁水流红外热图像面源温度信息，防护及冷却模块负责对红外热像仪进行整体防护并使其工作在常温环境下，检测信号传输模块负责将红外热图像温度信息从高炉现场传输至中控室中，电源模块负责为红外热像仪和信号传输模块提供稳定干净的电源。

5.3.1.1　非制冷焦平面红外热像仪的研制

任何表面温度高于绝对零度（-273.15 ℃）的物体都会向外发出红外辐射，并且这种红外辐射与物体表面温度之间存在正相关关系，物体表面温度越高，发出的红外辐射的强度越大。通过红外探测器检测物体表面的红外辐射，将探测器检测信号转化为物体表面温度，并借助伪彩色色标将物体温度分布渲染成人眼可见的图像，这种以不同颜色表征物体表面温度分布的测温技术称为红外热成像技术，具备这种功能的检测装置称为红外热成像仪。根据红外热成像的原理可知，它与可见光成像有着本质的区别，红外热像仪主要通过接收被测对象表面的红外辐射成像，而可见光相机是通过接收被测对象反射的可见光进行成像，这也是可见光相机不能工作在黑暗环境中的原因。

通常，红外热成像仪由光学成像镜组、红外探测器、电子信号处理系统和显示系统四个部分构成，如图5-30所示。成像镜组将物体发射的红外辐射聚到探测器上，探测器接收红外辐射并将红外辐射转变为电信号输出，电子信号处理系统负责处理来自探测器的电信号，并将依据一定规则将其转化为温度信息，最终在显示系统中显示人眼可见的被测对象的红外热图像。红外热像仪便是依据红外热成像测温原理研制的。

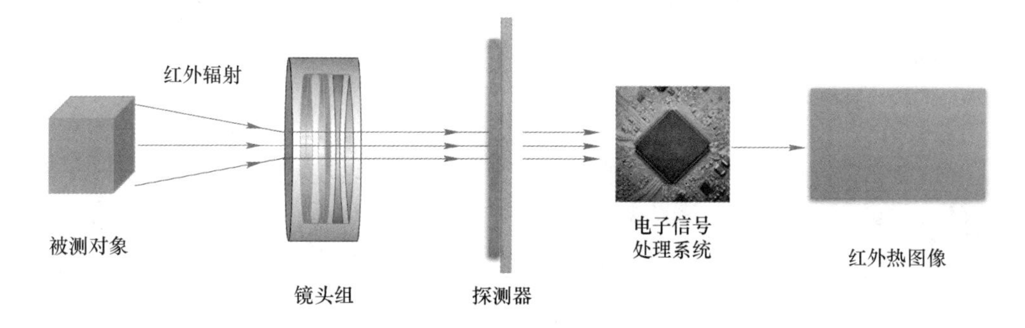

图5-30 红外热成像仪的测温原理图

红外波段在电磁波谱中的波长范围是0.76~1000 μm，其中能用于红外测温系统的波段主要位于0.76~14 μm。常将可用的红外波段分为以下4种：

（1）近红外（Near-Infrared，NIR）：0.76~1.7 μm；

（2）短波红外（Short-Wavelength Infrared，SWIR）：1~2.5 μm；

（3）中波红外（Mid-Wavelength Infrared，MWIR）：2~5 μm；

（4）长波红外（Long-Wavelength Infrared，LWIR）：8~14 μm。

高炉出铁场环境恶劣，存在间歇性随机分布粉尘、飞溅的铁渣、不规律振动，并且高温铁水流的热辐射致使出铁场环境温度较高。为使红外热像仪能够获取有效的铁口铁水流面源温度信息，必须对红外热像仪的参数进行选择和优化设计。

红外焦平面探测器是红外热成像系统的核心器件，是探测物体红外辐射的关键。红外焦平面探测器分为制冷型和非制冷型，制冷型探测器的优点是灵敏度高，但其结构复杂且成本较高，难以适用于高炉现场。尽管在灵敏度上非制冷型探测器与制冷型存在一定差距，但非制冷型探测器能够在室温下工作，体积较小，无需复杂的制冷装置，成本较低，因此，本节选用非制冷型红外焦平面探测器。由于高炉铁口铁水温度很高，且高炉出铁场存在粉尘的干扰，本节选择了对粉尘有较好的穿透性的短波红外波段进行测温，从源头上保证原始温度数据的有效性。本节选用的短波红外外探测器的参数：像素分辨率为1024×768，工作波段为1.00~2.5 μm，帧频为25，工作环境温度在0~60 ℃。

为了避免高炉出铁场不规律振动对红外热像仪的影响，本节对红外热像仪的景深和视场角参数进行了优化设计。在高炉出铁场，由于铁口附近热辐射强且无有效的安装位置，必须将红外热像仪安装在和铁口有一定距离的操作台内，以保证仪器既能在正常环境温度范围内工作，又不影响高炉现场的操作。为使铁水流处于清晰的成像范围内，避免红外热图像的模糊，在设计光学成像模块时必须使红外热像仪在高炉出铁场的测温距离在其景深内。高炉铁口铁水流以射流形式从铁口流出，具有一定射程，在设计红外热像仪的视场角时既要保证铁水流全部包含在红外热图像中，同时又要使铁水流区域在红外热图像中有尽可能大的面积占比，从源头上保证有充足的铁水流面源温度信息，因此，必须设计合理的视场角。

景深（Depth of Field，DOF）描述了相机在空间中可以清楚成像的距离范围[27]。虽然理论上透镜只能将光聚到某一固定距离，远离此点则会逐渐模糊，但是在某一段特定距离内，肉眼无法察觉出图像是模糊的，这段距离称为景深。在相机景深范围内拍摄的图像较为清楚，而超过这个景深范围或小于这个景深范围拍的图像均会变模糊。图 5-31 是在高炉出铁场铁水主沟拍摄的红外热图像，图 5-31（a）的拍摄距离与景深不匹配，图像较为模糊，而图 5-31（b）拍摄距离在景深之内，图像较为清晰。

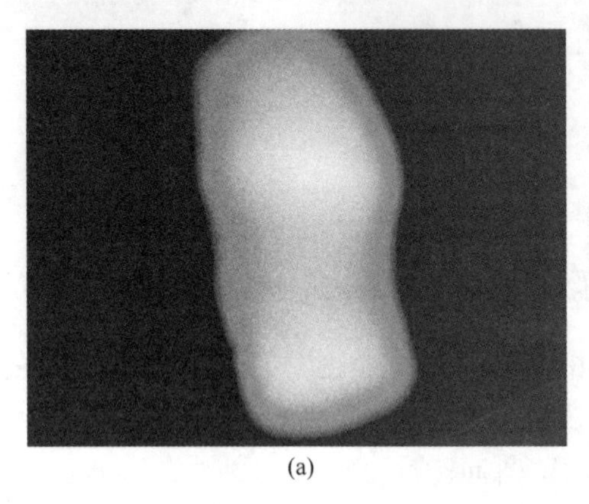

(a)

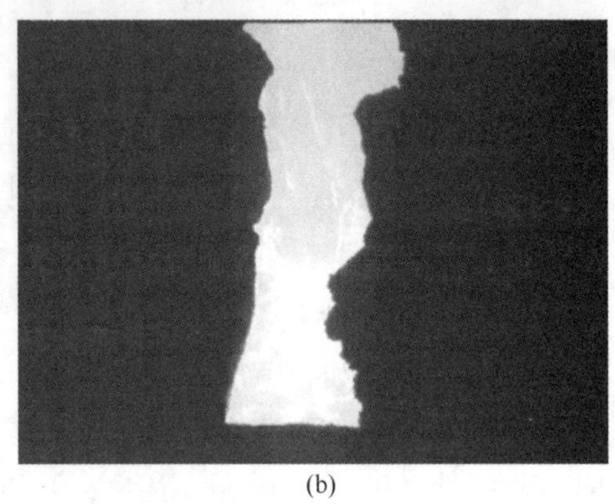

(b)

图 5-31　不同拍摄距离下的铁水主沟图像

（a）拍摄距离在景深以外；（b）拍摄距离在景深之内

（扫描书前二维码看彩图）

实际上，位于透镜相对侧的探测器具有有限的尺寸，到达探测器的辐射量受透镜直径或可调光圈的限制。当模糊圆不超过探测器的尺寸时，图像在图像平面上看起来会尽可能清晰，图 5-32 描绘了这种情况，为简单起见，光圈的直径等于透镜的直径。这些条件限制了镜头和物体之间的最近和最远距离，该距离由式（5-116）和式（5-117）给出，由 D_N 和 D_F 确定的深度范围便是景深，由式（5-118）给出。

$$D_N = \frac{sf^2}{f^2 - cNf + cNs} \tag{5-116}$$

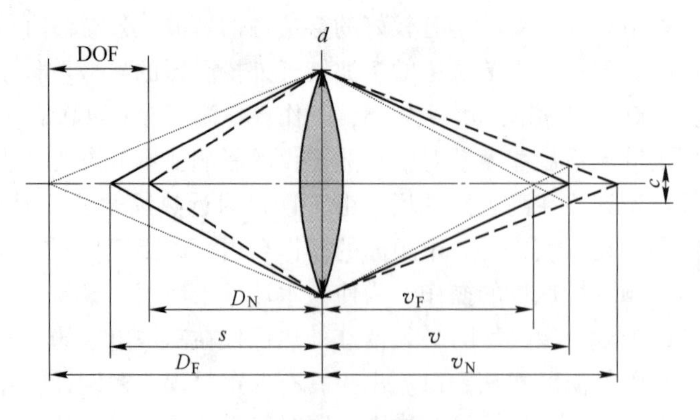

图 5-32　景深图

$$D_F = \frac{sf^2}{f^2 + cNf - cNs} \tag{5-117}$$

$$DOF = D_F - D_N = \frac{2sf^2cN(s-f)}{f^4 - [cN(s-f)]^2} \tag{5-118}$$

在上述三个公式中，s 是物距，c 是模糊圈的直径，$N = f/d$，称为镜头光圈，是焦距 f 与孔径 d 的比值。

视场角（FOV，Field of View）指的是光学仪器的镜头与目标物体的物象可以通过镜头的最大范围的两条边构成的夹角，描述了探测器通过相机的光学系统看到的世界范围。若要获得大的视野，就需要设置较大的视场角。由于大多数检测器阵列均具有矩形形状，因此 FOV 通常表示为两个角度的乘积，分别表示水平视场角（H_{FOV}）和垂直视场角（V_{FOV}），如图 5-33 所示。

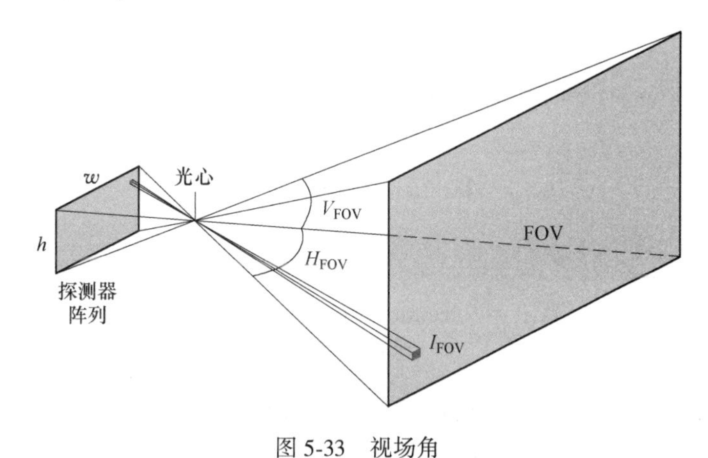

图 5-33 视场角

H_{FOV} 和 V_{FOV} 与焦距 f 和探测器阵列的宽度 w_{de} 和高度 h_{de} 有关，计算公式见式(5-119)和式（5-120）。

$$H_{FOV} = 2\arctan\left(\frac{w_{de}}{2f}\right) \tag{5-119}$$

$$V_{FOV} = 2\arctan\left(\frac{h_{de}}{2f}\right) \tag{5-120}$$

在镜头与目标物体一定距离下，视场角的大小决定了目标在图像中所占区域的大小。当利用红外热像仪测温时，应使铁水流尽量占满整个视场，这对于获取尽可能多的原始铁水流温度信息十分重要。当铁水流占满整个视场时，可能会由于铁水流的偏移或者红外热像仪的振动导致部分铁水流温度信息的丢失，不能准确地测温；当铁水流在视场中所占面积较少时，又会使得有效的原始铁水流温度信息减少，造成视场的浪费。因此，在高炉现场使用红外热像仪检测铁口铁水流温度时，应当设计最佳的视场角，以便既能获取全部的铁水流温度信息，同时又避免视场的浪费，从铁水流红外热图像采集源头上保障铁水测温准确度。

根据红外热像仪安装位置和高炉铁口之间的距离、铁水沟的位置及铁水流的射流距离，可以选择合理的探测器，并设计合理的焦距，使铁水流在红外热图像中具有合适的面积占比和分辨率，尽可能地获取更多的铁水流温度信息，如图 5-34 所示。

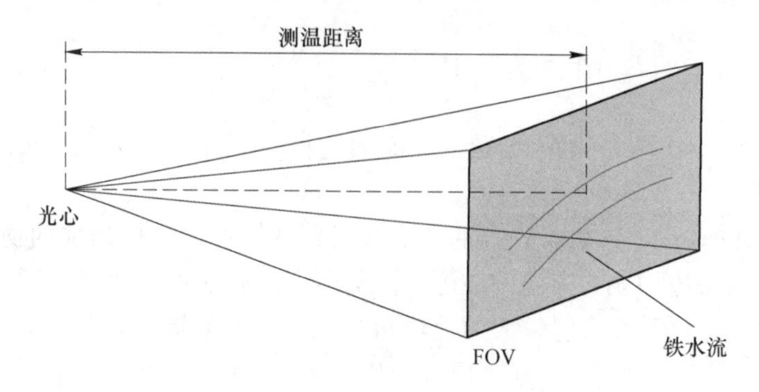

图 5-34　铁水流所占视场

设红外热像仪与铁水流之间的测温距离为 s，铁水流的水平射程为 W_{flow}，铁水流纵向所占高度为 H_{flow}，如图 5-34 所示，则视场角应满足下列条件：

$$H_{FOV} = 2\arctan\left(\frac{W_{flow}}{\sqrt{4s^2 + W_{flow}^2}}\right) + \varepsilon_H \tag{5-121}$$

$$V_{FOV} = 2\arctan\left(\frac{H_{flow}}{\sqrt{4s^2 + H_{flow}^2}}\right) + \varepsilon_V \tag{5-122}$$

其中，ε_H 和 ε_V 分别表示水平视场角裕量和垂直视场角裕量，目的是当高炉出铁场存在剧烈振动导致红外热像仪测温视场偏移或者高炉炉缸内部压力不稳定导致高炉铁口铁水流射流形态发生位移时，红外热像仪依旧能够捕获铁水流信息，进而能够获取铁水流的红外热图像。

辐射标定是红外热像仪能够用于温度检测的关键步骤，它描述了被测物体表明红外辐射能量与相应红外探测器输出信号之间的定量关系，是红外热像仪能够准确描述物体表面温度分布的关键所在。在辐射标定过程中，由于红外探测器上单个单元接收到的红外辐射通量和其对应的输出信号难以直接测量，因此，难以直接通过拟合红外辐射通量和输出信号来实现辐射标定。考虑到探测器阵列接收到的红外辐射通量与被测物体表面温度近似呈线性关系，探测器的输出信号经过数字信号处理电路处理放大后以数字图像灰度值的形式表现，图像像素灰度值与探测器输出信号呈近似线性关系，可以用来近似表征输出信号。因此，可以采用被测物体的温度和对应的像素灰度值来代替红外热像仪的输入辐射通量和输出信号，通过拟合得到被测物体的温度和对应的像素灰度值之间的关系，从而实现对红外热像仪的辐射标定。考虑到红外探测器单元的非线性响应，常采用 Sakuma-Hattori 模型来实现对被测物体的温度和对应的像素灰度值之间的非线性拟合[28]。

高炉铁口处铁水温度在 1400~1600 ℃范围内，红外热像仪的测温范围必须包含该温度段。因此，本节采用 LUMASENSE M330 高温黑体炉作为辐射标定源，对红外热像仪进行辐射标定，黑体炉如图 5-35 所示。M330 黑体炉内部设有数字表示温度控制器，可以设置为 300~1700 ℃之间的任何温度。温度控制器使用行业标准的 PID 算法将发射器温度控制在±1 ℃之内。M330 黑体炉的技术参数见表 5-7。将黑体炉温度设定为位于 1400~1600 ℃范围的不同温度值，利用红外热像仪获取对应的像素灰度值，便可获得多组实验数据，通过查表或者曲线拟合方式便可得到具体测温结果。

图 5-35 用于辐射标定的高温黑体炉

表 5-7 M330 黑体炉的技术参数

温度设定范围	300~1700 ℃
温度不确定度	±1 ℃
温度分辨率	0.1 ℃
稳定性	±1 ℃/8 h
发射率	1.00（0.65~1.8 μm）
温度传感器	Type B 热电偶

5.3.1.2 红外热像仪的防护及冷却模块设计

高炉铁口铁水流温度高、流速快、易飞溅、热辐射强，并且出铁场存在间歇性随机分布粉尘和飞溅的渣铁，为了使红外热像仪能够长期稳定地工作在高炉出铁场，必须对红外热像仪进行防护，本节设计了如图 5-36 所示的防护结构。首先设计了耐高温、易焊接、抗磨损的特种钢为主体的防护筒，将红外热像仪内嵌在防护筒内，对红外热像仪进行整体保护，保证红外热像仪在施工频繁、环境恶劣的高炉出铁场具有较强抗撞击能力。防护筒后端以法兰密封，防止进入粉尘。防护筒为中空设计，里面包含气冷通道，上端开有进气孔，通过进气孔可以向防护筒内部通入一定压力的工业冷却氮气，气体通过前端出气孔排出。考虑到高炉铁口铁水温度高、易飞溅、热辐射强，昂贵的红外镜头无法长时间直接工作在这种环境下，因此，在红外镜头前端采用高透射率的防护玻璃，既能使红外辐射透过，又能保护后端的红外镜头。

此外，设计了刀型风幕作为自动清扫机构，利用保护筒后端通入的高压冷却氮气在前端排出时，在前端形成刀型风幕，对防护玻璃进行自动清扫，避免飞溅铁渣以及沉积粉尘

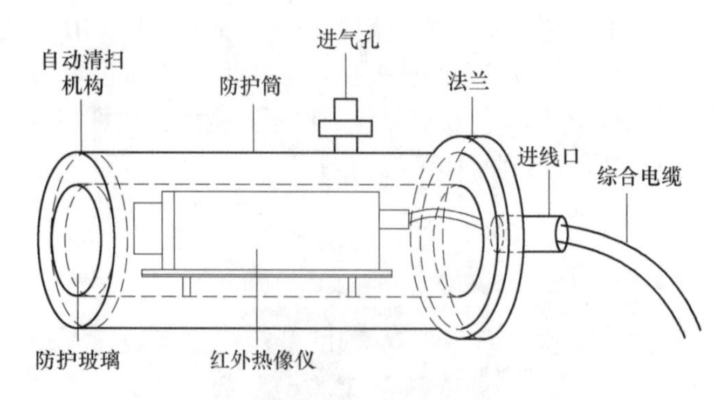

图 5-36　防护系统

对防护玻璃的污染，避免由于防护玻璃污染对红外测温结果造成影响。通过后端进气孔和前端出气风幕的设计，既能使冷却气体对红外热像仪进行整体冷却，使其工作在可承受的温度范围内，又能利用冷却气体形成刀型风幕，对前端镜头进行自动清扫。通过整体的防护设计，使红外热像仪的工作环境尽量接近于标定实验室的环境，也避免工作环境温度、炉渣飞溅、粉尘堆积等对红外热像仪测温的影响，从源头上尽量保证高炉铁口铁水流红外热图像数据的准确性。图 5-37 显示了带有防护的红外热像仪实物图。

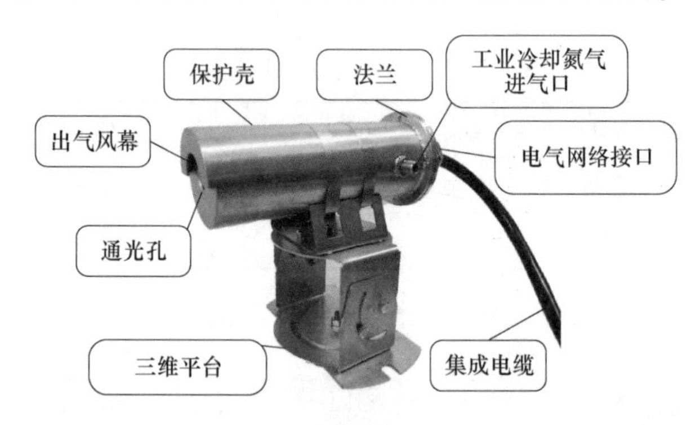

图 5-37　红外热像仪

通过上述设计可以使红外热像仪长期稳定地工作在恶劣的出铁场环境中，保证红外热像仪的使用寿命。

5.3.1.3　检测信号传输及电源模块设计

红外热像仪采集到的数据经由综合电缆（内部包括有信号线和电源线）传输至转换箱，转换箱如图 5-38 所示。转换箱由智能数据采集器、光纤收发器、防爆控制柜、总电源、变压器等构成。智能数据采集器接收铁水流的红外辐射电信号，并根据内嵌的辐射标定曲线将电信号计算为温度信息，同时进行编码和压缩输出视频流和温度流信息，具体功能为支持 1 路摄像探头信号输入，支持 1294×964 或 1024×768 编码，支持 RTSP 实时视频流信号输出（TCP/IP），支持 1 路 RS485 或 RS232 透明通道传输，支持二维温度场信号输出（TCP/IP），支持 5 个用户端同时访问，可接收上位机命令控制红外热像仪参数。光纤收发器的功能是将短距离的双绞线电信号和长距离的光信号进行互换的以太网传输媒体转换单元，以扩展传输距离。由于高炉出铁场环境的限制，以太网电缆无法覆盖，但又必须将采集到的数据传输至 200 m 外的高炉中控室计算机中，因此，光纤收发器将来自红外热像仪的电信号转化为光信号，经过光纤传输至中控室中的工业交换机中。

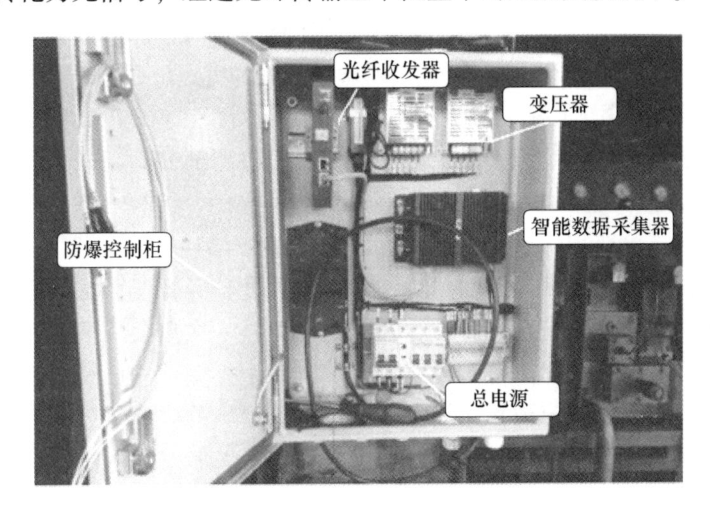

图 5-38 安装在高炉现场的转换箱

计算机和工业交换机位于高炉中控室，便于高炉炉长及时监控高炉铁口铁水温度。工业交换机负责接收来自高炉出铁场的温度信号，其具备良好的散热能力和防尘能力，满足实时传输大量温度数据的要求，能够适用于复杂恶劣的高炉现场的实时以太网数据传输。计算机主要用于接收原始温度数据，基于本节所提的红外视觉铁水测温方法计算并显示高炉铁口铁水流温度。

为保证所提方法的计算效率，在中控室配置了高性能计算机用于接收铁水流温度数据、实施所提测温方法。此外，将计算机与高炉炼铁厂数据中心连接，可将铁口铁水流温度数据实时地传输至数据库中存储，便于后续分析。表 5-8 显示了计算机的配置参数及数据库信息。

表 5-8 高炉铁口铁水流温度红外视觉检测系统计算机配置参数及数据库信息

CPU	主频	硬盘	显卡	运行内存	操作系统	数据库
Intel Core i7	3.00 GHz	固态 500G	1G 独显	16G	Win 10 x64	Microsoft SQL Server

电源模块为安装在高炉现场的红外热像仪、智能数据采集器、光纤收发器等提供稳定的 DC12V 电压。由于高炉现场存在大功率用电设施，供电电源可能不干净，因此，电源模块除了具有将 220 V 交流电转为 12 V 直流电作用外，同时具有滤波、稳压等作用。为了避免出铁场高温环境对电源模块的影响，将电源模块固定在防爆控制柜内。防爆控制柜为红外热像仪、智能数据采集器、光纤收发器提供相对稳定的工作环境，避免由于高炉现场施工整修或粉尘等干扰对电源模块造成损坏，防爆控制柜被焊接在高炉操作台旁边，方便现场工人操作。

5.3.2 铁口铁水流温度红外视觉检测系统的软件研发

为给高炉中控室监测工人提供全面形象的高炉铁口铁水流温度检测信息，基于 Visual

Studio 开发平台，采用 C#语言开发了大型高炉铁水质量监控平台，监测高炉铁口处铁水温度、流速及硅含量等关键信息，该监控平台采用模块化编程，降低单个监控模块的耦合程度，同时保证软件质量，提升软件健壮性、可移植性以及方便后期维护。另外，该监控平台基于 C#语言开发了面向对象的多线程并行处理技术，提高了软件的执行效率。本节主要介绍大型高炉铁水质量监控平台中高炉铁口温度检测部分的内嵌算法、软件界面及工作流程。

大型高炉铁水质量监控平台中内嵌的算法包括铁口切换算法、铁水流区域确定算法、渣铁自动识别算法、铁水温度多态映射算法、铁水温度分区补偿算法等。铁口切换算法用于判断当前正在出铁的高炉铁口。高炉存在多个铁口，一次只会从某个铁口出铁，高炉中控室内计算机可以接收三路检测信号，通过该算法使中控室计算机读取正在出铁的铁口处的铁水流信号。铁水流区域定位算法用于获取铁水流区域的位置信息，以减小要处理的数据量，提高计算效率。渣铁自动识别算法用于去除炉渣区域对铁水温度计算的影响。铁水温度多态映射算法用于判断当前感兴趣区域是否受到粉尘的影响，进而采用合理的温度映射方法计算铁水温度。铁水温度分区补偿算法用于提取感兴趣子区域的统计特征、空间域和频域纹理特征，分区域差异性地补偿受粉尘影响的感兴趣子区域的温度。

大型高炉铁水质量监控平台的主界面如图 5-39 所示。主界面中包括当前铁口序号、铁水温度值及曲线、铁水流的可见光视频、三维铁水流等关键信息。主界面右上方标红的铁口序号指明了当前正在出铁的铁口，同时会将该铁口的铁水流可见光视频显示在主界面的左上角。主界面中间的三维铁水流以可视化方式形象地展示了当前铁口铁水流的出流形态，同时通过鼠标点击铁水流的不同位置，可以获取对应位置处的铁水温度。铁水温度值

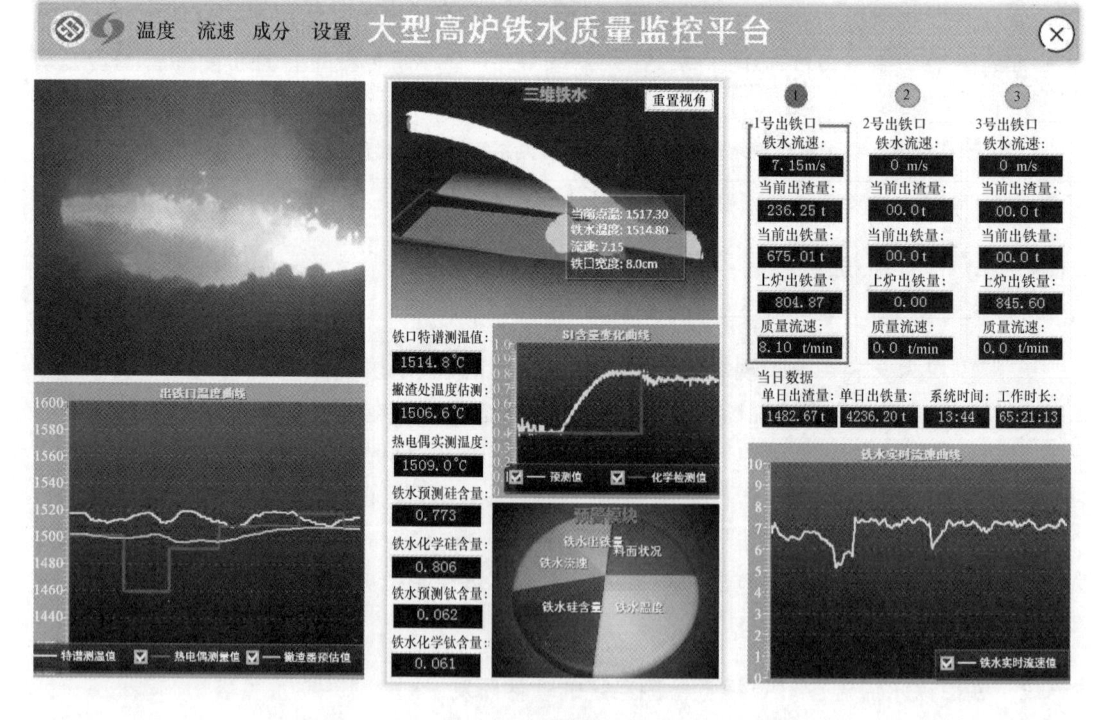

图 5-39　大型高炉铁水质量监控平台主界面示意图
（扫描书前二维码看彩图）

显示在主界面中间位置，便于高炉炉长及时了解当前铁口铁水流温度。主界面左下角的铁口温度曲线实时地显示了出铁过程中铁水流的当前温度值及历史温度值。

大型高炉铁水质量监控平台铁水温度子界面如图 5-40 所示。该子界面显示了详细全面铁水温度曲线，可以手动选择感兴趣温度段的观察时间和缩放比例，更好地观察铁水温度变化趋势。该子界面以不同的颜色表示不同的铁口铁水温度数据以及快速热电偶的测温结果，方便操作工人了解不同时间段内、不同铁口、不同测温手段下的测温结果。例如，如果对一个出铁周期内某铁口的铁水温度感兴趣，通过设置合适的观察时间，则可以观察分析这个出铁周期铁水温度的变化情况；操作工人也可以将观察时间设得更长，进而可以观察分析不同铁口的铁水温度曲线，有助于了解高炉的整体炉热变化趋势和运行状况。此外，在子界面下可以执行历史温度数据查询、数据导出、数据打印等功能。

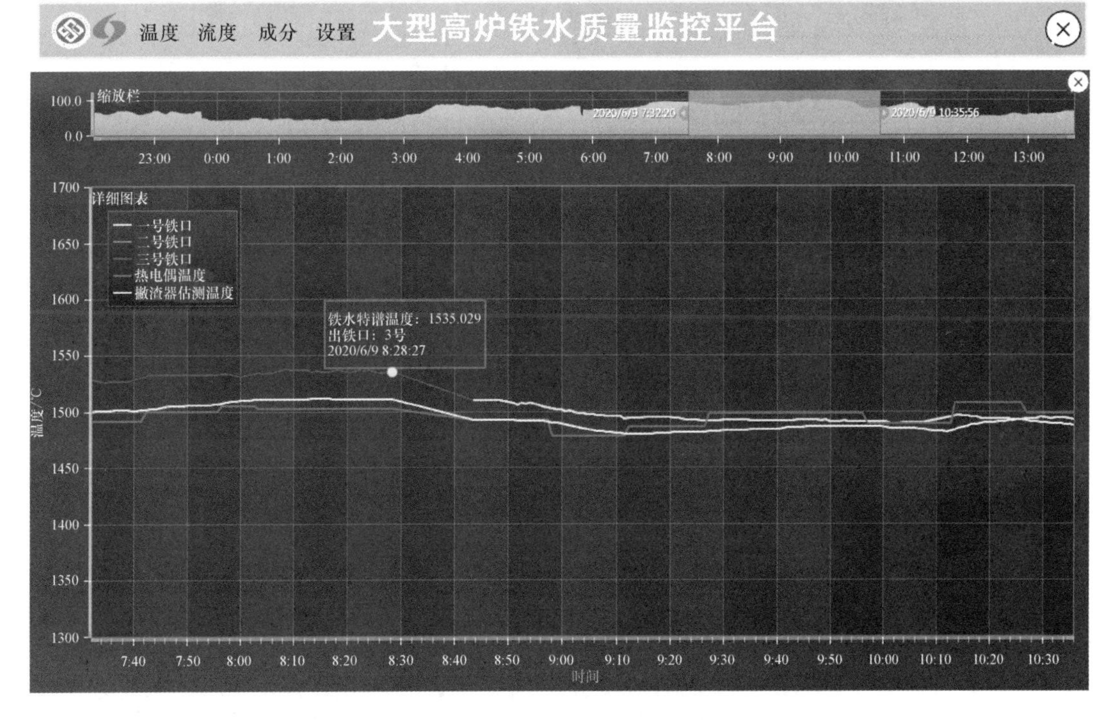

图 5-40 大型高炉铁水质量监控平台铁水温度子界面
（扫描书前二维码看彩图）

大型高炉铁水质量监控平台的整体架构如图 5-41 所示，其工作流程概括描述如下：

（1）安装在高炉出铁场的红外热像仪将采集到的红外热图像数据传输至中控室的计算机中；

（2）在计算机中利用后台内嵌的铁水流区域定位算法、渣铁高效自动识别算法、铁水温度多态映射算法等分析处理原始的红外热图像中的面源温度数据，计算当前的高炉铁口铁水流温度数据；

（3）将计算的铁口铁水流温度数据送至前台界面显示，同时也将当前铁水温度及其铁口序号送至数据库中保存；

（4）在主界面中显示在线检测到的铁口铁水流温度，同时读取数据库中的历史温度数据，绘制高炉铁口铁水流温度曲线；

(5) 在子界面中显示历史温度数据曲线，根据操作工人的手动设置，从数据库中读取对应时间段内在线检测到的铁口铁水温度数据、热电偶检测到的撇渣器处铁水温度数据及其对应的铁口序号。

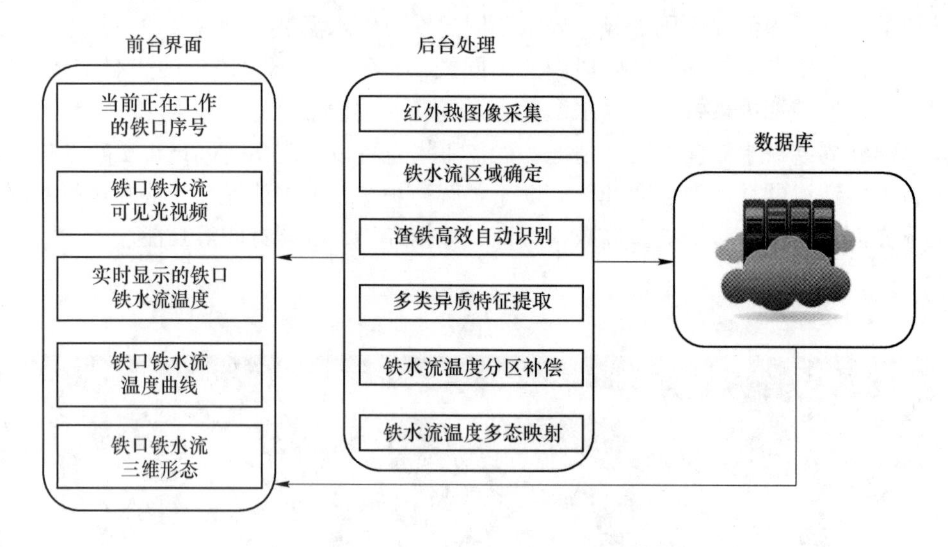

图 5-41　大型高炉铁水质量监控平台的整体架构

为保证软件自动稳定长期运行，系统带有参数恢复功能。当系统参数出现异常时能够自动恢复原始参数，保证了系统长期稳定运行。

5.4　工业应用及效果分析

红外热像仪固定在防护筒内，并安装在高炉现场操作台前方的三维云台上，位于高炉铁口侧面，距离高炉铁口 7m 左右，透过操作台前方的窗口，可以获取铁水流的红外热图像，红外热像仪在高炉现场安装如图 5-42 所示。防护筒用于保护固定在其内部的红外热像仪，避免高炉铁口渣铁飞溅以及铁水流的高温辐射损坏红外热像仪。同时，工业氮气会从进气孔通入防护装置后端，由后至前穿过整个防护模块，对红外热像仪所处工作环境进行冷却降温，避免高温影响红外热像仪的测温精度和使用寿命；然后氮气从前端出气口排出，对前端镜头也起到自动清扫作用，避免粉尘和铁渣污染镜头。三维云台可以根据铁水流出位置的波动对红外热像仪的安装位置和角度进行微调。分压阀连通工业现场的氮气管道与防护模块的进气孔，通过调节分压阀门，可以控制供给防护模块的氮气压力，使红外热像仪工作在合理的环境温度下。

根据高炉体积的大小，一座高炉往往在底部炉缸具有多个铁口，在高炉炼铁过程中，可以从不同铁口有序出铁。以某炼铁厂的高炉为例，该高炉有 3 个铁口，其中 2 个铁口为常用铁口，轮换用于高炉出铁，1 个铁口为备用铁口，当常用铁口需要维护时，便使用备用铁口出铁。因此，铁口铁水流温度红外视觉检测系统在该高炉的 3 个铁口处均安装有红外热像仪，其对应的检测信号均传输至中控室中的计算机中，如图 5-43 所示。

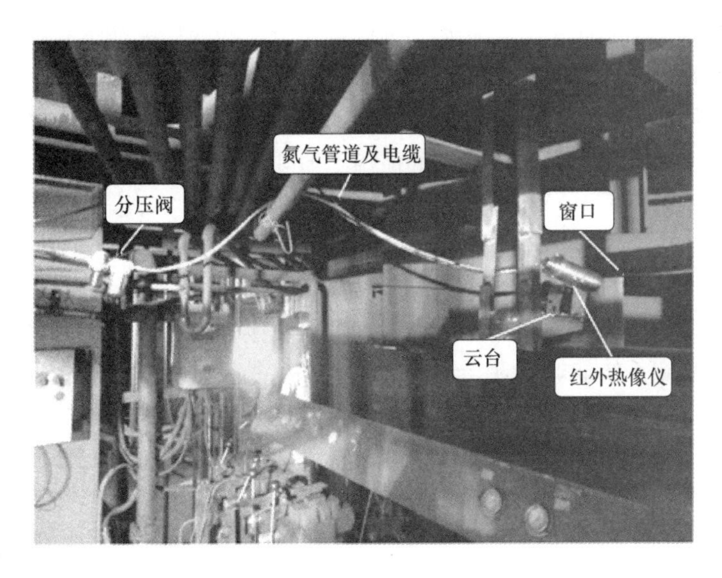

图 5-42 红外热像仪在高炉现场的安装图

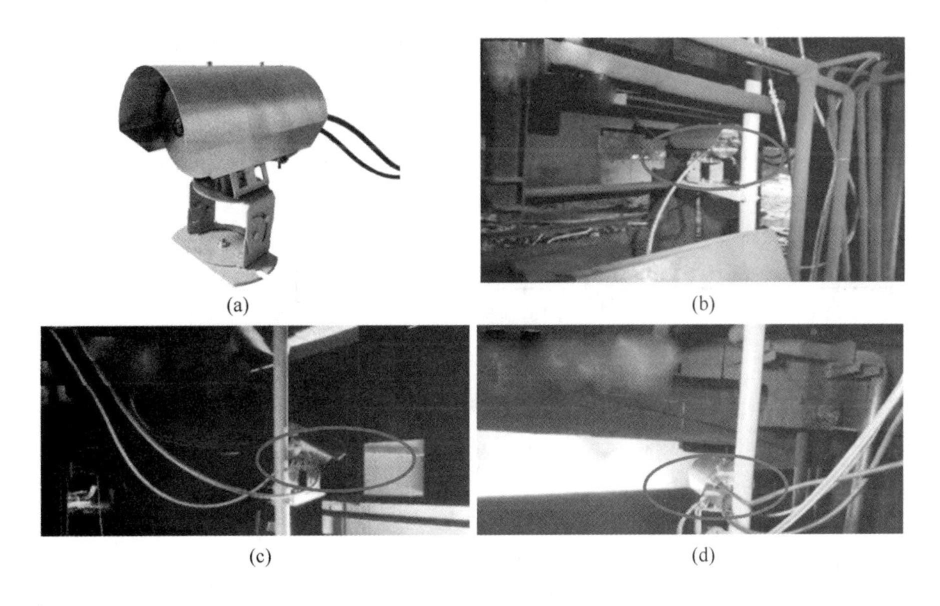

图 5-43 安装在高炉出铁场 3 个铁口处的红外热像仪
(a) 检测装置;(b) 1 号出铁口;(c) 2 号出铁口;(d) 3 号出铁口

高炉铁口铁水流温度红外视觉检测系统在某炼铁厂进行了长期试验应用,实现了大型高炉铁口铁水流温度的在线准确检测,为高炉现场提供了在线准确可靠的铁水温度数据,显著提升了铁水质量,降低了能源消耗,提高了工人的操作安全系数,极大地降低了工人劳作强度。本节主要从系统的技术指标、安全性、经济效益及推广应用前景等方面来分析说明该系统的应用效果。

基于红外视觉的高炉铁口铁水流温度检测系统实现了对高炉铁口铁水流温度的在线准确检测,相比现有的其他铁水温度检测技术,具有连续在线、精确度高、操作方便安全、使用寿命长等优势，能够满足炼铁厂高炉炼铁铁水温度在线检测的需求，表 5-9 对比分析了本节提出的红外视觉测温系统与热电偶、红外测温仪及黑体空腔等其他铁水测温技术。指标对比中采用的热电偶为高炉现场使用的快速热电偶，红外测温仪为普通便携式红外测温仪，其中出厂测温精度指标可从对应的使用手册获取，现场测温精度和滞后时间指标通过在高炉现场同一时间同一位置处的铁水温度实测数据得到。由于缺少黑体空腔测温设备，表 5-9 中黑体空腔测温系统的技术指标均采用相关文献中的数据[29]。由表 5-9 可知，现有的铁水测温技术大部分是在撇渣器处检测铁水温度，由于铁口至撇渣器间有一定距离，铁水流存在热量损失，撇渣器处铁水温度难以直接表征高炉炉缸铁水温度；铁口铁水流温度红外视觉检测系统能够实现在铁口铁水流温度检测，直接反映了炉缸内铁水温度。本章所提红外视觉检测系统分析了铁口铁水流渣铁混合特点，避免了炉渣对铁水温度检测的影响，并且考虑高炉出铁场间歇性随机分布粉尘的影响，通过温度分区补偿方法有效地克服了粉尘的干扰；现有的铁口铁水测温装置往往采用点源红外测温方式，通过在固定位置对准某一点来检测铁口铁水流温度，忽略了铁水流形态偏移、出铁场不规律振动及间歇性随机分布粉尘的影响，致使其测温结果的可靠性较低。得益于红外热像仪非接触式测温方式、参数优化设计及整体防护设计，本节所提铁口铁水流温度红外视觉检测系统的滞后性很小，实时性强，使用寿命较长。因此，与国内外相关铁水测温系统相比，铁口铁水流温度红外视觉检测系统在大型高炉铁口铁水流温度在线准确检测上具有突出优势，能够提供在线准确的高炉铁口铁水流温度数据，是其他温度检测技术所不具备的。另外，铁口铁水流温度红外视觉检测系统具备一定的普适性，技术适用范围更广，也为其他高温熔融金属温度的在线准确检测提供了新的思路。

表 5-9 不同铁水温度检测技术对比

指标与性能	快速热电偶	普通红外测温仪器	黑体空腔测温系统	铁口铁水流温度红外视觉检测系统
测温位置	撇渣器后面	撇渣器/铁口	撇渣器后面	铁口处
测温范围/℃	1400~1600	1400~1600	1400~1600	1400~1600
出厂测温精度	≤±5 ℃	≤±1%	≤±1%	≤±1%
出铁场测温精度	≤±5 ℃	≤±1%	≤±1%	无粉尘，≤±1% 有粉尘，≤±1.5%
测温滞后时间	4~6 s	1 s	6 min	1 s
是否在线	否	是	是	是
是否接触铁水	是	否	是	否
使用寿命	一次性	6 个月以上	2 周左右	6 个月以上
危险程度	危险	安全	较危险	安全

高炉铁口铁水流温度红外视觉检测系统降低了操作工人检测铁水温度时的危险性。该系统安装在高炉操作台旁边，可以在线地检测铁口铁水温度，其测温结果可以实时地传输至中控室的计算机中。传统的快速热电偶测温方式，需要操作工人手持装有快速热电偶的测温枪靠近危险的铁水主沟检测铁水温度，危险程度高，且由于快速热电偶是一次消耗型

的，一次检测只能获取一个铁水温度值，若要获取多个铁水温度值，则需频繁地使用快速热电偶测温，极大地增加工人的劳作强度，在一次出铁周期中，高炉工人往往只会检测3次左右的铁水温度。相比快速热电偶测温方式，该系统的危险性很小，操作安全。只要铁口铁水流温度红外视觉检测系统正常运行，便可以实时在线地获取铁口处铁水温度，无需工人频繁地靠近铁水主沟测温，因此，降低了高炉工人的操作危险性和劳作强度，保障了高炉工人的人身安全。

高炉铁口铁水流温度红外视觉检测系统给炼铁厂带来了显著的经济效益。一方面，该系统降低了人工测温的人力成本和热电偶的消耗成本，另一方面，在线的铁口铁水温度数据为炉缸铁水温度趋势分析、硅含量预报、热平衡计算提供科学数据支撑。在高炉现场使用该系统检测铁口铁水流温度后，高炉炉长通过分析一定周期内的铁水温度数据，可以准确掌握高炉炉温的变化趋势，再结合其他高炉运行数据，能够更加合理地计算高炉的热收入和热支出，进而能够及时调节喷煤量、热风温度、热风温度等控制量，实现了铁水硅含量稳定性的提升、高炉利用系数的提高、产品优质率的提高、燃料比的降低，给炼铁厂带来了显著的新增效益。因此，铁口铁水流温度红外视觉检测系统为高炉的优质、高效和低耗生产提供了重要技术支撑。

高炉铁口铁水流温度红外视觉检测系统在钢铁行业中具有巨大的推广应用前景。我国是钢铁大国，但不是钢铁强国，依旧存在高能耗高排放等问题，钢铁冶炼过程质量信息在线准确检测缺失是重要原因之一。大型高炉铁水温度的在线精确检测对于提升铁水质量、精细化调控高炉、降低资源消耗意义重大，一直是钢铁行业的迫切需求。目前大部分炼铁厂中高炉铁口铁水流温度无法在线精确检测，主要通过人工热电偶检测撇渣器处铁水温度，致使提升铁水质量困难、精细化调控高炉充满挑战、高炉炼铁能源消耗难以有效评估。铁口铁水流温度红外视觉检测系统解决了钢铁行业铁水温度信息在线检测的痛点，获取了炼铁厂一直渴望检测却无法获取的铁水质量信息。因此，铁口铁水流温度红外视觉检测系统具有广泛的推广应用前景。此外，高炉铁口铁水流温度在线精确检测技术也为冶金行业中其他高温熔融金属的温度在线检测提供了技术参考，如铜水、锌水、钢水等，具有良好的推广应用价值。

参 考 文 献

[1] 冈萨雷斯．数字图像处理［M］．北京：电子工业出版社，2011.

[2] McIlhagga W. The Canny edge detector revisited［J］. International Journal of Computer Vision，2011，91（3）：251-261.

[3] 刘清，林土胜．基于数字形态学的图像边缘检测算法［J］．华南理工大学学报（自然科学版），2008，36（9）：113-121.

[4] 王树文，闫成新，张天序，等．数学形态学在图像处理中的应用［J］．计算机工程与应用，2004，40（32）：89-92.

[5] Pal N R，Pal S K. A review on image segmentation techniques［J］. Pattern recognition，1993，26（9）：1277-1294.

[6] 林开颜，吴军辉，徐立鸿．彩色图像分割方法综述［J］．中国图象图形学报：A辑，2005，10（1）：1-10.

[7] 余旺盛，侯志强，宋建军．基于标记分水岭和区域合并的彩色图像分割［J］．电子学报，2011，39

(5)：1007-1012.
[8] 高云，郭继亮，黎煊，等．基于深度学习的群猪图像实例分割方法 [J]. 农业机械学报，2019，50 (4)：179-187.
[9] 杨立，寇蔚，刘慧开，等．热像仪测量物体表面辐射率及误差分析 [J]. 激光与红外，2002，32 (1)：43-45.
[10] 郭泽琴．高炉冶炼终端产品铁水和炉渣的成分分析 [J]. 山西冶金，2013 (6)：45-47.
[11] Maldague X. Theory and practice of infrared technology for nondestructive testing [M]. New York：Wiley，2001.
[12] Zhang Z M，Tsai B K，Machin G. Radiometric temperature measurements：I. Fundamentals [M]. Pittsburgh：Academic Press，2009.
[13] Saunders P，Fischer J，Sadli M，et al. Uncertainty budgets for calibration of radiation thermometers below the silver point [J]. International Journal of Thermophysics，2008，29 (3)：1066-1083.
[14] 江涛．通过测定反射率、透射率计算比辐射率 [J]. 红外，2001 (1)：36-40.
[15] Pan D，Jiang Z，Chen Z，et al. A novel method for compensating temperature measurement error caused by dust using infrared thermal imager [J]. IEEE Sensors Journal，2018，19 (5)：1730-1739.
[16] 杨海林，牛燕雄，沈学举，等．烟幕对激光干扰效果的数值模拟研究 [J]. 激光技术，2008，32 (5)：513-516.
[17] 潘冬，蒋朝辉，蒋珂，等．基于红外热图像特征的红外测温误差补偿方法 [C]// 第30届中国过程控制会议，2019.
[18] He M，Yan M，Zhang J，et al. Texture analysis and classification for clinker in rotary kiln [C]// 2010 International Conference on Optics，Photonics and Energy Engineering (OPEE). IEEE，2010，1：211-214.
[19] Haralick R M，Shanmugam K，Dinstein I H. Textural features for image classification [J]. IEEE Transactions on systems，man，and cybernetics，1973 (6)：610-621.
[20] Ohanian P P，Dubes R C. Performance evaluation for four classes of textural features [J]. Pattern recognition，1992，25 (8)：819-833.
[21] Xian G. An identification method of malignant and benign liver tumors from ultrasonography based on GLCM texture features and fuzzy SVM [J]. Expert Systems with Applications，2010，37 (10)：6737-6741.
[22] Peng X，Peng T，Zhao L，et al. Working condition recognition based on an improved NGLDM and interval data-based classifier for the antimony roughing process [J]. Minerals Engineering，2016，86：1-9.
[23] Yan W，Tang D，Lin Y. A data-driven soft sensor modeling method based on deep learning and its application [J]. IEEE Transactions on Industrial Electronics，2016，64 (5)：4237-4245.
[24] Abo-Khalil A G，Lee D C. MPPT control of wind generation systems based on estimated wind speed using SVR [J]. IEEE transactions on Industrial Electronics，2008，55 (3)：1489-1490.
[25] 周志华．机器学习 [M]. 北京：清华大学出版社，2016：171-178.
[26] Han J，Yang C，Zhou X，et al. A new multi-threshold image segmentation approach using state transition algorithm [J]. Applied Mathematical Modelling，2017，44：588-601.
[27] Müller A R O. Close range 3D thermography：real-time reconstruction of high fidelity 3D thermograms [M]. kassel：Kassel University Press GmbH，2019.
[28] Saunders P，White D R. Interpolation errors for radiation thermometry [J]. Metrologia，2003，41 (1)：41-46.
[29] 谢植，次英，孟红记，等．基于在线黑体空腔理论的钢水连续测温传感器的研制 [J]. 仪器仪表学报，2005，26 (5)：446-448.

6 基于光流与形态特征的高炉铁口渣铁流量在线检测

高炉铁口渣铁流量不仅是表征高炉炉内压力与透气性的重要参数，还是实现铁口异常出铁状态识别、渣铁比估计和堵铁口时刻确定的数据基础。由于高炉铁口渣铁具有温度高、腐蚀性强、流速快和横截面流速不均匀等特性以及出铁场环境中强粉尘的干扰，使得现有流体流量检测方法难以直接应用，导致高炉铁口渣铁流量检测困难。为此，根据铁口渣铁特性和高炉出铁场环境特点，本章研究了基于光流与形态特征的高炉铁口渣铁流量在线检测方法，研发了高炉铁口渣铁流量在线检测系统，实现了粉尘动态变化环境下高炉铁口渣铁流量的在线稳定检测。主要研究内容分为以下四点：

（1）针对渣铁射流表面光照变化与运动边界引起的光流检测精度下降问题，提出了基于互引导光流模型的渣铁射流表面流场检测方法。构建了一种能区分结构信息与纹理信息的强度聚合度量，研究了基于强度聚合度量的渣铁射流表面纹理信息提取方法，去除了含有光照变化的结构信息，从源头上削弱了渣铁射流表面光照变化对光流检测精度的影响；研究了用于保护运动边界的光流互引导滤波器，建立了基于光流互引导滤波器的互引导光流模型，提出了基于交替迭代策略的渣铁射流表面流场检测方法，通过保护流场中的互结构区域，改善了运动边界流场模糊的问题，实现了渣铁射流表面流场的精确检测。

（2）针对基于渣铁射流表面流场难以反演获得铁口渣铁横截面平均流速的问题，提出了基于射流运动轨迹模型的铁口渣铁流速检测方法。基于 ANSYS-Fluent 建立了高炉铁口渣铁出流的仿真模型，获得了渣铁射流表面流场与内部流场的运动变化趋势，并得出了渣铁射流在射程中后段表面流速等于横截面平均流速的重要结论；基于截面流场均匀假设构建了射流运动轨迹模型，搭建流体射流实验平台并验证了射流运动轨迹模型的有效性，提出了基于射流运动轨迹模型的铁口渣铁流速测量策略，通过结合渣铁射流表面流场获取了铁口渣铁横截面的平均流速，实现了铁口渣铁流速的检测。

（3）针对粉尘动态变化环境下铁口渣铁流速与铁口半径检测精度下降的问题，提出了基于边界混合形态特征的铁口渣铁流量在线检测方法。设计了基于高效保边滤波的渣铁射流边缘检测算法，研究了基于距离投票霍夫变换的抛物线检测方法，实现了基于边界连续性的渣铁射流边界和高炉铁口半径的同步检测，克服了粉尘动态变化环境下铁口半径检测精度下降问题；提取了用于量化渣铁射流边界形态信息的边界混合形态特征，构建了基于 RBF 神经网络与支持向量回归模型的铁口渣铁流量测量模型，提出了基于半模糊聚类算法的 RBF 神经网络参数确定方法，实现了粉尘动态变化环境下铁口渣铁流量的在线稳定检测。

（4）结合研究成果，设计了高炉铁口渣铁流量在线检测系统硬件平台，研发了高炉铁口渣铁流量在线检测系统，应用于某钢铁厂的高炉出铁过程，实现了渣铁射流视频监控、铁口渣铁流量检测和渣铁射流三维展示等功能，首次为高炉出铁现场提供准确的铁口渣铁流量，大幅缩短现场铁口出铁异常状态的处理时间，为保证高炉高效稳定出铁提供了有效数据支撑。

6.1　基于互引导光流模型的渣铁射流表面流场检测

渣铁射流表面流场检测是实现高炉铁口渣铁流速与流量检测的关键，基于光流法获得流场信息是目前的主流方法。然而，出铁过程中产生的粉尘会运动至渣铁射流表面与相机镜头之间，当粉尘较薄时，渣铁射流表面的亮度发生衰减，使得渣铁射流表面出现光照变化，致使光流检测精度下降。当粉尘较厚时，会遮挡住渣铁射流表面大部分的纹理信息，导致渣铁射流表面运动特征消失。薄粉尘只会降低光流检测的准确度，而厚粉尘将引起光流检测失效。为此，针对光照变化引起光流检测精度降低的问题，考虑到渣铁射流表面的光照变化是一种结构信息，提出了基于强度聚合度量的渣铁射流表面纹理信息提取方法，该方法可去除渣铁射流表面的结构信息，提取出渣铁射流表面的纹理信息，进而去除或减弱渣铁射流表面光照变化的影响，提供质量良好的渣铁射流表面纹理图像，从而在源头上削弱了光照变化对光流检测精度的影响；针对运动边界流场模糊的问题，提出了基于互引导光流模型的渣铁射流表面流场检测方法，该方法将流场划分为互结构区域和不一致结构区域两个区域，通过保护流场中的互结构区域并抑制不一致结构区域，构建了用于保护运动边界的互引导滤波器，在光流检测模型中引入互引导滤波器的目标函数，改善了运动边界流场模糊的问题，提升了流场检测的精度和鲁棒性[2]。

6.1.1　基于强度聚合度量的渣铁射流表面纹理信息提取

图像由纹理信息和结构信息组成[1-3]，一幅图像可表示为 $I=S+T$，其中 I、S 和 T 分别表示输入图像、结构图像和纹理图像。一般结构图像中包含了原始图像中完整的光照信息，而纹理图像则仅有纹理信息，不包含光照信息，因此，将纹理图像作为光流模型的输入，可削弱光照变化对光流检测精度的影响。为了实现纹理信息的提取，现有方法主要是通过滤除图像的纹理信息，获取结构图像，用输入图像减去结构图像以获得纹理图像。

传统滤波方法在滤除显著纹理信息的同时，也平滑了弱边缘的结构，甚至会显著降低结构边缘的梯度，主要原因是现有结构或纹理的度量是基于对比度给出纹理或结构信息的相对值，难以准确区分出图像中的纹理与结构信息，导致弱边缘结构信息会被误识别为纹理信息而被平滑。为此，提出了强度聚合度量以定性区分图像中的纹理信息与结构信息，实现渣铁射流图像纹理信息的提取。

6.1.1.1　强度聚合度量

对于一维（1D，One-Dimensional）信号 I，聚焦于阶跃信号、斜变信号以及斜坡信号这三类主要结构信息的识别。为了识别一维信号 I 中的结构信息，改进了间隔梯度（Interval Gradient），改进间隔梯度（mIG，modified Interval Gradient）的表达式为：

$$\mathrm{mIG}(p)=\left|g_k^{\mathrm{r}}(I_p)-g_k^{\mathrm{l}}(I_p)\right| \tag{6-1}$$

$$\begin{cases} g_k^{\mathrm{r}}(I_p)=\dfrac{1}{k_{\mathrm{r}}}\displaystyle\sum_{i\in n(p)}\omega_k(i-p)I_i \\ g_k^{\mathrm{l}}(I_p)=\dfrac{1}{k_{\mathrm{l}}}\displaystyle\sum_{i\in n(p)}\omega_k(p-i)I_i \end{cases} \tag{6-2}$$

式中，$n(p)$ 为以像素 p 为中心像素，长度为 $2k+1$ 的局部窗口；g_k^{l} 和 g_k^{r} 分别为核尺度大小

为 k 的左剪切和右剪切一维滤波器函数；k_r 和 k_l 均为归一化系数；I_i 为信号 I 在像素 i 处的强度值；ω_k 为权重函数。

显然，mIG 可测量中心像素 p 左右区域绝对强度差。这里采用的权重函数为箱形核，其表达式为：

$$\omega_k(x) = \begin{cases} 1 & x > 0 \\ 0 & \text{其他} \end{cases} \tag{6-3}$$

归一化系数 k_r 和 k_l 可设置为 $k_r = k_l = k$。

图 6-1 为 mIG 对阶跃与斜坡两种信号的响应图。具有不同长度 k 的局部窗口沿着阶跃信号移动，当像素 p 在结构边缘处时，mIG 均产生了最大响应；不仅如此，当局部窗口沿着斜坡信号移动时，不管局部窗口长度 k 设置得多大，相比于一维信号的其他位置，mIG 在结构边缘处始终具有更大的响应。

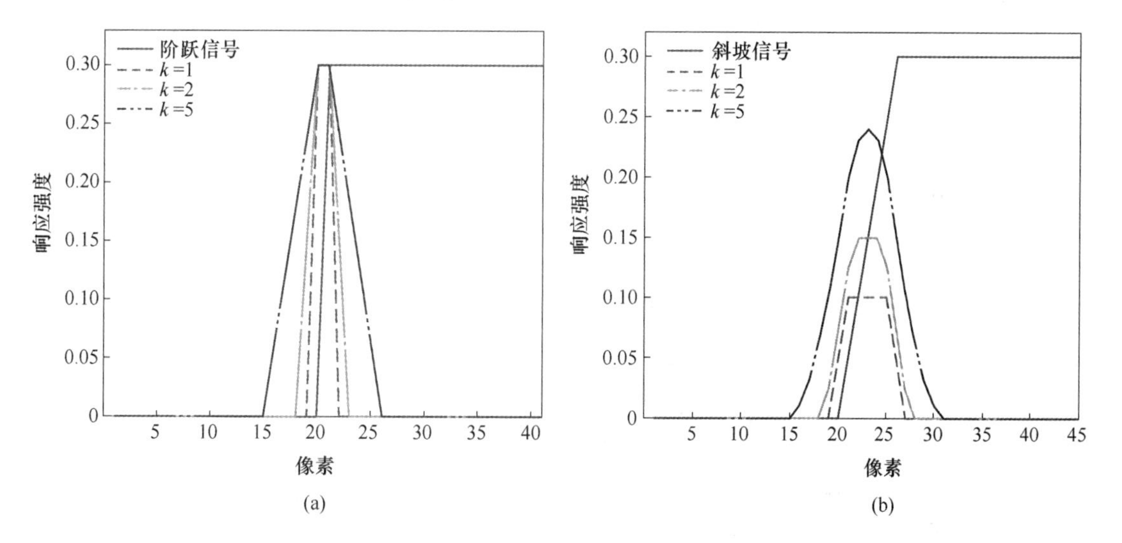

图 6-1 具有不同长度 k 的局部窗口沿着不同信号移动时 mIG 的响应图
（a）阶跃信号；（b）斜坡信号

基于 mIG 的响应特性，将 mIG 与局部窗口的标准差相结合，构建了一种能区分结构信息与纹理信息的强度聚合度量（IAM，Intensity Aggregation Metric），表达式为：

$$\mathrm{IAM}(p) = \frac{\mathrm{mIG}(p) + \zeta}{\mathrm{Std}(\tilde{p}) + \zeta} \tag{6-4}$$

$$\mathrm{Std}(\tilde{p}) = \sqrt{\frac{1}{2k}\sum_{i=1}^{2k+1}\left((I_i - \tilde{I}(\tilde{p}))^2 - \frac{1}{2k+1}(I_p - \tilde{I}(\tilde{p}))^2\right)} \tag{6-5}$$

$$\tilde{I}(\tilde{p}) = \frac{1}{2k}\sum_{i=1}^{2k+1}\left(I_i - \frac{1}{2k+1}I_p\right) \tag{6-6}$$

式中，$\tilde{I}(\tilde{p})$ 和 $\mathrm{Std}(\tilde{p})$ 分别为移除中心像素 p 后局部窗口的平均值和标准偏差；ζ 为一个小值，以避免被零除，其在纹理平滑任务中设置为 1×10^{-6}。

为了探究强度聚合度量对结构的响应，对阶跃信号、斜变信号及其两结合形成的斜坡信号进行分析。

（1）让一维阶跃信号 $I=\{\underbrace{I_1, I_1, \cdots, I_1}_{n}, p, \underbrace{I_2, I_2, \cdots, I_2}_{n}\}$ 代表突然变化的结构边缘，不考虑中心像素 p 的影响，在忽略小值影响的情况下，强度聚合度量对阶跃信号的响应为：

$$\frac{\mathrm{mIG}(p)}{\mathrm{Std}(\tilde{p})}=\frac{|I_2-I_1|}{|I_2-I_1|/2}=2 \tag{6-7}$$

由此可见，阶跃信号变化的幅值不会影响强度聚合度量的响应，是等于 2 的定值。

（2）让一维斜变信号线性变化，表示为 $I=\{g, 2g, \cdots, ng, p, (n+1)g, \cdots, 2ng\}$，$g$ 控制着信号的变化程度，即斜率，一维斜变信号的长度为 $2n+1$，则 mIG 和标准偏差 $\mathrm{Std}(\tilde{p})$ 的计算表达式为：

$$\mathrm{mIG}(p)=\left|\frac{g(2n+n+1)n/2}{n}-\frac{g(n+1)n/2}{n}\right|=|ng| \tag{6-8}$$

$$\begin{aligned}\mathrm{Std}(\tilde{p})&=\sqrt{\frac{g^2(1^2+2^2+\cdots+(2n)^2)}{2n}-\frac{g^2\,(1+2+\cdots+(2n))^2}{4n^2}}\\&=g\sqrt{(4n^2-1)/12}\end{aligned} \tag{6-9}$$

在忽略小值影响的情况下，强度聚合度量为：

$$\frac{\mathrm{mIG}(p)}{\mathrm{Std}(\tilde{p})}=\frac{|ng|}{g\sqrt{(4n^2-1)/12}} \tag{6-10}$$

显然，当 $n=1$ 时，强度聚合度量 IAM 的值等于 2；当 n 接近于无穷时，强度聚合度量 IAM 的值接近于 $\sqrt{3}$。由此可见，不管斜变信号的变化程度有多大，强度聚合度量对斜变信号的响应范围始终为 $(\sqrt{3}, 2]$。

（3）在真实图像中，由一维阶跃信号和一维斜变信号结合形成的一维斜坡信号是比较常见的结构边缘。设一维斜坡信号为 $I=\{\underbrace{0, \cdots, 0}_{n}, \underbrace{g, \cdots, mg, p, \cdots, 2mg_1}_{2m+1}, \underbrace{(2m+1)g_1, \cdots, (2m+1)g}_{n}\}+\{\underbrace{I_1, \cdots, I_1}_{2(m+n)+1}\}$，信号长度为 $2(m+n)+1$，则 mIG 的计算为：

$$\mathrm{mIG}(p)=g\left|\frac{2mn+m^2+n}{m+n}\right| \tag{6-11}$$

由于一维斜坡信号可分解为长度为 $2m$ 的一维斜变信号和长度为 $2n$ 的一维阶跃信号，因此斜坡信号的标准偏差可表示为：

$$\mathrm{Std}(\tilde{p})=\sqrt{\frac{m\mathrm{Var}_{\mathrm{slope}}+n\mathrm{Var}_{\mathrm{step}}+\dfrac{mn\,(\mathrm{Mean}_{\mathrm{slope}}-\mathrm{Mean}_{\mathrm{step}})^2}{m+n}}{m+n}} \tag{6-12}$$

式中，下标 slope 和 step 分别为斜变信号和阶跃信号；Var 和 Mean 分别为移除中心像素点 p 之后信号强度的方差和平均值。

由于一维斜变信号和一维阶跃信号的平均值是相等的，参考斜变信号和阶跃信号的标准偏差 $\mathrm{Std}(\tilde{p})$，则强度聚合度量 IAM 对斜坡信号的响应表达式可通过式（6-13）获得。

$$\frac{\mathrm{mIG}(p)}{\mathrm{Std}(\tilde{p})}=\frac{2\sqrt{3}g\,|2mn+m^2+n|}{(m+n)g\left[\frac{(4m^2-1)m+3(2m+1)^2n}{m+n}\right]^{0.5}} \tag{6-13}$$

设 $n=Km$，图 6-2 所示为强度聚合度量 IAM 对斜坡信号响应三维图。从图 6-2 可以看出，随着 K 的增加，阶跃信号在斜坡信号的占比也在增大，强度聚合度量 IAM 对斜坡信号的响应也随之增加。当 K 接近于无穷时，强度聚合度量 IAM 的响应就接近于对阶跃信号的响应，即响应为 2；当 K 等于 0 时，$n=0$，强度聚合度量 IAM 的响应就退化为对斜变信号的响应，强度聚合度量 IAM 对斜坡信号的响应范围同样为（$\sqrt{3}$，2]。

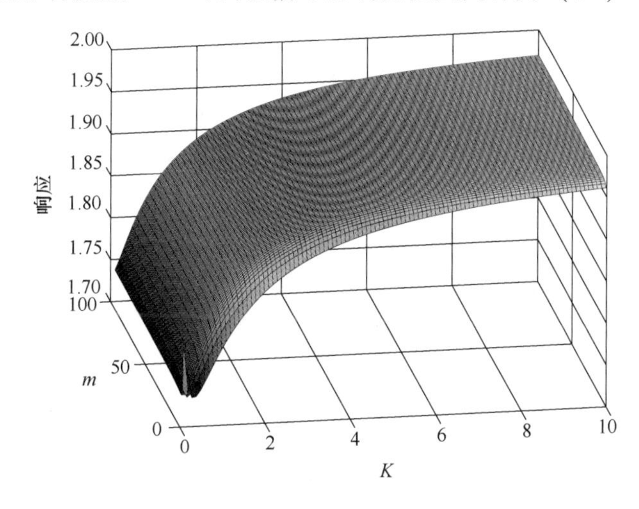

图 6-2 强度聚合度量 IAM 对斜坡信号响应三维图
（扫描书前二维码看彩图）

对于具有振荡图案的纹理信号，由于信号强度波动幅值较大，使标准偏差 $\mathrm{Std}(\tilde{p})$ 较大；同时，信号强度的波动会产生振荡的梯度，mIG 中会形成不同符号的梯度而相互抵消，使得 mIG 较小；此时，强度聚合度量 IAM 对具有振荡图案的纹理信号的响应会小于$\sqrt{3}$。

为了评估所提出的新度量 IAM 对结构和纹理信息的识别能力，将 RTV 和 DASM 作为对比度量，采用由徐立等[4]建立的数据集，该数据集包含 200 张自然图片和相应重要结构边缘的描边图。图 6-3 绘制了三种度量对结构和纹理信息识别能力的 ROC（Receiver Operating Characteristic）曲线，结果显示 IAM 具有更好的结构和纹理识别性能。

6.1.1.2 渣铁射流表面纹理平滑与纹理信息提取方法

为了平滑渣铁射流图像中一维信号 I 的纹理信息，需要产生一个引导信号，引导信号应具有以下两个特征：（1）衰减纹理区域中的信号振荡幅度，以便有效地平滑纹理；（2）结构边缘应保留原始信号强度。为此，采用式（6-14）构造临时信号作为用于一维引导滤波的引导信号，表达式为：

$$R_p = I_0 + \sum_{i=0}^{p-1} (\nabla' I)_i,\ p \in \{0,\ 1,\ \cdots,\ M\} \tag{6-14}$$

式中，I_0 为一维信号 I 的最左边强度值；M 为一维信号 I 最右边像素的索引值；$(\nabla' I)_i$ 为在像素 i 处衰减后的梯度，表达式为：

$$(\nabla' I)_p = (\nabla I)_p \cdot \min(\mathrm{IAM}(p)/\sqrt{3},\ 1) \tag{6-15}$$

$$(\nabla I)_p = I_{p+1} - I_p \tag{6-16}$$

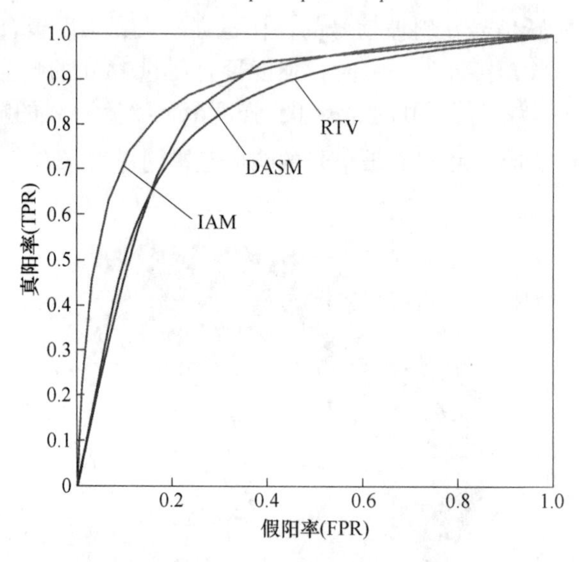

图 6-3　RTV、DASM 和 IAM 对结构和纹理识别能力的 ROC 曲线

如果当前像素 p 为纹理像素或噪声像素，则 IAM 的响应会小于 $\sqrt{3}$ ，利用式（6-15）会输出一个衰减后的梯度值；如果当前像素 p 为结构像素，则 IAM 的响应会小于 $\sqrt{3}$ ，进而保持了该像素的梯度。对每一个引导信号 R_{p}，一维引导滤波是通过最小化损失函数 $E(a_p,\ b_p)$ 以获得局部线性模型的最优参数。损失函数 $E(a_p,\ b_p)$ 定义为：

$$E(a_p,\ b_p) = \sum_{i \in n(p)} [(a_p R_i + b_p - I_i)^2 + \varepsilon a_p^2] \tag{6-17}$$

式中，ε 为平滑参数，在渣铁射流表面纹理提取任务中根据滤波需求将其设定为 9×10^{-4}；$n(p)$ 为以像素 p 为中心，长度为 $2k+1$ 的局部区域；a_p 和 b_p 为局部线性模型的参数。

局部线性模型的最优参数 a_p 和 b_p 计算如下：

$$a_p = \frac{m_k((RI)_p) - m_k(R_p)m_k(I_p)}{m_k(R_p^2) - m_k(R_p)^2 + \varepsilon} \tag{6-18}$$

$$b_p = m_k(I_p) - a_p \cdot m_k(R_p) \tag{6-19}$$

式中，$m_k(\cdot)$ 为信号的局部区域 $n(p)$ 内强度平均值；$(RI)_p$ 为引导信号 R 与输入信号 I 在局部区域 $n(p)$ 内的逐元素乘法。

基于局部线性模型的最优参数 a_p 和 b_p，纹理滤波输出 S 的计算表达式为：

$$S_p = m_k(a_p) \cdot R_p + m_k(b_p) \tag{6-20}$$

为了将纹理滤波应用于彩色的渣铁射流图像 I，沿 x 轴和 y 轴计算三个通道的强度聚合度量 IAM，在三个通道中取最大的 IAM 作为最终的结构度量。基于获得的结构度量构建了沿 x 和 y 方向的引导信号，采用一维引导滤波对图像 x 和 y 的两个方向依次进行滤波，得到最终的纹理滤波图像 S。

为了尽可能滤除渣铁射流图像中纹理的同时，保持结构边缘的锐度，类似于域变换滤波[5]，采用了随着一维引导滤波迭代的增加，其滤波局部窗口的大小也随之减小的策略，以实现保持结构边缘锐度的同时滤除结构边缘周围的纹理或噪声。具体策略可由式（6-21）实现。

$$k_i = \mathrm{round}\left(k \cdot \sqrt{3}\ \frac{2^{N_d - i}}{\sqrt{4^{N_d} - 1}}\right) \tag{6-21}$$

式中，N_d为一维引导滤波的迭代执行总次数；round 为四舍五入取整函数；k_i为第 i 次迭代时一维引导滤波器的局部区域大小。

为获得良好的纹理平滑结果，使用了迭代的策略对滤波输出进行优化。此外，使用了图像积分技术以加快方差的计算。当滤除渣铁射流表面的纹理时，基于滤波后的图像 S 与原始的渣铁射流图像 I 可提取出渣铁表面纹理图像 T，其计算表达式为：

$$T = I - S \tag{6-22}$$

6.1.1.3 渣铁射流表面纹理信息提取结果与分析

在所提纹理信息提取方法中，纹理平滑算法的滤波性能直接影响着纹理信息提取的质量，在所提纹理平滑算法中有三个重要的参数需要设定，即一维引导滤波的迭代次数 N_d、核尺度参数 k 和算法的迭代次数 N_{iter}。其中，一维引导滤波的迭代次数会直接影响结构边缘周围纹理平滑的效果，如图 6-4 所示。当 N_d比较小时，渣铁表面边缘附近的纹理仍旧存在，没有被平滑；设置为 7 时，既保持了结构边缘，又平滑了图像中的纹理；当 N_d设

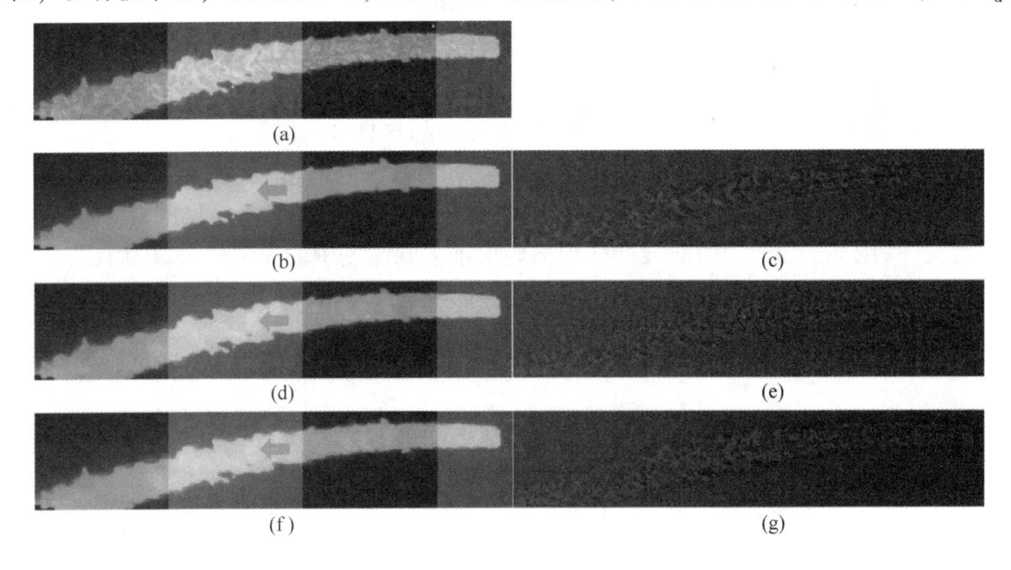

图 6-4 渣铁射流表面纹理提取结果

（a）输入的渣铁射流图像；（b）所提方法的纹理平滑结果；（c）所提方法提取的渣铁射流表面纹理图像；（d）ROF 去噪模型的纹理平滑结果；（e）ROF 去噪模型提取的渣铁射流表面纹理图像；（f）加权最小二乘法的纹理平滑结果；（g）加权最小二乘法提取的渣铁射流表面纹理图像

（扫描书前二维码看彩图）

置为 11 时，虽然滤除了渣铁射流表面的纹理，但滤波后的结果与 N_d 设置为 7 时的滤波结果是几乎相同的，肉眼无法区分。为此，为获得良好的滤波结果，提升算法的运行效率，将一维引导滤波的迭代次数 N_d 设定为 7。

为了展示在光照变化的情况下所提方法提取纹理信息的有效性，在渣铁射流图像中人工添加了如图 6-4（a）所示的一个额外光照。所有方法均能平滑渣铁射流表面的纹理，还能很好地保持图像中的光照信息。然而，如箭头指向的区域，只有所提方法才能完全平滑该区域的纹理信息。如图 6-4（c）、（e）和（g）所示，基于 ROF 去噪模型和加权最小二乘法提取的纹理图像中仍存在明显的额外光照信息，而基于所提方法提取的纹理图像中光照强度几乎是一致的，消除了渣铁射流表面的光照变化，验证了所提方法在光照条件变化时能够更好地提取高质量渣铁射流表面的纹理信息。

6.1.2 基于互引导光流模型的渣铁射流表面流场检测

6.1.2.1 互引导光流模型

目前，基于 L_1 范数的总变分目标函数因为可产生精确和密集的流场[6,7]被广泛用于光流计算。用于光流检测的经典 TV-L_1 光流模型是由数据项和平滑项构成，表达式如下：

$$E(\boldsymbol{w}) = E_{\text{data}}(\boldsymbol{w}) + E_{\text{smooth}}(\boldsymbol{w}) \tag{6-23}$$

$$E_{\text{data}}(\boldsymbol{w}) = \sum_{x \in \Omega} \Psi(|T(\boldsymbol{x} + \boldsymbol{w}_x) - T(\boldsymbol{x})|) \tag{6-24}$$

$$E_{\text{smooth}}(\boldsymbol{w}) = \lambda_s \sum_{x \in \Omega} \Psi(|\nabla \boldsymbol{u}_x| + |\nabla \boldsymbol{v}_x|) \tag{6-25}$$

式中，$\Psi(x) = \sqrt{x^2 + \delta^2}$ 为具有一般 Charbonnier 函数的鲁棒惩罚函数；$|T(\boldsymbol{x} + \boldsymbol{w}_x) - T(\boldsymbol{x})|$ 为亮度恒定假设；$|\nabla \boldsymbol{u}_x| + |\nabla \boldsymbol{v}_x|$ 为流场平滑假设；λ_s 为平衡数据项和平滑项的权重；T 为基于输入图像 I 获得的纹理图像；$\boldsymbol{w} = (u, v)^{\mathrm{T}}$ 为两个连续图像 T_1 和 T_2 之间的流场；空间分量 u 和 v 分别为水平方向和垂直方向的流场。

文献 [8] 发现，相比于未采用中值滤波得到的流场，经中值滤波处理后的流场能量更明显，且获得的流场精度更高，这表明中值滤波的引入改变了被优化的 TV-L_1 目标函数。为此，采用基于加权中值滤波的非局部约束项去除流场中的异常值，修改后的光流非局部 TV-L_1 目标函数为：

$$E(\boldsymbol{w}, \hat{\boldsymbol{w}}) = E_{\text{data}}(\boldsymbol{w}) + E_{\text{smooth}}(\boldsymbol{w}) + E_{\text{NL}}(\hat{\boldsymbol{w}}) + E_{\text{coupling}}(\boldsymbol{w}, \hat{\boldsymbol{w}}) \tag{6-26}$$

$$E_{\text{NL}}(\hat{\boldsymbol{w}}) = \sum_{x} \sum_{x' \in N_x} \lambda_n \omega_{x, x'}(|\hat{u}_x - \hat{u}_{x'}| + |\hat{v}_x - \hat{v}_{x'}|) \tag{6-27}$$

$$E_{\text{coupling}}(\boldsymbol{w}, \hat{\boldsymbol{w}}) = \sum_{x} \lambda_c(\|\hat{u}_x - \hat{u}_{x'}\|^2 + \|\hat{v}_x - \hat{v}_{x'}\|^2) \tag{6-28}$$

式中，N_x 为以像素 $\boldsymbol{x}$ 为中心的指定区域内的相邻集合；$(u_{x'}, v_{x'})^{\mathrm{T}}$ 为指定区域内任意相邻像素的光流；$E_{\text{NL}}(\hat{\boldsymbol{w}})$ 为一个非局部约束项，在辅助流场 $\hat{\boldsymbol{w}}$ 的指定区域内强加了一个特定平滑假设；$E_{\text{coupling}}(\boldsymbol{w}, \hat{\boldsymbol{w}})$ 为一个耦合项，使计算出的流场 $\boldsymbol{w} = (u_x, v_x)^{\mathrm{T}}$ 和辅助流场 $\hat{\boldsymbol{w}} = (\hat{u}_x, \hat{v}_x)^{\mathrm{T}}$ 趋近于相同；λ_n 和 λ_c 为标量权重，在实际的光流检测应用中，λ_n 和 λ_c 均设置

为 1 能满足大多数情况；$\omega_{x,x'}$ 为像素 $\boldsymbol{x}$ 与像素 $\boldsymbol{x}'$ 属于同一曲面的可能性，可根据两个像素的空间距离和颜色距离定义权重以估计出 $\omega_{x,x'}$，即：

$$\omega_{x,x'} = \exp\left[-\frac{|x-x'|^2+|y-y'|^2}{2\sigma_1^2}-\frac{|\boldsymbol{I}(x,y)-\boldsymbol{I}(x',y')|^2}{2\sigma_2^2}\right] \tag{6-29}$$

式中，$\boldsymbol{I}(x,y)$ 为 Lab 空间中输入图像 $\boldsymbol{I}$ 在像素 $\boldsymbol{x}=(x,\ y)^{\mathrm{T}}$ 的颜色向量，且 σ_1 和 σ_2 分别设置为 7 和 2。当对渣铁射流表面流场检测时，输入图像 I 为渣铁射流原始图像。

考虑到非局部 TV-L_1 光流模型中产生了两个相同尺寸大小的流场，即流场 $\boldsymbol{w}$ 与辅助流场 $\hat{\boldsymbol{w}}$，流场 $\boldsymbol{w}$ 是由经典 TV-L_1 光流模型估计出的，未被加权中值滤波平滑，因而包含更多运动边界的信息，而辅助流场 $\hat{\boldsymbol{w}}$ 是经过加权中值滤波处理产生的，去除了流场 $\boldsymbol{w}$ 中异常光流的同时也会模糊运动边界。为此，定义了流场 $\boldsymbol{w}$ 与辅助流场 $\hat{\boldsymbol{w}}$ 之间的互结构和不一致结构。(1) 互结构：在光流域 Ω 下的某一像素位置 $\boldsymbol{x}=(x,\ y)^{\mathrm{T}}$，当 $\nabla\boldsymbol{w}_x$ 和 $\nabla\hat{\boldsymbol{w}}_x$ 的幅值都足够大时或都比较小时；(2) 不一致结构：当 $\nabla\boldsymbol{w}_x$ 和 $\nabla\hat{\boldsymbol{w}}_x$ 的幅值一个大（大于预设定的阈值）而另一个小时，∇是包含 ∇_x（水平方向）和 ∇_y（垂直方向）的一阶偏导数。

基于所定义的两种结构，引入了相对结构（Relative Structure）[9] 以测量流场 $\boldsymbol{w}$ 相对于辅助流场 $\hat{\boldsymbol{w}}$ 的结构差异。相对结构的表达式为：

$$R(\boldsymbol{w},\ \hat{\boldsymbol{w}}) = \sum_{x\in\Omega}\ \sum_{v\in\{x,\ y\}} \frac{|\nabla_v \boldsymbol{w}_x|}{|\nabla_v \hat{\boldsymbol{w}}_x|} \tag{6-30}$$

对于在辅助流场 $\hat{\boldsymbol{w}}$ 的边缘位置，相对结构 $R(\boldsymbol{w},\ \hat{\boldsymbol{w}})$ 的响应较小，在辅助流场 $\hat{\boldsymbol{w}}$ 的平滑区域，相对结构 $R(\boldsymbol{w},\ \hat{\boldsymbol{w}})$ 的响应较大。基于相对结构 $R(\boldsymbol{w},\ \hat{\boldsymbol{w}})$ 的响应特征，构造了一个全局目标函数式（6-31）以保护流场 $\boldsymbol{w}$ 与辅助流场 $\hat{\boldsymbol{w}}$ 之间的互结构并抑制不一致结构。

$$E_{\mathrm{M}}(\boldsymbol{w}_x,\ \hat{\boldsymbol{w}}_x) = \alpha_{\mathrm{t}} R(\boldsymbol{w},\ \hat{\boldsymbol{w}}) + \beta_{\mathrm{t}} \|\boldsymbol{w}_x - \boldsymbol{w}_x^0\|_2^2 + \alpha_{\mathrm{r}} R(\hat{\boldsymbol{w}},\ \boldsymbol{w}) + \beta_{\mathrm{r}} \|\hat{\boldsymbol{w}}_x - \hat{\boldsymbol{w}}_x^0\|_2^2 \tag{6-31}$$

式中，α_{t}、α_{r}、β_{t} 和 β_{r} 为平衡相应项的非负常数；保真项 $\|\boldsymbol{w}_x - \boldsymbol{w}_x^0\|_2^2$ 和 $\|\hat{\boldsymbol{w}}_x - \hat{\boldsymbol{w}}_x^0\|_2^2$ 分别通过约束 $\boldsymbol{w}$ 和 $\hat{\boldsymbol{w}}$ 不过分偏离输入的流场 $\boldsymbol{w}^0$ 和辅助流场 $\hat{\boldsymbol{w}}^0$ 以避免平凡解，正则项采用两个相对结构 $R(\boldsymbol{w},\ \hat{\boldsymbol{w}})$ 和 $R(\hat{\boldsymbol{w}},\ \boldsymbol{w})$ 以实现流场 $\boldsymbol{w}$ 与辅助流场 $\hat{\boldsymbol{w}}$ 互引导滤波。为此，这里将该方法称为光流互引导滤波器。当流场 $\boldsymbol{w}$ 与辅助流场 $\hat{\boldsymbol{w}}$ 在位置 $\boldsymbol{x}$ 属于互结构时，两个相对结构 $R(\boldsymbol{w},\ \hat{\boldsymbol{w}})$ 和 $R(\hat{\boldsymbol{w}},\ \boldsymbol{w})$ 给予的惩罚相对较小，如在共同的边缘位置，则会保持边缘强度，使得光流互引导滤波器具有边缘保持的能力；当位置 $\boldsymbol{x}$ 属于不一致结构时，两个相对结构 $R(\boldsymbol{w},\ \hat{\boldsymbol{w}})$ 和 $R(\hat{\boldsymbol{w}},\ \boldsymbol{w})$ 其中一个给予较大的惩罚，由于纹理或噪声具有随机性，流场 $\boldsymbol{w}$ 与辅助流场 $\hat{\boldsymbol{w}}$ 的不一致结构往往出现在纹理或噪声区域，光流互引导滤波器则会平滑流场中的纹理或噪声。

为了获得鲁棒的光流检测，并保留流场中的运动边界，在非局部 TV-L_1 光流模型中引入光流互引导滤波器的目标函数式（6-32）作为约束项。

$$E(\boldsymbol{w},\ \hat{\boldsymbol{w}}) = E_{\mathrm{data}}(\boldsymbol{w}) + E_{\mathrm{smooth}}(\boldsymbol{w}) + E_{\mathrm{NL}}(\hat{\boldsymbol{w}}) + E_{\mathrm{coupling}}(\boldsymbol{w},\ \hat{\boldsymbol{w}}) + E_{\mathrm{M}}(\boldsymbol{w}_x,\ \hat{\boldsymbol{w}}_x) \tag{6-32}$$

式（6-32）给出了互引导光流模型的目标函数，主要由经典 TV-L_1 能量函数、非局部约束项和光流互引导滤波器目标函数三部分组成。

6.1.2.2　基于交替迭代策略的表面流场检测方法

为了最小化的目标函数，采用由粗到细的估计方案将目标函数式（6-32）的最小化线性求解转换为非局部 TV-L_1 光流模型金字塔分层估计与光流互引导滤波交替迭代以实现表面流场的检测。由经典 TV-L_1 光流模型可推导出其对应的 Euler-Lagrange 方程如下：

$$\begin{aligned}\lambda_s \Psi'_s \cdot \operatorname{div}(|\nabla u|) &= \Psi'_d \cdot (|\nabla_x T \cdot u + \nabla_y T \cdot v + \nabla_t T| \cdot \nabla_x T)\\ \lambda_s \Psi'_s \cdot \operatorname{div}(|\nabla v|) &= \Psi'_d \cdot (|\nabla_x T \cdot u + \nabla_y T \cdot v + \nabla_t T| \cdot \nabla_y T)\end{aligned} \tag{6-33}$$

式中，$\nabla_x T = \nabla_x T(\boldsymbol{x}+\boldsymbol{w})$ 和 $\nabla_y T = \nabla_y T(\boldsymbol{x}+\boldsymbol{w})$ 分别为沿图像 x 和 y 方向的空间一阶偏导数，$\nabla_t T = T(\boldsymbol{x}+\boldsymbol{w}) - T(\boldsymbol{x})$ 为沿图像时间方向的一阶偏导数，$\Psi'_s = \Psi'(|\nabla u + \nabla v|)$ 和 $\Psi'_d = \Psi'(|\nabla_x T \cdot u + \nabla_y T \cdot v + \nabla_t T|)$ 分别表示平滑项和数据项的一阶偏导数，div 表示光流散度。

式（6-33）中包含非线性分量 Ψ'_s 和 Ψ'_d，由粗到细的图像金字塔变形技术可以作为一种有效的流场线性计算方案。假设图像金字塔的总层数为 N_{py}，在第 K_{py} 层图像金字塔时（$1 \leqslant K_{py} \leqslant N_{py}$），式（6-33）可改写为：

$$\begin{aligned}&\lambda_s \Psi'^{K_{py}}_s \cdot \operatorname{div}(|\nabla(u^{K_{py}} + du^{K_{py}})|)\\ &= \Psi'^{K_{py}}_d \cdot (|\nabla_x T^{K_{py}} \cdot du^{K_{py}} + \nabla_y T^{K_{py}} \cdot dv^{K_{py}} + \nabla_t T^{K_{py}}| \cdot \nabla_x T^{K_{py}})\\ &\lambda_s \Psi'^{K_{py}}_s \cdot \operatorname{div}(|\nabla(v^{K_{py}} + dv^{K_{py}})|)\\ &= \Psi'^{K_{py}}_d \cdot (|\nabla_x T^{K_{py}} \cdot du^{K_{py}} + \nabla_y T^{K_{py}} \cdot dv^{K_{py}} + \nabla_t T^{K_{py}}| \cdot \nabla_y T^{K_{py}})\end{aligned} \tag{6-34}$$

式中，$\nabla_x T^{K_{py}}$、$\nabla_y T^{K_{py}}$、$\nabla_t T^{K_{py}}$ 为在第 K_{py} 层图像金字塔中对空间与时间的偏导数；$\boldsymbol{w}^{K_{py}} = (u^{K_{py}}, v^{K_{py}})^T$ 为第 K_{py} 层图像金字塔的初始流场；$d\boldsymbol{w}^{K_{py}} = (du^{K_{py}}, dv^{K_{py}})^T$ 为第 K_{py} 层图像金字塔流场的计算增量，$\Psi'^{K_{py}}_s = \Psi'(|\nabla(u^{K_{py}} + du^{K_{py}}) + \nabla(v^{K_{py}} + dv^{K_{py}})|)$，$\Psi'^{K_{py}}_d = \Psi'(|\nabla_x T^{K_{py}} \cdot du^{K_{py}} + \nabla_y T^{K_{py}} \cdot dv^{K_{py}} + \nabla_t T^{K_{py}}|)$。

第 K_{py} 层图像金字塔的输出流场表示第 $K_{py}+1$ 层图像金字塔中光流计算的初始流场 $\boldsymbol{w}^{K_{py}+1} = (u^{K_{py}+1}, v^{K_{py}+1})^T$，可由式（6-35）获得。

$$\boldsymbol{w}^{K_{py}+1} = (u^{K_{py}+1}, v^{K_{py}+1})^T = (u^{K_{py}} + du^{K_{py}}, v^{K_{py}} + dv^{K_{py}})^T \tag{6-35}$$

针对式（6-35）中迭代公式的非线性分量，采用内外定点迭代的最优迭代方案求解图像金字塔各层的光流增量。尽管经典 TV-L_1 光流模型可以估计出密集的流场，但通常会在估计的流场中产生异常值。目前基于加权中值滤波的流场优化方案能够去除异常值，提高流场的鲁棒性，在交替迭代策略的第一个操作中，在每一层图像金字塔中输出非局部 TV-L_1 光流模型所估计的流场。在所提出交替迭代策略的第二个操作中，使用光流互引导滤波方案以代替等式（6-32）中的光流互引导滤波器目标函数。在每一层图像金字塔中流场 $\boldsymbol{w}$ 经加权中值滤波之后，输出了辅助流场 $\hat{\boldsymbol{w}}$，流场 $\boldsymbol{w}$ 和辅助流场 $\hat{\boldsymbol{w}}$ 作为光流互引导滤波方案的输入，利用流场 $\boldsymbol{w}$ 中的边缘信息作为引导，提取并保护流场 $\boldsymbol{w}$ 与辅助流场 $\hat{\boldsymbol{w}}$ 之间的互结构以恢复被加权中值滤波模糊的运动边界。由于光流互引导滤波器目标函数式（6-31）

比较复杂，很难通过直接优化得到最优解，为此，为相关结构引入一个代理函数，将目标函数分解成几个二次项和非线性项，采用交替优化的方式求解光流互引导滤波器目标函数式（6-31）。

在相对结构式（6-30）中引入两个小的正常数 ε_r 和 ε_t，相对结构可近似表示为：

$$\tilde{R}(\boldsymbol{w},\ \hat{\boldsymbol{w}},\ \varepsilon_t,\ \varepsilon_r) \approx \sum_{x\in\Omega}\ \sum_{v\in\{x,\ y\}} \frac{|\nabla_v \boldsymbol{w}_x| \cdot \max(|\nabla_v \boldsymbol{w}_x|,\ \varepsilon_t)}{\max(|\nabla_v \hat{\boldsymbol{w}}_x|,\ \varepsilon_r)\cdot\max(|\nabla_v \boldsymbol{w}_x|,\ \varepsilon_t)} \tag{6-36}$$

引入 ε_r 和 ε_t 是为了避免被零除，其设置为 $\varepsilon_r=\varepsilon_t=0.01$。因此，式（6-36）可变形转化为：

$$\tilde{R}(\boldsymbol{w},\ \hat{\boldsymbol{w}},\ \varepsilon_t,\ \varepsilon_r) \approx \sum_{x\in\Omega}\ \sum_{v\in\{x,\ y\}} \frac{|\nabla_v \boldsymbol{w}_x|^2}{\max(|\nabla_v \hat{\boldsymbol{w}}_x|,\ \varepsilon_r)\cdot\max(|\nabla_v \boldsymbol{w}_x|,\ \varepsilon_t)} \tag{6-37}$$

式（6-37）将相对结构近似分解为一个二次项 $|\nabla_v \boldsymbol{w}_x|^2$ 和两个非线性项（$\max(|\nabla_v \hat{\boldsymbol{w}}_x|,\ \varepsilon_r)$ 和 $\max(|\nabla_v \boldsymbol{w}_x|,\ \varepsilon_t)$），则光流互引导滤波器目标函数式（6-31）可转换为式（6-38）以便于求解。

$$\begin{aligned} E_M(\boldsymbol{w}_x,\ \hat{\boldsymbol{w}}_x) = {} & \alpha_t \tilde{R}(\boldsymbol{w},\ \hat{\boldsymbol{w}},\ \varepsilon_t,\ \varepsilon_r) + \beta_t \|\boldsymbol{w}_x - \boldsymbol{w}_x^0\|_2^2 + \\ & \alpha_r \tilde{R}(\hat{\boldsymbol{w}},\ \boldsymbol{w},\ \varepsilon_t,\ \varepsilon_r) + \beta_r \|\hat{\boldsymbol{w}}_x - \hat{\boldsymbol{w}}_x^0\|_2^2 \end{aligned} \tag{6-38}$$

设 $\boldsymbol{Q}_v$ 和 $\boldsymbol{P}_v(v\in\{x,\ y\})$ 表示对角矩阵，其对角项分别为 $\dfrac{1}{\max(|\nabla_v \boldsymbol{w}_x|,\ \varepsilon_t)}$ 和 $\dfrac{1}{\max(|\nabla_v \hat{\boldsymbol{w}}_x|,\ \varepsilon_r)}$，则最小化目标函数式（6-37）可重写为：

$$\begin{aligned} \underset{\boldsymbol{w},\ \hat{\boldsymbol{w}}}{\operatorname{argmin}} \alpha_t \boldsymbol{w}^{\mathrm{T}}\Big(\sum_{v\in\{x,\ y\}} \boldsymbol{D}_v^{\mathrm{T}} \boldsymbol{Q}_v \boldsymbol{P}_v \boldsymbol{D}_v\Big)\boldsymbol{w} + \beta_t \|\boldsymbol{w} - \boldsymbol{w}^0\|_2^2 + \\ \alpha_r \hat{\boldsymbol{w}}^{\mathrm{T}}\Big(\sum_{v\in\{x,\ y\}} \boldsymbol{D}_v^{\mathrm{T}} \boldsymbol{Q}_v \boldsymbol{P}_v \boldsymbol{D}_v\Big)\hat{\boldsymbol{w}} + \beta_r \|\hat{\boldsymbol{w}} - \hat{\boldsymbol{w}}^0\|_2^2 \end{aligned} \tag{6-39}$$

式中，$\boldsymbol{D}_v$ 为在 $v\in\{x,\ y\}$ 方向上正向差分的离散梯度算子得到的 Toeplitz 矩阵。

为了求解优化问题式（6-39），采用交替最小二乘（ALS，Alternating Least Squares）求解器和迭代优化策略。设总迭代次数为 N_m，当光流互引导滤波器运行至第 K_m+1（这里 $1\leqslant K_m\leqslant N_m$）次迭代时，从上次迭代中得到估计的 $\boldsymbol{Q}_v^{K_m}$、$\boldsymbol{P}_v^{K_m}$ 和 $\hat{\boldsymbol{w}}^{K_m}$，去掉与 $\boldsymbol{w}$ 无关的项，则更新 $\boldsymbol{w}$ 的子问题可归结为：

$$\underset{\boldsymbol{w}}{\operatorname{argmin}} \frac{\alpha_t}{\beta_t} \boldsymbol{w}^{\mathrm{T}}\Big(\sum_{v\in\{x,\ y\}} \boldsymbol{D}_v^{\mathrm{T}} \boldsymbol{Q}_v^{K_m} \boldsymbol{P}_v^{K_m} \boldsymbol{D}_v\Big)\boldsymbol{w} + \|\boldsymbol{w} - \boldsymbol{w}^0\|_2^2 \tag{6-40}$$

可以看出，优化问题式（6-40）只涉及二次项，可通过对等式 $\dfrac{\alpha_t}{\beta_t}\boldsymbol{w}^{\mathrm{T}}\Big(\sum_{v\in\{x,\ y\}} \boldsymbol{D}_v^{\mathrm{T}} \boldsymbol{Q}_v^{K_m} \boldsymbol{P}_v^{K_m} \boldsymbol{D}_v\Big)\boldsymbol{w} + \|\boldsymbol{w} - \boldsymbol{w}^0\|_2^2 = 0$ 求出关于 $\boldsymbol{w}$ 的偏导数，得到：

$$\left(\boldsymbol{I}+\frac{\alpha_{\mathrm{t}}}{\beta_{\mathrm{t}}}\left(\sum_{v\in\{x,\ y\}}\boldsymbol{D}_v^{\mathrm{T}}\boldsymbol{Q}_v^{K_m}\boldsymbol{P}_v^{K_m}\boldsymbol{D}_v\right)\right)\boldsymbol{w}=\boldsymbol{w}^0 \tag{6-41}$$

式中，$\boldsymbol{I}$ 为与 $\boldsymbol{w}$ 具有维数相同的单位矩阵。

计算目标矩阵 $\boldsymbol{I}+\frac{\alpha_{\mathrm{t}}}{\beta_{\mathrm{t}}}\left(\sum_{v\in\{x,\ y\}}\boldsymbol{D}_v^{\mathrm{T}}\boldsymbol{Q}_v^{K_m}\boldsymbol{P}_v^{K_m}\boldsymbol{D}_v\right)$ 的逆可直接求得优化问题式（6-40）的封闭解，则 $\boldsymbol{w}^{K_m+1}$ 的计算表达式可写为：

$$\boldsymbol{w}^{K_m+1}=\left(\boldsymbol{I}+\frac{\alpha_{\mathrm{t}}}{\beta_{\mathrm{t}}}\left(\sum_{v\in\{x,\ y\}}\boldsymbol{D}_v^{\mathrm{T}}\boldsymbol{Q}_v^{K_m}\boldsymbol{P}_v^{K_m}\boldsymbol{D}_v\right)\right)^{-1}\boldsymbol{w}^0 \tag{6-42}$$

式（6-42）中涉及的矩阵维数高，计算矩阵的逆十分耗时。由于目标矩阵 $\boldsymbol{I}+\frac{\alpha_{\mathrm{t}}}{\beta_{\mathrm{t}}}\left(\sum_{v\in\{x,\ y\}}\boldsymbol{D}_v^{\mathrm{T}}\boldsymbol{Q}_v^{K_m}\boldsymbol{P}_v^{K_m}\boldsymbol{D}_v\right)$ 是一个对称正定拉普拉斯矩阵，许多有效的方法[10,11]可以求解优化问题式（6-40）的封闭解。

基于式（6-42）可求解出优化问题式（6-40）的封闭解为 $\boldsymbol{w}^{K_m+1}$，$\boldsymbol{Q}_v^{K_m+1}$ 可基于 $\boldsymbol{Q}_v$ 的定义计算而更新得到。在给定 $\boldsymbol{w}^{K_m+1}$、$\boldsymbol{Q}_v^{K_m+1}$ 和 $\boldsymbol{P}_v^{K_m}$，去掉与 $\hat{\boldsymbol{w}}$ 无关项情形下，更新 $\hat{\boldsymbol{w}}$ 的子问题可归结为：

$$\underset{\hat{\boldsymbol{w}}}{\operatorname{argmin}}\frac{\alpha_{\mathrm{r}}}{\beta_{\mathrm{r}}}\hat{\boldsymbol{w}}^{\mathrm{T}}\left(\sum_{v\in\{x,\ y\}}\boldsymbol{D}_v^{\mathrm{T}}\boldsymbol{Q}_v^{K_m+1}\boldsymbol{P}_v^{K_m}\boldsymbol{D}_v\right)\hat{\boldsymbol{w}}+\|\hat{\boldsymbol{w}}-\hat{\boldsymbol{w}}^0\|_2^2 \tag{6-43}$$

优化问题式（6-43）的封闭解可由式（6-44）计算获得：

$$\left(\boldsymbol{I}+\frac{\alpha_{\mathrm{r}}}{\beta_{\mathrm{r}}}\left(\sum_{v\in\{x,\ y\}}\boldsymbol{D}_v^{\mathrm{T}}\boldsymbol{Q}_v^{K_m+1}\boldsymbol{P}_v^{K_m}\boldsymbol{D}_v\right)\right)\hat{\boldsymbol{w}}=\hat{\boldsymbol{w}}^0 \tag{6-44}$$

同样地，对目标矩阵 $\boldsymbol{I}+\frac{\alpha_{\mathrm{t}}}{\beta_{\mathrm{t}}}\left(\sum_{v\in\{x,\ y\}}\boldsymbol{D}_v^{\mathrm{T}}\boldsymbol{Q}_v^{K_m}\boldsymbol{P}_v^{K_m}\boldsymbol{D}_v\right)$ 求逆，即可更新 $\hat{\boldsymbol{w}}^{K_m+1}$，即

$$\hat{\boldsymbol{w}}^{K_m+1}=\left(\boldsymbol{I}+\frac{\alpha_{\mathrm{r}}}{\beta_{\mathrm{r}}}\left(\sum_{v\in\{x,\ y\}}\boldsymbol{D}_v^{\mathrm{T}}\boldsymbol{Q}_v^{K_m+1}\boldsymbol{P}_v^{K_m}\boldsymbol{D}_v\right)\right)^{-1}\hat{\boldsymbol{w}}^0 \tag{6-45}$$

据此，基于 $\boldsymbol{P}_v$ 的定义和更新得到的 $\hat{\boldsymbol{w}}^{K_m+1}$ 可得到 $\boldsymbol{P}_v^{K_m+1}$ 的更新值。

6.1.3　实验验证

为了对检测的流场进行定量比较，采用平均角度误差（AAE，Average Angle Error）和平均端点误差（AEPE，Average Endpoint Error）对不同光流检测方法流场性能进行评价。AAE 和 AEPE 的公式为：

$$\mathrm{AAE}=\frac{1}{\|\Omega_w\|}\sum_{\Omega_w}\arccos\left(\frac{1+u_{\mathrm{E}}\times u_{\mathrm{G}}+v_{\mathrm{E}}\times v_{\mathrm{G}}}{\sqrt{u_{\mathrm{E}}^2+v_{\mathrm{E}}^2+1}\cdot\sqrt{u_{\mathrm{G}}^2+v_{\mathrm{G}}^2+1}}\right) \tag{6-46}$$

$$\mathrm{AEPE} = \frac{1}{\|\Omega_w\|}\sum_{\Omega_w}\sqrt{(u_E - u_G)^2 + (v_E - v_G)^2} \tag{6-47}$$

式中，$(u_E, v_E)^T$ 为检测的流场；$(u_G, v_G)^T$ 为真实的流场；$\|\Omega_w\|$ 为流场域中像素的总个数。

图 6-5 为高速相机采集的渣铁射流图像序列，从中观察到，渣铁射流的末尾区域存在一定量的粉尘，使得该区域受到了光照变化的影响。如图 6-6 所示，所提方法与 RNLOD-Flow 在渣铁射流表面区域产生了相似的流场，但是，从由矩形框标出的区域来看，相比于 RNLOD-Flow，所提方法可更好地保护运动的边界。

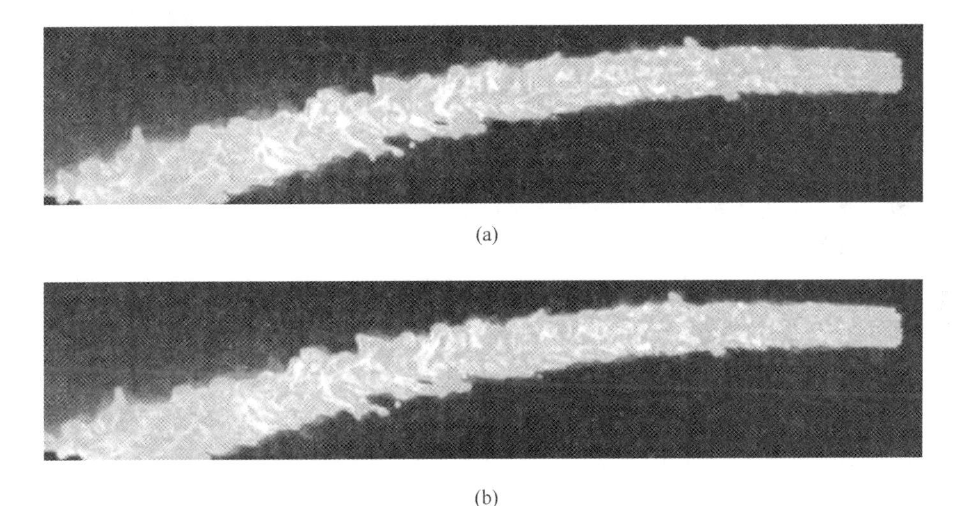

图 6-5 采集的渣铁射流图像序列

（a）RNLOD-Flow 方法渣铁流表面流场检测结果；（b）所提方法渣铁流表面流场检测结果

（扫描书前二维码看彩图）

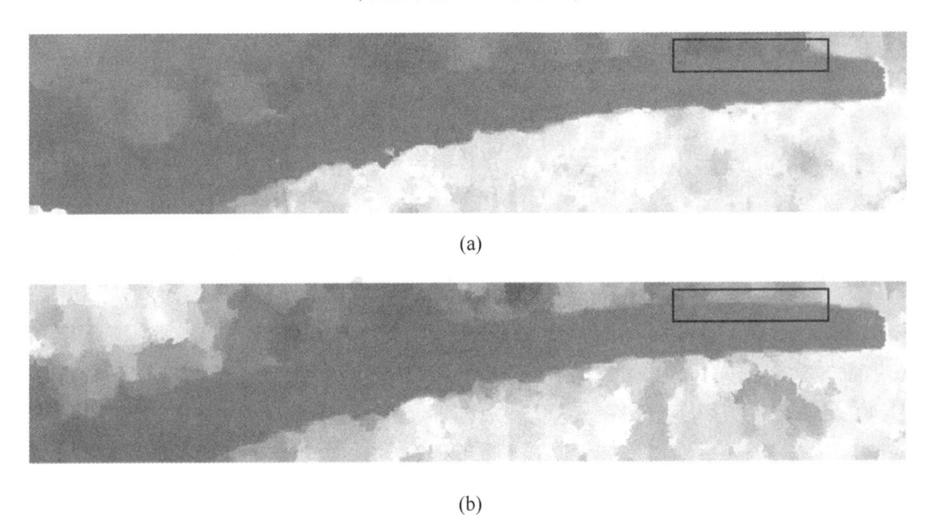

图 6-6 基于不同方法的渣铁射流表面流场检测结果

（a）RNLOD-Flow；（b）所提方法

（扫描书前二维码看彩图）

为了量化所提方法与 RNLOD-Flow 的渣铁表面流场检测性能，考虑到这些方法可获得渣铁表面的流场，利用图像变形（Image Wrapping）技术将序列中的下一帧图像 I_2 变形至参考帧图像。显然，当获得的流场越接近于真实流场时，变形后的图像 I_2^{W} 与参考帧图像 I_1 则会越相似。由于主要关注渣铁射流表面流场的检测精确性，分别计算变形后的图像 I_2^{W} 与参考帧图像 I_1 之间的结构相似度（SSIM，Structural Similarity）[12] 和平均绝对误差 MAE。

$$\mathrm{SSIM}=\frac{[2M(I_2^{WM})\cdot M(I_1^{M})+2.25^2][\mathrm{Cov}(I_2^{WM},\ I_1^{M})+7.65^2]}{[M(I_2^{WM})^2+M(I_1^{M})^2+2.25^2][\mathrm{Var}(I_2^{WM})+\mathrm{Var}(I_1^{M})+7.65^2]} \tag{6-48}$$

$$\mathrm{MAE}=\frac{1}{\| I_1^{M} \|}\sum |I_2^{WM}-I_1^{M}| \tag{6-49}$$

式中，$I_2^{WM}=I_2^{W}\cdot \mathrm{Mask}$，$I_1^{M}=I_1\cdot \mathrm{Mask}$，Mask 为最大类间方差法（OTSU）[13] 获得渣铁射流的二值掩码；$M(\cdot)$ 为求平均值的函数；$\mathrm{Cov}(\cdot,\cdot)$ 为协方差函数；$\mathrm{Var}(\cdot)$ 为求平均值的函数；$\|\cdot\|$ 为求像素数量的函数。

由于引入了渣铁射流的二值掩码，式（6-46）和式（6-49）聚焦于计算渣铁射流表面的结构相似度和平均绝对误差。所提方法与 RNLOD-Flow 在渣铁射流表面流场检测上的定量性能评价结果见表 6-1，结果表明所提方法的 SSIM 和 MAE 均要优于 RNLOD-Flow，而且所提方法的 SSIM 达到了 0.9936，这表明所提方法可以精确地检测渣铁射流表面的流场。

表 6-1 所提方法与 RNLOD-Flow 的流场检测性能评估

方 法	SSIM	MAE
RNLOD-Flow	0.9932	1.9098
所提方法	0.9936	1.8554

6.2 基于射流运动轨迹模型的铁口渣铁流速检测

高炉出铁过程中，炉缸内累积的渣铁从铁口流出。正常铁口的深度为铁口区炉墙厚的 1.2~1.5 倍，实际深度一般为 1.8~2.0 m。渣铁在铁口管道运输时，由于炉缸内外的压强差较大，导致渣铁在铁口管道中的流速较快，当渣铁从铁口快速地流入空气中时，形成非淹没渣铁射流。渣铁射流在运动过程中，由于卷吸效应，空气被卷入渣铁射流中，渣铁射流的横截面积越来越大，使铁口渣铁流量只能通过计算铁口渣铁流速（铁口位置渣铁射流横截面的平均流速）与铁口横截面积的乘积得到。

为了利用渣铁射流表面流场实现铁口渣铁横截面平均流速的检测，提出了基于射流运动轨迹模型的铁口渣铁流速检测方法。基于 ANSYS-Fluent 建立了高炉铁口渣铁出流的仿真模型，分析了渣铁射流表面和内部流场的运动特性，得到渣铁射流在射程中后段表面流速等于横截面平均流速的重要结论，为后续流速测量提供重要支撑；根据流场分析的结论，基于截面流场均匀假设先建立了射流运动轨迹模型，该模型以出口位置射流横截面平均流速为输入，不仅能提供射流横截面质心的理论轨迹，还能输出射流横截面平均流速的数值变化，基于所设计的流体射流实验平台，以水射流为实验对象，验证了所构建模型的有效性。通过利用所获得的渣铁射流表面流场，提出了基于射流运动轨迹模型的铁口渣铁流速测量策略，实现了铁口渣铁流速的精确检测。

6.2.1 基于 ANSYS-Fluent 的渣铁射流表面与内部流场运动特性分析

计算流体动力学（CFD，Computational Fluid Dynamics）是一门建立在数值计算方法和经典流体力学基础之上的新型独立学科[14]，利用计算机在时间和空间上定量描述流场的数值解，达到研究分析流体流场运动特性的目的。ANSYS-Fluent 软件可用于模拟可压缩或不可压缩流体流动、定常状态或者过渡分析、湍流、层流和无黏，因此具有极强的流场仿真能力，被广泛地应用于流体流动状态模拟与分析中。为此，利用 ANSYS-Fluent 软件建立高炉铁口渣铁出流模型，定性分析渣铁在铁口管道及出流后表面与内部流场的运动特性。

6.2.1.1 高炉铁口出铁模型的构建

A 高炉铁口出铁模型几何结构构建及网格划分

所研究高炉炉底位置的部分尺寸图纸如图 6-7 所示，其中，炉缸直径、铁口直径、铁口深度、铁口仰角等具体参数值见表 6-2。

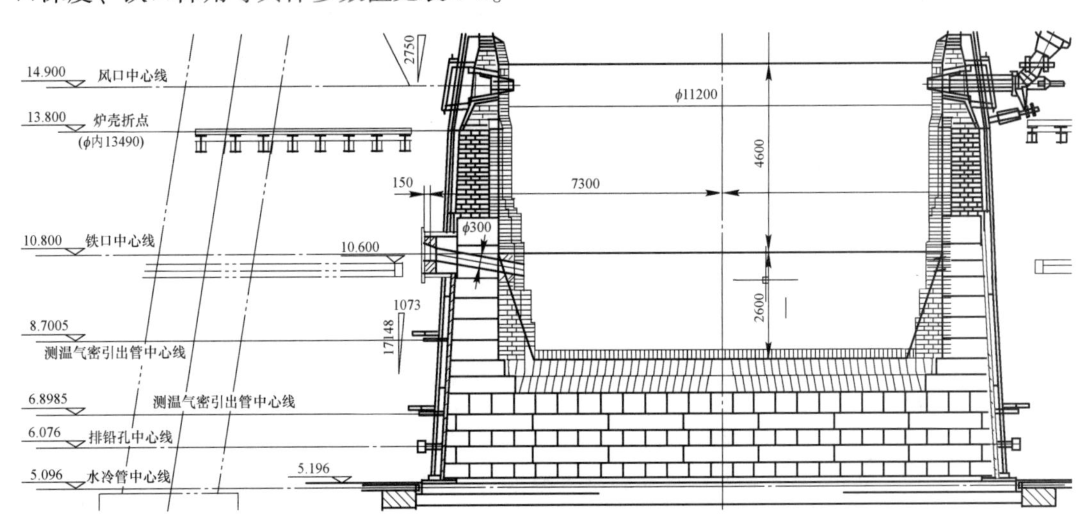

图 6-7 某大型高炉部分尺寸图纸

表 6-2 高炉建模几何尺寸参数

参　数	数　值
炉缸直径/m	9.5
铁口直径/m	0.08
铁口深度/m	1.8

续表 6-2

参　数	数　值
铁口到渣沟距离/m	3.0
铁口仰角/(°)	8.0

为了适当简化高炉铁口出铁模型的几何结构，对出铁过程进行了分析：(1) 当炉缸内渣铁液位高于铁口时，渣铁从打开的铁口快速流出，在此过程中，高炉炉缸直径远大于铁口直径，炉缸内渣铁液位只会缓慢变化，在铁口入口位置的压力短时间内不会发生变化。由于主要研究分析渣铁在铁口管道与流出铁口后的瞬态流动行为，不是研究炉缸渣铁液位的变化对渣铁流动的影响，因此，在建立几何结构阶段不需要建立高炉炉缸的几何结构。(2) 铁口管道横截面为标准的圆形，渣铁在铁口管道的运动具有对称性，将三维铁口出铁实体模型简化为二维铁口出铁模型。(3) 高炉铁口的设计仰角为 8°，接近于水平，为此，将二维铁口出铁模型的铁口仰角设置为 0°。

基于高炉铁口出铁模型几何结构的简化分析与表 6-2 给出的高炉铁口相关的尺寸参数，按 1∶1 比例尺寸绘制高炉铁口出铁的简化模型，如图 6-8 所示，所绘制的高炉铁口出铁简化模型的几何结构包括了铁口入口区域、铁口管道区域和出铁场区域。

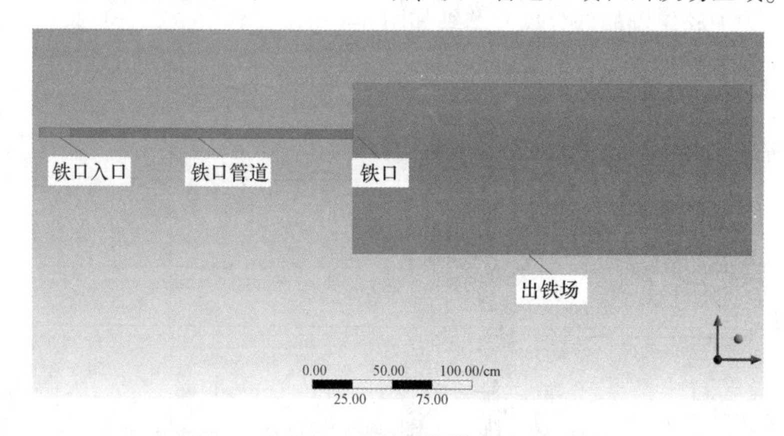

图 6-8　高炉铁口出铁简化模型的几何结构

采用 ICEM-CFD 对高炉铁口出铁简化模型进行网格划分，根据高炉铁口出铁简化模型几何结构的实际尺寸和流场分析需求，在管壁附近的网格进行线性加密，网格划分情况如图 6-9 所示。

B　初始边界条件设定与模型求解

湍流模型采用标准的 k-ε 湍流模型与标准壁面函数法（SWF，Standard Wall Function），模型初始边界条件设定具体设置如下：

(1) 铁口管道管壁的粗糙度高度设置为 0.5 mm，粗糙度常数设置为 0.5，表示管壁粗糙度均匀分布，其他壁面均为标准壁面，粗糙度高度等采用 Fluent 中标准壁面默认值。

(2) 从铁口出流的渣铁实际上是炉渣与铁水处于充分混合的状态，故渣铁混合物可视为一种单相流，将在渣铁中的铁水体积分数设定为 70%以获得渣铁的黏度与密度；此外，铁口渣铁射流的温度高达 1500 ℃，渣铁射流周围空气的温度很高，考虑到空气快速

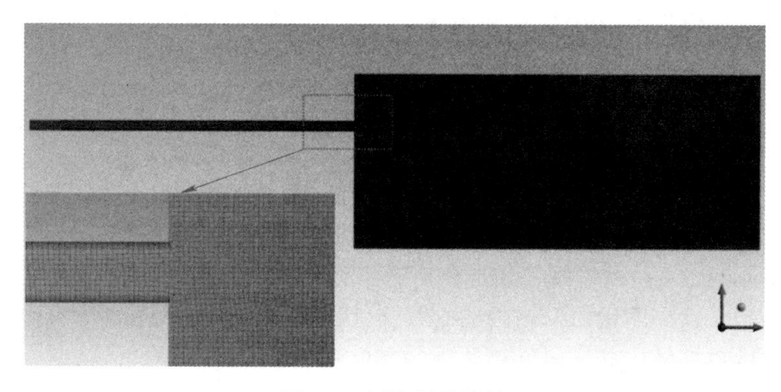

图 6-9 网格划分结果

对流会降低渣铁射流周围空气的温度，为此，选择温度在 900 ℃下空气的黏度与密度，各相流体的必要参数见表 6-3。

表 6-3 各流体相的必要参数

参数名	数　值
空气黏度 μ_{air}/Pa · s	4.67×10^{-5}
空气密度 ρ_{air}/kg · m^{-3}	0.301
高炉炉渣黏度 μ_{slag}/Pa · s	0.15
高炉炉渣密度 ρ_{slag}/kg · m^{-3}	2800
铁水黏度 μ_{iron}/Pa · s	1.5×10^{-3}
铁水密度 ρ_{iron}/kg · m^{-3}	6800
渣铁流体黏度 $\mu_{sl\cdot ir}$/Pa · s	$VF\cdot\mu_{iron}+(1-VF)\cdot\mu_{slag}$
渣铁流体密度 $\rho_{sl\cdot ir}$/kg · m^{-3}	$VF\cdot\rho_{iron}+(1-VF)\cdot\rho_{slag}$

(3) 如图 6-10 所示，模型出口为出铁场右边与下边的壁面，设置为压力出口，出口压力为大气压，模型入口为铁口入口，设置为速度进口，入口速度设置为 4~7 m/s。

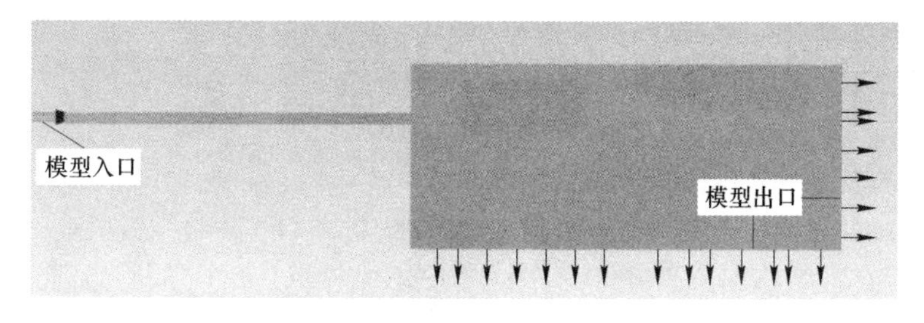

图 6-10 模型入口与出口设置

(4) 铁口入口的渣铁流体体积分数设置为 1，空气的体积分数为 0；铁口管道与出铁场则设置渣铁流体的体积分数为 0，空气的体积分数为 1，模拟渣铁从铁口入口流动至出铁场空间中的整个过程以获得真实的渣铁射流表面与内部流场数据。

设置完对应的流体参数和初始边界条件后，在 Y 轴方向将重力加速度设置为 $-9.81\ N/s^2$，采用分离求解方法就是对各控制方程分别进行求解，该求解方法是 Fluent 的默认求解法，主要针对不可压缩流体。解的收敛要经过多次迭代。分离求解算法包含 SIMPLE、SIMPLEC 和 PISO 三种具体格式，这里采用 SIMPLE 格式进行求解[15]。

6.2.1.2　渣铁射流表面与内部流场数值模拟结果与分析

当入口速度设置为 4 m/s 时，图 6-11 为铁口管道与出铁场和铁口区域的流体流速幅值云图。从图 6-11（b）可发现，靠近铁口管道管壁的渣铁流速较低，远离铁口管道管壁的渣铁流速较快，这表明铁口管道管壁会与渣铁发生摩擦，使得渣铁横截面存在明显的速度梯度，当渣铁离开铁口后，渣铁横截面的速度梯度仍会继续保持。

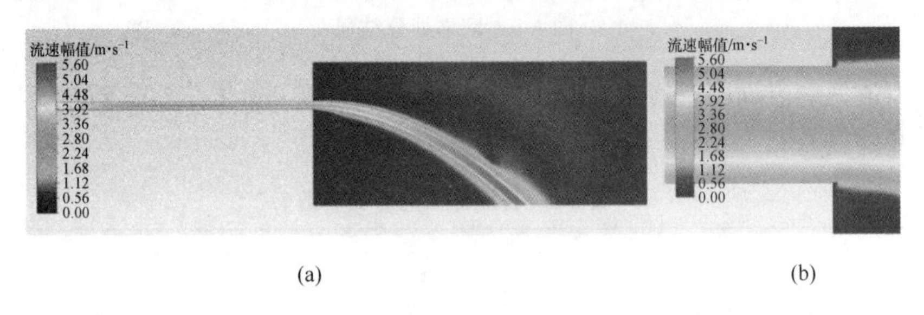

图 6-11　铁口管道与出铁场(a)和铁口区域(b)的流体流速幅值云图
(扫描书前二维码看彩图)

图 6-12 为模型中流体水平方向与垂直方向流速的幅值云图，可观察到渣铁射流横截面质心的水平方向流速处于先减小后保持平稳的状态，且随着渣铁射流流动距离的增加，其在重力的加速下垂直方向的中心流速幅值不断增大；与此同时，周围的空气与渣铁射流

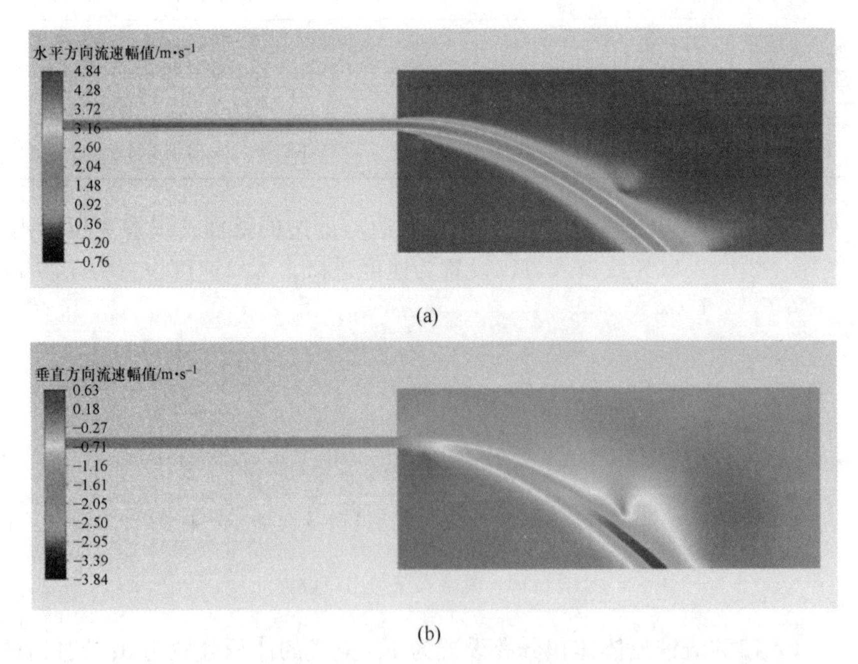

图 6-12　模型中流体水平方向(a)与垂直方向(b)流速的幅值云图
(扫描书前二维码看彩图)

发生了动量交换，使得与渣铁射流相接触的空气具有较大的流动速度。

由图 6-13（a）、（c）可得到，渣铁射流内部的水平方向流速随着流动距离增大而不断减小，在虚线右侧基本保持稳定，表面水平方向流速随着流动距离增大而不断增大，在虚线右侧处于稳定的状态。此外，在虚线左侧渣铁射流表面与内部的水平方向流速仍存在速度梯度，而在虚线右侧，渣铁射流表面水平方向流速与内部水平方向流速趋近于一致，这是因为表面的渣铁与内部的渣铁发生了动量交换，使得两者在射流射程的中后段以相同的水平方向流速运动。由图 6-13（b）、（d）可知，渣铁射流横截面垂直方向的流速始终是相同的，且随着流动距离的增大，渣铁射流横截面垂直方向的流速幅值不断增大。基于 ANSYS-Fluent 的流场仿真结果可知，渣铁射流在射程的中后段表面与内部流场将会趋向于一致，横截面流速处于均匀分布的状态，渣铁射流表面流速可近似为当前横截面的平均流速。

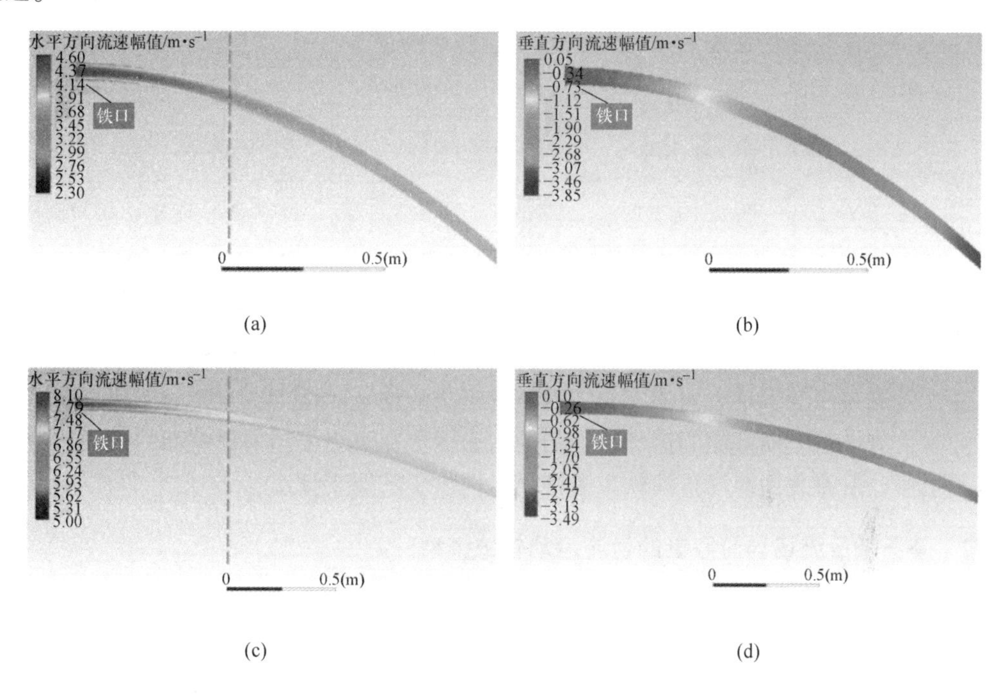

图 6-13 不同入口速度设置时出铁场中渣铁射流表面与内部的流场分布

（a）4 m/s，水平方向；（b）4 m/s，垂直方向；（c）7 m/s，水平方向；（d）7 m/s，垂直方向

（扫描书前二维码看彩图）

为了更直观地说明这一结论，记录了入口速度设置为 4 m/s 和 7 m/s 时，与铁口不同水平距离位置的渣铁射流横截面平均流速与表面流速，见表 6-4 和表 6-5。此外，以横截面平均流速作为真值，以当前横截面表面流速作为测量值，计算出测量的绝对误差与相对误差。结果显示，铁口位置以渣铁射流表面流速作为测量值的测量相对误差均超过了 15%，随着与铁口水平距离的增大，测量的绝对误差与相对误差均不断减小，当与铁口水平距离为 0. 8 m 时，测量的相对误差均小于 1%。由此可见，渣铁射流在射程前段表面流速与横截面平均流速相差较大，而基于渣铁射流在射程中后段的表面流速，可精确地估计出当前横截面的平均流速。

表 6-4 入口速度设置为 4 m/s 时与铁口不同水平距离位置的渣铁射流横截面流速参数

与铁口水平距离/m	横截面平均流速/$m \cdot s^{-1}$	表面流速/$m \cdot s^{-1}$	绝对误差/$m \cdot s^{-1}$	相对误差/%
0	4.1	3.31	0.79	19.27
0.4	4.213	4.02	0.193	4.58
0.8	4.532	4.51	0.022	0.49
1	4.776	4.76	0.016	0.34

表 6-5 入口速度设置为 7 m/s 时与铁口不同水平距离位置的渣铁射流横截面流速参数

与铁口水平距离/m	横截面平均流速/$m \cdot s^{-1}$	表面流速/$m \cdot s^{-1}$	绝对误差/$m \cdot s^{-1}$	相对误差/%
0	7.153	5.9	1.253	17.52
0.4	7.23	6.89	0.34	4.7
0.8	7.231	7.17	0.061	0.84
1	7.256	7.24	0.016	0.22

基于以上分析，在渣铁射流的中后段，表面的流速可等于当前横截面的平均流速。此外，渣铁射流表面的水平方向流速会随着流动距离的增大而增大，直至处于稳定不变的状态；此时，渣铁射流横截面的流场是均匀的，表面流速可表征当前横截面的平均流速，为后续基于渣铁射流表面流场推演铁口渣铁流速提供了重要支撑。

6.2.2 基于截面流场均匀假设的射流运动轨迹模型

尽管基于表面流场可得到渣铁射流在射程中后段的横截面平均流速，但渣铁射流的运动状态不仅受到空气阻力和重力的影响，还受到自身内部应力的影响，使得渣铁射流的运动不能简单地等价于刚体抛物运动。为利用渣铁射流在射程中后段的横截面平均流速得到铁口渣铁的流速，基于截面流场均匀假设构建了射流运动轨迹模型；该模型既能提供射流横截面质心的理论轨迹，又能输出在设定出口流速下射流横截面平均流速的数值变化，为铁口渣铁流速检测提供了重要理论基础。

6.2.2.1 截面流场均匀假设

从高炉铁口高速流出的渣铁在重力和惯性的作用下呈现出弧形的运动轨迹，渣铁的运动状态可简化为自由流体射流在二维平面中的运动。在渣铁射流流动过程中，铁口渣铁射流横截面的流速分布对射流运动轨迹与横截面平均流速的影响可以忽略不计，而铁口渣铁射流横截面的平均流速是影响射流运动轨迹和横截面平均流速最主要的因素。因此，为建立射流运动轨迹模型以定量获得渣铁射流横截面平均流速的数值变化，提出了截面流场均匀假设，即假设射流横截面的流速分布是均匀的，在这一假设下，射流轴质心的运动速度可等价于当前横截面的平均流速。

高炉铁口渣铁射流的运动可简化为如图 6-14 所示的自由流体射流在二维平面中运动简图，自由流体从初始位置（x_0，H_0）以初始流速 v_0 和初始出流角度 α_0 射流而出，其上边缘和下边缘可近似于平行，射流轴（由射流横截面质心形成的一条曲线，也等同于射流运动轨迹）表示为 s 。

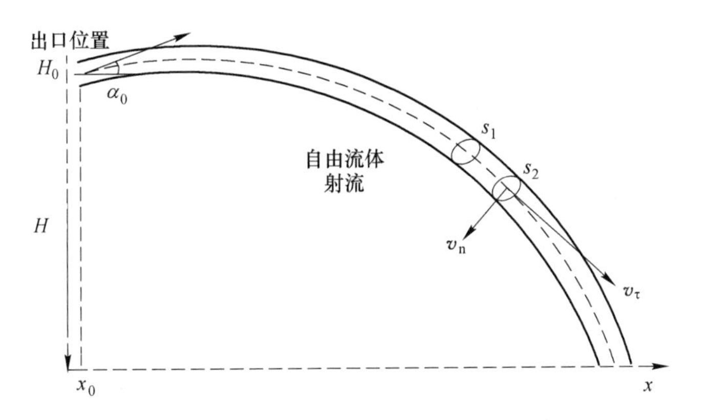

图 6-14 自由流体射流在二维平面中运动简图

6.2.2.2 基于截面流场均匀假设的射流运动轨迹模型构建

在截面流场均匀假设下，图 6-14 中流体射流在封闭横截面 s_1 和 s_2 之间的流速质量变化率等于通过横截面 s_1 和 s_2 的质量通量之差。当 s_2 趋于 s_1 时，假设流体是不可压缩的，基于质量守恒定律可得到射流的微分连续性方程，即

$$\frac{\partial \rho f}{\partial t} + \frac{\partial \rho v_\tau f}{\partial s} = 0 \tag{6-50}$$

式中，ρ 为流体的密度；$f = \pi r^2$ 为射流的截面积；r 为射流横截面的半径；t 为是时间；s 为沿射流轴计算的纵向坐标；v_τ 为纵向速度，为射流横截面质心速度 $v = (v_\tau,\ v_n)$ 在射流轴切线方向的投影。

作用在射流横截面上的力达到平衡时，只考虑稳定流的情况下，有 $\partial H/\partial t = v_n \partial s/\partial x = 0$，射流的连续性方程和动量守恒方程分别表示为：

$$V_Q = f_0 v_0 = f v_\tau \tag{6-51}$$

$$\frac{\mathrm{d} v_\tau \rho S v}{\mathrm{d}s} = \frac{\mathrm{d}}{\mathrm{d}s}(P_\tau + Q) + \rho S F + f \tag{6-52}$$

式中，V_Q为射流流体的体积流量；ds 为射流轴的弧长，$\mathrm{d}s = \sqrt{(\mathrm{d}H)^2 + (\mathrm{d}x)^2}$；$f_0$ 和 v_0 分别为射流在初始位置的截面积和初速度；P_τ 为作用于射流横截面的纵向力；F 为分布在射流侧面上单位质量的外力（这里为重力）；f 为周围空气施加在单位长度射流上的力；Q 为作用在射流横截面上的剪力。

在连续可微曲线上的欧氏空间中，弗莱纳公式（Frenet-Serret formulas）描述了曲线的切向 τ 、法向 n 、副法方向 b 之间的关系，即

$$\frac{\mathrm{d}\tau}{\mathrm{d}s} = k_c n\ ,\ \frac{\mathrm{d}n}{\mathrm{d}s} = -k_c \tau + \kappa b\ ,\ \frac{\mathrm{d}b}{\mathrm{d}s} = -\kappa n \tag{6-53}$$

式中，k_c 为射流轴的曲率，$k_c = (\mathrm{d}^2 H/\mathrm{d}x^2)\,[1 + (\mathrm{d}H/\mathrm{d}x)^2]^{-3/2}$；$\kappa$ 为射流轴的绕率，显

然，这里绕率 $\kappa = 0$。

动量守恒方程式（6-52）沿射流轴切线 τ 和法线 n 两个方向的投影可写为：

$$\frac{\mathrm{d}v_\tau \rho f v_\tau}{\mathrm{d}s} - k_c v_\tau \rho f v_n = \frac{\mathrm{d}}{\mathrm{d}s}(P_\tau + Q_\tau) + \rho f F_\tau + f_\tau \tag{6-54}$$

$$\frac{\mathrm{d}v_\tau \rho f v_n}{\mathrm{d}s} + k_c v_\tau \rho f v_\tau = k_c P_\tau + \frac{\mathrm{d}Q_n}{\mathrm{d}s} + \rho f F_n + f_n \tag{6-55}$$

基于牛顿流体的流变关系，Yarin 等[16]建立了射流中速度场和应力场之间的联系，给出了纵向力的表达式，即

$$P_\tau = \left[3\mu\left(\frac{\mathrm{d}v_\tau}{\mathrm{d}s} - k_c v_n\right) - \sigma G\right] f + 2\pi r \sigma \left[1 + \left(\frac{\mathrm{d}r}{\mathrm{d}s}\right)^2\right]^{-1/2} \tag{6-56}$$

$$G = \frac{1}{r}\left[1 + \left(\frac{\mathrm{d}r}{\mathrm{d}s}\right)^2\right]^{-1/2} - \left[1 + \left(\frac{\mathrm{d}r}{\mathrm{d}s}\right)^2\right]^{-3/2} \frac{\mathrm{d}}{\mathrm{d}s}\left(\frac{\mathrm{d}r}{\mathrm{d}s}\right) \tag{6-57}$$

式中，μ 和 σ 分别为流体的黏性系数和表面张力系数；G 为射流表面的双平均曲率。

剪力在射流轴的切向方向远小于纵向力，即 $Q_\tau = O(\varepsilon^2 P_\tau)$，切向剪力可以忽略；而在法向方向，由于射流在重力影响下轴线曲率较大，纵向力仍远大于和剪力，法向剪力也可以忽略，且对于高雷诺数的射流，可以忽略表面张力的影响。因此，纵向力只剩下黏性项。另外，对于所研究的流体为定常流，$v_n = 0$，且纵向力的变化远小于 $v_\tau \rho v_Q$ 的变化，则式（6-54）~式（6-56）可写为：

$$\frac{\mathrm{d}v_\tau \rho V_Q}{\mathrm{d}s} = \rho f F_\tau + f_\tau \tag{6-58}$$

$$k_c v_\tau \rho V_Q = k_c P_\tau + f\rho F_n + f_n \tag{6-59}$$

$$P_\tau = 3\mu f \frac{\mathrm{d}v_\tau}{\mathrm{d}s} \tag{6-60}$$

将重力加速度投影到射流轴的法线和切线上，分别得到 $F_n = -g\mathrm{d}x/\mathrm{d}s$ 和 $F_\tau = -g\mathrm{d}H/\mathrm{d}s$，其中 g 为重力加速度。在稳态情况下，作用在单位射流长度上只有非零切向的气动力 f_τ，可表示为 $f_\tau = -2\pi r \tau_{shear}$，这里 τ_{shear} 是空气作用在射流表面的剪应力[17]，可通过式（6-61）确定。

$$\tau_{shear} = \frac{1}{2} c_1 \rho_a v_\tau^2 \left(\frac{2 r v_\tau}{\nu_a}\right)^{c_2} \tag{6-61}$$

式中，ρ_a 和 ν_a 分别为空气的密度和运动黏度；c_1 和 c_2 为需要通过实验确定的摩擦系数。

考虑到射流的整个过程中射流横截面体积流量相同，有 $r = \sqrt{V_Q/(\pi v_\tau)}$，$f = V_Q/v_\tau$，射流的运动轨迹模型可写为：

$$\rho V_Q \frac{\mathrm{d}v_\tau}{\mathrm{d}s} = -\rho g \frac{V_Q}{v_\tau}\frac{\mathrm{d}H}{\mathrm{d}s} - \frac{c_1 \pi^{(1+c_2)/2} \rho_a v_\tau^{3/2 - c_2/2}}{2^{c_2} \nu_a^{-c_2} V_Q^{(c_2-1)/2}} \tag{6-62}$$

$$k_c \rho V_Q v_\tau = k_c P_\tau - \rho g \frac{V_Q}{v_\tau}\frac{\mathrm{d}x}{\mathrm{d}s} \tag{6-63}$$

$$P_\tau = 3\mu \frac{V_Q}{v_\tau}\frac{\mathrm{d}v_\tau}{\mathrm{d}s} \tag{6-64}$$

将 $ds=\sqrt{(dH)^2+(dx)^2}$，$k_c=(d^2H/dx^2)[1+(dH/dx)^2]^{-3/2}$ 代入式（6-62）~式（6-64）中，则射流的运动轨迹模型为：

$$\frac{d}{dx}(\rho V_Q v_\tau)=-\rho g\frac{v_Q}{v_\tau}\frac{dH}{dx}-\frac{c_1\pi^{(1+c_2)/2}\rho_a v_\tau^{3/2-c_2/2}}{2^{c_2}\nu_a^{-c_2}V_Q^{(c_2-1)/2}}\sqrt{1+(dH/dx)^2} \tag{6-65}$$

$$\frac{d^2H}{dx^2}=-\rho g\frac{V_Q}{v_\tau}\frac{1+(dH/dx)^2}{\rho V_Q v_\tau-P_\tau} \tag{6-66}$$

$$P_\tau=3\mu\frac{V_Q}{v_\tau}\frac{dv_\tau}{\sqrt{(dH)^2+(dx)^2}} \tag{6-67}$$

式（6-65）和式（6-66）的边界条件只施加在出口位置，即

$$x=x_0,\quad H=H_0,\quad dH/dx=\tan\alpha_0,\ v_\tau=v_0 \tag{6-68}$$

射流的运动轨迹模型为典型的二阶常微分方程组，难以直接求出其解析解。为此，采用龙格-库塔（Runge-Kutta）方法以实现二阶常微分方程组的数值求解。

6.2.2.3 模型有效性分析与验证

在射流运动轨迹模型的数值求解结果中，分别输出了射流运动轨迹 $H(x)$ 和射流横截面质心切向速度 $v_\tau(x)$，该切向速度等于当前射流横截面的平均流速。为验证射流运动轨迹模型的有效性，研制了流体射流实验装置以产生稳定水射流。此外，还提出了一种基于模型拟合的水射流出口流速测量方法，将其作为对比方法以进一步说明射流运动轨迹模型的有效性。

为了能够产生流速可变的水射流，设计了流体射流实验装置，其结构简图如图 6-15 所示。恒定功率的水泵将水吸入泵体后压出至电磁流量计内由电绝缘衬里形成的管道中，水从固定内径的喷嘴出口水平射流而出。在水泵的出水口与电磁流量计之间设置了一个分阀门，改变分阀门的开度可改变电磁流量计入口的水压力，从而达到了控制出口水射流初始流速的目的。

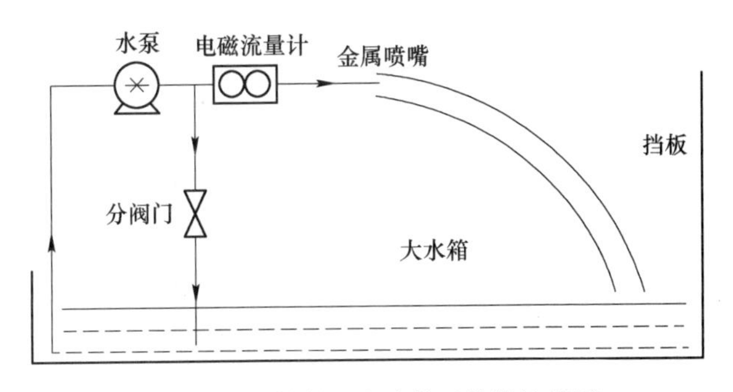

图 6-15 流体射流实验装置的结构简图

图 6-16 展示了流体射流实验装置实物图。为采集水射流自由运动的瞬态图像，在流体射流实验装置的一侧放置了高速相机。放置高速相机时，应当注意高速相机的像平面需与水射流平面保持平行。对高速相机进行标定，获取图像坐标系与真实世界坐标系的映射关系。由于水具有透明的特性，所采集的图像中水射流与背景难以分开，导致无法准确提取出水射流的边缘，为此，在水里面加入环保黑色染色剂，采用白色背景板以增加反差，

从而凸显出水射流的边缘。

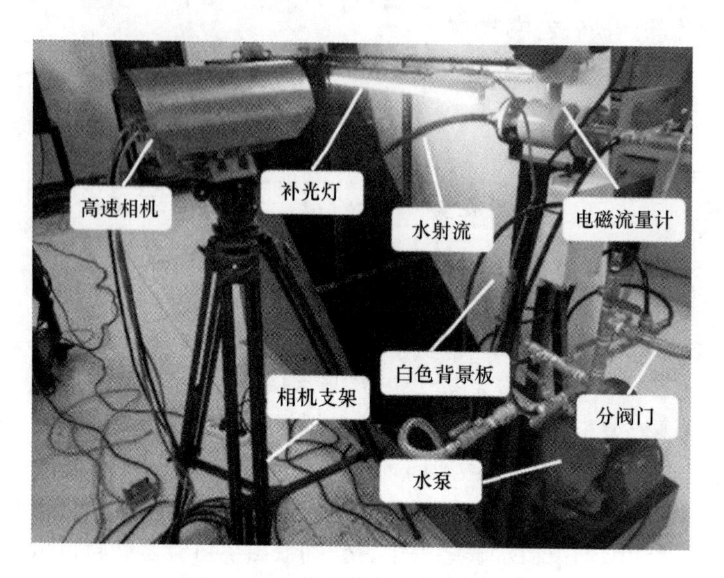

图 6-16 流体射流实验装置实物图

表 6-6 展示了流体射流实验装置中所用的电磁流量计、水泵以及金属喷嘴的特性参数。在本次实验中，金属喷嘴的直径与倾角都保持不变。在一组实验中，当电磁流量计的示数稳定时，记录水射流的出口流量以保证数据的可靠性，依据喷嘴直径将流量转化为出口流速（横截面平均流速），利用高速相机每隔 0. 05 s 采集一张水射流的图像，直至采集 300 张图像时结束该组实验。出口流速从 1. 7~5. 2 m/s 变化，共采集了 18 组实验的数据，将 18 组实验数据平均分为实验组和测试组，实验组用于确定出水射流出口流速测量模型或方法中的关键参数，测试组则用于验证水射流出口流速测量模型或方法的有效性和准确性，具体数据见表 6-7。

表 6-6 实验装置中设备参数

设备名称	特性参数	
电磁流量计	型号	LDG-SUP-DN15
	测量范围	0. 190~6. 361 m^3/h
	测量精度	±0. 5%
	流体要求	导电介质（电导率≥30 μs/cm 液体）
水泵	型号	MJP100S
	额定流量	3. 12 m^3/h
	扬程	52 m
	转速	2850 r/min
金属喷嘴	材质	不锈钢
	内径	1. 4 cm

表 6-7　实验组和测试组的出口流速　(m/s)

组别序号	1	2	3	4	5	6	7	8	9
实验组	1.77	1.98	2.13	2.30	2.51	2.92	3.50	4.01	4.69
测试组	1.84	2.04	2.15	2.45	2.74	3.18	3.77	4.60	5.18

A　基于模型拟合的水射流出口流速测量

采用 Canny 算子提取水射流的边缘，考虑到水射流的上下边界没有发生明显的分离，且几乎保持平行状态，而射流横截面质心位于射流上下边界的中心位置，因此直接利用最小二乘法对获取的边缘像素进行抛物线拟合，可得到水射流横截面质心的运动轨迹曲线方程。所采用的抛物线函数为：

$$y = A \cdot (x - a)^2 + b \qquad A > 0 \tag{6-69}$$

式中，(x, y) 为在图像空间中水射流轨迹的坐标；(a, b) 为抛物线的顶点；A 为抛物线的二次项系数，控制着抛物线的开口大小。

如图 6-17 所示为实验组中在不同出口流速下水射流轨迹的抛物线二次项系数随时间的变化图，可看出水射流出口流速与抛物线二次项系数之间是一一对应的，且成负相关关系。由于水泵的吸入口存在小的压力波动，当水射流的出口流速越低时，此时分阀门的开度越大，喷嘴位置的压降较小，致使水射流的出口流速易受到压力波动的影响；随着分阀门的开度变小，喷嘴位置的压降逐渐增大，水射流拟合的抛物线二次项系数更加稳定。

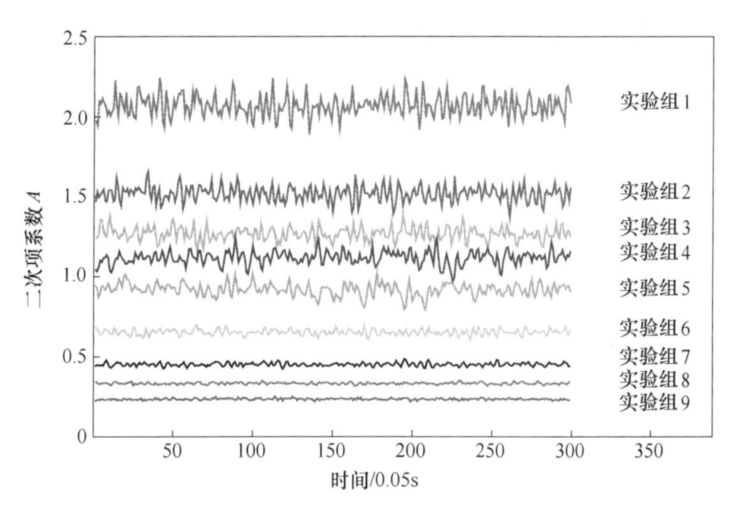

图 6-17　实验组中在不同出口流速下拟合特征 A 随时间的变化

由于二次项系数在时间序列上存在一定的波动，为此，计算在 300 张水射流图像中平均二次项系数作为期望值。图 6-18 中实验组样本曲线为实验组中平均二次项系数和由电磁流量计测量的水射流出口真实流速之间的曲线图。从曲线的形状来看，很难给出二次项系数 A 与水射流出口流速之间具体的关系表达式。考虑到刚体平抛运动，忽略空气阻力下理论抛物运动方程的二次项系数可表示为 $g/(2v^2)$（g 是重力加速度，v 表示水射流的出口流速）。为此，采用拟合模型为 $A_m = h_1/v^2$，记为 $A_m = f(h_1, v)$，利用实验组的所有样本拟合此曲线，以最小化二次项系数的平方差作为拟合目标，即

$$\min_{h_1}\sum_{i=1}^{SN}(A_m^i - A_t^i)^2 = \min_{h_1}\sum_{i=1}^{SN}\left(\frac{h_1}{V_t^i} - A_t^i\right)^2 \tag{6-70}$$

式中，SN 为实验组的样本数量；A_t 和 A_m 分别为实验组样本中水射流轨迹抛物线拟合的真实二次项系数和基于拟合模型输出的二次项系数；V_t 为实验组样本中水射流的真实出口流速。

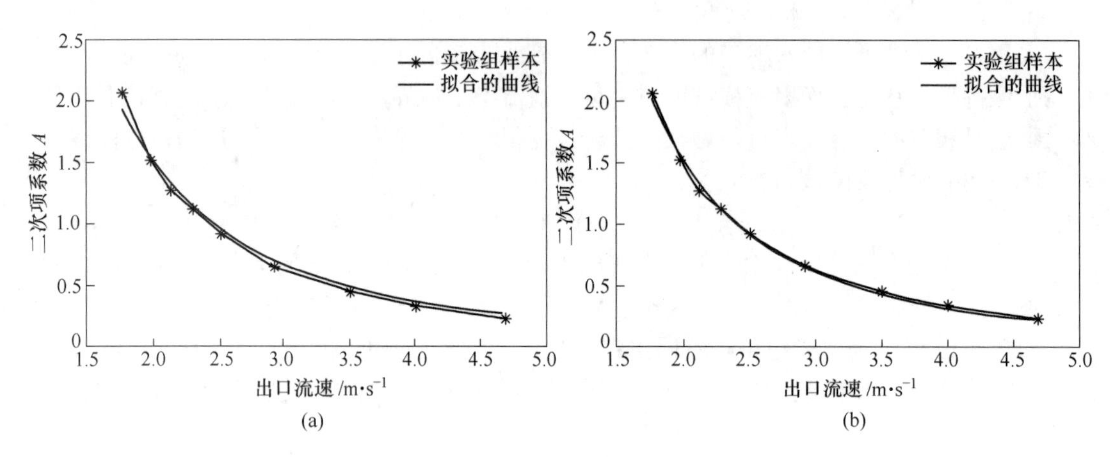

图 6-18　拟合模型 $A_m = h_1/v^2$(a) 和拟合模型 $A_m = h_1/v^{h_2}$ (b)的曲线

如图 6-18（a）所示，拟合函数为 $A_m = h_1/v^2$ 的拟合结果由红色标出。拟合的曲线与实验曲线大致相近，且拟合的均方根误差（RMSE，Root Mean Square Error）为 0.0644。观察到实验曲线近似于一个幂函数，结合拟合模型 $A_m = h_1/v^2$ 的形式，将拟合模型修改为 $A_m = h_1/v^{h_2}$，记为 $A_m = f(h_1, h_2, v)$，利用实验组的所有样本并以最小化二次项系数的平方差作为拟合目标；如图 6-18（b）所示，拟合的曲线与实验曲线基本保持一致，且拟合的均方根误差 RMSE 缩小为 0.0338，约为初始拟合误差的二分之一。水射流出口流速的拟合测量模型记为 $v_m = \tilde{f}(h_1, h_2, A)$，具体表达式为：

$$v_m = \left(\frac{h_1}{A}\right)^{1/h_2} \tag{6-71}$$

图 6-19 分别为拟合测量模型 $v_m = \tilde{f}(h_1, h_2, A)$ 在测试组样本中的平均绝对误差 MAE 和平均相对误差 MRE。当水射流出口流速较大时，水射流出口流速拟合测量模型的测量误差较大，最大平均相对误差接近于 3.5%，且有三个样本的测量误差超过了 2.5%。

基于实验组数据可看出，二次项系数与水射流出口流速是一种非线性关系，当水射流出口流速较大时二次项系数的变化率较小，而当水射流出口流速较小时二次项系数的变化率较大，使得二次项系数的逼近精度与水射流出口流速的测量精度是一种非线性关系，致使水射流出口流速较大时测量误差大。为此，将最小化水射流出口流速的相对测量误差作为拟合目标确定出拟合测量模型 $v_m = \tilde{f}(h_1, h_2, A)$ 中的参数 h_1 和 h_2，即

$$\min_{h_1,\ h_2}\sum_{i=1}^{SN}\left(\frac{|v_m^i - v_t^i|}{v_t^i}\right) = \min_{h_1,\ h_2}\sum_{i=1}^{SN}\left(\frac{|\tilde{f}(h_1, h_2, A_t^i) - v_t^i|}{v_t^i}\right) \tag{6-72}$$

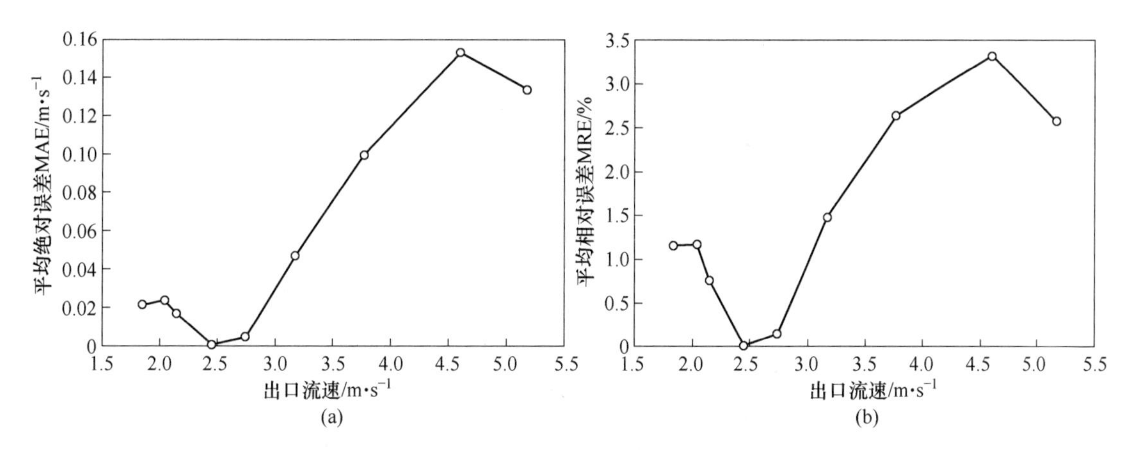

图 6-19 水射流出口流速拟合测量模型的平均绝对误差(a)和平均相对误差(b)

式中，v_m 为测量模型输出的出口流速。

基于目标函数（2-23），拟合测量模型 $v_m = \tilde{f}(h_1, h_2, A)$ 的参数 h_1 和 h_2 分别确定为 6.7 和 2.15。图 6-20 分别展示了拟合测量模型 $v_m = \tilde{f}(h_1, h_2, A)$ 在测试组样本中水射流出口流速测量的平均绝对误差和平均相对误差。从图 6-20 可发现，水射流的出口流速越小，测量精确性越高，出口流速在 1.5~4.5 m/s 区间内，测量的平均相对误差大多数小于 1%，平均绝对误差均小于 0.04 m/s，且拟合测量模型的最大平均相对误差小于 2.5%。

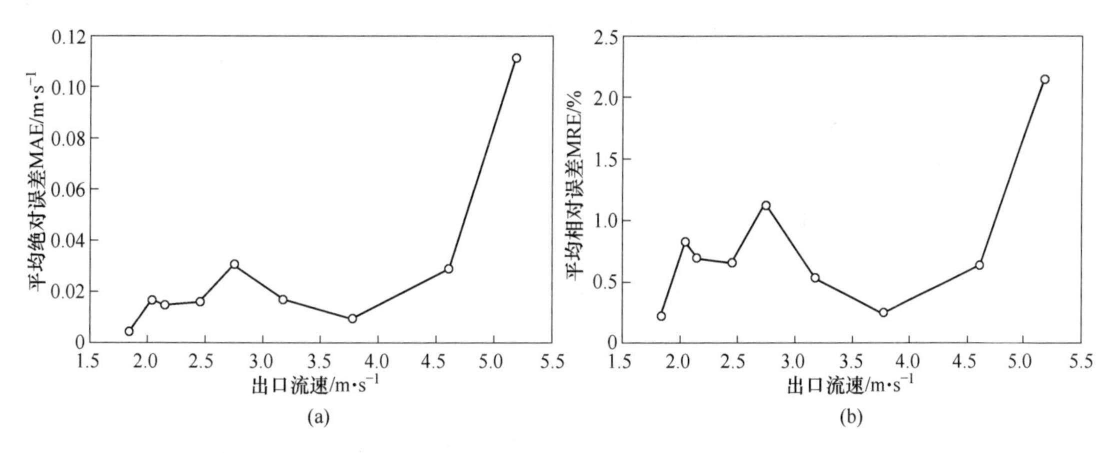

图 6-20 水射流出口流速拟合测量模型的平均绝对误差(a)和平均相对误差(b)

B 基于射流运动轨迹模型的水射流出口流速测量

射流运动轨迹模型中，有三种重要的参数，一是介质参数，包括空气密度 ρ_a 和运动黏度 ν_a，流体密度 ρ 与黏性系数 μ；二是初始参数，包括喷嘴出口半径 r、喷嘴出口位置 (x_0, H_0)、流体射流出口流速 v_0 和流体射流初始出流角度 α_0；三是未知参数（摩擦系数 c_1 和 c_2）。本次实验流体是水，实验环境温度为 20 ℃，表 6-8 展示了水流体射流运动轨迹模型中所需参数值。

表 6-8　水流体射流运动轨迹模型中相关参数值

参　数	参数类型	参数值
介质参数	空气密度	1.205 kg/m³
	空气运动黏度	1.48×10⁻⁵ m²/s
	水密度	1000 kg/m³
	水黏性系数	1.01×10⁻³ Pa · s
初始参数	喷嘴出口半径	0.007 m
	喷嘴出口位置	(0, 1.5 m)
	水射流出口流速	1.7~5.5 m/s
	水射流初始出流角度	0°
未知参数	摩擦系数 c_1 和 c_2	待确定

由于水的黏性系数很小，其黏性效应可以忽略，纵向力 $P_\tau = 0$，则水流体射流运动轨迹模型可写为：

$$\frac{\mathrm{d}v_\tau}{\mathrm{d}x}\rho V_Q = -\rho g \frac{V_Q}{v_\tau}\frac{\mathrm{d}H}{\mathrm{d}x} - \frac{c_1\pi^{(1+c_2)/2}\rho_a V_\tau^{3/2-c_2/2}}{2^{c_2}\nu_a^{-c_2}V_Q^{(c_2-1)/2}}\sqrt{1+\mathrm{d}H/\mathrm{d}x^2} \tag{6-73}$$

$$\frac{\mathrm{d}^2H}{\mathrm{d}x^2} = -g\frac{1+(\mathrm{d}H/\mathrm{d}x)^2}{v_\tau^2} \tag{6-74}$$

确定水流体射流运动轨迹模型中摩擦系数 c_1 和 c_2 是实现水射流出口流速测量的关键。考虑到模型数值解输出的是离散轨迹点，采用抛物线方程对离散轨迹点进行抛物线拟合，获取抛物线的二次项系数 A，水射流运动轨迹模型表示为 $A_m = f_M(c_1, c_2, v)$。为确定出水射流运动轨迹模型中的摩擦系数 c_1 和 c_2，结合水射流出口流速拟合测量模型 $v_m = \tilde{f}(h_1, h_2, A) = (h_1A)^{-1/h_2}$（参数 h_1 和 h_2 分别为 6.7 和 2.15），将最小化水射流出口流速的相对测量误差作为目标函数，其表达式可写为：

$$\min_{c_1,c_2}\sum_{i=1}^{SN}\frac{|v_m^i - v_t^i|}{v_t^i} \Leftrightarrow \min_{c_1,c_2}\sum_{i=1}^{SN}\frac{|(A_m^i)^{-1/h_2} - (A_t^i)^{-1/h_2}|}{(A_t^i)^{-1/h_2}}$$
$$= \min_{c_1,c_2}\sum_{i=1}^{SN}\frac{|(f_M(c_1, c_2, v_t^i))^{-1/h_2} - (A_t^i)^{-1/h_2}|}{(A_t^i)^{-1/h_2}} \tag{6-75}$$

为了验证射流运动轨迹模型的有效性，只利用实验组中前四个样本的数据确定模型中的摩擦系数 c_1 和 c_2。将 h_2 设置为 1.5、2、2.3 和 2.5，基于目标函数式（6-75），模型中的摩擦系数 c_1 和 c_2 均相同，分别为 7.3 和 0.45，表明 h_2 的大幅变化不会影响模型中最优摩擦系数的确定，利用实验组前四个样本确定拟合测量模型 $v_m = \tilde{f}(h_1, h_2, A)$ 的参数 h_1 和 h_2，其分别为 6.6 和 2.12。

如图 6-21 分别展示了所提流速测量模型 $v_m = \tilde{f}_M(c_1, c_2, A)$ 和拟合测量模型 $v_m = \tilde{f}(h_1, h_2, A)$ 在测试组样本中水射流出口流速测量的平均绝对误差和平均相对误差。前四个实验组样本的出口流速区间仅为（1.7 m/s，2.3 m/s]，拟合测量模型 $v_m = \tilde{f}(h_1, h_2, A)$ 在该出口流速区间测量的最大平均相对误差 *MRE* 和最大平均绝对误差 *MAE* 分别为 1.232%和 0.03 m/s；而当出口流速大于 2.3 m/s 时，拟合测量模型 $v_m = \tilde{f}(h_1, h_2, A)$ 出现了较大的误差，最大平均相对误差 MRE 接近 4%，最大平均绝对误差 MAE 为 0.199 m/s。相比于采用实验组所有样本所确定的拟合测量模型具有更大的测量误差，而所提流速测量模型 $v_m = \tilde{f}_M(c_1, c_2, A)$ 的平均相对误差 MRE 和平均绝对误差 MAE 均分别小于 2%和小于 0.1 m/s；相比于采用实验组所有样本所确定的拟合测量模型，所提流速测量模型 $v_m = \tilde{f}_M(c_1, c_2, A)$ 仍具有更高的测量精度，验证了射流运动轨迹模型的有效性。

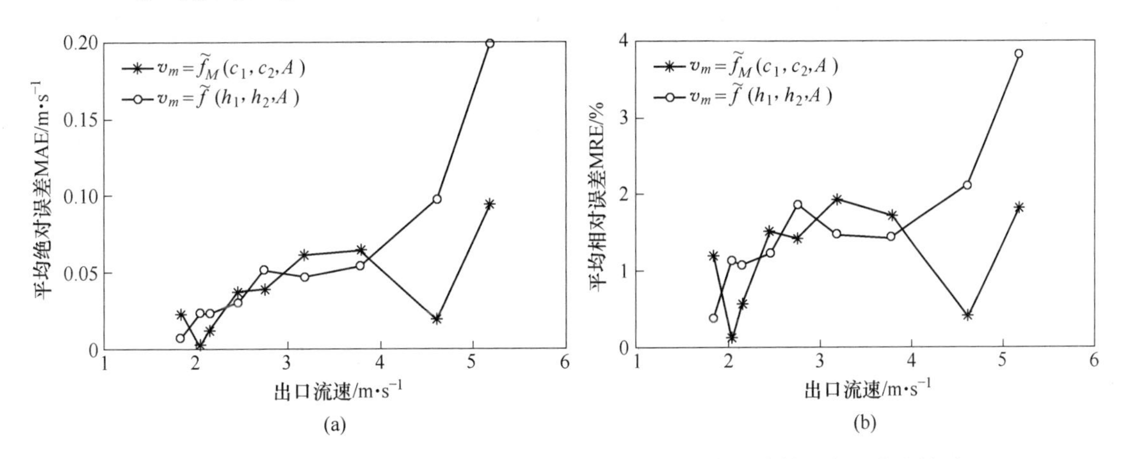

图 6-21 流速测量模型和拟合测量模型在测试组样本中测量水射流出口流速的误差
（a）平均绝对误差；（b）平均相对误差

6.2.3 基于射流运动轨迹模型的铁口渣铁流速检测方法

渣铁射流运动轨迹模型中具体的输入与输出参数如图 6-22 所示。为实现基于射流运动轨迹模型的铁口渣铁流速检测，需确定除摩擦系数与铁口渣铁流速以外的其他输入输出参数。

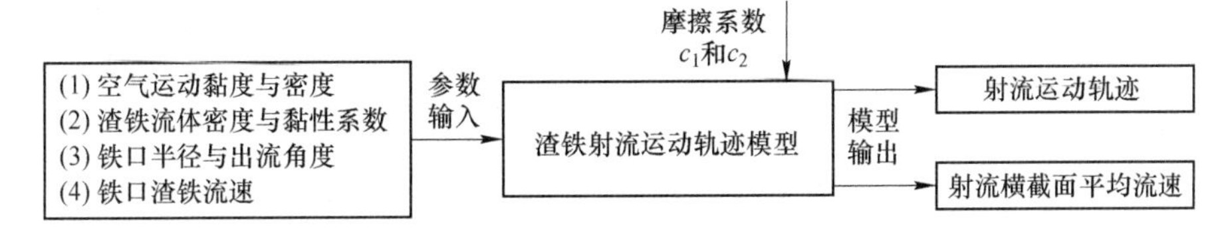

图 6-22 渣铁射流运动轨迹模型中的输入与输出参数

6.2.3.1 渣铁射流运动轨迹模型参数确定方法

由于铁口渣铁的温度高达 1500 ℃，导致渣铁射流周围空气的温度变高，考虑到温度差引起的空气对流会降低渣铁射流周围空气的温度，为此，选择温度在 900 ℃下空气的运动黏度和密度分别为 $\nu_a = 15.51 \times 10^{-5}\ m^2/s$ 和 $\rho_a = 0.301\ kg/m^3$。

利用 ANSYS-Fluent 所建立高炉铁口渣铁出流的仿真模型，分析了不同铁水体积分数 *VF* 对渣铁射流的运动轨迹与横截面平均流速的影响程度，如图 6-23 所示。通过变化铁水的体积分数得到了渣铁射流的运动轨迹与横截面的平均流速，其中，在水平方向 $X=1.5$ m位置时运动轨迹与横截面平均流速的最大偏差分别为 0.001 m 和 0.01 m/s，表明铁水体积分数的变化对渣铁射流运动状态的影响很小，可以忽略，为此，将渣铁射流中的铁水体积分数固定为 70%，并按照表 6-9 设定渣铁流体的密度和黏性系数。

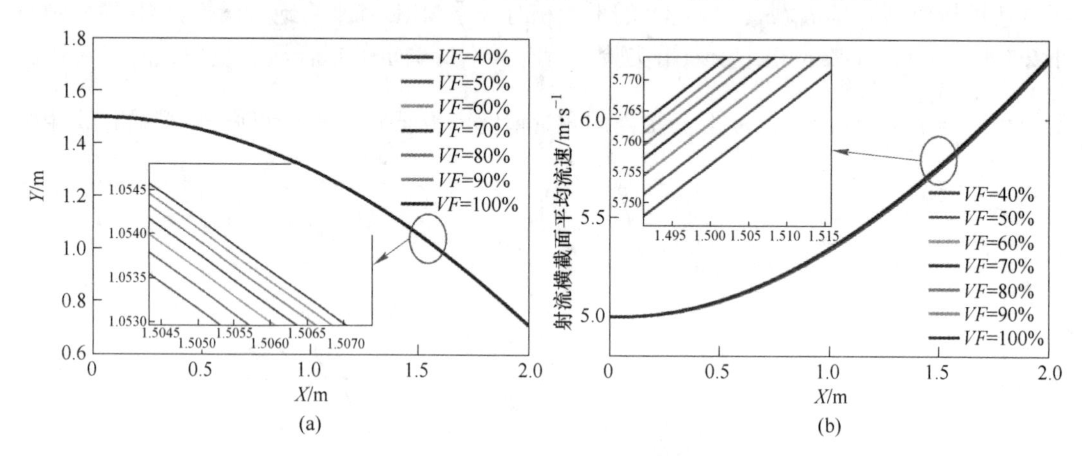

图 6-23 在不同体积分数下渣铁射流的运动状态

（铁口铁水流速为 5 m/s，出流角度为 0°，铁口直径为 0.06m）

（a）射流的运动轨迹；（b）射流横截面平均流速

（扫描书前二维码看彩图）

利用多帧聚合的思想定位渣铁射流的核心流动区域，基于该区域可准确地检测渣铁射流的上下边界与运动轨迹，通过渣铁射流运动轨迹与上下边界信息可得到铁口半径和渣铁射流出流角度，具体实施流程如图 6-24 所示。利用大津法对一批渣铁射流图像序列进行自适应的阈值分割，准确地提取图像中渣铁射流流动区域的二值图像，对所有得到的二值图像进行求和以获得渣铁射流流动经过每个像素位置的概率图；将概率图中概率大于等于 96%的像素作为渣铁射流的核心流动区域，利用 Canny 算子检测得到渣铁射流核心流动区域的边缘，通过先验信息定位图像中铁口的位置去除铁口位置的边缘像素，获得渣铁射流的上下边界像素集，对上下边界像素集进行二次项拟合，得到渣铁射流上边界和下边界的拟合曲线，分别表示为 $y=f_u(x)$ 和 $y=f_d(x)$。由于渣铁射流横截面质心位于上边界与下边界的中心，渣铁射流运动轨迹可通过式（6-76）求得。

$$y = f_{trajectory}(x) = \frac{f_u(x) + f_d(x)}{2} \tag{6-76}$$

基于渣铁射流上下边界及运动轨迹可确定出渣铁射流的出流角度和铁口半径，表达式为：

$$\begin{cases} \alpha_0 = \arctan(f'_{trajectory}(x_{taphole})) \\ R_{taphole} = \dfrac{f_u(x_{taphole}) - f_d(x_{taphole})}{2} \end{cases} \tag{6-77}$$

式中，$x_{taphole}$为图像中铁口位置的横坐标，可直接从图像中得到；α_0 和 $R_{taphole}$ 分别为渣铁射流出流角度和铁口半径；$f'_{trajectory}$ 为$f_{trajectory}$ 的导函数。

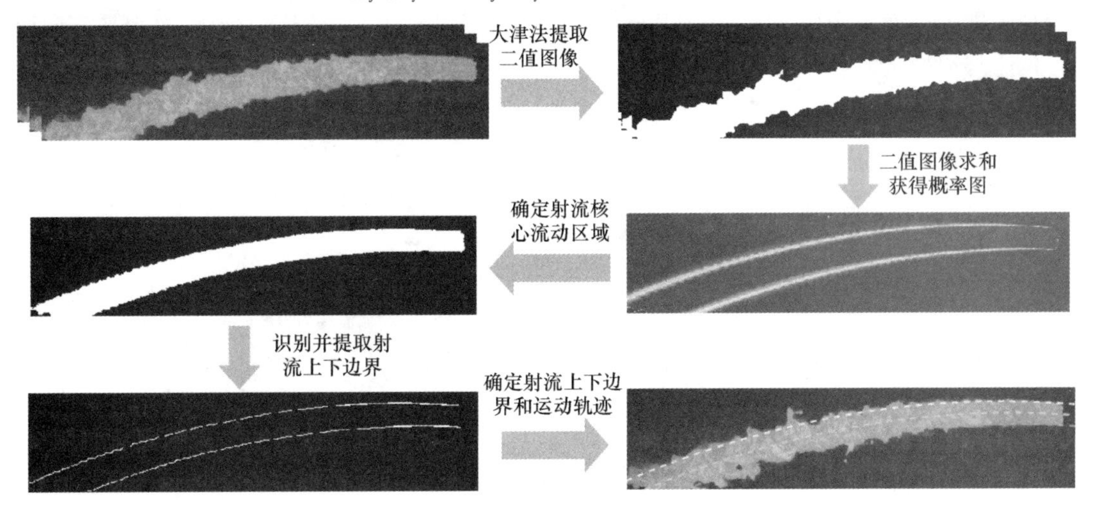

图 6-24 渣铁射流运动轨迹检测的具体实施流程
（扫描书前二维码看彩图）

基于 ANSYS-Fluent 的流场仿真结果可知，在铁口位置的渣铁射流横截面流速分布为顶帽分布，即靠近射流表面的速度梯度较大，靠近射流中心的速度分布相对均匀；随着渣铁射流的运动，由于横截面的中心流速与表面流速存在的梯度差，中心区域的渣铁会与表面的渣铁发生动量交换，使得渣铁射流横截面的流速分布越来越均匀，如图 6-25 所示。因此，存在渣铁流动至远离铁口的某一区域，渣铁射流表面流速等于横截面的平均流速，在此，将这一区域称为截面流场均匀区。在截面流场均匀区内沿着横截面质心运动的法线方向，对所检测到的渣铁射流表面流场取平均值，可求得渣铁射流横截面平均流速[22-24]。

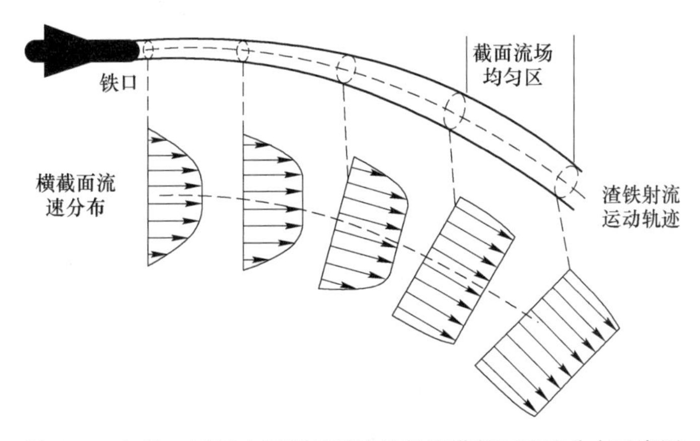

图 6-25 与铁口不同水平距离下渣铁射流横截面流速分布示意图

为了从所检测的渣铁射流表面流场定位出截面流场均匀区，注意到在截面流场均匀区，渣铁射流表面的水平方向流速是处于稳定状态的，为此，利用截面流场均匀区渣铁射流表面水平方向流速变化的特点，识别出水平方向流速达到稳定状态的区域，实现截面流场均匀区的定位。具体定位步骤为：计算与铁口不同水平距离下渣铁射流表面水平方向流速的平均值，利用长度为 80 像素的滑动窗口计算曲线在当前窗口的方差，方差最小的窗口位置即为截面流场均匀区。图 6-26 为距铁口不同水平距离下渣铁射流表面水平方向流速的平均值变化曲线。

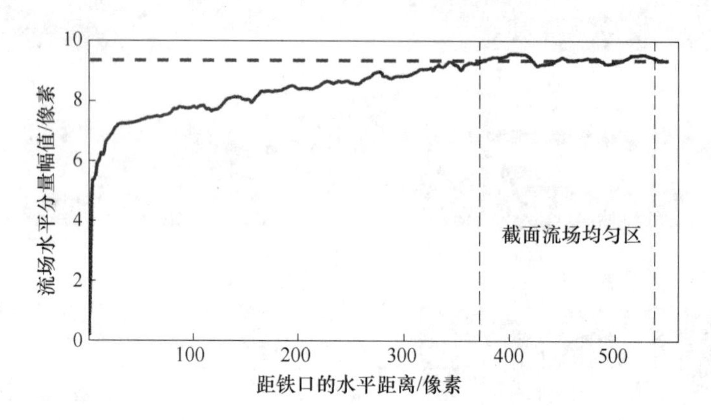

图 6-26　与铁口不同水平距离下渣铁射流表面水平方向流速的平均值变化曲线

6.2.3.2　铁口渣铁流速测量策略

考虑到渣铁射流运动轨迹模型中只有铁口渣铁流速和摩擦系数是未知的，且模型的两个输出参数及三个输入参数均可得到，为此，提出了一种基于射流运动轨迹模型的铁口渣铁流速测量策略，即通过循环设定铁口渣铁的流速，在截面流场均匀区中，当渣铁射流运动轨迹模型输出的平均流速分布与所检测得到的平均流速分布最相近时，所设定的铁口渣铁流速即为铁口渣铁流速测量值。具体的渣铁流速测量步骤如下：

步骤 1：确定渣铁射流的运动轨迹、出口角度、铁口半径，基于渣铁射流表面流场定位截面流场均匀区，该区域中渣铁射流不同横截面平均流速分布为 $v_{\mathrm{p}}(x)$，其中，x 表示截面流场均匀区横截面的位置索引；

步骤 2：在不考虑阻力情况下，基于刚体抛物原理与所确定的射流运动轨迹计算铁口位置的渣铁流速 v_{SI}，以其作为铁口渣铁流速的测量值，同时作为射流运动轨迹模型的输入参数；

步骤 3：基于渣铁射流运动轨迹和铁口渣铁流速的测量值 v_{SI} 确定渣铁射流运动轨迹模型的摩擦系数 c_1 和 c_2；

步骤 4：基于所确定的摩擦系数，利用射流运动轨迹模型确定出在截面流场均匀区中渣铁射流不同横截面的平均流速分布 $v(x)$，计算 $\sum_{x}|v_{\mathrm{p}}(x)-v(x)|$，并记录 $\sum_{x}|v_{\mathrm{p}}(x)-v(x)|$ 所对应的渣铁流速 v_{SI}；

步骤 5：将铁口渣铁流速的测量值 v_{SI} 进行重新赋值，即 $v_{\mathrm{SI}}=v_{\mathrm{SI}}+0.01$，跳至步骤 3 继续进行循环；

步骤 6：当循环次数达到 200 次时，结束循环，在记录的数据中寻找 $\sum_{x}|v_{\mathrm{p}}(x)-v(x)|$ 最小值所对应的渣铁流速 v_{SI}。

当以上循环测量步骤结束时，即可输出铁口渣铁流速的测量值 v_{SI}。

6.2.4 实验验证

为了验证所提渣铁流速测量策略的有效性，基于研制的流体射流实验装置，利用所提渣铁流速测量策略，在实验室环境下实现水射流出口流速的检测。

为验证所提流速测量策略的有效性，将基于刚体抛物原理测量的水射流出口流速作为对比方法，具体测量结果与所确定的水射流运动轨迹模型的摩擦系数见表 6-9。从表 6-9 中可发现，基于刚体抛物原理得到的水射流出口流速与真实的出口流速偏差较大，相比之下，基于所提流速测量策略测量能够更精确地测量出水射流的出口流速。此外，确定的摩擦系数总是在最优摩擦系数（c_1 和 c_2 分别为 7.3 和 0.45）的周围变化，表明所提流速测量策略是有效的。

表 6-9 所提流速测量策略的水射流流速测量结果

水射流出口流速/$m \cdot s^{-1}$	所提流速测量策略/流速/$m \cdot s^{-1}$	基于刚体抛物原理/流速/$m \cdot s^{-1}$	摩擦系数 c_1	摩擦系数 c_2
1.84	1.825	1.622	6.6	0.45
2.15	2.127	1.910	5.7	0.4
2.74	2.763	2.464	7.0	0.42
3.18	3.175	2.881	8.2	0.51

为了进一步展示所提流速测量策略的测量性能，将该测量策略与 6.2.2.3 节中的两种水射流出口流速检测方法（所提流速测量模型 $v_m = \tilde{f}_M(c_1, c_2, A)$ 和拟合测量模型 $v_m = \tilde{f}(h_1, h_2, A)$）相比较。应当注意所提流速测量策略不需要提前获得模型参数的情况下可实现水射流流速的测量，而 6.2.2.3 节中的两种水射流出口流速检测方法均需要利用真实的出口流速提前确定模型的参数。如图 6-27 所示，所提流速测量模型和拟合测量模型的最大绝对误差分别为 0.0929 m/s 和 0.1978 m/s，而所提流速测量策略的最大绝对误差仅为 0.036 m/s；同时，所提流速测量模型和拟合测量模型的相对误差在多数情况下要高于所提流速测量策略的，这说明所提流速测量策略的测量性能表现更好，进一步验证了所提渣铁流速测量策略的有效性。

不仅如此，将所提铁口渣铁流速测量策略在某钢铁厂 2 号高炉进行了测试和验证。利用高速相机在 2 号高炉铁口处采集渣铁射流图像，其中，该相机每隔 10 s 捕获 100 张连续的铁口渣铁射流图像。图 6-28 展示了薄粉尘影响下的一个正常出铁周期中基于所提渣铁流速测量策略测量的铁口渣铁流速。在出铁的早期阶段，铁口渣铁的流速逐渐增大，中期阶段则处于相对稳定的状态，而到后期的阶段铁口渣铁流速则不断地降低。由于刚出铁时，铁口直径较小，炉缸内渣铁的生成量仍旧大于排出量，炉缸渣铁液位处于缓慢上升状态，铁口入口处压力上升，导致出铁早期铁口渣铁流速不断增大；随着高温的渣铁快速流出，铁口会逐渐被侵蚀使得直径增大，在出铁中期阶段炉缸内渣铁生成量接近于渣铁排出量，铁口入口处压力处于稳定状态，铁口渣铁流速会保持稳定；当铁口磨损过度、直径变得较大时，使得在出铁晚期阶段渣铁排出量超过了生成量，炉缸渣铁液位下降，铁口入口

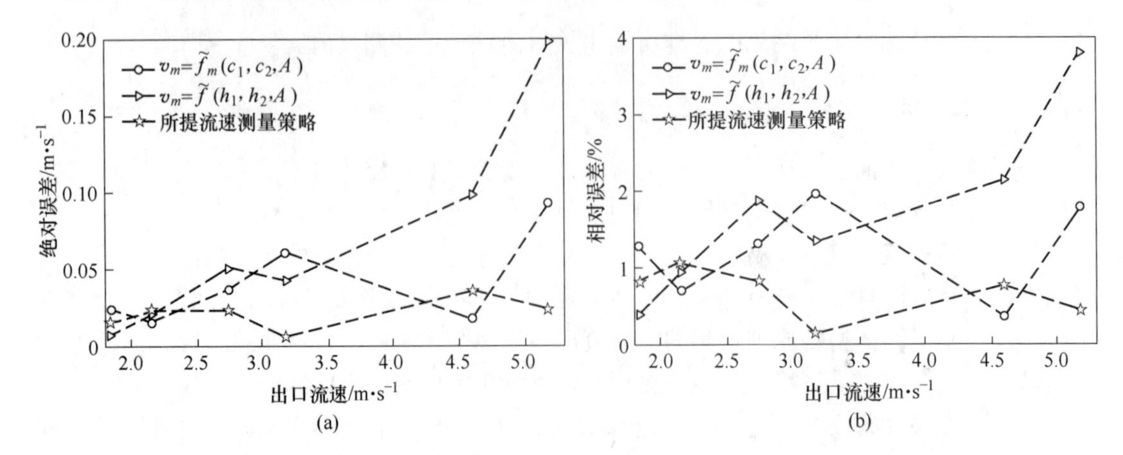

图 6-27 不同射流出口流速测量方法的测量误差

（a）绝对误差；（b）相对误差

处压力下降，铁口渣铁流速也会下降。由此可见，所提铁口渣铁流速测量策略测量的铁口渣铁流速与一个正常出铁周期中理论铁口渣铁流速的变化趋势相符。

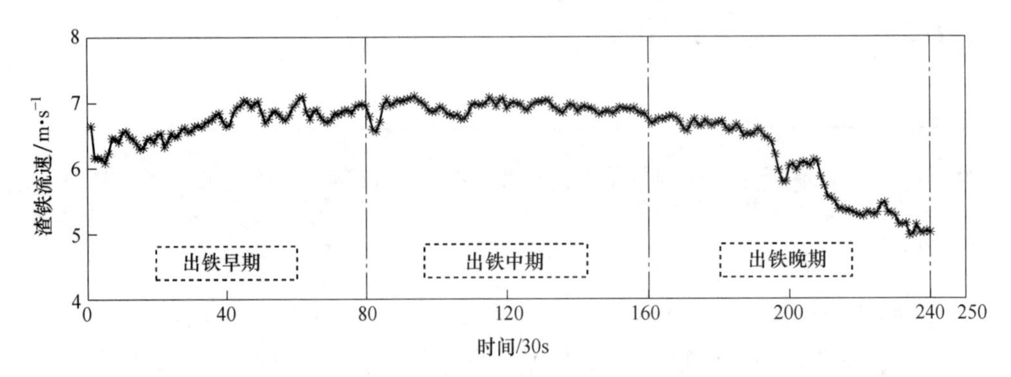

图 6-28 一个出铁周期中基于所提铁口渣铁流速测量策略检测的铁口渣铁流速

考虑到所研究的高炉炉缸直径长达 9.5 m，而铁口直径约为 0.06 m，表明一段时间内铁口流出渣铁混合物的渣铁比是稳定的，不会发生大幅变化，利用现场在炉底铁水罐下方的位置安装了工业称重传感器，可称量得到经撇渣器过滤渣后流入铁水罐中的铁水质量流量（t/min）。为验证所提铁口渣铁流速测量策略的有效性，挑选了因铁口卡焦而使铁口渣铁流速短时间发生较大变化的检测数据，结合铁口卡焦前测得的铁口渣铁流速 v_{SI} 与工业称重传感器测量到的铁水质量流量 $\mathrm{MF}^{\mathrm{sensor}}$（t/min），估计当前时间段渣铁混合的炉渣体积分数 $\mathrm{VF}_{\mathrm{slag}}$（%），表达式为：

$$\mathrm{VF}_{\mathrm{slag}} = \left(1 - \frac{\mathrm{MF}^{\mathrm{sensor}}}{\pi R_{\mathrm{taphole}}^2 v_{\mathrm{SI}} \rho_{\mathrm{iron}} \times 60\mathrm{s}}\right) \times 100\% \tag{6-78}$$

基于炉渣体积分数 $\mathrm{VF}_{\mathrm{slag}}$ 可计算得到铁口卡焦后的一段时间内铁口铁水质量流量（t/min），表达式为：

$$\mathrm{MF} = \pi R_{\mathrm{taphole}}^2 v_{\mathrm{SI}}(1 - \mathrm{VF}_{\mathrm{slag}})\rho_{\mathrm{iron}} \times 60\ \mathrm{s}/1000 \tag{6-79}$$

式中，R_{taphole} 为铁口的直径。

工业称重传感器测量周期为 30 s，所提方法的测量周期为 10 s。图 6-29 显示了基于所提渣铁流速测量策略在铁口卡焦前后一段时间内计算的铁口铁水质量流量。结果显示，所提策略计算的铁口铁水质量流量与工业称重传感器测量的铁水质量流量具有基本一致的变化趋势。

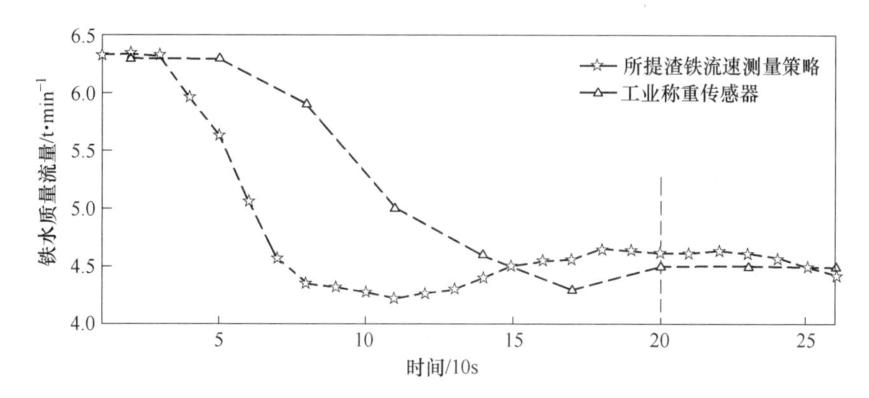

图 6-29 基于所提铁口渣铁流速测量策略与工业称重传感器测量的铁水质量流量对比

由于从铁口流出的铁水需要流动一段距离才能流入铁水罐，铁口铁水质量流量的变化不能立即使流入铁水罐中的铁水质量流量发生变化。当流入铁水罐中的铁水质量流量与铁口铁水质量流量均保持稳定时，铁口铁水质量流量等于流入铁水罐中的铁水质量流量。在 200~260 s 的期间内，铁水质量流量处于稳定状态，考虑到初始时刻采用工业称重传感器对所提渣铁流速测量策略进行了数据标定，且在卡焦时刻至铁水质量流量稳定时刻工业称重传感器测得铁水质量流量变化量为 1.8 t/min，所提渣铁流速测量策略测得铁水质量流量平均变化量为 1.737 t/min，铁水质量流量变化量检测的平均相对误差仅为 3.5%，表明所提铁口渣铁流速测量策略是有效的。

此外，基于所提渣铁流速测量策略多次测量了卡焦后铁水质量流量的变化量，并统计了铁水质量流量变化量在 0.8~3.2 t/min 区间内所提渣铁流速测量策略的测量平均绝对误差与平均相对误差，见表 6-10。结果表明，无论铁水质量流量变化量的大小，所提渣铁流速测量策略的平均相对误差均小于 5%，且当铁水质量流量变化量为 3.2 t/min 时所提渣铁流速测量策略的平均相对误差仅为 2.56%，具有较小的检测误差，说明所提渣铁流速测量策略具有良好的检测性能。

表 6-10 不同铁水质量流量变化量下所提流速测量策略的绝对误差与相对误差

铁水质量流量变化量/t · min^{-1}	平均绝对误差/t · min^{-1}	平均相对误差/%
0.8	0.039	4.88
1.5	0.053	3.53
1.9	0.072	3.79
2.2	0.059	2.86
2.4	0.086	3.58
3.2	0.082	2.56

6.3　基于边界混合形态特征的铁口渣铁流量在线检测

高炉铁口出铁过程中，渣铁射流常处于动态变化的粉尘环境中，存在薄粉尘和厚粉尘两种状态。薄粉尘只会影响渣铁射流表面的强度，不会影响渣铁射流表面的纹理信息；当厚粉尘遮挡住渣铁射流表面时，导致表面纹理信息丢失而难以检测出渣铁射流表面的流场，无法实现基于表面流场信息实现铁口渣铁流速准确测量。此外，厚粉尘的遮挡也会使铁口半径检测精度下降，导致铁口渣铁流量检测失准。因此，为实现粉尘动态变化环境下铁口渣铁流量的准确测量，利用渣铁射流边界的形态信息与渣铁流速所具有的强关联性，提出了基于边界混合形态特征的铁口渣铁流量在线检测方法。

针对渣铁射流图像存在大量非渣铁射流边界像素噪声的问题，利用渣铁射流在重力作用下所具有的类抛物运动特征，提出了基于距离投票霍夫变换的渣铁射流边界和高炉铁口半径检测方法，采用拟合特征、形态特征和矩特征这三类边界混合形态特征量化边界的形状信息；针对边界混合形态特征具有的聚类特性与模糊特性，提出了半模糊聚类算法对边界混合形态特征数据进行聚类处理，将聚类获得的参数用于确定 RBF 神经网络的参数，利用支持向量回归（SVR，Support Vector Regression）模型对 RBF 网络输出的流速结果进行优化，结合检测的铁口半径实现铁口渣铁流量的检测。基于工业现场的实验对所提高炉铁口渣铁流量在线检测方法进行了验证，结果表明该方法能实现粉尘动态变化环境下铁口渣铁流量的在线稳定检测。

6.3.1　基于距离投票霍夫变换的渣铁射流边界与铁口半径检测

出铁场环境恶劣，存在高温、高光和动态变化的粉尘，使得出铁现场采集的渣铁射流图像具有以下特点：

（1）渣铁射流边界会随出口流速的变化而动态改变，且背景渣铁沟区域存在明显且动态变化的边缘，与渣铁射流边界相混杂，难以区分；

（2）出铁过程动态变化的粉尘遮挡了渣铁射流，造成图像光照分布不均；

（3）渣铁表面存在复杂的扰动，产生大量非渣铁射流边界像素的噪声。

理想的渣铁射流边界检测方法应能在内部参数固定的情况下，将渣铁射流边界从渣铁射流图像中自动识别出来并定位出其准确位置，其应能够处理复杂的出铁环境、渣铁射流表面复杂的扰动、动态变化的渣铁射流边界和粉尘遮挡。

6.3.1.1　基于高效保边滤波的渣铁射流图像边缘检测

图 6-30 展示了高炉铁口出铁过程中采集的渣铁射流图像，由于厚粉尘、高温渣铁强光、飞溅渣铁以及渣铁射流表面扰动等干扰因素，导致渣铁射流图像中存在大量高对比度的噪声；传统 Canny 算子采用固定核高斯滤波器实现图像降噪，平滑噪声的同时也在渣铁射流边界施加相同的平滑强度。为此，利用保边滤波算法实现不模糊渣铁射流边界的同时滤除渣铁射流图像的噪声信息，以减少或消除噪声边缘像素，利用 Canny 算子后三个检测阶段获取渣铁射流图像的边缘检测结果。

考虑到引导滤波具有较低的计算复杂度，将引导滤波中的边缘感知权重嵌入到最小二乘算法优化框架[18]中，使所提保边滤波方法既能保持平滑的质量，也能保持良好的处理

图 6-30 受粉尘遮挡的渣铁射流图像
(扫描书前二维码看彩图)

效率。保边滤波的优化框架为:

$$\min_S \sum_p \left((S_p - I_p)^2 + \lambda_r \sum_{o \in (x,\ y)} (\nabla S_{o,\ p} - A_p \cdot \nabla I_{o,\ p})^2 \right) \tag{6-80}$$

式中,第一项($S_p - I_p$)为保真项;第二项 $\lambda_r \sum_{o \in (x,\ y)} (\nabla S_{o,\ p} - A_p \cdot \nabla I_{o,\ p})^2$ 为正则项;I 为原始的渣铁射流图像;S 为滤波后的输出图像;p 为图像中的像素位置;$\nabla S_{x,\ p}$ 和 $\nabla S_{y,\ p}$ 分别为输出图像 S 中像素 p 沿 x 和 y 轴方向的梯度;$\nabla I_{x,\ p}$ 和 $\nabla I_{y,\ p}$ 分别为原始输入图像 I 中像素 p 沿 x 和 y 轴方向的梯度;λ_r 为正则项权重;A_p 为利用引导滤波在局部窗口进行局部线性变换获取的边缘感知权重,计算方式为:

$$A_p = \frac{\mathrm{Var}(I_{k,\ p})}{\mathrm{Var}(I_{k,\ p}) + \zeta} = \frac{m_k(I_p^2) - m_k(I_p)^2}{m_k(I_p^2) - m_k(I_p)^2 + \zeta} \tag{6-81}$$

式中,I_p 为输入图像 I 在像素 p 的强度;$m_k(\cdot)$ 为以像素 p 为中心,大小为 $(2k'+1)(2k'+1)$ 的方形窗口像素强度平均值;$\mathrm{Var}(I_{k,\ p})$ 为方形窗口的方差值;ζ 为小的平滑参数以防止被 0 除。

当像素 p 位于边缘区域时,方差远大于 ζ,A_p 趋近于 1;当像素 p 位于平滑区域时 A_p 趋近于 0;当像素 p 位于其他区域时 A_p 会在 0~1 之间。当正则项权重 λ_r 足够大时,输出图像 S 的梯度将接近于 $A_p \cdot \nabla I_{o,\ p}$,使优化框架式(6-80)能够实现边缘保持滤波。为了提升优化框架的求解效率,使用均值滤波器和积分图像技术降低方差计算的复杂度。

由于优化框架式(6-80)中的拉普拉斯矩阵是各向均匀的,优化框架可通过少量的快速傅里叶变换(FFT)和快速傅里叶逆变换(IFFT)进行求解。输出图像 S 的求解公式为:

$$S = F^{-1}\left(\frac{F(I) + \lambda_r \sum_{o \in \{x,\ y\}} \overline{F(\partial_o)} \cdot F(A \cdot \nabla I_o)}{F(1) + \lambda_r \sum_{o \in \{x,\ y\}} \overline{F(\partial_o)} \cdot F(\partial_o)} \right) \tag{6-82}$$

式中,$F(\cdot)$ 和 $F^{-1}(\cdot)$ 分别为快速傅里叶变换和快速傅里叶逆变换;$\overline{F(\partial_o)}$ 为 $F(\partial_o)$ 的复共轭;$F(1)$ 为脉冲函数的傅里叶变换。

式(6-82)中所有的加法、乘法和除法都是点对点的运算。

相比于在灰度域求解优化框架式(6-80),在利用式(6-82)求解更高效,因为在灰度域求解需要将优化框架式（6-80）转换为线性系统求解，需要对大矩阵求逆，十分耗时；式（6-82）是将矩阵求逆过程转换为一个在频域中点对点的除法运算，远比对矩阵直接求逆高效。

在实现过程中，将 k' 和 ζ 分别设置为 2 和 0.01，正则项权重 λ_r 设置为 100。图 6-31 展示了输入的渣铁射流图像和滤波后的渣铁射流图像，结果显示，渣铁射流表面纹理以及粉尘纹理变得更加平滑，渣铁沟内的杂乱纹理也被滤除，而且渣铁射流边界信息得到了很好的保护。

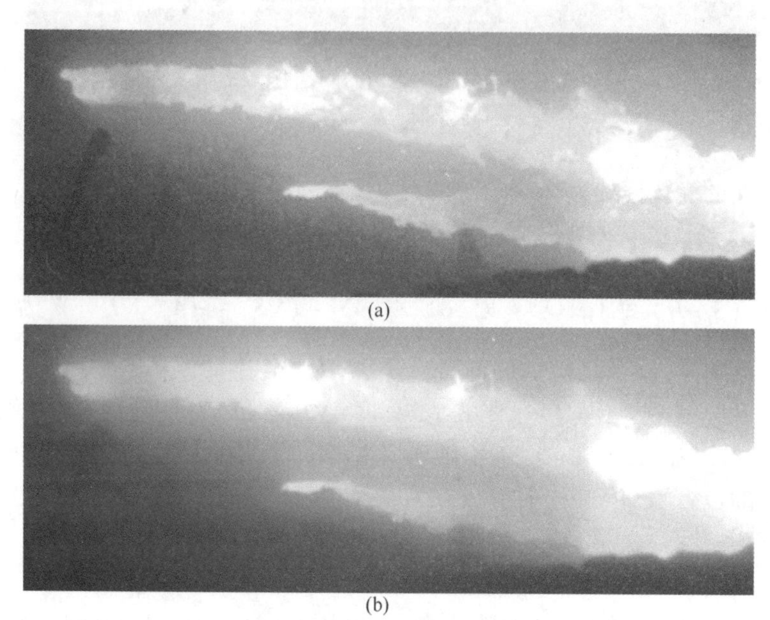

(a)

(b)

图 6-31　渣铁滤波图像(a)和滤波后的渣铁射流图像(b)
(扫描书前二维码看彩图)

图 6-32 显示了基于原始 Canny 算子和基于高效保边滤波算法的 Canny 算子所得到的渣铁射流图像边缘检测结果。结果显示，原始 Canny 算子的边缘检测结果中存在大量的噪声边缘像素，而基于高效保边滤波算法的 Canny 算子的边缘检测结果中渣铁射流边界像素几乎被保留，且大量的噪声边缘像素被消除。然而，渣铁射流边界像素的不连通性和波动性导致从渣铁射流边缘图像结果中难以提取满意的渣铁射流边界像素集。因此，有必要寻找一种鲁棒、可识别的特征，以便定位粉尘环境下的渣铁射流边界像素集。

考虑到渣铁射流在重力作用下流向渣铁沟，其轨迹近似为抛物线，因此，渣铁射流边界应具有抛物线的相关特征，即上边界或下边界像素会聚集于某一抛物线的附近。为此，基于此特征，考虑渣铁射流边界波动的特性，提出了一种基于距离投票霍夫变换的抛物线检测算法，从而识别渣铁射流的上下边界。

6.3.1.2　基于距离投票霍夫变换的抛物线检测算法

经典霍夫变换是基于定义的曲线表达式，将图像空间中边缘像素转换为霍夫空间的投票值，其中霍夫空间中的每个单元格均是特定实例的曲线，具有最大累积票数的单元格表示输入边缘像素集中的最佳曲线。基于图像中渣铁射流边界的形状给出了抛物线表达式，即

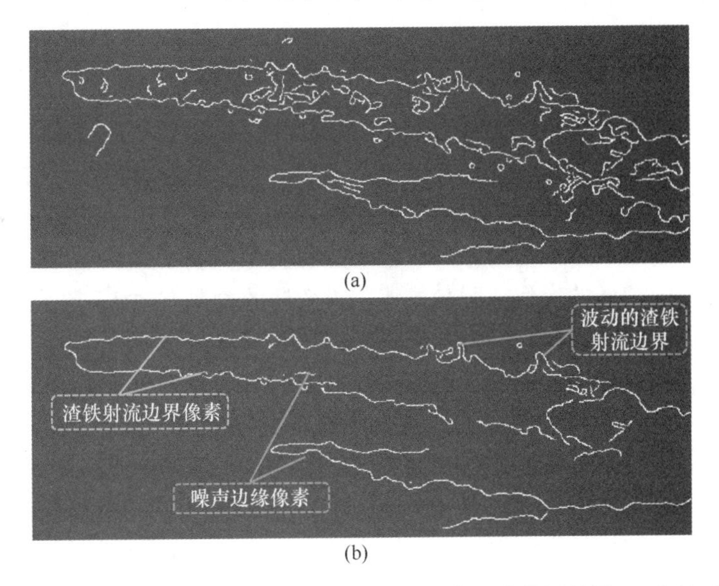

(a)

(b)

图 6-32 基于原始 Canny 算子的渣铁射流图像边缘检测结果(a)和基于高效保边滤波 Canny 算子的渣铁射流图像边缘检测结果(b)

$$y = A \cdot (x - a)^2 + b, \quad A > 0 \tag{6-83}$$

式中 (x, y) 为图像空间中的边缘像素坐标；(a, b) 为抛物线顶点；A 为二次项系数，控制着抛物线的开口大小与方向。

根据现场操作人员的经验，高炉出铁口渣铁出流角度范围为 0°~10°，出流速度范围为 3~8 m/s，为此，基于刚体抛物线原理提前确定 A、a 和 b 的取值范围。

给定霍夫空间 $H(A, a, b)$，当边缘像素坐标满足 $y = \text{round}(A' \cdot (x - a')^2 + b')$ 时，经典霍夫变换会在霍夫空间中为该特定的抛物线 (A', a', b') 投票。因此，某一抛物线经过的边缘像素个数越多，其在霍夫空间中则会产生越大的投票值。当投票结束后，基于峰值检测技术可从霍夫空间中确定出图像中的目标抛物线。

为了充分利用边缘像素信息，提出了基于距离投票霍夫变换的抛物线检测算法，使某一特定抛物线附近的边缘像素可根据距离为该抛物线进行不同权值的投票，达到充分利用渣铁射流图像中边缘信息的目的。

观察到固定 a 时，边缘像素点 (x, y) 在霍夫空间中形成一条直线（直线方程：$b = -A \cdot (x - a)^2 + y$），距离该直线越近的抛物线参数 (A, b) 表明边缘像素点距离该抛物线越近。为此，提出了基于距离的加权投票思想，使得每个边缘像素会根据距离而为不同抛物线参数 (A, a, b) 赋予不同的投票权重 $\text{Votes}(A, a, b)$；不仅如此，在所构造的投票权重函数中采用分段计算的策略，以减弱距抛物线较远边缘像素对投票权重的影响，提升距抛物线近的边缘像素对投票权重的影响。基于距离投票权重的计算表达式为：

$$\text{Votes}(A, a, b) = \begin{cases} \sum_{n=1}^{N_p} \exp(-\lambda \cdot \text{dist}(x_n, y_n)) & \text{dist} \leqslant 1/\lambda \\ \sum_{n=1}^{N_p} \exp(-\text{dist}(x_n, y_n)/\lambda) & \text{dist} > 1/\lambda \end{cases} \tag{6-84}$$

$$\mathrm{dist}(x, y) = \frac{|-b - A \cdot (x-a)^2 + y|}{\sqrt{1+(x-a)^4}} \tag{6-85}$$

式中，dist 为参数 (A, b) 到直线的距离；$\lambda \in (0, 1]$ 为距离因子，控制着投票权重对距离的敏感程度；N_p为边缘像素的个数。当 $\mathrm{dist} \leqslant 1/\lambda$ 时，λ 越小，投票权重对距离越不敏感，使距离越大的边缘像素能够具有更大的投票权重，反之亦然。当 $\mathrm{dist} > 1/\lambda$ 时，λ 越小，投票权重对距离越敏感，使得距离越大的边缘像素具有更小的投票权重，反之亦然。为了可视化所提基于距离的投票方案与经典霍夫变换的投票方案所产生的投票结果，将参数 a 固定使三维霍夫空间退化为二维霍夫空间，图 6-33 显示了两种投票方案的投票结果。从投票结果来看，两种投票方案都能定位渣铁射流上下边界的两条抛物线。然而，由于渣铁射流边界的波动，经典霍夫变换的投票方案在目标抛物线参数区域的投票分布较为离散，存在多个峰，难以确定最佳的抛物线参数；所提基于距离的投票方案则是在目标抛物线参数区域的投票较为集中，且只有一个峰，容易准确定位出目标抛物线，这是因为基于距离的加权投票思想使得抛物线附近的边缘像素也能为目标抛物线进行投票。

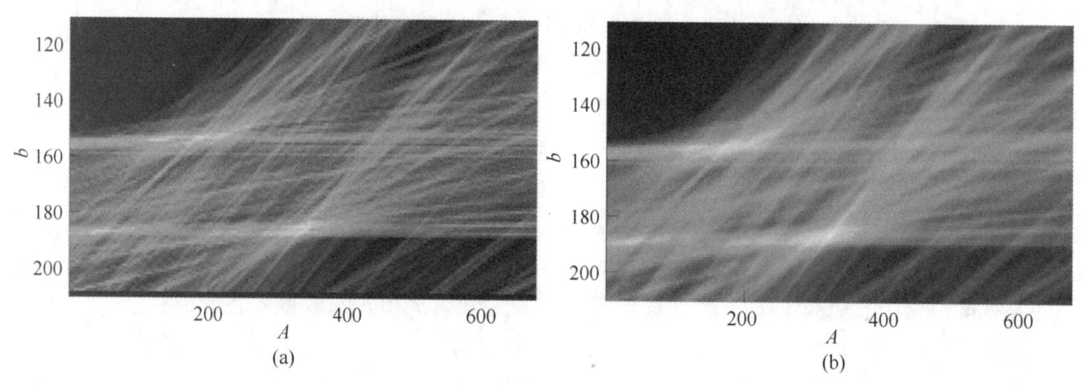

图 6-33 经典霍夫变换(a)和所提基于距离(b)的投票方案比较
(扫描书前二维码看彩图)

由于二次项系数 A 远小于参数 b，二次项系数的变化几乎不影响 dist 的计算结果，为此，将二次项系数 A 进行尺度拉伸，变换表达式为：

$$\widetilde{A} = \mathrm{round}(A / 10^{-sa}) \tag{6-86}$$

式中，$\widetilde{A}$ 为变换后的二次项系数；sa 为拉伸变换的尺度因子。

$\widetilde{A}$ 和 sa 均为正整数。此时，参数 $(\widetilde{A}, b)$ 到直线的距离可写为：

$$\mathrm{dist}(x, y) = \frac{|-b - \widetilde{A} \cdot 10^{-sa} \cdot (x-a)^2 + y|}{\sqrt{1+(x-a)^4 \cdot 10^{-2sa}}} \tag{6-87}$$

随着尺度因子增大，变换后的二次项系数取值范围就越大，变换后三维霍夫空间 $H(\widetilde{A}, a, b)$ 的单元体数量会成指数增加，所检测的抛物线二次项系数也就越精确。然而，过多的单元体会直接导致内存需求增加和搜索尺度增大，为了均衡检测精度和检测速度，给出了实际应用中尺度因子的确定方案。为获得满意的检测精度，改变 $\widetilde{A}$ 需要使图像

中抛物线所有点的纵坐标变化绝对值均小于 1 个像素，即满足

$$|b + \widetilde{A}_1 \cdot 10^{-sa} \cdot (x - a)^2 - b - \widetilde{A}_2 \cdot 10^{-sa} \cdot (x - a)^2| < 1 \tag{6-88}$$

式（6-88）化简可得：

$$(x - a)^2 < \frac{10^{sa}}{|\widetilde{A}_1 - \widetilde{A}_2|} \tag{6-89}$$

由于渣铁射流的出流角度大于 0°，渣铁射流上下边界抛物线的顶点横坐标也大于 0，则有

$$(x - a)^2 < \text{width}^2 \tag{6-90}$$

式中，width 为渣铁射流图像的宽度。

不等式 $\text{width}^2 < \dfrac{10^{s}}{|\widetilde{A}_1 - \widetilde{A}_2|}$ 是式（6-89）成立的充分条件，不等式 $\text{width}^2 < \dfrac{10^{sa}}{|\widetilde{A}_1 - \widetilde{A}_2|}$ 可重写为：

$$\lg(|\widetilde{A}_1 - \widetilde{A}_2| \cdot \text{width}^2) < sa \tag{6-91}$$

因为 $\widetilde{A}$ 为正整数，$|\widetilde{A}_1 - \widetilde{A}_2|$ 项最小值等于 1，为获得满意的检测精度，尺度因子应满足 $sa > 2\lg(\text{width})$。

标准的粒子群优化算法中粒子 i 的速度 v_i 和位置 x_i 的更新方法分别为：

$$v_i^{t+1} = \omega_p^t v_i^t + c_1^t \text{rand}_1(\text{pbest}_i^t - x_i^t) + c_2^t \text{rand}_2(\text{gbest}_i^t - x_i^t) \tag{6-92}$$

$$x_i^{t+1} = x_i^t + v_i^{t+1} \tag{6-93}$$

式中，ω_p^t 为 t 时刻算法惯性权重；v_i^t 和 x_i^t 分别为 t 时刻种群粒子 i 的速度与位置；c_1^t 和 c_2^t 为 t 时刻算法学习因子；rand_1 和 rand_2 为［0，1］区间上均匀分布的随机数；pbest_i^t 和 gbest_i^t 分别为 t 时刻种群粒子 i 的个体最优粒子和全局最优粒子。

粒子 i 的适应度函数表达式为：

$$\text{fitness}(i) = \text{Votes}(\widetilde{A}_i, a_i, b_i) \tag{6-94}$$

考虑到渣铁射流图像中只存在渣铁射流的上下边界两个显著的抛物线，提出了一种粒子初始位置快速设定策略，具体策略步骤如下：

步骤 1：为了直接减少计算量，采用滤波后图像进行 4 倍降采样，再利用 Canny 算子后三个检测阶段获取降采样后图像的边缘检测结果；

步骤 2：将抛物线的对称轴固定以减少变化的参数 a，使得三维霍夫空间 $H(A, a, b)$ 退化至二维霍夫空间 $H(A, b)$；

步骤 3：利用经典霍夫变换和峰值检测技术确定出边缘检测结果中的目标抛物线的参数，将得到目标抛物线的参数转化为原始图像的抛物线参数（$\widetilde{A}_{ini}$，a_{ini}，b_{ini}），粒子的初始位置被随机设定在参数（$\widetilde{A}_{ini}$，a_{ini}，b_{ini}）的附近。

采用该策略设定粒子的初始位置后，需要设定粒子的个数 N_{Particle} 和迭代次数 N_{iter}，这两个参数值选择过大则会使得算法运行效率过低，反之则会影响结果的精度。基于实验发

现，粒子个数 N_{Particle} 和迭代次数 N_{iter} 分别设定为 100 和 50 时能达到良好的精度和满意的运行效率。基于距离投票霍夫变换与粒子群优化算法确定的抛物线如图 6-34 所示。所提方法实现了渣铁射流上下边界抛物线的检测，且所检测的抛物线很好地贴合在渣铁射流边界。

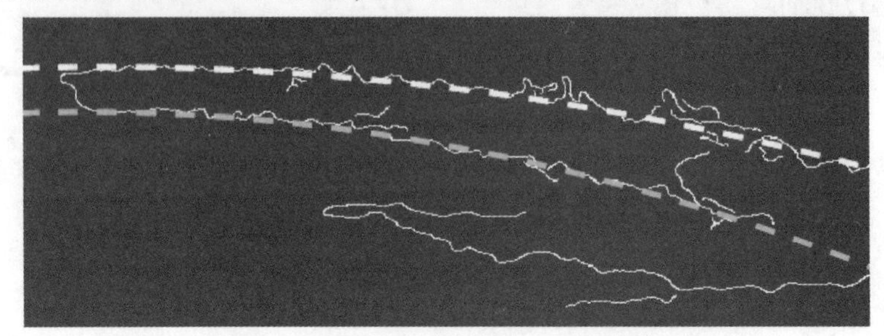

图 6-34　渣铁射流边缘图像中上下边界抛物线检测结果

6.3.1.3　基于边界连续性的渣铁射流边界定位与铁口半径检测方法

尽管基于距离投票霍夫变换算法可得到渣铁射流边界的上下两条抛物线参数，但是渣铁射流边界像素集仍旧无法直接确定，难以基于渣铁射流的边界像素集确定铁口的半径。为此，基于获取的抛物线参数确定初始边界像素集 PS_{ini} ，即

$$\mathrm{PS}_{ini} = \{(x, y) \mid |y - (A \cdot (x - a)^2 + b)| \leq 1/\lambda, (x, y) \in \mathrm{PS}\} \tag{6-95}$$

初始边界像素集 PS_{ini} 存在两个问题：(1) 由于渣铁射流边界的不连通性与波动性，存在大量渣铁射流边界像素未被检测出，使得初始边缘像素集在图像中呈分段分布；(2) 由于采用了阈值确定初始边缘像素集，导致噪声边缘像素容易被误识别为渣铁射流边界像素。

考虑到渣铁射流边界具有波动性和连续性，其边界像素将会沿着确定的抛物线呈现出上下分布，提出了一种边界识别规则以确定期望渣铁射流边界像素集 $\mathrm{PS}_{\mathrm{desire}}$；通过引入边界波动阈值 Ft ，利用射流边界具有连续变化的特性，在保留渣铁射流边界像素的同时，实现了对虚假边缘像素的去除。渣铁射流边界的期望像素集 $\mathrm{PS}_{\mathrm{desire}}$ 的识别规则表示如下：

$$\begin{cases} 1 - N(C_i \cap \mathrm{PS}_{ini})/N(C_i) \leq Ft & C_i \in \mathrm{PS}_{\mathrm{desire}} \\ 1 - N(C_i \cap \mathrm{PS}_{ini})/N(C_i) > Ft & C_i \notin \mathrm{PS}_{\mathrm{desire}} \end{cases} \tag{6-96}$$

式中，C_i 为在边缘检测结果中由八连通像素组成的第 i 个曲线；$N(\cdot)$ 为测量集合像素个数的函数。

由于渣铁射流上边界与下边界的像素个数是不均衡的，对上下边界像素集分别进行二次项拟合确定渣铁射流上下边界精确的抛物线参数。因此，铁口半径的表达式可写为：

$$R_{\mathrm{taphole}} = \frac{A_{\mathrm{u}}(x_{\mathrm{taphole}} - a_{\mathrm{u}})^2 + b_{\mathrm{u}} - A_{\mathrm{d}}(x_{\mathrm{taphole}} - a_{\mathrm{d}})^2 - b_{\mathrm{d}}}{2} \tag{6-97}$$

式中，下标 u 和 d 分别为上边界抛物线和下边界抛物线；x_{taphole} 为在图像中铁口位置的横坐标，可直接在图像中确定。

综上所述，渣铁射流边界像素集与铁口半径的检测分为如下四个步骤。

步骤 1：利用基于高效保边滤波的 Canny 算子从渣铁射流图像中提取边缘像素；

步骤 2：确定尺度因子，初始化三维霍夫空间，根据重新制定的投票共享策略，使每个边缘像素对霍夫空间中的目标抛物线进行投票；

步骤3：基于所提策略快速确定粒子的初始位置，设定粒子的个数 N_{Particle} 和迭代次数 N_{iter}，初始化每个粒子的速度，执行粒子群优化算法确定渣铁射流边界的上下两条抛物线参数；

步骤4：基于渣铁射流边界的上下两条抛物线参数确定出初始边缘像素集 PS_{ini}，利用提出的边界识别规则，得到渣铁射流上下边界的期望像素集 $\mathrm{PS}_{\mathrm{desire}}$，基于式（6-97）得到铁口半径。

6.3.1.4　渣铁射流边界与铁口半径检测结果与分析

为了验证渣铁射流边界检测方法的有效性，在某炼钢厂的2号高炉出铁现场采集了足量的渣铁射流图像数据。对比的算法有经典霍夫变换、随机霍夫变换和基于核估计的霍夫变换，实验结果表明，所提方法能在粉尘环境下实现准渣铁射流边界像素集与铁口半径的同步检测。

通过实验调优将所提方法的 λ 和 Ft 分别设为0.2和0.5，给出了该方法在渣铁射流边界像素集检测的视觉定性比较和定量比较。采用经典霍夫变换、随机霍夫变换、基于核估计霍夫变换和所提基于距离投票霍夫变换对三幅不同渣铁射流图像的边界检测结果如图6-35所示。图6-35中基于不同霍夫变换的渣铁射流边界检测方法存在明显误检或漏检的位置均被红色箭头所标出，可以发现，经典霍夫变换、随机霍夫变换和基于核估计霍夫变

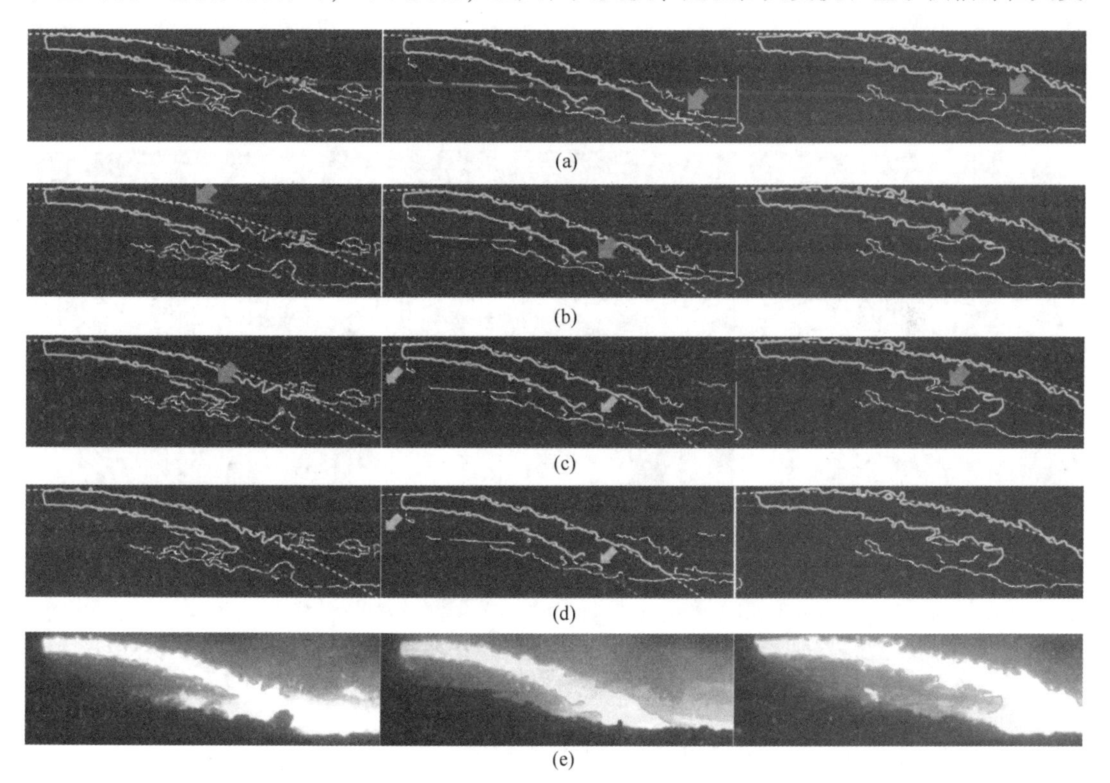

图6-35　不同渣铁射流边界的检测结果

（a）经典霍夫变换；（b）随机霍夫变换；（c）基于核估计霍夫变换；

（d）所提基于距离投票霍夫变换；（e）从边缘检测结果中基于距离投票霍夫变换

（扫描书前二维码看彩图）

换的渣铁射流边界检测结果中存在大量不连续边界，而且存在噪声边缘像素被误检测为渣铁射流边界的情况，而采用所提基于距离投票霍夫变换后，渣铁射流边界检测结果中没有出现明显的误检或漏检。在绿色箭头标出的位置发现，尽管基于随机霍夫变换能完整检测出渣铁射流的边界像素集，但是对比所提距离投票霍夫变换，其检测的抛物线未能很好地贴近所提的边界像素集。如图 6-35（e）所示，从边缘检测结果中提取出由绿色标记的渣铁射流边界像素与肉眼判断基本一致，这表明基于距离投票霍夫变换的渣铁射流边界检测方法能准确、稳健地确定渣铁射流上下边界形成的两条抛物线。由此可见，基于距离投票霍夫变换的渣铁射流边界检测方法要优于基于其他霍夫变换的渣铁射流边界检测方法。

如图 6-36 所示，测试了当粉尘干扰严重时所提渣铁射流边界检测方法的有效性，由箭头标出的位置可看出，基于原始 Canny 算子获取的渣铁射流边缘图像中存在大量噪声边缘像素信息，导致渣铁射流边界检测方法检测出的边界像素集中存在因粉尘遮挡产生的噪声边缘像素。由图 6-36（b）可看出，采用所提基于高效保边滤波的 Canny 算子获取渣铁射流边缘图像后，检测的渣铁射流边界像素集中几乎不存在明显的误检。图 6-36（c）展示了采用经典霍夫变换、随机霍夫变换、基于核估计霍夫变换和所提基于距离投票霍夫变换对该图像的边界检测结果，其中，基于距离投票霍夫变换能完整地检测出渣铁射流的边界像素集。

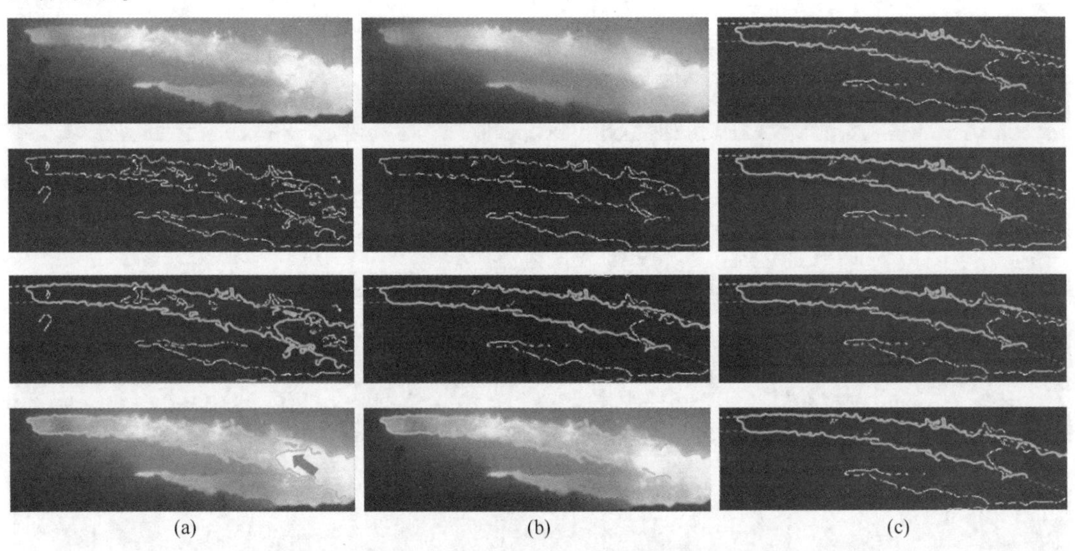

图 6-36 粉尘干扰严重时渣铁射流边界的检测结果

（a）采用了原始 Canny 算子；（b）采用了基于高效保边滤波；
（c）从上往下分别为经典霍夫变换、随机霍夫变换、基于核估计霍夫变换和所提基于距离投票霍夫变换
（扫描书前二维码看彩图）

为了量化所提渣铁射流边界检测方法的检测性能，提出了边界完整性（BI，Boundary Integrity）和边界冗余性（BR，Boundary Redundancy）两个指标以评价边界检测的性能，其分别定义为：

$$\mathrm{BI} = \frac{N(\mathrm{PS}_{\mathrm{st}} \cap \mathrm{PS}_{\mathrm{desire}})}{N(\mathrm{PS}_{\mathrm{st}})} \times 100\% \tag{6-98}$$

$$BR = \frac{N(PS_{desire}/(PS_{st} \cap PS_{desire}))}{N(PS_{desire})} \times 100\% \qquad (6\text{-}99)$$

式中，PS_{st} 为真实渣铁射流边界像素集；$N(\cdot)$ 为集合内像素元素的个数；BI 为被检测边界与标准边界的重合程度；BR 为边界检测的错误率。

为了获取真实渣铁射流边界像素集 PS_{st}，每隔 1 min 采集一个出铁周期共 100 张渣铁射流图像，这些图像包含了具有不同渣铁流速、被粉尘不同程度干扰的渣铁射流图像。随后，采用基于高效保边滤波的 Canny 算子获取渣铁射流边缘图像，用肉眼对渣铁射流边界的像素点进行标记，进而构建渣铁射流图像的真实渣铁射流边界像素集。在构建真实渣铁射流边界像素集时，在渣铁射流图像中手动获取了铁口的半径验证铁口半径检测方法的有效性。

表 6-11 展示了采用经典霍夫变换、随机霍夫变换、基于核估计霍夫变换和所提基于距离投票霍夫变换对 100 幅渣铁射流图像的边界检测性能。显然，采用距离投票霍夫变换的渣铁射流边界检测方法具有较高的平均 BI 值和较低的平均 BR 值，说明基于距离投票霍夫变换的渣铁射流边界检测方法能准确检测出渣铁射流的边界的像素集。

表 6-11 渣铁射流边界检测性能

指 标	经典霍夫变换	随机霍夫变换	基于核估计霍夫变换	基于距离投票霍夫变换
平均 BI	88.27	89.36	88.58	95.52
平均 BR	5.73	5.28	5.66	1.26

此外，采用平均相对误差 MRE 量化不同方法对铁口半径检测的性能。经典霍夫变换、随机霍夫变换、基于核估计霍夫变换和所提基于距离投票霍夫变换对这 100 张渣铁射流图像进行了铁口半径检测，这些方法的平均相对误差 MRE 分别为 2.35%、1.91%、2.08% 和 0.78%。由此可见，渣铁射流边界检测性能越高，铁口半径检测精度更好，基于距离投票霍夫变换检测的铁口半径平均相对误差最低，具有更优的铁口半径检测性能。

6.3.2 基于边界混合形态特征的铁口渣铁流量在线检测方法

6.3.2.1 渣铁射流边界混合形态特征的提取

为了量化渣铁射流边界的形态，从拟合特征、形态特征和矩特征等三个方面提取了渣铁射流上下边界的混合形态特征。为区分渣铁射流上下边界的混合形态特征，利用 PS_u 和 PS_d 分别表示渣铁射流的上边界像素集和下边界像素集。

A 拟合特征

根据刚体抛物运动规律可知，抛物线的一阶项系数和二阶项系数分别表征了铁口处渣铁流出速度的方向和大小。为此，采用最小二乘法对渣铁射流的上下边界进行二次项拟合以获得渣铁射流上下边界抛物线的一阶项系数和二阶项系数。

$$Q_u, F_u = \underset{Q_u, F_u}{\operatorname{argmin}} \sum_{(x_u, y_u) \in PS_u} (Q_u \cdot x_u + F_u \cdot x_u + C_u - y_u)^2 \qquad (6\text{-}100)$$

$$Q_d, F_d = \underset{Q_d, F_d}{\operatorname{argmin}} \sum_{(x_d, y_d) \in PS_d} (Q_d \cdot x_d + F_d \cdot x_d + C_d - y_d)^2 \qquad (6\text{-}101)$$

式中，u 和 d 分别为渣铁射流的上边界与下边界；F、Q 和 C 分别为抛物线拟合的一阶项系数、二阶项系数和常数项；(x_u, y_u) 和 (x_d, y_d) 分别为渣铁射流上边界和下边界的像素点位置。

由于铁口渣铁流速越快，渣铁表面的扰动越强，导致边界的波动幅值增大。考虑到拟合的均方根误差可以表征边界波动幅值，从而间接表征铁口渣铁的速度，故将拟合的均方根误差也作为渣铁射流上边界和下边界的拟合特征，表达式为：

$$R_{u,d} = \sqrt{\frac{1}{\| PS_{u,d} \|} \sum_{(x_{u,d},\ y_{u,d}) \in PS_{u,d}} (Q_{u,d} \cdot x_{u,d} + F_{u,d} \cdot x_{u,d} + C_{u,d} - y_{u,d})^2} \tag{6-102}$$

B　形态特征

在不同的铁口渣铁流速下，渣铁射流的边界具有不同的弯曲程度和延伸方向。为此，采用平均曲率（MC，Mean Curvature）[19]和最小惯性轴斜率（SALI，Slope of Axis of Least Inertia）定量描述渣铁边界的形态特征。

显然，渣铁射流上下边界的平均曲率越小，铁口渣铁流速越大。渣铁射流上边界和下边界的平均曲率表达式为：

$$MC_{u,d} = \frac{1}{\| PS_{u,d} \|} \sum_{(x_{u,d},\ y_{u,d}) \in PS_{u,d}} (\dot{x}_{u,d}\ddot{y}_{u,d} - \ddot{x}_{u,d}\dot{y}_{u,d}) / (\dot{x}_{u,d}^2 + \dot{y}_{u,d}^2)^{1.5} \tag{6-103}$$

式中，$(\dot{x}, \dot{y})$ 和 $(\ddot{x}, \ddot{y})$ 分别为边界像素 (x, y) 处的一阶导数和二阶导数。

最小惯性轴（ALI，Axis of Least Inertia）的物理含义是图像形状绕最小惯性轴的转动惯量最小，是保存图像形状的唯一参考线[20]。渣铁射流上下边界的最小惯性轴定义为到边界像素的距离平方积分最小的直线。由最小惯性轴的物理定义可知，最小惯性轴必定经过图像形状的质心，确定渣铁射流上下边界最小惯性轴的表达式为：

$$E_{u,d} = \frac{1}{2}(C_{u,d}^1 + C_{u,d}^3) - \frac{1}{2}(C_{u,d}^1 - C_{u,d}^3)\cos 2\alpha'_{u,d} - \frac{1}{2}C_{u,d}^2 \sin 2\alpha'_{u,d} \tag{6-104}$$

$$C_{u,d}^1 = \sum_{(x_{u,d},\ y_{u,d}) \in PS_{u,d}} (x_{u,d} - \bar{x}_{u,d})^2 \tag{6-105}$$

$$C_{u,d}^2 = 2 \sum_{(x_{u,d},\ y_{u,d}) \in PS_{u,d}} (x_{u,d} - \bar{x}_{u,d})(y_{u,d} - \bar{y}_{u,d}) \tag{6-106}$$

$$C_{u,d}^3 = \sum_{(x_{u,d},\ y_{u,d}) \in PS_{u,d}} (y_{u,d} - \bar{y}_{u,d})^2 \tag{6-107}$$

$$\bar{x}_{u,d} = \frac{1}{\| PS_{u,d} \|} \sum_{(x_{u,d},\ y_{u,d}) \in PS_{u,d}} x_{u,d}\ ,\ \bar{y}_{u,d} = \frac{1}{\| PS_{u,d} \|} \sum_{(x_{u,d},\ y_{u,d}) \in PS_{u,d}} y_{u,d} \tag{6-108}$$

式中，α' 为最小惯性轴与 X 轴之间的夹角。

当 $E_{u,d}$ 达到最小时，即 $\partial E_{u,d} / \partial \alpha'_{u,d} = 0$，可得到最小惯性轴与 X 轴之间的夹角 α'，即

$$\alpha'_{u,d} = \frac{1}{2}\arctan\left(\frac{C_{u,d}^2}{C_{u,d}^1 - C_{u,d}^3}\right) \qquad -\frac{\pi}{2} < \alpha'_{u,d} < \frac{\pi}{2} \tag{6-109}$$

可确定出渣铁射流上边界和下边界的最小惯性轴斜率。

$$\mathrm{SALI}_{u,d}=\begin{cases}\tan\left(\alpha'_{u,d}+\dfrac{\pi}{2}\right) & \partial^2 E_{u,d}/\partial\alpha'^{\,2}_{u,d}<0\\ \tan(\alpha'_{u,d}) & \text{其他}\end{cases} \tag{6-110}$$

C 矩特征

几何矩经常被用作表示物体形状的重要特征[21]，可在图像处理中实现目标的分类和识别。阶数为（$p+q$）的渣铁射流上下边界几何矩函数 $m_{u,d}^{pq}$ 可由式（6-111）表示。

$$m_{u,d}^{pq}=\sum_{(x_{u,d},\ y_{u,d})\in \mathrm{PS}_{u,d}} x_{u,d}^{p}y_{u,d}^{q}f(x_{u,d},\ y_{u,d})\qquad p,\ q=0,\ 1,\ 2,\ \cdots \tag{6-111}$$

式中，$x_{u,d}^{p}$、$y_{u,d}^{q}$ 为矩加权核或基集；$f(x_{u,d},\ y_{u,d})$ 为渣铁射流上下边界上像素位置为（$x_{u,d}$，$y_{u,d}$）的权值。

考虑到渣铁射流上下边界的波动和不连续性会降低几何矩的稳定性，提出了基于渣铁射流上下边界拟合曲线的边界像素权重函数，即

$$f(x_{u,d},\ y_{u,d})=\exp(-|Q_{u,d}\cdot x_{u,d}^{2}+F_{u,d}\cdot x_{u,d}+C_{u,d}-y_{u,d}|/R_{u,d}) \tag{6-112}$$

$f(x_{u,d},\ y_{u,d})$ 的值域为（0，1]，边界像素越接近拟合的二次曲线，其值越接近 1。阶次为（$p+q$）的几何中心阶矩定义为：

$$\mu_{u,d}^{pq}=\sum_{i=1}^{m}(x_{u,d}-x'_{u,d})^{p}(y_{u,d}-y'_{u,d})^{q}f(x_{u,d},\ y_{u,d}) \tag{6-113}$$

式中，$x'_{u,d}=m_{u,d}^{10}/m_{u,d}^{00}$；$y'_{u,d}=m_{u,d}^{01}/m_{u,d}^{00}$。

几何中心矩不会因平移变化而变化，但对旋转变化十分敏感。通过对中心矩进行归一化，消除形状像素点数量变化带来的影响，实现几何中心矩的旋转、平移和尺度不变性。归一化表达式可写为：

$$\eta_{u,d}^{pq}=\mu_{u,d}^{pq}/(\mu_{u,d}^{00})^{r},\ r=\frac{p+q+2}{2}\qquad p+q=2,\ 3,\ \cdots \tag{6-114}$$

Hu[25]利用归一化几何中心矩构造了七个不变矩。由于矩函数的基不是正交的，七个不变矩之间会存在严重的冗余信息，并且高阶不变矩对噪声很敏感。基于二阶矩构成的 IM^1 和 IM^2 在实际应用中具有良好的不变性，将其作为矩特征以量化渣铁射流上下边界的形态信息。

$$\mathrm{IM}_{u,d}^{1}=\eta_{u,d}^{20}+\eta_{u,d}^{2} \tag{6-115}$$

$$\mathrm{IM}_{u,d}^{2}=(\eta_{u,d}^{20}-\eta_{u,d}^{2})^{2}+4\eta_{u,d}^{11} \tag{6-116}$$

6.3.2.2 铁口渣铁流量测量模型

根据渣铁射流边界检测方法与特征提取方法，从渣铁射流的上下边界提取 7 种形态特征，其中 3 种拟合特征、2 种形态特征和 2 种矩特征。此外，将铁口半径也作为边界混合形态特征。为消除不同特征之间的量级差异，对边界混合形态特征集合进行线性归一化处理，将归一化后的上边界混合形态特征集与下边界混合形态特征集分别记录为 $\mathrm{BFset}_u=\{F_u,\ Q_u,\ R_u,\ \mathrm{MC}_u,\ \mathrm{SALI}_u,\ \mathrm{IM}_u^1,\ \mathrm{IM}_u^2,\ R_{taphole}\}$ 和 $\mathrm{BFset}_d=\{F_d,\ Q_d,\ R_d,\ \mathrm{MC}_d,\ \mathrm{SALI}_d,\ \mathrm{IM}_d^1,\ \mathrm{IM}_d^2,\ R_{taphole}\}$。

为获取边界混合形态特征集合和铁口渣铁流速之间对应的非线性函数关系，提出了基于 RBF 神经网络与支持向量回归（SVR）模型的铁口渣铁流速流量测量模型，模型的实现过程如图 6-37 所示。RBF 神经网络的基本形式为：

$$f(s_k)=\sum_{i=1}^{M_{hn}} w_i g_i(s_k) \tag{6-117}$$

$$g_i(s_k)=\exp\left(-\frac{\| s_k-\chi_i \|^2}{\sigma_i^2}\right) \quad i=1,\ 2,\ \cdots,\ M_{hn} \tag{6-118}$$

式中，$f(s_k)$ 为 RBF 神经网络的输出，也是铁口渣铁速度的估计值；s_k 为输入的第 k 个上边界混合形态特征集 $BFset_u^k$ 或下边界混合形态特征集 $BFset_d^k$；w_i 为输出与对应隐藏层之间的权重；$g_i(s_k)$ 为第 i 个隐节点的高斯基函数；χ_i 和 σ_i 分别为第 i 个基函数的中心和宽度；M_{hn}为隐藏节点的个数。

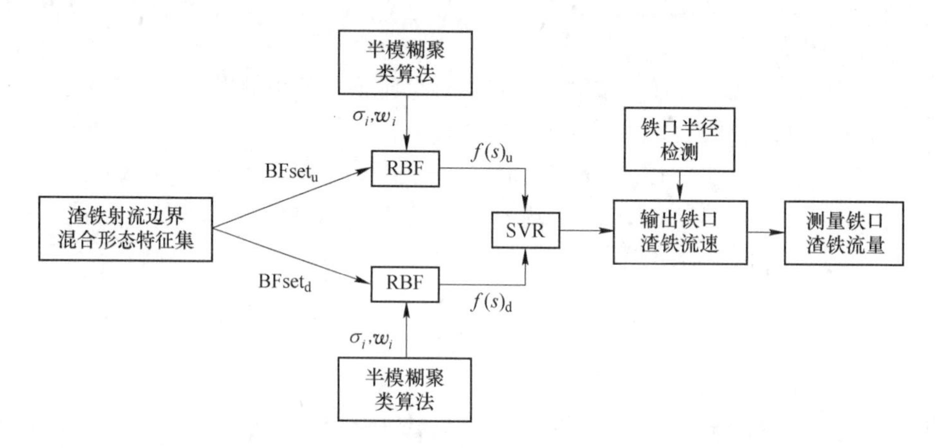

图 6-37　铁口渣铁流速流量测量模型的实现过程

由于上边界混合形态特征集 $BFset_u$ 或下边界混合形态特征集 $BFset_d$ 经过两个独立的 RBF 神经网络后分别输出两个铁口渣铁流速值，为此，引入支持向量回归（SVR）模型以优化两个 RBF 神经网络的输出，得到了铁口渣铁流速的精确测量值，结合当前时刻测量的铁口半径可实现铁口渣铁流量的精确测量。将两个 RBF 神经网络的输出记为$\boldsymbol{f}(s)^k=[f(s_k)_u,\ f(s_k)_d]$，用于 SVR 模型训练数据包含 n_s 个输入样本，训练输入表示为 $\{\boldsymbol{f}(s)^1,\ \boldsymbol{f}(s)^2,\ \cdots,\ \boldsymbol{f}(s)^{n_s}\}$，输入相应的实际铁口渣铁流速值记为 $\{v_{SI}^1,\ v_{SI}^2,\ \cdots,\ v_{SI}^{n_s}\}$。SVR 模型的典型表达式为：

$$v(\boldsymbol{f}(s))=\sum_{i=1}^{n_s}(\alpha_i-\alpha_i^*)\kappa(\boldsymbol{f}(s)^i,\ \boldsymbol{f}(s))+b_0 \tag{6-119}$$

$$\kappa(\boldsymbol{f}(s)^i,\ \boldsymbol{f}(s))=\exp(-\gamma\ |\boldsymbol{f}(s)^i-\boldsymbol{f}(s)|^2) \tag{6-120}$$

式中，$v(\boldsymbol{f}(s))$ 为 SVR 模型的输出，是铁口渣铁流速的最终测量值；α_i 和 α_i^* 为拉格朗日乘子；$\kappa(\boldsymbol{f}(s)^k$、$\boldsymbol{f}(s))$ 为高斯核函数；b_0 为偏差项；γ 为表示训练数据离散度的核宽度。

引入 $v(\boldsymbol{f}(s))$ 和 v_{SI}之间的最大可容忍偏差 τ，通过最大化目标函数式（6-121）确定 SVR 模型的最优参数。

$$\max_{\alpha_i,\alpha_i^*}\left\{\sum_{i=1}^{n_s}[v_{iron}^i(\alpha_i-\alpha_i^*)-\tau(\alpha_i+\alpha_i^*)]-\frac{1}{2}\sum_{i,\ j=1}^{n_s}[(\alpha_i-\alpha_i^*)(\alpha_j+\alpha_j^*)]\kappa(\boldsymbol{f}(s)^i,\ \boldsymbol{f}(s)^j)\right\} \tag{6-121}$$

$$\text{s.t.} \sum_{i=1}^{n_s} (\alpha_i - \alpha_i^*) = 0 \qquad \alpha_i,\ \alpha_i \in [0,\ C'] \tag{6-122}$$

式中，C' 为用于权衡 $v(\boldsymbol{f}(s))$ 的平整度与误差大于 τ 的容忍度之间的惩罚参数。

RBF 神经网络与 SVR 模型的参数选择很关键，直接影响铁口渣铁流量测量模型的性能。由于 SVR 模型仅有两个输入参数，因此采用网格搜索和交叉验证相结合的方法可准确确定 SVR 模型参数。RBF 神经网络有 3 个输入参数，考虑到相同铁口渣铁流速下，边界混合形态特征会聚集在一起表现出聚类特性，而渣铁射流表面扰动引起的边界不稳定性和不均匀粉尘遮挡作用，在相同条件下得到的渣铁射流边界存在差异，边界混合形态特征集与渣铁流速之间存在不稳定的内部非线性关系，渣铁射流边界混合形态特征表现出典型的模糊特性。RBF 神经网络有 3 个输入参数，结合边界混合形态特征的模糊和聚类特性，提出了一种基于半模糊聚类算法的 RBF 神经网络参数确定方法。

A　半模糊聚类算法

将硬聚类的目标函数和模糊聚类的目标函数进行仿射运算以构造混合半模糊聚类算法的目标函数为：

$$J_{\mathrm{H}} = \varphi \sum_{k=1}^{n_s} \sum_{i=1}^{c} u_{ik} \| s_k - v_i \|^2 + (1-\varphi) \sum_{k=1}^{n_s} \sum_{i=1}^{c} (u_{ik})^2 \| s_k - v_i \|^2 \tag{6-123}$$

式中，参数 φ 为控制变量，$\varphi \in [0,\ 1)$，通过参数 φ 的引入，将传统的硬聚类算法与模糊聚类算法相结合，直观地反映样本之间的聚类特征，同时该参数也影响着算法的聚类速度、聚类精度和对初值的依赖性；c 为聚类数；n_s 为输入样本集里的样本数；v_i 为聚类前随机取的聚类的聚类中心向量；s_k 为第 k 个样本；$u_{ik} \in [0,\ 1]$ 为第 k 个特征向量与第 i 个中心之间的隶属度。

对于隶属度满足约束条件：

$$\sum_{i=1}^{c} u_{ik} = 1 \qquad \forall k \tag{6-124}$$

根据聚类算法的基本原理，要使目标函数 J_{H} 在隶属度的约束条件下取得极小值，隶属度 u_{ik} 和聚类中心 v_i 的取值必须是在 J_{H} 对应的拉格朗日函数 $F(u_{ik},\ \lambda_k)$ 的驻点处，则可得到：

$$\begin{cases} \dfrac{\partial F(u_{ik},\ \lambda_k)}{\partial u_{ik}} = \varphi \| s_k - v_i \|^2 + 2(1-\varphi) u_{ik} \| s_k - v_i \|^2 - \lambda_k = 0 \\ \dfrac{\partial F(u_{ik},\ \lambda_k)}{\partial v_i} = \varphi \sum\limits_{k=1}^{n_s} u_{ik}(-2)(s_k - v_i) + (1-\varphi) \sum\limits_{k=1}^{n_s} (u_{ik})^2 (-2)(s_k - v_i) = 0 \end{cases} \tag{6-125}$$

通过求解式（6-125）可得 u_{ik}、v_i 和 λ_k 为：

$$\lambda_k = [2 + (c-2)\varphi] \times \frac{1}{\sum\limits_{j=1}^{c} \left(\dfrac{1}{\| s_k - v_j \|} \right)^2} \tag{6-126}$$

$$u_{ik} = \frac{2 + (c-2)\varphi}{2(1-\varphi)} \times \frac{1}{\sum\limits_{v_j \in C} \left(\dfrac{\| s_k - v_i \|}{\| s_k - v_j \|} \right)^2} - \frac{\varphi}{2(1-\varphi)} \tag{6-127}$$

$$v_i = \frac{\sum_{k=1}^{n_s} [\varphi u_{ik} + (1-\varphi)(u_{ik})^2] s_k}{\sum_{k=1}^{n_s} [\varphi u_{ik} + (1-\varphi)(u_{ik})^2]} \quad (1 \leqslant i \leqslant c) \tag{6-128}$$

根据隶属度的意义，有 $u_{ik} \geqslant 0$，则可以获得样本在隶属度上的分类为：

$$T_k = \left\{ v_i \in T_k: \| s_k - v_i \|^2 < \frac{2 + (\zeta(T_k) - 2)\varphi}{\varphi} \times \frac{1}{\sum_{v_j \in T_k} \left(\frac{1}{\| s_k - v_i \|} \right)^2} \right\} \tag{6-129}$$

式中，T_k 为所有含有第 k 个样本聚类中心向量的集合；$\zeta(T_k)$ 为第 k 个样本被 $\zeta(T_k)$ 个类共同具有。

半模糊聚类算法统计样本点属于的类的分布情况，计算每个样本在每个类中的隶属度，并更新聚类中心；通过比较新旧聚类中心的变化进行迭代，直到变化达到一定误差范围内，停止算法，得到聚类中心，完成半模糊聚类过程。为方便算法进行迭代，引入迭代参数 v_{iter}，样本在隶属度上的分类公式可写成：

$$T_k^{(v_{\text{iter}})} = \left\{ v_i \in T_k^{(v_{\text{iter}}-1)}: \| s_k - v_i \|^2 < \frac{2 + (\zeta(T_k^{(v_{\text{iter}}-1)}) - 2)\varphi}{\varphi} \times \frac{1}{\sum_{v_j \in T_k^{(v_{\text{iter}}-1)}} \left(\frac{1}{\| s_k - v_i \|} \right)^2} \right\} \tag{6-130}$$

对于不同类的样本点，给出不同的隶属度计算公式。当 $\zeta(T_k) = 1$ 时，样本点隶属度计算公式为：

$$u_{ik} = \begin{cases} 1 & \| s_k - v_i \|^2 = \min\limits_{1 \leqslant j \leqslant c} \{ \| s_k - v_j \|^2 \} \\ 0 & \end{cases} \tag{6-131}$$

当 $1 < \zeta(T_k) \leqslant c$ 时，该样本点的隶属度计算公式为：

$$u_{ik} = \frac{2 + [\zeta(T_k^{(v_{\text{iter}}-1)}) - 2]\varphi}{2(1-\varphi)} \frac{1}{\sum_{v_j \in T_k^{(v_{\text{iter}})}} \left(\frac{\| s_k - v_i \|}{\| s_k - v_j \|} \right)^2} - \frac{\varphi}{2(1-\varphi)} \tag{6-132}$$

在获得了所有样本的隶属度后，采用式（3-56）对隶属度进行归一化。

$$\hat{u}_{ik} = \frac{u_{ik}}{\sum_{j=1}^{c} u_{jk}} \quad (1 \leqslant i \leqslant c,\ 1 \leqslant j \leqslant c) \tag{6-133}$$

利用式（6-139）更新聚类中心。

$$v_i = \frac{\sum_{k=1}^{n_s} [\varphi \hat{u}_{ik} + (1-\varphi)(\hat{u}_{ik})^2] s_k}{\sum_{k=1}^{n_s} [\varphi \hat{u}_{ik} + (1-\varphi)(\hat{u}_{ik})^2]} \quad (1 \leqslant i \leqslant c) \tag{6-134}$$

综上所述，半模糊聚类算法具体程序流程如下：

步骤 1：选取 c 和 φ 的值，随机初始化 v_1，v_2，…，v_c，令迭代次数 iter = 0，$\forall k$：

$\zeta(T_k^{(0)})=c$，$T_k^{(0)}=\{v_1, v_2, \cdots, v_c\}$；

步骤 2：令 iter = iter + 1，利用式（6-130）更新 $T_k^{(v_{\text{iter}})}$ 和 $\zeta(T_k^{(v_{\text{iter}})})(1\leqslant k\leqslant n_s)$；

步骤 3：如果 $\zeta(T_k^{(v_{\text{iter}})})=1$，利用式（6-131）计算隶属度 $u_{ik}(1\leqslant k\leqslant n_s, 1\leqslant i\leqslant c)$，否则，利用式（6-132）计算隶属度，如果 $u_{ik}<0(1\leqslant k\leqslant n_s, 1\leqslant i\leqslant c)$，令 $u_{ik}=0$；

步骤 4：利用式（6-133）将所有样本隶属度进行归一化处理，利用式（6-135）更新聚类中心；

步骤 5：如果聚类中心变化在误差范围内停止计算，否则跳转到步骤 2。

B RBF 神经网络参数的确定

利用 RBF 网络逼近边界混合形态特征与铁口渣铁流速之间的非线性函数关系，必须确定 RBF 神经网络的隐藏节点数 M_{hn}，高斯基函数的中心 χ_i，高斯基函数的宽度 σ_i，以及权值 w_i 等关键参数。为此，利用所提半模糊聚类算法获得 RBF 神经网络的关键参数，将聚类数 c 设置为隐藏节点数 M_{hn}，将半模糊聚类算法得到的聚类中心设置为基函数的中心，即 $\chi_i=v_i$。由于宽度直接影响结果重叠度的大小，重叠度过大或过小都会严重影响网络的性能，为此，采用一种充分考虑类内特定数据分配关系的径向基函数的宽度的计算策略，即对隶属度选择一个阈值 $\xi=0.001$，利用式（6-135）对每个类的样本点进行重新筛选，并用集合 G_i 表示，求出集合 G_i 类中聚类中心到样本点的最大距离 $d_{\max}^i$，可得到高斯基函数的宽度 σ_i，具体公式为：

$$G_i=\{s_k\in C_i: u_{ik}\geqslant\xi\in(0, 1)\} \tag{6-135}$$

$$d_{\max}^i=\max_{s_k\in G_i}\{\|s_k-v_i\|^2\} \tag{6-136}$$

$$\sigma_i=\frac{2d_{\max}^i}{3}\qquad(1\leqslant i\leqslant c) \tag{6-137}$$

为确定权重，基于所确定的基函数的中心 χ_i 和宽度 σ_i 求出高斯基函数值矩阵 $\boldsymbol{H}_{\text{G}}$，$\boldsymbol{H}_{\text{G}}$ 为 $n_s\times c$ 的矩阵，其中 n_s 为样本总数，c 为聚类数。将与边界混合形态特征相对应的铁口渣铁流速 $[v_{\text{SI}}^1, v_{\text{SI}}^2, \cdots, v_{\text{SI}}^{n_s}]^{\text{T}}$ 设为矩阵 $\boldsymbol{Y}_v$，权值向量 $\boldsymbol{W}_v$ 可由权值计算式（5-61）得出。

$$\boldsymbol{W}_v=[\boldsymbol{H}_{\text{G}}^{\text{T}}\boldsymbol{H}_{\text{G}}]^{-1}\boldsymbol{H}_{\text{G}}^{\text{T}}\boldsymbol{Y}_v \tag{6-138}$$

6.3.3 实验验证

将所提铁口渣铁流量检测方法在某炼铁厂 2 号高炉铁口位置进行测试和验证。经过多次工业试验，铁口渣铁流量检测结果表明，所提检测方法在厚粉尘的影响下仍能实现铁口渣铁流量的精确检测，为高炉出铁现场的操作人员提供了可靠的渣铁流量，保证了出铁的高效性和安全性。

为保证铁口渣铁流量测量模型的测量性能，共收集 600 个数据样本，其中，挑选 500 个数据样本形成模型所需的训练集，其余 100 个数据样本作为测试集，且该训练集覆盖了几乎所有可能的渣铁流速，具体铁口渣铁流速范围为［3.4 m/s，7.4 m/s］。在铁口渣铁流量测量模型中，将半模糊聚类算法 c 和 φ 的初始值分别设为 10 和 0.5，则 RBF 神经网络中的隐藏节点数为 10，基函数的中心 χ_i 和宽度 σ_i 以及权值 w_i 可根据半模糊聚类算法的聚类结果得到；对于 SVR 模型，将最大可容忍偏差 τ 设置为 0.1，基于网格搜索的方法确

定惩罚参数 C' 和核宽度 γ 分别为 0.3 和 4。

为了验证所提出的半模糊聚类算法的有效性，使用不同的聚类算法进行比较，包括属于硬聚类的 K 均值聚类算法[26] 和模糊聚类的模糊 C 均值聚类算法[27]，用于确定 RBF 神经网络的参数，考虑到 SVR 模型是一个非线性的回归模型，会影响 RBF 神经网络参数确定的评价，将两个 RBF 神经网络的输出取均值作为渣铁流速的测量值。表 6-12 列出了使用三种不同聚类算法后渣铁流速测量值的平均绝对误差（MAE）和均方根误差（RMSE），可以看出，基于所提半模糊聚类算法的 MAE 和 RMSE 小于其他两种算法。因为 K 均值聚类算法和模糊 C 均值聚类算法不能充分挖掘出混合形态特征的半模糊性，不能使 RBF 神经网络实现更好的非线性映射能力；对比之下，所提半模糊聚类算法结合了模糊聚类和硬聚类的优点，实现了良好的铁口渣铁流速测量性能。

表 6-12　不同聚类算法的性能评估

方　法	指　标	
	MAE	RMSE
K 均值聚类算法	0.1407	0.1952
模糊 C 均值聚类算法	0.1217	0.1531
所提半模糊聚类算法	**0.0987**	**0.1212**

将所提渣铁流量测量模型应用至出铁现场，连续测量在薄粉尘或无粉尘影响下渣铁的流量，将第 4 章中所提渣铁流速检测方法得到的渣铁流量测量值作为参考值，计算了所提渣铁流量测量模型的渣铁流速测量相对误差，结果如图 6-38 所示。结果显示，大部分测量结果的相对误差小于 2%，最大的测量相对误差小于 4.5%，而且渣铁流速测量的平均相对误差仅为 1.504%，表明所提渣铁流量测量模型在薄粉尘或无粉尘干扰下能够实现渣铁流量的精确测量。

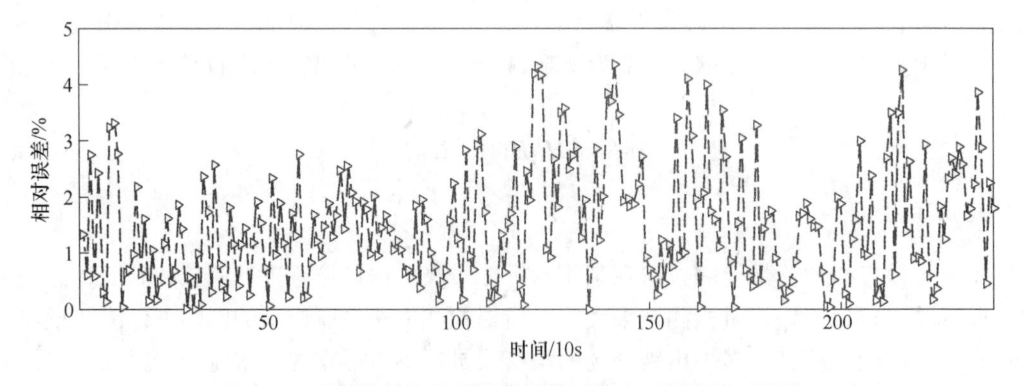

图 6-38　所提渣铁流量测量模型的渣铁流速测量相对误差

为了展示所提渣铁流量测量模型在厚粉尘环境下的测量性能，将工业称重传感器测量的铁水质量流量作为参考值以量化所提方法的测量性能。图 6-39 为厚粉尘影响下两种方法与工业称重传感器的铁水质量流量测量结果，安装在现场的工业称重传感器的测量周期为 30 s，而所提方法的测量周期为 10 s，足以满足现场在线检测的需要。铁水质量流量在开始阶段具有很明显的上升趋势，然后处于平稳的状态，由于两种方法在刚开始阶段都是基于工业称重传感器的测量值确定炉渣体积分数，两种方法在刚开始阶段与工业称重传感器的测量值都十分接近。随着铁水质量流量的增大，所提渣铁流速测量策略逐渐与工业称重传感器的测量值相偏离，而所提渣铁流量测量模型则是越来越接近于工业称重传感器的测量值，表明厚粉尘影响了所提渣铁流速测量策略的测量精度，而所提渣铁流量测量模型在厚粉尘影响下仍可稳健地测量铁口渣铁流量，说明相比于渣铁射流表面纹理信息，边界混合形态特征可克服粉尘的影响。

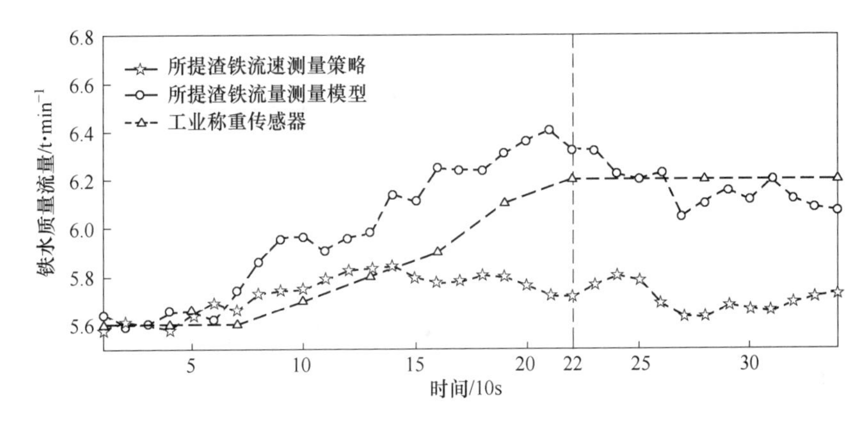

图 6-39 厚粉尘影响下不同方法的测量结果

由于铁口的铁水流入渣铁沟后需要流动一段距离才能流入铁水罐，铁口铁水质量流量的变化不能立即使流入铁水罐中的铁水质量流量发生变化，因此，在铁口铁水质量流量发生大幅变化时，所提渣铁流量测量模型会与工业称重传感器存在较大的误差，当铁水质量流量保持稳定时才能有效地评价两种方法的测量误差。图 6-39 显示，在 220 s 之后铁水质量流量保持了稳定。表 6-13 展示了在铁水流量稳定期间两种方法的平均绝对误差 MAE 与平均相对误差 MRE。从表 6-13 中可看出，所提渣铁流量测量模型的平均绝对误差和平均相对误差均低于所提渣铁流速测量策略，证明了所提渣铁流量测量模型在厚粉尘影响下仍具有良好的测量性能。此外，考虑到初始时刻两种方法均采用工业称重传感器进行数据标定，铁水质量流量在稳定状态期间（在 220～340 s 时间内）工业称重传感器所测得铁水质量流量的变化量为 0.6 t/min，所提渣铁流量测量模型检测铁水质量流量的平均变化量为 0.568 t/min，铁水质量流量变化量检测的相对误差仅为 5.33%。

表 6-13 不同方法的平均绝对误差与平均相对误差

方 法	指 标	
	MAE	MRE/%
所提渣铁流速测量策略	0.496	8.001
所提渣铁流量测量模型	**0.079**	**1.267**

为了进一步证明所提流量测量模型在粉尘动态变化环境下的有效性，基于所提渣铁流量测量模型获取了每个出铁周期的渣铁总流量，根据现场称重得到实际出渣量，计算了每

个出铁周期的铁水总质量。图 6-40 显示了多个出铁周期下所提渣铁流量测量模型和工业称重传感器获得的铁水总质量，结果显示所提渣铁流量测量模型获得的多个出铁周期铁水总质量与工业称重传感器所测得的数据比较接近，考虑到出铁过程会在出铁末期存在铁口喷口现象，即炉缸内气体与渣铁同时排出，使得测得的铁水总质量偏大的次数较多。将工业称重传感器测得的铁水总质量作为参考值，图 6-41 显示了所提渣铁流量测量模型计算的多个出铁周期铁水总质量的相对误差，最大的相对误差为 7.52%。当出现长时间的铁口喷口现象时，所提渣铁流量测量模型出现较大偏差是可以接受的，在多个出铁周期中，相对误差小于 5%比例达 76.7%。从整体来看，所提渣铁流量测量模型的平均相对误差仅为 3.53%，验证了该模型的有效性。

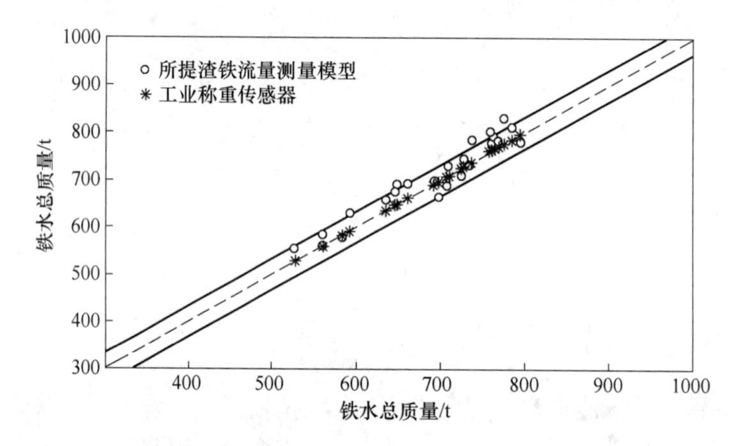

图 6-40　多个出铁周期中所提渣铁流量测量模型和工业称重传感器获得的铁水总质量

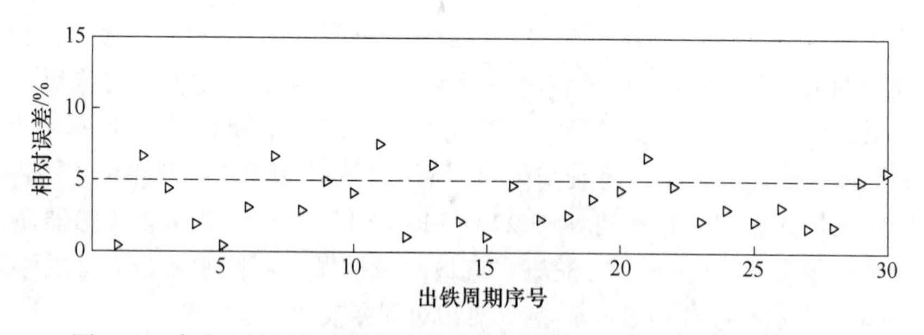

图 6-41　多个出铁周期中所提渣铁流量测量模型铁水总质量的相对误差

6.4　高炉铁口渣铁流量在线检测系统研发

高炉出铁场环境十分恶劣，目前，国内外尚未有能够直接应用于高炉铁口渣铁流量检测仪器及系统的报道。为研发能在高炉出铁的恶劣环境中长期稳定运行的铁口渣铁流量在线检测系统，基于系统需求分析，设计了能适应恶劣环境的高炉出铁系统硬件，开发了铁口渣铁流量在线检测系统软件。研发的高炉铁口渣铁流量在线检测系统不仅能监控出铁场异常出铁的情况，还能稳定地将渣铁流速和流量信息实时反馈给高炉现场操作人员，为高炉高效稳定出铁提供了大量数据支撑。

6.4.1 高炉铁口渣铁流量在线检测系统硬件设计

为抑制红色分量过曝，设计了一种不影响其他分量强度的情况下实现红色分量衰减的光学模块，达到渣铁射流表面对比度增强的目的。所设计的光学模块结构如图 6-42 所示，该模块中包含了 6 个短波通滤光片，它们对红色分量具有不同程度的衰减作用。由于高速相机能感知到的红色波段主要在 600~700 nm，将短波通滤光片的截止波长设定在 600~700 nm，将最大截止波长设定为 700 nm。

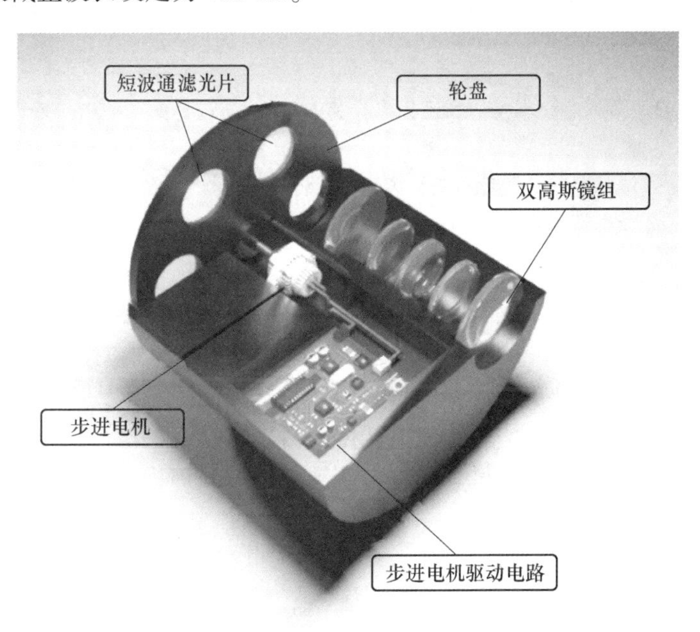

图 6-42 所设计的光学模块结构三维图

在安装高速相机时，需要选择靠近高炉铁口的位置，保证渣铁射流在图像上占据尽可能多的区域。然而，高温渣铁射流向外发出的强烈热辐射，当高速相机安装的位置过于靠近渣铁射流时，累积的热辐射会影响高速相机的运行甚至损坏高速相机，如图 6-43（a）所示，高速相机被安装在带窗口的金属挡板后面直接阻挡热辐射。考虑到热辐射仍旧会通过窗口位置作用于高速相机，而且高炉出铁场存在粉尘和强振动等干扰因素的影响，导致高速相机无法长时间稳定运行，为此，设计了一种适用于该高速相机的工业防护装置。如图 6-43（b）所示，高速相机放置于工业防护装置中构成了检测系统的监测装置，主要功能是负责渣铁射流图像的采集。该工业防护装置主要由金属保护外壳、工业氮气进气管和三维云台构成。金属保护外壳既可为高速相机阻挡外部的高温辐射，又可防止粉尘影响高速相机的稳定运行；工业氮气通过进气管进入防护装置的内部，带走高速相机产生的大量热量和金属防护壳向内传递的辐射热，热量通过通光孔上方的排气口排出，工业氮气在通光孔上方形成的风幕可起到阻挡粉尘遮挡和清洁通光镜的作用，保证了装置长期运行时其光路不受粉尘的影响。

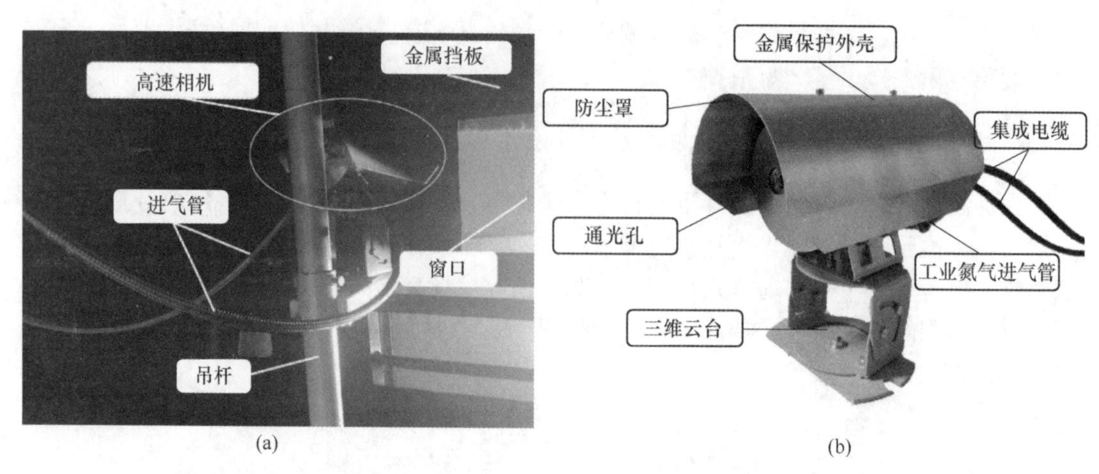

图 6-43　高炉出铁现场的高速相机安装图(a)和所设计的工业防护装置(b)

为将安装在三个铁口的高速相机采集的图像数据传输至高炉中控室计算机内进行处理，设计了如图 6-44 的硬件平台。该硬件平台包括监测装置、控制箱、光电转换器、千兆以太网交换机、计算机主机和显示器。高速相机每秒产生大量的图像数据，为了稳定地传输图像数据，采用了光纤加千兆以太网的传输组合将图像数据实时传输到距离高炉出铁现场约 200m 的中控室计算机中，该传输过程中，高速相机产生的图像数据首先经过千兆以太网传输至控制柜的光电转换器中，将电信号转换为光信号，光信号通过光纤进行远距离的无损传输，抵达高炉中控室后经光电转换器再次转换为电信号，传至千兆以太网交换机，由交换机将数据传输给计算机主机进行后续的数据处理。

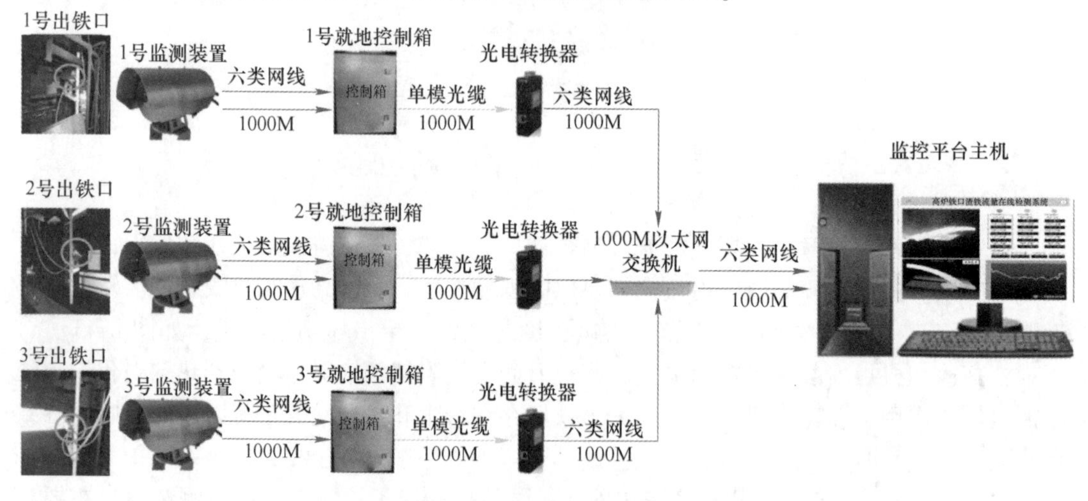

图 6-44　高炉铁口渣铁流量在线检测系统硬件平台

6.4.2　高炉铁口渣铁流量在线检测系统软件开发

基于对系统软件功能的需求分析，图 6-45 展示了系统软件的主要组成部分，分为系统软件管理、系统界面显示、数据处理和历史数据存储与查询。系统软件开发用到的开发工具是 Visual Studio 2019 和 Unity3D，主要开发语言是 C#和 C++，采用 Winform 平台进行系统UI界面设计，使用SQL Server 2012数据库进行数据存储与管理，使用Git和TortoiseGit实现代码托管和协同开发，将开发完成的系统项目打包生成可执行文件以便于安装与部署。

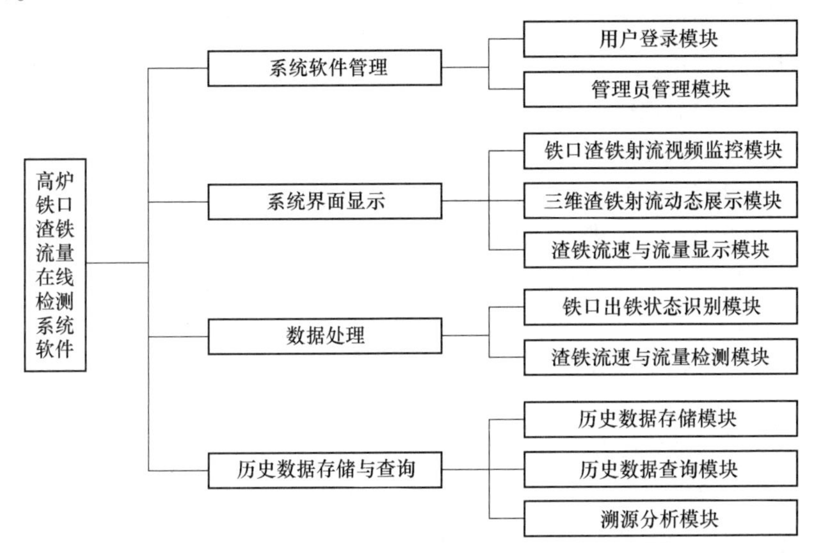

图6-45 高炉铁口渣铁流量检测系统软件的主要组成部分

如图6-46所示为高炉铁口渣铁流量检测系统软件的运行流程图。在软件开始阶段进

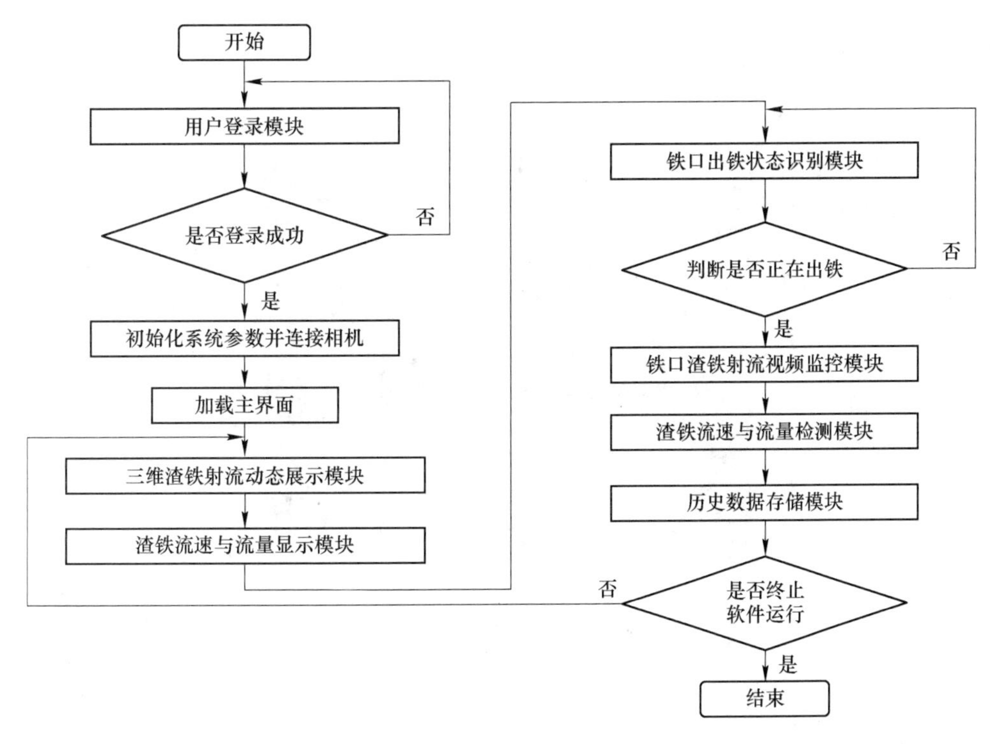

图6-46 高炉铁口渣铁流量检测系统软件的运行流程图

入用户登录模块，输入正确的用户账号及密码后，软件自动进行初始化系统参数与连接相机等操作，进入系统软件主界面，同时加载三维渣铁射流动态展示模块和渣铁流速与流量显示模块。当进入主界面时软件的铁口出铁状态识别模块开始工作，判断当前时刻高炉铁口是否正在出铁，如果没有正在出铁的铁口则继续执行铁口出铁状态识别模块；如果存在铁口正在出铁，返回正在出铁的铁口号，连接该铁口的高速相机采集铁口渣铁射流图像序列，执行铁口渣铁射流视频监控模块和渣铁流速与流量检测模块，铁口渣铁射流视频监控模块将在主界面显示渣铁射流实时图像，渣铁流速与流量检测模块将检测得到的所有数据传递给历史数据存储模块进行存储。持续判断是否中止软件运行，如果需要终止则结束软件的运行；如果不需要，则进入将渣铁流速与流量检测模块，将检测得到的所有数据传递给三维渣铁射流动态展示模块和渣铁流速与流量显示模块以更新显示。

6.5　工业应用及效果分析

研发的高炉铁口渣铁流量在线检测系统实现了高炉铁口渣铁流量的精确检测，具有检测精确度高、操作方便安全、使用寿命长等优势，能够满足炼铁厂高炉铁口渣铁流量检测的需求。为此，所研发的高炉铁口渣铁流量在线检测系统应用于某钢铁厂 2 号高炉出铁场，稳定运行两年有余，表明了系统具有良好的稳定性和可靠性。该系统为高炉现场提供了准确可靠的铁口渣铁流速与流量数据，通过监控铁口渣铁流速与流量数据的变化可实现铁口异常出铁状态识别，极大地降低了现场操作人员的劳作强度。此外，铁口渣铁流速与流量数据还可用于实时渣铁比的估计，对指导低能耗绿色生产、提高智能制造水平、判断工况保证安全生产等都发挥着积极作用。图 6-47 为高炉铁口渣铁流量在线检测系统用户登录界面。

图 6-47　高炉铁口渣铁流量在线检测系统用户登录界面

高炉铁口渣铁流量在线检测系统的主界面如图 6-48 所示。主界面中包括当前正在出铁的铁口号、渣铁流速与流量、渣铁射流视频、三维渣铁射流等关键信息。主界面右上方标红的铁口号指明了当前正在出铁的铁口号，同时将该铁口的渣铁射流视频显示在主界面的左上角。主界面左下方的三维渣铁射流以可视化方式形象地展示了当前铁口三维渣铁射流的出流形态，通过鼠标点击三维渣铁射流的不同位置，可获取对应位置处的三维渣铁射流表面流速及铁口渣铁流量如图 6-49 所示。

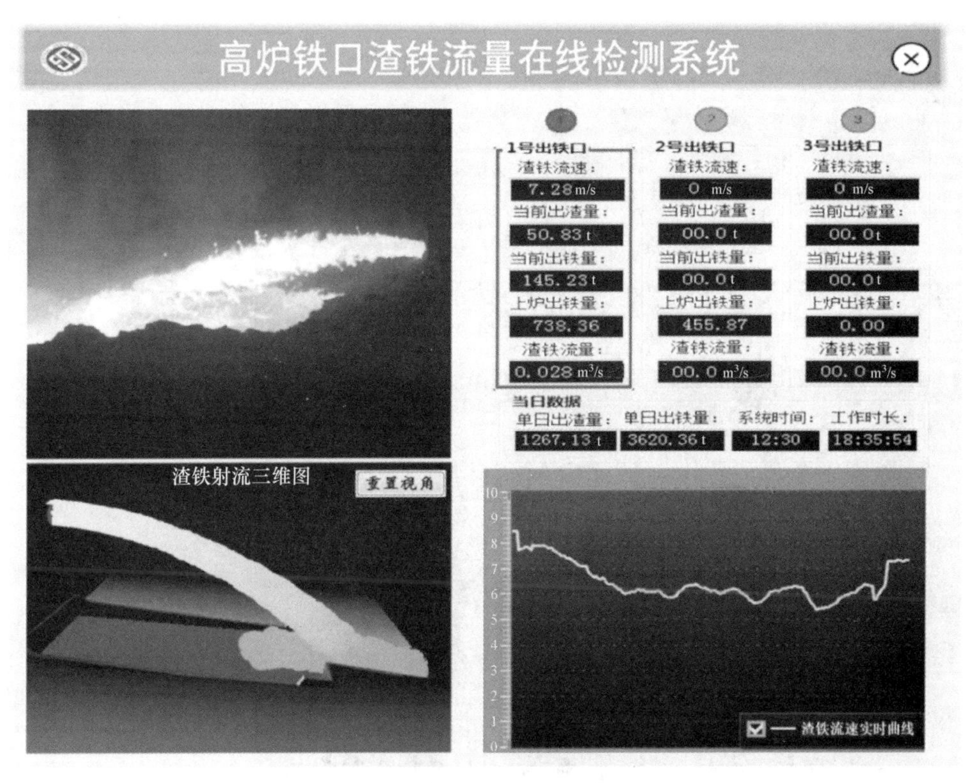

图 6-48 高炉铁口渣铁流量在线检测系统主界面示意图

（扫描书前二维码看彩图）

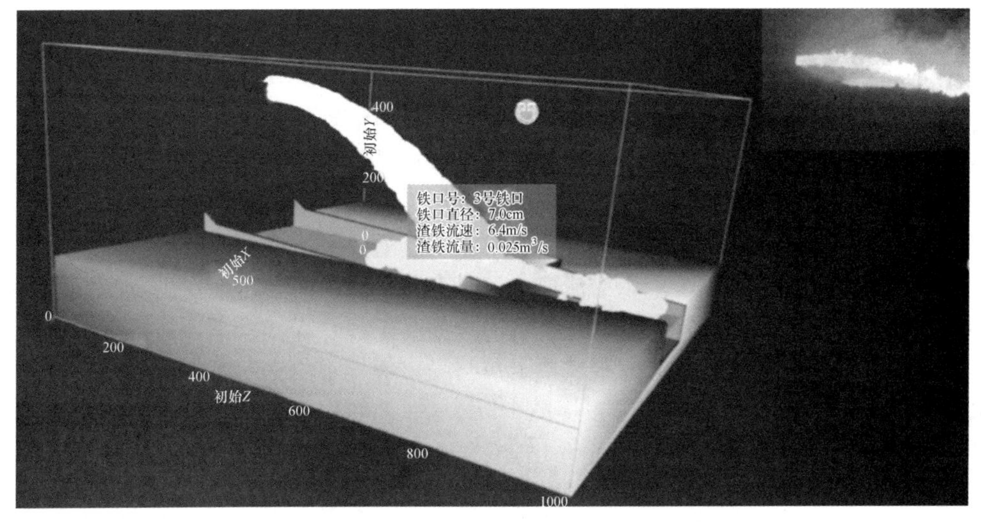

图 6-49 出铁过程渣铁射流三维展示

（扫描书前二维码看彩图）

高炉铁口渣铁流量在线检测系统的子界面如图 6-50 所示。子主界面可从数据库中查询某一时间段内的渣铁流速与流量，显示在界面主体部分的曲线图中和最右侧的表格中，便于查看变化趋势和具体的值。此外，还可选择不同的参数进行查询，如渣铁流速、渣铁流量和渣铁比。该子界面中可对历史数据进行简单的异常分析，给出发生异常的时间段。

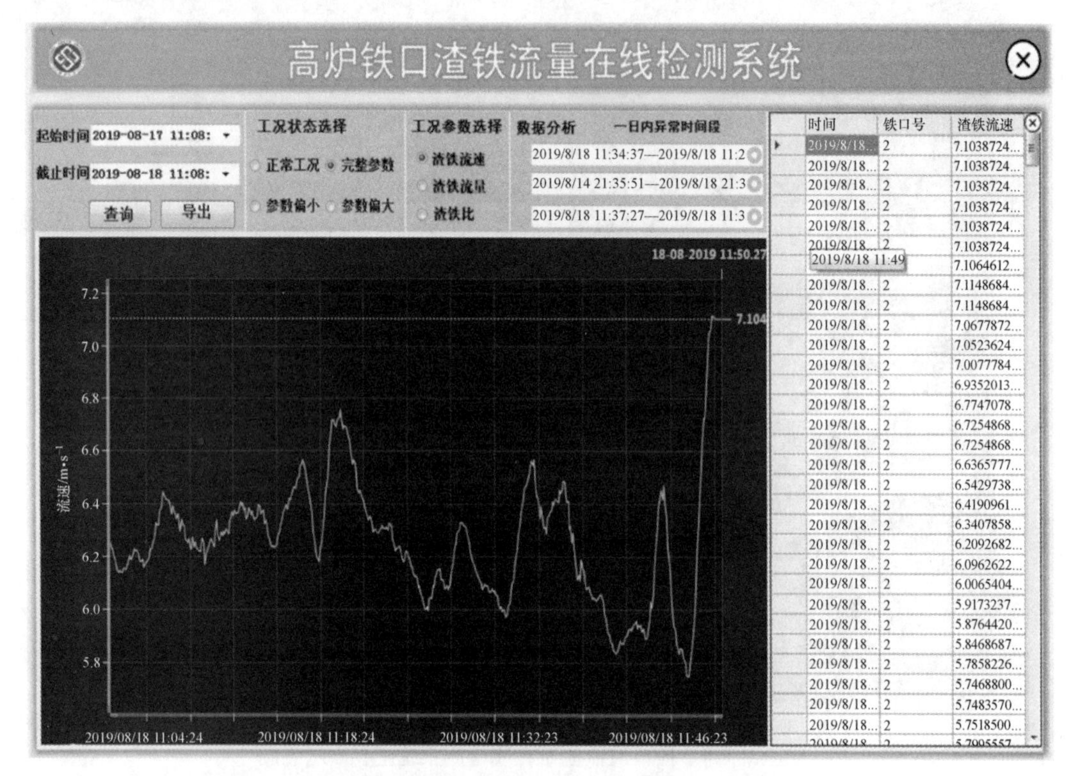

图 6-50　高炉铁口渣铁流量在线检测系统子界面

图 6-51 给出了基于所研发的系统获取到的七个出铁周期渣铁流量变化曲线。从铁口渣铁流量的变化曲线中可轻易地判断铁口是否发生了异常出铁状态，即铁口渣铁流量突然发生大幅度地下降就表明当前铁口处于卡焦状态，铁口渣铁流量突然大幅度地上升说明当前铁口处于喷口状态。铁口发生卡焦现象一般处于出铁周期的中前期，而铁口发生喷口现象时，炉缸内的渣铁液位较低，表示当前的出铁周期即将结束，建议现场操作人员及时进行堵铁口的操作，以防止过量的煤气排出至出铁场，避免了出铁场危险事故的发生。现场工程师和技术人员通过该系统展示的流速与流量变化信息，可在中控室内及时发现出铁过程中的铁口卡焦、喷口等异常出铁状态，进而指导高炉出铁操作，不再需要现场操作人员在出铁现场进行观察，具有及时发现铁口卡焦与喷口等异常出铁状态的优势，使现场铁口出铁异常状态的处理时间由 30 min 以上减少至 5 min 左右，保证了出铁过程的安全性和高效性，降低了现场操作人员的工作强度，提升了出铁检测的自动化水平。该系统还可将计算出来的渣铁流量数据与安装在高炉炉底的工业称重传感器系统测量的铁水质量流量相结合，即可估计出当前时刻渣铁射流中渣铁比信息，对指导高炉炉料配比调整、高炉低渣铁比强化冶炼和高炉生产操作有着重要意义。

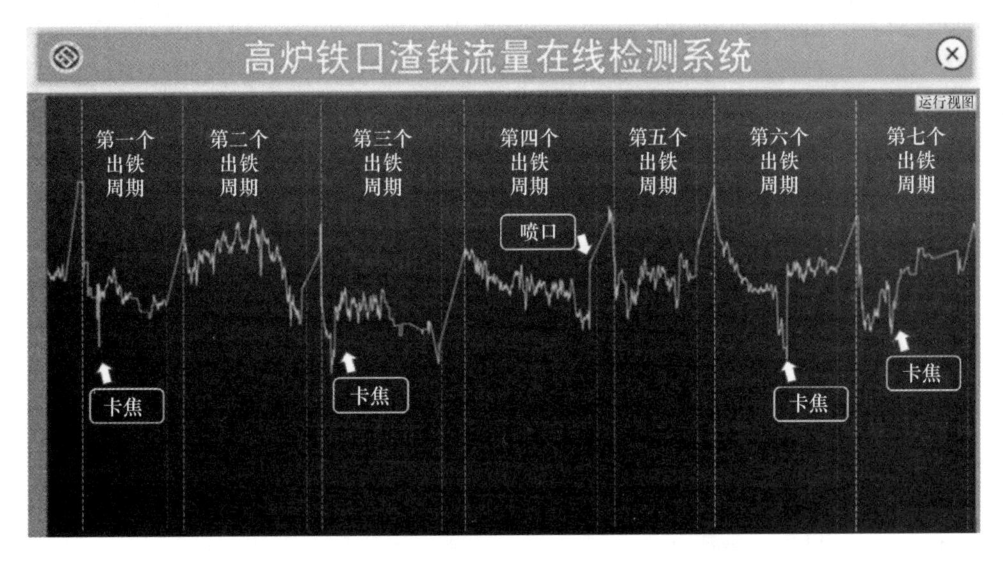

图 6-51 基于所研发的系统获取到的七个出铁周期渣铁流量变化曲线图

所研发的高炉铁口渣铁流量在线检测系统首次为现场人员提供了高炉铁口渣铁流速与流量信息和渣铁比信息，改变了人眼连续观察高温渣铁流量变化模式，减少了异常出铁对铁口泥套的侵蚀，延长了铁口泥套的使用寿命，保证了出铁过程的安全性和高效性，降低了现场人员的工作强度。该系统填补了国内外高炉出铁场铁口渣铁流量检测的空白，为实现智能化开、堵铁口提供了重要的参考依据，也为探索炉缸内液位变化、压力波动等关键信息、揭示炉内真实运行状况奠定了坚实的数据基础。同时，高炉炉长通过该系统检测得到的大量数据分析高炉的产铁量与出渣量，结合其他高炉运行数据，能指导低能耗绿色生产、提高智能制造水平、判断工况、保证安全生产等，给炼铁厂带来了显著的经济效益，在钢铁行业中，所研发的高炉铁口渣铁流量在线检测系统具有巨大的推广应用前景。此外，所研发的高炉铁口渣铁流量检测技术也为其他高温熔融金属的流速与流量在线检测提供了技术参考，如铜水和锌水等类似的高温熔融金属流体，具有良好的推广应用价值。

参 考 文 献

[1] 陈娅. 基于图像结构—纹理分解算法的研究及其在图像分割中的应用［D］. 济南：山东大学，2013.

[2] He L，Xie Y，Xie S，et al. Structure-preserving texture smoothing via scale-aware bilateral total variation［J］. IEEE Transactions on Circuits and Systems for Video Technology，2022，33（4）：1493-1506.

[3] 李亚峰. 结构-纹理字典学习的图像分解模型与算法［J］. 计算机辅助设计与图形学学报，2013，25（8）：1190-1197.

[4] Xu L，Yan Q，Xia Y，et al. Structure extraction from texture via relative total variation［J］. ACM Transactions on Graphics，2012，31（6）：139.

[5] Gastal E S，Oliveira M M. Domain transform for edge-aware image and video processing［J］. ACM Transactions on Graphics，2011，30（4）：69.

[6] Werlberger M, Pock T, Bischof H. Motion estimation with non-local total variation regularization [C]//IEEE Conference on Computer Vision and Pattern Recognition, 2010: 2464-2471.

[7] Zhang C, Ge L, Chen Z, et al. Refined TV-L1 optical flow estimation using joint filtering [J]//IEEE Transactions on Multimedia, 2020, 22 (2): 349-364.

[8] Sun D, Roth S, Black M J. Secrets of optical flow estimation and their principles [C]//IEEE Conference on Computer Vision and Pattern Recognition, 2010: 2432-2439.

[9] Guo X, Li Y, Ma J, et al. Mutually guided image filtering [J]. IEEE Transactions on Pattern Analysis and Machine Intelligence, 2020, 42 (3): 694-707.

[10] Krishnan D, Szeliski R. Multigrid and multilevel preconditioners for computational photography [J]. ACM Transactions on Graphics, 2011, 30 (6): 177.

[11] Szeliski R. Locally adapted hierarchical basis preconditioning [J]. ACM Transactions on Graphics, 2006, 25 (3): 1135-1143.

[12] Wang Z, Bovik A C, Sheikh H R, et al. Image quality assessment: From error visibility to structural similarity [J]. IEEE Transactions Image Processing, 2004, 13 (4): 600-612.

[13] Xue J, Titterington D M. T-tests, F-tests and Otsu's methods for image thresholding [J]. IEEE Transactions Image Processing, 2011, 20 (8): 2392-2396.

[14] 张伟伟，寇家庆，刘溢浪．智能赋能流体力学展望［J］．航空学报，2021，42（4）：26-71.

[15] 戴红玲．基于 Fluent 流场分析与机器视觉絮体检测的微涡流絮凝工艺优化研究［D］．南昌：南昌大学，2019.

[16] Entov V M, Yarin A L. The dynamics of thin liquid jets in air [J]. Journal of Fluid Mechanics, 1984, 140 (1): 91-111.

[17] Comiskey P M, Yarin A L, Friction coefficient of an intact free liquid jet moving in air [J]. Experiments in Fluids, 2018, 59 (4): 1-7.

[18] Liu W, Zhang P, Chen X, et al. Embedding bilateral filter in least squares for efficient edge-preserving image smoothing [J]. IEEE Transactions on Circuits and Systems for Video Technology, 2018, 30 (1): 23-35.

[19] Mingqiang Y, Kidiyo K, Joseph R. A survey of shape future extraction techniques [J]. Pattern Recognition, 2008, 15 (7): 43-90.

[20] 许少宝，王蜂，陈聪．基于最小惯性轴的航母目标识别方法［J］．激光与红外，2013，43（4）：452-456.

[21] Kumar A, Paramesran R. Geometric moment extraction equipment for image processing applications [J]. Review of Scientific Instruments, 2014, 85 (4): 044710.

[22] He L, Jiang Z, Xie Y, et al. Velocity measurement of blast furnace molten iron based on mixed morphological features of boundary pixel sets [J]. IEEE Transactions on Instrumentation and Measurement, 2021, 70: 1-12.

[23] He L, Jiang Z, Xie Y, et al. Mass flow measurement of molten iron from blast furnace, based on trusted region stacking using single high-speed camera [J]. IEEE Transactions on Instrumentation and Measurement, 2021, 70: 1-11.

[24] He L, Jiang Z, Chen Z, et al. Velocity measurement of blast furnace molten iron based on local multi-feature correction using multi-stage filtered high-speed camera [J]. IEEE Sensors Journal, 2020, 20 (19): 11537-11548.

[25] Hu M K. Visual pattern recognition by moment invariants [J]. IRE Transactions on Information Theory, 1962, 8 (2): 179-187.

[26] Carvalho A D, Brizzotti M M. Combining RBF networks trained by different clustering techniques [J]. Neural Processing Letters, 2001, 14 (3): 227-240.

[27] Das P. A fast and automated segmentation method for detection of masses using folded kernel based fuzzy c-means clustering algorithm [J]. Applied Soft Computing, 2019, 85: 105775.

7 基于数据驱动的铁水质量参数在线智能预测

铁水化学成分（硅含量、硫含量和磷含量）是衡量铁水质量的重要指标[1-4]，尤其铁水硅含量是反映炉缸内部热状态和炉况的灵敏指示剂。然而，现有的化学成分定量检测主要是通过铁水采样冷却后化验其百分含量，造成铁水质量信息反馈不及时，矿源质量的波动和冶炼条件的变化使得非稳态下的预测精度难以保证。此外，基于数据驱动的监督建模方式对成分标签数据提出了较高的要求，而离线采样、冷却化验的方式使得成分定量检测的数量难以达到大规模训练的要求。因此，本章分别从工况波动角度和标签数据依赖角度出发，提出了不同的解决方案，建立铁水质量参数智能预测模型和提升化学成分预测精度。

7.1 基于最优工况迁移路径的高炉铁水硅含量预测

高炉冶炼过程中，物料反应复杂、炉况多变，系统模型参数随时间、炉况变化等存在显著差异，当冶炼炉况不稳定、过程参数频繁波动时，传统的数据驱动模型难以准确地预测铁水硅含量及其变化趋势。因此，本节从冶炼机理角度出发，剖析了高炉冶炼过程中硅含量面临的工况波动情况，充分考虑到冶炼过程的大时滞特性及硅含量的渐变特性，从冶炼过程工况迁移的角度提出了工况迁移目标函数，构建了最优工况迁移路径的高炉铁水硅含量预测模型，有效提升了高炉冶炼过程中硅含量预测精度。

7.1.1 基于邦费罗尼指数的自适应密度峰值工况聚类

高炉冶炼过程受布料操作的周期进行、反应物料特性的改变、人为操作制度及炉况波动等因素影响，各过程变量会发生剧烈而频繁的波动，导致过程变量数据与硅含量数据相关性不稳定、数据集呈现显著的非平衡特性。过程变量的水平反映了硅元素在炉内的物化反应环境，过程变量在不同水平下，硅含量的反应条件及反应机理存在较大差异，对海量的过程变量数据进行聚类分析能够避免数据集合不平衡、相关性不稳定、参数波动等情况给模型预测带来的负面影响。

对于常规的高炉冶炼过程变量数据集，主要存在以下特征：（1）数据的维度较高，过程变量数据包含现场传感器实时高频采集的数据、人工检测及离线化验手动输入系统的检测数据，数十维参数与铁水硅含量的数值具有密切的相关性。根据机理与数据相关性角度综合分析，选定富氧率、透气性指数、标准风速、冷风流量、设定喷煤量、理论燃烧温度、炉腹煤气指数、热风压力、铁水红外温度、顶温过程变量作为建模的输入变量。（2）数据存在波动性，在冶炼状态良好，炉况稳定情况下各项过程变量在各自的正常区间内保持相对稳定，随着布料操作的周期性进行、反应物料特性的改变、送风制度的调节等人为操作的改变及炉况不稳定情况的出现，各过程变量会发生剧烈的波动。过程变量在极大程度上能够反映炉内的冶炼状态，进而影响硅元素的物理化学反应环境，造成硅含量的频繁波动。(3) 数据存在聚堆现象，在不同的冶炼状态下高炉的人为操作制度存在差异、硅元素所处的炉内环境也伴随着剧烈变化，使得硅含量水平存在较大差异。从长时间的数据分析结果能够发现，数据的分布存在显著的聚堆现象。(4) 数据存在显著的非平衡特性，基于聚堆现象，各个时刻的过程变量总会接近于几种数据堆中的某一种。根据实际的高炉冶炼状态分析可知，正常冶炼状态的时间将显著多于异常冶炼状态。在不同的时间段内，过程变量在各种数据堆的分布比率是非均衡的，并且不同时间区间内，各项过程变量与铁水硅含量的相关性也呈现出不稳定的状态。

7.1.1.1 工况聚类算法分析

根据以上数据特点分析，需要选择合适的算法对海量的过程变量数据进行精确的聚类分析，划分为不同的工况类型。对于各种不同工况类型数据集的内部，其数据分布是相对稳定的，具有相似的特性[5]，进一步针对各种工况数据集进行建模时，减弱炉况与过程数据波动对模型精度造成的影响，提升建模的稳定性。对于常见的聚类算法，对比不同聚类算法的优缺点见表 7-1。

表 7-1 各聚类算法优缺点的对比

聚类方法	优　点	缺　点
基于划分的聚类	时间复杂度较低	易陷入局部最优；初值设置很关键；对噪声与离群值敏感
基于层次的聚类	可解释性好，适用于非球形聚类簇	时间复杂度较高，容易出现异常聚类结果
基于模型的聚类	无需事先设定聚类簇数目	模型复杂，聚类效果不稳定
基于网格的聚类	聚类速度较快，与数据集样本容量无关	参数敏感，无法处理不规则分布的数据，难以处理高维数据
基于模糊的聚类	对满足高斯分布的数据集聚类效果较好	对数据分布类型有要求，对噪声离群点较为敏感
基于密度的聚类	时间复杂度低，对噪声不敏感，适用于不同维度的数据，可发现任意形状的簇群	阶段距离需要人为给定，聚类中心不能自动选择

经过各项聚类算法特性的对比，基于密度的聚类算法具有时间复杂度较低、适用于高维数据并且对数据的分布类型没有要求、对噪声不敏感等显著优势，能够极好地适应高炉冶炼过程的过程变量聚类。在基于密度的聚类算法中，基于密度峰值的聚类算法具有算法原理流程简单、能够识别各种形状的簇群等显著优势，且具有较强的鲁棒性[6]，并且克服了传统基于密度聚类方法，如 DBSCAN 算法中不同簇群的密度差异大、各数据样本的邻域难以准确设定等难题。对于 DPC 算法，其定义如下：

$$\rho_i = \sum_j \chi(d_{ij} - d_c) \tag{7-1}$$

式中，χ 为函数。

$$\chi(x) = \begin{cases} 1 & x < 0 \\ 0 & 其他 \end{cases} \tag{7-2}$$

式（7-1）中，ρ_i 代表在各数据样本周围以半径 d_c 构成的高维超球体中所包含的数据样本点数目。由于离散的数值计算不够精确，多个数据样本点的局部密度可能会有相同取值，故一般聚类过程采用高斯核局部密度替代离散形式的密度定义函数：

$$\rho_i = \sum_j \mathrm{e}^{-\left(\frac{d_{ij}}{d_c}\right)^2} \tag{7-3}$$

式中，d_c 为聚类过程的截断距离，需要人为设定；d_{ij} 为两数据样本间的距离。

该算法仅对局部密度 ρ_i 的相对值敏感，所以算法的鲁棒性较强。算法定义到较高局部密度点的距离 δ_i 为：

$$\delta_i = \min_{\rho_j > \rho_i}(d_{ij}) \tag{7-4}$$

对于具有全局最大密度的数据样本，其到较高密度点的间距设定为：

$$\delta_k = \max(d_{ij}) \tag{7-5}$$

在该算法中，局部密度 ρ_i 与距离 δ_i 较大的数据点容易被选择为聚类中心，如图 7-1 和图 7-2 所示。图 7-1 展示了聚类中心数目选择一定情况下，改变聚类过程截断距离，密度峰值算法的聚类效果：当 d_c 取 1%时，簇群的聚类效果较好，各簇群内部紧密度较高，同时簇群间距离较大；当增大距离 d_c 至 5%时簇群的位置几乎保持不变，但是有较多离散的数据没有得到有效的聚类，聚类效果显著下降；继续增加截断距离 d_c 至 10%时，两个聚类中心被数据淹没，大量的数据未得到有效聚类，处于游离状态，聚类效果极差。所以，聚类过程截断距离 d_c 的选择直接影响了聚类的效果，是极其重要的聚类控制参数。

图 7-2 展示了当聚类过程截断距离 d_c 保持一定条件下，选择不同聚类中心对聚类效果的影响。图 7-2（a）展示了聚类中心数目为 3 时聚类效果图，两绿色聚类簇群间明显存在隔离现象，受聚类中心数目限定，算法将两簇群聚为同一类，存在较大误差；图 7-2（b）展示了聚类中心数目为 5 的情况下，十分准确地确定了各聚类中心的位置，聚类簇群间没有出现重叠或游离现象，聚类效果较好；图 7-2（c）展示了聚类中心数目为 6 时的聚类情况，蓝色簇群没有将所在簇群聚类在一起，造成大量数据点存在离群现象，聚类总体情况较差。

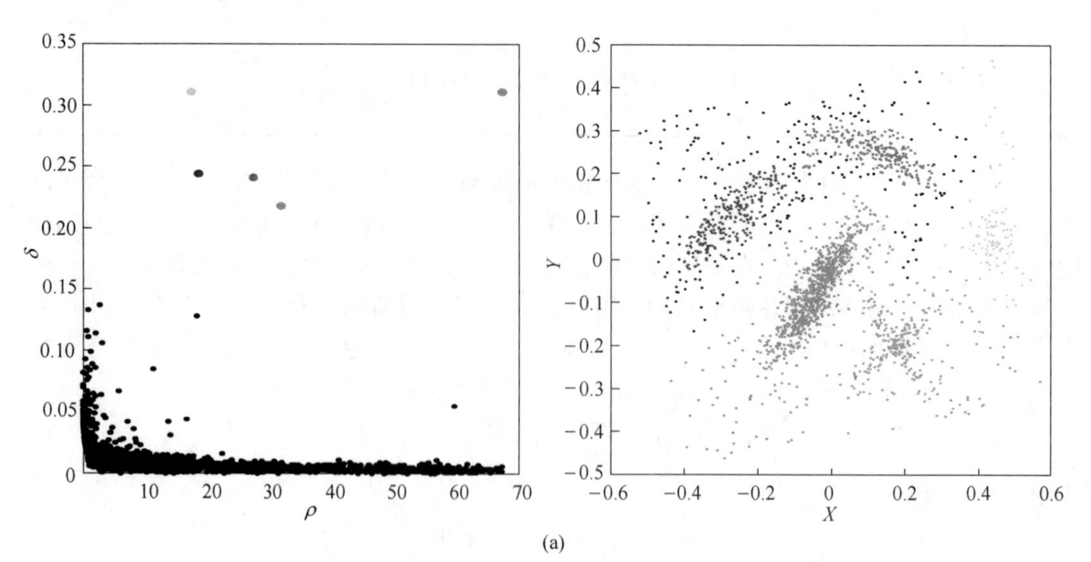

(a)

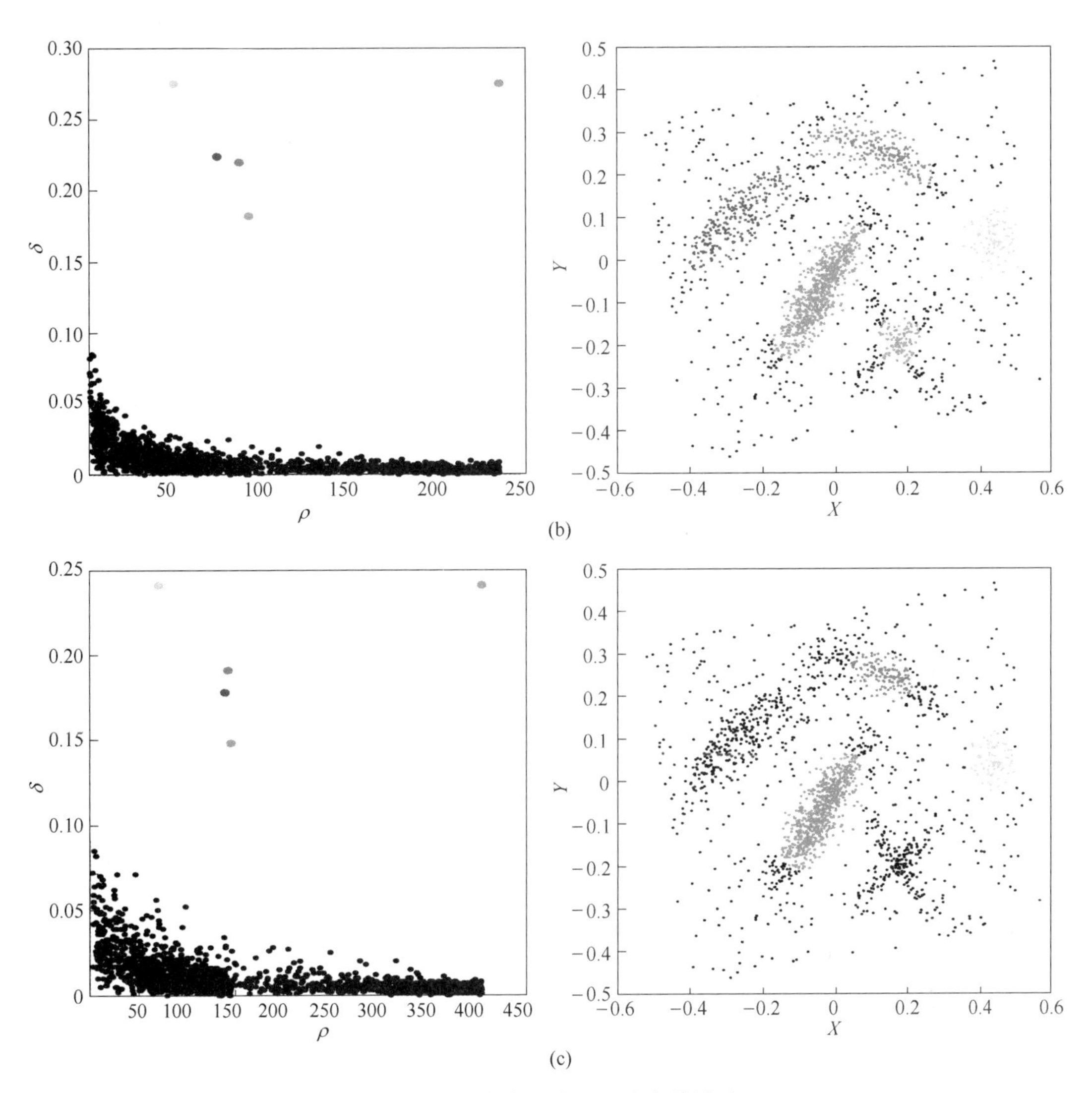

图 7-1　不同截断距离下的聚类效果对比

（图中 $1\%\sigma_k$ 表示设定截断距离 d_c 的数值）

（a）截断距离为 $1\%\sigma_k$；（b）截断距离为 $5\%\sigma_k$；（c）截断距离为 $10\%\sigma_k$

（扫描书前二维码看彩图）

在实际的 DPC 聚类过程中，截断距离 d_c 的设定以及聚类中心的选择缺乏理论依据，通常依赖人工经验，对于不同的数据类型其设定存在极强的主观性。对于硅含量数据，不同冶炼状态下炉况多变，数据波动频繁，不同时间段的数据其聚类参数是动态变化的，截断距离的设定也需要根据数据特性的变化进行动态设定，以保证过程中各数据点局部密度分布的合理性；同样，实际 DPC 聚类过程中的聚类中心选择通常依靠人为主观设定，聚类中心的数目及位置选择错误将直接导致聚类簇群分布的变化，显著影响聚类效果甚至导致聚类失败。因此，根据数据特性自动求解聚类过程的最优截断距离 d_c 及自动选择聚类中心，对冶炼过程变量工况聚类结果有决定性影响。

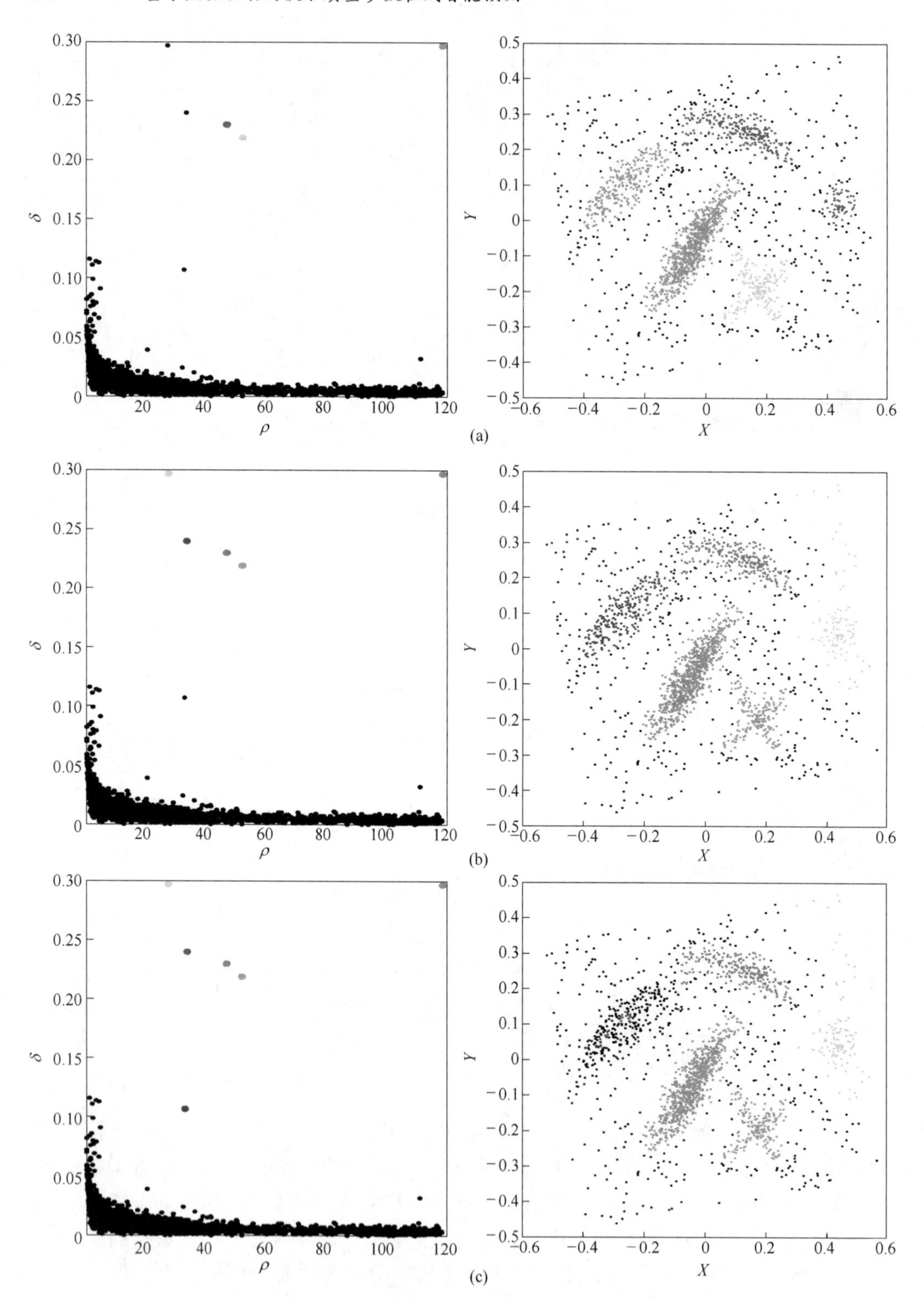

图 7-2 不同聚类中心选择下的聚类效果对比

(a) 聚类中心数为 3；(b) 聚类中心数为 5；(c) 聚类中心数为 6

（扫描书前二维码看彩图）

7.1.1.2 基于邦费罗尼指数的自适应密度峰值聚类

密度峰值聚类算法中的截断距离 d_c 及聚类中心的选择主要依赖人工经验，难以保证聚类效果并且无法实现数据的自适应动态聚类过程，制约了算法在工业现场的进一步应用。本节引入邦费罗尼指数[7]对 DPC 算法中截断距离进行优化，同时实现聚类中心的自动选择，实现高炉冶炼过程变量的自适应工况聚类。在密度峰值聚类算法中，参数 $\rho_i\delta_i$ 是评判该数据点能否成为聚类中心的核心指标。邦费罗尼指数能够衡量系统中某项参数的有序程度，当整个数据集中各数据样本 $\rho_i\delta_i$ 的分布呈现高度有序的状态时，系统的不确定度低有利于聚类的进行。图 7-3 为高炉冶炼过程变量聚类决策系统的邦费罗尼指数曲线。

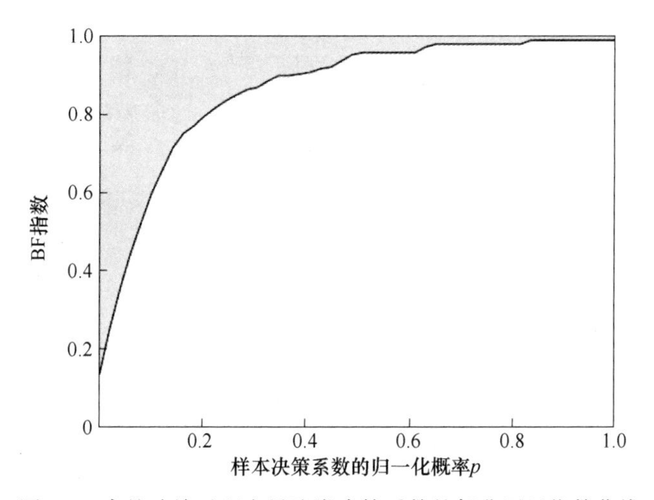

图 7-3 高炉冶炼过程变量聚类决策系数的邦费罗尼指数曲线

设变量 x 为具有累计分布的非负随机变量，其累计分布函数为：

$$F(x) = \int_0^x f(t)\,\mathrm{d}t \tag{7-6}$$

该累积分布函数在定义域中连续并且至少两阶可微，则该分布函数在大于零区间的数学期望为：

$$\mu = \int_0^{\infty} xf(x)\,\mathrm{d}x \tag{7-7}$$

则在非负的区间内，关于 x 的一阶矩分布函数为：

$$F_1(x) = \frac{1}{\mu}\int_0^{\infty} tf(t)\,\mathrm{d}t \tag{7-8}$$

其局部均值为：

$$\mu_x = \frac{\int_0^x tf(t)\,\mathrm{d}t}{\int_0^x f(t)\,\mathrm{d}t} = \frac{\mu F_1(x)}{F(x)} \tag{7-9}$$

令 $p = F(x)$，则邦费罗尼指数的参数表达式为：

$$\mathrm{BF}(p) = \frac{F_1[F^{-1}(p)]}{p} = \frac{1}{p\mu}\int_0^p F^{-1}(t)\,\mathrm{d}t \qquad p \in (0,\ 1] \tag{7-10}$$

其中，$F^{-1}(t) = \inf\{x: F(x) \geqslant t\}$，典型的邦费罗尼指数曲线如图 7-3 所示。通常情况下，

当 $p \to 0$ 时, $BF(p)$ 的取值为0时，没有意义，因此邦费罗尼曲线的起始点通常不在原点，并且曲线始终保持严格递增，曲线任意点导数始终大于0。邦费罗尼指数定义为曲线 $BF(p)$ 与纵坐标围成区域的面积，即：

$$B = 1 - \int_0^1 BF(p)\,dp \tag{7-11}$$

根据邦费罗尼指数定义指数 B 为曲线 $y = 1 - BF$ 的积分，曲线BF上部与 $y = 1$ 所围成封闭图形的面积。邦费罗尼指数衡量了系统参数的有序程度，从系统数据分布角度分析，系统的邦费罗尼指数越小，系统的不确定度就越大；反之，邦费罗尼指数越大，系统参数的分布越趋于不均衡状态，系统的有序程度最高。

7.1.1.3 聚类过程最优截断距离

DPC算法中，截断距离 d_c 通常根据经验规则人为设定，使得每个样本数据周围以截断距离 d_c 为半径的高维超球体中包含的相邻样本数量平均值为数据集中总样本数的1%~2%。对于不同维度及不同规模的数据集，该算法仅给出了一个较模糊的推荐值范围，其精确取值仍然依赖人为主观设定，导致该算法在不同规模的实际数据集中鲁棒性不足。截断距离的设定影响了聚类中心的选取及各聚类簇群的范围划分，直接影响了算法的聚类效果。因此，本节引入邦费罗尼指数衡量系统参数 $\rho_i\delta_i$ 有序程度，邦费罗尼指数越大则系统参数分布特征的差异特征更加显著，有序程度越高，越有利于聚类中心的选择。由于聚类过程中，各数据样本点之间为离散数据，故本节采用离散形式的邦费罗尼指数：

$$B_n = \frac{1}{n-1}\sum_i^{n-1}\left(\frac{P_i - Q_i}{P_i}\right) \tag{7-12}$$

式中，B_n 为离散邦费罗尼指数；n 为数据集中数据样本总数。

P_i 与 Q_i 定义为：

$$\begin{cases} P_i = \dfrac{i}{n} \\ Q_i = \dfrac{\sum\limits_{j=1}^{i} p_j}{\sum\limits_{j=1}^{n} p_j} \end{cases} \quad (i = 1,\ 2,\ \cdots,\ n) \tag{7-13}$$

式中，p_j 为各数据样本被选为聚类中心的概率。

$\rho_i\delta_i$ 越大被选为聚类中心的概率也就越大，即参数 $\rho_i\delta_i$ 的归一化值：

$$p_i = \frac{\rho_i\delta_i}{\sum\limits_j^n \rho_j\delta_j} \tag{7-14}$$

通过不断调整截断距离 d_c，计算不同截断距离下系统的邦费罗尼指数，并绘制邦费罗尼曲线。在整个过程中，当系统的邦费罗尼指数取得全局极大值时，系统参数 $\rho_i\delta_i$ 的有序程度最高，最有利于聚类，此时的截断距离即为最优。

7.1.1.4 聚类中心的自适应选择

在最优截断距离求解完成后，求解出最优截断距离条件下的系统参数 $\rho_i\delta_i$ 分布。但是，仍然无法准确选择聚类中心的数目，而聚类中心的选择直接影响了聚类簇群的数目及聚类的最终效果。本节提出聚类中心自适应选择算法，首先求解系统参数 $\rho_i\delta_i$ 的均值 $\overline{\rho_i\delta_i}$，由于数据集样本数量较大，当该参数小于均值时，不可能当选为聚类中心。因此，挑选大于均值 $\rho_i\delta_i$ 的样本数据并对决策系数进行降序排列，绘制系统聚类决策图。定义聚类中心截断系数 ω_m，以判定聚类中心的最终选择方案，聚类中心截断系数定义如下：

$$\begin{cases}\omega_m = \dfrac{\dfrac{1}{m}\sum\limits_{i=1}^{m}(\rho_i\delta_i) - \rho_{m+1}\delta_{m+1}}{\dfrac{1}{m}\sum\limits_{j=1}^{m} d_{j,(m+1)}} \qquad (1 < m \leqslant N-1) \\ \omega_{\max} = \max(\omega_m) \qquad (1 < m < N-1)\end{cases} \tag{7-15}$$

式中，ω_m 为降序排列的第 m 个数据样本的截断系数。

当 ω_m 取得全局最大值时，两数据点之间的差异最大，确定前 m 个数据样本为聚类中心。

7.1.1.5 高炉冶炼过程变量工况聚类分析

根据所提邦费罗尼指数的自适应密度峰值聚类算法，求解出高炉冶炼过程变量的最优截断距离 d_c 及聚类中心 $\boldsymbol{c}[c_1, c_2, \cdots, c_m]$。对于数据集中非聚类中心样本数据 d_i，求解该数据样本到各聚类中心的距离：

$$d_{ij} = \min(d_{ik}) \qquad (1 \leqslant j \leqslant m,\ 1 \leqslant k \leqslant m) \tag{7-16}$$

其中，数据 d_i 被划分到第 j 类数据聚类簇中，若某一数据样本到两个或两个以上的聚类中心距离相等，则将该数据样本划分到局部密度较大的聚类中心所对应的簇群中，聚类后的簇群降维可视化如图 7-4 所示。其中，d_{ij} 为数据点 d_i 与第 j 个聚类中心的距离，本节数据样本间采用加权欧氏距离：

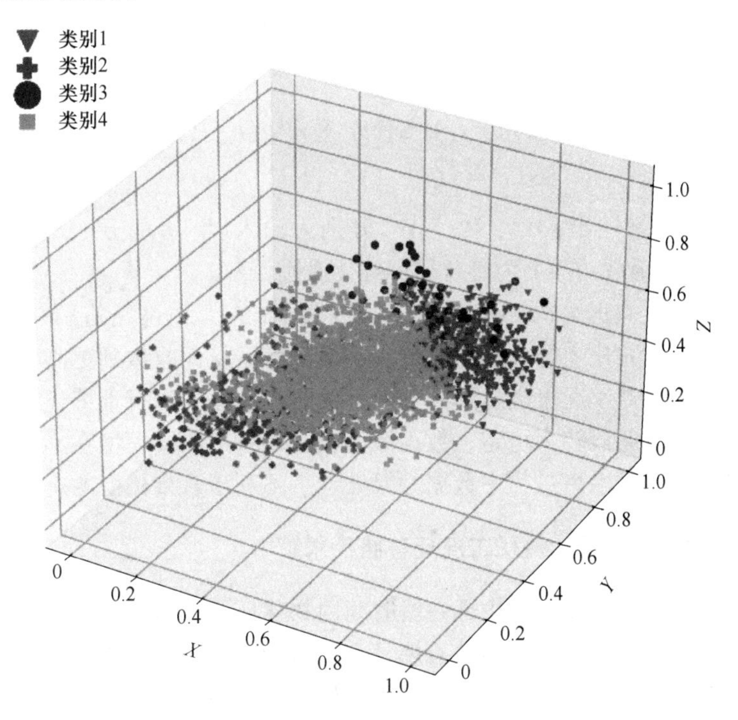

图 7-4 高炉冶炼过程变量工况聚类分布图
（扫描书前二维码看彩图）

$$d_{ij}=\sqrt{\sum_{k=1}^{m} r_k (x_{ik}-x_{jk})^2} \tag{7-17}$$

式中，x_{ik} 为第 i 组数据的第 k 项过程变量；x_{jk} 为第 j 组数据的第 k 项过程变量；r_k 为第 k 项过程变量与硅含量的相关性系数。

对于过程变量数据集，根据已选定的聚类中心进行数据动态划分：

$$\begin{cases} \boldsymbol{c}=[c_1, c_2, c_3, \cdots, c_n]^{\mathrm{T}} \\ \boldsymbol{g}=[g_1, g_2, g_3, \cdots, g_n]^{\mathrm{T}} \end{cases} \tag{7-18}$$

式中，c_i 为第 i 种工况聚类簇 g_i 的聚类中心；n 为工况聚类中心总数。

对于非聚类中心数据点，定义该数据点与各聚类中心距离的倒数作为与各聚类中心的相关系数。相关系数归一化后为该组数据对各工况聚类簇隶属度：

$$\mu_{ij}=d_{ij}^{-1}\left(\sum_{k=1}^{n} d_{ik}^{-1}\right)^{-1} \tag{7-19}$$

式中，μ_{ij} 为非聚类中心的第 i 个数据点对第 j 种工况聚类簇的隶属度；d_{ij}^{-1} 为非聚类中心的第 i 个数据点与第 j 种工况聚类中心的距离的倒数。

7.1.1.6　基于 Elman 网络的工况子模型构建

Elman 网络是一种具有特殊的反馈神经网络，网络在隐含层具有局部延时反馈结构连接，使得模型具有良好的动态特性，网络结构如图 7-5 所示。相较于传统的 BP 神经网络结构，该隐含层延时反馈结构能够保存隐藏层的历史输出值，进而表达输入与输出之间的时滞特性与模型的动态特性。对于进行工况聚类后的高炉冶炼过程变量，在时序上同种工况的数据样本具有较强的动态特性。因此，选用 Elman 网络作为铁水硅含量预测的工况子模型，其数学表达式为：

$$\begin{cases} y_t = g(\boldsymbol{W}^3 x(t)) \\ x(t) = f(\boldsymbol{W}^2 x_{\mathrm{c}}(t) + \boldsymbol{W}^1 u(t-1)) \\ x_{\mathrm{c}}(t) = x(t-1) \end{cases} \tag{7-20}$$

式中，y_t 为 t 时刻网络输出；$\boldsymbol{W}^1$、$\boldsymbol{W}^2$、$\boldsymbol{W}^3$ 分别为输入层、承接层、输出层的权值矩阵；$g(\cdot)$ 为输出层传递函数；$f(\cdot)$ 为隐含层神经元激励函数。

本节采用基于模拟退火的 Levenberg-Marquardt 算法[7]对网络进行权值更新，能够加快网络权值更新速度并避免寻优过程陷入局部最优解，从而收敛到更高精度。

采用 Elman 网络对工况聚类后不同工况下的时序数据集进行训练建模，由于聚类后各簇群数据集在不同时间段较为稳定，数据波动较小，各工况子模型在不同的时间段内始终保持相对稳定，克服了冶炼过程中数据频繁波动、不利于直接建模的难点。

7.1.2　基于多源路径寻优的最优工况迁移路径求解

铁水硅含量是硅元素在高炉内部一段时间内物化反应的最终结果，其含量与一段时间内的冶炼状况密切相关。同时，高炉冶炼具有典型的大时滞与渐变特性，在炉况稳定的情况下，过程变量波动较小，单一时刻的过程变量能够较好表征一段时间内的整体炉况，此时单模型的预测精度较稳定。但是，在炉况不稳定的区间内，高炉冶炼过程变量波动频

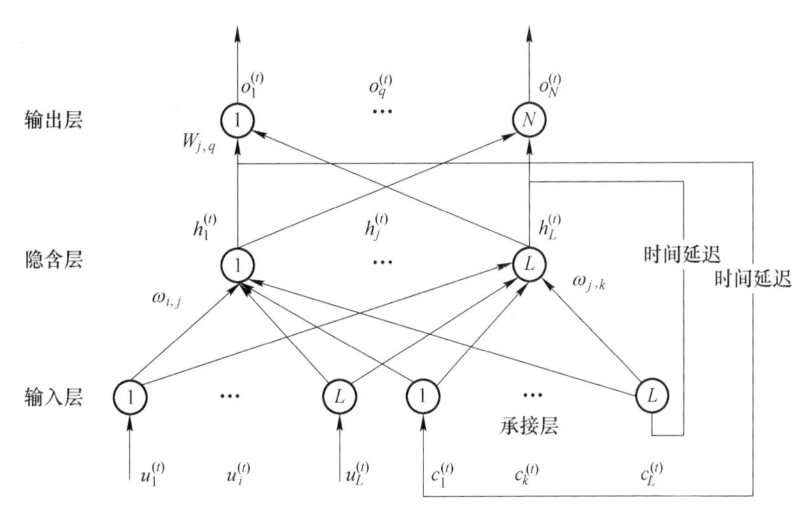

图 7-5 Elman 网络结构图

繁，炉内环境剧烈变化，单一时刻的过程变量难以准确描述整个完整的冶炼过程。根据所提工况子模型预测结果，对单一时刻的过程变量，不同工况子模型会同时求解出多个硅含量预测值。高炉冶炼过程具有显著的大时滞特性，仅通过当前时刻数据难以评估各子模型的预测效果，并进一步提升硅含量预测精度。工业现场数据采集相邻时间节点间隔为 10 s 左右，在此时间间隔内硅含量不会发生突变。首先确定一个包含了一系列连续时间节点的高炉运行过程变量滑动窗口，对各单一时间节点过程变量数据求解其不同工况子模型的硅含量预测值与工况隶属度；再定义相邻时间节点间的硅含量工况迁移代价函数与滑动窗口中硅含量最优工况迁移路径目标函数。采用基于硅含量工况迁移特性的多源路径寻优算法求解滑动窗口中硅含量最优工况迁移路径，基于求解的最优工况迁移路径，对最优工况迁移路径中各类工况的隶属度分布进行核密度估计，根据各类工况的隶属度概率密度分布对当前时刻各模型的预测值进行加权，实现高炉铁水硅含量的高精度预测。

7.1.2.1 动态滑动窗口及硅含量工况迁移矩阵

在高炉冶炼过程中，最终的铁水硅含量是一段时间内高炉内部物化反应的最终表现，当前时刻的硅含量数据与历史的硅含量数值及过程变量数据有密切的相关性。在工况波动频繁、炉况不稳定的情况下，单一时刻的过程变量不能代表整个冶炼过程的整体工况，进而导致预测结果的异常。根据工况子模型预测流程，不同工况子模型会求解出各自对应的预测值，因此在同一时刻存在多种工况下的硅含量模型预测值。高炉冶炼现场硅含量的人工化验数据时间间隔通常在 30 min 以上，而过程变量数据通过现场传感器每 10 s 采集一次，在此时间间隔内铁水硅含量数据不会发生突变。本节建立动态滑动窗口，通过历史数据对各时刻工况子模型预测值进行评估与寻优，求解冶炼过程中工况变化的最优路径，能够显著提升预测模型的稳定性。

为建立当前时刻硅含量预测值与历史值的紧密联系，建立一个包含一系列连续时间节点过程变量的动态滑动窗口，如图 7-6 所示，滑动窗口中各时间节点表征该时刻的过程变量的检测值。滑动窗口长度取决于最近两个硅含量化验时刻之间过程变量检测样本数，其长度随化验值的更新而动态变化，以确保滑动窗口中至少包含一个硅含量化验值，作为后续预测寻优的校验基准值。滑动窗口确定了数据样本的采样与寻优范围，通过硅含量历史化验值为寻优的基准条件，依据硅含量的渐变特性，求解冶炼环节中各个时刻对应的工况类型及模型预测值，丰富了整个冶炼过程的输入信息，是后续硅含量最优工况迁移矩阵建立与硅含量最优工况子模型预测值求解的基础。

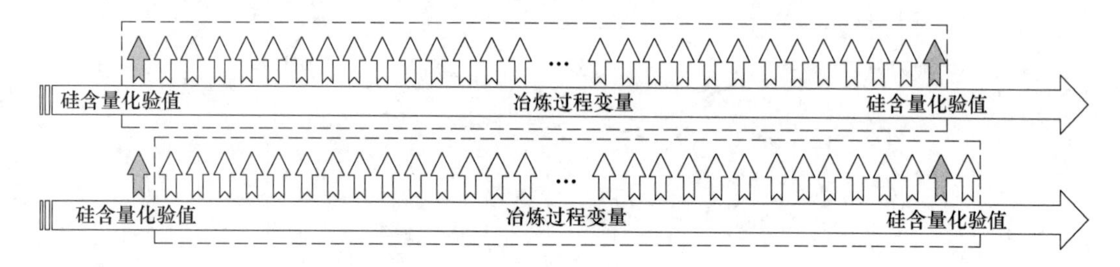

图 7-6 滑动窗口采样

在冶炼过程中，硅元素的反应过程具有渐变特性，极短的时间间隔内，硅元素的变化是趋于平缓的。在实际的过程变量各个采样时刻，能够通过当前时刻的工况以及硅含量预测值对下一相邻采样时刻的硅含量进行预测求解，从而在一系列时间节点中求解出各采样时刻硅元素对应的工况子模型及预测值，丰富了整个冶炼过程的信息，同时求解到当前时刻的最优工况子模型。基于上述思想，根据工况聚类结果及工况子模型的预测分析，求解各组过程变量参数对应不同工况的隶属度及工况子模型预测值，其求解过程如图 7-7 所示。为进一步求解高炉冶炼过程在时序上最优工况迁移路径，建立包含过程变量、硅含量化验值、硅含量预测值、过程变量工况隶属度的工况迁移矩阵，为最优工况迁移路径求解奠定基础。工况迁移矩阵一共 m 列，与滑动窗口中包含的时间节点数相同，每一列与滑动窗口中一个时间节点相对应，代表某时刻的过程变量对应所有工况的隶属度以及所有工况子模型的硅含量预测值。对单一时间节点的过程变量，分别与各聚类中心 $\boldsymbol{c} = [c_1, c_2, c_3, \cdots, c_n]^{\mathrm{T}}$ 匹配，计算该时间节点过程变量对不同工况的隶属度 $\boldsymbol{\mu} = [\mu_1, \mu_2, \mu_3, \cdots, \mu_n]^{\mathrm{T}}$，同时根据工况子模型 $\boldsymbol{m} = [m_1, m_2, m_3, \cdots, m_n]^{\mathrm{T}}$，求解对应的工况子模型预测值，$\boldsymbol{v} = [v_1, v_2, v_3, \cdots, v_n]^{\mathrm{T}}$，获取单一时间节点数据 $[(\mu_1, v_1)_t, \cdots, (\mu_n, v_n)_t]^{\mathrm{T}}$，工况迁移矩阵定义如下：

$$\begin{bmatrix} (\mu_1, v_1)_1, & (\mu_1, v_1)_2, & \cdots, & (\mu_1, v_1)_t, & \cdots, & (\mu_1, v_1)_m \\ (\mu_2, v_2)_1, & (\mu_2, v_2)_2, & \cdots, & (\mu_2, v_2)_t, & \cdots, & (\mu_2, v_2)_m \\ (\mu_3, v_3)_1, & (\mu_3, v_3)_2, & \cdots, & (\mu_3, v_3)_t, & \cdots, & (\mu_3, v_3)_m \\ \vdots & \vdots & & \vdots & & \vdots \\ (\mu_n, v_n)_1, & (\mu_n, v_n)_2, & \cdots, & (\mu_n, v_n)_t, & \cdots, & (\mu_n, v_n)_m \end{bmatrix} \tag{7-21}$$

式中，$(\mu_n, v_n)_t$ 为时间节点 t 对应的过程变量对第 n 种工况聚类簇的隶属度与工况子模型预测值。

7.1.2.2 工况迁移代价函数及最优工况迁移路径目标函数

高炉的冶炼过程中，炉内的硅元素参与物理化学反应速率是有限的，其过程具有典型的渐变特性。因此，在极短的时间内铁水中硅含量变化具有平稳的特点。在两相邻采样时

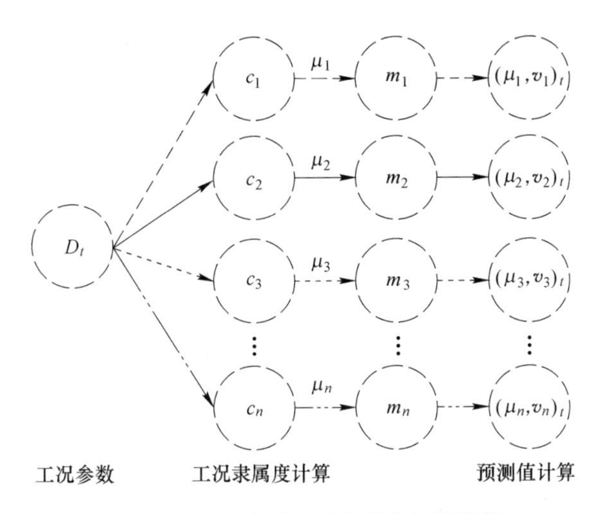

图 7-7 过程变量工况隶属度与预测值

刻高炉冶炼的过程变量会发生动态变化，根据工况聚类分析，其对于不同工况的隶属度以及各工况子模型的硅含量预测值也会随即改变。在此过程中，两时间节点间硅含量工况迁移的过程如图 7-8 所示，硅含量能够从第 i 时刻的任意工况迁移到 j 时刻的任意工况类型。其迁移过程表征了炉内反应的动态特性，受硅含量反应渐变特性约束，不同的工况迁移过程的迁移代价不同。

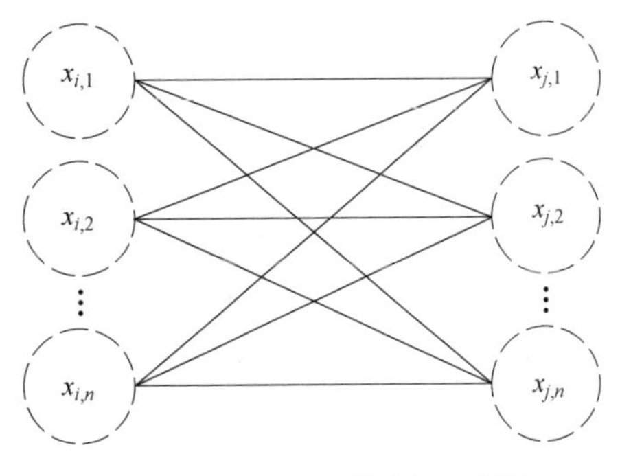

图 7-8 硅含量工况迁移示意图

现场的过程变量数据采样时间间隔为 10 s，因此在极短采样时间间隔内硅含量的变化具有平稳特性。为量化铁水硅含量的渐变特性，求解两采样时间节点间硅含量从某种工况下迁移到下一时刻某种工况的规律，提出两节点间不同工况子模型预测值的工况迁移的代价函数。对于冶炼过程，根据渐变性分析，从当前时刻至下一采样时刻，铁水硅含量更容易向隶属度较大的工况以及硅含量预测值变化更小的工况迁移。因此，定义两节点间工况迁移代价函数如下：

$$f(x_{p(i-1),\ qi}) = \frac{1}{2}\left(\frac{1}{\mu_{p(i-1)}} + \frac{1}{\mu_{qi}}\right)(\left|x_{p(i-1)}\right| - \left|x_{qi}\right|) \tag{7-22}$$

式中，$f(x_{p(i-1),qi})$ 为从节点 $i-1$ 中第 p 种工况子模型预测值迁移到节点 i 的第 q 种工况子模型预测值的代价函数；$\mu_{p(i-1)}$ 为节点 $i-1$ 对应的第 p 种工况子模型预测值 $x_{p(i-1)}$ 对第 p 种工况聚类簇的隶属度；$f(x_{p(i-1),qi})$ 为硅含量在两节点间从节点 $i-1$ 工况子模型硅含量预测值 $x_{p(i-1)}$ 迁移到节点 i 所属的工况子模型硅含量预测值 x_{qi} 的代价，代价越低则迁移过程代价越低，硅含量预测值越容易从 $x_{p(i-1)}$ 迁移到 x_{qi}。

由此分析，可根据硅含量历史预测值与迁移特性求解冶炼过程中各时刻的工况及其对应的工况子模型硅含量预测值，进而实现当前时刻最优工况子模型硅含量预测值的求解。

为进一步克服冶炼过程的大时滞特性及炉况不稳定状态下数据频繁波动给模型精度带

来的影响，需要精确求解滑动窗口中各时刻工况类型及其子模型对应的硅含量预测值。在整个滑动窗口中，从初始节点至当前时刻应具备一条完整的工况迁移路径，为详细说明工况路径迁移过程，绘制工况迁移图如图 7-9 所示。

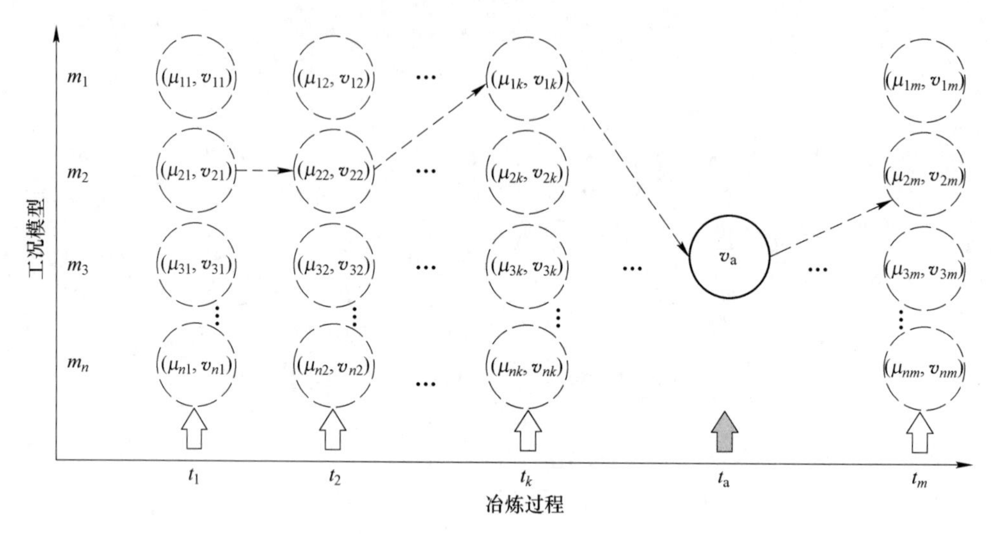

图 7-9 铁水硅含量工况迁移图

图 7-9 中，工况迁移图中每一列与工况迁移矩阵中各列一一对应，硅含量可以从一个时间节点中的任意工况模型迁移向下一采样时间节点任意工况模型迁移，从工况迁移图中第一列源节点到工况迁移图最后一列终节点构成一条完整的迁移路径，图 7-9 中的虚线构成一条完整迁移路径。其中 t_a 时刻为硅含量化验时间节点，为保证求解过程的可靠性，设该时刻的硅含量为此时的化验值 v_a。根据冶炼过程硅含量的渐变特性分析，在滑动窗口中，硅含量的迁移路径应为最平稳的一条，即迁移路径中，各节点间工况迁移代价函数值趋于极小，定义硅含量最优迁移路径如下：

$$\text{cost} = \min\left(\sum_{i=2}^{m}(f(x_{p(i-1),\ qi}))\right)$$

$$\text{s.t.}\begin{cases} f(x_{p(i-1),\ qi}) = \dfrac{1}{2}\left(\dfrac{1}{\mu_{p(i-1)}} + \dfrac{1}{\mu_{qi}}\right)(|x_{p(i-1)}| - |x_{qi}|) \\ \mu_1 + \mu_2 + \cdots + \mu_n = 1 \\ 0 \leqslant \mu_i \leqslant 1,\ 1 \leqslant p \leqslant n,\ 1 \leqslant q \leqslant n \\ (i = t_r) \Rightarrow v_i = v_a \end{cases} \tag{7-23}$$

式中，m 为工况迁移矩阵中所包含的时间节点数目；t_r 为化验时间节点，设此时刻的硅含量为对应的硅含量化验值，将其作为寻优的基准，确保最优路径求解的可靠性。

7.1.2.3 基于多源路径寻优的最优工况迁移路径求解

对于硅含量最优工况迁移路径曲线的求解过程，可简化为从初始节点的工况模型到当前时间节点的工况模型间的最短路径模型。对于实际的硅含量预测过程，为保证滑动窗口中包含硅含量化验值作为模型的寻优基准，滑动窗口中的时间节点数通常在 200 组以上，结合硅含量聚类的工况数目，构成了庞大的工况迁移矩阵，其最优路径的求解精度及效率是满足实时性预测的良好保证。在实际工业现场，数据采样时间通常在 10 s 以内，为满足铁水硅含量预测的实时性要求，提升最优路径的求解效率是算法性能指标的迫切需求。

最优路径问题是图论及算法设计相关研究领域中的重要内容，其研究成果在多个行业有重要应用。根据求解问题的特性，通常可以分为：单源最优路径、两点间最优路径、多源点至多终节点的最优路径问题、全源最优路径问题等。针对最优路径问题，目前面临的主要挑战有：(1) 数据规模庞大，滑动窗口中时间节点数目较多，硅含量聚类工况类型较多，工况迁移矩阵中数据规模较大，算法的执行过程受到极大的挑战。(2) 数据的拓扑结构复杂，相邻时间节点间，硅含量能够从任意工况迁移至任意工况。在整个求解范围内，数据拓扑结构较为复杂，求解过程也随之变得异常复杂。(3) 算法的实时性要求不断提高，现场的数据采样周期普遍在 10 s 以内，为满足在线预测的时效性及周期时间间隔，对寻优算法的执行效率有极高的要求。

由于传统的多源路径算法在硅含量最优工况迁移路径问题上求解过程时间复杂度及空间复杂度较高，针对高炉冶炼过程及工况迁移矩阵数据特性进行分析，提出适应于高炉冶炼过程工况迁移的多源路径寻优算法。针对高炉工况迁移矩阵数据进行分析，具有以下显著特性：(1) 路径的连接具有严格的时序性。根据冶炼特性及采样时间顺序分析，硅含量的工况迁移过程是严格地依据采样过程的时序，具有单向传导特性。根据这一特性，能够避免工况迁移矩阵中众多无效的工况迁移连接数据对，显著降低计算过程的时间复杂度。(2) 严格按照相邻采样时间间隔数据连接。对于某一点的硅含量工况数据，其迁移的数据范围依据相邻节点迁移原则，其下一路径节点被限制在下一采样时间节点的所有工况类型中，大幅缩减了路径寻优过程中节点的搜寻范围。(3) 连接权值的非负性。根据工况迁移代价的定义，若两种工况条件下，存在工况迁移的条件则其迁移代价必然为非负的。基于工况迁移矩阵的上述特性，本节提出基于工况迁移条件的多源路径寻优算法。对于两采样时间节点间的硅含量工况数据，构建邻接矩阵 $\boldsymbol{A}_{ij}$ ：

$$\boldsymbol{A}_{ij}=\begin{bmatrix} f(x_{i1,\ j1}), & f(x_{i1,\ j2}), & \cdots, & f(x_{i1,\ jn}) \\ f(x_{i2,\ j1}), & f(x_{i2,\ j2}), & \cdots, & f(x_{i2,\ jn}) \\ \vdots & \vdots & & \vdots \\ f(x_{in,\ j1}), & f(x_{in,\ j2}), & \cdots, & f(x_{in,\ jn}) \end{bmatrix} \tag{7-24}$$

其中，时间节点 i 与时间节点 j 相邻，$f(x_{in,\ jn})$ 为节点 i 中第 n 种子模型预测值与节点 j 的第 n 种子模型预测值之间的迁移代价函数，节点 i 到节点 j 中第一种工况子模型预测值的最小迁移代价 $\min_{j1}^{i}$ 为：

$$\min_{j1}^{i}=\min[f(x_{i1,\ j1}),\ f(x_{i2,\ j1}),\ \cdots,\ f(x_{in,\ j1})] \tag{7-25}$$

为记录硅含量工况寻优过程完整迁移路径，定义记忆矩阵记录对应时间节点的硅含量预测值，定义 $x_{jn}^{\min}$ 为两相邻节点间最小迁移代价 $\min_{jn}^{i}$ 在节点 i 中所对应硅含量预测数据。为实现最优工况迁移路径曲线求解，定义记忆矩阵 $\boldsymbol{R}_j$ 为：

$$\boldsymbol{R}_j=\begin{bmatrix} \min_{j1}^{i}, & x_{j1}^{\min}, & \mathrm{cost}_{j1} \\ \min_{j2}^{i}, & x_{j2}^{\min}, & \mathrm{cost}_{j2} \\ \vdots & \vdots & \vdots \\ \min_{jn}^{i}, & x_{jn}^{\min}, & \mathrm{cost}_{jn} \end{bmatrix} \tag{7-26}$$

其中，第一列为节点 i 到节点 j 中各子模型预测值的最小迁移代价，第二列为节点 i 到节点 j 中各子模型预测值最短路径中所对应的节点 i 中的预测值，第三列为从源节点到节点 j 中各子模型预测值的最小迁移代价数值。基于工况迁移条件的多元路径寻优算法执行步骤如下：

步骤 1：确定源节点 i ，并设置为当前节点，初始化最小代价矩阵 $[\mathrm{cost}_{i1},\ \mathrm{cost}_{i2},\ \cdots,\ \mathrm{cost}_{in}]$ ，初值设为 0，表示源节点到其本身的最短路径为 0；

步骤 2：构造节点 i 与下一相邻节点 j 的邻接矩阵，计算节点 i 到节点 j 各子模型预测值的最小代价 $[\min_{j1}^{i},\ \min_{j2}^{i},\ \cdots,\ \min_{jn}^{i}]^{\mathrm{T}}$ ，计算到节点 j 各模型预测值的最小代价所对应的节点 i 中模型预测值 $[x_{j1}^{\min},\ x_{j2}^{\min},\ \cdots,\ x_{jn}^{\min}]^{\mathrm{T}}$ ，计算源节点到节点 j 中各子模型预测值最小代价 $[\mathrm{cost}_{j1},\ \mathrm{cost}_{j2},\ \cdots,\ \mathrm{cost}_{jn}]^{\mathrm{T}}$ ，将上述三向量融合为记忆矩阵 $\boldsymbol{R}_j$；

步骤 3：若节点 j 为工况迁移矩阵的终节点，转到步骤 4，否则，$i=i+1$，$j=j+1$，再转到 Step2 继续执行；

步骤 4：搜索已经到达终节点 j ，选取全局最短路径 $\mathrm{cost}_{\min}=\min[\mathrm{cost}_{j1},\ \mathrm{cost}_{j2},\ \cdots,\ \mathrm{cost}_{jn}]$ ，$\mathrm{cost}_{\min}$ 即为全局最小代价，并将终节点指向的硅含量预测数值设置为当前数据点 $x_{si,\mathrm{now}}$ ，即为当前时刻最优工况子模型硅含量预测值 x_{si}；

步骤 5：通过记忆矩阵 $\boldsymbol{R}_j$ 搜索 $x_{si,\mathrm{now}}$ 的前驱数据点 $x_{si,\mathrm{begin}}$ ，并记录下已搜索的节点，压入栈 P；

步骤 6：判断 $x_{si,\mathrm{begin}}$ 是否到达工况迁移矩阵源节点，若未到达源节点，则将 $x_{si,\mathrm{begin}}$ 设置为新的当前数据点 $x_{si,\mathrm{now}}$ ，转到步骤 5 继续搜索前驱节点，否则，结束搜索，栈 P 中保存的即为最短路径数据点，最短距离数值为 $\mathrm{cost}_{\min}$ 。

对于包含 m 个时间节点过程变量，各时间节点包含 n 个工况子模型预测值的工况迁移矩阵，其最优迁移路径的求解过程，本节算法与 Floyd 算法[8]的时间复杂度分别为 $O(mn^2)$ 与 $O(m^3n^5)$ ，在实际的求解过程中，两算法均能求解到工况迁移矩阵中最优工况迁移路径曲线，两算法耗时对比见表 7-2。通常工况迁移矩阵中时间节点数将大于 200 个，此时本节算法在计算效率上有显著优势。

表 7-2　寻优算法耗时对比

节点数	40	80	120	160	200
Floyd 算法耗时/ms	3.20×10^4	2.72×10^5	8.96×10^5	2.09×10^6	4.05×10^6
本节算法耗时/ms	3	8	11	13	18

7.1.3　基于工况概率核密度加权的硅含量预测模型

根据工况聚类建模及冶炼过程最优工况迁移路径曲线的求解过程可知，冶炼过程经历了炉况的动态变化，是多种工况条件下冶炼结果的总体表现。单一的工况类型数据难以准确表征整个冶炼过程。对于当前时刻的硅含量预测值 $\boldsymbol{v}=[v_1,\ v_2,\ v_3,\ \cdots,\ v_n]^{\mathrm{T}}$ ，包含了多种工况子模型的预测结果。传统的基于 Bagging 思想的集成建模方法，相较于单个预测模型具有更加优异的预测性能，通常将模型的所有预测结果赋予相同的权重。在高炉的实际冶炼过程中，根据冶炼状态的不同以及操作制度的差异，在定义滑动窗口中，各种不同工况类型出现的概率存在显著差异。本节通过核密度估计方法计算冶炼工况迁移过程中，各种工况出现的概率密度函数[9]，从而对当前时刻不同工况子模型依据工况概率密度进行加权求解。

对于高炉冶炼过程中的最优工况迁移路径曲线，表征了整段时间内的高炉冶炼过程的工况迁移变化，整条工况迁移曲线是由不同时间节点上各种工况类型且包含该类工况的隶属度信息。从工况迁移曲线能够发现，迁移曲线中包含了不同的工况类型，并且各时间节点中的工况类型具有固定的隶属度信息，表示该时间节点高炉冶炼的状态属于该种工况的概率。为了进一步解析在整个冶炼过程中，不同工况类型对硅含量冶炼的贡献度，本节采用核密度估计方法对不同工况类型数据的概率密度进行估计，求解各类工况的概率密度函数。

由于高炉冶炼过程中的炉况变化具有极强的随机性，不同工况在最优工况迁移路径中的分布，可理解为一系列独立同分布的随机事件。求解不同工况在最优工况迁移路径曲线上的概率密度函数，可采用基于核密度估计的非参数估计方法。核密度估计方法通常对于无法求解随机变量分布情况的模型，根据一组来自于该未知模型的观测数据来估计随机变量的概率密度分布情况。核密度估计方法事先对分布模型无任何限制并且对模型参数无需任何假设，该方法只需要通过大量观测数据确定核函数类型及窗宽设定即能估计出分布模型及其参数。硅含量工况的分布函数为 $F(x)$ ，设工况随机分布的概率密度函数为 $f(x) = F'(x)$ ，依据核密度估计的步骤，初始化简单估计的求解函数为：

$$f_n(x) = \frac{F(x + h) - F(x - h)}{2h} \tag{7-27}$$

式中，$h = h(n)$ 为大于零的实数；$F(x)$ 为硅含量工况随机分布函数。

当数据的样本容量 $n \to \infty$ 、同时其采样的窗体宽度 $h \to 0$ 时，工况密度分布函数的估计模型 $f_n(x)$ 具有良好的统计学性质。核密度估计的思想主要是在工况随机分布函数的采样窗体中采用核函数对密度函数进行估计，从而估计得到分布更加符合真实条件的工况密度分布函数。核密度函数的估计形式为：

$$\hat{f}_n(x) = \frac{1}{nh}\sum_{i=1}^{n} k\left(\frac{x_i - x_0}{h}\right) = \frac{1}{n}\sum_{i=1}^{n} k(x_i - x_0) \tag{7-28}$$

式中，$k(x)$ 为核函数，即采样窗体中随机变量的加权函数；h 为采样过程的窗体宽度，当 h 越大时，在采样窗体中随机变量的出现频率越高，使得核密度估计函数 $\hat{f}(x)$ 的密度分布曲线越光滑。

核密度估计方法中，若待估计的数据样本越大则概率密度估计结果受核函数类型的影响越小。对于实际的问题求解过程中，根据问题对应的不同特征同样存在较多形式的核函数，常见的核函数类型主要包括均匀核函数、三角核函数、高斯核函数（Gaussian）、伊番科尼科核函数（Epanechnikov）、Quartic 核函数、Cosine 核函数等，其详细信息见表 7-3。由于高斯核函数的优异统计学性质，常作为核密度估计的核函数，故选取高斯核函数作为核密度估计的核函数。

表 7-3　各项核函数指标对比

核函数	$\int x^2K(x)\mathrm{d}x$	$\int K(x)^2\mathrm{d}x$	效率/%
Uniform	$\frac{1}{3}$	$\frac{1}{2}$	92.9
Triangular	$\frac{1}{6}$	$\frac{2}{3}$	98.6
Gauss	1	$\frac{1}{2\sqrt{\pi}}$	95.1
Epanechnikov	$\frac{1}{5}$	$\frac{3}{5}$	100
Cosine	$1-\frac{8}{\pi^2}$	$\frac{\pi^2}{16}$	99.9

核密度估计方法（KDE，Kernel Density Estimation），通常用于求解给定随机变量分布的概率密度分布模型的非参数估计。冶炼过程中，各时间节点现场过程变量的波动具有典型的随机性，不同工况的隶属度同样可视为随机变量。对于最优工况迁移路径中的工况类型分布 $\{\mu_i^j \in [0,1] \mid i=1,\cdots,n;\ j=1,\cdots,m\}$，为独立同分布的随机变量。对于当前时刻的位于最优工况迁移路径中的工况子模型，其工况隶属度及硅含量预测满足了硅含量的渐变特性及硅含量工况迁移特性，故视该组工况隶属度 μ_{true}^m 及预测值 v_{true}^m 为可靠的。对于隶属度加权的 $(1-\mu_{\text{true}}^m)$ 部分，为整个过程中其余工况类型作用的结果，需要根据最优工况迁移路径中各其余工况类型的概率分布做概率密度加权，以衡量不同工况对当前时刻的硅含量的贡献比例。

对原始变量按照工况分布进行重新排列，按照不同的工况种类拆分为不同工况的数据集 $U_i=\{\mu_i^j \mid \mu_i^j \in [0,1],\ j=1,\cdots,k\}$，其分布密度函数 $\hat{f}_\mu(x)$，通过高斯核函数对非当前最优工况进行概率密度估计：

$$\hat{f}_\mu(x)=\frac{1}{nh}\sum_{i=1}^{n}\left(\frac{1}{\sqrt{2\pi}}\mathrm{e}^{-\frac{\|x-x_0\|}{2}}\right) \tag{7-29}$$

式中，h 为核密度估计窗体宽度。

随着 h 取值的增大，x_0 邻域内数据的出现概率越大，此时隶属度分布密度函数 $\hat{f}_\mu(x)$ 的曲线将越光滑，但会使得曲线局部的细节信息，如多峰性被掩盖进而增加模型的估计偏差；若窗体宽度的选择过小，易造成估计函数曲线粗糙，在分布密度函数尾部将出现较大干扰。所以，窗体宽度的选择对于分布密度函数估计具有重要影响。为求解核密度估计的最优窗体宽度，通过均方误差衡量估计所得的概率密度函数与真实概率密度函数之间的差异，其表达式为：

$$\mathrm{MISE}(h)=E\left[\int\{\hat{f}_\mu(x)-f(x)\}^2\mathrm{d}x\right] \tag{7-30}$$

求解得到高斯核函数的最优窗体宽度为：

$$h_{\text{optimal}}=\left\{\frac{4}{\frac{1}{np^6}\sum_{i=1}^{n}\sum_{j=1}^{n}\left[\frac{\sqrt{\pi}}{16p^3}\{[(x_i-x_j)^2-6p^2]^2-24p^4\}\mathrm{e}^{-\frac{(x_i-x_j)^2}{4p^2}}\right]}\right\}^{\frac{1}{5}} \tag{7-31}$$

其中，参数 p 通过以下算法步骤获得：

步骤 1：计算 $p_1 = F(p_0)$，其中 $p_0 = s$，参数 s 的初始值设定将在算法末尾给出。初始化参数 k，其中 k 为极小值。

步骤 2：若 $|p_1 - p_0| > k$，循环执行下列步骤：

（1）将变量 p_1 的值赋给 p_0，即为 $p_0 = p_1$；

（2）执行表达式 $p_1 = F(p_0)$，求解出新的 p_1；

（3）令 $p_1 = \dfrac{p_0 + p_1}{2}$。

步骤 3：得到最优窗体宽度 $p_{\text{optimal}} = p_1$。

对于参数 s，设其值为：

$$s = 1.06\sigma n^{\frac{1}{5}} \tag{7-32}$$

式中，n 为样本观测值数量，即数据集 U_i 所包含的样本数；σ 为样本观测值的标准差。

通过上述核密度估计步骤，得到第 i 种工况对应数据集 U_i 的隶属度分布密度函数，再进一步求解整个工况迁移路径中第 i 种工况的隶属度概率加权。

$$\mu_{ip} = \sum_{j=1}^{k} \mu_i^j F(\mu_i^j) \tag{7-33}$$

对于最终的硅含量集成加权预测模型，由当前时刻的最优工况模型预测值与非最优工况预测值共同组成。

$$si = \mu_{\text{true}}^m v_{\text{true}}^m + (1 - \mu_{\text{true}}^m) \sum_{i=1}^{n-1} \left\{ \left[\frac{\sum_{j=1}^{k} \mu_i^j F(\mu_i^j)}{\sum_{i=1}^{n-1} \sum_{j=1}^{k} \mu_i^j F(\mu_i^j)} \right] v_i^m \right\} \tag{7-34}$$

通过求解滑动窗口中，硅含量在不同工况子模型间的迁移过程，充分利用了冶炼过程中的历史信息，用迁移代价函数量化了冶炼过程中硅含量的渐变特性，避免了冶炼过程中工况参数波动对模型预测精度的影响。同时，通过核密度估计算法，量化了冶炼过程中不同工况在冶炼过程的分布密度，充分利用了集成建模的数据挖掘能力，提升了模型的预测精度。

7.1.4 工业数据验证

首先，对数据进行数据清洗及预处理获取了完整的数据集，针对已有数据集，基于邦费罗尼指数的自适应工况聚类算法进行工况聚类并建立工况子模型；其次，依据所提算法求解硅含量最优工况迁移路径，并对最优工况迁移路径中各工况出现概率进行核密度估计；最后，对当前时刻各工况子模型预测值进行动态加权，以求解当前时刻的最优硅含量预测值。本节采用某钢铁集团在 2020 年 6 月 1 日至 2020 年 12 月 1 日高炉冶炼过程生产数据作为实例验证对象，对所提算法有效性进行实例分析与验证，在工业现场成功测试并应用，验证了算法在工业现场的可行性。

7.1.4.1 模型参数确定

对冶炼现场各项过程变量与铁水硅含量进行了相关性计算（结果见表 7-4），根据相关性系数及现场专家经验，选取了工况子模型的建模输入变量富氧率、透气性指数、标准风速、冷风流量、设定喷煤量、理论燃烧温度、炉腹煤气指数、热风压力、铁水红外温度[10]、顶温10个过程变量作为本节工况子模型的输入变量。为了更好地学习硅含量的时序特征，本节的训练数据集以及测试集选择连续时间序列的3000组硅含量及过程变量数据。

表7-4　过程变量与铁水硅含量MIC相关系数

过程变量	MIC相关系数	过程变量	MIC相关系数
富氧率	0.291	阻力系数	0.138
透气性指数	0.27	铁水红外温度	0.284
一氧化碳	0.116	富氧压力	0.229
氢气	0.107	冷风压力1	0.197
二氧化碳	0.008	冷风压力2	0.203
标准风速	0.275	全压差	0.204
富氧流量	0.218	热风压力1	0.268
冷风流量	0.264	热风压力2	0.265
鼓风动能	0.204	实际风速	0.173
炉腹煤气量	0.234	冷风温度	0.209
炉腹煤气指数	0.278	热风温度	0.213
理论燃烧温度	0.248	顶温东北	0.292
顶压1	0.195	顶温西南	0.283
顶压2	0.208	顶温西北	0.291
顶压3	0.198	顶温东南	0.286
顶压4	0.201		

根据密度峰值聚类算法的求解思路，需要设定不同的截断距离 d_c，再求解此截断距离下，数据集中所有样本点所对应的参数 $\rho_i\delta_i$，再求解此条件下系统参数 $\rho_i\delta_i$ 的邦费罗尼指数。在这个过程中，需要不停改变截断距离参数以求解全局范围内的邦费罗尼指数最大值。截断距离的采样间隔过大会造成最大邦费罗尼指数的求解精度不够；反之，若截断距离的采样间隔过小模型的求解时间复杂度会显著增加。因此，本节通过反复试验，截断距离的采样范围为 $0 \sim 10\%\max(d_{ij})$，其中，$\max(d_{ij})$ 为样本数据集中两点间距离的最大值。对于采样间隔，理论分析可知采样间隔越小越有利于逼近真实的最优截断距离，但是预测同时将会带来计算时间成本的负担，本节聚类算法的截断距离采样间隔与最优截断距离求解、聚类效果评估综合考虑算法的求解精度及执行效率，确定采样间隔为 $0.1\%\max(d_{ij})$。

对于数据驱动模型，输入变量的选择直接决定了模型预测性能的上限。输入的过程变量数据量过少，会造成关键信息缺失，影响模型的预测精度；同时，若模型的输入变量过多，会带入大量的干扰、冗余信息，并且显著增加模型的复杂程度，影响模型的训练过程及最终的预测性能。根据输入变量的情况，确定 Elman 网络的输入层节点数为 10。隐含层神经元的个数对于模型的预测也至关重要，若隐藏层的神经元数量过少，容易导致模型无法充分学习输入变量的全部特征，进而导致模型出现欠拟合；反之，若神经元数量设定过多容易导致模型过于复杂，增加训练过程难度，训练集数量难以满足要求，进而出现过拟合状态。通常，隐藏层神经元的数量确定可依据经验公式：

$$N_{\mathrm{h}} = \frac{N_{\mathrm{s}}}{\alpha(N_{\mathrm{i}} + N_{\mathrm{o}})} \tag{7-35}$$

式中，N_{h} 为神经网络模型隐层神经元个数；N_{s} 为训练集的样本数；N_{i} 为输入层神经元个数；N_{o} 为输出层神经元个数；α 为设定系数，其取值范围通常为 2~10。

为进一步精确确定神经网络模型隐藏层神经元数量，通过多次试验对模型预测效果进行对比。根据经验推荐值与多次实验仿真结果，确定 Elman 神经网络模型的隐含层神经元模型数量为 10。同时，根据实际仿真试验，通常网络在迭代 200 次内模型参数能够达到稳定状态，本节确定最大迭代次数为 300 次、学习率为 0.01。

7.1.4.2 自适应工况聚类及聚类与工况子模型建模

将采集的 3000 组数据集，划分为训练集 D_1 与测试集 D_2，样本数量分别为 2800 组与 200 组。根据基于邦费罗尼指数的自适应聚类算法，求解不同截断距离下的邦费罗尼指数，绘制寻优过程邦费罗尼指数。如图 7-10 所示，当截断距离为 0.7%max(d_{ij}) 时，系统邦费罗尼指数取得全局极大值 0.99931，此时的系统参数 $\rho_i\delta_i$ 有序程度及系统参数分布特征差异性最高，最有利于过程变量的工况聚类与聚类中心的选择。

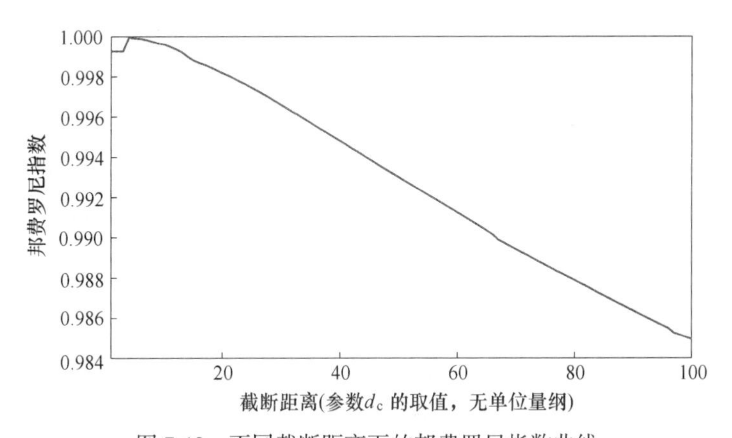

图 7-10 不同截断距离下的邦费罗尼指数曲线

为进一步选择过程变量的工况聚类中心，绘制当前最优截断距离下的 $\rho_i\delta_i$ 决策图，如图 7-11 所示。根据 DPC 算法理论，各数据样本点参数 $\rho_i\delta_i$ 越大，其作为聚类中心的概率越大。

采用所提算法求解聚类决策图中各数据样本点的截断系数，求解数据结果如表 7-5 与图 7-12 所示。根据求解结果显示，对于降序排列的数据样本，截断系数在第 4 个数据样本点取得最大值，故本组过程变量数据集选定前四个数据样本点作为聚类中心，数据共聚类为 4 类工况 G_1，G_2，G_3，G_4。

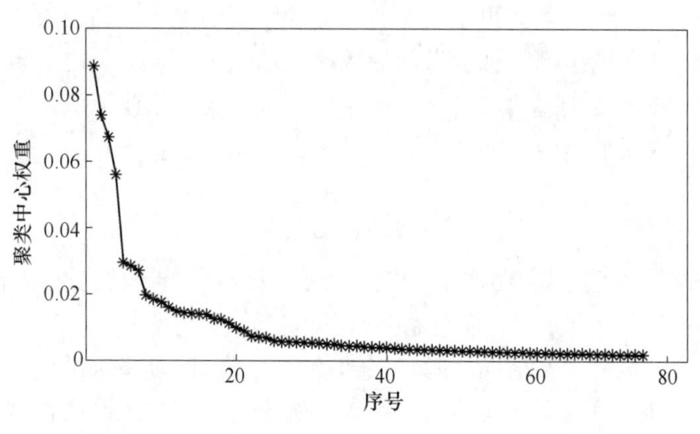

图 7-11　聚类中心决策图

表 7-5　聚类中心截断系数

序号	1	2	3	4	5	6
截断系数	3.00	4.02	42.30	52.50	28.02	24.34

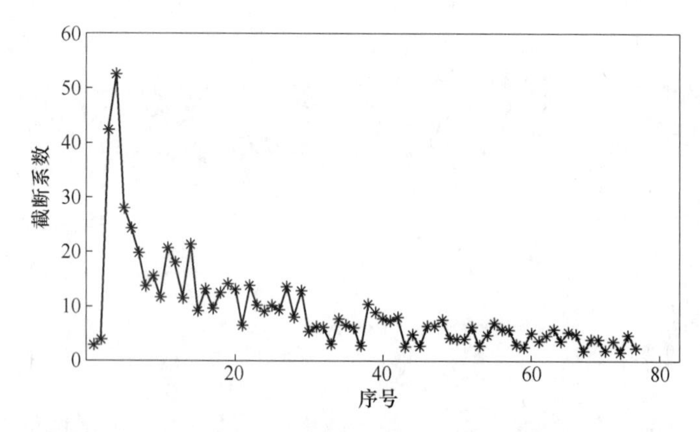

图 7-12　聚类中心截断系数曲线

图 7-13 为原始数据的局部密度与核密度估计密度分布图，通过二维等高线绘制图与三维核密度估计概率密度立体分布的图像可以发现，原始数据的密度存在较为明显的四个高密度中心，高密度中心的位置分布代表了数据分布的聚堆特性，这在极大程度上验证了本节算法聚类中心选择的正确性。

通过图 7-13 的数据密度分布示意图能够发现，数据样本存在较为明显的四个中心环状结构，与本节自动求解的四个聚类中心十分吻合。同时，为保证结果对比的公平性，实验设定 Kmeans 算法与 FCM 的聚类中心数目通过人为确定为 4 个，从而进行聚类结果对比试验。通过聚类结果对比显示，本节算法将数据聚类为四种工况，同种聚类簇内部的紧密程度较高，聚类簇的分割边界通常位于数据分布密度较小的区域，聚类簇内部方差较小，不同聚类簇间的分离程度较高，达到了良好的聚类结果。Kmeans 与 FCM 聚类算法的聚类结果较为粗糙，其边界的划分通常不是数据密度较为稀疏的边界，使得聚类簇内部的数据

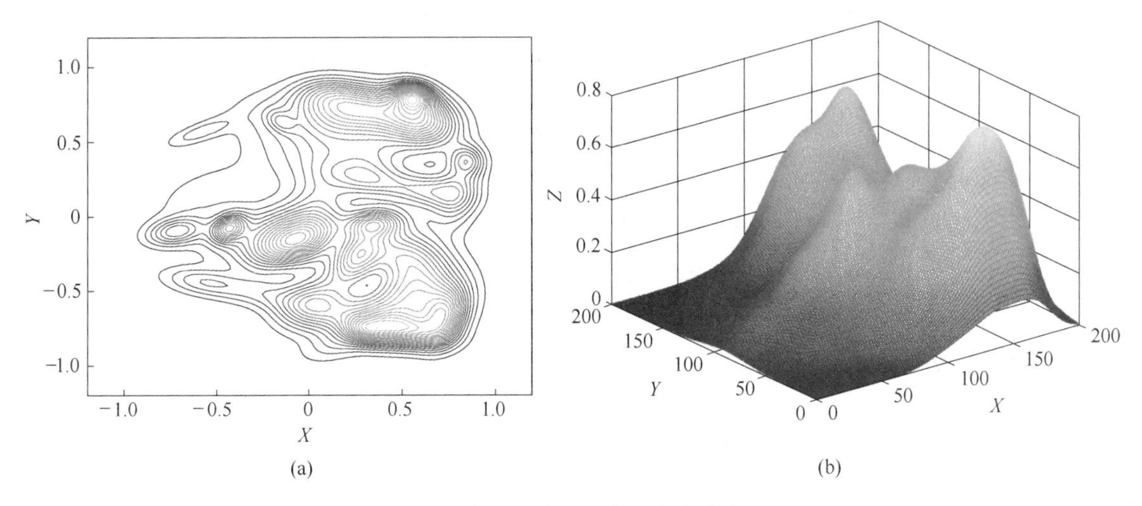

图 7-13 高炉冶炼过程变量密度分布图
(a) 二维等高线；(b) 三维核密度估计概率密度
(扫描书前二维码看彩图)

较为分散，两聚类簇之间没有明显的边界，聚类结果缺乏合理性。通过表 7-6 各项指标对比，相较于传统聚类算法，本节算法有较大的性能优势，聚类结果较好。

表 7-6 聚类效果评估

项　目	轮廓系数	戴维森-堡丁指数	卡林斯基-哈拉巴斯指数
自适应密度峰值聚类（ADPC）	0.431	0.837	3182.57
K 均值聚类算法（Kmeans）	0.404	0.883	2943.64
模糊 C-均值聚类算法（FCM）	0.423	0.860	3072.36

将工况聚类后的 G_1，G_2，G_3，G_4 数据集分别用于 4 个 Elman 网络的训练与建模，训练过程采用基于模拟退火的 Levenberg-Marquardt 算法对 Elman 网络进行权值更新，算法能够极大地加快网络权值的训练速度，减少权值迭代更新过程中的振荡，并且避免陷入局部最优解，从而使得模型具有更高的精度。

对于测试数据集 D_2，求解测试集所在时间段内包含各采样时间节点的过程变量对不同工况聚类簇的隶属度以及该时刻对应的不同工况子模型的预测值，进而构建两相邻样本间的硅含量工况迁移矩阵。根据所提多源路径寻优算法求解测试集各相邻时间节点间采样数据对应工况迁移矩阵中硅含量最优工况迁移路径。基于求解得到的最优工况迁移路径，针对非最优工况在最优工况迁移路径中对不同工况分概率分布采用基于高斯核函数的核密度估计，根据核密度估计的工况迁移矩阵中各工况概率密度分布情况，对测试集中硅含量化验值所对应时间节点各工况子模型硅含量预测值进行概率密度加权；根据实际概率加权结果，求解得到该节点最终硅含量预测值。

7.1.4.3 模型综合性能评价

硅含量预测命中率是衡量硅含量模型预测精度的重要指标，此外，硅含量变化趋势能够为现场的实际操作提供指导。在实际工业现场，趋势命中率具有较高的应用价值。为全面反映本节模型的预测性能，通过硅含量数值预测命中率（预测值与实际值误差绝对值小于0.1的样本占总测试样本的比例）、硅含量趋势预测准确率（预测趋势与实际化验趋势相同样本点占总数据的比例）、均方根误差三项指标来评价硅含量预测模型的性能，硅含量预测命中率定义如下：

$$H = \frac{1}{N}\left(\sum_{i=1}^{N} h_i\right) \times 100\%$$

$$h_i = \begin{cases} 1 & |e_i| \leqslant 0.1 \\ 0 & \text{其他} \end{cases} \tag{7-36}$$

式中，H 为硅含量预测命中率；N 为测试样本总数；e_i 为预测误差，即硅含量化验值 $\hat{y}_i$ 与预测值 y_i 误差绝对值 $|\hat{y}_i - y_i|$。

当 e_i 的绝对值小于或等于0.1时，则认为模型的硅含量预测值是准确可靠的，此时，h_i 记为1，否则为0。硅含量趋势预测准确率 T 定义如下：

$$T = \frac{1}{N-1}\left(\sum_{i=1}^{N} t_i\right) \times 100\%$$

$$t_i = \begin{cases} 1 & (\hat{y}_{i+1} - \hat{y}_i) \cdot (y_{i+1} - y_i) > 0 \\ 0 & \text{其他} \end{cases} \tag{7-37}$$

式中，T 为硅含量趋势预测准确率。

当两相邻时刻硅含量化验值之差（$\hat{y}_{i+1} - \hat{y}_i$）与相邻时刻硅含量预测值之差（$y_{i+1} - y_i$）的乘积大于0时，$t_i$ 等于1，否则等于0。硅含量预测均方误差MSE定义如下：

$$\mathrm{MSE} = \frac{1}{N}\sum_{i=1}^{N} e_i^2 \tag{7-38}$$

根据上述建模步骤，模型在测试集中的预测实际命中率为88%，硅含量趋势预测命中率达到82%，均方误差为0.0043。根据预测对比曲线可知，本节模型结果有较高的硅含量数值预测精度并且能够较好地跟踪硅含量化验值的变化趋势，尽管在第40~80组数据与第160~200组数据之间，硅含量化验数据存在剧烈波动，本节方法预测结果在此时间段内仍保持相对稳定，没有出现明显的异常波动，证明本节方法在炉况波动情况受影响较小。模型误差分布较均衡地分布于 x 轴两侧，大部分预测误差均分布于（-0.1，0.1）区间内，模型的硅含量预测稳定性较强。为进一步全面评估本节模型的硅含量预测性能，将对本节模型与单一的Elman网络以及目前主流的基于Elman网络的集成学习模型进行对比，根据在同一测试集中的实际表现对模型做进一步对比分析。

目前，众多学者致力于集成学习建模的研究，以进一步改善单一模型在硅含量预测上难以克服数据波动及冶炼过程的大时滞特性，Elman-Adaboost模型、FEEMD-Adaboost-Elman模型均选取Elman网络作为集成模型的弱预测器，结合数据集经验模态分解、Adaboost算法，相较于单一Elman网络在硅含量预测上有较好的表现。将本节模型与上述集成学习预测模型在测试集中进行仿真实验，测试硅含量预测的命中率、硅含量预测趋势命中率及均方根误差。图7-14~图7-16为最优工况迁移路径模型分别与Elman网络、Adaboost-Elman模型、FEEMD-Adaboost-Elman模型在同一数据下的预测实验结果对比分析曲线。

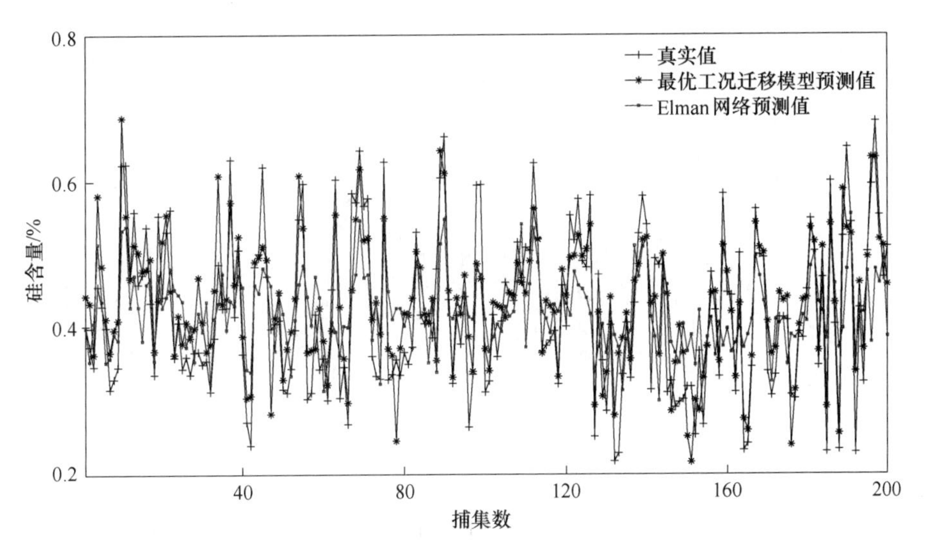

图 7-14　最优工况迁移路径预测模型与 Elman 网络预测结果对比
(扫描书前二维码看彩图)

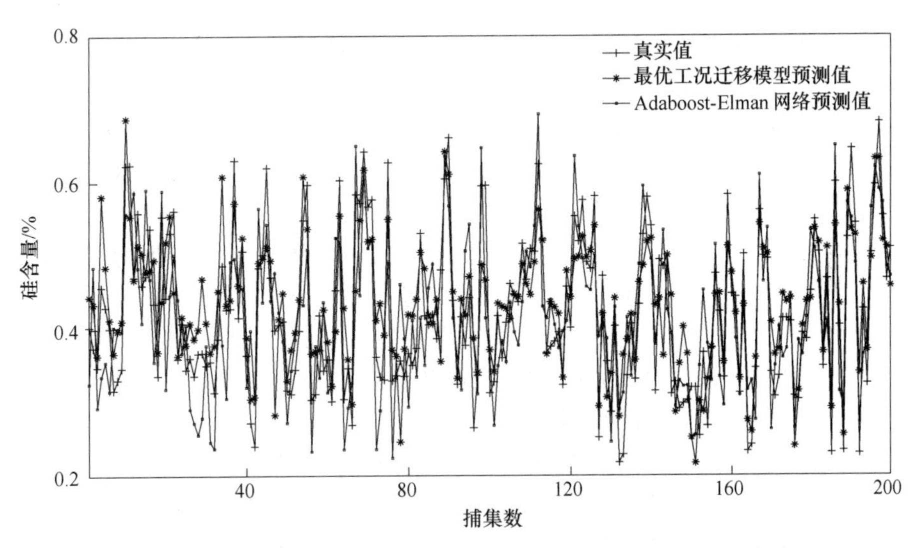

图 7-15　最优工况迁移路径预测模型与 Adaboost-Elman 模型预测结果对比
(扫描书前二维码看彩图)

观察图 7-14 可知，本节模型相较于单一的 Elman 网络在整体预测结果上精度有大幅的提升，Elman 网络在整个测试数据集所在区间内，预测效果普遍较差，与真实值的偏离较大，尤其是在硅含量的波动幅度较大的时间段如第 40~80 组、第 160~200 组内的数据相邻的硅含量化验值变化极为剧烈，此时间段内的工况参数极其不稳定，单一时刻的过程变量信息难以准确反映整个冶炼过程的硅元素信息，硅含量预测值受历史的信息影响较大

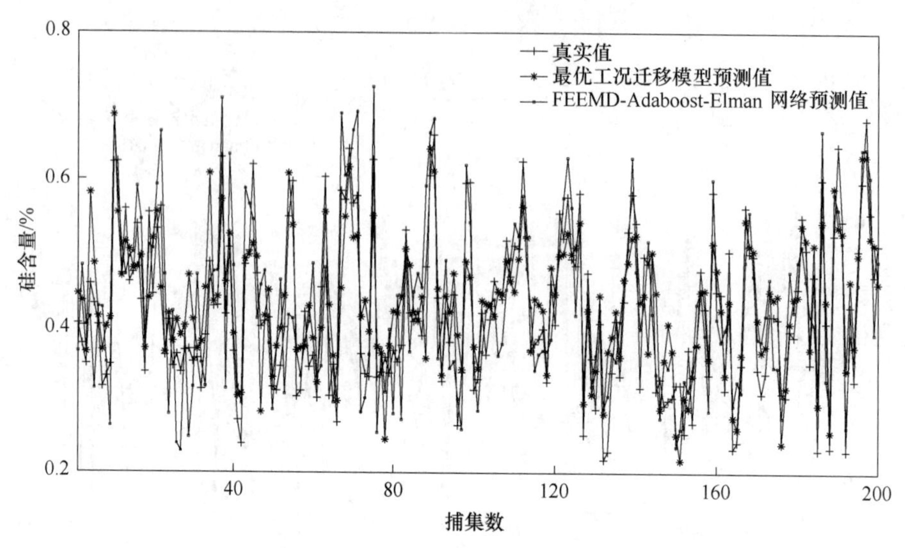

图 7-16　最优工况迁移路径预测模型与 FEEMD-Adaboost-Elman 模型预测结果对比
（扫描书前二维码看彩图）

难以跟上硅含量实际变化的趋势，预测效果受限。从整体上看，单一模型 Elman 网络的预测性能十分不稳定，难以满足现场的硅含量预测精度要求。

图 7-15 为 Adaboost-Elman 模型预测值，从图中观察可知 Adaboost-Elman 模型的极端异常值较多，由于该模型采用 5 个 Elman 子模型作为弱预测器，将训练数据集依据 Boostrap 采样方法进行多次有放回采样，构成子模型预测数据集。各数据集的数据样本构成具有一定的随机性，并且各数据集之间没有明显的区别，各模型的建模没有明显的偏向性，使得预测结果不能很好应对数据波动以及不同类型过程变量数据分布不均衡特性。在实际的曲线表现中，时常有部分或者所有子模型均无法精确预测实时硅含量数值，造成模型的波动性较大，出现较多异常值，模型整体的稳定性与精度较差。

图 7-16 为 FEEMD-Adaboost-Elman 模型预测曲线，算法将硅含量时间序列进行模态分解为多个时间序列，再采用 Adaboost 建模策略进行建模。模型较好地挖掘了不同时间序列的历史信息，在大部分情况下的预测效果较好，但是在第 0～40 组、第 80 组数据附近数据较大。这是由于在此时间段内，高炉冶炼过程存在人为操作干预冶炼过程，过程变量存在较大幅度的波动，硅含量的变化不再遵循历史规律。但是该模型仅依赖硅元素的时间序列，没有利用实时的过程变量数据，不能够充分利用现场的冶炼数据。当局部高炉冶炼状态变化剧烈、操作制度改变等情况下，预测精度将受到巨大影响。

根据表 7-7 统计信息显示，本节模型在预测精度、趋势预测正确率、均方根误差以及模型稳定性评价指标上相较于单一 Elman 网络及集成学习模型均有一定优势。特别在硅含量趋势预测命中率上具有极大优势，在工业现场硅含量变化趋势是反映炉温变化的重要参考指标，能够为现场调控操作提供重要的参考依据。同时，模型均方根误差及模型稳定性评价指标表明了本节算法预测精度较高，并且预测稳定性更好。因此，预测模型结果有较高的泛化能力及稳定性，具备了在工业现场初步应用的基础。

表 7-7 模型预测性能对比

模型类别	数值预测命中率/%	趋势预测正确率/%	均方根误差	模型稳定性评价指标
工况迁移预测模型	88	82	0.0043	0.0555
Elman 网络	79	69	0.0069	0.0824
Elman-Adaboost	85	71	0.0054	0.0704
FEEMD-Adaboost-Elman	86	74	0.0049	0.0672

从图 7-17 与图 7-18 中观察可知，单一的 Elman 网络预测结果在硅含量数值波动较大的时间段如第 40 组、第 120 组、第 160 组、第 200 组数据附近，预测误差较大，预测误

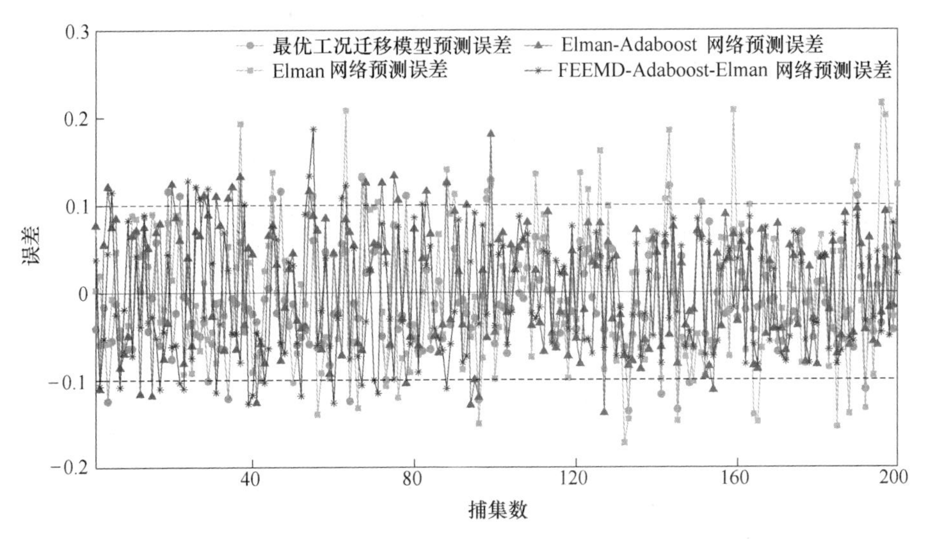

图 7-17 预测误差对比
（扫描书前二维码看彩图）

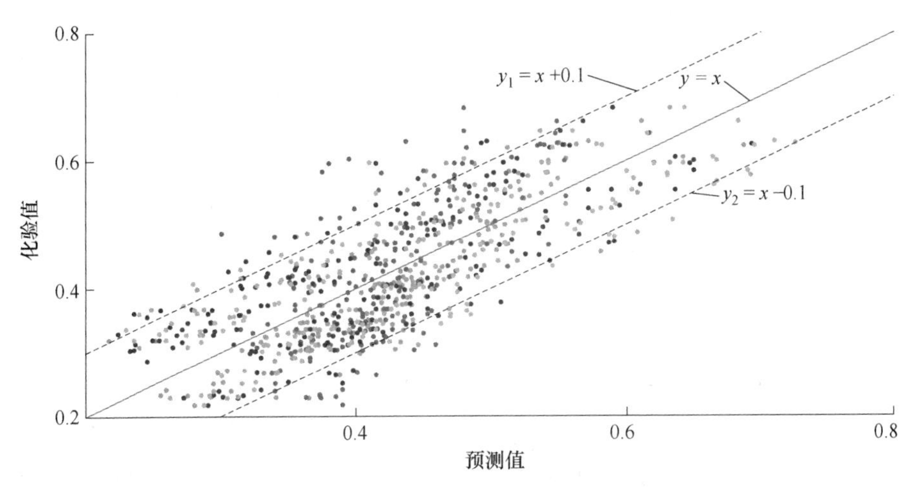

图 7-18 硅含量预测值与化验值对比
（扫描书前二维码看彩图）

差普遍分布在 ±0.1 附近，预测精度及稳定性难以满足现场需求；基于 Elman 网络的集成学习模型相较于单一 Elman 网络在预测性能上有显著提升，但是从整体预测效果上观察发现，模型的预测性能不稳定，受硅含量自身波动及炉况变化影响较大。在第 30 组、第 80 组数据附近，硅含量存在剧烈波动，模型的预测性能受到显著影响，但本节模型在此区间的预测仍能保持较高的精度。模型的误差普遍分布在（-0.1，0.1）内，并且曲线的预测误差波动较小，预测性能较为稳定。

7.2　基于动态注意力深度迁移学习的多元铁水质量参数预测

多元铁水化学成分（硅含量、硫含量和磷含量）是衡量铁水质量的重要指标，尤其铁水硅含量是反映炉缸内部热状态和炉况的灵敏指示剂[11-14]。然而，现有的化学成分定量检测主要是通过铁水采样冷却后化验百分含量，造成铁水质量信息反馈不及时，此外矿源质量的波动和冶炼条件的变化使得非稳态下的预测精度难以保证，因此，本节提出了基于一种动态注意力深度迁移学习的多元铁水质量参数预测方法，动态注意力机制带来的变量相关性动态描述能力不仅提升了模型的拟合能力也加强了黑箱模型的可解释性，并且铁水温度迁移学习模型最大化利用现场检测数据能降低对多元标签成分数据的依赖和提高模型预测精度。

7.2.1　基于堆叠去噪自编码机的深度学习策略

高炉四周安装了多个传感器帮助操作人员更好地了解高炉内部的状态和变化趋势，考虑到传感器的性能、资源的限制和化验成本的限制，变量采样的频率可以大致分为秒、分钟、小时和天。高炉冶炼过程的过程变量和多元铁水质量变量的采样频率如图 7-19 所示，需要说明的是硅、硫和磷的含量都是由同一批铁水化验，因此如图 7-19（b）中的多元铁水质量参数具体由硅含量替代。

从图 7-19（a）可以看出，高炉现场过程变量的采样频率大概保持在 10 s，硅含量的化验频率与高炉现场出铁的频率有关，查询历史数据库发现大部分情况下每小时有一条化验数据。传统的基于监督学习的数据建模过程中需要根据时间戳匹配原则为过程样本打上对应的标签，这样做的直接影响是大量未带标签的过程变量将会被直接丢弃造成“数据丰富，有用数据稀缺”的情况。没有标签的过程变量中可能隐藏有用的模式和信息，舍弃它们可能会减少模型的准确性和可靠性。此外，这些未标记的变量可能包含关于异常样本、边界情况或新趋势的宝贵信息，其丢失可能妨碍对冶炼过程的深入理解。依赖仅有标签的数据进行建模可能会增加偏差和不确定性，导致模型过度拟合已知数据，从而影响其在新数据上的泛化能力。

鉴于上述分析可知，充分利用未带标签的过程变量数据是提高模型精度和泛化能力的重要手段之一。2006 年 Geoffrey Hinton 教授及其团队提出的深度学习除了解决上述问题之外[15,16]，还在其他方面有很大的优势。半监督学习通过结合有标签和无标签数据的混合训练，以及结合无监督预训练和有监督微调的方法，旨在深入探索数据的内部结构和降低标记成本。与此同时，与传统的手动特征选择相比，深度学习可以端到端地自动提取更为高级和抽象的特征。深度模型还因其多层表示、非线性激活和大量的参数与数据而具有描

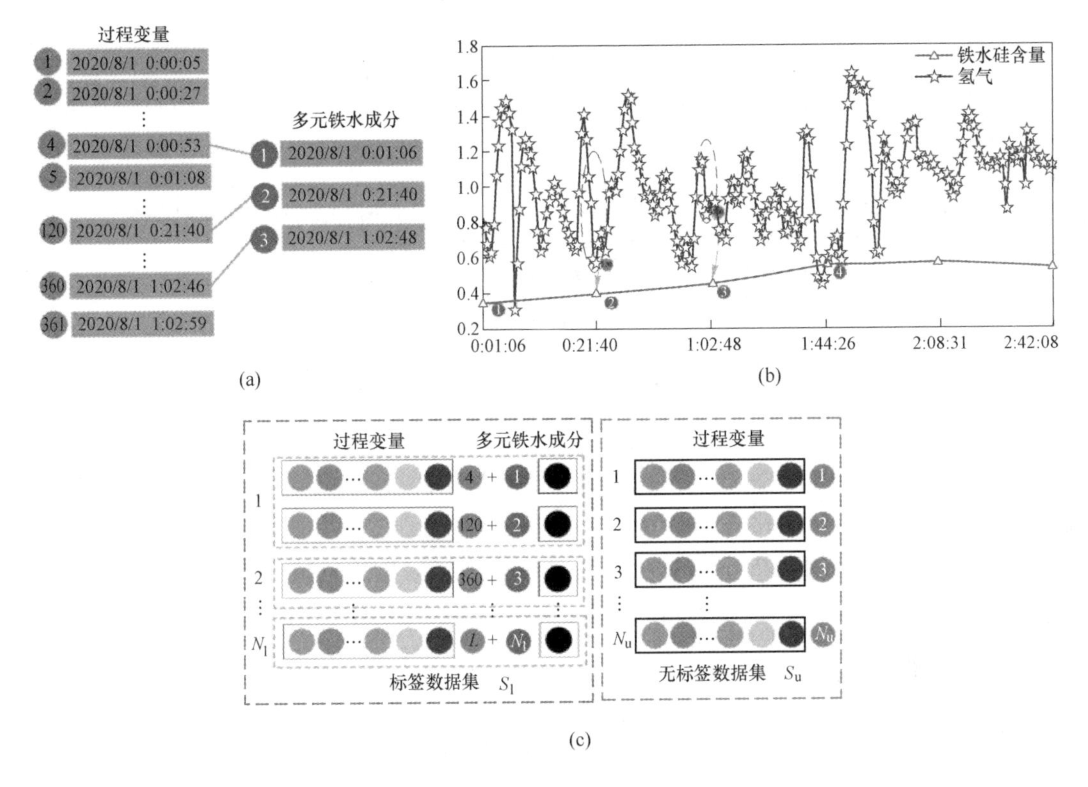

图 7-19 高炉现场采样频率示意图

述复杂关系的能力，进而更准确地捕捉数据中的非线性、嵌套和交互关系，提高模型的准确性和泛化性。

得益于深度学习的优势，其在计算机视觉、自然语言处理和语音识别领域取得了巨大的成功[17-19]，因此本节也采用深度网络作为多元铁水质量参数在线预测的基础模型。去噪自编码机（DAE，Denoising Autoencoder）是堆叠深度网络的一种基本单元，因其优秀的特征提取能力使其在多项任务中脱颖而出[20-22]。在本节中，将充分利用 DAE 的出色性能来实现深度网络的构建。DAE 的结构如图 7-20 所示，它是一种典型的三层无监督学习模型，由输入层、隐含层和输出层组成，其训练目标是让输出尽可能地复现输入。为了防止模型简单的输出复制输入，在训练过程中，隐含层神经元数量一般小于输入层神经元数量，迫使隐含层神经元学习到输入的压缩抽象特征表示。为了提取更鲁棒的抽象特征表示进而更出色地完成任务，去噪自编码机在输入样本中加入了随机噪声进行干扰。

不失一般性，假设模型输入为 $\boldsymbol{X}=[\boldsymbol{x}^1,\ \boldsymbol{x}^2,\ \cdots,\ \boldsymbol{x}^t]^{\mathrm{T}}$，其中 $\boldsymbol{x}^t=[x_1^t,\ x_2^t,\ \cdots,\ x_{d_x}^t]^{\mathrm{T}} \in R^{d_x}$，$d_x$ 是样本的维度，加入随机噪声污染后的第 t 个输入样本为 $\widetilde{\boldsymbol{x}}^t=[\widetilde{x}_1^t,\ \widetilde{x}_2^t,\ \cdots,\ \widetilde{x}_{d_x}^t]^{\mathrm{T}} \in R^{d_x}$。对第 t 个污染后的输入向量 $\widetilde{\boldsymbol{x}}^t$ 进行编码可以得到隐含层特征 $\boldsymbol{h}^t=[h_1^t,\ h_2^t,\ \cdots,\ h_{d_h}^t]^{\mathrm{T}} \in R^{d_h}$，编码函数 f_θ 如下：

$$\boldsymbol{h}^t=f_\theta(\widetilde{\boldsymbol{x}}^t)=f(\boldsymbol{W}\widetilde{\boldsymbol{x}}^t+\boldsymbol{b}) \tag{7-39}$$

式中，f_θ 为隐含层的激活函数；$\boldsymbol{W}$ 为 $d_h \times d_x$ 的权值矩阵；$\boldsymbol{b} \in R^{d_h}$ 为隐含层的偏置向量。

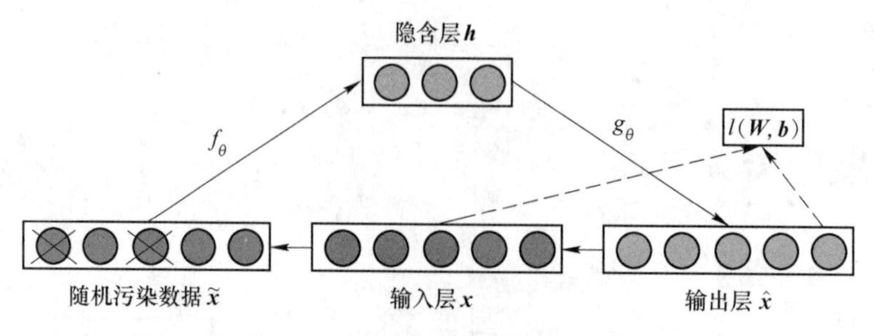

图 7-20　去噪自编码机基本结构

隐含层特征 $\boldsymbol{h}^t$ 通过解码函数映射到重构特征 $\hat{\boldsymbol{x}}^t=[\hat{x}_1^t, \hat{x}_2^t, \cdots, \hat{x}_{d_x}^t]^{\mathrm{T}} \in R^{d_x}$，解码函数 g_θ 如下：

$$\hat{\boldsymbol{x}}^t = g_\theta(\boldsymbol{h}^t) = f(\boldsymbol{W}'\boldsymbol{h}^t + \boldsymbol{b}') \tag{7-40}$$

式中，$\boldsymbol{W}'$ 和 $\boldsymbol{W}$ 互为转置矩阵；$\boldsymbol{b}' \in R^{d_x}$ 为输出层的偏置向量。

去噪自编码机通过梯度下降算法不断最小化目标函数来反复调整参数组 $\boldsymbol{\theta}=(\boldsymbol{W}, \boldsymbol{W}', \boldsymbol{b}, \boldsymbol{b}')$，目标函数的数学表达式如下：

$$\ell(\boldsymbol{W}, \boldsymbol{W}', \boldsymbol{b}, \boldsymbol{b}') = \frac{1}{2N}\sum_{t=1}^{N} \| \hat{\boldsymbol{x}}^t - \boldsymbol{x}^t \|^2 = \frac{1}{2N}\sum_{t=1}^{N}\sum_{d=1}^{d_x}(x_d^t - \hat{x}_d^t)^2 \tag{7-41}$$

考虑到单个 DAE 隐含层学习到的是原始数据的浅层特征，为了得到更加抽象和鲁棒的特征表示来提高硅含量在线预测精度，可以通过堆叠多个 DAE 来搭建深度网络，有多个非线性隐藏层的深度网络可以学习更复杂的输入样本和预测目标之间的关系。堆叠多个 DAE 过程如图 7-21 所示，当第一个 DAE 训练完成后，其隐含层的特征表示为 $\boldsymbol{H}_1=[\boldsymbol{h}_1^1, \boldsymbol{h}_1^2, \cdots, \boldsymbol{h}_1^t]^{\mathrm{T}}$，其中 $\hat{\boldsymbol{h}}_1^t=[\hat{h}_1^t, \hat{h}_2^t, \cdots, \hat{h}_{d_1}^t]^{\mathrm{T}} \in R^{d_1}$，则第二个去噪自编码机的误差函数为：

$$\ell^2(\boldsymbol{W}, \boldsymbol{b}) = \frac{1}{2N}\sum_{t=1}^{N}\sum_{d=1}^{d_1}(h_d^t - \hat{h}_d^t)^2 \tag{7-42}$$

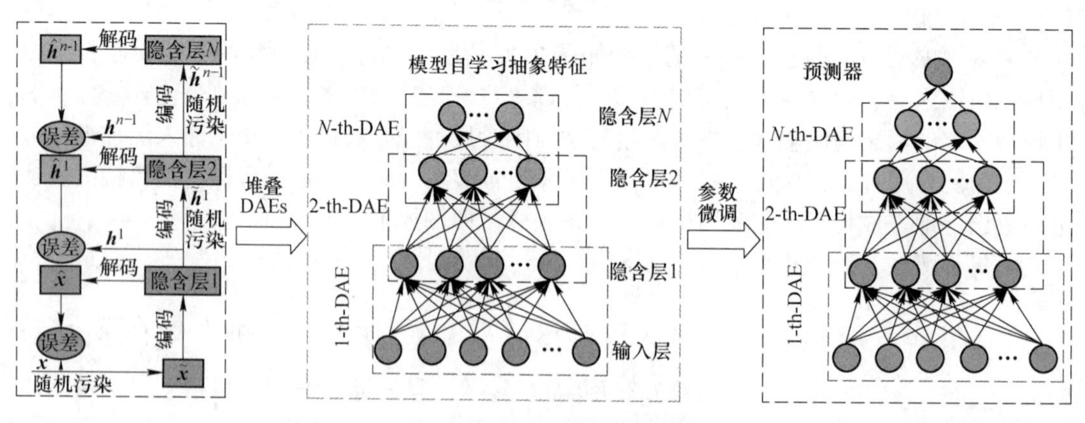

图 7-21　去噪自编码机堆叠训练过程

通过梯度下降算法最小化误差损失函数来训练模型的参数，重复这个过程直到第 N

个 DAE 训练完成。无监督的预训练过程完成后，将 N 个训练好的 DAE 隐含层权值和偏置矩阵取出来，堆叠成一个深度网络，在最后隐含层后面加上回归层并随机初始化网络回归层的权值和偏置矩阵，使用带标签的数据集有监督地微调整个网络参数进而更高效地完成任务。

为了使用半监督的训练方式最大化利用现场采集的数据，需要按照一定的规则将数据准备成图 7-19（c）所示的无标签数据集和有标签数据集。从图 7-19（a）可知，过程变量的采样频率是远远高于多元铁水质量参数的，且过程变量和多元铁水质量参数的采样时间戳难以精准匹配上。因此，为了提高微调时模型对任务的拟合能力，需要挑选出与多元铁水质量参数最为相关的过程变量。假设 N_{in} 和 N_o 分别为过程变量和多元铁水质量参数的数量，显而易见 $N_{in} \gg N_o$ ，过程变量可以表示为 $\boldsymbol{X} = [\boldsymbol{x}^1, \boldsymbol{x}^2, \cdots, \boldsymbol{x}^t, \cdots, \boldsymbol{x}^{N_{in}}]^T$ ，多元铁水质量参数可以表示为 $\boldsymbol{Y} = [\boldsymbol{y}^1, \boldsymbol{y}^2, \cdots, \boldsymbol{y}^t, \cdots, \boldsymbol{y}^{N_o}]^T$ 。为了匹配与多元铁水质量参数最相关的过程变量，以时间戳为标准，按照图 7-19（b）所示的升序原则重新排列过程变量，经过排序后的过程变量可以表示为：

$$\vec{\boldsymbol{X}} = \mathrm{sort}(\boldsymbol{X} \mid \mathrm{time\ stamp}) \tag{7-43}$$

对于每一个目标 $\boldsymbol{y}^t$ ，匹配的过程变量 $\boldsymbol{x}^t$ 都必须满足 2 个条件：（1）过程变量的时间戳需要与多元铁水质量参数的时间戳尽量的接近；（2）过程变量的时间戳不能晚于多元铁水质量参数的时间戳。时间戳匹配的数学描述如下：

$$\boldsymbol{x}^t = \underset{\boldsymbol{x}^t \in \vec{\boldsymbol{X}},\ ts(\boldsymbol{x}^t) \geqslant ts(\boldsymbol{y}^t)}{\arg} \min(d(ts(\boldsymbol{x}^t, \boldsymbol{y}^t))) \tag{7-44}$$

式中，$ts(\boldsymbol{x}^t)$ 和 $ts(\boldsymbol{y}^t)$ 分别为过程变量和多元铁水质量参数的时间戳；$d(\cdot)$ 为欧氏距离；$\min(\cdot)$ 为函数保证搜索到时间维度上最近的过程变量和多元铁水质量参数来满足条件 1；$ts(\boldsymbol{x}^t) \geqslant ts(\boldsymbol{y}^t)$ 为保证过程变量的时间戳要早于或者等于多元铁水质量参数的时间戳来满足条件 2。

经过处理后，每一个多元铁水质量参数 $\boldsymbol{y}^t$ 都会匹配到一个对应的过程变量 $\boldsymbol{x}^t$。需要注意的是，为了处理铁水的非均匀性和避免误差的产生，对于匹配成功的带标签数据集，需要进行均值化处理。具体来说，在每次出铁过程中，都会取样 2~3 勺铁水冷却后进行化验分析。由于荧光分析仪是单线程工作，每次化验周期大约为 20 min，因此可能会存在 1 h 内有多条化验数据的可能，比如图 7-19（a）所示的前两个多元铁水质量参数时间戳实际上对应于同一批出铁过程的铁水成分信息。通过对带标签数据集进行均值化处理，可以消除铁水非均匀性带来的误差。经过上述处理后，可以得到如图 7-19（c）所示带标签的数据集 $\boldsymbol{S}_l$：$\{\boldsymbol{X}, \boldsymbol{Y}\} = \{(\boldsymbol{x}^1, \boldsymbol{y}^1), (\boldsymbol{x}^2, \boldsymbol{y}^2), \cdots, (\boldsymbol{x}^t, \boldsymbol{y}^t), \cdots, (\boldsymbol{x}^{N_l}, \boldsymbol{y}^{N_l})\}$ 和不带标签的过程变量数据集 $\boldsymbol{S}_u$：$\{\boldsymbol{X}\} = \{\boldsymbol{x}^1, \boldsymbol{x}^2, \cdots, \boldsymbol{x}^t, \cdots, \boldsymbol{x}^{N_u}\}$。

7.2.2 基于注意力深度网络的多元铁水质量参数预测框架

7.2.2.1 动态注意力机制模块设计

在传统的基于深度网络的多元铁水质量参数建模过程中，使用处理好的过程变量数据集 $\boldsymbol{S}_u$ 无监督地预训练，再采用带标签的数据集 $\boldsymbol{S}_l$ 有监督地微调整个网络参数，微调阶段损失函数如下：

$$\ell = \frac{1}{2N_1}\sum_{t=1}^{N_1}(\boldsymbol{y}^t - \hat{\boldsymbol{y}}^t)^2 = \frac{1}{2N_1}\sum_{t=1}^{N_1}(\boldsymbol{y}^t - f^{(N+1)}(\boldsymbol{W}^{(N+1)}(\cdots f^{(2)}(\boldsymbol{W}^{(2)}(f^{(1)}(\boldsymbol{W}^{(1)}\boldsymbol{x}^t + \boldsymbol{b}^{(1)}) + \boldsymbol{b}^{(2)}))\cdots + \boldsymbol{b}^{(N+1)})))^2 \tag{7-45}$$

式中，$\boldsymbol{y}^t$ 为多元铁水质量参数在 t 时刻的真实化验值；$\hat{\boldsymbol{y}}^t$ 为模型预测值；$f^{(N+1)}$ 为堆叠 DAE 第 $(N+1)$ 层神经元的非线性激活函数；$\boldsymbol{W}^{(N+1)}$ 和 $\boldsymbol{b}^{(N+1)}$ 分别为第 $(N+1)$ 层神经元与前一层神经元之间的权值矩阵跟偏置矩阵。

由式（7-45）可知，堆叠 DAE 形成的深度网络在训练的时候对输入样本的每一维过程变量都给予了相同的关注度，使得模型前向传播时无差别地提取抽象特征表示。但是在高炉冶炼过程中，过程变量与多元铁水质量参数的相关系数是不一样的，并且随着入炉矿源品质的波动和冶炼条件的改变，影响铁水质量参数的过程变量的重要性随时间呈现出一种动态变化的趋势。在工程应用技术中一般是采取先降维后建模的思路，通过变量相关性分析确定主要过程变量，忽略次要过程变量对铁水质量参数的影响，且主要过程变量的重要性在建模的过程中并不会得到体现。显然，深度网络的静态建模思路无法准确地描述高炉冶炼过程的动态特性，且无差别地提取抽象特征无法准确地表征输入变量与铁水质量参数之间的非线性关系。因此，本节的目的是设计一种动态的注意力机制模块，能实时地为每个输入样本的过程变量计算动态的注意力分数，使得模型能动态地为每个样本中有效的和有价值的过程变量分配更多的注意力，进而更高效地完成预测任务。

为了准确地描述高炉冶炼过程，提出的动态注意力机制模块必须满足两个基本准则：(1) 能够学习样本的过程变量和铁水质量参数之间的非线性关系；(2) 能够描述样本的过程变量和铁水质量参数之间的动态关系。基于此，设计的动态注意力机制模块由注意力得分模块和注意力聚焦模块两部分构成，其目标是通过挖掘样本过程变量与铁水硅含量之间的动态关系，从而提高深度网络自学习的抽象特征质量，基本结构如图 7-22 所示。

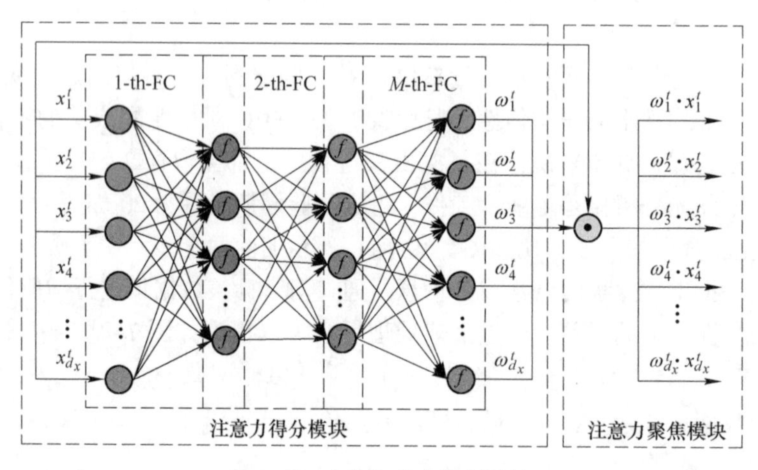

图 7-22　动态注意力机制模块

注意力得分模块由多个全连接层构成，隐含层和输出层神经元中非线性激活函数的存在使得网络能模拟高炉冶炼过程的复杂非线性特点。注意力聚焦模块由注意力得分模块计算的过程变量的注意力分数与之对应的过程变量点乘来描述样本的过程变量与铁水质量参数之间的动态关系。动态注意力机制模块的数学表达过程描述，假设模块的输入向量为

$\boldsymbol{X}=[\boldsymbol{x}^1,\ \boldsymbol{x}^2,\ \cdots,\ \boldsymbol{x}^t]^{\mathrm{T}}$，经过注意力得分模块计算后输出记为 $\boldsymbol{\omega}$。

$$\boldsymbol{\omega}=f^{(M)}(\boldsymbol{W}^{(M)}(\cdots f^{(2)}(\boldsymbol{W}^{(2)}(f^{(1)}(\boldsymbol{W}^{(1)}\boldsymbol{X}+\boldsymbol{b}^{(1)})+\boldsymbol{b}^{(2)}))\cdots+\boldsymbol{b}^{(M)})) \tag{7-46}$$

式中，$f^{(M)}$ 为第 M 层神经元的非线性激活函数；$\boldsymbol{W}^{(M)}$ 和 $\boldsymbol{b}^{(M)}$ 分别为第 M 层神经元与前一层神经元之间的权值矩阵与偏置矩阵。

将 $\boldsymbol{\omega}$ 在每个样本的各维度上的过程变量上展开可得：

$$\boldsymbol{\omega}=[\boldsymbol{\omega}^1,\ \boldsymbol{\omega}^2,\ \cdots,\ \boldsymbol{\omega}^t]^{\mathrm{T}}=\begin{bmatrix}\omega_1^1 & \omega_2^1 & \cdots & \omega_{d_x}^1\\ \omega_1^2 & \omega_2^2 & \cdots & \omega_{d_x}^2\\ \vdots & \vdots & & \vdots\\ \omega_1^t & \omega_2^t & \cdots & \omega_{d_x}^t\end{bmatrix} \tag{7-47}$$

为了描述样本的过程变量在不同时刻与铁水硅含量之间的动态关系，将注意力得分模块计算得分 $\boldsymbol{\omega}$ 和输入变量 $\boldsymbol{X}$ 做元素点乘操作。

$$\begin{aligned}\boldsymbol{\omega}\odot\boldsymbol{X}&=[\boldsymbol{\omega}^1,\ \boldsymbol{\omega}^2,\ \cdots,\ \boldsymbol{\omega}^t]^{\mathrm{T}}\odot[\boldsymbol{x}^1,\ \boldsymbol{x}^2,\ \cdots,\ \boldsymbol{x}^t]^{\mathrm{T}}\\ &=\begin{bmatrix}\omega_1^1 & \omega_2^1 & \cdots & \omega_{d_x}^1\\ \omega_1^2 & \omega_2^2 & \cdots & \omega_{d_x}^2\\ \vdots & \vdots & & \vdots\\ \omega_1^t & \omega_2^t & \cdots & \omega_{d_x}^t\end{bmatrix}\odot\begin{bmatrix}x_1^1 & x_2^1 & \cdots & x_{d_x}^1\\ x_1^2 & x_2^2 & \cdots & x_{d_x}^2\\ \vdots & \vdots & & \vdots\\ x_1^t & x_2^t & \cdots & x_{d_x}^t\end{bmatrix}\\ &=\begin{bmatrix}\omega_1^1\cdot x_1^1 & \omega_2^1\cdot x_2^1 & \cdots & \omega_{d_x}^1\cdot x_{d_x}^1\\ \omega_1^2\cdot x_1^2 & \omega_2^2\cdot x_2^2 & \cdots & \omega_{d_x}^2\cdot x_{d_x}^2\\ \vdots & \vdots & & \vdots\\ \omega_1^t\cdot x_1^t & \omega_2^t\cdot x_2^t & \cdots & \omega_{d_x}^t\cdot x_{d_x}^t\end{bmatrix}\end{aligned} \tag{7-48}$$

输入样本 $\boldsymbol{X}$ 与得分矩阵 $\boldsymbol{\omega}$ 对应元素点乘的矢量矩阵作为预训练好的深度网络的输入。由式（7-48）可以看出，注意力模型在设计的过程中考虑了每个输入样本的过程变量与预测目标之间的动态关系，能有区别地为每个样本实时地分配不同的注意力分数。

7.2.2.2 基于动态注意力机制的深度预测模型

在本小节中将设计的动态注意力机制模块加载到深度网络的前端来共同构建多元铁水质量参数在线预报模型。动态注意力机制为高炉冶炼过程中因入炉矿源的波动和工况条件的变化导致的特征偏置问题提供了解决方案，能够自动调整特征的权重以聚焦于对当前任务更为关键的信息。这不仅提升了网络在不同输入分布下的性能和鲁棒性，而且通过可视化动态注意力权重，提供了对模型决策过程的深入理解，从而增强了模型的可解释性和可信度。

引入了动态注意力机制模型的深度网络结构如图 7-23 所示，模型的参数在网络微调阶段通过误差反向传播更新，动态注意力机制的深度网络模型损失函数为：

$$\begin{aligned}\ell=\frac{1}{2N_1}\sum_{t=1}^{N_1}(\boldsymbol{y}^t-f^{(N+1)}(\boldsymbol{W}^{(N+1)}(\cdots f^{(2)}(\boldsymbol{W}^{(2)}(f^{(1)}(\boldsymbol{W}^{(1)}(\boldsymbol{\omega}^t\odot\boldsymbol{x}^t)+\\ \boldsymbol{b}^{(1)})+\boldsymbol{b}^{(2)}))\cdots+\boldsymbol{b}^{(N+1)})))^2\end{aligned} \tag{7-49}$$

采用梯度下降算法来最小化误差损失函数，$\{\boldsymbol{W},\ \boldsymbol{b}\}$ 的更新规则如下：

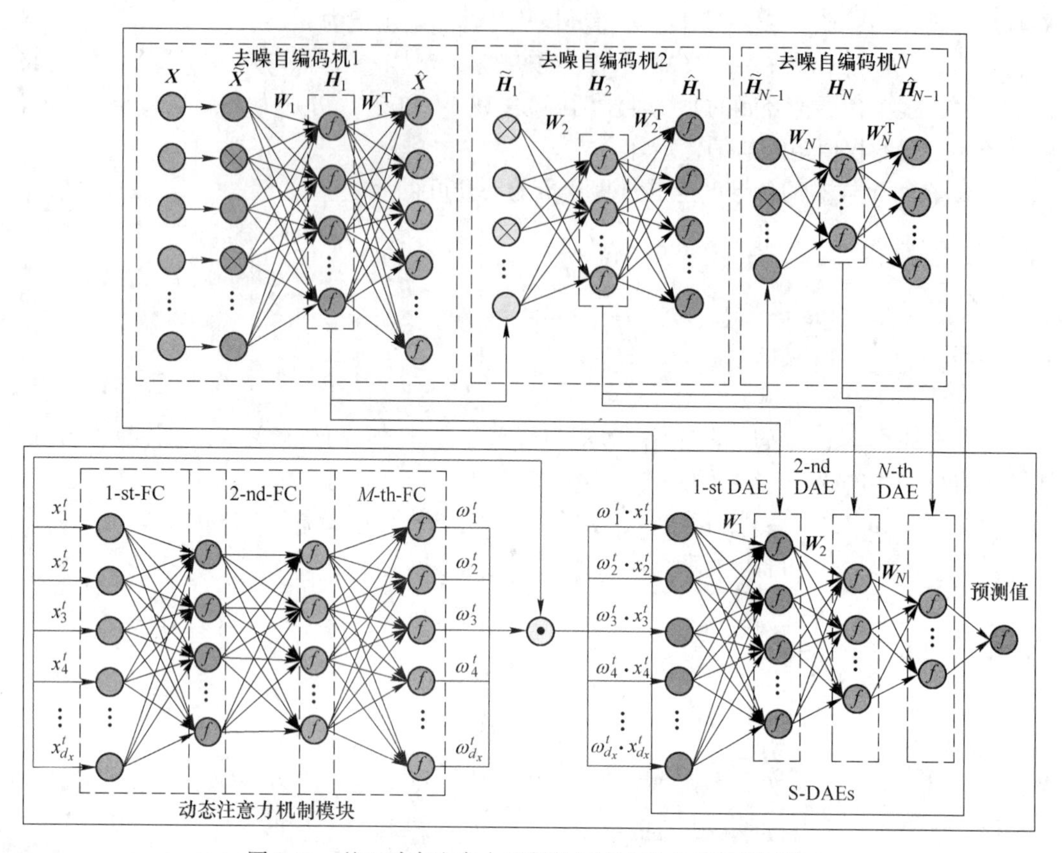

图 7-23　基于动态注意力机制的深度去噪自编码机网络

$$W_{ij}^{(l)} = W_{ij}^{(l)} - \alpha \frac{\partial \ell}{\partial W_{ij}^{(l)}} \tag{7-50}$$

$$b_i^{(l)} = b_i^{(l)} - \alpha \frac{\partial \ell}{\partial b_i^{(l)}} \tag{7-51}$$

式中，α 为学习率；$W_{ij}^{(l)}$ 为第 l 层第 i 个神经元与第 $(l-1)$ 层第 j 个神经元之间的权重；$b_i^{(l)}$ 为第 l 层的第 i 个神经元的偏置。

从图 7-23 可知，第 1 层到第 M 层是动态注意力网络，第 $(M+1)$ 层到 $(M+N+1)$ 层是预训练好的深度网络。令第 l 层的第 i 个神经元的加权总和记为 $z_i^{(l)}$，即：

$$z_i^{(l)} = \sum_j W_{ij}^{(l)} a_j^{(l-1)} + b_i^{(l)} \tag{7-52}$$

式中，$a_j^{(l-1)}$ 是第 $(l-1)$ 层的第 j 个神经元的激活值。

当 $l \neq M$ 时，式（7-50）和式（7-51）中的偏导部分计算如下：

$$\frac{\partial \ell}{\partial w_{ij}^{(l)}} = \frac{\partial \ell}{\partial z_i^{(l)}} \times \frac{\partial z_i^{(l)}}{\partial w_{ij}^{(l)}} = \delta_i^{(l)} \frac{\partial}{\partial w_{ij}^{(l)}} \left(\sum_j w_{ij}^{(l)} a_j^{(l-1)} + b_i^{(l)} \right) = \delta_i^{(l)} a_j^{(l-1)} \tag{7-53}$$

$$\frac{\partial \ell}{\partial b_i^{(l)}} = \frac{\partial \ell}{\partial z_i^{(l)}} \times \frac{\partial z_i^{(l)}}{\partial b_i^{(l)}} = \delta_i^{(l)} \frac{\partial}{\partial b_i^{(l)}} \left(\sum_j w_{ij}^{(l)} a_j^{(l-1)} + b_i^{(l)} \right) = \delta_i^{(l)} \tag{7-54}$$

令 $\frac{\partial \ell}{\partial z_i^{(l)}} = \delta_i^{(l)}$，可以根据第 $(l+1)$ 层的所有神经元计算出 $\delta_i^{(l)}$，其数学表达式如下：

$$\delta_i^{(l)} = \frac{\partial \ell}{\partial z_i^{(l)}} = \frac{\partial \ell}{\partial a_i^{(l)}} \times \frac{\partial a_i^{(l)}}{\partial z_i^{(l)}} = \left(\sum_k \frac{\partial \ell}{\partial z_k^{(l+1)}} \times \frac{\partial z_k^{(l+1)}}{\partial a_i^{(l)}} \right) \frac{\partial a_i^{(l)}}{\partial z_i^{(l)}}$$
$$= \left(\sum_k \delta_k^{(l+1)} W_{ki}^{(l+1)} \right) f'(z_i^{(l)}) \tag{7-55}$$

式中，k 为第 $(l+1)$ 层神经元的个数；$f'(z_i^{(l)})$ 为第 l 层第 i 个神经元激活函数的导数。

当 $l = M$ 时，注意力聚焦模块的偏导部分计算如下：

$$\frac{\partial \ell}{\partial w_{ij}^{(M)}} = \frac{\partial \ell}{\partial z_i^{(M)}} \times \frac{\partial z_i^{(M)}}{\partial w_{ij}^{(M)}} = \frac{\partial \ell}{\partial z_i^{(M)}} \times \frac{\partial}{\partial w_{ij}^{(M)}} \left(\sum_j w_{ij}^{(M)} a_j^{(M-1)} + b_i^{(M)} \right)$$
$$= \frac{\partial \ell}{\partial z_i^{(M+1)}} \times \frac{\partial z_i^{(M+1)}}{\partial a_i^{(M)}} \times \frac{\partial a_i^{(M)}}{\partial z_i^{(M)}} a_j^{(M-1)} = \delta_i^{(M+1)} x_i^{(M+1)} f'(z_i^{(M)}) a_j^{(M-1)} \tag{7-56}$$

$$\frac{\partial \ell}{\partial b_i^{(M)}} = \frac{\partial \ell}{\partial z_i^{(M)}} \times \frac{\partial z_i^{(M)}}{\partial b_i^{(M)}} = \frac{\partial \ell}{\partial z_i^{(M+1)}} \times \frac{\partial z_i^{(M+1)}}{\partial a_i^{(M)}} \times \frac{\partial a_i^{(M)}}{\partial z_i^{(M)}} = \delta_i^{(M+1)} x_i^{(M+1)} f'(z_i^{(M)}) \tag{7-57}$$

本节提出的深度网络的注意力得分模块的目的在于捕获输入样本的过程变量与多元铁水质量参数之间的相关关系，并强调样本的各个过程变量对预测结果的动态贡献度。注意力聚焦模块的目的在于增强与铁水参数相关性较大的过程变量的影响，抑制对铁水硅含量相关性较小的过程变量的影响。设计的注意力机制模块是一个轻量化的结构单元，能够在网络任意层之间嵌入，从而提高网络自学习特征的质量。注意力得分模块能实时动态地给出每个样本各过程变量对铁水质量参数的贡献度，因此对黑箱模型具有一定的可解释性。

7.2.3 基于铁水温度迁移学习的多元质量参数预测模型

铁水温度是衡量铁水质量的一个重要指标，并且能直接地影响铁水中化学元素的含量，具体影响总结如下：

（1）硅含量。较高的铁水温度可以促进硅的溶解度增加，因此可能导致铁水中硅含量的升高。这是由于高温下硅与铁的相互作用强化，硅元素更容易从原料中转移到铁水中。

（2）硫含量。铁水温度的升高可能会减少硫的溶解度，导致硫含量降低。较高的温度有助于含硫气体的逸出和还原反应的进行，从而减少铁水中的硫含量。

（3）磷含量。矿石中的磷元素主要通过吸热发生还原反应进入铁水中，铁水温度的升高意味着炉内热量充沛，磷元素更容易从原料中转移到铁水中。

考虑到铁水温度的重要性，前期工作中原创性研发的高炉铁口铁水温度检测系统能实现高精度检测。现有的研究表明丰富的训练数据能提升模型精度的上限，考虑到铁水温度与多元铁水成分之间的关系，本节提出了基于铁水温度迁移学习的多元铁水质量参数在线预测方法。

7.2.3.1 基于红外机器视觉的铁水温度在线检测系统

目前高炉现场主要采用接触式快速热电偶来检测高炉撇渣器处的铁水温度，热电偶的测温结果较为稳定可靠且操作直接简单。但快速热电偶测温是一种消耗性的方法，每次检测铁水温度都会消耗一支热电偶，且每次测温只能获取某个位置处的单点温度，这种测温方式属于间断式点源测温。在一次出铁过程中，只能获取有限个温度数据，难以实现铁水温度的连续检测。另外，这种测温方式是将快速热电偶插到测温枪的一端，每次测温之前需要更换新的热电偶，再由靠近铁水沟的工人将测温枪插入铁水中去测温，环境恶劣且铁水容易飞溅高炉现场导致这种接触式测温方式具有一定的危险性。目前在高炉现场，主要使用价格便宜的一次性快速热电偶来检测铁水温度。尽管如此，使用快速热电偶测温的人力成本和热电偶消耗成本也不容忽视，并且间歇式的铁水温度检测方式导致铁水温度数据的质量和数量都得不到保证，也不能及时为高炉现场操作者提供实时的铁水质量、运行炉况和能耗水平的反馈信息。

为解决上述问题，研制了高炉铁口铁水温度红外视觉检测系统。该系统主要由铁水测温仪、防护装置、专用光缆、三维云台、控制柜和计算机构成，研制的铁水测温仪器如图7-24（a）所示，其主体设备为红外热成像仪。从出铁口处拍摄的红外热图像入手，提出了基于温度阈值的渣铁高效动态分离方法，定义并确定了只包含铁水流信息的感兴趣子区域，基于感兴趣子区域的温度分布构建了不同粉尘干扰状态下高炉铁口铁水温度的多态映射模型，实现了高炉铁口铁水温度的在线检测。为克服铁水流区域受随机分布粉尘的干扰，提出了基于多类异质红外热图像特征的铁水温度分区补偿方法，构建了以多类异质图像特征为输入的堆叠智能模型来估计粉尘对不同感兴趣子区域造成的测温误差，实现了高炉铁口铁水温度的在线补偿。算法通过面源温度数据到铁水流温度数据的映射和误差补偿实现了铁水温度的实时高精度检测，图7-24（b）~（d）展示了某钢铁厂2号高炉1号~3号出铁口安装的测温设备。

尽管研制的设备能够实现铁水温度的实时检测，考虑到图像数据的存储空间的限制和铁水温度渐进式变化的特点，图像的采集频率被预设为分钟，这意味着数据库中每分钟会记录一个铁水温度数据；而高炉现场主要采用快速热电偶来检测高炉撇渣器处的铁水温度，一次出铁周期只能获取有限个数据，导致铁水温度数据的质量和数量得不到保证。研发的红外测温系统大大提高了铁水温度数据的质量和数量，也为多元铁水质量参数在线预报模型的训练提供了独有的丰富数据来源。

7.2.3.2　基于动态注意力深度迁移网络的多元参数预测模型

根据前面的介绍可知，高炉现场安装的过程变量检测传感器的采样频率约为10 s一次。现场铁水化学成分的检测主要是通过人工定期抽样，离线化验分析，在一个班次(8 h)内有12~16组数据。因此，数据库中有大量能反映化学成分的过程变量数据，而对应的需要高成本标签的化学成分数据是明显不足的。铁水温度是影响铁水化学成分的一个重要变量，因此建模过程中将铁水温度数据作为一维主要过程变量加入会在一定程度上提高模型的预测性能。但是，为了数据集时间戳上的匹配，分钟级采样的铁水温度数据需要经过相关处理来匹配小时级化验的铁水成分数据，这样会导致大量的铁水温度数据被压缩或丢失。

考虑到红外视觉铁水测温系统和过程变量采样频率的相对快速性，为了充分利用铁水温度数据中的信息，提出了基于动态注意力深度迁移网络的多元参数预测模型。具体来说，先构建分钟级的优质数据集训练铁水温度在线预测模型，再将模型学习到的知识迁移

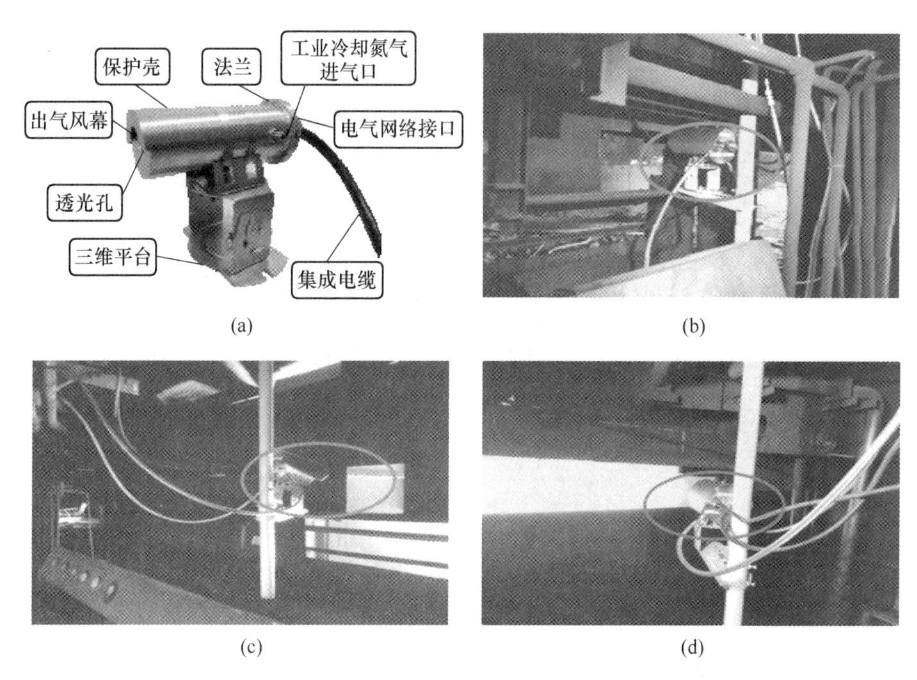

(a) (b) (c) (d)

图 7-24 高炉铁水测温系统
(a) 工业红外热成像仪；(b) 1 号出铁口；(c) 2 号出铁口；(d) 3 号出铁口

到铁水化学成分在线预测任务上，降低多元铁水质量参数模型训练时对标签数据的依赖。需要注意的是，尽管迁移学习在很多任务上都取得了令人满意的效果，但并不是所有的情况都能起到积极作用，需要综合考虑领域差异、数据质量、任务相似性等实际问题。研发的红外测温系统能够以分钟的频率实时存储高精度铁水温度数据，使得源任务数据的数量能够得到保证。此外，影响铁水温度和铁水化验成分的都是相同的过程变量，这意味着源任务和目标任务之间需要存在一些共享的特征和知识。考虑到迁移学习成功的前提是源领域和目标领域之间存在一定的相似性，两个领域之间差异太大会导致迁移学习无法有效地将源任务的知识迁移到目标任务上，为此图 7-25 给出了多组铁水质量参数之间的关系组图。

图 7-25 中主对角线上分别是铁水温度、硅含量、硫含量和磷含量的密度概率图，非对角线上是两个不同的铁水质量指标之间的散点图；从图 7-25 中可以看出，铁水温度与硅含量、磷含量之间有明显的正相关关系，铁水温度和硫含量之间存在明显的负相关关系。这也满足了使用迁移学习的前提要求，即源领域和目标领域之间存在一定的相似性。此外，从图 7-25 还可以看出，铁水化学成分中的硅含量和硫含量之间还有一定的负相关关系，这是因为硅的亲硫性较高，当硅含量较高时，硅与硫结合形成硫化物的趋势增加，从而减少了铁水中的游离硫含量；硅含量和磷含量之间还有一定的正相关关系，这是因为当铁水中的硅含量较高时，磷还原温度呈现降低趋势，并极易形成气态磷的挥发，造成磷在高炉内循环富集。另外，硫含量和磷含量之间关系复杂多变还存在一定的相互作用，较高的磷含量可能会促进硫的还原和析出，因为磷可以与硫形成磷化物，从而减少铁水中的游离硫含量，但磷和硫也可能形成磷硫化物，降低铁水的质量。因此，不能简单地建模成

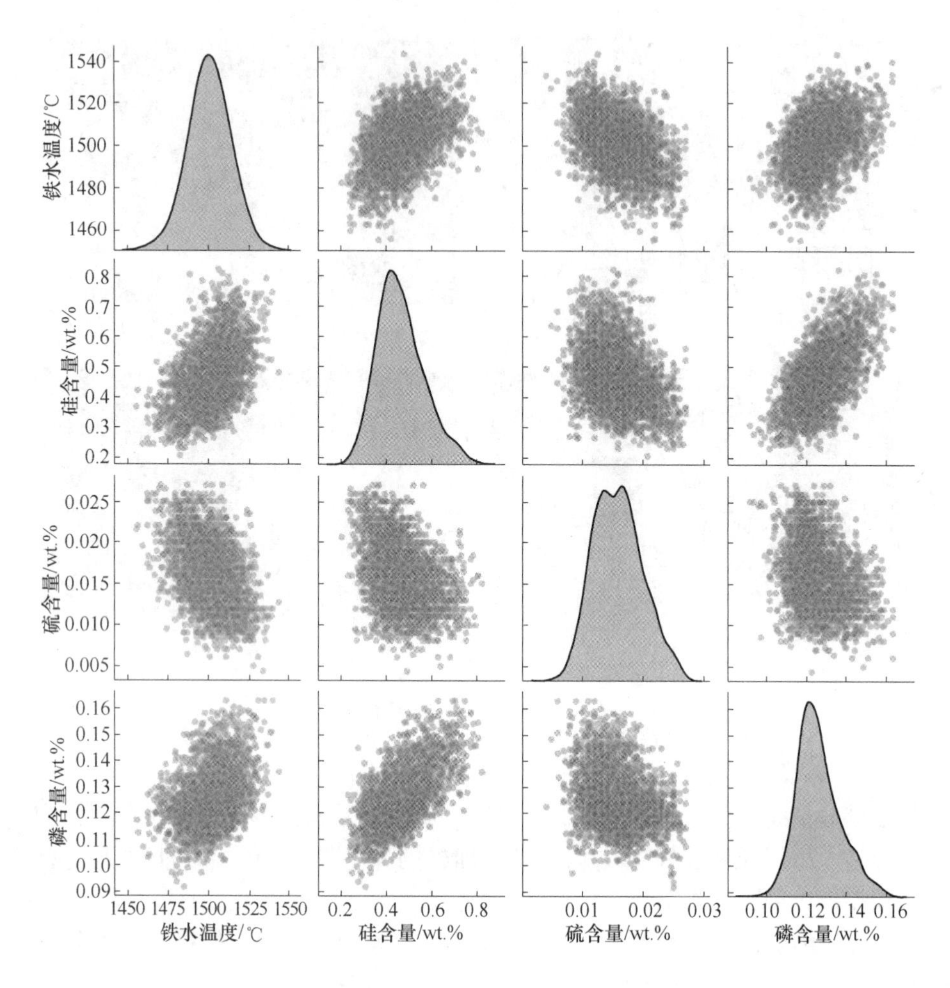

图 7-25 多元铁水质量指标之间的定性关系组图
（扫描书前二维码看彩图）

一个多输入多输出的映射关系，需要考虑多元化学成分任务之间的相互影响，充分挖掘化学成分之间的潜在关系来提升模型的预测精度。

多任务学习旨在通过同时学习和解决多个相关任务来改善模型的泛化性能，其核心思想是通过共享底层特征表示来捕捉任务之间的共享信息和相互关联。通过在多个任务之间共享模型的参数，模型可以从其他任务中学习知识和特征来提高对当前任务的学习能力。这种共享和迁移的机制可以帮助模型更好地处理数据之间的相关性，提高模型的泛化能力和减少过拟合的风险。基于此，将多元铁水化学成分的预测任务设计成一个多任务迁移学习的模式，其模型结构如图 7-26 所示。

从图 7-26 中可以看出，为了使迁移后的模型结构能更好地探索和利用多元化学成分任务之间的关系，将深度网络的结构复制了 3 次分别用于预测硅含量、硫含量和磷含量，但前端的动态注意力模块将被共享来综合考虑不同任务之间的约束和目标。此时，多元预测任务将通过联合优化多个任务来更新整个网络的参数，其目标函数为：

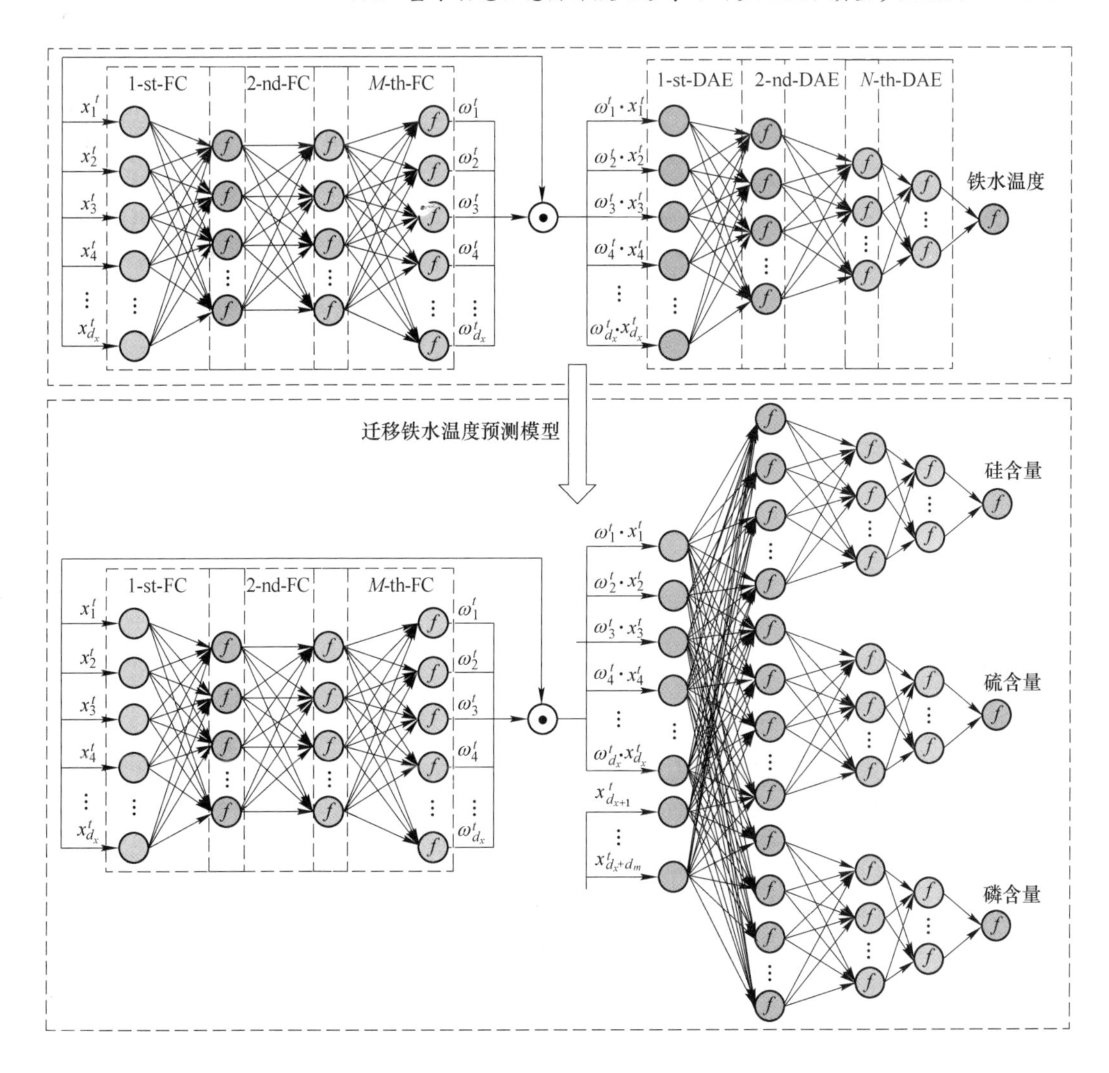

图 7-26 基于动态注意力深度迁移网络的多元铁水质量参数在线预测框架

$$\ell = \frac{1}{2N_1}\sum_{t=1}^{N_1}\left[(y_{\mathrm{Si}}^t - \hat{y}_{\mathrm{Si}}^t)^2 + (y_{\mathrm{S}}^t - \hat{y}_{\mathrm{S}}^t)^2 + (y_{\mathrm{P}}^t - \hat{y}_{\mathrm{P}}^t)^2\right] \tag{7-58}$$

需要注意的是，为了让铁水温度预测模型学习到的参数更好地适配多元成分在线预测任务，动态注意力机制模块中输入的是能反映铁水温度和铁水化学成分的共同过程变量，唯一的区别是铁水温度模型数据是分钟级采样的，而铁水化学成分模型的数据是小时级采样的。此外，考虑到高炉冶炼过程的大惯性和时序性，在多元铁水质量参数预测模型的深度网络输入层拼接了多个历史时刻的铁水化学成分数据。

综上所述，基于动态注意力深度迁移学习的多元铁水质量参数在线预报流程总结如下：

步骤 1：根据专家经验和高炉冶炼过程机理分析，从高炉历史数据库中挑选出相关的数据用于分别构建铁水温度和铁水化学成分在线预报模型。

步骤 2：对采集的数据进行相关数据预处理，包括异常值剔除、缺失值处理、归一化处理和时序重构。处理完毕的无标签过程变量记为 $\{\boldsymbol{X}\}=\{\boldsymbol{x}^1, \boldsymbol{x}^2, \cdots, \boldsymbol{x}^t, \cdots, \boldsymbol{x}^{N_u}\}$，分钟级的带标签铁水温度数据记为 $\{\boldsymbol{X}_{Fe}, \boldsymbol{Y}_{Fe}\}=\{(\boldsymbol{x}_{Fe}^1, \boldsymbol{y}_{Fe}^1), (\boldsymbol{x}_{Fe}^2, \boldsymbol{y}_{Fe}^2), \cdots, (\boldsymbol{x}_{Fe}^t, \boldsymbol{y}_{Fe}^t), \cdots, \boldsymbol{x}_{Fe}^{N_{Fe}}, \boldsymbol{y}_{Fe}^{N_{Fe}})\}$；小时级的带标签铁水化学成分数据记为 $\{\boldsymbol{X}, \boldsymbol{Y}_{Si}, \boldsymbol{Y}_S, \boldsymbol{Y}_P\}=\{(\boldsymbol{x}^1, y_{Si}^1, y_S^1, y_P^1), (\boldsymbol{x}^2, y_{Si}^2, y_S^2, y_P^2), \cdots, (\boldsymbol{x}^t, y_{Si}^t, y_S^t, y_P^t), \cdots, (\boldsymbol{x}^{N_1}, y_{Si}^{N_1}, y_S^{N_1}, y_P^{N_1})\}$，其中 $\boldsymbol{x}^t=[x_1^t, x_2^t, \cdots, x_{d_x}^t]^T \in R^{d_x}$，$N_u$，$N_{Fe}$，$N_1$ 分别为过程变量数据集、铁水温度数据集和铁水化学成分数据集的个数。

步骤3：利用过程变量数据集 $\{\boldsymbol{X}\}$ 无监督地预训练第一个 DAE，采用误差反向传播算法最小化误差函数 $\sum_{t=1}^{N_u}\sum_{d=1}^{d_x}(x_d^t-\hat{x}_d^t)^2/2N_u$，并保存训练好的隐含层的权值和偏置矩阵 $[\boldsymbol{W}^1, \boldsymbol{b}^1]$。将第一个 DAE 的隐含层输出 $\boldsymbol{H}_1=[\boldsymbol{h}_1^1, \boldsymbol{h}_1^2, \cdots, \boldsymbol{h}_1^t, \cdots, \boldsymbol{h}_1^{N_u}]^T$，其中 $\boldsymbol{h}_1^t=[h_1^t, h_2^t, \cdots, h_{d_1}^t]^T \in R^{d_1}$ 作为第二个 DAE 的输入，利用误差反向传播算法最小化误差函数 $\sum_{t=1}^{N_u}\sum_{d=1}^{d_1}(h_d^t-\hat{h}_d^t)^2/2N_u$ 并保存训练好的隐含层的权值和偏置矩阵 $[\boldsymbol{W}^2, \boldsymbol{b}^2]$；反复上述步骤，直到第 N 个 DAE 训练完成，保存权值矩阵 $\boldsymbol{W}^{deep}=[\boldsymbol{W}^1, \boldsymbol{W}^2, \cdots, \boldsymbol{W}^N]^T$ 和偏置矩阵 $\boldsymbol{b}^{deep}=[\boldsymbol{b}^1, \boldsymbol{b}^2, \cdots, \boldsymbol{b}^N]^T$。

步骤4：将 N 个训练好的 DAE 隐含层权值和偏置矩阵取出来，堆叠成一个深度网络，在预训练好的深度网络的前端嵌入动态注意力机制模块，并随机初始化模块权值矩阵 $\boldsymbol{W}^{attention}=[\boldsymbol{W}^1, \boldsymbol{W}^2, \cdots, \boldsymbol{W}^M]^T$ 和偏置矩阵 $\boldsymbol{b}^{attention}=[\boldsymbol{b}^1, \boldsymbol{b}^2, \cdots, \boldsymbol{b}^M]^T$，把铁水温度数据 $\boldsymbol{X}_{Fe}=[\boldsymbol{x}_{Fe}^1, \boldsymbol{x}_{Fe}^2, \cdots, \boldsymbol{x}_{Fe}^t, \cdots, \boldsymbol{x}_{Fe}^{N_{Fe}}]^T$ 输入到动态注意力机制模块中得到各样本过程变量的注意力得分矩阵 $\boldsymbol{\omega}_{Fe}$，将 $\boldsymbol{X}_{Fe}$ 与 $\boldsymbol{\omega}_{Fe}$ 的对应元素相乘，得到预训练好的深度网络的输入为 $\boldsymbol{\omega}_{Fe}\odot\boldsymbol{X}_{Fe}=[\boldsymbol{\omega}^1\odot\boldsymbol{x}^1, \boldsymbol{\omega}^2\odot\boldsymbol{x}^2, \cdots, \boldsymbol{\omega}^t\odot\boldsymbol{x}^t, \cdots, \boldsymbol{\omega}^{N_{Fe}}\odot\boldsymbol{x}^{N_{Fe}}]^T$，其中 $\boldsymbol{\omega}_{Fe}^t\odot\boldsymbol{x}_{Fe}^t=[\omega_1^t x_1^t, \omega_2^t x_2^t, \cdots, \omega_{d_x}^t x_{d_x}^t]^T$。

步骤5：在嵌入动态注意力机制模块的深度网络的后端，即最后一个隐含层上再加一层输出层并随机初始化参数 $[\boldsymbol{W}^{N+1}, \boldsymbol{b}^{N+1}]$，输入铁水温度数据 $\{\boldsymbol{X}_{Fe}, \boldsymbol{Y}_{Fe}\}=\{(\boldsymbol{x}_{Fe}^1, \boldsymbol{y}_{Fe}^1), (\boldsymbol{x}_{Fe}^2, \boldsymbol{y}_{Fe}^2), \cdots, (\boldsymbol{x}_{Fe}^t, \boldsymbol{y}_{Fe}^t), \cdots, (\boldsymbol{x}_{Fe}^{N_{Fe}}, \boldsymbol{y}_{Fe}^{N_{Fe}})\}$，利用误差反向传播算法最小化误差函数 $\sum_{t=1}^{N_{Fe}}(y_{Fe}^t-\hat{y}_{Fe}^t)^2/2N_{Fe}$ 并微调整个网络结构参数 $\boldsymbol{W}=[\boldsymbol{W}^{attention}, \boldsymbol{W}^{deep}]$ 和 $\boldsymbol{b}=[\boldsymbol{b}^{attention}, \boldsymbol{b}^{deep}]$。

步骤6：将训练好的铁水温度模型迁移到多元铁水化学成分在线预报模型上，小时级的多元铁水化学成分数据集 $\boldsymbol{X}=[\boldsymbol{x}^1, \boldsymbol{x}^2, \cdots, \boldsymbol{x}^t, \cdots, \boldsymbol{x}^{N_1}]^T$ 输入到动态注意力机制模块得到深度网络的输入为 $\boldsymbol{\omega}\odot\boldsymbol{X}=[\boldsymbol{\omega}^1\odot\boldsymbol{x}^1, \boldsymbol{\omega}^2\odot\boldsymbol{x}^2, \cdots, \boldsymbol{\omega}^t\odot\boldsymbol{x}^t, \cdots, \boldsymbol{\omega}^{N_1}\odot\boldsymbol{x}^{N_1}]^T$，并且反映过程大惯性和时序性的过程变量 $\dot{\boldsymbol{X}}=[\dot{\boldsymbol{x}}^1, \dot{\boldsymbol{x}}^2, \cdots, \dot{\boldsymbol{x}}^t, \cdots, \dot{\boldsymbol{x}}^{N_1}]^T$，$\dot{\boldsymbol{x}}^t=[x_{d_x+1}^t, x_{d_x+2}^t, \cdots, x_{d_x+d_m}^t]^T \in R^{d_m}$ 也被拼接在深度模型的输入层，利用误差反向传播算法最小化误差函数 $\sum_{t=1}^{N_1}[(y_{Si}^t-\hat{y}_{Si}^t)^2+(y_S^t-\hat{y}_S^t)^2+(y_P^t-\hat{y}_P^t)^2]/2N_1$ 微调网络结构参数，完成对迁移后的动态注意力深度网络的训练。

步骤7： 将测试样本 $\boldsymbol{X}_{\mathrm{Test}} = [\boldsymbol{x}_{\mathrm{Test}}^{1}, \boldsymbol{x}_{\mathrm{Test}}^{2}, \cdots, \boldsymbol{x}_{\mathrm{Test}}^{t}, \cdots, \boldsymbol{x}_{\mathrm{Test}}^{N_{\mathrm{Test}}}]^{\mathrm{T}}$ 输入到训练好的多元铁水化学成分预测模型中，其中 $\boldsymbol{x}_{\mathrm{Test}}^{t} = [x_1^t, x_2^t, \cdots, x_{d_x}^t, x_{d_x+1}^t, x_{d_x+2}^t, \cdots, x_{d_x+d_m}^t]^{\mathrm{T}} \in R^{d_x+d_m}$，把测试样本 $1 \sim d_x$ 维度的过程变量输入到动态注意力机制模块，把 $(d_x+1) \sim (d_x+d_m)$ 维度的过程变量拼接到深度网络的输入层，输出模型的预测结果 $\hat{\boldsymbol{Y}}_{\mathrm{Test}} = [\hat{\boldsymbol{y}}_{\mathrm{Test}}^{1}, \hat{\boldsymbol{y}}_{\mathrm{Test}}^{2}, \cdots, \hat{\boldsymbol{y}}_{\mathrm{Test}}^{t}, \cdots, \hat{\boldsymbol{y}}_{\mathrm{Test}}^{N_{\mathrm{Test}}}]^{\mathrm{T}}$，其中 $\hat{\boldsymbol{y}}_{\mathrm{Test}}^{t} = [\hat{y}_{\mathrm{Si}}^t, \hat{y}_{\mathrm{S}}^t, \hat{y}_{\mathrm{P}}^t]$。

7.2.4 工业数据验证

为了验证本节所提的基于动态注意力深度迁移网络的多元铁水质量参数在线预测模型的有效性，采集了某钢铁厂高炉上的数据用于建模分析。实验结果表明，迁移学习的引入能够提高模型的整体预测性能，并且动态注意力机制的设计能够帮助模型对非平稳炉况下的样本取得更好的预测精度。

7.2.4.1 建模数据集预处理及介绍

高炉历史数据库中记录了大量能反映铁水温度和铁水化学成分的传感器检测数据，根据高炉的冶炼工艺机理和安装的传感器检测设备获取了表 7-8 所列的秒级过程变量数据，此外还获取了分钟级的铁水温度数据和小时级的铁水化学成分数据。统计 4、5 个月的数据可知，过程变量有 1160141 组，铁水温度数据有 172352 组，化学成分数据有 7282 组。考虑到数据库中的数据会因为设备故障或者人工录入等原因出现错误，或高炉休风等特殊情况造成数据缺失，也会因为现场冶炼过程的干扰使得测量数据出现大量的噪声，因此在建模前需要对数据进行相关预处理，得到标准的、干净的和连续的数据提供给后续的模型。对于设备故障或者人工录入错误而导致的异常数据通过箱线图进行剔除。对于休风以及设备故障等原因造成的缺失数据直接删除。针对数据集中样本的不同过程变量量纲存在较大的差异，对数据进行归一化处理，把经过数据预处理后的铁水温度数据集按每分钟均值化处理，铁水化学成分数据按每小时均值化处理，再根据过程变量多重关联时延结果对预处理好的数据进行时序重构。需要注意的是，考虑到铁水温度数据与化学成分基本是在同一垂直位置进行检测的，因此过程变量对铁水温度的滞后只需要减少 1 h 的化验时间的影响。

为了定量分析表 7-8 所列的过程变量对铁水温度和铁水化学成分的影响，采用最大互信息系数（MIC，Maximal Information Coefficient）来计算预处理后的过程变量与多元铁水质量参数之间的相关性，其详细结果见表 7-8。从该表中可以看出选取的过程变量都对铁水温度和化学成分有着较强的相关性，因此这 25 个过程变量作为铁水温度和铁水化学成分预测模型动态注意力机制模块的输入，此外多元铁水参数预测模型的输入还拼接了 12 维特有的过程变量，即 $q^{-1}x_{\text{硅含量}}^t$、$q^{-2}x_{\text{硅含量}}^t$、$q^{-3}x_{\text{硅含量}}^t$，$q^{-1}x_{\text{硫含量}}^t$、$q^{-2}x_{\text{硫含量}}^t$、$q^{-3}x_{\text{硫含量}}^t$，$q^{-1}x_{\text{磷含量}}^t$、$q^{-2}x_{\text{磷含量}}^t$、$q^{-3}x_{\text{磷含量}}^t$，$q^{-1}x_{\text{红外铁水温度}}^t$、$q^{-2}x_{\text{红外铁水温度}}^t$、$q^{-3}x_{\text{红外铁水温度}}^t$，其中 $q^{-1}x^t = x^{t-1}$、$q^{-2}x^t = x^{t-2}$ 和 $q^{-3}x^t = x^{t-3}$ 分别表示在第 $t-1$，$t-2$，$t-3$ 时刻过程变量 x 的取值，这部分特有的过程变量的加入能帮助模型更好地捕捉到时间序列数据的动态变化趋势。

表 7-8　基于最大互信息的过程变量与多元铁水质量参数相关性系数

序号	变量名称	$MIC_{铁水温度}$	$MIC_{硅含量}$	$MIC_{硫含量}$	$MIC_{磷含量}$
1	富氧率	0.114	0.119	0.142	0.112
2	透气性指数	0.112	0.116	0.109	0.115
3	一氧化碳	0.109	0.107	0.141	0.110
4	二氧化碳	0.121	0.149	0.112	0.136
5	氢气	0.105	0.109	0.102	0.104
6	标准风速	0.125	0.150	0.153	0.121
7	富氧流量	0.127	0.134	0.138	0.127
8	冷风流量	0.119	0.114	0.155	0.119
9	鼓风动能	0.112	0.112	0.119	0.118
10	炉腹煤气量	0.112	0.131	0.143	0.117
11	炉腹煤气指数	0.113	0.133	0.140	0.117
12	顶压	0.132	0.160	0.173	0.158
13	富氧压力	0.103	0.142	0.105	0.114
14	冷风压力	0.108	0.098	0.116	0.102
15	全压差	0.107	0.135	0.132	0.105
16	热风压力	0.106	0.121	0.124	0.106
17	实际风速	0.102	0.116	0.123	0.102
18	冷风温度	0.105	0.112	0.137	0.114
19	热风温度	0.106	0.174	0.155	0.103
20	顶温	0.119	0.168	0.117	0.122
21	顶温下降管	0.115	0.162	0.128	0.112
22	阻力系数	0.106	0.113	0.123	0.108
23	鼓风湿度	0.142	0.142	0.182	0.159
24	上小时喷煤量	0.108	0.101	0.113	0.118
25	本小时喷煤量	0.115	0.172	0.125	0.145

7.2.4.2　对比模型及性能评价指标

为了评估数据和模型结构对预测性能的影响，本节介绍了不同维度的对比实验方法。对于数据集对比维度，均采用设计的动态注意力深度网络（ADNet，Attention Deep Network）作为预测的框架，因为预测的为三个化学成分指标，因此模型采用了图 7-26 下方的多任务共同学习结构。ADNet-1 和 ADNet-2 都是采用监督学习的方式训练模型，对比的是过程变量多重关联时延估计结果对模型性能的影响。ADNet-3 采用半监督学习的方式训练模型，ADNet-3 和 ADNet-2 对比的是过程变量数据无监督预训练对模型性能的影响。动态注意力深度迁移网络（ADTNet，Attention Deep Transfer Network）加入了分钟级铁水温度数据，ADTNet 和 ADNet-3 对比的是迁移学习的引入对模型性能的影响，对比数据集的相关信息列举在表 7-9 中。

表 7-9 不同训练数据集下的对比方法

序号	对比模型简称	模 型 介 绍
1	ADNet-1	模型的训练数据是不经过时延配准的铁水化学成分数据集
2	ADNet-2	模型的训练数据是经过时延配准的铁水化学成分数据集
3	ADNet-3	模型的训练数据是经过时延配准的过程变量数据集和铁水化学成分数据集
4	ADTNet	模型的训练数据是经过时延配准的过程变量数据集、铁水温度数据集和铁水化学成分数据集

为了评估不同预测模型对多元铁水质量参数预测结果的影响，基于时延配准的过程变量数据集、铁水温度数据集和铁水化学成分数据集开展了相关的对比实验。支持向量回归机（SVR，Support Vector Regression）在小样本建模上具有很好的优势，采用监督学习的方式分别训练 3 个核为径向基函数的支持向量回归机来预测铁水化学成分。去噪自编码机（S-DAE，Stacked Denoising Autoencoders）是本节模型改进的基础，因此采用半监督的方式训练 3 个去噪自编码机堆叠而成的深度网络预测铁水化学成分。VW-SAE（Variables-wise Weighted Stacked Autoencoders）是一种基于静态思路设计的过程变量可变权重的深度网络模型，为了与本节所提的动态注意力机制对比，也采用半监督的方式训练 3 个静态加权的自编码机堆叠而成的深度网络预测铁水化学成分。本节所提的带动态注意力机制的深度网络（ADNet）和加入了铁水温度数据训练的动态注意力迁移深度网络（ADTNet）也用于对比，需要指出的是这两个网络的多元预测任务都共享底层结构，顶层分为 3 个子网络分别预测多元成分参数。不同模型的相关信息列举在表 7-10 中。

表 7-10 不同预测模型下的对比方法

序号	对比模型简称	模 型 介 绍
1	SVR	分别训练 3 个 SVR 用于预测硅、磷和硫的含量
2	S-DAE	去噪自编码机堆叠而成的深度网络，分别训练 3 个 S-DAE 用于预测硅、磷和硫的含量
3	VW-SAE	采用静态思路设计了变量注意力权重，分别训练 3 个 VW-SAE 用于预测硅、磷和硫的含量
4	ADNet	基于动态注意力机制的深度网络，采用了多任务共同学习的模型框架
5	ADTNet	在 ADNet 的基础上，加入了迁移学习模型学习的先验知识

考虑到多元化学成分的预测是一个回归任务，引入均方根误差（RMSE，Root Mean Squared Error）和平均绝对误差（MAE，Mean Absolute Error）来衡量模型的预测值与实际化验值之间的差异程度。此外，为了更直观地评价模型的效果，现场更容易接受的命中率（HR，Hit Rate）也被用来评估模型的预测性能。该指标主要考虑现场操作者能够接受的预测误差，根据专家经验可知硅含量预测值与实际化验值的误差绝对值在 0.1%范围内、硫含量预测值与实际化验值的误差绝对值在 0.005%范围内、磷含量预测值与实际化验值的误差绝对值在 0.02%范围内为可接受的结果，把预测误差在可接受范围内的结果定义为预测准确的样本，其数学描述如下：

$$HR = \frac{1}{N}\sum_{t=1}^{N} H(t) \times 100\% \tag{7-59}$$

式中，$H(t)$ 为第 t 个样本的 Heaviside 函数，定义为：

$$H(t) = \begin{cases} 1 & |y_{Si}^{t} - \hat{y}_{Si}^{t}| \leqslant 0.1 \\ 1 & |y_{S}^{t} - \hat{y}_{S}^{t}| \leqslant 0.005 \\ 1 & |y_{P}^{t} - \hat{y}_{P}^{t}| \leqslant 0.02 \\ 0 & 其他 \end{cases} \tag{7-60}$$

此外，为了评价模型的稳定性，多次实验结果的标准差（SD，Standard Deviation）也被采用，其数学定义如下：

$$SD = \sqrt{\frac{1}{K}\sum_{i=1}^{K}(\mu_i - \bar{\mu})^2} \tag{7-61}$$

式中，K 为实验的总次数；μ_i 和 $\bar{\mu}$ 分别为第 i 次命中率和平均命中率。

7.2.4.3　工业实验结果分析与讨论

经过上述数据预处理的过程变量数据集共有 100 万组（25 个过程变量），铁水温度模型数据集共有 111041 组（25 个过程变量和 1 个标签），多元铁水化学成分数据集共有 3117 组（37 个过程变量和 3 个标签）。在无监督预训练阶段，用 90 万组样本训练去噪自编码机，5 万组样本挑选模型超参数，5 万组数据测试重构的效果；在铁水温度预测模型监督训练阶段，用 10 万组样本训练模型，5500 组样本挑选模型超参数，5541 组样本用于测试预测效果；在多元铁水化学成分预测模型训练阶段，采用 2517 组样本训练模型、300 组样本挑选模型超参数、300 组样本用于测试预测效果。需要注意的是，所有模型都按照此数据集划分的方式进行训练。首先根据工程经验预设了模型超参数的选值范围，再根据验证集上网格搜索算法的结果选择最优模型超参数，对比模型的详细超参数见表 7-11，其中 bs_u 和 bs_l 分别为无监督训练和监督训练的样本批次大小，ep 为训练批次。

表 7-11　不同对比模型超参数

模　型	S-DAE	VW-SAE	ADNet	ADTNet
模型结构	37-160-120-80-40-1	37-160-120-80-40-1	25-256-128-37-(160-120-80-40-1)×3	25-256-128-37-(160-120-80-40-1)×3
bs_u/ep_u	1024/10	1024/10	1024/10	1024/10
bs_l/ep_l(温度)	—	—	—	1024/100
bs_l/ep_l(成分)	32/300	32/300	32/300	32/300
激活函数	R-R-S-R-R	R-S-S-R-R	R-R-S-R-R-R-R	R-R-S-R-R-R-R
学习率	0.001	0.001	0.001	0.001

首先分析在多元铁水质量参数预测过程中不同数据集对模型性能的影响，基于表 7-9 列举的不同数据训练模型结果见表 7-12，该统计结果是 5 次实验测试集上的平均值。对比 ADNet-1 和 ADNet-2 的结果可以看出，考虑了时延关系的数据集对动态描述能力较强的深度网络性能还有进一步提高的机会，这主要是因为时延信息包含了变量之间的时序依赖性，时序配准后的数据有助于模型在真实的因果响应关系中建立映射关系。对比 ADNet-3

和 ADNet-2 可知，在充分利用无标签的过程变量数据预训练深度网络后，模型的各项评价指标有了进一步的提升，这主要是因为无标签数据中也包含了丰富的高炉冶炼信息，无监督的预训练可以帮助模型更好地捕捉数据的分布和特征，提高模型后续的泛化能力。对比 ADTNet 和 ADNet-3 可知，铁水温度数据的加入使得模型的性能在多项对比实验中达到了最优，这是因为分钟级的铁水温度样本中蕴含了更多的冶炼规则，且该部分标签数据有明确的输入输出映射关系，这可以在监督训练阶段微调模型参数找到更准确的拟合规律，该部分知识在迁移到铁水化学成分预测上能明显地提升预测精度。

表 7-12 不同对比数据集的预测性能

模型	RMSE			MAE			HR/%			SD		
	硅	硫	磷	硅	硫	磷	硅	硫	磷	硅	硫	磷
ADNet-1	0.0806	0.0031	0.0082	0.0632	0.0025	0.0066	81.565	85.78	84.32	2.45	2.51	2.36
ADNet-2	0.0706	0.0026	0.0077	0.0552	0.0024	0.0058	86.55	91.62	85.26	2.28	2.54	2.43
ADNet-3	0.0675	0.0024	0.0074	0.0536	0.0020	0.0054	88.55	92.35	88.40	1.87	1.95	1.96
ADTNet	0.0598	0.0023	0.0067	0.0502	0.0015	0.0052	92.55	94.80	91.20	1.15	1.12	1.56

本节的重点是设计了一种动态注意力模块来更好描述过程的动态关系和多任务机制的引入对多元预测任务的探索，因此本节的实验结果将详细讨论相同数据集下不同模型框架对预测性能的影响，不同预测模型的详细实验结果见表 7-13。

表 7-13 不同对比模型的预测性能

模型	RMSE			MAE			HR/%			SD		
	硅	硫	磷	硅	硫	磷	硅	硫	磷	硅	硫	磷
SVR	0.0819	0.0030	0.0086	0.0630	0.0025	0.0066	80.10	86.35	82.54	3.55	3.20	3.62
S-DAE	0.0715	0.0028	0.0077	0.0568	0.0023	0.0059	85.35	91.30	84.68	2.85	2.36	2.20
VW-SAE	0.0695	0.0026	0.0076	0.0558	0.0021	0.0056	86.65	91.95	85.82	2.03	1.95	2.15
ADNet	0.0675	0.0024	0.0074	0.0536	0.0020	0.0054	88.55	92.35	88.40	1.87	1.95	1.96
ADTNet	0.0598	0.0023	0.0067	0.0502	0.0015	0.0052	92.55	94.80	91.20	1.15	1.12	1.56

相比于浅层的支持向量回归机模型，深度网络模型（S-DAE，VW-SAE，ADNet，ADTNet）的性能都优于支持向量回归机，可能原因是深度网络自学习到抽象和鲁棒的特征表示有助于挖掘数据中隐含的关系，进而提高模型的性能。相比于单纯地堆叠去噪自编码机搭建而成的深度网络（S-DAE），在建模过程中考虑了过程变量与预测目标之间的相关性系数的变量加权深度网络（VW-SAE），预测的误差更小，这也说明了在预测过程有监督的引导过程变量的重要性是提升模型精度的一个有潜力的方向。基于这一点设计的带有动态注意力机制的深度网络（ADNet）能实时地考虑每个样本不同的过程变量与硅含量的动态关系，相比于静态设计的变量权重，这种动态的实时相关性能为每个样本学习到目标相关的抽象特征表示来提高硅含量在线预报模型的性能。铁水温度迁移模型的加入使得

动态注意力深度迁移网络（ADTNet）对多元质量参数的预测命中率均能达到90%以上，表明前期工作开发的红外视觉铁水测温系统提供的实时出铁口处铁水温度数据能为多元质量参数的在线预测提供有用的信息，且使用铁水温度大数据训练后的迁移深度网络模型能充分挖掘过程变量与质量参数之间的关系进而提高模型的性能，并在一定程度上进一步降低铁水化学成分预测模型对带标签数据样本的依赖。此外，在多次实验的标准差指标中，ADTNet 也取得了最好的效果，这说明实验结果之间的变异性较小，结果较为稳定和一致，也体现了动态注意力模块、迁移机制和多任务学习对模型预测稳定性的帮助。

为了进一步直观清晰地对比模型的性能和铁水化学成分的预测细节信息，图 7-27 绘制了不同模型第一次实验中的预测值曲线和实际化验值曲线。

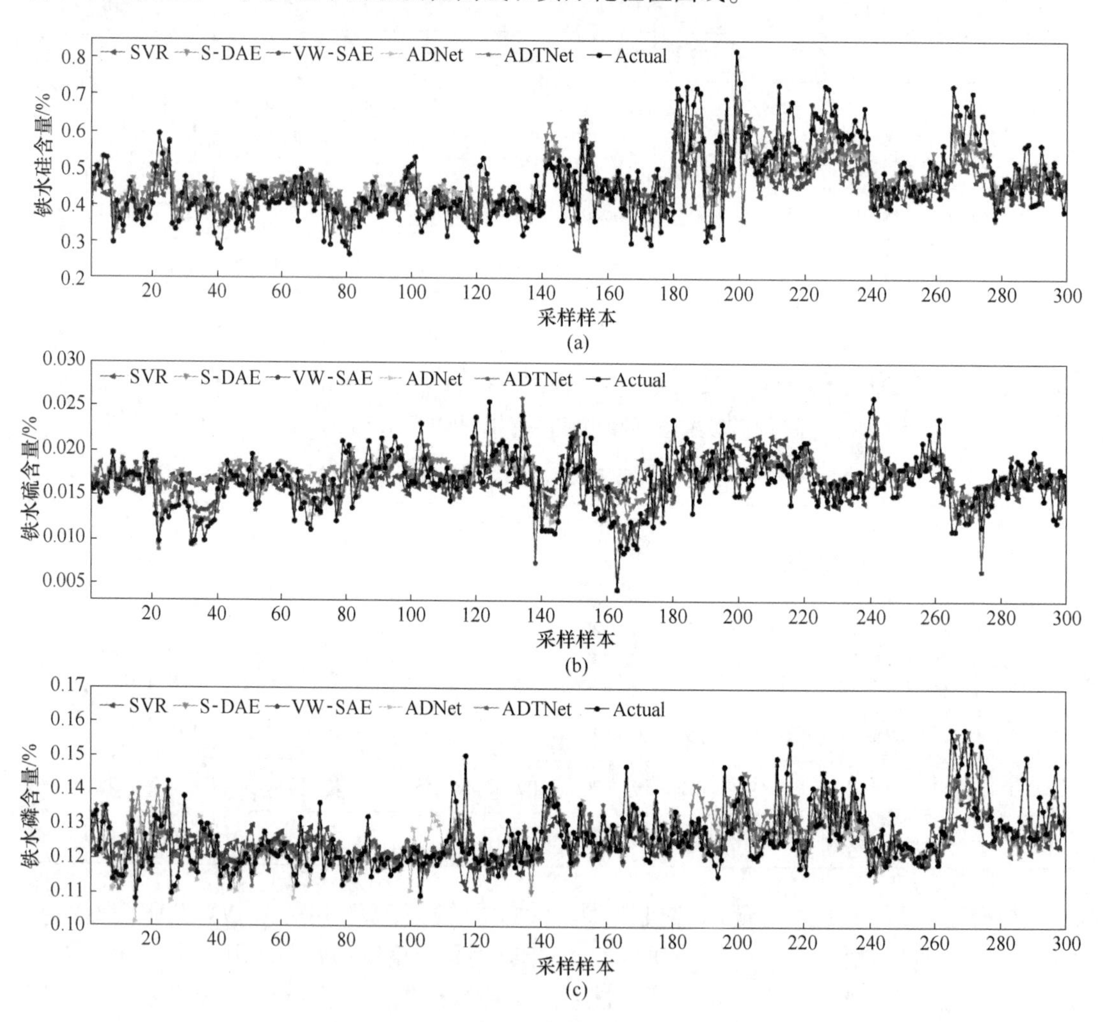

图 7-27　基于不同模型的多元铁水质量参数预测结果

（扫描书前二维码看彩图）

从硅含量的预测细节可以看出，ADTNet 相比于 SVR、S-DAE、VW-SAE 和 ADNet 有更好的跟踪趋势，特别是在非平稳炉况数据集上的表现，即硅含量大于 0.6% 或小于 0.3% 的数据样本。ADNet 的预测结果相比其他 3 种模型也有一定的优势，具体表现在对于非平稳炉况数据集的预测趋势更一致，这主要得益于动态注意力模块能动态捕捉这种非线性关系，能更好地响应动态变化硅含量的预测趋势。铁水中的硫是一种微量元素，但其含量比硅含量的波动范围更小，从硫含量的预测细节可以看出 ADTNet 模型取得了较好的效果，特别是对第 140~180 组变化幅度较大的样本，静态的 SVR、S-DAE 和 VW-SAE 的预测结果都比较平稳，而动态的 ADNet 和 ADTNet 都能比较一致地跟踪上真实硫含量的趋势信息。从磷含量的预测细节可以看出，SVR 的预测结果在波动范围较大的样本上与真实化验值有着不同的预测趋势，标准的深度网络和静态加权的深度网络尽管预测趋势更加一致，但对于第 200~220 组波动样本明显存在较大的预测误差，而 ADTNet 不仅在预测趋势上，还在预测的精度方面有着明显的优势。

为了进一步更加直观地展示基于不同模型的铁水化学成分预测误差分布情况，计算测试样本与对应训练样本的差值绘制了如图 7-28 所示的误差分布曲线。

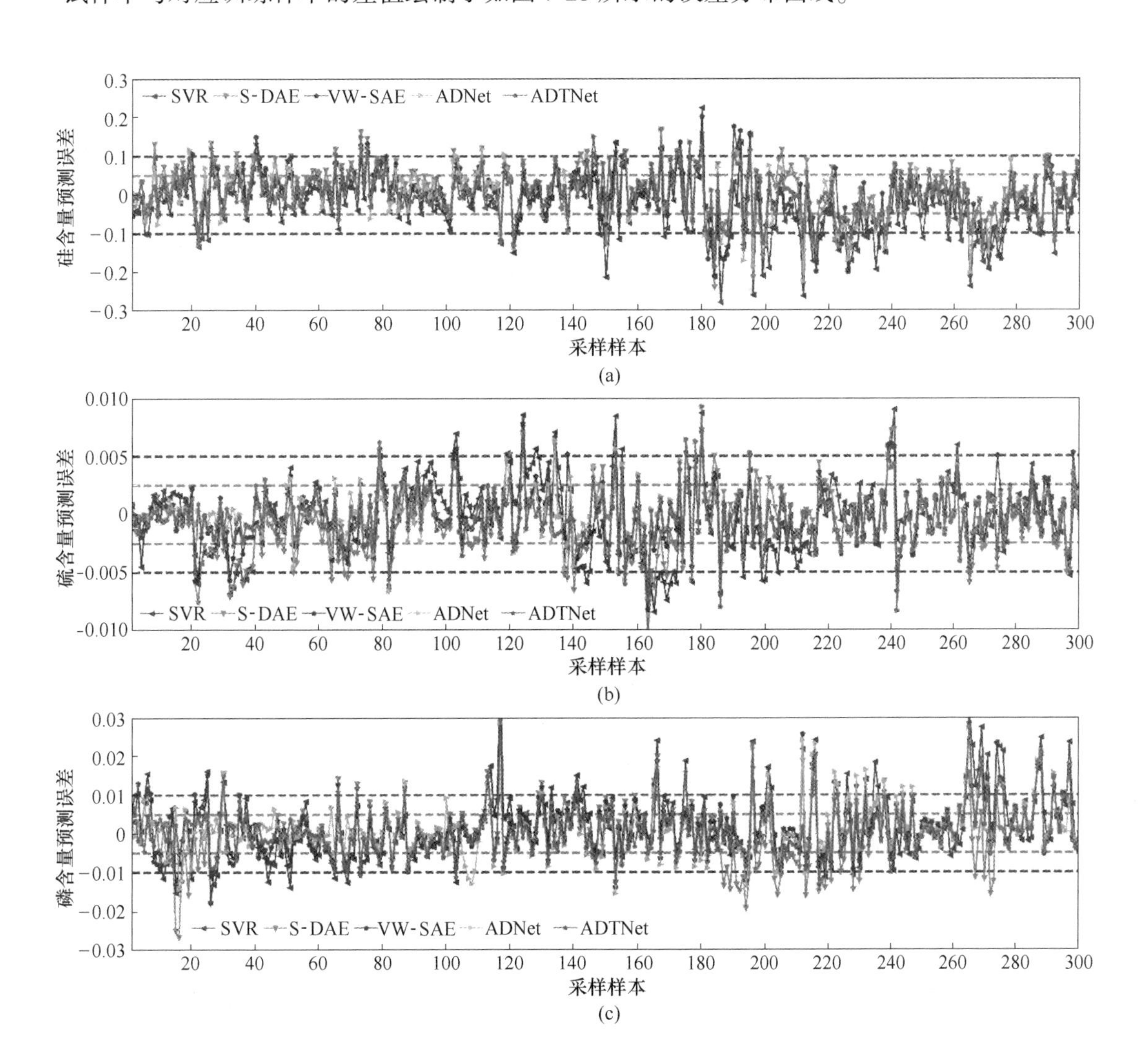

图 7-28 基于不同模型的多元铁水质量参数预测误差

（扫描书前二维码看彩图）

从图 7-28（a）中可知，基于 ADNet 和 ADTNet 预测误差一般分布在工业领域可接受的范围［-0.1，0.1］内，甚至 ADTNet 计算的大多数样本的误差可以保持在［-0.05，0.05］之内，超出可接受范围的样本基本都是硅含量化验值超过 0.6%或者低于 0.3%。根据高炉冶炼的要求，铁水硅含量需要严格控制在 0.3%~0.6%，这会导致超出控制范围的样本数量在总样本中占比较少，在模型的训练过程中难以挖掘到少样本数据中的隐藏信息，进而使得模型对该类样本预测性能欠佳。从图 7-28（b）中可知，与 SVR、S-DAE、VW-SAE 比，所提出的 ADNet 和 ADTNet 可以将预测误差保持在［-0.005，0.005］范围内，特别是对于 ADTNet 的预测结果，大多数样本的预测误差在 0 附近波动，这意味着大多数样本的预测结果通常是准确且可信的。图 7-28（c）展现了相同的趋势，ADNet 和 ADTNet 的预测误差大都保持在高炉现场专家能够接受的范围［-0.02，0.02］之内，甚至大部分样本的预测误差更好地维持在［-0.01，0.01］。从结果来看，所提的 ADTNet 预测框架在硫含量和磷含量预测性能的提升相比于硅含量更加显著，这说明多任务学习机制设计的底层参数共享的机制能够使得不同预测任务之间互相协助训练，从而促进模型性能的提升。

为了进一步阐述模型的稳定性，将不同模型预测的多元化学成分值和实际化验值分别作为横、纵坐标，绘制如图 7-29 所示的散点分布图。直线 y_1 和 y_2 合成的区域是现场可接受的误差范围，反之则为预测结果不被接受，散点距离对角线越近，表示预测结果越准确，即预测值与实际值越一致。从图 7-29（a）中可以看出，基于 ADNet 和 ADTNet 网络画出的散点图普遍集中在 $y=x$ 附近，且 ADTNet 网络绘制的散点在 y_1 和 y_2 合成的区域更少，这说明 ADTNet 模型预测的结果与真实值比较接近且更稳定，同样的规律可以在图 7-29（b）、（c）中观察到。相比而言，基于 SVR 在硅、硫和磷的含量散点图更加分散在直线 y_1 上方和 y_2 下方，这说明模型对这部分样本预测欠佳，存在较大的预测误差。虽然 S-DAE 和 VW-SAE 预测误差绘制的大部分散点分布在直线 y_1 和 y_2 合成的区域内，但散点分布的比较分散，这意味着模型预测的误差波动比较大，说明预测的精度还有进一步提升的空间。

本节提出的动态注意力深度迁移模型的另一个优势是设计的动态注意力机制模块能够实时地给出每个样本的过程变量对多元铁水质量参数的动态注意力得分，能实时地反映各过程变量对当前预测结果的贡献程度。可视化该部分权重可以实时地看到模型输出是如何动态地相应过程变量，在一定程度上提高预测模型的透明度和可解释性。采用热力图的方式可视化预测样本的动态权重变化，由于篇幅的限制在此处给出了 20 个样本的热力图，其详细信息如图 7-30 所示。热力图横、纵坐标确定的矩阵中的数字代表的是该样本的过程变量对多元铁水化学成分的贡献程度。需要注意的是，本节的注意力分数是由 Sigmoid 函数计算出来的，而 Sigmoid 函数值分布在（0，1）范围内，得分热力图给出了各过程变量的后 3 位小数，尽管每个样本各维度的过程变量注意力分数变化幅度较小，但小幅度的变动是归一化后的数据和注意力模块计算累积的结果，小幅度的变动在一定程度上能反映过程变量对模型输出贡献度的变化情况。纵向看热力图的颜色越深代表该过程变量对输出的重要性越大，从图 7-30 可以看出，二氧化碳、富氧流量和鼓风温度等对多元铁水质量参数有较大的影响，这个结论也与过程变量与多元质量参数的相关系数相吻合。

为了更为详细地分析动态注意力分数与过程变量之间的一致性，表 7-14 记录了选取

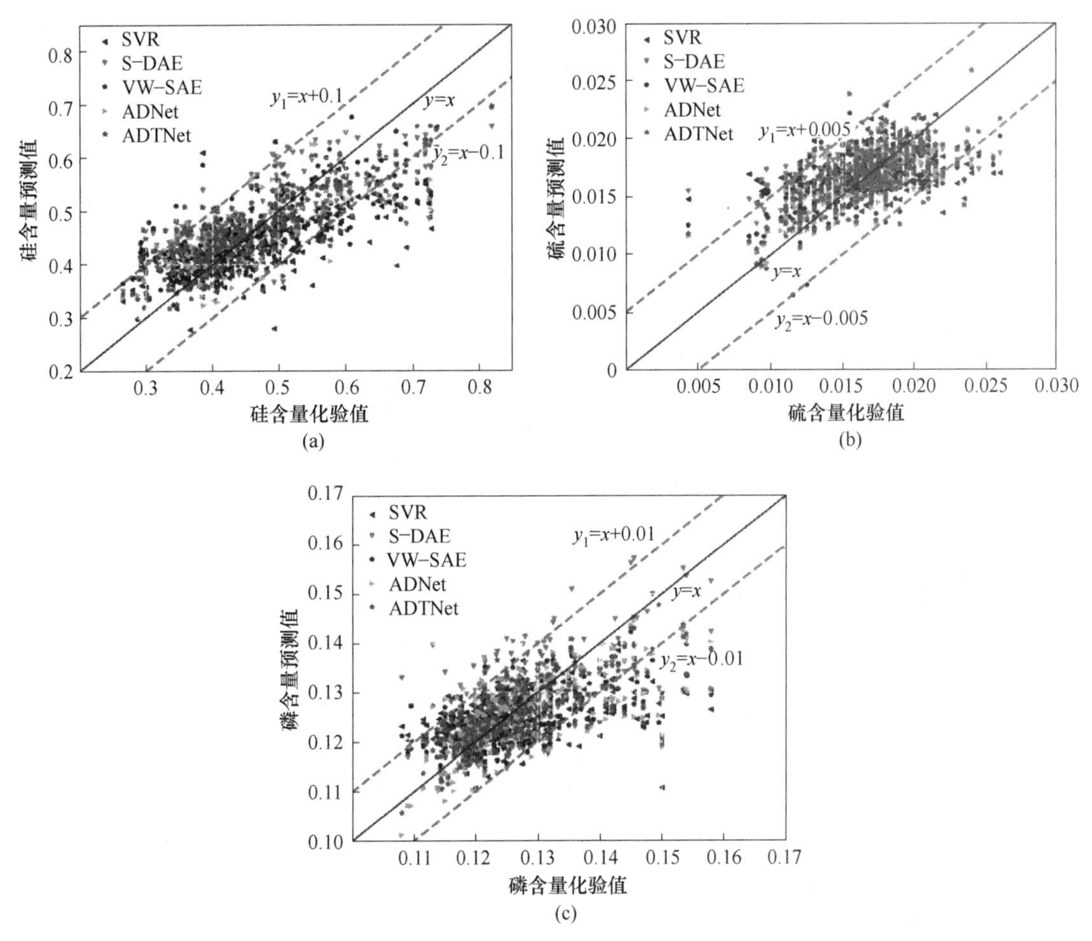

图 7-29 基于不同模型的多元铁水质量参数散点分布图

（扫描书前二维码看彩图）

的前两个样本部分过程变量和对应注意力分数的详细信息，其中硅含量、硫含量和磷含量真实的化验值分别为［0.457，0.017，0.125］和［0.476，0.015，0.132］。从表 7-14 可以看出，过程变量的时序变化趋势也能相应地反映在注意力得分的变化趋势上，即样本 2 相对于相比 1 降低了富氧流量的值，动态注意力模块能及时地捕捉到这个信息，并且这个变化给予更好的权重，这能帮助模型更好地捕捉一些关键变量的动态变化，并及时地响应在映射关系中，进而动态地调整预测的铁水化学成分值。需要注意的是，热风温度的注意力分数展示了相反的变化趋势，这是因为预测结果是过程变量、冶炼工况、入炉矿源和模型结构相互作用的结果，在一定程度上应该允许注意力分数的趋势和某些变量的记录值存在一定的差异。从分析的结果来看，本节所提的动态注意力深度迁移网络能在非平稳炉况下较快地响应变化，提供较为准确的预测结果和趋势走向，还能在一定程度上增强黑箱模型的透明度。

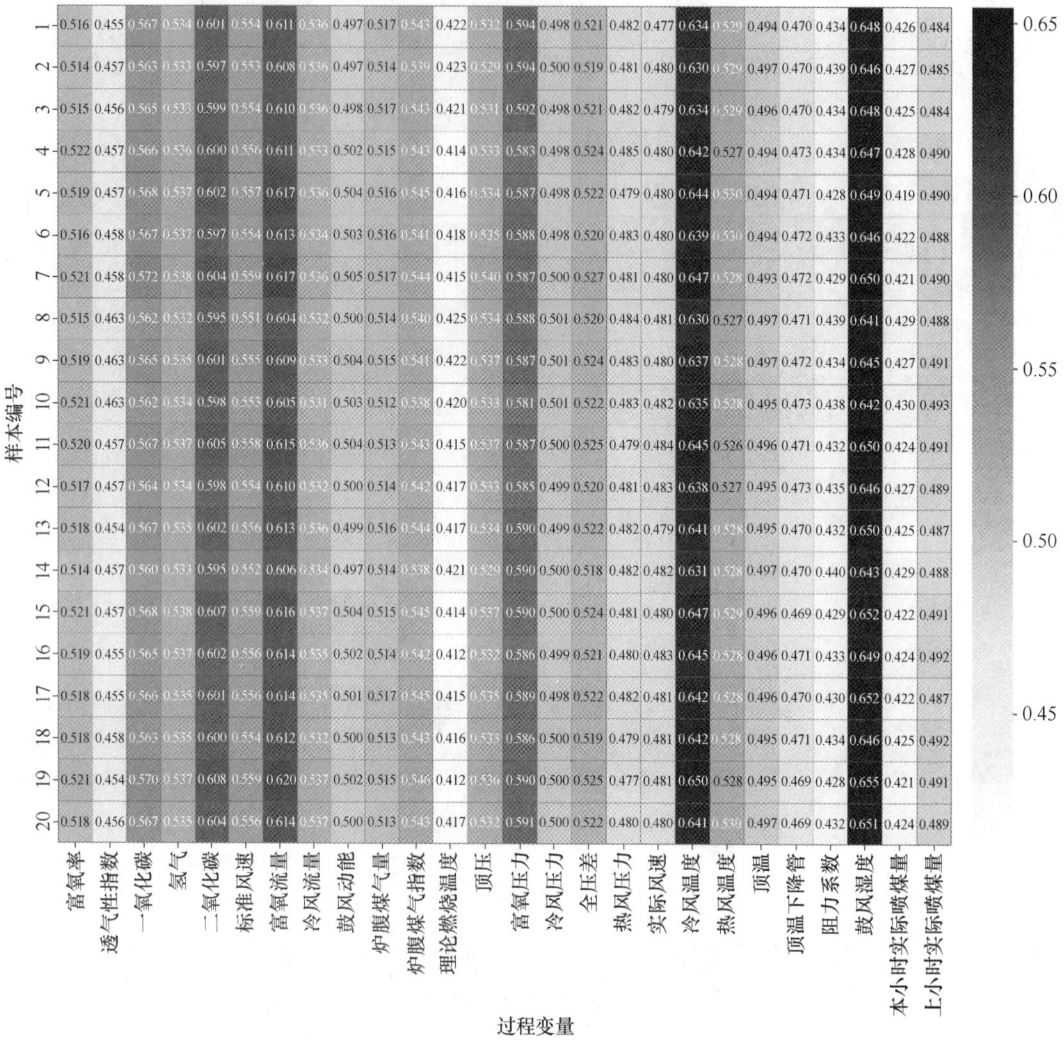

图 7-30　过程变量的实时动态注意力得分
（扫描书前二维码看彩图）

表 7-14　不同对比模型的预测性能

过程变量	记录值		注意力分数	
	样本 1	样本 2	样本 1	样本 2
富氧流量/$m^3 \cdot mm^{-1}$	17995.7	17969.1	0.611	0.608
鼓风动能/$J \cdot s^{-1}$	146.16	159.711	0.497	0.501
热风温度/℃	1079.96	1120.57	0.634	0.630
鼓风湿度/$g \cdot m^{-3}$	13.6542	13.6215	0.648	0.656
本小时喷煤量/$t \cdot h^{-1}$	24.8365	25.5367	0.426	0.427

参 考 文 献

[1] Jiang Z H, Jiang K, Xie Y F, et al. A Cooperative Silicon Content Dynamic Prediction Method with Variable Time Delay Estimation in the Blast Furnace Ironmaking Process [J]. IEEE Transactions on Industrial Informatics, 2023, 20 (1): 626-637.

[2] 蒋朝辉，许川，桂卫华，等．基于最优工况迁移的高炉铁水硅含量预测方法 [J]. 自动化学报, 2022, 48 (1): 194-206.

[3] Fang Y, Jiang Z, Pan D, et al. Soft sensors based on adaptive stacked polymorphic model for silicon content prediction in ironmaking process [J] . IEEE Trans. Instrum. Meas. , 2021, 70: 2503412.

[4] Jiang Z, Dong M, Gui W, et al. Two-dimensional prediction for silicon content of hot metal of blast furnace based on bootstrap [J]. ActaAutomatica Sinica, 2016, 42: 715-723.

[5] Rodriguez A, Laio A. Clustering by fast search and find of density peaks [J]. science, 2014, 344 (6191): 1492-1496.

[6] Tarsitano A. The Bonferroni index of income inequality, Income and wealth distribution, inequality and poverty [M]. Berlin: Springer, 1990: 228-242.

[7] 孙甜,凌卫新．基于模拟退火的 Levenberg-Marquardt 算法在神经网络中的应用 [J]. 科学技术与工程, 2008 (18): 5189-5192.

[8] Floyd R W. Algorithm 97: shortest path [J]. Communications of the ACM, 1962, 5 (6): 345.

[9] 张玉敏．基于不同核函数的概率密度函数估计比较研究 [D]. 保定：河北大学，2010.

[10] Pan D, Jiang Z, Chen Z, et al. Temperature measurement and compensation method of blast furnace molten iron based on infrared computer vision [J]. IEEE Transactions on Instrumentation and Measurement, 2018, 68 (10): 3576-3588.

[11] Zhou P, Yuan M, Wang H, et al. Multivariable dynamic modeling for molten iron quality using online sequential random vector functional-link networks with self-feedback connections [J]. Inf. Sci. 2015, 325: 237-255.

[12] Zhou P, Guo D, Wang H, et al, Data-driven robust M-LS-SVR based NARX modeling for estimation and control of molten iron quality indices in blast furnace ironmaking [J]. IEEE Trans. Neural Netw. Learn. Syst. , 2018, 29 (9): 4007-4021.

[13] Zhou H, Zhang H, Yang C. Hybrid model based intelligent optimization of ironmaking process [J]. IEEE Trans. Ind. Electron. , 2020, 67 (3): 2469-2479.

[14] Jiang K, Jiang Z H, Xie Y F, et al. Prediction of Multiple Molten Iron Quality Indices in the Blast Furnace Ironmaking Process Based on Attention-Wise Deep Transfer Network [J]. IEEE Transactions on Instrumentation and Measurement, 2022, 71: 1-14.

[15] Bengio Y, Courville A, Vincent P. Unsupervised Feature Learning and Deep Learning: A Review and New Perspectives [J]. arXiv: 1206. 5538, 2012, 1 (2665): 2012.

[16] Lecun Y, Bengio Y, Hinton G. Deep learning [J]. Nature, 2015, 521 (553): 436-444.

[17] Krizhevsky A, Sutskever I, Hinton G E. ImageNet classification with deep convolutional neural networks [J]. Advances in neural information processing systems, 2012, 25.

[18] Vaswani A, Shazeer N, Parmar N, et al. Attention is all you need [J]. Advances in neural information processing systems, 2017, 30.

[19] Graves A, Mohamed A, Hinton G. Speech recognition with deep recurrent neural networks [C] //2013 IEEE international conference on acoustics, speech and signal processing. Ieee, 2013: 6645-6649.

[20] Vincent P, Larochelle H, Lajoie I, et al. Stacked denoising autoencoders: Learning useful representations

in a deep network with a local denoising criterion [J]. J. Mach. Learn. Res. 2010, 11: 3371-3408.
[21] Vincent P, Larochelle H, Bengio Y, et al. Extracting and composing robust features with denoising autoencoders [C] // Proceedings of the 25th international conference on Machine learning, 2008: 1096-1103.
[22] Bengio Y, Yao L, Alain G, et al. Generalized denoising auto-encoders as generative models [C] // Advances in Neural Information Processing Systems, 2013: 899-907.

8　高炉铁水硅含量变化趋势智能感知

铁水硅含量在未来一段时间内的变化趋势及其变化幅度信息对操作者及时掌握炉况，并对异常炉况及时做出调节、稳定铁水质量具有重要的参考价值。由于高炉冶炼过程的滞后性，异常炉况的发生可能需要在时序上经过一段时间的累积才能逐渐被观察到，通过对铁水硅含量数据进行时序分析，可以更好地揭示硅含量变化趋势的方向和幅度，这有助于操作者及时发现异常炉况并采取必要的调节措施，以稳定铁水质量并降低生产中的安全风险。因此，本章将主要从调控的角度反向出发，探索在时间轴上定义相应的趋势基元描述不同调控幅度对应的硅含量趋势变化的方向和幅度，采用智能方法对硅含量的变化趋势进行实时在线感知。

8.1　基于复合差分优化极限学习机的铁水硅含量变化趋势感知

铁水硅含量的变化趋势表征了高炉炉温的波动情况，短期是对这种渐进变化给定一个时间描述[1-3]。预报铁水硅含量的短期趋势是通过研究过去一段时间内影响铁水硅含量变化的各变量的变化趋势以及趋势变化的线性方向，定性地分析未来一段时间内铁水硅含量趋势可能发生的方向性变化。高炉检测装备众多，获得的实际生产数据量大，这些数据隐含了各变量丰富的变化信息，为研究高炉铁水硅含量趋势预报提供了可靠信息。

8.1.1　基于时间序列分段拟合的硅含量变化趋势提取

铁水硅含量的原始时间序列的变化没有明确的周期性或者聚类特性，很难直接在原始序列中挖掘出趋势变化信息[4]。由于“趋势”反映的是事件某属性在时间轴上变化情况的动态结果，可以通过对时间段切片的方式，分段计算某个时间段内事件的相关数据隐含的趋势变化信息。因此，在不改变时间序列变化的条件下先将时间序列划分为相等的若干个时间段，再从时间段中提取硅含量的趋势变化信息。

8.1.1.1　*短期多趋势预报的周期确定*

我国入炉矿源及其品位波动频繁，再加上各参数轻微的变动、操作水平的不同以及冶炼条件的差异等原因都会导致铁水硅含量出现波动。然而，在实际冶炼操作过程中，每个班次（8 h）的工长不会因为铁水硅含量的小幅度波动而频繁地调节相应的控制参数。只有在炉况出现偏离正常范围的波动时操作者才会调控相应的参数，由于高炉系统的大滞后性，使得调控结果大概在几个小时之后才会有相应的体现。调控之后，首先，工长会根据接下来几个小时内炉况的变化情况决定是否进行进一步的调控，而在两次调控的时间段内，工长不会频繁改动控制参数；其次，上一班次操作者对铁水硅含量的调控会影响到下一班次初始几个小时内铁水硅含量的变化趋势。最后，高炉冶炼过程是一个大滞后、大惯性、强耦合的非线性动态系统，各参数对铁水硅含量变化趋势的影响存在明显的滞后性。一般情况下，各个参数滞后时间不等，从铁矿石入料至出铁的整个冶炼过程需要 4~6 h，而送风对铁水硅含量有 2~3 h 的滞后，各变量的具体滞后时间在第 2 章已列出。

综合上述原因，本节选取半个班次（4 h）的时间段作为分析铁水硅含量短期趋势多分类变化的周期。为高炉工长提供接下来 4 h 硅含量的变化趋势，更有利于工长全面把握炉况在未来的变化方向，适时地采取合适的调控手段，避免频繁操作带来的炉况不稳定现象。

8.1.1.2　短期多趋势预报的类别数确定

根据已有趋势预报的研究以及对铁水硅含量数据呈现出的特性分析可知，目前对硅含量趋势预报的研究最全面的为文献[5]，文献中将铁水硅含量的趋势划分为以下四类：小幅度上升、小幅度下降、大幅度上升以及大幅度下降，铁水硅含量四分类的趋势划分对趋势的描述较全面，不仅考虑了趋势变化方向，同时也量化了该方向上趋势的变化程度。但是，根据现场专家经验，铁水硅含量的数值大多时间段都在［0.4，0.6］的区间内波动，从 4 h 的短期趋势发展来看，铁水硅含量在这个区间内波动时表明炉况正常，对应的铁水硅含量变化应属于平稳不变的趋势；将其划分到缓慢变化范围内时，有可能使得操作者做出不必要的调控操作。因此，本节在已有研究的基础上，补充了铁水硅含量平稳不变的变化趋势，也就是说将铁水硅含量的变化趋势扩充为快速下降、缓慢下降、平稳不变、慢速上升以及快速上升的五分类问题。对铁水硅含量五分类的趋势划分充分考虑了铁水硅含量所有可能的趋势变化情况，划分结果不仅给出了未来一小段时间内铁水硅含量趋势变化的方向以及在这个方向上变化的幅度，同时也给出了铁水硅含量平稳不变的趋势。

对铁水硅含量趋势更细致地划分，不仅有利于本班次操作者及时正确地掌握铁水硅含量变化趋势，同时也可为下一班次操作者提供铁水硅含量趋势变化的信息。预报结果有利于操作者提前做出调控，进而保证炼铁过程顺行、铁水质量保持在正常范围内。

8.1.1.3　时间序列的分段线性处理

对铁水硅含量时间序列进行分段线性处理，一方面可以在保持原始时间序列主要特征的情况下避免其数据的随机性和偶然性对变化趋势的影响；另一方面可以更加直观地描述时间段内数据的变化趋势。将长序列分段表示，进而对每一小段时间序列进行分析，能够更加清晰地显示时间序列的变化规律。时间序列分段的数目决定了对原始时间序列的划分精度。时间段越多，线段的平均长度就越短，划分越精细，越能反映时间序列短期波动情况；时间段越少，线段的平均长度就越长，划分越粗糙，越能反映时间序列的中长期趋势。时间序列线性分段表示方法就是将一条长度为 N 的时间序列用 S（$S \ll N$）条直线段来近似表示。将铁水硅含量时间序列分为 S 段，其中每一段表示为：$x_1 = \{(x_{11}, \cdots, x_{1i}), x_2 = (x_{2,i+1}, \cdots, x_{2,i+m}), \cdots, x_s = (x_{s,i+m+1}, \cdots, x_{sn})\}_{i=0}^{n}$。对每一段时间序列利用回归拟合的方法进行变化趋势的划分。

回归分析（Regression Analysis）是确定两种或两种以上变量间存在的定量关系，是一种对自变量和因变量的变动趋势拟合成数学模型，并进行数量推算的学科[6]。变量之间存在如下关系：(1) 可用函数 $y=f(x)$ 来唯一确定的定性关系；(2) 无法用函数关系式来表示的相关关系，这类变量之间存在内在关系，但这种关系不是一一映射的确定关系。回归分析是以变量之间存在相关关系为前提，对两变量的变化情况进行拟合，挖掘数据中隐藏的关系，得到其定量关系式，并对拟合方程式进行显著性检验。

铁水硅含量的采集数据存在随机误差，并且每炉次的铁水硅含量值存在随机性和偶然性，因此很难用唯一确定的关系式表达。本节采用线性回归拟合的方法进行分析，消除了铁水硅含量的数据中因随机性和偶然性对趋势划分造成的影响。

假设两个变量 x 与 y 之间存在线性相关关系，并用式（8-1）表示这个相关关系：

$$y = \beta_0 + \beta_1 x + \varepsilon \tag{8-1}$$

式中，β_0，β_1 为需求解的待定参数。

式（8-1）称为 y 关于 x 的一元线性回归表达式。$\beta_1 > 0$ 时 y 与 x 为正相关关系，$\beta_1 < 0$ 时 y 与 x 为负相关关系。$\beta_1 = 0$ 时 y 是常数，与 x 的取值无关。当自变量 x 的值是可以精确测量或严格控制、只有 y 是随机变量时，x 与 y 的相关关系可用式（8-1）表示，ε 是随机误差，通常假定 $\varepsilon \sim N(0, \sigma^2)$。由于 ε 的随机性使得 y 是随机变量。

通过滑动窗口划分得到的每个时间段内，都存在部分数据（x_i，y_i），$i = 1, 2, \cdots, n$，对这些数据进行回归拟合，估计出参量 β_0，β_1，进而得到回归表达式（8-2），又称为观测表达式。

$$\begin{cases} y_i = \beta_0 + \beta_1 x_i + \varepsilon_i & i = 1, 2, \cdots, n \\ \text{各 } \varepsilon_i \text{ 独立同分布，其分布为 } N(0, \sigma^2) \end{cases} \tag{8-2}$$

由数据（x_i，y_i），$i = 1, 2, \cdots, n$ 对式（8-2）中的待定系数用最小二乘法进行估计，得到 β_0，β_1 的估计值 $\hat{\beta}_0$，$\hat{\beta}_1$，得到式（8-3）。

$$\hat{y} = \hat{\beta}_0 + \hat{\beta}_1 x \tag{8-3}$$

式（8-3）为 y 关于 x 的回归方程，对应图形称为两变量的回归直线。设 $x = x_0$ 时，$\hat{y} = \hat{\beta}_0 + \hat{\beta}_1 x_0$ 为回归值（或称拟合值）。

对任意给出的 n 对数据（x_i，y_i），都可以利用最小二乘法估计出回归系数 $\hat{\beta}_0$，$\hat{\beta}_1$，从而计算出回归方程。然而，当两变量相关性不强时，拟合得到的回归方程误差较大，在这种情况下拟合曲线意义不大。因此，在得到回归拟合方程后需对拟合结果进行显著性检验，也就是依据所得相关系数、自由度以及给定的显著性水平 α 值，从相关系数检验表中查找 $r_{\alpha(n-m)}$，据此判断拟合效果。如果 $|r| \geqslant r_{\alpha(n-m)}$，说明在显著性水平 α 条件下回归方程是显著的；如果 $|r| < r_{\alpha(n-m)}$，表明显著性水平不高。常用的显著性检验方法有三种：F 检验、t 检验以及相关系数检验。这三种检验方法的效果是等价的，因此本节只采用 F 显著性检验对其回归拟合结果进行显著性评价[7]。

式（8-4）中，$\hat{y}_i = \hat{\beta}_0 + \hat{\beta}_1 x_i$ 为 x_i 处的拟合值，x_i 处的残差通过 $y_i - \hat{y}_i$ 计算，y_i（$i = 1, 2, \cdots, n$）为 $\bar{y}$ 的均值。

$$S_{\mathrm{R}} = \sum_{i=1}^{n} (\hat{y}_i - \bar{y})^2, \quad S_{\mathrm{e}} = \sum_{i=1}^{n} (y_i - \hat{y}_i)^2 \tag{8-4}$$

式中，S_{R} 为回归平方和；S_{e} 为残差平方和。

则 F 检验值为：

$$F = \frac{S_{\mathrm{R}}}{S_{\mathrm{e}}/(n-2)}$$

如果 $F \geqslant F_{1-\alpha}(1, n-2)$，则在显著性水平 α 下回归方程是显著的。

硅含量趋势提取流程如下：

(1) 确定总窗口宽度 M，即所研究问题的总时间序列中有 M 个数据（(x_1, y_1)，(x_2, y_2)，…，(x_M, y_M)），其中下标越大说明数据越新，依据时间片段确定滑动窗口的宽度 N（$N<M$）。

(2) 对每个滑动窗口内的数据进行回归拟合，通过 F 检验值确定拟合效果，有以下两种情况：

1）F 检验值满足要求的时间窗，记录拟合方程的斜率大小。

2）F 检验值不满足要求的时间窗，进一步分析斜率值。如果斜率值大，说明该时间段内数据波动较大，虽然拟合效果不好，但是得到的斜率值在一定程度上可以表征硅含量波动趋势的变化，因此记录拟合方程斜率。如果斜率值小，说明这一时间段的数据基本没有发生波动，是稳态的数据，需进一步分析数据，确定趋势的变化。

(3) 通过斜率确定硅含量的变化趋势。铁水硅含量的变化趋势与这段时间内硅含量的变化值密切相关，因此，通过回归拟合的斜率值确定变化趋势时，应结合硅含量的变化值来确定不同的变化趋势对应的斜率范围。结合现场工人的经验，铁水硅含量的变化值与斜率有如下的对应关系：

1）如果半个班次内铁水硅含量的变化绝对值大于 0.2 时，认为该段时间炉况发生较大波动，本节将这种较大的波动趋势定义为硅含量快速变化的趋势。再对该段时间内数据的回归拟合结果分析，得到这种波动较大的时间段对应的拟合斜率 $|k|>0.9$。在趋势提取过程中，将拟合斜率 $|k|>0.9$ 的变化趋势定为快速变化。其中，$k>0.9$ 时，对应的铁水硅含量趋势为快速上升；$k<-0.9$ 时，对应的铁水硅含量趋势为快速下降。

2）如果半个班次内铁水硅含量的变化绝对值在 [0.05, 0.2] 区间内时，认为该段时间炉况波动不大，本节将这种硅含量波动不大的趋势定义为缓慢变化的趋势。将这些时间段的数据进行拟合时，得到这种波动不大的时间段对应的拟合斜率为 $0.3<|k|<0.9$。在趋势提取过程中，将拟合斜率落在 $0.3<|k|<0.9$ 时间段内的铁水硅含量变化趋势确定为缓慢变化。其中，斜率在 $0.3<k<0.9$ 时，代表硅含量的变化趋势为缓慢上升；斜率在 $-0.9<k<-0.3$ 时，对应的硅含量趋势则为缓慢下降。

3）如果半个班次内铁水硅含量的变化绝对值在 [0, 0.05] 区间内时，则认为该段时间炉况波动很小，本节将这种波动很小的趋势定义为硅含量的平稳不变趋势。将这些时间段的数据进行拟合，得到拟合斜率为 $0<|k|<0.3$。在趋势提取过程中，拟合斜率落在 [-0.3, 0.3] 区间内时，认为该时间段内硅含量的变化趋势为平稳不变的趋势。

8.1.2　基于复合差分算法优化的极限学习机分类模型

8.1.2.1　极限学习机模型

ELM 的模式分类问题可分为二分类以及多分类的情况[8,9]。对于二分类，模型的输出神经元个数为一个。针对多分类问题，ELM 主要分为两种方式进行求解：(1) 只有单个输出神经元；(2) 包含两个或两个以上的输出神经元个数。本节所建模型为包含多个输出神经元的 ELM 多分类模型，具体分类原理如下：

针对包含 m 个类别的多分类问题，ELM 分类器对应输出神经元有 m 个，如果第 i 个样本对应的真实类别值为 p，则对应的输出神经元向量为 $[0, \cdots, 0, 1^p, 0, \cdots, 0]^T$，也就是向量的第 p 列对应的值为 1、其余为 0。对于 N 个不同样本 $(\boldsymbol{x}_j, \boldsymbol{t}_j)$，其中 $\boldsymbol{x}_j = [x_{j1}, x_{j2}, \cdots, x_{jn}]^T \in R^n$，$\boldsymbol{t}_j = [t_{j1}, t_{j2}, \cdots, t_{jm}]^T \in R^m$，具有 K 个隐含层神经元数目，并且激励函数为 $g(x)$ 的 ELM 多分类模型可以表示为：

$$f_K(\boldsymbol{x}_j) = \sum_{i=1}^{K} \boldsymbol{\beta}_i g(\boldsymbol{\omega}_i \cdot \boldsymbol{x}_j + b_i) = h(x)\beta \qquad j = 1, 2, \cdots, N \tag{8-5}$$

式中，$\boldsymbol{\omega}_i = [\omega_{1i}, \omega_{2i}, \cdots, \omega_{ni}]$ 为连接输入神经元和第 i 个隐含层神经元的 ELM 模型输入权值；b_i 为第 i 个隐含层神经元偏差；$\boldsymbol{\beta}_i = [\beta_{i1}, \beta_{i2}, \cdots, \beta_{im}]^T$ 为连接第 i 个隐含层神经元和输出神经元的 ELM 模型输出权值；$\boldsymbol{\omega}_i \cdot \boldsymbol{x}_j$ 为 $\boldsymbol{\omega}_i$ 和 $\boldsymbol{x}_j$ 的内积；激励函数 $g(x)$ 选用 sigmoid 函数，即：

$$g(\boldsymbol{\omega}_i \cdot \boldsymbol{x}_j + b_i) = \frac{1}{1 + \exp(-(\boldsymbol{\omega}_i \cdot \boldsymbol{x}_j + b_i))} \tag{8-6}$$

最小化

$$Lp_{\text{ELM}} = \frac{1}{2} \| \boldsymbol{\beta} \|^2 + C \frac{1}{2} \sum_{i=1}^{N} \boldsymbol{\xi}_i^2 \tag{8-7}$$

使得

$$h(x_i)\boldsymbol{\beta} = \boldsymbol{t}_i^T - \boldsymbol{\xi}_i^T \qquad i = 1, 2, \cdots, N \tag{8-8}$$

式中，$h(x_i) = [g(\alpha_1 x_i + b_1), \cdots, g(\alpha_K x_i + b_K)]$，$\boldsymbol{\xi}_i = [\xi_{i1}, \xi_{i2}, \cdots, \xi_{im}]^T$ 为第 x_i 个训练样本对应的训练误差向量。

依据 KKT 条件（库恩塔克条件，即 Karush-Kuhn-Tucker Conditions），训练 ELM 等价于解决如下的对偶优化问题：引入拉格朗日乘子 $\alpha_i (i = 1, 2, \cdots, n)$：

$$L_{D_{\text{ELM}}} = \frac{1}{2} \| \boldsymbol{\beta} \|^2 + C \frac{1}{2} \sum_{i=1}^{N} \| \boldsymbol{\xi} \|^2 - \sum_{i=1}^{N} \sum_{j=1}^{m} \alpha_{ij} (h(x_i)\boldsymbol{\beta}_j - t_{i,j} + \xi_{i,j}) \tag{8-9}$$

式中，α_i 为对应第 i 个训练样本；$\boldsymbol{\beta}_j$ 为连接隐含层节点到第 j 个输出节点的权重向量；$\boldsymbol{\beta} = [\beta_1, \cdots, \beta_m]$，分别为 $L_{D_{\text{ELM}}}$ 关于 $\boldsymbol{\beta}$，$\boldsymbol{\xi}$，$\boldsymbol{\alpha}$ 求偏导数，表达式如下：

$$\frac{\partial L_{D_{\text{ELM}}}}{\partial \boldsymbol{\beta}_j} = 0 \Rightarrow \boldsymbol{\beta}_j = \sum_{i=1}^{N} \alpha_{i,j} h(x_i)^T \Rightarrow \boldsymbol{\beta} = \boldsymbol{H}^T \boldsymbol{\alpha} \tag{8-10}$$

$$\frac{\partial L_{D_{\text{ELM}}}}{\partial \boldsymbol{\xi}_i} = 0 \Rightarrow \boldsymbol{\alpha}_i = C \boldsymbol{\xi}_i \tag{8-11}$$

$$\frac{\partial L_{D_{\text{ELM}}}}{\partial \boldsymbol{\alpha}_i} = 0 \Rightarrow h(x_i)\boldsymbol{\beta} - \boldsymbol{t}_i^T + \boldsymbol{\xi}_i^T = 0 \tag{8-12}$$

$\boldsymbol{\alpha}_i = [\alpha_{i1}, \alpha_{i2}, \cdots, \alpha_{im}]^T$，$\boldsymbol{\alpha} = [\alpha_1, \alpha_2, \cdots, \alpha_M]^T$。将式（8-11）和式（8-12）代入式（8-10），得到式（8-13）

$$\left(\frac{1}{C} + \boldsymbol{H}\boldsymbol{H}^T\right) \boldsymbol{\alpha} = \boldsymbol{T} \tag{8-13}$$

其中

$$\boldsymbol{T} = \begin{bmatrix} t_1^T \\ \vdots \\ t_N^T \end{bmatrix} = \begin{bmatrix} t_{11} & \cdots & t_{1m} \\ \vdots & \vdots & \vdots \\ t_{N1} & \cdots & t_{Nm} \end{bmatrix} \tag{8-14}$$

将式（8-14）代入式（8-11），得到隐含层神经元偏置：

$$\boldsymbol{\beta} = \boldsymbol{H}^{\mathrm{T}}\left(\frac{1}{C} + \boldsymbol{H}\boldsymbol{H}^{\mathrm{T}}\right)^{-1}\boldsymbol{T} \tag{8-15}$$

其中

$$\boldsymbol{H} = \begin{bmatrix} h(x_1) \\ h(x_2) \\ \vdots \\ h(x_N) \end{bmatrix} = \begin{bmatrix} g(\omega_1 \cdot x_1 + b_1) & \cdots & g(\omega_K \cdot x_1 + b_K) \\ g(\omega_1 \cdot x_2 + b_1) & \cdots & g(\omega_K \cdot x_2 + b_K) \\ \vdots & & \vdots \\ g(\omega_1 \cdot x_N + b_1) & \cdots & g(\omega_K \cdot x_N + b_K) \end{bmatrix}_{N\times K} \tag{8-16}$$

通过式（8-16）计算得到的隐层权值，将结果代入式（8-6）可得模型输出，最高值的输出神经元对应的输出值为预测类别值。设 $f_j(x)$ 表示第 j 个输出神经元的输出函数：

$$f_j(x) = [f_1(x), \cdots, f_m(x)]^{\mathrm{T}} \tag{8-17}$$

那么，训练样本 x_i 最终的类别为：

$$\mathrm{lable}(x) = \underset{i\in\{1, \cdots, m\}}{\mathrm{argmax}}\, f_i(x) \tag{8-18}$$

式（8-18）也称为决策函数，ELM 网络结构如图 8-1 所示。

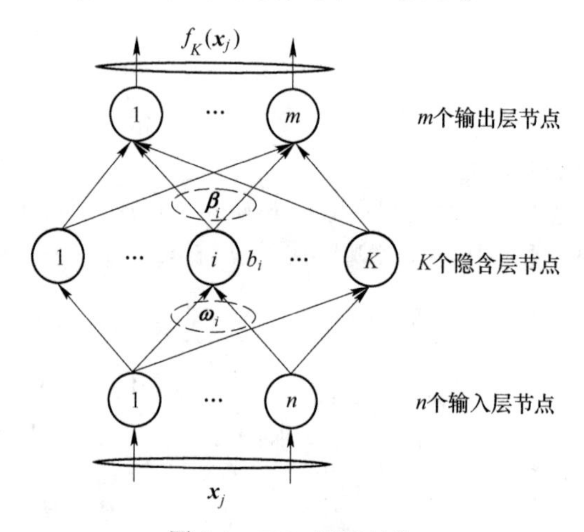

图 8-1　ELM 网络结构

8.1.2.2　复合差分优化算法

铁水硅含量作为反映高炉炉内热状况的重要指标，它的波动反映了炉温的波动、持续上升和持续下降，反映了炉缸是向热还是向凉变化，因此铁水硅含量变化趋势的准确预报对高炉的有效调控至关重要。ELM 只需一次随机选取输入权值和隐层节点阈值，避免了因反复迭代造成模型复杂的问题，因此被广泛应用于复杂系统建模。然而，首先是 ELM 的输出权值是在随机获取的输入权值和隐层节点阈值的基础上求得，这有可能会造成非最佳输入权值和隐层节点阈值导致的输出权值的准确性不高的问题，进而影响 ELM 的分类效果。其次，ELM 的学习精度不仅依赖于随机分配的输入权值和隐层节点阈值，隐层节点个数的选取也至关重要。高炉检测装备众多，获得的实际生产数据量大，各参数具有多源异构、不确定性和强干扰等特点，在实际应用中，为了适应数据的特性，ELM 预测模型可能需要较多的隐层节点，过多的隐层节点会导致过拟合现象，并且会受存储容量的限制，因而增加了网络的复杂度，降低了模型的泛化性能。最后，由于我国入炉矿源及其品位波动频繁，再加上各参数轻微的调节都会导致铁水硅含量出现波动，因此，需要建立更加精确的预报模型。

复合差分进化算法通过组合多个试验向量产生策略和多组控制参数的方法产生 ELM 的输入权值和隐层节点阈值[10]，并将所得的最优输入权值和隐层节点阈值代入 ELM 模型中。在复合差分进化算法的训练过程中，适应度函数取为能直接反映 ELM 回归性能的命中率（rate），公式如下：

$$\text{rate} = \frac{\sum_{i=1}^{n} \delta_i}{n} \times 100\% \tag{8-19}$$

式中，δ_i 为命中个数；n 为测试样本个数。

CoDE 算法寻找 ELM 中最优的输入权值和隐层节点阈值（ω，b），在此基础上建立硅含量短期多趋势预报模型，具体步骤如下：

步骤 1：初始化参数，参数包括种群规模 NP、进化代数 G、实际样本数据的维数 D、变异算子集 $F=[f_1, f_2, f_3]$、交叉算子集 $CR=[CR_1, CR_2, CR_3]$ 以及 ELM 中的隐含层节点个数 K；

步骤 2：随机产生种群，其中种群的每个个体为 ELM 的输入权值和隐层节点阈值（ω_i，b_i），$i=1, \cdots, k$；

步骤 3：将命中率（rate）作为 CoDE 算法的适应度函数，计算种群中个体的适应度值；

步骤 4：对种群中个体执行变异、交叉和选择操作。

A 变异操作

从参数集合里面随机选择一组 F，CR 参数，分别通过 DE/rand/1、DE/rand/2 和 DE/current to rand/1 算子产生三个变异向量：

$$v_{i1}(g+1) = x_{r1}(g) + F \cdot (x_{r2}(g) - x_{r3}(g)) \qquad i \neq r \tag{8-20}$$

$$v_{i2}(g+1) = x_{r1}(g) + F \cdot (x_{r2}(g) - x_{r3}(g)) + F(x_{r4}(g) - x_{r5}(g)) \qquad r_1 \neq r_2 \neq r_3 \neq r_4 \neq r_5 \tag{8-21}$$

$$v_{i3}(g+1) = x_i(g) + \text{rand} \cdot (x_{r1}(g) - x_i(g)) + F(x_{r2}(g) - x_{r3}(g)) \qquad r_1 \neq r_2 \neq r_3 \tag{8-22}$$

式中，g 为迭代次数；F 为变异算子；r_1，r_2，r_3，r_4，$r_5 \in \{1, 2, \cdots, NP\}$ 互不相同；$v_{i,j}(g+1)$ 为变异向量；x_{ri} 为基向量。

DE/rand/1 变异的主要思想是从当前种群中随机选取三个个体，选择两个个体的向量相减，通过变异算子的缩放加到第三个个体上。DE/rand/2 将两个变异算子用在两组不同的个体相减中，所得结果加在第五个个体上产生新的个体。DE/current to rand/1 也是利用两个变异算子的缩放产生新个体。

B 交叉操作

交叉操作是将目标向量与变异向量进行交叉操作，对变异的 $v_i(g+1)$ 和第 g 代种群 $x_i(g)$ 进行个体之间的交叉操作：

$$u_{j,i,k}(g+1)=\begin{cases}v_{j,i,k}(g+1) & (\mathrm{rand}(0,\ 1)\leqslant \mathrm{CR})\ 或(j=j_{\mathrm{rand}}) \quad k=1,\ 2\\ x_{j,\ i}(g) & 其他\end{cases}$$

(8-23)

式中，j_{rand} 为 $\{1,\ 2,\ \cdots,\ D\}$ 中的随机值；CR 为初始操作中的交叉算子；k 为试验向量的个数；$v_{i3}(g+1)$ 不参与交叉操作直接进入下一步骤；条件 $j=j_{\mathrm{rand}}$ 是为了确保经过交叉算子作用后产生的新个体中存在变异的个体。

交叉操作获得向量 $\boldsymbol{u}_{i,\ \mathrm{best}}=\mathrm{bestSelect}(\boldsymbol{u}_{i1},\ \boldsymbol{u}_{i2},\ \boldsymbol{u}_{i3})$。bestSelect 是一个基于适应值的选择函数，从一组向量中选择适应值最好的向量。

C　选择操作

将交叉操作后产生的新个体 $u_{j,\mathrm{best}}$ 与原来的种群个体 $x_i(g)$ 通过式（8-24）的适应度函数来选择，适应度函数值大的个体被选入下一代种群，具体表示为：

$$x_i(g+1)=\begin{cases}u_{i,\mathrm{best}}(g+1) & f(u_i(g+1))\leqslant f(x_i(g))\\ x_i(g) & 其他\end{cases} \tag{8-24}$$

步骤 5：判断算法是否满足运行的终止条件，这个终止条件一般为达到算法预设的最大迭代次数或者算法要求的精度，若是满足，转步骤 6，否则 $g=g+1$，转步骤 4；

步骤 6：输出 CoDE 算法的最优值，即 ELM 的输入权值和隐层节点阈值；

步骤 7：将步骤 6 得到的参数代入式（8-16），计算输出权值 β；

步骤 8：根据式（8-18），计算 CoDE-ELM 的逼近函数，建立模型。

CoDE-ELM 流程图如图 8-2 所示。

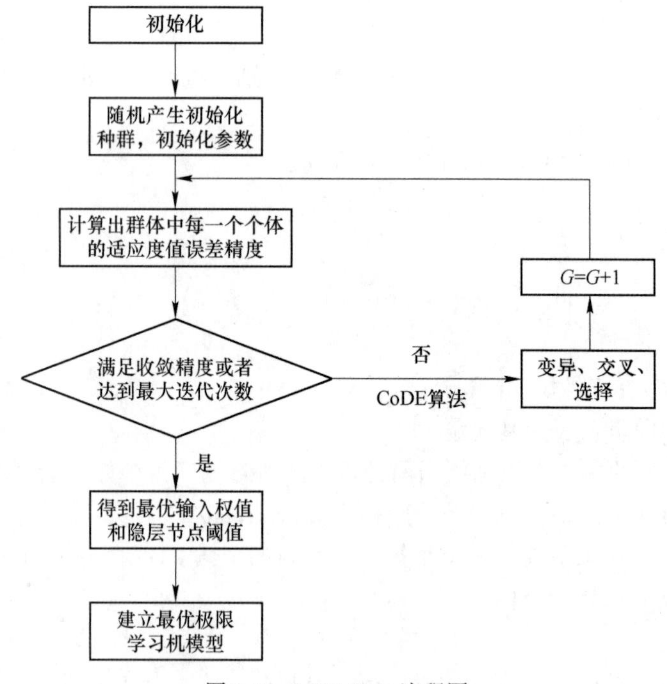

图 8-2　CoDE-ELM 流程图

8.1.3 工业数据验证

本节以某钢铁厂采集的实际高炉生产数据为例，将所提的变化趋势的划分方法、趋势的预报模型应用于该高炉的铁水硅含量短期多趋势预报的问题中，以验证本节所提的高炉铁水硅含量短期趋势划分方法的可行性和短期多趋势预报模型的有效性。

8.1.3.1 短期多趋势划分结果统计

表 8-1 统计了 600 组时间段中五种不同变化趋势的分布情况。图 8-3 所示为截取部分数据（2015. 04. 23~2015. 04. 29）画出的铁水硅含量时间序列以及对应的趋势划分结果图。结合图表进行分析，可得出如下结论：（1）大多时间段的铁水硅含量处于平稳或缓慢变化的状态，快速变化趋势较少。在提取的 600 组趋势时间段中，平稳不变和缓慢变化的时间段为 467 组，快速变化的时间段为 133 组，说明大多时间段铁水硅含量的变化处于稳定状态，符合实际冶炼现场情况。平稳与缓慢变化的铁水硅含量变化趋势都属于正常炉况。（2）铁水硅含量不会一直处于快速上升或者快速下降的变化趋势。如图 8-3 中 4 月 29 日 08:00~12:00 之间铁水硅含量处于快速上升阶段，下一阶段开始回降，4 月 27 日下午 16:00~24:00 的时间段内铁水硅含量处于连续下降，之后开始缓慢回升，这与现场操作也相符合。当铁水硅含量出现快速变化时，为防止炉况出现异常情况，操作者会及时采取措施进行调控，防止异常炉况发生。（3）快速变化一般会在连续几个时间段的缓慢变化之后发生，这说明缓慢变化累积到一定程度也会造成炉况异常。当铁水硅含量在某一方向上连续缓慢变化了几个周期时，需进行微调，保证炉况正常。如图 8-3 中 27 日08:00~16:00 经过两个连续缓慢上升后，出现了快速下降的趋势。

表 8-1 趋势结果统计表

趋势划分	快速上升	慢速上升	平稳不变	缓慢下降	快速下降	合计
组数	69	136	235	96	64	600

通过 F 检验合格率、相关系数 r、p 值以及残差平方和平均值等指标对线性回归结果进行显著性检验，其中相关系数反映两个变量之间关系的密切程度。当 r 等于或近似于 1 时，回归曲线最能够准确地表达真实数据的趋势；r 越接近 1，线性回归曲线与真实数据之间的关系越密切，反之则线性关系不明显。F 检验合格率、p 值以及残差平方和平均值也都可以对回归结果进行显著性检验。当 F 检验合格率、相关系数越大，p 值以及残差平方和平均值越小时，说明两个变量的相关性越强，反之则越弱。

表 8-2 汇总了表征回归拟合效果的参数统计值，可以看出：（1）五种变化趋势下的 F 检验合格率、相关系数 r 的平均值都较高，p 值均值、残差平方和平均值都较低，可以说明铁水硅含量的分段时间序列具有近似线性的特性。（2）缓慢变化和快速变化的趋势中 F 检验合格率大于平稳不变时的 F 检验合格率，原因在于：对上述数据进行线性拟合过程时，有 56 组数据的显著性检验的 r 值偏小且 F 检验不合格，同时这些数据拟合对应的 k（斜率）值很小。结合专家经验以及现场实际情况可知，这些周期内的铁水硅含量基本都在［0. 4~0. 6］区间内小幅度的波动，并无明显的线性特性和明确的变化趋势，属于稳态的数据，而稳态数据并无明显的线性关系，拟合的效果准确性低，显著性检验值不合格。为此，本节将这种正常炉况下数据的变化趋势划分为平稳不变的类别。

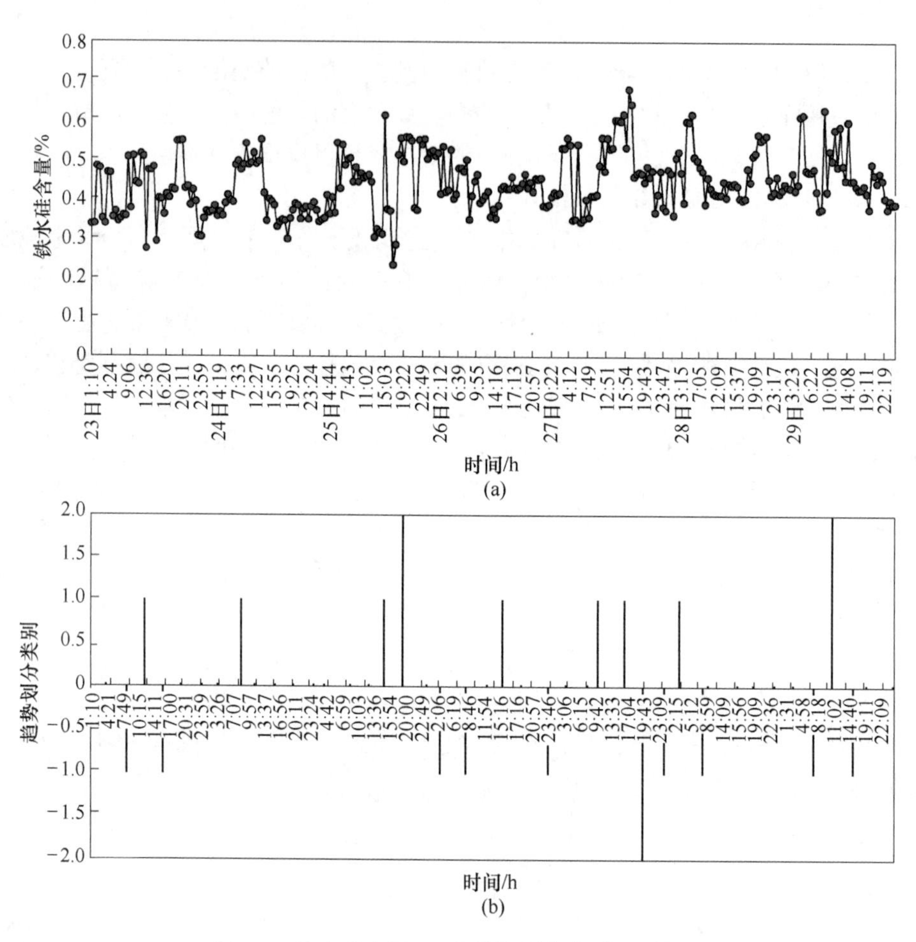

图 8-3 铁水硅含量(a)和趋势划分类别(b)结果

表 8-2 线性回归显著性检验

变化趋势	F 检验合格率/%	相关系数 r 平均值	p 值平均值	残差平方和平均值
快速上升	63.15	0.8152	0.07402	0.0034
缓慢上升	61.02	0.7672	0.1165	0.0045
平稳不变	51.42	0.6056	0.1081	0.0066
缓慢下降	60.78	0.7888	0.0979	0.0039
快速下降	62.0	0.7962	0.0160	0.0034

8.1.3.2 不同模型预报结果对比

为了验证本节所建铁水硅含量短期多趋势预报模型的预报性能，分别利用上述已处理得到的600组样本集对支持向量机、极限学习机以及复合差分优化极限学习机的铁水硅含量预报模型进行验证，并对这三种短期多趋势预报模型所得结果进行对比分析。本节分别采用隐含层节点、平均训练命中率、平均测试命中率以及平均测试运行时间作为模型预报性能的评价指标。

表 8-3 给出了几种不同预报模型对铁水硅含量短期多趋势预报的统计结果对比。由该表可知，SVM 的预报准确率相对较高，但是它的不足在于实现铁水硅含量五分类趋势预报的过程中需建立至少四个分类器，导致趋势预报模型过于复杂，并且测试时间过长。标准 ELM 趋势预报模型在隐层节点个数较大时训练准确率较高，并且测试时间短，但测试命中率很低，说明模型有可能出现了过拟合现象，预报效果不理想。相比而言，CoDE-ELM 趋势预报模型在较少的隐层节点个数的条件下，对铁水硅含量短期多趋势的预报命中率相对最高，并且测试时间较短。

表 8-3 不同模型的预报结果对比

预报模型	隐含层个数	平均训练命中率/%	平均测试命中率/%	平均测试运行时间/s
SVM	—	93.4	69	12.23
ELM	350	96.6	63	3.15
CoDE-ELM	290	95	71	4.02

图 8-4 是利用本节所建立的铁水硅含量短期多趋势的预报模型对 100 组测试样本集的测试结果图，由此可得出如下结论：(1) 炉况平稳时，所建立趋势预报模型的预报命中率较高。100 组测试样本中，模型对 49 组平稳不变的趋势正确命中 38 组，对 19 组缓慢上升的趋势正确命中 14 组。17 组缓慢下降的趋势中，模型正确命中 13 组。炉况平稳总测试集为 85 组，命中了 65 组，命中率为 77%。上述结果说明，模型在平稳以及变化不大的情况下预报命中率较高。(2) 炉况出现大的波动甚至异常时，比如从快速下降的炉况跳变至快速上升的炉况，模型对趋势的预报命中率较低。

依据上述 100 组测试集的测试结果反馈模型在五种分类情况下的预报命中率时，由于数据样本数较少，尤其是快速变化的样本更少，模型的预报结果不具有普遍性，没有足够的说服力，难以进行更深层次的讨论。因此，将 600 组数据样本按每 100 组样本数据划分为六个子集，分别为 $G_1 \sim G_6$，利用交叉验证的方法对每个子集进行趋势预报。

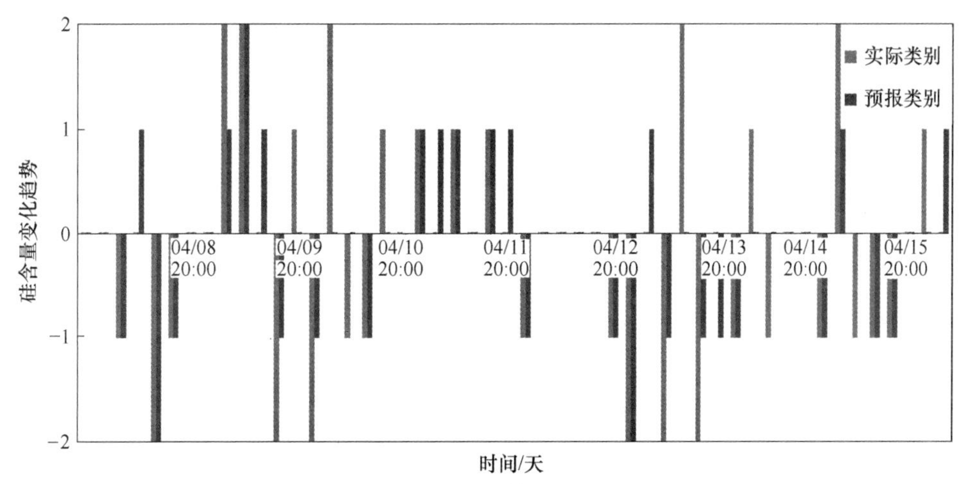

(a)

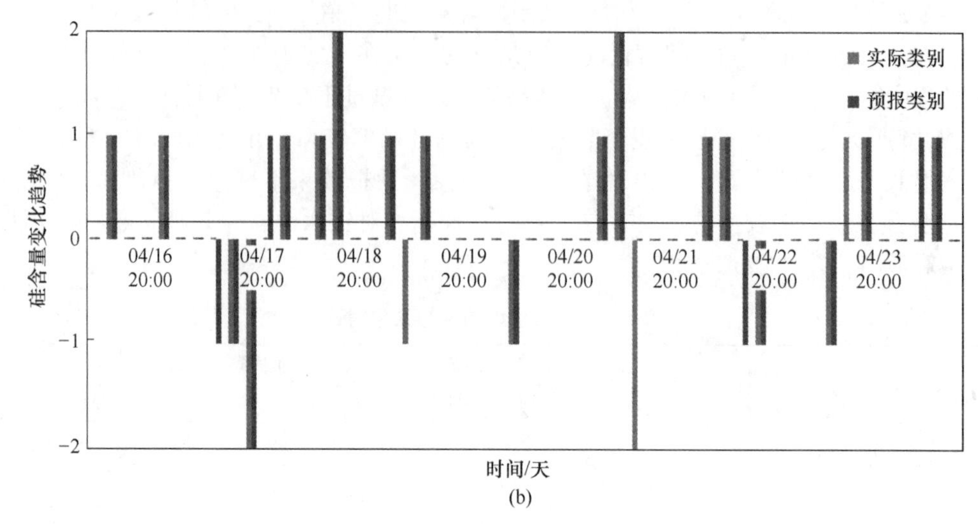

(b)

图 8-4 硅含量趋势预报结果

（扫描书前二维码看彩图）

表 8-4 给出了交叉验证的预报结果统计表。通过对扩充后的 600 组测试样本的结果进行统计分析，发现对铁水硅含量五分类趋势预报的命中率测试的 100 组测试样本的预报命中率相差不大。其中，缓慢变化和平稳不变趋势的命中率为 78%左右，样本总体命中率为 72.3%，说明本节所建趋势预报模型的稳定性较好。

表 8-4 交叉验证的预报结果统计表

变化趋势	训练集个数	测试集个数	命中个数	命中率/%
快速下降	315	63	33	52.4
缓慢下降	480	96	72	75.0
平稳不变	1180	236	187	79.3
缓慢上升	680	136	107	78.7
快速上升	345	69	35	50.7
总计	3000	600	434	72.3

8.1.3.3 不同变化趋势下的模型验证

为了验证上述对预报模型命中率低的分析，本节将铁水硅含量的五种变化趋势分成两大类，平稳不变和缓慢变化的所有样本划分为一类，称为炉况稳定类；快速变化（包括快速上升和快速下降）的样本划分为另一类，称为炉况波动类。下面对这两大类样本分别进行预报。

A 炉况稳定

在上述 600 组样本中，选取缓慢变化（包括缓慢下降和缓慢上升）的样本共 232 组、平稳不变的样本 236 组，共 468 组样本组成炉况稳定时的样本集对模型进行验证。将前 368 组样本作为训练集，后 100 组样本作为测试集，预报结果如图 8-5 所示。

图 8-5 中，类别“−1”代表硅含量缓慢下降的趋势，“0”代表硅含量平稳不变的趋

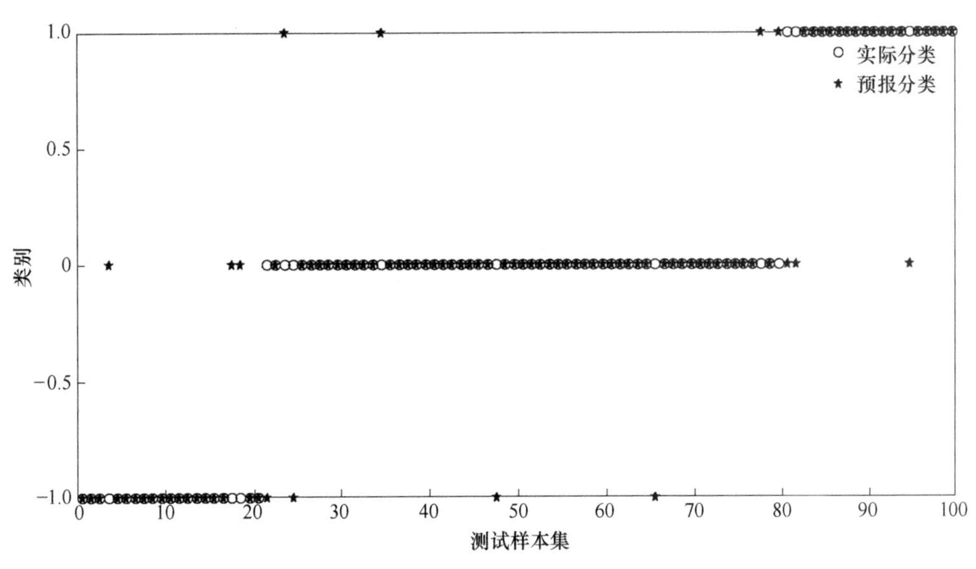

图 8-5 稳定炉况下模型预报结果

势，“1”代表硅含量缓慢上升的趋势。在缓慢下降的 21 组样本中有 3 组样本没有命中，平稳不变的 59 组样本中 8 组样本未命中，缓慢上升的 19 组测试样本中 3 组未命中。模型的整体命中率达到 86%，说明在炉况稳定时，模型对硅含量趋势预报的命中率较高，预报结果可以给出硅含量相对准确的趋势变化情况，为高炉操作者提早预判炉况变化提供参考依据。

B 炉况波动

在 600 组样本中，选取快速上升的样本 72 组、快速下降的样本 60 组，共 132 组样本进行验证。将前 92 组样本作为训练集，后 40 组样本作为测试集，预报结果如图 8-6 所示。

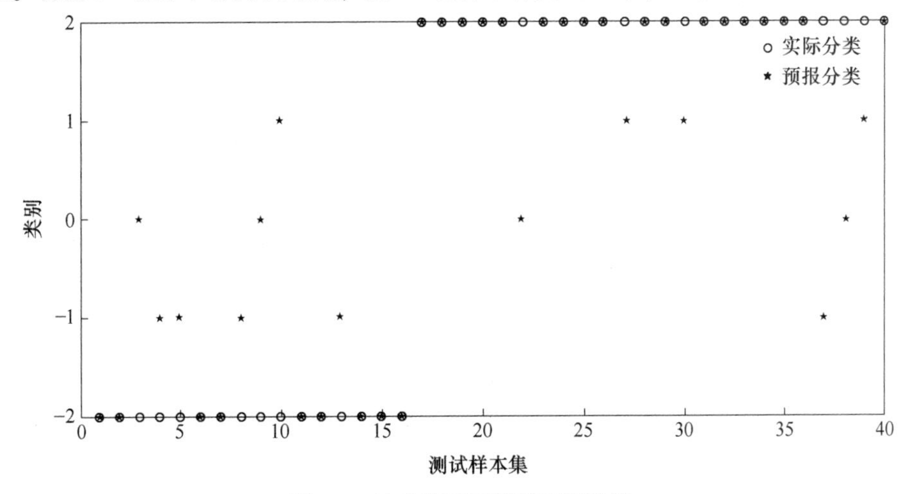

图 8-6 波动炉况下模型预报结果

图 8-6 中，类别“−2”代表硅含量快速下降的变化趋势，类别“2”代表硅含量快速上升的趋势，快速下降的 16 组样本中有 6 组没有命中，快速上升的 24 组测试样本中 7 组未命中。对所有样本，模型的命中率仅为 67.5%，说明在炉况出现大的波动时，模型对

硅含量趋势变化的跟踪效果不理想。

对上述预报模型命中率低的原因分析可知：(1) 将快速变化的数据从训练集中剔除，明显提高了预报模型的整体命中率，更适用于高炉现场的炉况调控。在实际冶炼过程中，炉况基本处于平稳不变以及小幅度的波动范围，因此平稳不变和缓慢变化的趋势预报准确率的提高，同样具有非常重要的意义。(2) 快速变化的趋势预报较为困难，其在训练集中的存在也同样影响了预报模型的训练效果。因此，高炉操作者应参考平稳不变和缓慢变化的趋势预报结果对炉况进行调整。若当前硅含量数据偏高，并且预报得到的下一时段硅含量依然是缓慢上升的趋势，此时，需提醒高炉操作者应采取小幅度的调控措施，避免硅含量的持续上升。对炉温实施调控后，若硅含量的趋势并没有发生变化，说明该调控力度较小，不能对炉温的控制产生实际的作用，需要工长继续加大调控力度，尽可能地在较短的时间内将硅含量数据矫正到合适的区间范围内。

8.2　基于目标驱动深度学习的铁水硅含量变化趋势感知

铁水硅含量不仅是高炉冶炼过程中表征铁水质量的重要指标，也是反映炉缸内部热状态和炉况的灵敏指示剂。高炉炉况的稳定性是冶炼操作遵守的第一准则，而异常炉况的发展往往可以通过铁水硅含量的时序变化来表现，并在时间轴上呈现出特定的发展趋势，捕捉这些趋势信息有助于及早识别异常炉况并降低发生更严重安全事故的可能性。安全性的严格要求使得异常炉况的样本在总体样本中占比较少，为了应对不平衡分类样本带来的挑战，本节提出了一种基于目标驱动的深度网络用于铁水硅含量变化趋势在线预测，通过设计的目标驱动因子实现了不同样本类别权重调整。考虑了样本不平衡特性并合理调整类别权重使得提出的深度模型能更加准确地捕捉到铁水硅含量的变化趋势信息。

8.2.1　基于时序滑窗分割的硅含量变化趋势标签提取

8.2.1.1　变化趋势基元定性描述

硅含量变化趋势基元定性描述是指对时间维度上硅含量变化的方向和幅度进行定义的基本元素，其描述了预先设定的窗口内数据的整体变化趋势，不涉及具体的数值或者量化指标[11]。通常情况下，上升、下降和平稳不变是最基本的三种基元定性描述语句。通过差分前后两个样本的化验值并基于专家经验对差分的阈值进行定义就能得到对应的趋势信息，但这种简单的定义方式容易对实际的硅含量变化趋势做出错误的描述。这是因为为了防止铁水的非均匀性对硅含量化验结果的影响，会在一次出铁过程取样 2~3 勺铁水冷却后送给化验室依次化验，这将会导致前后 2 个样本差值的变化反映的并不是真实的趋势信息而是非均匀铁水采样多次化验结果的差异性。此外，变化趋势应该是描述一段时间内变量发展的方向，这种定义方式考虑的变化周期过短并不能反映真实炉况的变化方向，过于局限且误差较大。

为了定义全面且准确的基元来合理地描述硅含量的变化趋势信息，图 8-7 给出了 400 组硅含量化验值的时序图，从该图中可以看出，硅含量的变化趋势没有明显的周期性和聚类性，但大部分硅含量化验值都稳定在 [0.3, 0.6] 这个范围内，这主要是入炉矿源和市场订单要求导致的。尽管从图 8-7 中可得知在一段时间内保持稳定或者小范围内波动的趋势占大多数，但窗口 1 和窗口 2 展示的下降趋势是反映炉况变动的一个重要信号，及时捕捉和预报这类明显变化的趋势信息是提前示警异常炉况的一种重要手段。尽管窗口 1 和 2 都是展示下降的趋势信息，但是可以发现其下降的速度和形态是完全不一样的。具体来说，窗口 1 中的下降趋势是一种均匀速度减少的结果，而窗口 2 中的下降趋势的速度有明显的先快后慢的特点。这种情况下如果都用下降趋势来统一地描述就容易丢失这部分细节信息，而这部分信息是反向决定冶炼过程中控制变量调节幅度的重要参考资料，尽可能更为详细地定义不同形态的上升或者下降趋势有助于帮助操作者更全面地了解炉况的走向，做出更合理的调节措施避免一定程度上的超调或者误调。

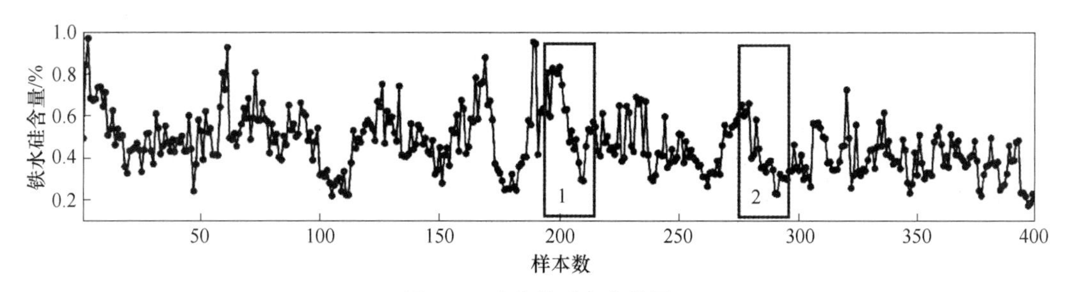

图 8-7 硅含量时序曲线图

从上述角度出发，本节定义了 7 种不同的变化趋势描述基元，其趋势基元示意图如图 8-8 所示。使用 3 种不同的形态来描述上升的趋势，即：凸形上升、线性上升和凹形上升，不同的形态反映的是上升趋势在增长速度和变化方式上的差异，具体总结如下：

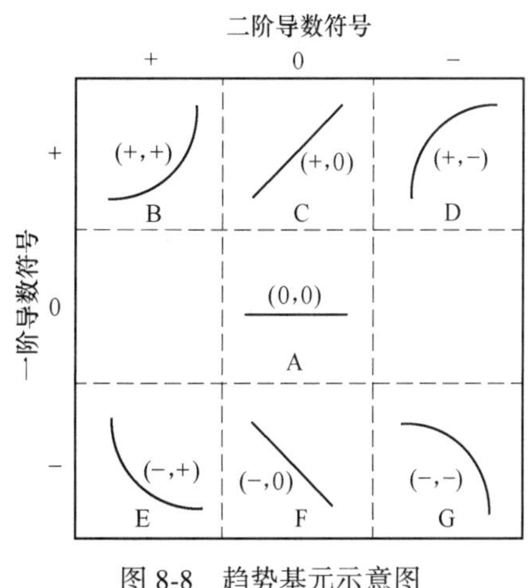

图 8-8 趋势基元示意图

（1）凸形上升：表明硅含量增长速度逐渐减慢，呈现出曲线向上凸的趋势。这种形态意味着初始阶段硅含量增长较快，但后续增长逐渐趋于饱和，这意味着前期的调控经过一定的反应时间已经出现了效果，异常炉况得到了有效的控制，后期的调控应该保持较小的幅度避免超调。

（2）线性上升：表示硅含量增长速度随时间线性增加，呈现出直线形状且相对稳定。这种形态表明硅含量几乎以相同的速度持续增长，这意味着异常炉况的发展没有得到有效的调整，后期的调整应该给予较大的幅度使炉况尽快恢复到正常水平。

（3）凹形上升：显示硅含量增长速度逐渐加快，呈现出曲线向上凹的趋势。这种形态意味着增长一开始较慢，但后续增长加速，这意味着早期异常炉况没有得到完全的调整，后期应该加大调整幅度快速过渡到正常炉况。

采用同样的方式定义了 3 种不同形态的下降趋势，即：凸形下降、线性下降和凹形下降。需要注意的是凸形下降中硅含量下降的速度逐渐加快，这与凹形上升的情况类似，在后期需要给予较大的调整幅度快速过渡到正常炉况。同样的，凹形下降中硅含量的下降速度逐渐减慢，这与凸形上升的情况类似，在后期的调整中应该避免过调。还有一种基元描述的是平稳不变的趋势，该种形态表明硅含量随着时间的变化发生一定范围内的波动或者稳定不变，平稳不变的炉况意味着炉况是正常的，此时高炉的冶炼需在不破坏稳态的情况下尽量生产高优质铁水。

根据现场调控幅度反向更为详细地定义了趋势的基元后，需要提出一种方法快速地提取出趋势基元信息，数学上这种趋势的形状可以通过函数一阶与二阶导数的正负来定义。具体总结如下：

（1）一阶导数的正负：一阶导数描述了函数的斜率或变化速率。正斜率表示函数在该点有上升趋势，负斜率表示函数在该点有下降趋势，而接近零的斜率表示函数在该点趋于平稳不变。

（2）二阶导数的正负：二阶导数描述了函数的曲率或变化加速度。正二阶导数表示函数表现为凹形上升或者下降趋势；负二阶导数表示函数表现为凸形上升或者下降趋势；接近零的二阶导数表示函数的曲线基本保持线性，表现为线性上升或者下降趋势。

基于上述分析，可以根据拟合函数的一阶和二阶导数的符号与定义的 7 种趋势基元实现一一对应，即：平稳不变 A（0，0），凹形上升 B（+，+），线性上升 C（+，0），凸形上升 D（+，-），凹陷下降 E（-，+），线性下降 F（-，0），凸形下降 G（-，-）。需要指出的是，本节的趋势拟合的阶次最高为二，理论上拟合的阶次越高可以更准确地拟合数据的趋势变化，但是高炉冶炼是一个缓慢变化不会出现突变的过程，从图 8-7 也可以看出，硅含量在时间轴上的变化相对比较平滑，因此在大部分情况下使用二阶拟合函数也足够描述硅含量的变化趋势信息。在实际趋势提取的过程中，先使用低阶多项式进行拟合并采用卡方检验对拟合的方程进行显著性检验，当拟合的方程在卡方检验中被判定为不显著时，意味着所选择的低阶多项式无法充分描述数据的趋势特征。此时应逐步增加多项式的阶次并进行相应的卡方检验，找到更合适的基元来描述硅含量的变化趋势。

8.2.1.2　趋势划分周期及结果统计分析

确定合理的趋势预测周期对把握高炉炉况的变化至关重要，如果预设的周期过长，即预测的时间跨度太大，容易导致硅含量的趋势预测结果滞后于实际的变化，错过趋势变化的关键转折点；如果预设的周期过短，即预测的时间跨度太小，无法避免离线化验数据的偶然性和不确定性带来的误差，导致提取的趋势无法真正反映炉况的实际变化趋势。因此，合理的预测周期需要兼顾短期的波动性和长期的趋势变化，使预测结果既能及时响应关键炉况变化，又能准确反映长期的发展趋势，为操作者提供可靠的炉况变化信息。

综合分析现场的操作制度、矿源质量和冶炼状态可知，研究的某钢铁厂高炉在大部分情况下的冶炼周期维持在 4~5 h，这意味着炉长需要尽量调控操作参数确保在一个冶炼周期内保持炉况平稳顺行生产出合格的优质铁水[12]。此外，根据现场的操作手册可知，炉长在交班时需根据各项检测指标综合判断半个班次的炉况变化趋势，为下班操作调剂提供参考和依据。高炉的冶炼是一个持续鼓风、周期性加料和周期性出铁的连续过程，现场操作的不间断性使得高炉冶炼一天内划分为 3 个班次，每个班次为 8 h。综合以上 2 个方面考虑，预测的趋势周期设置为半个班次，即每次拟合趋势信息的时间窗口为 4 h。经过统计可知，在 4 h 的窗口内有 8~12 组化验数据，该数据量足够用于拟合硅含量的趋势基元，并能在一定程度上平衡时效性和可靠性。

在确定了趋势基元的提取方法和趋势预测周期后，基于多项式回归拟合的铁水硅含量短期多趋势提取流程总结如下：

步骤 1：根据预设的时间窗口的大小选取对应的硅含量化验数据，需要注意的是窗口的长度是固定的，但化验的硅含量数据量可能会由于采样的次数存在差异。

步骤 2：对窗口内的数据采用 0 阶多项式拟合并进行显著性检验，若满足要求则将该窗口内的趋势基元标记为平稳不变，若显著性检验不合格则转到步骤 3。

步骤 3：升高拟合方程的阶次，使用一阶多项式拟合窗口内的数据并进行显著性检验，如若满足要求再对拟合函数的斜率进行判断，若斜率为正则将该窗口内的趋势基元标记为线性上升，否则标记为线性下降，若显著性检验不合格则转到步骤 4。

步骤 4：继续升高拟合函数的阶次，使用二阶多项式拟合窗口内的数据并进行显著性检验，若满足要求再对拟合函数的一阶和二阶导数进行判断，一阶导数为正则为上升的趋势，若二阶导数为正则该窗口内的趋势基元标记是凹形上升，否则为凸形上升；一阶导数为负则为下降的趋势，若二阶导数为正则该窗口内的趋势基元标记是凹形下降，否则为凸形下降，若显著性检验不合格则转到步骤 5。

步骤 5：若二阶多项式显著性不合格，则选择卡方检验中效果最好的方程并记录对应的趋势基元标签。

步骤 6：以小时为移动步长，将窗口在时间轴上右移，对下个滑动窗口内的数据执行步骤 2~步骤 5 操作得到对应的趋势标签，重复上述过程直至所有移动窗口内的数据都提取到了对应的趋势标签。

从历史数据库中选取了 9 个月的数据，采用该方法对硅含量时序数据进行趋势基元提取，具体的趋势标签统计结果见表 8-5。从统计的结果可以看出，在统计的 11872 组样本中，平稳不变的趋势占据了 6034 组，这意味着在大部分情况下高炉的冶炼过程处于一种稳态的平衡状态，提取的趋势结果也与现场的实际情况较为一致，稳定顺行的操作准则和订单的要求需要炉况保持稳定，这意味着硅含量应稳定维持在一个区间范围内，且高炉调控的滞后性和过程的渐变特性也使得硅含量的趋势变化是缓慢发生。此外，总体来看上升和下降的趋势也保持一种动态平衡，这是因为高炉操作者发现炉况的早期异常，会进行及时地干预和调节确保炉况能回到正常。硅含量的趋势持续上升意味着炉温过热，炉内的煤气流过于旺盛，容易导致悬料、崩料的异常炉况，因此需要采取一定的调控措施使得硅含量逐渐下降至正常范围。同样的道理，硅含量的趋势持续下降意味着炉缸热储备不够，容易造成冻结事故，因此需要采取必需的调控措施使得硅含量逐渐上升至正常水平。从统计的结果来看，平稳不变的趋势标签占据了样本中约一半的比例，而其他六类趋势标签相对较少。这种样本分布的不平衡性也给趋势分类建模带来了挑战，因此后续的预测模型需要采取一些特殊的策略来提高对少数类样本的预测精度。

表 8-5 硅含量变化趋势统计结果

趋势类别	凸形上升	线性上升	凹形上升	平稳不变	凸形下降	线性下降	凹形下降	合计
组数	1269	867	795	6034	1320	858	729	11872

8.2.2　基于循环神经网络的时序融合特征提取

考虑到本节预测的是硅含量的变化趋势，建模时的输入特征也需要反映过程变量的变化信息，即采用多条连续序列数据而非单个时间点的数据。通过将这些序列数据作为模型的输入特征，能够更好地反映硅含量变化趋势与过程变量之间的关联性和动态变化。为此，选择多少条连续序列作为模型的输入是一个值得探讨的问题，序列的长度不仅需要考虑硅含量变化趋势的时间尺度，还需要考虑过程变量的采样频率。根据现场专家预估的过程变量相对于硅含量的时延结果来看，大部分过程变量对硅含量的滞后时间都在 2~4 h 之内，这意味着改变大部分过程变量并对硅含量的结果产生的影响上限为 4 h，即第 t 时刻硅含量的变化可能是由于 $t-4$ 时刻过程变量的改变引起的。

对于第 t 时刻的样本，输入的特征和输出的标签对应规则如图 8-9 所示。不失一般性，假设需要准备第 t 组样本的输入和输出标签，对于趋势标签部分，硅含量需要选取 t 到 $t+4$ 时刻的所有数据并采用多项式拟合的方法提取趋势标签，需要注意的是，这里的硅含量数据不需要进行小时均值化处理，而是需要考虑所有的化验数据来及时捕捉硅含量的实时变动情况。对于输入的过程变量部分按照提出的时间戳相关性原则进行匹配再进行均值化处理，且过程变量需要选取 $t-4$ 到 t 时刻的 5 条连续时序数据，根据分析的冶炼周期和高炉冶炼的时间滞后特性可知 $t-4$、$t-3$、$t-2$、$t-1$ 和 t 时刻的过程变量分别影响的是 t、$t+1$、$t+2$、$t+3$ 和 $t+4$ 时刻的硅含量值，因此需要综合考虑 $t-4$ 到 t 时刻内过程变量的动态时序信息来更好地反映硅含量的变化趋势。

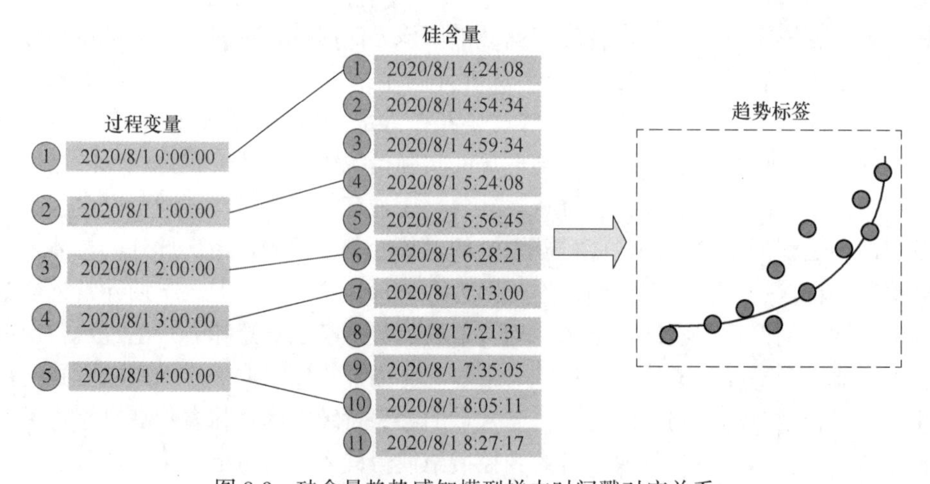

图 8-9　硅含量趋势感知模型样本时间戳对应关系

尽管多条连续序列的过程变量数据可以用来表征一段时间内高炉的冶炼状态，却无法表征过程变量在时间维度上的变化趋势信息。为了更好地描述过程变量的动态变化，基于工程经验设计了一些能反映变量趋势变化的统计特征，其详细信息介绍如下：

（1）极差（Range）：一组数据中最大值与最小值之间的差异或范围，可以用来衡量数据的变化幅度或分散程度，其计算公式如下：

$$R_i = x_i^{\max} - x_i^{\min} \qquad i = 1,\ 2,\ \cdots,\ d_x \tag{8-25}$$

式中，i 为第 i 个过程变量；d_x 为过程变量的维度；$x_i^{\max}$ 和 $x_i^{\min}$ 分别为第 i 个过程变量的最大值和最小值。

（2）标准差（Standard Deviation）：描述一组数据中数据值偏离平均值的程度，可以用来衡量数据的离散程度或波动性，其计算公式如下：

$$s_i = \sqrt{\frac{1}{n-1}\sum_{t=1}^{n}(x_i^t - \bar{x}_i)^2} \tag{8-26}$$

式中，n 为数据的总个数；x_i^t 为第 i 个过程变量的第 t 个数据；$\bar{x}_i$ 为第 i 个过程变量的平均值。

（3）变化率（Rate of Variation）：变量在特定时间或空间范围内的变化速度或变化幅度的度量，用来描述变量在单位时间或单位空间内的变化量，其计算公式如下：

$$v_i = \frac{2}{n}\left(\sum_{i=n/2+1}^{n} x_i - \sum_{i=1}^{n/2} x_i\right) \tag{8-27}$$

基于对分类任务的理解和分析，从统计信息的角度出发设计了 3 个能代表变化趋势的新特征变量，该部分特征的加入有助于更好地描述数据的变化趋势、波动性以及变化速度，从而更全面地了解高炉冶炼的演变过程，为分类模型提供更丰富的输入特征。

尽管大部分过程变量的时延在 4 h 之内，但是还有部分变量的时延超出这个范围，这意味着过去更长时间范围内的操作变化会对未来的硅含量变化趋势产生影响。此外，高炉冶炼过程的滞后性、矿源和市场订单的变化导致冶炼周期会发生动态改变，因此，在预测硅含量变化趋势时，不仅需要考虑预设长度的多条连续序列间的动态时序信息，还需要考虑更长远的操作变量和历史炉况的持续影响。循环神经网络（RNN，Recurrent Neural Network）是一种具有反馈连接的神经网络，其内部具有循环单元使其能够处理时序数据并捕捉序列中的时序依赖关系[13]。

长短期记忆网络（LSTM，Long Short-Term Memory）是一种常用的循环神经网络[14]。与标准的循环神经网络相比，LSTM 在处理长期依赖性问题上有更好的表现，能够更好地捕捉和记忆序列中的长期依赖关系。LSTM 的结构如图 8-10 所示，它由一个细胞状态（Cell State）和三个门（Gates）组成，包括遗忘门（Forget Gate）、输入门（Input Gate）和输出门（Output Gate）。通过引入门控机制来控制信息的流动和记忆，具体而言通过使

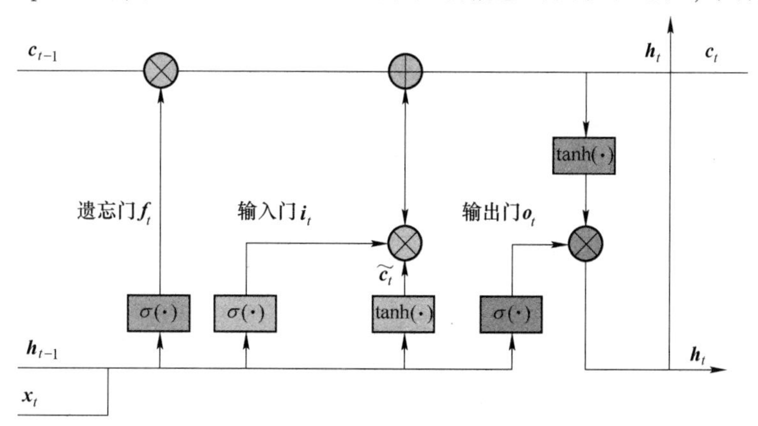

图 8-10 长短期记忆单元结构图

用可学习的权重和激活函数来控制信息的流动，从而决定哪些信息需要保留、遗忘或更新。

将 LSTM 网络在时序上展开可得到如图 8-11 所示的结构，从中可以看出 t 时刻的隐含层输出 $\boldsymbol{h}^t$ 不仅与当前时刻的输入 $\boldsymbol{x}^t$ 和上一时刻的隐含层状态 $\boldsymbol{h}^{t-1}$ 有关，还与上一时刻的细胞状态 $\boldsymbol{c}^{t-1}$ 有关，具体表达如下：

$$[\boldsymbol{h}^t,\ \boldsymbol{c}^t] = \mathrm{LSTM}[\boldsymbol{x}^t,\ \boldsymbol{h}^{t-1},\ \boldsymbol{c}^{t-1}] \tag{8-28}$$

其中，LSTM（·）为 LSTM 单元设置的函数。由于门控机制的存在使得细胞状态和隐含层输出充当了记忆单元，可以在不同的时间步骤中传递和保存关键的序列信息，这使得 LSTM 网络能够更好地捕捉到序列中的长期依赖关系。

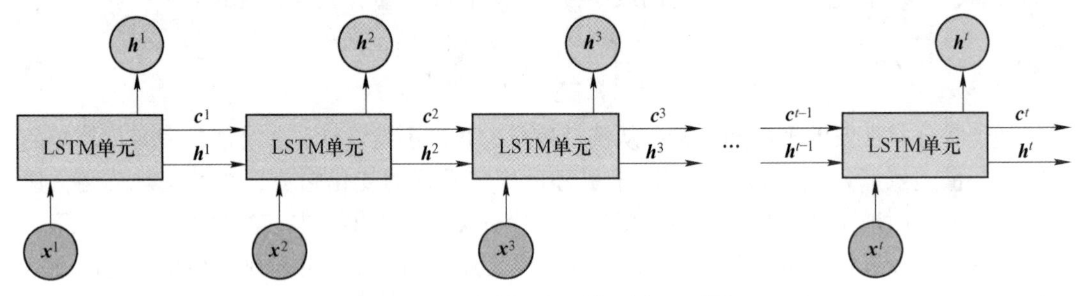

图 8-11　长短期记忆网络时序展开图

基于上述分析可知，LSTM 网络能够在长时间序列中保持和利用重要的信息，利用该结构对高炉冶炼状态进行动态时序信息挖掘，能够进一步加强硅含量变化趋势的表征能力。为此，本节提出了一种基于循环神经网络的时序融合特征提取框架，其过程如图 8-12 所示，首先对多条时序数据进行特征提取和拼接的操作，再将处理好的特征向量按时序输入 LSTM 单元中进行时序特征融合。从图 8-12 可以看出随着时间的递推，隐含层输出的特征中包含了越来越多的时序信息。具体而言，对于第 t 组样本的隐含层输出 $\boldsymbol{h}^t$ 不仅考虑了当前时刻的高炉冶炼信息，还继承了历史时刻多条连续数据的动态时序信息，通过对历史数据的学习和记忆，LSTM 网络能够提取出有意义的时序模式和长期依赖关系，进而为后续的硅含量变化趋势分类提供更全面的时序融合特征。

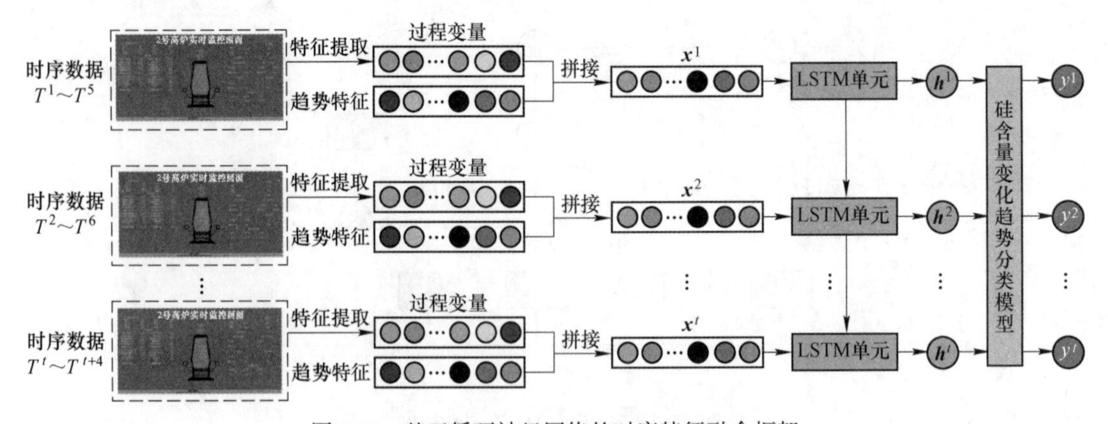

图 8-12　基于循环神经网络的时序特征融合框架

8.2.3 基于代价敏感深度网络的不平衡趋势感知

图 8-12 所示的时序融合框架后面再加一层分类层就能实现硅含量变化趋势的分类预测，但从硅含量变化趋势统计结果分析可知，由于高炉的稳定顺行操作准则使得平稳不变趋势较其他六类趋势标签相对较多，这种情况会导致建模数据集出现样本不平衡的情况，而传统的分类模型容易偏向于预测多数类别而忽略少数类别的变化趋势，仅仅对平稳趋势的预测保持较高的准确率，忽略硅含量变化趋势会导致异常炉况的发生不能被及时监测。为了解决不平衡样本准确分类问题，本节提出了一种深度学习和代价敏感学习相结合的框架，设计了一种基于目标驱动的动态因子用于实时调整样本在损失函数中的权重，提高模型在动态炉况下的非平稳趋势准确分类能力。

8.2.3.1 动态驱动因子设计

本节继续沿用去噪自编码机实现硅含量的短期多趋势分类任务，这是因为深度网络强大的学习表征能力和端到端的训练方式使其近年来在许多任务上取得巨大成功[15]。但是，传统的深度网络并没有针对不平衡的分类问题进行专门处理，这将导致直接采用传统的深度网络结构在硅含量多趋势分类任务中面临一定的挑战。研究表明，深度网络自提取高质量抽象特征是后续复杂任务取成功的关键，而异常炉况导致硅含量趋势发生的动态改变一定程度上也能从特征所包含的信息中体现出来。从前面的介绍中可以知道，去噪自编码机需要尽可能从被噪声污染过的输入中重构出未被污染的输入，迫使隐含层能学习到数据中更加鲁棒的抽象特征表示，其目标函数的数学表达式如下：

$$\ell = \frac{1}{2N}\sum_{t=1}^{N} \| \hat{\boldsymbol{x}}^t - \boldsymbol{x}^t \|^2 = \frac{1}{2N}\sum_{t=1}^{N}(g(f(\widetilde{\boldsymbol{x}}^t)) - \boldsymbol{x}^t) \tag{8-29}$$

从目标函数中可以看出，去噪自编码机需要不断减少重构向量 $\hat{\boldsymbol{x}}$ 和原始向量 $\boldsymbol{x}$ 之间的差异，这意味着去噪自编码机需要对所有的样本都最小化重构误差 $\| \boldsymbol{x} - \hat{\boldsymbol{x}} \|^2$，将其在输入样本的所有维度上展开可以得到。

$$\| \hat{\boldsymbol{x}}^t - \boldsymbol{x}^t \|^2 = \sum_{d=1}^{d_x} (x_d^t - \hat{x}_d^t)^2 \tag{8-30}$$

从式（8-30）可以看出，去噪自编码机对每个样本都赋予一样的权值，这意味着在模型训练的过程中，不会重点去关注上升或者下降趋势的样本，事实上该部分样本是炉况异常的早期信号且会对铁水的质量和冶炼的安全性能产生较大的影响，因此合理的分类模型应该对一些特殊的样本具有更高的敏感度。但这并不意味着对平稳炉况下的样本给予较低的权重，因为准确地预测出稳态炉况下的平稳趋势和动态炉况下的升降趋势同样重要，这能在一定程度上避免误调和超调。为了实现这一想法，本节提出了一种基于分类目标导向的动态因子，其最主要的思想是考虑样本与其对应趋势类别聚类中心之间的距离。若距离越近，表明该样本有越高的概率属于该趋势类别下的样本，模型就应该分配该样本更多的关注；距离越远，说明该样本有可能趋势类别标签模糊或者有噪声，模型就应该给予该样本更少的关注。基于该想法设计的动态因子能在不牺牲所有类别分类准确率的基础上，全面提高不同类别分类的准确率，为体现样本与分类目标之间的重要性关系，将设计的动态因子在网络无监督的预训练过程中进行考虑，调整去噪自编码机模型的结构参数，使训练好的深度模型能够提取出与目标相关的特征表示来提高硅含量趋势分类的精度。

动态因子反映了样本与分类目标之间的重要性关系，考虑到分类目标是不同的硅含量趋势类别，因此很难用传统的线性或者非线性相关系来描述这种相关关系。受到无监督 K 均值聚类算法类内样本距离最小、类间样本距离最大的原理启发，若能完全正确地把不同趋势类别聚类出来，那么样本与聚类中心的关系必须满足上述条件[16]。样本与类别的聚类中心距离是聚类算法迭代更新的基础，因此距离聚类中心越近的样本对聚类效果的贡献度越大，样本与相对应聚类中心的距离就可以用来表征这种重要的关系。考虑到训练样本都是带趋势标签的数据，可以直接计算出完全正确的 K 均值聚类情况下不同硅含量变化趋势的聚类中心，通过计算不同样本与对应趋势聚类中心之间的欧氏距离来大致表征样本与目标之间的相关关系。

假设经过相关处理后的带标签样本集记为 S：$\{X, Y\} = \{(x^1, y^1), (x^2, y^2), \cdots, (x^t, y^t), \cdots, (x^N, y^N)\}$，其中 $\boldsymbol{x}^t = [x_1^t, x_2^t, \cdots, x_{d_x}^t]^{\mathrm{T}} \in R^{d_x}$，$d_x$ 是样本的维度，$y^t \in \{1, 2, 3, 4, 5, 6, 7\}$，$N$ 是样本的个数。由于样本都是带标签的变化趋势数据，所以不同趋势的聚类中心直接按 K 均值聚类原理通过离线计算获得，记为：

$$\boldsymbol{C} = [\boldsymbol{c}^1, \boldsymbol{c}^2, \cdots, \boldsymbol{c}^q]^{\mathrm{T}} \qquad q = 1, 2, \cdots, 7 \tag{8-31}$$

其中 $\boldsymbol{c}^q = [c_1^q, c_2^q, \cdots, c_{d_x}^q]^{\mathrm{T}} \in R^{d_x}$，那么样本 $\boldsymbol{x}^t$ 与对应的聚类中心 $\boldsymbol{c}^q$ 的距离计算如下：

$$d^t = \sqrt{\sum_{i=1}^{d_x} (x_i^t - c_i^q)^{\mathrm{T}} (x_i^t - c_i^q)} \qquad t = 1, 2, \cdots, N \tag{8-32}$$

需要注意的是，动态因子的设计需要考虑模型训练的稳定性，损失函数中加入动态因子相当于误差反向传播过程中对最后一层的回传梯度加权。尽管样本与聚类中心的距离 d 也可以描述样本的重要性，但若直接采用 $1/d$ 表示动态因子时，当样本与对应趋势类别聚类中心之间的距离很近时，过大的动态因子会导致模型批量训练的时候，距离近的样本覆盖同一批次其他样本的梯度，进而导致模型无法学习其他样本中蕴含的映射关系。因此一个很自然的想法就是对动态因子做平滑化处理，比如用对数函数或者指数函数，但是经过平滑化处理的样本动态因子太大会导致其过大而压过损失本身，因此选取了指数函数进行平滑处理，其计算公式如下：

$$\lambda^t = \exp(-(d^t)^2/\sigma^2) \qquad t = 1, 2, \cdots, N \tag{8-33}$$

式中，σ 为调整参数，用于控制动态因子与距离的单调关系，经过指数平滑后的动态因子取值在 0~1 的范围之内。

8.2.3.2 基于目标驱动深度网络的硅含量趋势感知模型

考虑了动态因子的去噪自编码机网络能在训练的过程中能有差别地为样本提取不同的特征表示，进而提高对不平衡样本的分类能力。但需要注意的是，该网络结构需要与提出的时序融合框架结合来考虑冶炼过程的滞后性，因此将第一个去噪自编码机的隐含层由传统的神经元替换为长短期记忆网络单元，考虑了时序特征的目标驱动去噪自编码机（DDAE，Target-Driven Denoising Autoencoder）结构如图 8-13 所示，其与介绍的标准去噪自编码机的区别是隐含层由能捕捉时序信息的循环单元替换了传统神经元，以及目标函数为每个样本考虑了动态因子。

考虑了动态因子的目标驱动去噪自编码机的损失函数数学表达式如下：

$$\ell_\lambda(\boldsymbol{W}, \boldsymbol{b}) = \frac{1}{2N}\sum_{t=1}^{N}\sum_{i=1}^{d_x} \lambda^t (x_i^t - \hat{x}_i^t)^2 = \frac{1}{2N}\sum_{t=1}^{N} (\boldsymbol{x}^t - \hat{\boldsymbol{x}}^t)^{\mathrm{T}} \Delta (\boldsymbol{x}^t - \hat{\boldsymbol{x}}^t) \tag{8-34}$$

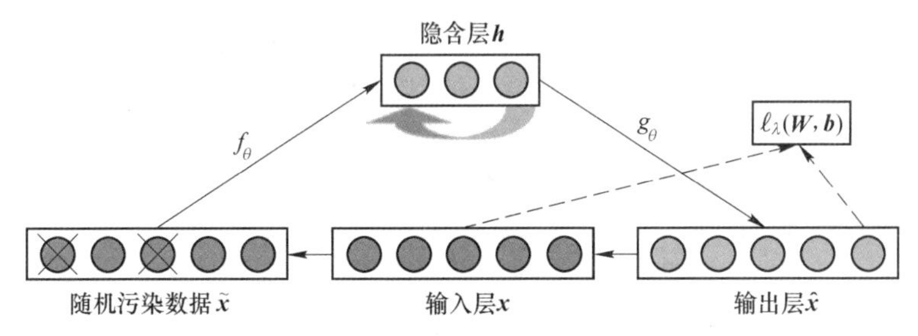

图 8-13 考虑时序信息的目标驱动去噪自编码机结构

其中，$\boldsymbol{\Delta}$ 是一个维度为 $d_x \times d_x$ 的对角矩阵，其对角元素为 λ^t 。为了得到鲁棒的特征表示，网络通过误差反向传播更新模型的参数，由于图 8-13 所示的网络只是一个简单的 3 层神经网络框架，其参数更新过程与传统的循环神经网络更新方式一样，因此本节不再给出详细的权重更新规则。

为了得到更加抽象的特征表示，通过堆叠多个目标驱动去噪自动编码机（SD-DAE，Stacked Target-Driven Denoising Autoencoder）来构建深度网络。需要注意的是，训练第二个 D-DAE 时，将不再考虑时序上的关系而是直接把第一个 D-DAE 的隐含层输出作为第二个 D-DAE 污染前的模型输入。考虑了动态因子的第二个 D-DAE 的目标函数表达式如下：

$$\ell_\lambda^2(\boldsymbol{W},\ \boldsymbol{b}) = \frac{1}{2N}\sum_{t=1}^{N}\sum_{i=1}^{d_1}\lambda^t\ (h_i^t - \hat{h}_i^t)^2 \tag{8-35}$$

其中，d_1 是第一个 D-DAE 隐含层输出特征的维度。以同样的方式训练后续的 D-DAE 网络直到达到预设的个数。通过无监督地预训练多个 D-DAE 的过程可以学习到过程数据中与目标相关的深度特征表示，为了实现对硅含量变化趋势的分类还需要对深度网络结构进行一定的调整。将堆叠好的深度网络再接一个 Softmax 分类器，用带标签的样本对整个深度模型进行微调。基于目标驱动深度网络的硅含量趋势分类模型如图 8-14 所示，主要包括无监督的预训练过程和有监督的微调两个阶段。需要指出的是，由于每个样本都需要引入一个动态因子来缓解不平衡样本类别带来的分类性能下降，因此无监督的预训练过程不能使用快速采样频率的无标签过程变量数据，而是按小时均值化处理后的带标签过程变量数据。尽管这会在一定程度上丢失过程数据中隐含的信息和数据模式，但能提高模型对不同样本的敏感程度，进而提高模型对不平衡样本的整体分类性能。

综上所述，基于目标驱动深度学习的铁水硅含量短期多趋势分类流程总结如下：

步骤 1：根据专家经验和高炉冶炼过程机理分析，从高炉历史数据库中挑选出相关数据用于构建铁水硅含量变化趋势分类模型。

步骤 2：对采集的数据进行相关数据预处理，包括异常值剔除、缺失值处理、归一化处理和时序重构。对预处理好的过程变量数据按小时进行均值化处理并按 4 h 的滚动周期提取对应的变化趋势特征，采样多项式拟合的方式提取滑窗内硅含量数据的变化趋势标签，处理完毕的带标签硅含量变化趋势数据集记为 S：$\{X,\ Y\} = \{(x^1,\ y^1),\ (x^2,\ y^2),\ \cdots,\ (x^t,\ y^t),\ \cdots,\ (x^N,\ y^N)\}$ ，其中 $\boldsymbol{x}^t = [x_1^t,\ x_2^t,\ \cdots,\ x_{d_x}^t]^{\mathrm{T}} \in R^{d_x}$ ，$y^t \in \{1,\ 2,\ 3,\ 4,\ 5,\ 6,\ 7\}$ ，N 是数据集的个数。

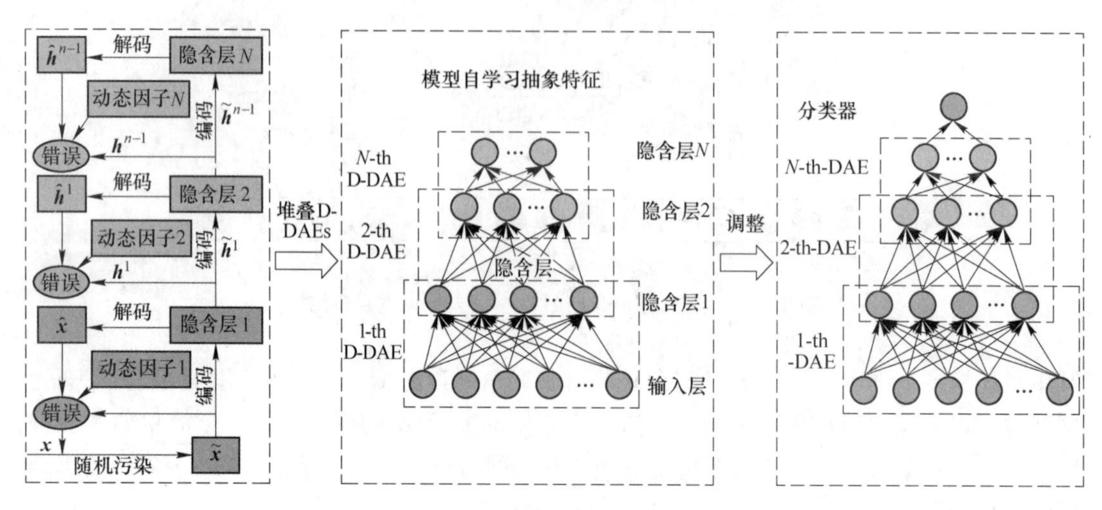

图 8-14 基于目标驱动深度网络的硅含量趋势分类模型

步骤 3：根据标签信息划分出不同类别的样本并基于同类样本分别离线计算出不同趋势类别的聚类中心，根据式（8-33）和式（8-34）计算出每个样本对应的动态因子。

步骤 4：利用数据集 $\{X\}$ 的输入部分无监督的预训练第一个考虑时序信息的目标驱动去噪自编码机，采用误差反向传播算法最小化误差函数 $\sum_{t=1}^{N}\sum_{i=1}^{d_x}\lambda^t(x_i^t-\hat{x}_i^t)^2/2N$，并保存训练好的第一个网络的权重 $[\boldsymbol{W}^1, \boldsymbol{b}^1]$ 和隐含层输出 $\boldsymbol{H}_1=[\boldsymbol{h}_1^1, \boldsymbol{h}_1^2, \cdots, \boldsymbol{h}_1^t, \cdots, \boldsymbol{h}_1^N]^{\mathrm{T}}$，其中 $\boldsymbol{h}_1^t=[h_1^t, h_2^t, \cdots, h_{d_1}^t]^{\mathrm{T}}\in R^{d_1}$。

步骤 5：将 $\boldsymbol{H}_1$ 作为第二个目标驱动去噪自编码机模型的输入，利用误差反向传播算法最小化误差函数 $\sum_{t=1}^{N}\sum_{i=1}^{d_1}\lambda^t(h_i^t-\hat{h}_i^t)^2/2N$ 并保存训练好的隐含层的权值和偏置矩阵 $[\boldsymbol{W}^2, \boldsymbol{b}^2]$ 和输出 $\boldsymbol{H}_2=[\boldsymbol{h}_2^1, \boldsymbol{h}_2^2, \cdots, \boldsymbol{h}_2^t, \cdots, \boldsymbol{h}_2^N]^{\mathrm{T}}$；反复上述步骤，直到第 N 个目标驱动去噪自编码机训练完成，保存权值矩阵 $\boldsymbol{W}=[\boldsymbol{W}^1, \boldsymbol{W}^2, \cdots, \boldsymbol{W}^N]^{\mathrm{T}}$ 和偏置矩阵 $\boldsymbol{b}=[\boldsymbol{b}^1, \boldsymbol{b}^2, \cdots, \boldsymbol{b}^N]^{\mathrm{T}}$。

步骤 6：将 N 个训练好的目标驱动去噪自编码机的隐含层取出来，堆叠成一个深度网络，在最后一个隐含层后面接一个分类层并随机初始化参数 $[\boldsymbol{W}^{N+1}, \boldsymbol{b}^{N+1}]$，输入带标签的硅含量变化趋势数据集，用误差反向传播算法最小化误差函数 $\sum_{t=1}^{N}(y^t-\hat{y}^t)^2/2N$ 并微调整个网络结构参数。

步骤 7：将测试样本 $\boldsymbol{X}_{\mathrm{Test}}=[\boldsymbol{x}_{\mathrm{Test}}^1, \boldsymbol{x}_{\mathrm{Test}}^2, \cdots, \boldsymbol{x}_{\mathrm{Test}}^t, \cdots, \boldsymbol{x}_{\mathrm{Test}}^{N_{\mathrm{Test}}}]^{\mathrm{T}}$ 输入到训练好的目标驱动深度网络预测模型中，输出预测的趋势分类结果 $\hat{\boldsymbol{Y}}_{\mathrm{Test}}=[\hat{y}_{\mathrm{Test}}^1, \hat{y}_{\mathrm{Test}}^2, \cdots, \hat{y}_{\mathrm{Test}}^t, \cdots, \hat{y}_{\mathrm{Test}}^{N_{\mathrm{Test}}}]^{\mathrm{T}}$。

8.2.4 工业数据验证

为了验证本节所提的基于代价敏感的不平衡硅含量变化趋势分类模型有效性，采集了某钢铁厂2号高炉上的数据用于建模分析。实验结果表明，提取的时序融合特征能够提高硅含量变化趋势信息的表征能力，设计的目标驱动深度网络能帮助模型提高不平衡样本的整体分类准确度。

8.2.4.1 建模数据集预处理及介绍

选取了历史数据库中表8-5列举的9个月的数据进行建模分析，模型的输入在原始特征的基础上为每一个变量计算出对应的极差、标准差和变化率。经过上述处理后，铁水硅含量变化趋势样本有11872组，其中输入特征的维度为25×(5+3)，每一个样本的输入包含5条时序数据和根据这5条时序数据为每个过程变量提取了3个统计特征，样本的输出是硅含量的趋势类别，总共有7种不同的趋势标签。

8.2.4.2 对比模型及性能评价指标

特征的质量对于硅含量变化趋势分类模型的性能有着至关重要作用，高质量特征有利于捕捉冶炼数据中的关键信息，帮助模型更好地理解数据的内在结构和模式。首先，从冶炼工艺的角度出发挑选了与硅含量变化趋势相关的原始特征；接着，从趋势分类的角度出发提取了与变化信息有关的趋势特征；再次，在考虑了冶炼过程的滞后性，又引入了基于循环神经网络汇总的时序融合特征；最后，在考虑了趋势样本类别的平衡性后，提出了基于目标驱动的深度网络用于提取动态抽象特征。为了公平地比较不同特征对模型预测性能的影响；采用去噪自编码机作为基本的分类模型，不同对比模型的详细信息介绍见表8-6。其中，SDAE-S和SDAE-M对比的是趋势特征的加入对分类性能的影响；SDAE-T的第一个去噪自编码机的隐含层换成了长短期记忆单元，与SDAE-M对比的是时序信息对趋势预测性能的影响；SD-DAE在此基础上引入了动态因子，与SDAE-T对比的是引入了代价敏感信息后对不平衡类别分类准确率的影响。

表8-6 不同输入特征下的对比方法

序号	对比模型简称	特征介绍
1	SDAE-S	模型的输入特征是与硅含量变化趋势相关的多条过程变量时序数据
2	SDAE-M	模型的输入特征在多条过程变量时序数据的基础上，还拼接了对应的趋势特征
3	SDAE-T	拼接的原始特征和趋势特征会送入长短期记忆网络进行时序融合特征提取
4	SD-DAE	拼接的原始特征和趋势特征会依次送入长短期记忆网络和目标驱动去噪自编码机进行动态抽象特征提取

为了评估不同分类模型对硅含量变化趋势分类性能的影响，基于时序融合特征开展了相关的对比实验。支持向量机（SVM，Support Vector Machine）通过引入核函数将非线性问题映射到高维空间取得较好的分类性能，将时序融合特征输入到核为径向基函数的支持向量机中来预测硅含量的变化趋势。考虑到人工神经网络（ANN，Artificial Neural Network）是深度学习的基础，但不存在无监督地预训练来提高特征的表征能力的过程，因此将时序融合特征输入到多个全连接层中得到硅含量分类的结果。自编码机（AE，Autoencoder）相比于去噪自编码机少了一个输入污染的过程，因此堆叠自编码机形成的深度网络（SAE，Stacked Autoencoders）也被用来分类硅含量的变化趋势。去噪自编码机在误差重构的过程中为了从污染的输入中恢复原始的输入，会提取更加鲁棒的特征表示，

因此堆叠去噪自编码机形成的深度网络（S-DAE，Stacked Denoising Autoencoders）也加入对比实验环节，不同模型的相关信息列举在表 8-7 中。

表 8-7 不同分类模型下的对比方法

序号	对比模型简称	模 型 介 绍
1	SVM	时序融合特征输入到 SVM 分类器中
2	ANN	时序融合特征输入到多个全连接层中，最后一层为 Softmax 层
3	SAE	时序融合特征输入到自编码机网络堆叠的深度网络中，最后一层为 Softmax 全连接层
4	S-DAE	时序融合特征输入到去噪自编码机堆叠的深度网络中，最后一层为 Softmax 全连接层
5	SD-DAE	时序融合特征输入到目标驱动去噪自编码机堆叠的深度网络中，最后一层为 Softmax 全连接层

考虑到铁水硅含量变化趋势的预测是一个分类任务，采用命中率对模型的性能进行评价，其计算公式如下：

$$HR = \left(\sum_{i=1}^{n} \theta_i / n\right) \times 100\% \tag{8-36}$$

$$\theta_i = \begin{cases} 1 & \text{第 } i \text{ 个样本分类正确} \\ 0 & \text{第 } i \text{ 个样本分类错误} \end{cases} \tag{8-37}$$

此外，多次实验结果的标准差（SD，Standard Deviation）也被采用评估模型的稳定性。混淆矩阵提供了分类模型在不同类别上的分类结果和性能评估的详细信息，因此也用来评估模型的分类效果。

8.2.4.3 工业实验结果分析与讨论

经过相关数据预处理后的铁水硅含量变化趋势样本共有 11872 组，其中 11272 组样本用于训练模型，300 组样本用于挑选模型的超参数，300 组样本用于测试分类效果。需要注意的是，表 8-5 中所列举的方法都按照该数据集划分的方式进行训练，由于在建模过程考虑了冶炼过程的时序特性，因此数据集的划分不能随机采样，需要按照时间顺序进行划分。在超参数的选择部分，先按照工程经验预设了模型的超参数取值范围，再根据验证集上网格搜索算法的结果选择最优模型的超参数，对比模型的详细超参数见表 8-8，其中 bs 为训练样本批次大小，ep 为训练批次，#表示长短期记忆单元选用默认的门控激活函数。

表 8-8 不同对比模型的超参数

模 型	ANN	SAE	S-DAE	SD-DAE
模型结构	200-64-32-7	200-128-64-32-16-7	200-128-64-32-16-7	200-128-64-32-16-7
bs/ep	64/300	64/300	64/300	64/300
激活函数	#-R-S	#-S-R-R-S	#-S-R-R-S	#-R-R-R-S
学习率	0.001	0.001	0.001	0.001

分析硅含量变化趋势分类过程特征的质量对模型性能的影响，列举的不同特征训练目

标驱动深度网络的结果见表 8-9，其中 HR_{train} 是训练集的命中率，HR_{test} 是测试集的命中率，该统计结果是 5 次实验的平均值。对比 SDAE-M 和 SDAE-S 可知，加入了趋势特征以后，模型的分类性能有一定的提升，这说明过程变量的变化方向和幅度是表征硅含量变化趋势的重要特征，从而提高分类模型的准确率。对比 SDAE-T 和 SDAE-M 可知，时序融合特征的引入对分类模型的准确率也有积极的帮助，这主要是因为长短期记忆网络的特殊结构能帮助分类模型更好地综合过去和当前的时序信息来做出可信的预测。对比 SD-DAE 和 SDAE-T 可知，模型的分类性能提升了 6.99%，这主要是因为模型在训练的过程中考虑了不平衡样本对性能的影响，通过引入的动态因子描述了不同样本的代价敏感权重。从多次实验的标准差来看，所提的目标驱动深度网络在分类性能上有较好的稳定性，这也保证了模型在实际应用中的可靠性和鲁棒性。

表 8-9 基于不同特征的硅含量趋势分类结果

序号	建模策略	HR_{train} /%	HR_{test} /%	SD_{test}
1	SDAE-S	72. 62	67. 36	1. 72
2	SDAE-M	80. 54	74. 95	1. 65
3	SDAE-T	86. 85	81. 36	1. 85
4	SD-DAE	92. 36	88. 35	1. 59

为了更详细地展示不同建模策略下不同类别的准确率，挑选了第一次实验测试集的结果进行讨论与分析，其详细结果见表 8-10。300 组测试样本也呈现出明显的类别不平衡特性，从实验结果来看，趋势特征和时序融合特征的加入使得不同类别的整体分类准确度有了一定的提高，但是上升和下降趋势类别的分类准确率还有进一步提升的空间。总体来看，SDAE-M 和 SDAE-T 平均命中率的提升很大一部分可以归因于平稳不变趋势命中率的提高。由于 SD-DAE 中引入了对样本有不同敏感度的动态因子，使得模型能根据不同样本的重要性提取目标相关的特征表示，以不同类别样本的聚类中心为起点，以最大化同类样本中距离中心较近样本的分类准确率为目标，通过有区别地对待样本的重要性从而提升所有类别的命中率。

表 8-10 基于不同建模策略的不同类别预测结果

序号	建模策略	趋势标签	分类正确	分类错误	命中率/%	平均命中率/%
1	SDAE-S	凸形上升（31）	17	14	54. 84	66. 67
		线性上升（22）	12	10	54. 55	
		凹形上升（18）	9	9	50. 00	
		平稳不变（162）	126	36	77. 78	
		凸形下降（26）	15	11	57. 69	
		线性下降（21）	12	9	57. 14	
		凹形下降（20）	9	11	45. 00	

续表 8-10

序号	建模策略	趋势标签	分类正确	分类错误	命中率/%	平均命中率/%
2	SDAE-M	凸形上升（31）	18	13	58.06	73.33
		线性上升（22）	13	9	59.09	
		凹形上升（18）	11	7	61.11	
		平稳不变（162）	135	27	83.33	
		凸形下降（26）	17	9	65.38	
		线性下降（21）	14	7	66.67	
		凹形下降（20）	12	8	60.00	
3	SDAE-T	凸形上升（31）	21	10	67.74	81.33
		线性上升（22）	15	7	68.18	
		凹形上升（18）	13	5	72.22	
		平稳不变（162）	145	17	89.51	
		凸形下降（26）	19	7	73.08	
		线性下降（21）	16	5	76.19	
		凹形下降（20）	15	5	75.00	
4	SD-DAE	凸形上升（31）	25	6	80.65	88.00
		线性上升（22）	18	4	81.82	
		凹形上升（18）	15	3	83.33	
		平稳不变（162）	150	12	92.59	
		凸形下降（26）	21	5	80.77	
		线性下降（21）	18	3	85.71	
		凹形下降（20）	17	3	85.00	

除了从特征层加强硅含量变化趋势的表征能力之外，本节的另一个工作重点是针对不平衡的趋势分类问题设计了一种代价敏感的目标驱动深度网络。为了探讨该模型对分类性能的提升，本节的实验结果将详细讨论相同时序融合特征下不同模型对分类性能的影响，详细实验结果见表 8-11。从该表统计的结果可以看出，支持向量机和传统多层神经网络总体分类准确率相差不大，尽管使用了核函数的 SVM 和具有多层非线性单元 ANN 能增强对冶炼过程的非线性特点的描述能力，但其对趋势细节的追踪能力还有所欠缺。自编码机和去噪自编码机堆叠的深度网络的分类性能相对于 SVM 和 ANN 有一定的提升，这主要是得益于其无监督的预训练方式能探索时序融合特征的内在结构和模式，充分挖掘数据中隐含的分布特征进而提高模型的分类性能。S-DAE 更好的分类性能来自于 DAE 可以从被污染的数据中提取更加鲁棒的高级抽象特征，展示了其对有噪声的工业数据的处理潜力。SD-DAE 的性能是多个子类别分类性能共同提升的结果，其针对不平衡样本设计的动态因子能区别地对待样本的重要性，帮助 D-DAE 提取与类别标签相关的特征来提高对硅含量变

化趋势的表征能力，从而达到子类准确率提升的效果。

表 8-11 基于不同模型的硅含量趋势分类结果

序号	对比模型	HR_{train} /%	HR_{test} /%	SD_{test}
1	SVM	80. 25	72. 25	2. 98
2	ANN	80. 36	73. 69	2. 65
3	SAE	83. 55	78. 85	2. 25
4	S-DAE	86. 85	81. 36	1. 85
5	SD-DAE	92. 36	88. 35	1. 59

为了更直观地展示不同对比模型的分类细节信息，图 8-15 给出了第一次实验测试集上的混淆矩阵。混淆矩阵对角线上的元素代表模型将样本正确地归类到其真实类别的准确率，非对角线上的元素代表模型将样本错误归类到其他类别的数量。从图 8-15 中可以看出，深度网络分类器的性能比传统的统计方法或者浅层网络性能要更好，不同的子类别准确率也在稳步提升，但仔细观察各模型的混淆矩阵可以看出，SD-DAE 网络不仅有着最高的分类准确率，其分类的趋势也更为准确。具体来说，统计 SD-DAE 对凸形上升趋势的错误分类中，发现其更倾向于预测为线性上升和凹陷上升的类别，而非下降的趋势类别。这种类别预测出错但趋势预测正确的情况对现场冶炼操作也有一定的参考价值，尽管趋势形状分类错误，但正确的趋势方向能保证操作者调控方向的正确性，避免误调和炉况的进一步不稳定。从这个角度分析，本节提出的目标驱动深度网络不仅能提高子类别的分类准确率，还能更好地跟踪硅含量的趋势变化方向。

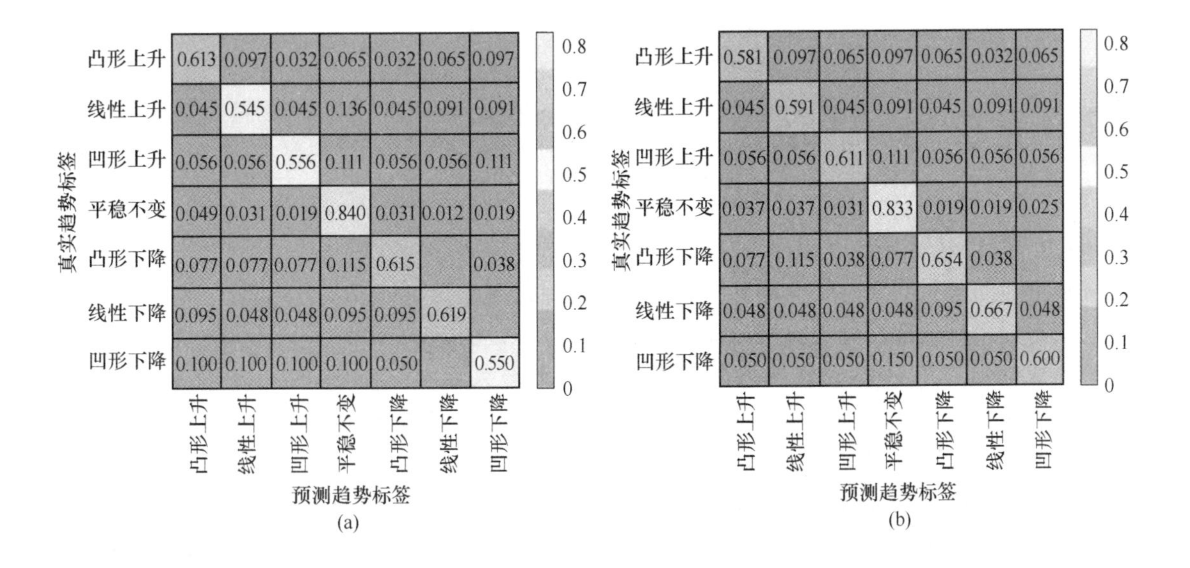

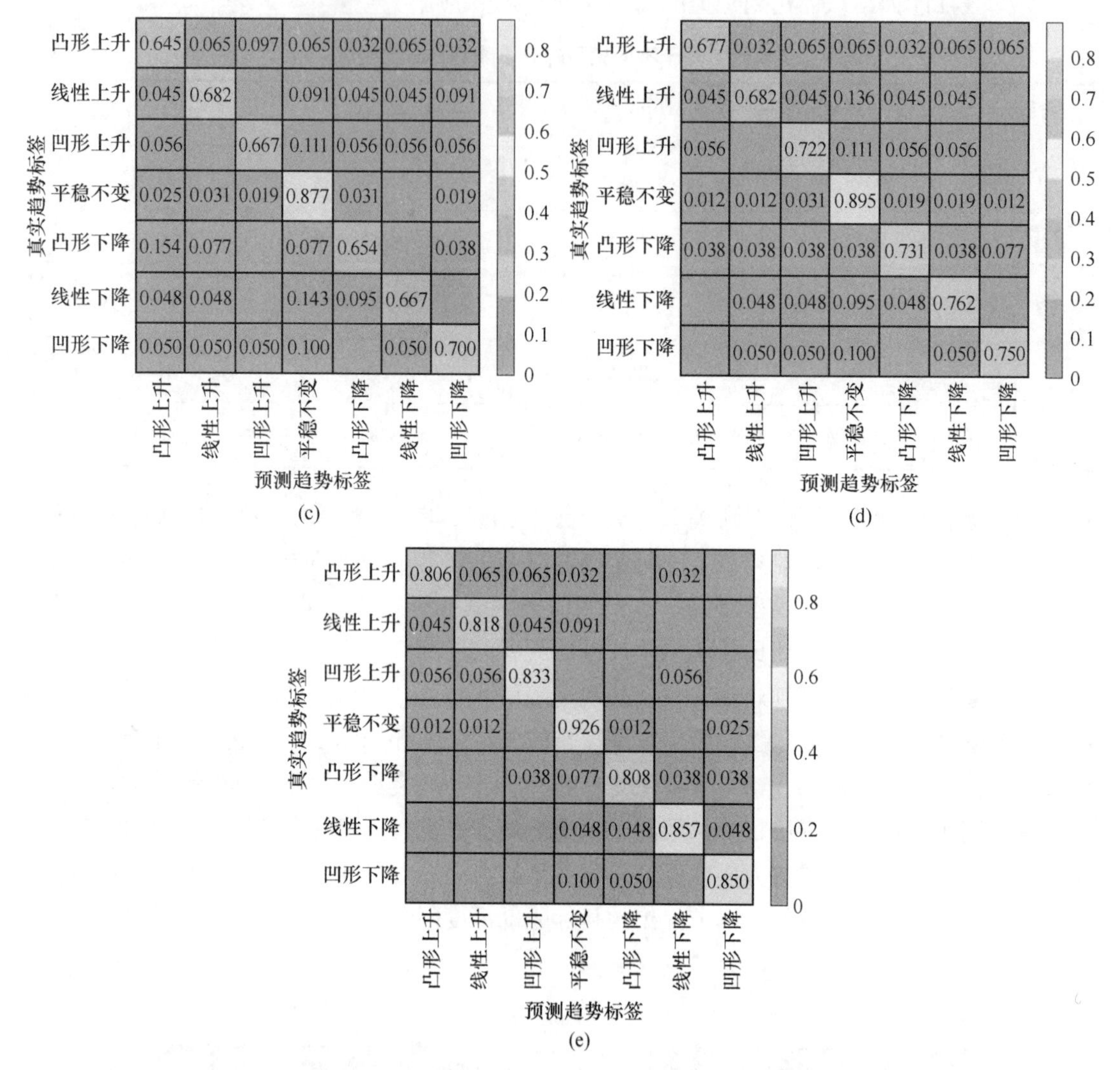

图 8-15　基于不同趋势预测模型的多分类混淆矩阵

（a）SVM 多分类混淆矩阵；（b）ANN 多分类混淆矩阵；（c）SAE 多分类混淆矩阵；
（d）S-DAE 多分类混淆矩阵；（e）SD-DAE 多分类混淆矩阵
（扫描书前二维码看彩图）

8.2.4.4　特征可视化分析

从上述的分析结果可知，循环神经网络提取的时序融合特征以及目标驱动深度网络提取的动态抽象特征都对分类模型的性能提升产生了积极的影响。特征可视化是一种评估和展示提取的特征有效性和优越性的重要手段，本节采用 t-SNE（t-Distributed Stochastic Neighbor Embedding）将表 8-12 所描述的特征映射到三维空间进行可视化[17]，从不同类别之间的重叠程度方面对特征的分布和边界进行分析和讨论。

四种不同特征三维可视化的结果如图 8-16 所示。图 8-16（a）是原始特征三维可视化的结果，可以看出数据点之间的分布没有明显的聚类或分组趋势，相邻的数据点之间没有明确的边界或分界线，难以从图中直接观察到不同类别之间的差异。这种杂乱无章特征分

表 8-12 不同训练数据集下的对比方法

序号	对比特征	特 征 介 绍
1	原始特征	该部分特征是指多条时间序列中记录的过程变量
2	多层次特征	包括原始特征以及基于统计知识提取的趋势特征
3	时序融合特征	基于循环神经网络汇总历史信息的时序融合特征
4	动态抽象特征	目标驱动深度网络自提取的时序融合特征深层抽象语义信息

布表明原始特征在三维空间中没有直接可区分性，直接使用原始特征预测硅含量的趋势将产生消极的性能提升，是因为没有明确的特征边界或聚类结构可供模型进行学习。图 8-16（b)是多层次特征三维可视化的结果，为了描述趋势变化信息，基于统计知识提取了能反映过程变量动态改变的趋势特征，多层次特征可视化的结果观察到不同类别的数据点之间逐渐出现一些模糊的边界线，这暗示着趋势特征的引入有助于增加类别之间的可分离性。此外，还可以看到一些数据点在特定的区域聚集，表明存在一定的分组趋势。但是仍然存在许多类别之间的重叠，这意味着多层次特征能增强硅含量变化趋势的表征能力，特征的质量还有进一步提升的可能性。图 8-16（c）是基于长短期记忆网络时序融合特征可视化的结果，可以看出不同的类之间出现较为明显的边界，说明考虑了时序动态信息的特征能够更好地捕捉到数据中的时间依赖性和序列模式，特征的表征能力得到了增强，但仍存在不同类别相互重叠的现象。图 8-16（d）是本节所提方法提取的动态抽象特征可视化的结果，从图中可以得知不同类别样本之间类内距离更近，类间距离更远且重叠部分更少，这意味着本节所提的方法提取的动态抽象特征包含了数据的动态演化信息且能够更好地反映不同类别之间的差异和模式，这种特征分布对增强类别可分性方面具有很好的效果。

通过特征可视化和聚类分析，可以从视觉角度评估不同方法提取的特征质量，并以聚类后的可分性作为评价指标，可以发现时序信息的引入和动态因子的设计都会提高特征的质量和表征能力，这也从侧面验证了本节所提硅含量分类模型的有效性和优越性。

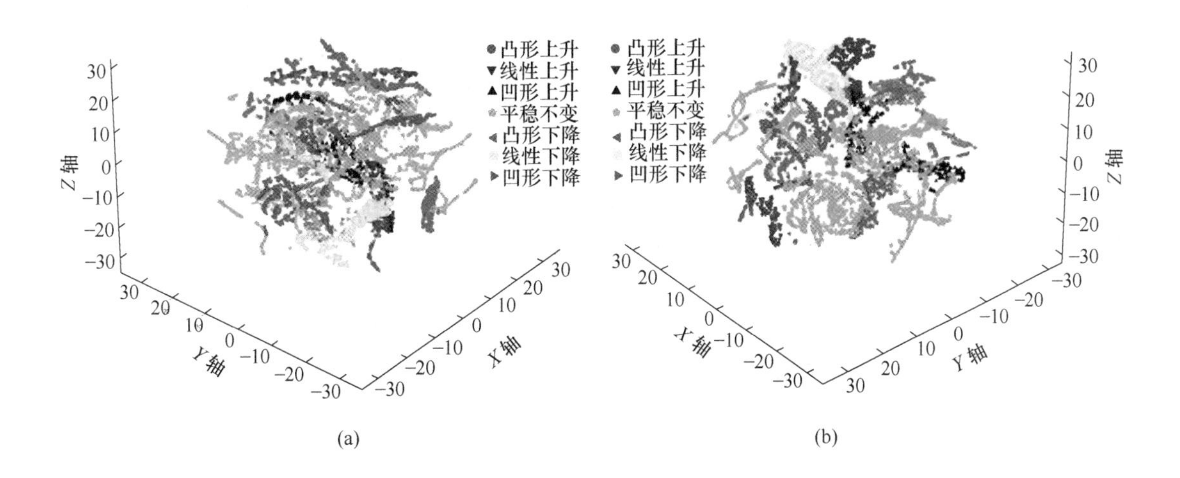

(a) (b)

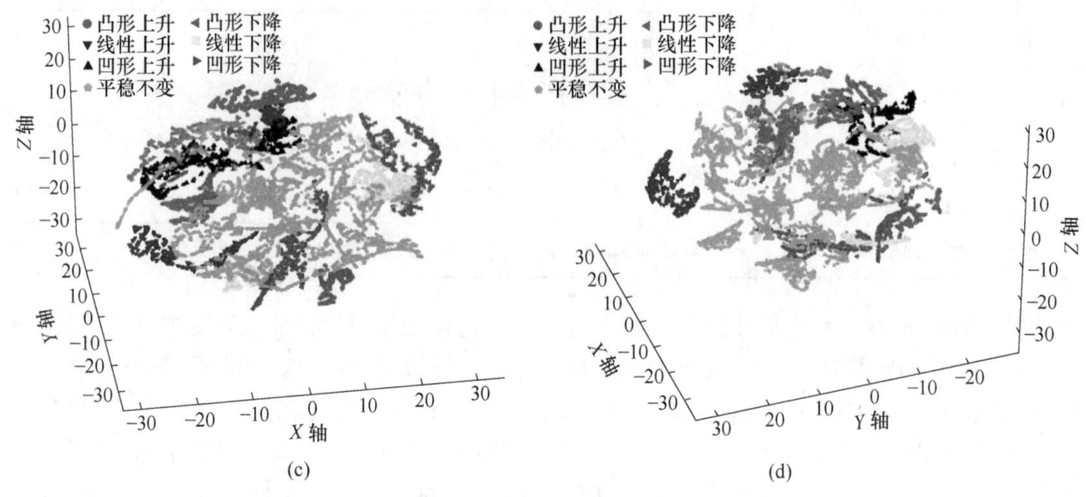

图 8-16　不同特征三维可视化结果
（扫描书前二维码看彩图）

参 考 文 献

[1] Gao C, Ge Q, Jian L. Rule extraction from fuzzy-based blast furnace SVM multiclassifier for decision-making [J]. IEEE Trans. Fuzzy Syst., 2014, 22 (3): 586-596.

[2] Gao C, Jian L, Luo S. Modeling of the thermal state change of blast furnace hearth with support vector machines [J]. IEEE Trans. Ind. Electron. 2012, 59 (2): 1134-1145.

[3] Chen S, Gao C. Linear priors mined and integrated for transparency of blast furnace black-box SVM model [J]. IEEE Transactions on Industrial Informatics, 2019, 16 (6): 3862-3870.

[4] Jiang K, Jiang Z, Xie Y, et al. Classification of silicon content variation trend based on fusion of multilevel features in blast furnace ironmaking [J]. Information Sciences, 2020, 521: 32-45.

[5] Jian L, Gao C. Binary coding SVMs for the multiclass problem of blast furnace system [J]. IEEE Transactions on Industrial Electronics, 2013, 60 (9): 3846-3856.

[6] Draper N R, Smith H. Applied regression analysis [M]. New York: John Wiley & Sons, 1998.

[7] Fisher R A. Statistical methods for research workers [C] //Breakthroughs in statistics: Methodology and distribution. New York, NY: Springer New York, 1970: 66-70.

[8] Huang G B, Zhou H, Ding X, et al. Extreme learning machine for regression and multiclass classification [J]. IEEE Transactions on Systems, 2012, 42 (2): 513-529.

[9] Huang G B, Zhu Q Y, Siew C K. Extreme learning machine: a new learning scheme of feedforward neural networks [C] //Neural Networks, 2004. Proceedings. 2004 IEEE International Joint Conference on. IEEE, 2004, 2: 985-990.

[10] Wang Y, Cai Z, Zhang Q. Differential evolution with composite trial vector generation strategies and control parameters [J]. IEEE Transactions on Evolutionary Computation, 2011, 15 (1): 55-66.

[11] Venkatasubramanian V, Rengaswamy R, Yin K, et al. A review of process fault detection and diagnosis: Part Ⅰ: Quantitative model-based methods [J]. Computers & Chemical Engineering, 2003, 27 (3): 293-311.

[12] Jiang Z H, Jiang K, Xie Y F, et al. A Cooperative Silicon Content Dynamic Prediction Method with

Variable Time Delay Estimation in the Blast Furnace Ironmaking Process [J]. IEEE Transactions on Industrial Informatics, 2023, 20 (1): 626-637.

[13] Sutskever I, Vinyals O, Le Q V. Sequence to sequence learning with neural networks [J]. Advances in Neural Information Processing Systems, 2014, 27: 3104-3112.

[14] Hochreiter S, Schmidhuber J. Long short-term memory [J]. Neural Computation, 1997, 9 (8): 1735-1780.

[15] Vincent P, Larochelle H, Lajoie I, et al. Stacked denoising autoencoders: Learning useful representations in a deep network with a local denoising criterion [J]. Journal of Machine Learning Research, 2010, 11 (12): 3371-3408.

[16] MacQueen J. Some methods for classification and analysis of multivariate observations [C] //Proceedings of the fifth Berkeley symposium on mathematical statistics and probability. 1967, 1 (14): 281-297.

[17] van der Maaten L, Hinton G. Visualizing data using t-SNE [J]. Journal of Machine Learning Research, 2008, 9 (11): 2579-2605.